经典译丛·光学与光电子学

光纤通信

Fiber Optic Communications

[美] Gerd Keiser 著

蒲涛 苏洋 卢麟 译

電子工業出版社
Publishing House of Electronics Industry
北京·BEIJING

内 容 简 介

本书是光纤通信领域的经典著作，系统地介绍了光纤通信系统的组成、工作原理和关键技术。全书共 14 章，内容涵盖光纤传输原理和传输特性、半导体光源和光检测器的工作原理与工作特性、数字光纤通信系统和模拟光纤通信系统、光放大器的工作原理和性能、波分复用（WDM）系统原理与器件、光网络与光交换、光纤通信系统的性能测量及管理。本书还包含了高级光调制格式、400 Gbps 甚至更高速率的光链路、光纤的非线性效应、光子晶体光纤、高速通信中的前向纠错机制、光载射频（ROF）及光缆铺设等内容。

本书特别适合作为通信工程及相关专业高年级本科生、研究生的光纤通信课程的教材，对于从事光纤通信设备设计制造、系统运营管理的工程技术人员也是一本很好的参考书。

First published in English under the title
Fiber Optic Communications
by Gerd Keiser
Copyright © Gerd Keiser, 2021
This edition has been translated and published under licence from Springer Nature Singapore Pte Ltd.

本书简体中文版专有翻译出版权由 Springer Nature 授予电子工业出版社在中华人民共和国境内（不包含香港特别行政区、澳门特别行政区和台湾地区）销售。专有出版权受法律保护。

版权贸易合同登记号 图字：01-2022-6923

图书在版编目（CIP）数据

光纤通信 /（美）格尔德·凯泽（Gerd Keiser）著；蒲涛，苏洋，卢麟译. -- 北京：电子工业出版社，2025. 4. --（经典译丛）. -- ISBN 978-7-121-49983-8

Ⅰ. TN929.11

中国国家版本馆 CIP 数据核字第 2025TL6433 号

责任编辑：杨　博
印　　刷：三河市鑫金马印装有限公司
装　　订：三河市鑫金马印装有限公司
出版发行：电子工业出版社
　　　　　北京市海淀区万寿路 173 信箱　邮编：100036
开　　本：787×1092　1/16　印张：28　字数：716.8 千字
版　　次：2025 年 4 月第 1 版
印　　次：2025 年 4 月第 1 次印刷
定　　价：129.00 元

凡所购买电子工业出版社图书有缺损问题，请向购买书店调换。若书店售缺，请与本社发行部联系，联系及邮购电话：（010）88254888，88258888。

质量投诉请发邮件至 zlts@phei.com.cn，盗版侵权举报请发邮件至 dbqq@phei.com.cn。
本书咨询联系方式：（010）88254472，yangbo2@phei.com.cn。

译 者 序

Gerd Kaiser 教授在光纤通信领域造诣深厚，他所著的《光纤通信》堪称该领域的经典之作。多年来，这本书一直是全球光纤通信专业人士案头不可或缺的参考资料。它不仅系统阐述了光纤通信的基础理论，更是跟踪并阐述了行业的最新技术与应用。而我们作为译者参与本书的翻译，就是一次深度的学术探索，也是见证光纤通信技术飞速发展的历程。

本书在基础理论部分，对光纤及其传输特性(第2章、第3章、第12章)、光器件(第4章、第5章、第6章、第11章)、光接收机(第7章)、数字与模拟链路原理(第8章、第9章)等经典内容进行了更加精炼和准确的阐述，帮助读者夯实基础。同时紧跟时代步伐，将光网络的新发展，如弹性光网络、动态数据通信和基于云服务的数据中心等进行了深入剖析(第13章)；在性能测量与监控方面，介绍了多种功能单元集成型测试设备(第14章)。

本书适合光纤通信领域的科研人员、工程师、高校师生阅读。对于科研人员，书中的前沿技术和研究思路能够为他们的工作提供灵感；工程师们可以从中获取实用的技术解决方案和设计思路；高校师生则能借助本书搭建起完整的知识体系，为未来的学习和研究打下坚实基础。

我们认为很有必要将这本光纤通信领域的经典著作介绍给中文读者。本书的翻译工作由陆军工程大学的蒲涛、苏洋和卢麟共同完成。在本书的翻译过程中，对原书中明显的错误进行了一些更正。

感谢电子工业出版社对翻译工作的大力支持，特别要衷心感谢本书的责任编辑杨博女士，正是他们的严谨细致和辛勤付出，本书才得以顺利出版。

由于译者学识所限，疏漏乃至错误在所难免，恳请广大读者及专家不吝赐教，提出修改意见，我们将不胜感激。

前　言[①]

在过去的几十年里，光纤通信历经了令人神往的发展历程。特别值得一提的是：高锟（Charles Kuen Kao）爵士在 20 世纪 60 年代以其超越时代的洞察力，发现可以使用玻璃纤维作为数据传输媒介，其执着的后继工作带来了低损耗光纤的进一步发展，这使得他荣获 2009 年诺贝尔物理学奖。第一根超纯光纤在高锟预言之后的第 4 年，即 1970 年研制成功。这一突破导致与光纤相关的系列技术的发展。基于光纤技术的现代大容量电信网络已成为社会不可分割的一部分。这些先进网络的应用领域包括数据库查询、家庭购物，交互式视频、远程教育、远程医疗和电子健康、高清家庭影院、博客，以及大规模高容量电子科学和网格计算等服务。由于网络对于日常生活如此重要，我们越来越期望通信服务能够永远在线并功能合理。要满足这一近乎苛刻的需求，需要对从器件发展到系统设计安装和网络运行维护的所有技术方面进行仔细的工程化考量。

为了使读者掌握在光纤通信领域工作所需要的技能，本书力求展现基本原理，以利于理解光纤技术并更广泛地将其应用于现代通信网。本书的系列论述将带领读者系统地领略光纤链路中器件及其相互间影响的根本原理，讲述复杂光链路和网络的架构与性能特征，了解网络安装与维护中需要的基本测量技术。通过理解、掌握这些基本问题，读者不仅可以从事器件、通信链路或者设备的设计，还能够预见未来网络技术的发展方向。

为达到上述目标，本书的章节顺序及主题包括：

第 1 章给出了光纤通信系统的概述。其内容包括采用光纤的原因和好处，所使用的频带，波分复用如何提高光纤的传输容量，采用的标准和仿真工具。

光纤是光纤链路中最重要的元件之一，第 2 章详细介绍了光纤的物理结构、组成材料和光波传播机制。

第 3 章详细介绍了各种常见光纤的衰减行为和信号色散特性，还讨论了光纤制造的国际标准。

第 4 章介绍了光源的结构、发光原理、工作特性和光信号调制技术。

第 5 章描述了如何有效地将光源发射光束耦合进光纤，以及如何连接两根光纤以确保接头处的低光功率损耗。

第 6 章介绍了光检测器的结构和响应特性。由于光信号通常在链路末端被削弱和失真，光检测器必须具有高灵敏度、快速的响应时间，并将系统增加的噪声影响最小化。此外，其尺寸必须与光纤输出的尺寸相兼容。

光接收机检测到达的光信号并将其转换为用于信息处理的电信号。第 7 章描述了光接收机的原理和功能，包括信号检测统计和眼图误差测量方法。

第 8 章讨论了数字链路的设计方法，包括功率预算和带宽限制。此外，还包括功率代价、基本相干检测方案和数字信号差错检测与控制方法。

第 9 章介绍了在光纤中传输微波射频（RF）模拟信号的概念，射频光传输技术的一个扩

[①] 中译本的一些图示、参考文献、附录、符号及其正斜体形式等沿用了英文原著的表示方式，特此说明。

展应用是宽带光载射频(ROF)网络。

第 10 章讨论了波分复用(WDM)技术，介绍了 WDM 链路的功能、不同 WDM 方案的国际标准，还包括无源 WDM 设备的介绍，如光纤布拉格光栅、薄膜滤波器和各种类型的光栅。

第 11 章介绍了实现光学放大的概念以及这些器件的应用。主题包括半导体光放大器、掺杂光纤放大器和拉曼放大器。

第 12 章专门讨论光纤中非线性效应的来源和影响。其中有一些非线性效应会降低系统性能，需要加以控制，而有一些则对系统有益。

第 13 章专门介绍了用于长途、城域、数据中心和接入网络的光网络概念，包括光分插复用器和光交叉连接的概念、波长路由、光分组交换、光突发交换和无源光网络等。

第 14 章讨论了性能测量和监控。主要包括测量标准、光纤链路特性测试仪、通过眼图测量评估链路性能、误码监测、网络运行维护和故障管理。

本书的使用

本书提供了有关光纤通信技术的理论和应用的基本材料，可用于高年级本科或研究生课程。本书还可用作工作参考书，为从事光纤通信系统相关器件、传输设备、测试仪表和光缆设备的开发和应用的工程师服务。学习本书，应具有高年级工科学生的理论基础，包括电磁场理论、微积分与微分方程、光学基础。本书的正文部分也对光学概念、电磁理论和半导体物理学基础等几方面的主要基础知识进行了简要的回顾。

为了帮助读者学习和设计实践，全书共提供了 160 个例题和 75 个训练题，还提供了 187 道习题，以帮助检测读者对本书所覆盖和延伸内容的理解。

每一章的末尾都提供了大量的参考文献，作为深入学习所涉及专题的起点。由于光纤通信将多个科学和工程学科领域的研究与开发力量汇聚在一起，各章所涉内容相关的文献有数百篇。参考文献虽然无法列出全部文献，但是列出的文献代表了对光纤领域的一些主要贡献。有关最新发展的参考文献可以在专业教材和许多会议论文集中找到。

为了帮助读者理解和使用书中的材料，附录 A 概述了国际单位制和各种标准物理常数的列表。附录 B 简要回顾了分贝的概念。附录 C 至 E 分别列出了本书中使用的缩略语、拉丁文符号和希腊文符号。

美国牛顿中心
Gerd Keiser

目　　录

第 1 章　光纤通信概述 1
1.1　光通信的发展原因 2
1.1.1　光网络的发展历程 2
1.1.2　光纤的优点 2
1.2　光频谱带 3
1.2.1　电磁能量谱 3
1.2.2　工作窗口和光频带 5
1.3　分贝单位 6
1.4　数字复用技术 9
1.4.1　基本的电信信号复用 9
1.4.2　SONET/SDH 复用体系 11
1.4.3　光传送网(OTN) 12
1.5　波长信道复用 12
1.5.1　WDM 概述 12
1.5.2　偏振复用 13
1.5.3　多芯光纤 13
1.6　光纤通信系统的基本组件 13
1.7　光通信网络的演进 15
1.8　光纤通信标准 16
1.9　小结 17
习题 17
习题解答(选) 19
原著参考文献 19

第 2 章　光纤：结构、导波原理和制造 22
2.1　光的性质 22
2.1.1　偏振 23
2.1.2　线偏振 24
2.1.3　椭圆偏振和圆偏振 25
2.1.4　光的量子特性 26
2.2　基本的光学定律和定义 27
2.2.1　折射率的概念 27
2.2.2　反射和折射基础 28
2.2.3　光的偏振特性 30
2.2.4　偏振敏感材料 30

2.3 光纤模式和结构 ·· 32
2.3.1 传统的光纤分类 ··· 32
2.3.2 光射线和模式 ·· 34
2.3.3 阶跃折射率光纤结构 ··· 34
2.3.4 射线光学描述 ·· 35
2.3.5 介质平板波导中的光波 ·· 37

2.4 圆波导的模式理论 ·· 38
2.4.1 模式概述 ·· 38
2.4.2 截止波长和参数 V ·· 39
2.4.3 阶跃折射率光纤中的光功率 ·· 41
2.4.4 线偏振模 ·· 42

2.5 单模光纤 ··· 43
2.5.1 SMF 结构 ··· 43
2.5.2 模场直径 ·· 44
2.5.3 双折射的起源 ·· 45
2.5.4 有效折射率 ··· 46

2.6 梯度折射率(GI)光纤的结构 ··· 46
2.6.1 GI 光纤的纤芯结构 ··· 46
2.6.2 梯度折射率光纤的数值孔径 ·· 46
2.6.3 梯度折射率光纤的截止条件 ·· 47

2.7 光纤材料 ··· 48
2.7.1 玻璃光纤 ·· 48
2.7.2 标准光纤制造 ·· 49
2.7.3 有源玻璃光纤 ·· 49
2.7.4 塑料光纤 ·· 50

2.8 光子晶体光纤(PCF)概念 ·· 50
2.8.1 折射率导引 PCF ··· 50
2.8.2 光子带隙光纤 ·· 51

2.9 光缆 ·· 51
2.9.1 光缆结构 ·· 52
2.9.2 室内光缆类型 ·· 53
2.9.3 室外光缆类型 ·· 54

2.10 小结 ·· 54
附录：菲涅耳方程 ··· 55
习题 ·· 57
习题解答(选) ·· 58
原著参考文献 ·· 59

第 3 章 衰减和色散 ·· 62
3.1 衰减 ··· 62

		3.1.1 衰减单位	62
		3.1.2 光功率的吸收	64
		3.1.3 光纤中的散射损耗	67
		3.1.4 弯曲损耗	68
		3.1.5 纤芯和包层的损耗	70
3.2	光纤中的信号畸变		71
		3.2.1 色散概述	71
		3.2.2 模式时延效应	73
		3.2.3 色散起因	74
		3.2.4 群时延	75
		3.2.5 材料色散	76
		3.2.6 波导色散	78
		3.2.7 单模光纤中的色散	78
		3.2.8 偏振模色散	79
3.3	单模光纤的设计和性能		81
		3.3.1 折射率剖面	81
		3.3.2 截止波长的概念	83
		3.3.3 色散计算标准	84
		3.3.4 模场直径的定义	86
		3.3.5 单模光纤中的弯曲损耗	86
3.4	国际标准 ITU-T 的光纤标准		87
		3.4.1 G.651.1 建议	87
		3.4.2 G.652 建议	88
		3.4.3 G.653 建议	88
		3.4.4 G.654 建议	89
		3.4.5 G.655 建议	89
		3.4.6 G.656 建议	89
		3.4.7 G.657 建议	89
3.5	特种光纤的设计和使用		90
3.6	多芯光纤		92
3.7	小结		92
习题			93
习题解答(选)			94
原著参考文献			95

第 4 章 光源 97

4.1	半导体物理学基础		98
		4.1.1 半导体能带	98
		4.1.2 本征材料和非本征材料	100

		4.1.3 pn 结 ·· 101
		4.1.4 直接带隙和间接带隙 ··· 102
		4.1.5 半导体器件的制造 ·· 103
	4.2	发光二极管(LED)的原理 ·· 103
		4.2.1 LED 的结构 ·· 104
		4.2.2 光源的半导体材料 ·· 106
		4.2.3 LED 的量子效率和输出功率 ·· 109
		4.2.4 LED 的响应时间 ·· 111
	4.3	半导体激光器 ·· 113
		4.3.1 半导体激光器的模式和阈值条件 ·· 114
		4.3.2 半导体激光器的速率方程 ·· 120
		4.3.3 外微分量子效率 ·· 121
		4.3.4 激光器的谐振频率 ·· 121
		4.3.5 激光二极管的结构和辐射场型分布 ·· 123
		4.3.6 单模激光器 ·· 123
		4.3.7 半导体激光器的调制 ·· 126
		4.3.8 激光器输出谱宽 ·· 127
		4.3.9 外调制 ·· 128
		4.3.10 激光器阈值的温度特性 ·· 129
	4.4	光源的输出线性特性 ·· 131
	4.5	小结 ·· 133
	习题	·· 133
	习题解答(选) ·· 137
	原著参考文献 ·· 137
第5章	光功率耦合	·· 139
	5.1	光源至光纤的功率耦合 ·· 139
		5.1.1 光源的辐射圈 ·· 140
		5.1.2 功率耦合计算 ·· 141
		5.1.3 发射功率与波长的关系 ·· 144
		5.1.4 稳态数值孔径 ·· 145
	5.2	改善耦合的透镜结构 ·· 146
	5.3	光纤与光纤的连接 ·· 148
		5.3.1 机械对准误差 ·· 149
		5.3.2 光纤差异损耗 ·· 154
		5.3.3 单模光纤损耗 ·· 155
		5.3.4 光纤端面制备 ·· 156
	5.4	小结 ·· 157
	习题	·· 158
	习题解答(选) ·· 159

原著参考文献 ··· 159

第6章 光检测器 ··· 161
6.1 光电二极管的物理原理 ··· 161
6.1.1 pin 光电二极管 ··· 161
6.1.2 雪崩光电二极管 ·· 166
6.2 光检测器噪声 ·· 167
6.2.1 信噪比 ··· 167
6.2.2 噪声源 ··· 167
6.2.3 信噪比受限 ··· 169
6.2.4 噪声等效功率 ·· 170
6.3 光电二极管的响应时间 ··· 171
6.3.1 耗尽层光电流 ·· 171
6.3.2 响应时间特性 ·· 172
6.4 光检测器比较 ·· 174
6.5 小结 ··· 175
习题 ··· 176
习题解答(选) ·· 177
原著参考文献 ·· 178

第7章 光接收机 ··· 179
7.1 接收机工作的基本原理 ··· 180
7.1.1 数字信号传输 ·· 180
7.1.2 误码源 ··· 181
7.1.3 接收机前置放大器 ·· 183
7.2 数字接收机性能 ··· 184
7.2.1 误码率的确定 ·· 185
7.2.2 接收机灵敏度 ·· 189
7.2.3 量子极限 ·· 191
7.3 眼图原理 ··· 191
7.3.1 眼图的特征 ··· 192
7.3.2 BER 和 Q 因子测量 ·· 193
7.4 突发模式接收机 ··· 194
7.5 模拟接收机的性能 ·· 196
7.6 小结 ··· 199
习题 ··· 200
习题解答(选) ·· 201
原著参考文献 ·· 201

第8章 数字光纤链路 ·· 204
8.1 基本的光纤链路 ··· 204

· 11 ·

8.1.1	传输信号格式	206
8.1.2	链路设计中的考虑	207
8.1.3	链路功率预算	208
8.1.4	展宽时间预算	211
8.1.5	短波长上的传输	214
8.1.6	单模光纤链路的损耗限制	215
8.2	功率代价	216
8.2.1	色度色散的功率代价	217
8.2.2	偏振模色散(PMD)的功率代价	218
8.2.3	消光比功率代价	219
8.2.4	模式噪声功率代价	219
8.2.5	模分配噪声引起的功率代价	220
8.2.6	啁啾引起的功率代价	221
8.2.7	反射噪声引起的链路不稳定	222
8.3	差错检测和控制	223
8.3.1	误码检测概念	224
8.3.2	线性检错码	224
8.3.3	多项式码的误码检测	225
8.3.4	利用冗余位纠错	227
8.4	相干检测	228
8.4.1	基本概念	228
8.4.2	零差检测	230
8.4.3	外差检测	230
8.4.4	相干检测的 SNR	230
8.4.5	相干检测误码率比较	231
8.5	高阶光调制方式	235
8.5.1	频谱效率	235
8.5.2	相移键控和 IQ 调制	235
8.5.3	差分四相移键控(DQPSK)	236
8.5.4	正交幅度调制(QAM)	236
8.6	小结	237
习题		238
习题解答(选)		240
原著参考文献		241
第9章	**模拟链路**	**244**
9.1	模拟链路的基本组成	244
9.2	载噪比的概念	245
9.2.1	载波功率	246
9.2.2	光检测器和前置放大器的噪声	246

9.2.3 相对强度噪声(RIN) 247
9.2.4 C/N 极限条件 248
9.3 多信道幅度调制 249
9.4 无杂散动态范围 251
9.5 光载射频链路 252
9.6 微波光子学 253
9.7 小结 253
习题 254
习题解答(选) 254
原著参考文献 255

第 10 章 WDM 概念和光器件 257

10.1 WDM 概述 257
    10.1.1 WDM 的工作原理 257
    10.1.2 WDM 标准 260
10.2 无源光耦合器 261
    10.2.1 2×2 光纤耦合器 262
    10.2.2 散射矩阵表示法 266
    10.2.3 2×2 波导耦合器 267
    10.2.4 星形耦合器 270
    10.2.5 马赫-曾德尔干涉技术 272
10.3 单向隔离器和环形器 274
    10.3.1 光隔离器的功能 275
    10.3.2 光环形器 276
10.4 光纤光栅滤波器 276
    10.4.1 光栅基础 276
    10.4.2 光纤布拉格光栅 277
    10.4.3 FBG 的应用 279
10.5 介质薄膜滤波器 280
    10.5.1 标准具理论 281
    10.5.2 TFF 的应用 283
10.6 阵列波导器件 284
10.7 衍射光栅在 WDM 中的应用 287
10.8 小结 288
习题 288
习题解答(选) 290
原著参考文献 291

第 11 章 光放大器 293

11.1 光放大器的基本应用和分类 293

		11.1.1 光放大器的一般应用	293
		11.1.2 放大器的类型	294
11.2	半导体光放大器		296
		11.2.1 有源介质的外部泵浦	296
		11.2.2 放大器增益	298
		11.2.3 SOA 的带宽	300
11.3	掺铒光纤放大器		300
		11.3.1 光纤放大器泵浦原理	300
		11.3.2 EDFA 的结构	302
		11.3.3 EDFA 的功率转换效率及增益	303
11.4	放大器噪声		305
11.5	光信噪比		307
11.6	光纤链路应用		308
		11.6.1 功率放大器	308
		11.6.2 在线放大器	308
		11.6.3 前置放大器	310
11.7	拉曼放大器		310
		11.7.1 拉曼增益原理	310
		11.7.2 泵浦激光器	312
11.8	宽带光放大器		312
11.9	光纤激光器		313
11.10	小结		314
习题			315
习题解答(选)			317
原著参考文献			318

第 12 章 光纤中的非线性效应 ... 320

12.1	非线性效应分类	320
12.2	有效长度与有效面积	321
12.3	受激拉曼散射	322
12.4	受激布里渊散射	324
12.5	自相位调制	325
12.6	交叉相位调制	326
12.7	WDM 信道中的四波混频	327
12.8	减小四波混频的方案	328
12.9	主要的光波长变换器	329
	12.9.1 光门波长转换器	329
	12.9.2 波混频波长转换器	330
12.10	孤子的原理	330
	12.10.1 孤子脉冲的结构	331

	12.10.2 孤子主要参数	333
	12.10.3 孤子宽度和间隔	334
12.11	小结	336
习题		336
习题解答(选)		337
原著参考文献		337

第13章 光网络 ... 339

13.1 网络概念 ... 339
13.1.1 网络术语 ... 339
13.1.2 网络分类 ... 340
13.1.3 网络体系的分层结构 ... 342
13.1.4 光层功能 ... 343

13.2 网络拓扑 ... 344
13.2.1 无源线形总线的性能 ... 345
13.2.2 星形拓扑的性能 ... 345

13.3 SONET/SDH 概念 ... 347
13.3.1 SONET/SDH 帧结构 ... 347
13.3.2 SONET/SDH 的光接口 ... 349
13.3.3 SONET/SDH 环 ... 351
13.3.4 SONET/SDH 网络体系 ... 353

13.4 高速光收发机 ... 354
13.4.1 10 Gbps 光链路 ... 354
13.4.2 40 Gbps 光链路 ... 356
13.4.3 100 Gbps 链路 ... 357
13.4.4 400 Gbps 以上速率链路 ... 357

13.5 光分插复用器方案 ... 358
13.5.1 OADM 的结构 ... 358
13.5.2 可重构 OADM ... 359

13.6 光交换 ... 363
13.6.1 光交叉连接 ... 364
13.6.2 波长变换 ... 364
13.6.3 波长路由分配 ... 366
13.6.4 光分组交换 ... 366
13.6.5 光突发交换 ... 367
13.6.6 弹性光网络 ... 369

13.7 WDM 网络实例 ... 369
13.7.1 长途 WDM 网络 ... 369
13.7.2 城域 WDM 网络 ... 371
13.7.3 数据中心网络 ... 372

13.8 无源光网络 ··· 372
    13.8.1 基本的 PON 架构 ··· 373
    13.8.2 有源 PON 模块 ·· 374
    13.8.3 PON 业务流量的控制 ·· 375
    13.8.4 PON 结构中的保护交换 ··· 377
    13.8.5 WDM PON 架构 ·· 378
13.9 小结 ··· 379
习题 ··· 379
习题解答(选) ·· 382
原著参考文献 ··· 382

第 14 章 性能测量与监控 387

14.1 测量标准概述 ··· 388
14.2 测试设备概述 ··· 389
    14.2.1 测试用光源 ··· 390
    14.2.2 光谱分析仪 ··· 390
    14.2.3 多功能光测试仪 ·· 391
    14.2.4 光功率衰减器 ··· 391
    14.2.5 光传送网(OTN)测试仪 ··· 391
    14.2.6 可视故障指示仪 ·· 392
14.3 光功率测量 ·· 392
    14.3.1 光功率的物理基础 ··· 392
    14.3.2 光功率计 ·· 393
14.4 光纤特性参数 ··· 393
    14.4.1 折射近场法 ··· 394
    14.4.2 传输近场法 ··· 394
    14.4.3 损耗测量 ·· 394
14.5 眼图 ··· 397
    14.5.1 模板测试 ·· 398
    14.5.2 压力眼图 ·· 399
    14.5.3 BER 等高线 ·· 399
14.6 光时域反射仪(OTDR) ··· 399
    14.6.1 OTDR 测试曲线 ·· 400
    14.6.2 损耗测量 ·· 401
    14.6.3 OTDR 盲区 ··· 402
    14.6.4 光纤故障定位 ··· 403
    14.6.5 光回波衰减 ··· 403
14.7 光性能监测 ·· 404
    14.7.1 管理系统和功能 ·· 404
    14.7.2 光层管理 ·· 405

  14.7.3 OPM 基本功能 ………………………………………………………………… 407
  14.7.4 用于网络维护的 OPM 架构 ……………………………………………………… 407
  14.7.5 网络故障检测 …………………………………………………………………… 408
 14.8 光纤系统性能测量 ……………………………………………………………………… 409
  14.8.1 误码率测试 ……………………………………………………………………… 409
  14.8.2 光信噪比评估 …………………………………………………………………… 410
  14.8.3 Q 因子评估 ……………………………………………………………………… 411
  14.8.4 OMA 测量方法 …………………………………………………………………… 412
  14.8.5 定时抖动测量 …………………………………………………………………… 413
 14.9 小结 …………………………………………………………………………………… 414
 习题 ………………………………………………………………………………………… 415
 习题解答(选) ……………………………………………………………………………… 416
 原著参考文献 ……………………………………………………………………………… 416

附录 A 国际单位制 ………………………………………………………………………… 418

附录 B 分贝 …………………………………………………………………………………… 419

附录 C 缩略语 ………………………………………………………………………………… 421

附录 D 拉丁文符号 …………………………………………………………………………… 427

附录 E 希腊文符号 …………………………………………………………………………… 429

第1章　光纤通信概述

摘要：1966年，高锟与哈克曼提出了用光导纤维通信的概念，进而引发了基于光子技术的通信产业。本章介绍光纤通信的发展动机、巨大成就以及为实现高速光通信链路而发明的光纤和光子器件。此外，有关光纤通信网络的设计安装流程、测试方法和国际标准也将在本章中简要介绍。

自古以来人们就采用光学方法实现远距离通信。在大约公元前1000年，希腊和罗马就用烟信号和篝火等方法的光学传输链路发送警告，用于求救或者布告特定事件。限于技术原因，此后改进这种光通信方式并未引起人们多大的兴趣。例如，信息传送速率受到限制，这是因为通信线路中信息传输速率受限于发送者手摆动的快慢；信息接收器是人的眼睛，这会导致接收误差；需要视距传输，这就会受到大气的影响，像大雾、雨天就会导致传输中断。由此，人们转向寻求更为快捷、更加有效的方式，以便将信息传送建立在规范的网络上[1]。

直到20世纪60年代早期激光器发明之前，光通信未取得明显的进展。为了挖掘高速激光传输高速大容量信息的潜力，人们开展了许多利用大气光学信道的实验研究。但是实现这种系统所需的高昂成本以及大气光信道的制约，例如雨、雾、雪、污染等因素，使得构建这种超高速链路的经济性大打折扣。

与此同时，另一种途径，即经过光导纤维实现更可靠的传输信道引起了关注，因为这种传输信道不受环境的影响[2, 3]。早先，高达1000 dB/km的传输损耗使得光纤传输难以实用化。1966年，高锟和Hockman[4]指出，光纤材料的高损耗是由其中的杂质引起的，并指出只要将杂质含量降低，即可显著降低其损耗，从而制作出光纤这种传输媒质。2009年，高锟因其开创性的贡献及其在世界范围热情支持进一步研发更低损耗光纤而获得诺贝尔物理学奖。1970年，也就是在高锟预言之后仅仅4年，第一根超纯净光纤问世[5]。在此突破之后，又有诸多制造低损耗光纤的技术出现，这就导致了1978年开始构建世界范围内实用的光通信系统。

本书的目的是讲述各种技术、实现方法以及使得光通信系统能够正常工作的性能测试技术。读者也可在本书不同章节及所列参考书[6]，指导论文[7-12]，教材[13-20]及会议论文集[21-23]中看到光纤中的光传输理论、链路和网络设计、光纤、光子器件和光纤通信系统的演进信息。

首先，在1.1节将介绍光纤传输系统的发展动力；1.2节将定义光通信中使用的不同波段及其波长范围；1.3节回顾用分贝表示光功率；1.4节解释光链路中电复用的数字信息流的基本结构；1.5节描述能够极大扩展光链路容量的方法；在1.6节介绍光纤系统中关键组件的实现及功能；1.7节将介绍许多不断引入的新技术促进光通信网络的演进和发展；1.8节将介绍与光通信器件、系统运行和安装过程相关的主要标准类别和参与这些标准化活动的组织。

第2~12章将介绍光链路中主要组件的用途及性能参数。这些组件包括光纤、光源、光检测器、无源光器件、光放大器和用于多波长光网络中的有源光电器件。第 13～14 章将讲解如何将这些组件组合起来以构成链路和网络，并给出评价光器件和光链路性能的测试方法。

1.1 光通信的发展原因

1.1.1 光网络的发展历程

图 1.1 给出了一般光纤结构的示意图，其他光纤都是在这一基本构造基础上改变材料、尺寸和层数而成的。标准光纤包含一个称为**纤芯**的硬玻璃圆柱。纤芯是光沿着纤维传播的区域，它被称为**包层**的介质所包裹，包层与纤芯的材料特性不同从而把光线束缚在纤维中传播。大多数光纤的标准包层尺寸是 125 μm。聚合物缓冲涂覆层标称直径 250 μm，用于保护光纤免受机械应力和环境的影响。最外层标称直径 900 μm 的聚合物外护套封装整个光纤。第 2、3 章给出了通用光纤的详细结构和性能特性。

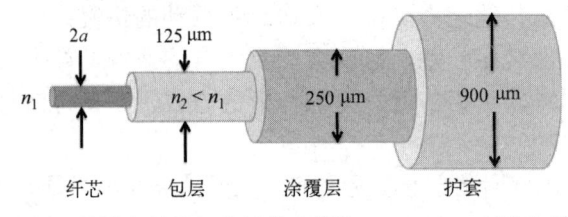

图 1.1 通用光纤结构示意图。单模光纤的标称纤芯直径为 $2a$=9 μm，多模光纤的标称纤芯直径为 50 μm

第一代光纤的纤芯直径为 50 μm、包层直径 125 μm。6 根涂敷缓冲的光纤封装在一根光缆中，这就是 20 世纪 70 年代后期首次安装的光纤链路。这些商用链路传输速率大约为 6 Mbps 的电话信号、传输距离在 10 km 左右。随着对光纤链路研发的进展，系统的先进性和容量在整个 20 世纪 80 年代迅速提升，已能够实现承载总数据率超 1 Tbps，传输距离超过数百千米的链路。这一新技术成就是基于使用纤芯标称直径 9 μm 的单模光纤。

自 20 世纪 90 年代起，出现了诸多高带宽业务的通信网络设备的新兴需求，如数据库查询、网上购物、高清交互视频、远程教育、远程医疗和电子健康产业、高分辨率编辑家庭视频、博客和大规模高容量的科学计算和网格计算。这些需求被快速升级的个人电脑和先进智能手机，以及显著增长的存储容量和处理能力所激发。此外快速发展、不断扩展的互联网，以及大量使用的远程接入应用程序和信息数据库，导致了 PC 和移动设备应用的急剧升温。为了解决从家用、移动设备到大型企业和研究机构领域对高带宽业务的不断增长的需求，全球电信公司在单根光纤中增加更多独立承载信号的波长、增大每个波长的信息传输速率、利用先进信号调制技术提升频谱效率，大大增强了光纤链路的传输能力。

1.1.2 光纤的优点

与铜线相比，光纤具有以下优点。

传输距离长 与铜线相比，光纤的传输损耗更小，因而在一个长距离的信息传输路径中可以减少用于放大和对信号整形的中继器数量，通过减少设备和器件，从而降低系统成本和复杂度。

巨大的信息容量 与铜线相比，光纤拥有更大的传输带宽，通过单一的物理线路可以传送更多的信息，在传输相同的信息条件下，需要较少的物理线路。

尺寸小、重量轻 光纤尺寸小、重量轻，便于在极为拥挤的城市地下管道中或天花板安装电缆托盘中铺设。这一特性对于在飞机、卫星、舰船中使用也是极为重要的，因为这些应用场合需要尺寸小、重量轻的线缆。

抗电磁干扰 因为光纤是由介质材料构成的，这就意味着不会在其中产生感应电流，从而使光纤免于受到铜线中所遇到的电磁干扰作用，邻近的信号载体的干扰，也不会从临近的其他设备中耦合进电噪声。

更为安全 光纤可以提供更高等级的安全性能，因为光纤不像铜线那样需要接地环，不会产生火花，也不会有潜在的高电压。但是要注意，激光器发射的光束可能会对人的眼睛造成伤害。

提高信息安全性 光纤同样可提供更高等级的数据安全性，因为光信号被很好地局限于光纤中，光纤周围的不透明涂覆层吸收任何泄露信号，而铜线中的信号很容易被分接出。正因为如此，光纤特别适用于信息安全重要的场所，例如金融、司法、政府以及军队的通信系统。

1.2 光频谱带

1.2.1 电磁能量谱

所有的电信系统都使用一定形式的电磁能量传送信息。电磁辐射频谱如图 1.2 所示。电磁能量由电场和磁场组成，电磁能量包括电力、无线电波、微波、红外光、可见光、紫外光、X 射线和 γ 射线，每部分都构成电磁频谱的一部分频带。电磁频谱辐射的一个基本特性，是以光速传播的电磁波，即真空中的光速度 $c = 3\times10^8$ m/s。需要注意的是，媒质中光的传播速度会按其折射率 n 降低到真空中光速 c 的 $1/n$，例如对于石英玻璃，$n\approx 1.45$，所以玻璃中的光速度大约为 $s = 2\times10^8$ m/s。

不同频段的电磁波的物理性质可以用几个相关的参量度量，包括一个周期波的长度、波的能量、波的振荡频率等。电信号的传输一般都使用频率指定的信号工作频带，光通信中一般用波长来表征其频谱工作范围，通常用光子能量或光功率描述其信号强度或光电器件的性能。

由图 1.2 可见，有三种方法度量电磁频谱中不同区域的波的物理性质。这些度量单位之间有简单的关系式。第一个关系是：真空中的光速度 c 等于波长 λ 和频率 ν 之积，即

$$c = \lambda\nu \qquad (1.1)$$

其中频率 ν 即为每秒周期次数，单位为赫兹(Hz)。

例 1.1 光通信的 2 个常用波长区域是 1310 nm 和 1550 nm 为中心的频段，请问这 2 个波长的频率？

解：利用光速 $c = 2.99793 \times 10^8$ m/s，运用式(1.1)得出对应频率 ν (1310 nm) = 228.85 THz 和 ν (1550 nm) = 193.41 THz。

光通信中一个重要的概念是位于波长 λ 附近的窄带波长带宽 $\Delta\lambda$ 和频率带宽 $\Delta\nu$ 之间的关系，通过对式(1.1)进行微分运算可以得到 $\Delta\nu = -c\Delta\lambda/\lambda^2$。更详细的关系与应用将在第 10 章中给出。

光子能量与其频率之间的关系由普朗克定律确定，即

$$E = h\nu = hc/\lambda \tag{1.2}$$

其中，普朗克常数 $h = 6.63 \times 10^{-34}$ Js $= 4.14 \times 10^{-15}$ eVs，单位 J 代表焦耳，单位 eV 代表电子伏特，1 ev $= 1.60218 \times 10^{-19}$ J。波长以微米为单位，以电子伏特表示的能量为

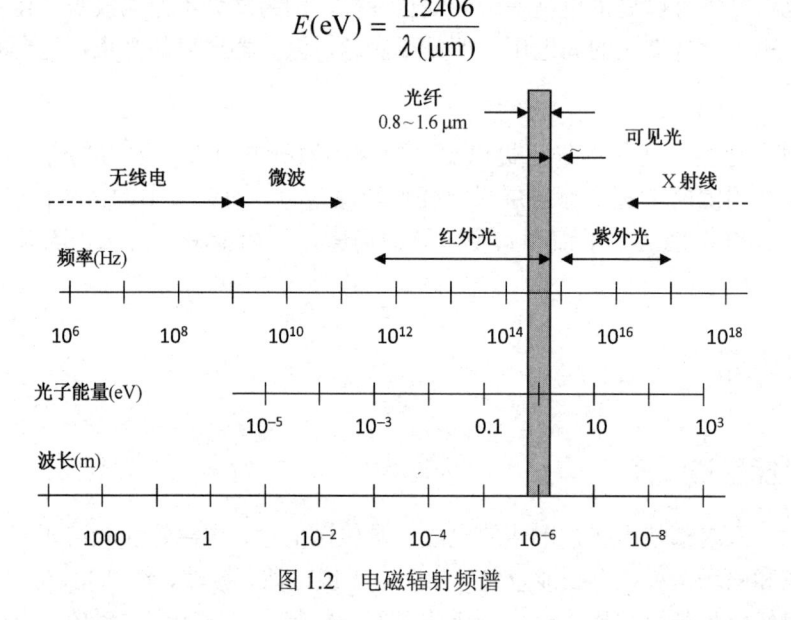

$$E(\text{eV}) = \frac{1.2406}{\lambda(\mu\text{m})} \tag{1.3}$$

图 1.2 电磁辐射频谱

例 1.2 通过计算波长分别为 850 nm、1310 nm 和 1550 nm 的光子的能量，说明随波长增加，光子能量减小。

解：由式(1.3)，分别计算可得出 E(850 nm) = 1.46 eV，E(1310 nm) = 0.95 eV，E(1550 nm) = 0.80 eV。

图 1.2 表明，光谱范围大约在从紫外线区域的 5 nm 到远红外区域的 1 mm。400~770 nm 为可见光波段，光纤通信常用近红外区域的 770~1675 nm 作为工作频带。

国际电信联盟的电信标准分局(ITU-T)在 1260~1675 nm 之间命名了 6 个光纤通信工作频带[24]。这些长波段涵盖了光纤的低衰减特性以及掺铒光纤放大器的工作频带分别在第 3 章和第 10 章讲述。图 1.3 和表 1.1 给出并定义了这 6 个波段的波长范围，其代号分别用字母 O、E、S、C、L 和 U 表示。

传统光通信组织表达了对远距离传输大容量信息的兴趣，从而强调对 1260~1675 nm 波段的使用，因为该波段光纤呈现低功率损耗。日本国家信息通信技术研究所 NICT 于 2012 年提出采用 1000~1260 nm 波段，称为 T 波段。这里符号"T"代表千。考虑该波段的目的是关注快速增长的数据中心内部中等距离链路需求、物联网发展、对 5G 无线系统的支撑。虽

然标准电信光纤中 T 波段的光信号损耗高于 ITU-T 波段，但是对于几公里的较短传输距离应用 T 波段损耗是可容忍的。目前也在考虑在 T 波段具有低损耗潜力的其他类型光纤。

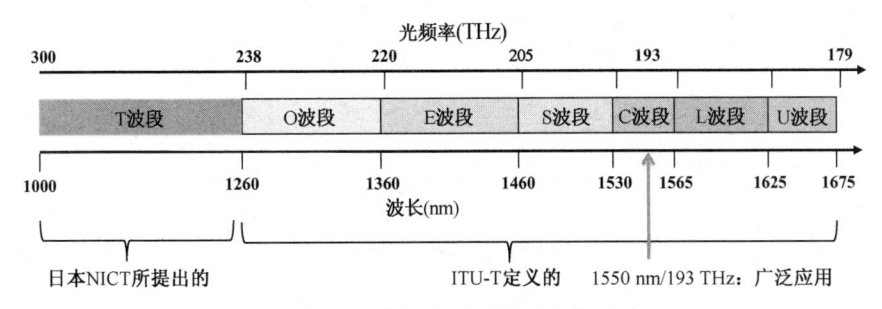

图 1.3　光纤通信所用的波段代号

770～910 nm 波段通常称为短波段，一般为多模光纤通信系统所用。后面几章将分别介绍用于短波段和长波段的光纤、电光器件及无源光器件的工作特性及应用。

表 1.1　光纤通信用的波段名称

名称	代号	波长范围/nm	名称的由来
千波段	T 波段	1000～1260	数千个潜在附加传输信道
起始波段	O 波段	1260～1360	单模光纤链路使用的第一个波段
扩展波段	E 波段	1360～1460	低水峰光纤链路工作波段可以扩展波段
短波段	S 波段	1460～1530	波长比 C 波段短，但比 E 波段长
常用波段	C 波段	1530～1565	通用的 EDFA 波长范围
长波段	L 波段	1565～1625	在 1625 nm 更长的波段，EDFA 的增益将稳定地降低到 1
超长波段	U 波段	1625～1675	超出了 EDFA 的响应能力的区域

1.2.2　工作窗口和光频带

图 1.4 给出了光纤通信系统的工作波长区域和链路中 4 个最主要的组件，即光纤、光源、光检测器和光放大器的特性。图中的垂直虚线标出了光纤通信系统的三个主要的传统工作波段的中心波长，即短波长区、O 波段和 C 波段。光纤的一个最基本特性就是其衰减是波长的函数，如图 1.4 所示。20 世纪 70 年代后期，倾向于使用 770～910 nm 波段，其中包含光纤的一个低衰减窗口，而且 GaAlAs 光源和硅光检测器正好可以工作在这个波长区。原本是将这个区域作为第一工作窗口，因为在 1000 nm 附近有一个残留水分子形成的高吸收峰。由于这个吸收峰，使得早期光纤在 850 nm 附近形成了局部的最小衰减区。

通过降低材料中氢氧根离子(OH^-)和金属杂质的浓度，20 世纪 80 年代制造出的光纤在 1260～1675 nm 范围内衰减极小，这个光频带称为长波长区。由于石英玻璃中仍然残留有水分子，其第三个吸收峰出现在 1400 nm 附近，所以长波长区被分成两个低衰减窗口，即 1310 nm 附近的第二工作窗口和 1550 nm 附近的第三工作窗口。这两个工作窗口分别称为 O 波段和 C 波段。

使用低损耗长波长区波段的意愿促使工作于 1310～1550 nm 波长区的基于 InGaAsP 的光源、InGaAs 光电探测器(也称光检测器)和 InGaAsP 光学放大器的发展。另外，在光纤中掺入稀土元素，例如掺 Pr、Th、Er 等，研制出了光纤放大器，分别称为 PDFA、TDFA、EDFA。这些放大器和拉曼放大器配合使用可以进一步提升长波长系统的容量。

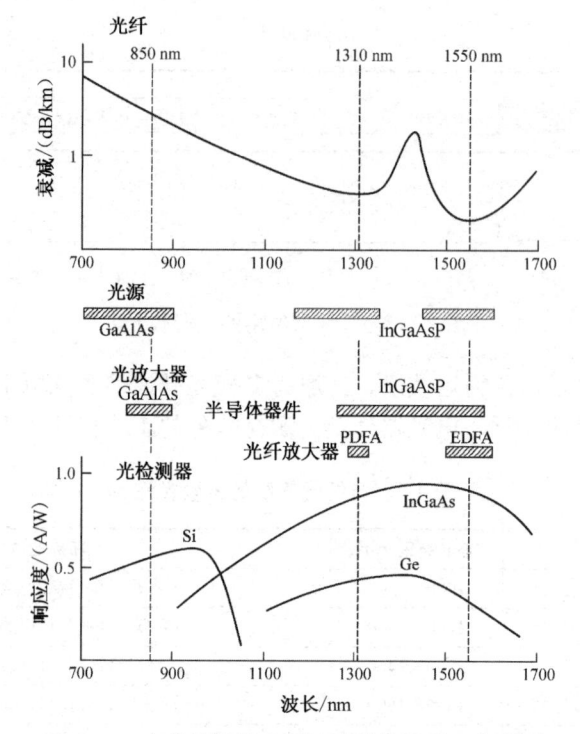

图 1.4 4 个关键组件光纤链路的特性及工作范围

采用特殊的材料提纯工艺，几乎可以完全清除光纤材料中的水分子，因而可以消除 1400 nm 附近的吸收峰，这个工艺打开了 1360～1460 nm 的 E 波段，这种低水峰光纤与标准的单模光纤相比，可以多提供 100 nm 的可用带宽。

系统如果工作在 1550 nm 附近，其衰减最小，但是与 1310 nm 相比其信号色散要大得多。为了解决这一问题，光纤制造商首先制造出了用于单波长系统的色散位移光纤(DSF)，随后又制造出了非零色散位移光纤(NZDSF)用于多波长系统。NZDSF 由于在 S 波段和 C 波段可以复用多个波长，从而为长距离的陆地和海底链路提供了巨大的传输容量。这些链路可以正常地承载 10 Gbps 的业务，中继器或放大器之间距离一般为 90 km。2010 年出现 100 Gbps 的链路，2017 年 IEEE P802.3bs 任务组提名 400 GbE(吉比特以太网)标准。该标准为工业布局 400 GbE 全球网络奠定了基础[26-28]。

1.3 分贝单位

如本书后续各章所述，设计或构建光纤通信链路时，一个重要的问题是在传输线路的每个组件中确定、测量和比较光信号电平。因此需要知道光源的输出功率值、接收机为了正确地检测信号需要的功率电平以及传输线路中所有组成组件的光功率损耗值。

在传输线路中有多种损耗来源导致信号强度的降低或衰减。例如，电信号沿着导线传输时会因为发热而损耗，吸收和散射效应会导致玻璃光纤、塑料光纤、大气信道中光功率的衰减。为了补偿这些损耗,必须在传输信道中周期性地加入放大器放大信号能量,如图 1.5 所示。

测量线路或器件衰减的标准和常用方法是比较其输出信号电平和输入信号电平。对于波导媒质,例如光纤,其信号强度通常随传输距离呈指数衰减。所以采用功率比的对数来作为度量单位是恰当的,也就是用分贝(dB)。dB 的定义是

$$\text{以 dB 为单位的功率比} = 10 \log \frac{P_2}{P_1} \tag{1.4}$$

式中 P_1 和 P_2 为图 1.6 中点 1 和点 2 处的电功率或光功率,在本书中,无特别说明 log 是以 10 为底的对数。用分贝对数特性可以将很大的比值用十分简单的方法表示。压缩幅度相差很多个数量级的功率电平用分贝表示就很简单明了。比如,功率降低为 1/1000 就是 -30 dB 的损耗,50% 的衰减就是 -3 dB 的损耗,10 倍的放大就是 +10 dB 的增益。用分贝的另一个优点就是在一系列光链路器件(如光纤、耦合器、功率分束器或放大器)中,测量两个不同点之间的信号强度变化只需要进行加减运算。

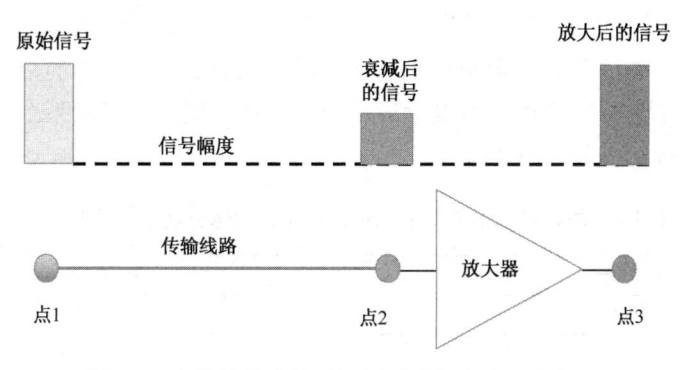

图 1.5 为补偿线路能量损耗而周期地放置放大器

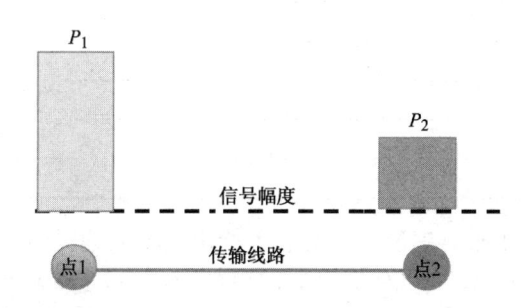

图 1.6 链路中脉冲衰减的例子,P_1 和 P_2 分别是点 1 和点 2 处的功率电平

例 1.3 假设在某种传输媒质中传输一定距离以后,信号功率降低到初始值的一半,即 $P_2 = 0.5P_1$,如图 1.6 所示。利用式(1.4)计算点 2 的功率衰减为

$$10 \log \frac{P_2}{P_1} = 10 \log \frac{0.5 P_1}{P_1} = 10 \log 0.5 = 10 \times (-0.3) = -3 \text{ dB}$$

-3 dB(即 3 dB 衰减或损耗)意味着信号功率损失一半。如果在此线路的点 2 处接入放大器,将信号放大复原到初始值,则放大器应有 3 dB 增益。如果放大器增益为 6 dB,则信号功率被放大至初始值的两倍。

例 1.4 考虑如图 1.7 所示的从点 1 到点 4 的传输路径,点 1 到点 2 之间的损耗为 9 dB,在点 2 和点 3 之间通过放大器获得 14 dB 的增益,点 3 与点 4 之间的损耗为 3 dB。与点 1 相比,点 4 处的功率电平为

$$点\,4\,功率电平(dB) = 线路\,1\,的损耗 + 放大器增益 + 线路\,2\,的损耗$$
$$= (-9\,dB) + (14\,dB) + (-3\,dB) = +2\,dB$$

也就是说,信号从点 1 传到点 4,其功率有 2 dB 增益($10^{0.2} = 1.58$,被放大 1.58 倍)。

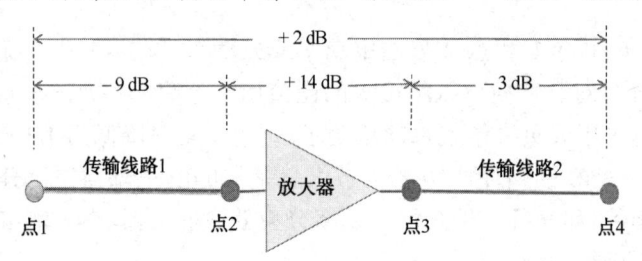

图 1.7　传输线路中信号衰减和放大的实例

表 1.2 给出了一些用分贝表示的功率损耗值以及相应的保存功率的百分比。这些数值对于从线路中分出一小部分功率用于监测管理是很重要的,例如要测量某个光器件的功率损耗或计算一定长度光纤的信号衰减等。

表 1.2　用分贝表示的功率损耗值及相应的保存功率的百分比值

功率损耗/dB	保存功率百分比
0.1	98
0.5	89
1	79
2	63
3	50
6	25
10	10
20	1

由于分贝是一个比值或相对单位,因而它不给出功率的绝对值。为此,分贝是一个导出单位。在光纤通信中常用的单位是 dBm。dBm 是将功率 P 与 1 mW 相比,然后取对数所得到的值。也就是说,用 dBm 表示的功率电平的绝对值定义为

$$功率电平(dBm) = 10\log\frac{P(mW)}{1\,mW} \tag{1.5}$$

在光纤通信中需要特别记住:0 dBm = 1 mW。所以正的 dBm 值大于 1 mW,而负的 dBm 值小于 1 mW。

例 1.5 考虑三个不同的光源,它们的输出功率分别为 50 μW、1 mW 和 50 mW,用 dBm 表示,它们的功率电平分别是多少?

解: 由式(1.5)计算出这些光源的输出功率分别为: -13 dBm、0 dBm 和 17 dBm。

例 1.6 考虑制作一个生产数据表，光检测器需要–32 dBm 的最小接收功率以满足给定性能指标，如果用 nW 表示，光功率应为多少？

解：由式(1.5)，–32 dBm 用 nW 表示的电功率为

$$P = 10^{-32/10} \text{ mW} = 0.631 \text{ μW} = 631 \text{ nW}$$

表 1.3 列出了一些光功率值及其相应的 dBm 值。

表 1.3 光功率值及其相应的 dBm 值

功率	dBm 值	功率	dBm 值	功率	dBm 值
200 mW	23	10 μW	–20	1 nW	–60
100 mW	20	1 μW	–30	100 pW	–70
10 mW	10	100 nW	–40	10 pW	–80
1 mW	0	10 nW	–50	1 pW	–90
100 μW	–10				

1.4 数字复用技术

为了处理来自个人、大公司及研究机构的持续增长的高带宽业务需求，世界范围内的电信公司正在不断地开发先进的数字复用方法，便于大量的单路信息流可以共享相同的物理传输信道。本节将介绍一些常用的数字信号复用方法[29-32]。

1.4.1 基本的电信信号复用

表 1.4 给出了一些典型的电信业务的信息速率。要将这些业务由一个用户送到另一个用户，网络运营公司将来自很多不同用户的信号组成一个合成信号，并将这一合成信号通过同一传输线路传送，这种复用方法就是所谓时分复用(TDM)。这里每个以数据速率 R bps 传输的 N 个独立的信息数据流，在电域被组成了一个单一的 $N \times R$ bps 的高速数据流。为得到有关 TDM 的详细描述，我们来看一下电信系统的复用方案。

表 1.4 一些典型的电信业务的信息速率

业务类型	数据速率
视频点播/交互式 TV	1.5～6 Mbps
视频游戏	1～2 Mbps
远程教育	1.5～3 Mbps
电子购物	1.5～6 Mbps
数据传送或远程支付	1～3 Mbps
视频会议	0.384～2 Mbps
话音(单话路)	33.6～56 kbps

光纤传输线路的早期应用主要用于大容量电话线路。64 kbps 的话音信道，通过时分复用组成数字链路。20 世纪 60 年代，发展了所谓准同步数字体系(PDH)，图 1.8 所示为北美电话网所用的数字传输体系。

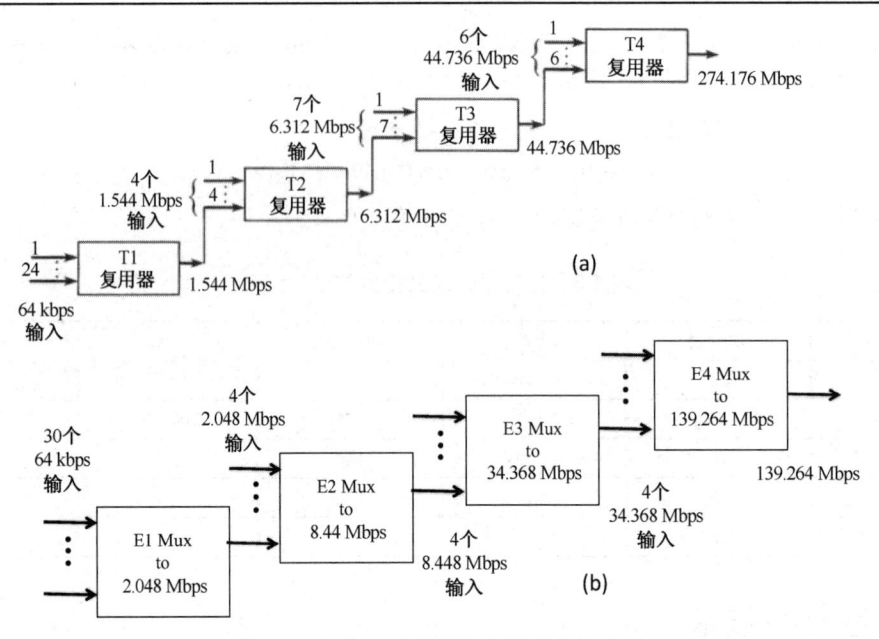

图 1.8 北美电话网所用的数字传输体系

1.544 Mbps 传输速率,即所谓 DS1 速率是北美光网络的一个基本模块,这里 DS 是"数字系统"的缩写。DS1 由 24 个 64 kbps(即所谓 DS0)速率通过时分复用构成。同时将帧定位比特插入话音信道之间,以标明某个 DS1 起点和终点,从而形成 1.544 Mbps 的比特流。这些帧定位比特和其他控制比特称为开销比特。任何一个复用级别的标称入口速率信号都是由具有相同速率的入口信号复用而成的。

为标明电话网的数据速率,也用 T1、T3 等这样的术语。通常 Tx 和 DSx 可以交替使用,也就是说 T1 与 DS1 等价,T3 与 DS3 等价。然而,T 和 DS 的意思略有不同。通常,名称 DS1、DS2 和 DS3 表示业务类型,例如某用户若需要以 1.544 Mbps 的速率传送信息,则可以说为他提供 DS1 服务。而 T1、T2 和 T3 描述的是传输线路技术指标,表明可为业务提供的物理链路速率。例如 DS1 服务以 T1 = 1.544 Mbps 的速率在物理铜线或光纤线路中传输。

其他国家的电话网络则采用欧洲或日本的复用体系。类似于北美体系,基本的 64 kbps 信道按表 1.5 所示的不同复用速率等级组合起来。除了北美和日本以外的多数国家,如欧洲、中南美洲、非洲、澳大利亚和亚洲等大部分地区,都采用欧洲标准复用体系,标记为 E1、E2、E3,等等。图 1.8(b)列出了直到 E4 等级的各级复用信道数量和速率。例如 30 个 64 kbps 信道按所需的开销比特复用成 2.048 Mbps 的 E1 速率。

表 1.5 北美、欧洲和日本的数字复用等级

数字复用等级	64 kbps 信道数	比特率/Mbps		
		北美	欧洲	日本
DS0	1	0.064	0.064	0.064
DS1	24	1.544		1.544
E1	30		2.048	
	48	3.152		3.152

续表

数字复用等级	64 kbps 信道数	比特率/Mbps		
		北美	欧洲	日本
DS2	96	6.312		6.312
E2	120		8.448	
E3	480		34.368	32.064
DS3	672	44.376		
	1344	91.053		
	1440			97.728
E4	1920		139.264	
DS4	4032	274.176		
	5760			397.200

TDM 方案并不局限于话音信号的复接，以 DS1 速率为例，任何合适格式的 64 kbps 数字信号都可以作为 24 个或 30 个输入信道中的一个进行传输，并按如图 1.8 所示的体系传输。表 1.5 给出了北美的主要复用速率名称，DS1(1.544 Mbps)、DS2(6.312 Mbps)、DS3(44.736 Mbps)等。

例 1.7 从图 1.8 可见，每一个复用等级都有一些用于同步的开销比特，试问 T1 等级的开销是多少？

解： T1 的开销是：1544 kbps−24×64 kbps = 8 kbps。

1.4.2 SONET/SDH 复用体系

20 世纪 80 年代，随着大容量光纤传输线路的问世，业务提供商建立了一个标准的信号格式，这个标准格式在北美称为同步光网络(SONET)，而在世界其他国家则称为同步数字体系(SDH)[33-35]。这些标准定义了在光纤干线中传送复用数字业务的同步帧结构。在 SONET 信号体系中处于第一等级的基本模块称为同步传送信号等级 1(STS-1)，比特率为 51.84 Mbps。更高速率的 SONET 信号是由 N 个 STS-1 帧经一个字节为 8 比特间插获得的，然后经过处理转换为光载波等级 N(OC-N)信号。OC-N 信号的线路速率严格地等于 OC-1 信号速率的 N 倍。对 SDH 系统，其基本模块是 155.52 Mbps 的同步传送模块等级 1(STM-1)，高速的信息流则由 N 个不同的 STM-1 经同步复接形成，此即为 STM-N 信号。表 1.6 所示为常用的 SONET 和 SDH 信号等级、线路速率及相应速率的通用数字名称。注意到 SONET 规范可以适用于数据速率低于 40 Gbps 的应用，对大带宽数据业务的高效信息传送的迫切需求要采用如 1.4.3 节中所述的新技术予以解决。

表 1.6 常用的 SONET 和 SDH 的信号等级、线路速率及通用速率名称

SONET 等级	电等级	SDH 等级	线路速率(Mbps)	通用速率名称
OC-1	STS-1	—	51.84	—
OC-3	STS-3	STM-1	155.52	155 Mbps
OC-12	STS-12	STM-4	622.08	622 Mbps

续表

SONET 等级	电等级	SDH 等级	线路速率(Mbps)	通用速率名称
OC-48	STS-48	STM-16	2488.32	2.5 Gbps
OC-192	STS-192	STM-64	9953.28	10 Gbps
OC-768	STS-768	STM-256	39 813.12	40 Gbps

1.4.3 光传送网（OTN）

电信业发展早期的几十年里，网络承载业务原则上是由话音呼叫构成的，并遵循终端节点间可预测的连接方式。当数据业务出现时，发展出映射数据业务进入 SONET/SDH 网络提供单一传送网络的技术。但是当传输速率超过 40 Gbps 时，这种方法变得进展缓慢，因为话音的数据对传送网络的内在需求不一样。汇聚的话音业务遵从可预测的连接模式，而数据业务的应用对带宽和数据传输性能的需求变化是具有突发性、不可预测特征的业务类型。结果电信产业为传输速率超过 40 Gbps 发展了一种全新的技术——光传送网 OTN。ITU 为 OTN 提出标准 G.709。第 13 章给出了关于 OTN 的细节与应用。

1.5 波长信道复用

用户终端的快速发展带动了与之相关的应用，例如高性能笔记本、台式计算机、4G/5G 智能手机、高清电视，以及 3D 在线游戏控制台等用户终端，它们所提供的视频点播、云计算、在线网游、音乐流和社交网络应用，产生了日益增长的带宽需求。为适应这些不断增长的带宽需求，网络运营商不断寻找能扩大光纤链路信息承载容量的新方法，这些方法对于那些用于用户和相邻中心局业务交换设备之间的链路尤为重要。这些方法包括波分复用、偏振复用、模分复用和空分复用技术，它们把许多独立信息通道集中在一根光纤中传输。

1.5.1 WDM 概述

利用波分复用(WDM)技术可以进一步提高光纤的传输容量。WDM 技术的基础是使用工作波长稍有差别的多个光源，在同一根光纤中同时传输多个信息流。图 1.9 给出了基本的 WDM 概念。其中 N 个不同格式、不同波长的光信息流通过光复用器组合，然后送进同一根光纤传送。需要注意的是，这些信息流中的每个速率可以不同，经过复用以后，每个信息流都保持其原先的数据速率，并工作在各自独立的波长上。

尽管研究人员开展 WDM 的研究工作始于 20 世纪 70 年代，但在随后的年代里，研究人员转

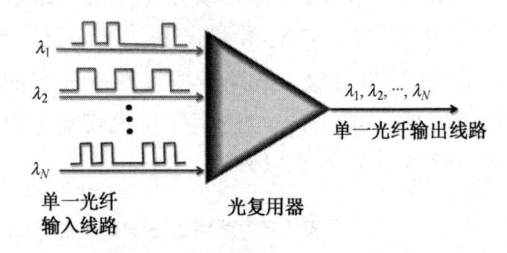

图 1.9 波分复用的基本概念

向了相对更为容易一些的利用高速电子器件和光器件在光纤上只传输一个信号波长的研究，而不是追求更为复杂的 WDM 系统。到了 20 世纪 90 年代早期，有几个因素导致 WDM 技术加速发展。这些因素包括新型光纤在 1550 nm 窗口可以为多波长工作提供更好的传输性能；WDM 器件

生产技术取得突破,可以分离间隔很小的不同工作波长;光放大器的问世,使之可以在光域透明地放大 C 波段内所有的光信号。第 10 章将介绍 WDM 的概念和组成的未来细节。

1.5.2　偏振复用

3.2.8 节中将讲到给定波长的信号能量占据了 2 个正交的偏振模式。偏振复用(PDM)的基本概念就是将 2 路独立光信号流注入光纤的两个正交偏振态上,从而加倍光纤的传输容量。PDM 方法通常被用于与相位调制或光幅相调制(QAM)一同使用,从而实现单光纤单波长数据率超过 100 Gbps。实现 PDM 面临的重要挑战是如何解决偏振模色散问题(见 3.2.8 节)偏振相关损耗问题,以及交叉偏振调制问题。解决这些挑战的办法是通过高级编码技术,如偏振复用差分四相移键控(PM-DQPSK)调制格式。

1.5.3　多芯光纤

另一种增加光纤容量的概念是空分复用(SDM)技术,采用具有多个纤芯的光纤。在这种光纤中,每个纤芯都为不同的 WDM 光信号提供一个空间独立的传输路径。SDM 总容量是每个光纤的容量乘以纤芯数量。这个条件有效的前提是,每个 SDM 信道(每个纤芯)独立工作且传输特性等同于传统的单模光纤。比如,一个七芯光纤的容量将是单模光纤的 7 倍。3.6 节中给出了一些多芯光纤的实例。

1.6　光纤通信系统的基本组件

与电通信系统一样,光纤链路的基本功能是将来自于甲地的通信设备(包括计算机、电话、视频设备等)的信号可靠地、精确地发送到位于乙地的相应设备。图 1.10 给出了光纤通信链路的主要组件。最关键的部分有:由光源及其驱动电路组成的光发射机;光缆对放置在其中的光纤提供机械和环境保护作用;由光检测器和放大电路、信号恢复电路组成的光接收机。一些附加的元器件包括光放大器、连接器、接头、耦合器、再生器(用于恢复信号的形状),以及其他无源器件和有源光子器件。

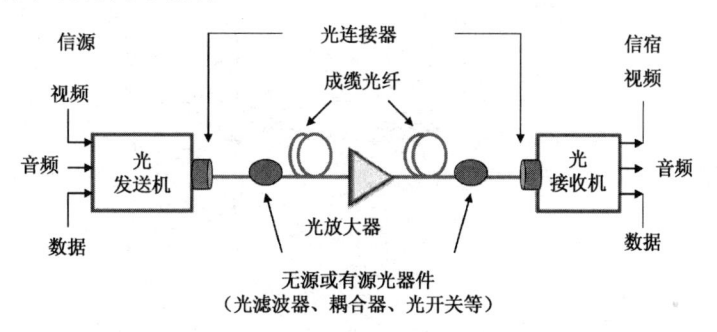

图 1.10　光纤通信链路的主要组件

在光纤线路中,成缆光纤是最重要的组件之一,有关光纤和光缆的内容将在第 2 章和第 3 章中讲述。除了在铺设和运行中保护玻璃纤维,光缆中还应包含有铜线,用来为光放大器和信号再生器提供电源。对于长途线路,需要周期地对信号实施放大和整形。性能各异的各种类型光纤,适用于广泛的应用环境。不同的光缆结构适应不同的铺设和运行环境,例如室内安装、室外架空、地下管道直埋或水下铺设。低损耗连接器和接头对于所有的光纤网的光缆接续和光纤与光纤互连都是极为重要的。

与铜缆类似，光缆可以架空铺设，也可铺设在管道内、海底或直埋于地下，如图1.11所示。如第2章所述，光缆的结构在很大程度上依赖于其使用和铺设环境。由于铺设与制造的原因，室内和陆地单盘光缆的长度一般从几百米到数千米。缆盘的尺寸和重量决定了单盘光缆的长度。较短的光缆适用于管道铺设，较长的光缆则适于架空、直埋或海底应用。

工人可以用牵引或气吹的方法将光缆铺入管道中（室内和室外）或其他空间，也可以将光缆放置在室外光缆沟中、直接将光缆埋在地下、悬挂在杆子上、铺设或埋在海底。这些铺设方法都有其特定的程序，但它们都必须特别注意，都需要避免光缆的过度弯曲，铺设的光缆受到的应力应尽可能小，避免光缆受到过大的拉伸或突然猛拉。直埋光缆可以直接埋入地下或放入光缆沟中。

越洋光缆长度可达数千千米，并周期性地（每隔60～100 km）接入光中继器，以放大信号电平。海底光缆由陆地工厂制造，然后装载到特殊的光缆铺设船上，并在船上将每段光缆连接后，放入海底构成长途传输线路。

光缆铺设好以后，光发射机的光信号被注入光纤中。第4章描述发射机配置，第5章讨论连接光源和其他光子器件与光纤的方法和器件。光发射机由尺寸与光纤纤芯匹配的光源及电子控制和调制电路构成。半导体发光二极管（LED）和半导体激光器（LD）是适用于光纤通信的光源。这些光源可以通过简单地以所需数据速率改变其注入电流实现调制，并得到所需要的光信号。光发射机电路的输入调制电信号可以是数字信号，也可以是模拟信号。发射机附属电路的功能是建立并稳定光源的工作点，从而稳定输出功率。对于高速系统（通常是指高于2.5 Gbps的系统），采用直接调制光源会导致光信号产生畸变，此时一般用外调制器改变由激光器光源发出的连续光束的强度。在770～910 nm区域，一般用GaAlAs光源，在1260～1675 nm的长波长区域则采用InGaAsP光源。

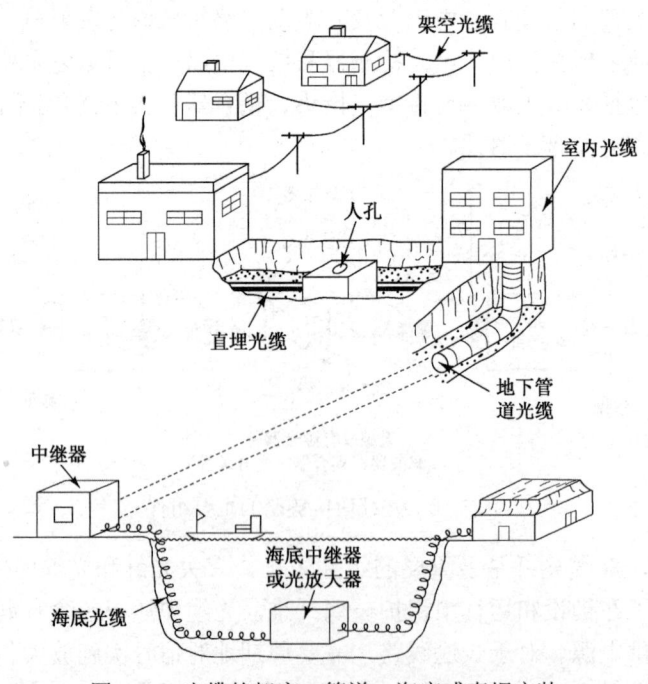

图1.11 光缆的架空、管道、海底或直埋安装

光信号被注入光纤之后，随光信号在光纤中传输距离的增加，其幅度将衰减，并且会产生畸变，这是玻璃材料对信号的吸收、散射以及色散机理造成的。在第 6 章会讲到在光纤线路的目的地，接收设备将原始信息从光信号中还原出来。接收机中的主要部件是光检测器，它将光纤末端的微弱和畸变的光信号转换为光电流。接收机还有电信号放大器件及恢复信号保真度电路。硅光电二极管工作波长范围为 770～910 nm，而工作在 1260～1675 nm 波段的检测器的基本材料是 InGaAs。

设计光接收机，必须考虑如何从来自光检测器的微弱而且有畸变的光电流中正确地恢复出原始信息。第 6～8 章将讨论数字接收机和模拟接收机应用。光接收机主要的参数是：对于数字系统，满足给定误码率指标条件下的最小接收光功率；对于模拟系统则是满足给定的信噪比指标条件下的最小接收光功率。接收机获得性能指标决定于光检测器的类型、系统的噪声特性以及接收机中的逐级放大特性参数。

在任何光纤链路中都需要多种光无源器件，以控制和引导光信号。无源器件是指在其工作时无须电控制的器件。第 10 章将描述大量的此类元器件。在这些无源器件中，光滤波器只允许所需的某一很窄频谱的光通过；光分路器可将光信号功率分配到多个不同的支路；光复用器可在多波长光网络中将两个或多个不同波长复用光信号注入同一根光纤（或者在接收端分成不同的波长通道）；耦合器可在光路中分出一定比例的光功率，一般用于链路性能监测。此外，现代完善的光网络中还包含各种有源光器件，这些器件的工作必须由电控制。有源光器件包含光信号调制器、可调谐光滤波器、在中间节点上插入和分出波长的可重构器件、可变光衰减器和光开关。

第 11～13 章介绍实现电信光网络有关的因素。由于光纤的损耗，光信号在光纤中传输一定距离以后将变得极为微弱。所以在构建光链路时，工程师们必须制订出功率预算，在线路损耗超过可用的功率裕度的位置加入放大器或中继器。周期性的放大器可以放大光信号功率，而中继器不仅放大其幅度，而且还可恢复信号的形状。20 世纪 90 年代之前，只有中继器才能放大信号。中继器将到达的光信号首先转换为电信号，然后经过电放大、定时、脉冲整形，最后再完成电信号到光信号的转换。对于高速的多波长系统，这个过程是相当复杂的。因此研究人员做出巨大努力开发全光放大器，就是在光域放大光信号，用于 WDM 线路的光放大机制，可以来自掺稀土元素的一定长度的光纤，或者由受激拉曼散射效应产生的分布式放大。

光纤通信系统的建设和运行都需要测量技术，以便验证各个组成器件的性能是否达到给定的指标要求。第 14 章介绍此技术。另外为了测量光纤的参数，系统工程师希望了解无源分路器、连接器、耦合器以及包括光源、光检测器、光放大器在内的光电子器件的特性参数。此外，如果链路正在建设或试验，则需要测量其工作参数，例如误码率、定时抖动以及由眼图给出的信噪比。在实际运行中，则需要管理及监测功能，以便在光纤中进行故障定位以及监测远处的放大器工作状况。

1.7 光通信网络的演进

自从 1978 年安装了第一个承载业务的基础链路以来，光网络技术发生了巨大的变革。最初的发送光端机采用简单开关键控(OOK)调制、速率 6.3 Mbps、传输距离为 10 km。如图 1.12

所示，链路速率和传输距离以每年 40%～50%的速率增长。直到 1995 年，典型系统中一根光纤还是只用一个波长承载 OOK 调制数据。逐渐增高的数据传输速率主要得益于更有效的数据路由和交换设备的发展，以及激光驱动器件技术的进步。在 20 世纪 90 年代中，波分复用（WDM）通过在一根光纤的多个波长上同时传输信息的方式，极大增加了链路容量。此外，光纤放大器的发展与应用让运营商不需要中继站就能够将信息传送更远。

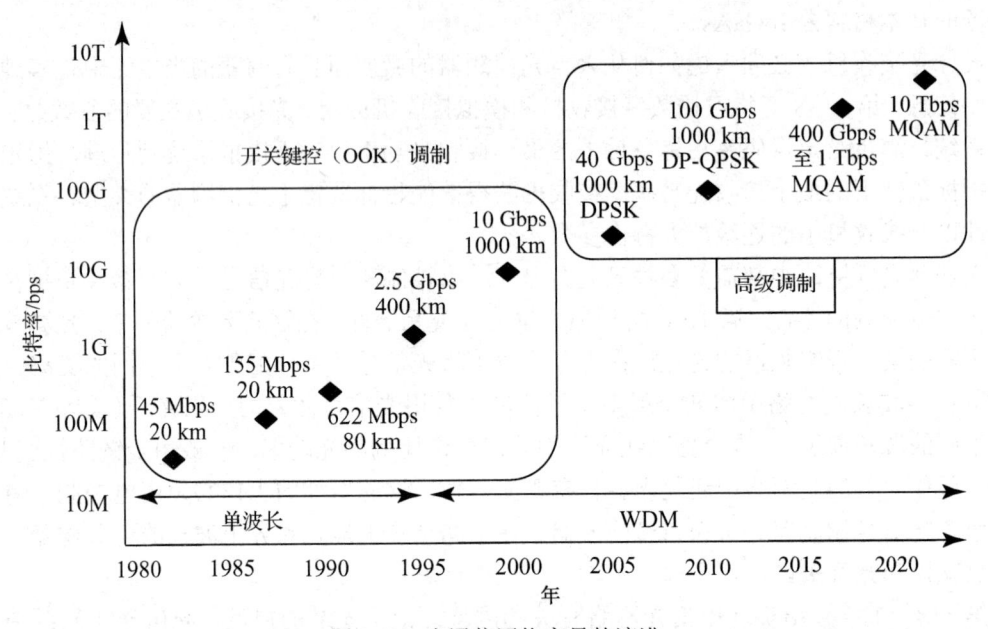

图 1.12 光通信网络容量的演进

最初，电信运营商在发送端采用简单的 OOK 调制来传送数据，并在接收端采用直接检测方案。这一现状直到 2005 年随着扩展频谱效率的高级调制技术引入而发生了改变，相干检测使得多电平调制成为可能，先进的数字信号处理（DSP）可以补偿光信号损伤，前向纠错（FEC）处理降低了对信噪比的要求。2005 年，差分相移键控（DPSK）调制方案使单波长 40 Gbps 的传输成为可能。2011 年，双偏振四相移键控（DP-QPSK）调制与相干接收实现了单波长 100 Gbps 的传输。下一步将采用更高级调制技术，如 16QAM 和 64QAM（正交幅度调制），实现 400 Gbps 和 10 Tbps 数据传输[36-39]（第 13 章将给出这些技术的细节）。

1.8 光纤通信标准

为使来自不同供应商的设备和器件可以彼此互联，已经公布了很多国际标准[40,41]。光纤光学的国际标准可以分为三个基本类型：基本标准、器件测试标准和系统标准。

基本标准 主要用于测量和表征基本物理参数，例如光纤的损耗、带宽工作特性，以及光功率和谱宽。在美国，基本标准主要由美国国家标准与技术研究院（NIST）制定。这个机构负责制定光纤及激光器标准，并召开光纤测量的年会。与此有关的其他的国家标准机构包括英国的国家物理实验室（NPL）和德国的联邦物理技术研究院（PTB）。

器件测试标准 定义光纤器件性能测试和建立设备校准程序。几个不同组织从事制定标准工作，包括电子产业联盟(EIA)，国际电信联盟的电信标准分局(ITU-T)以及国际电工委员会(IEC)。

系统标准　提供链路和网络测试方法。主要标准组织包括：美国国家标准协会(ANSI)、电气与电子工程师学会(IEEE)和ITU-T。最具影响力的光纤通信标准来自于ITU-T，其G系列(G.650 及以后的序号)给出了光纤光缆、光放大器、波分复用、光传送网(OTN)、系统可靠性及可扩展性以及无源光网络(PON)的管理与控制方法。ITU-T 的 L 系列和 O 系列标准给出了室外光纤线路中光缆及其他设备的建设、安装、维护、管理的测试方法和测试设备。

1.9　小结

光纤通信技术在 1970 年被引入电信网络之后，在通信容量上获得爆炸性的增长。从开始以 6 Mbps 的速率传输 10 km 的链路，到 40 多年后的 2020 年，光纤传输链路可以支持速率 400 Gbps 和 1 Tbps 的信息传输几百公里。很多新技术的产生促使了如此高速链路的产生，同时在设计安装程序、网络测试和监测设备以及多种多样的国际标准上也付出了大量的努力。

本书的后续章节将描述一些基本原理，用于理解广泛的光纤技术并将其用于现代通信网络中。章节顺序具有系统性，首先是各组成部分的基本原理以及它们在光纤链路中与其他器件的交互作用，然后对复杂光链路和网络的结构和性能特性进行描述，最后是在网络安装和维护过程中所需的基本的测量和测试程序。通过对这些基本主题的掌握，读者不仅具备对现有设备、通信链路和装备设计的了解，同时也能快速理解未来网络中新技术的发展。

习题

1.1　波长分别为 850 nm、1310 nm、1490 nm 和 1550 nm 的光，其能量用电子伏特表示各为多少？

1.2　如图 1.13 所示为一个**正弦波**的模拟信号，它有 3 个主要参数：幅度、周期或频率、相位。**幅度**是指信号波形的振幅，用伏特、安培或瓦度量，这取决于不同的信号类型。**频率** f 是每秒的圈数或振荡周期数，单位为赫兹(Hz)。**周期** T 是频率的倒数，即 $T=1/f$。相位描述了波形相对于时刻 1 的位置，用度或弧度(rad)度量，$180° = π$ rad。考虑 3 个周期分别如下的正弦波：25 ms，250 ns，125 ps。请问它们的频率分别是多少？

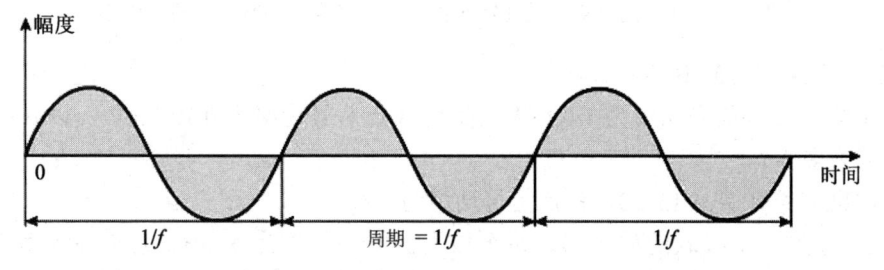

图 1.13　展示幅度、周期或频率、相位的基本正弦波模拟信号示例

1.3 如果两个具有相同周期的波，它们的波峰和波谷同时发生，那么它们**同相**，否则**反相**。考虑两波在 t 时刻的幅度分别为 $A_1(t)$ 和 $A_2(t)$。合成波的幅度 $A(t) = A_1(t) + A_2(t)$。(a) 若这两个同相波具有相同的最大幅度 A 和相同的周期，请问该合成波的最大幅度是多少？这就是**干涉相长**；(b) 若这两个波是 180°(π rad) 反相的，请问该合成波的最大幅度是多少？这就是**干涉相消**。

1.4 考虑两个频率相同的信号，如果一个处在其幅度最大点，而另一个是在从零电平算起的半最大值点，两个信号之间的相移是多少？

1.5 常规数字二进制波形表示为一串(两类不同的)脉冲序列，称为**比特**。如图 1.14 所示，1 比特发生的时隙称为**比特间隔**或**比特周期**。时隙内有脉冲称为 **1 比特**，而时隙内无脉冲称为 **0 比特**。比特间隔是固定的，每 $1/R$ 秒出现 1 次，也称每秒 R 比特速率。通过信号编码方法，1 比特可以填充整个比特周期[见图 1.14(a)]或部分比特周期[见图 1.14(b)]。一个数字脉冲中所包含的光子数量 N 有如下关系：

$$N = \frac{(\text{脉冲宽度})(\text{脉冲功率})}{(\text{单光子能量以 eV 为单位})(1.6 \times 10^{-19} \text{J/eV})}$$

考虑 1 ns 脉宽、100 nW 幅度、波长不同的脉冲。如下波长的光脉冲分别具有多少光子数：850 nm，1310 nm，1490 nm，1550 nm？

1.6 比特速率分别为 64 kbps、5 Mbps、10 Gbps 的信号，三个信号的比特持续时间各是多少？

1.7 用功率增益分贝表示下列绝对功率增益：10^{-3}、0.3、1、4、10、100、500、2^n。

1.8 将下列分贝功率增益换算为绝对功率增益：-30 dB、0 dB、13 dB、30 dB、$10n$ dB。

1.9 将下列绝对功率值用 dBm 表示：1 pW、1 nW、1 mW、10 mW、50 mW。

1.10 将下列用 dBm 表示的功率换算成 mW 值：-13 dBm、-6 dBm、6 dBm、17 dBm。

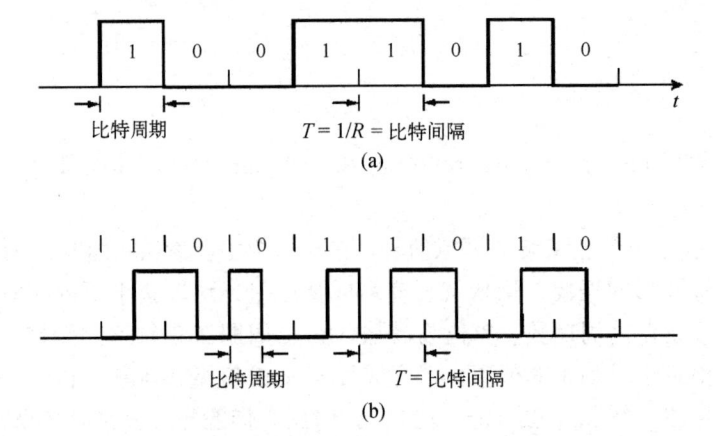

图 1.14 通过两种类型的比特脉冲展示一个常见的数字二进制波形

1.11 一信号从 A 点传到 B 点。

(a) 如果在 A 点信号功率为 1.0 mW，而在 B 点信号功率为 0.125 mW，以 dB 表示的衰减为多少？

(b) 如果信号衰减为 15 dB，B 点信号功率为多少？

1.12 一信号通过三个级联的放大器，每个放大器的增益均为 5 dB，总增益为多少 dB？信号被放大了多少倍？

1.13 某 50 km 的光纤线路，总损耗为 24 dB，如果输入光纤的功率为 500 μW，分别用 dBm 和 μW 表示其输出功率。

1.14 根据香农理论，一个带宽为 B 的信道其最大数据传输速率为 $R = B\log2(1+S/N)$，其中 S/N 为信噪比。假设某传输线路带宽为 2 MHz，接收端信噪比为 20 dB，该线路支持的最高数据传输速率为多少？

1.15 (a) TDM 数字业务最低等级 DS1，包含 24 个 64 kbps 的信道，复用速率为 1.544 Mbps，复用需要增加多少个开销比特？

(b) DS2 等级的速率为 6.312 Mbps，它由几个 DS1 等级复接而成？开销比特为多少？

(c) 如果 DS3 信号送进 T3 线路传输，T3 速率为 44.376 Mbps，T3 线路可以容纳几个 DS2 信道？开销为多少？

(d) 根据上述结果，计算出 T3 线路可以传输多少个 DS0 信道？加入的总开销为多少？

习题解答（选）

1.1 分别为 1.46 eV，0.95 eV，0.83 eV，0.80 eV。

1.2 分别为 40 kHz，40 MHz，8 GHz。

1.3 (a) 2A；(b) 0。

1.4 90°。

1.5 分别为 428，657，753，781。

1.6 分别为 15.6 μs，200 ns，0.1 ns。

1.7 分别为 -30，-5.2，0，6，10，20，27，$3n$ dB。

1.8 分别为 10^{-3}，1，20，1000，10^n。

1.9 分别为 -90 dBm，-60 dBm，-30 dBm，10 dBm，17 dBm。

1.10 分别为 50 μW，250 μW，4 mW，50 mW。

1.11 (a) 9 dB；(b) 32 μW。

1.12 15 dB。信号被放大 $10^{1.5} = 31.6$ 倍。

1.13 -27 dBm，等于 2 μW。

1.14 13.3 Mbps。

1.15 (a) 8000 比特的开销；

(b) 从 DS1 适配入 DS2 通道，需要添加 136 kbps 开销；

(c) 1 个 T3 通道可装载 7 个 DS2 通道，开销为 192 kbps；

(d) 672 个 DS0 通道可以装入 1 个 T3 中，总的开销是 1.368 Mbps 或 3%。

原著参考文献

1. R.W. Burns, *Communications: An International History of the Formative Years* (Institution of Electrical Engineers, London, 2004)

2. J. Hecht, *City of Light*, Oxford University Press, revised expanded ed., (2004). This book gives a comprehensive account of the history behind the development of optical fiber communication systems

3. E. Snitzer, Cylindrical dielectric waveguide modes. J. Opt. Soc. Amer. **51**, 491-498（1961）

4. K.C. Kao, G. A. Hockman, Dielectric-fibre surface waveguides for optical frequencies. Proc. IEE, **113**, 1151-1158（1966）

5. F.P. Kapron, D.B.Keck, R.D.Maurer, Radiation losses in glass opticalwaveguides. Appl. Phys. Lett. **17**, 423-425（1970）

6. A series of books published by Academic Press contains dozens of topics in all areas of optical fiber technology presented by researchers from AT&T Bell Laboratories over a period of forty years. (*a*) S.E.Miller, A.G. Chynoweth (eds.) *Optical Fiber Telecommunications* (1979); (*b*) S.E. Miller, I.P. Kaminow (eds.) *Optical Fiber Telecommunications- II* (1988); (*c*) I.P. Kaminow, T.L. Koch (eds.) *Optical Fiber Telecommun-ications- III*, vols. A and B (1997); (*d*) I.P. Kaminow, T. Li (eds.) *Optical Fiber Telecommunications- IV*, vols. A and B (2002); (*e*) I.P. Kaminow, T. Li, A.E. Willner (eds.) *Optical Fiber Telecommunications- V*, vols. A and B (2008); (*f*) I.P. Kaminow, T. Li, A. E. Willner (eds.) *Optical Fiber Communications- VI*. vols, A and B (2013); (*g*) A.E. Willner (ed.) *Optical Fiber Telecommunications- VII* (2019)

7. E. Wong, Next-generation broadband access networks and technologies. J. Lightw. Technol. **30**(4), 597-608（2012）

8. R. Essiambre, R.W. Tkach, Capacity trends and limits of optical communication networks. Proc. IEEE **100**(5), 1035-1055（2012）

9. C. Kachris, I. Tomkos, A survey on optical interconnects for data centers. *IEEE Commun. Surveys Tutorials* **14**(4), 1021-1036 4th Quarter（2012）

10. C. Lim, K.L. Lee, A.T. Nirmalathas, Review of physical layer networking for optical-wireless integration. Opt. Eng. **55**(3), 031113（2016）

11. E. Agrell et al., Roadmap of optical communications. J. Opt. **18**, 1-40（2016）

12. P.J. Winzer, D.T. Neilson, A.R. Chraplyvy, Fiber-optic transmission and networking: the previous 20 and the next 20 years [invited]. Opt. Express **26**(18), 24190-24239（2018）

13. G. Keiser, *FTTX Concepts and Applications*（Wiley, 2006）

14. A. Brillant, *Digital and Analog Fiber Optic Communication for CATV and FTTx Applications*（Wiley, 2008）

15. J. Chesnoy, *Undersea Fiber Communication Systems*（Academic Press, 2016）

16. A. Paradisi, R. Carvalho Figueirdo, A. Chiuchiarelli, E. de Sousa Rosa (eds.) *Optical Communications* （Springer, Berlin, 2019）

17. R. Hui, *Introduction to Fiber-Optic Communications*（Academic Press, 2019）

18. G.D. Peng, *Handbook of Optical Fibers*（Springer, 2019）

19. M. Ma, *Current Research Progress of Optical Networks*（Springer, Berlin, 2019）

20. B.E.A. Saleh, M.C. Teich, *Fundamentals of Photonics*, 3rd edn（Wiley, 2019）

21. The Institute of Electrical and Electronic Engineers (IEEE) and the Optical Society (OSA) hold several annual photonics conferences. The main one is the joint *Optical Fiber Communications*（OFC）conference and exposition held in the US

22. The annual *Asia Communications and Photonics Conference*（ACP）held in the Asia-Pacific region is sponsored by IEEE, OSA, SPIE, and the Chinese Optical Society

23. The *European Conference on Optical Fibre Communications*（ECOC）is held annually in Europe. It is

sponsored by various European engineering organizations
24. ITU-T Recommendation G.Sup39, *Optical System Design and Engineering Considerations*, ed. 5, Feb. 2016
25. R. Kubo et al., Demonstration of 10-Gbit/s transmission over G.652 fiber for T-band optical access systems using quantum-dot semiconductor devices. IEICE Electron. Express **15**(18), 1-6 (2018)
26. O. Bertran-Pardo, J. Renaudier, G. Charlet, H. Mardoyan, P. Tran, M. Salsi, S. Bigo, Overlaying 10 Gb/s legacy optical networks with 40 and 100 Gb/s coherent terminals. J. Lightw. Technol. **30**(14), 2367-2375 (2012)
27. P.J. Winzer, Optical networking beyond WDM. IEEE Photonics J. **4**(2), 647-651 (2012)
28. IEEE P802.3bs 400 Gb/s Ethernet Task Force
29. L.W. Couch II, *Digital and Analog Communication Systems*, 8th edn. (Prentice Hall, 2012)
30. B.A. Forouzan, *Data Communications and Networking*, 5th edn., (McGraw-Hill, 2013)
31. B. Sklar, *Digital Communications* (Pearson, 2017)
32. M.S. Alencar, V.C. da Rocha, *Communication Systems* (Springer, 2020)
33. D. Chadha, *Optical WDM Networks* (Wiley, 2019)
34. H. vanHelvoort, *TheComSoc Guide toNextGenerationOptical Transport: SDH/SONET/ODN* (Wiley/IEEE Press, 2009)
35. R.K. Jain, *Principles of Synchronous Digital Hierarchy* (CRC Press, 2012)
36. I.B. Djordjevic, *Advanced Optical and Wireless Communications Systems* (Springer, Berlin, 2018)
37. M. Mazur, A. Lorences-Riesgo, J. Schroder, P.A. Andrekson, M. Karlsson, 10 Tb/sPM-64QAM self-homodyne comb-based superchannel transmission with 4% shared pilot tone overhead. J. Lightwave Technol. **36**(16), 3176-3184 (2018)
38. Y. Yue, Q. Wang, J. Anderson, Experimental investigation of 400 Gb/s data center interconnect using unamplified high-baud-rate and high-order QAM single-carrier signal. Appl. Sci. **9**, 2455-2464 (2019)
39. J. Yu, Spectrally efficient single carrier 400G optical signal transmission. Front. Optoelectron. **12**, 15-23 (2019)
40. Telecommunications Sector-International Telecommunications Union (ITU-T), This organization publishes various series G.700, G.800, and G.900 Recommendations for various aspects of optical fibers, photonic components, and networking
41. F.D. Wright, The IEEE standards association and its ecosystem. IEEE Commun. Mag. **46**, 32-39 (2008)

第 2 章 光纤：结构、导波原理和制造

摘要：光子学技术是光纤通信的学科基础和基本方法。为了理解光信号是如何沿光纤传输的，本章首先描述了光的本质并介绍了光是如何在玻璃等介质中传播的，然后介绍了光纤的结构并阐释了两种光纤传播机理。

光纤的工作特性决定着光传输系统的综合性能。与光纤有关的问题有：

1. 光纤具有何种结构？
2. 光在光纤中如何传播？
3. 光纤是由何种材料制作的？
4. 光纤是如何制造的？
5. 多根光纤是如何置入光缆结构的？
6. 光纤中信号的损耗或衰减机理是什么？
7. 信号在光纤中传输时为什么会有畸变？如何度量信号畸变。

本章将回答前 5 个问题，以使读者对光纤的实际结构及导波特性有一个很好的了解。后两个问题将在第 3 章中回答。本章论述的是传统的石英玻璃光纤和光子晶体光纤。第 12 章将介绍多波长光网络中的非线性失真。

纤维光学技术涵盖了光的发射、光的传输和光的检测等原理，所以我们首先讨论光的性质，回顾光学中的几个定律和定义，紧接着描述光纤的结构，并用两种方法讲解光纤导光机理。第一种方法是应用几何光学或射线光学（即光的反射和折射概念）建立传播机理的直观图像；第二种方法是将光作为电磁波来处理，而电磁波在光纤中以导波形式传播，这种方法就是在圆柱坐标系中求解麦克斯韦方程组，并使场解满足光纤圆柱界面上的边界条件。

2.1 光的性质

有关光的性质的一些概念，在物理学发展历史中几经变化[1]。直到 17 世纪初，一般认为光是由光源发出的微粒流构成的。这些微粒可以解释光的直线传播，并假定光可贯穿透明材料而在非透明材料表面反射。这种理论在解释大尺寸光学现象（如反射和折射）时是成功的，但无法解释小尺寸光学现象（如干涉和衍射）。

有关光的衍射的正确解释是 1815 年由菲涅耳做出的。菲涅耳认为光的近似直线传播特性可以通过假设光是一种波动来解释，而衍射条纹也可由光的波动效应解释。此后，1864 年麦克斯韦的论文从理论上认定了光波在本质上是电磁波。观察偏振效应指出光波是横波（也就是构成波的场量振动方向与波的传播方向相垂直）。按照波动光学或物理光学观点，由一个小的光源辐射出的电磁波可以用图 2.1 所示的中心光源发出的一系列球面波前表示。波前定义为波列中具有相同相位的点的集合。通常要画出波前所经历的波的最大和最小取值，例如正弦

波的峰值和波谷。因此波前(也称为相前)是以一个波长为间隔的。

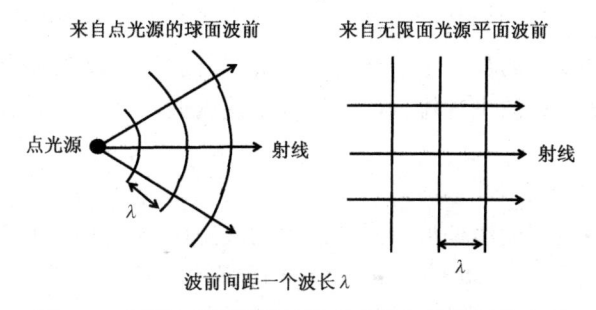

图 2.1　球面波和平面波的波前及其相关的射线表示

如果光在传播过程中遇到其尺寸比光波波长大得多的物体(或开口)，则光波的波前对此物体(或开口)以直线形式出现。此种情形下光波可以看成是平面波，其传播方向可以用光射线代表，此射线与波前或相前垂直(见图 2.1)。所以大尺寸的光效应(例如反射和折射)可以用简单射线轨迹的几何方法分析，这种光学观点即是所谓的射线光学或几何光学。光射线指明了光束能量流动的方向，是一个十分有用的概念。

2.1.1　偏振

太阳或白炽灯产生的光是由沿各个方向振动的电磁波形成的，这类光称为非偏振光。如果光波的振动方向只发生在单一平面内，这就是偏振光。把非偏振光转化为偏振光的处理过程称为起偏。当分析光隔离器和光滤波器行为时，光波的偏振特性非常重要。偏振敏感器件包括光调制器、偏振滤波器、法拉第旋光器、(偏振)分束器、偏振变换器。这些器件使用的偏振敏感材料中包括方解石、铌酸锂、金红石、矾酸钇等双折射晶体。

光是一束或多束复合的横电磁波，它们具有电场(称 E 场)和磁场(称 H 场)分量[2]。横波的电场和磁场振动方向相互正交并与传播方向成直角，如图 2.2 所示。波矢(指波矢量)k 指示了光波运动的方向。波矢 k 的幅度 $k = 2\pi/\lambda$，该幅度被称为传播常数，其中 λ 是光的波长。基于麦克斯韦方程可得到 E 和 H 矢量都是垂直于传播方向的。这一关系定义了波平面：即光波各点的电场振动方向是相互平行的。因此电场构成了一个振动平面。与此类似，光波各点的磁场分量位于另一个振动平面。E 和 H 是相互正交的，E，H 和 k 构成了一组正交矢量。

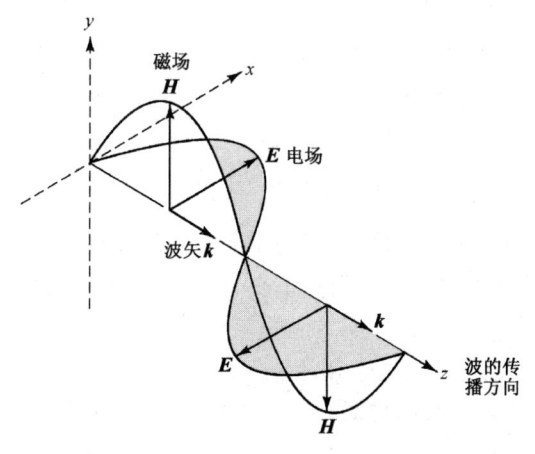

图 2.2　在给定时间的一列平面电磁波处的电场和磁场分布

一个常规波长是由许多横波组成的,这些横波在多个方向(即在多个平面上)上振动,称为非极化光。特定横波的任意振动方向都可以表示为两个正交平面偏振分量的组合。

当讨论在两种不同介质的界面上,光波的反射和折射时,或在讨论光沿着光纤传播时,在所有不同的电场平面,横波平行排列,光波呈线性偏振,这是一个简单的极化类型。

2.1.2 线偏振

一列沿 k 方向传播的平面线偏振电磁波的电场或磁场,一般可以表示为

$$A(r, t) = e_i A_0 \exp[j(\omega t - k \cdot r)] \tag{2.1}$$

式中 $r = xe_x + ye_y + ze_z$ 表示空间任意一点的位置矢量,$k = k_x e_x + k_y e_y + k_z e_z$ 表示波的传播矢量。A_0 是波的最大振幅,$\omega = 2\pi\nu$,而 ν 是光的频率,e_i 是平行于 i 轴方向的单位矢量。

需要注意的是,物理上可测量的电磁场分量必是实数量,因而实际的电磁场量是由式(2.1)取实部得到的。如果令 $k = ke_z$,而 A 代表电场强度 E,其方向沿 x 轴方向,即 $e_i = e_x$,则可实际测量的电场为

$$E_x(z, t) = \text{Re}(E) = e_x E_{0x} \cos(\omega t - kz) = e_x E_x \tag{2.2}$$

式(2.2)代表一个沿 z 轴方向传播的可变简谐平面波。这里 E_{0x} 是沿 x 轴的波的最大幅度,E_x 是给定 z 值时的幅度。之所以用指数形式的表达式[式(2.1)],理由是其比正弦函数和余弦函数在数学处理上更简单。顺便指出,根据简谐函数的基本理论,任何一个波形都可利用傅里叶方法表示为正弦波的叠加。

式(2.2)给出的平面波例子,其电场矢量始终指向 e_x 方向,这样的波就是线偏振波,其偏振矢量为 e_x。波的偏振的普遍表示方法,可以通过引进另一个与第一种完全独立但与之正交的线偏振波来描述,这个正交的线偏振波为

$$E_y(z, t) = e_y E_{0y} \cos(\omega t - kz + \delta) = e_y E_y \tag{2.3}$$

式中 δ 是这两个线偏振波之间的相对相位差。与式(2.2)类似,E_{0y} 是沿 y 轴的波的最大幅度,E_y 是给定 z 值时的幅度。合成波可以表示为

$$E(z, t) = E_x(z, t) + E_y(z, t) \tag{2.4}$$

如果 δ 为零或 2π 的整数倍,则两个波同相位,式(2.4)表示一个线偏振波。偏振矢量与 e_x 的夹角为

$$\theta = \arctan \frac{E_{0y}}{E_{0x}} \tag{2.5}$$

其振幅为

$$E = \left(E_{0x}^2 + E_{0y}^2\right)^{1/2} \tag{2.6}$$

这种情形如图 2.3 所示。任意两个正交的平面波可以合成一个线偏振波。反之,任意的一个线偏振波也可以分解为两个独立的相互正交、同相位的平面波。

例 2.1 电磁波的通用表达式为

$$y = (\text{以 } \mu\text{m 为单位的幅度}) \times \cos(\omega t - kz)$$
$$= A \cos[2\pi(\nu t - z/\lambda)]$$

对于特定的平面电磁波 $y = 12\cos[2\pi(3t-1.2z)]$，请给出：(a) 幅度；(b) 波长；(c) 角频率；(d) 在 $t = 0$ 和 $z = 4$ μm 时的位移。

解：从以上的表达式可以得到：

(a) 幅度 = 12 μm；

(b) 波长：$1/\lambda = 1.2$ μm^{-1}，则 $\lambda = 833$ nm；

(c) 角频率 $\omega = 2\pi\nu = 2\pi(3) = 6\pi$；

(d) 在 $t = 0$ 和 $z = 4$ μm 时，位移

$$y = 12\cos[2\pi \times (-1.2 \text{ μm}^{-1}) \times 4 \text{ μm}]$$
$$= 12\cos[2\pi \times (-4.8)] = 10.38 \text{ μm}$$

2.1.3 椭圆偏振和圆偏振

δ 有任意取值时，式(2.4)给出的是椭圆偏振波。合成场矢量 $\boldsymbol{E}$ 将会旋转，同时其大小也将作为角频率 ω 的函数而发生变化。由式(2.2)和式(2.3)消去 $(\omega t - kz)$，可以证明对任意的 δ 值有

$$\left(\frac{E_x}{E_{0x}}\right)^2 + \left(\frac{E_y}{E_{0y}}\right)^2 - 2\left(\frac{E_x}{E_{0x}}\right)\left(\frac{E_y}{E_{0y}}\right)\cos\delta = \sin^2\delta \tag{2.7}$$

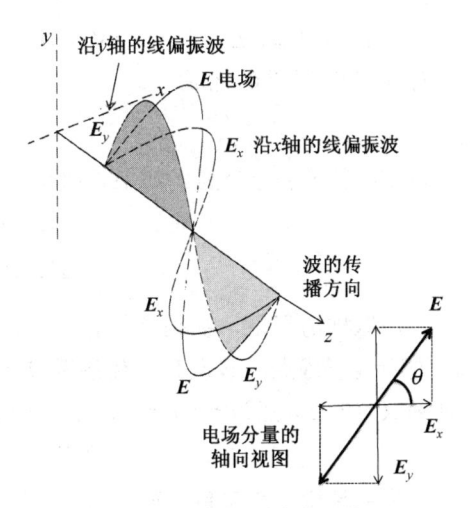

图 2.3 相对相位差为零的两个线偏振波的叠加

这是一个一般形式的椭圆方程。正如图 2.4 所示，$\boldsymbol{E}$ 的端点在指定点上的轨迹将在空间描出一个椭圆。椭圆的轴与 x 轴之间形成的夹角 α 由下式给出：

$$\tan 2\alpha = \frac{2E_{0x}E_{0y}\cos\delta}{E_{0x}^2 - E_{0y}^2} \tag{2.8}$$

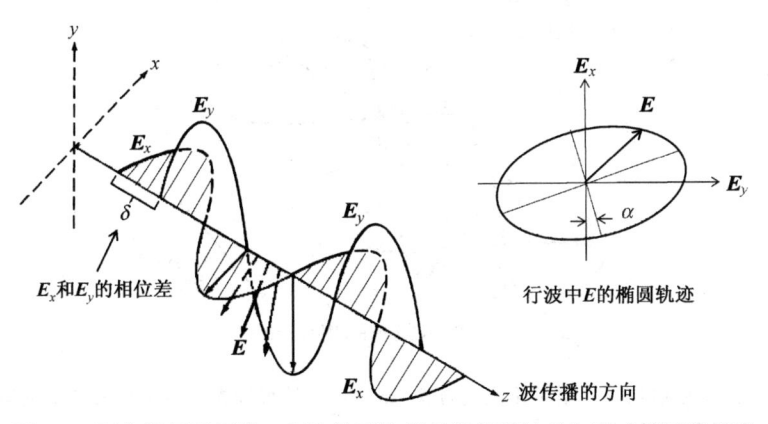

图 2.4 两个振幅不相等、相位差不为零的线偏振波叠加形成椭圆偏振光

为了得到由式(2.7)给出的更好的图形，可以将椭圆主轴与 x 轴对准，使 $\alpha = 0$，这等价于 $\delta = \pm\pi/2, \pm 3\pi/2, \cdots$，此时式(2.7)成为

$$\left(\frac{E_x}{E_{0x}}\right)^2 + \left(\frac{E_y}{E_{0y}}\right)^2 = 1 \tag{2.9}$$

这是一个中心位于坐标原点，半轴分别为 E_{0x} 和 E_{0y} 的一个椭圆的标准方程。

当 $E_{0x} = E_{0y} = E_0$，相对相位差 $\delta = \pm\pi/2 + 2m\pi$，而 $m = 0, \pm1, \pm2, \cdots$ 时，即可得到圆偏振光，此时式(2.9)可以简化成

$$E_x^2 + E_y^2 = E_0^2 \tag{2.10}$$

式(2.10)定义了一个圆。如果 δ 取正号，则式(2.2)和式(2.3)成为

$$\boldsymbol{E}_x(z, t) = \boldsymbol{e}_x E_0 \cos(\omega t - kz) \tag{2.11}$$

$$\boldsymbol{E}_y(z, t) = -\boldsymbol{e}_y E_0 \sin(\omega t - kz) \tag{2.12}$$

在这种情形下，在指定位置上，$\boldsymbol{E}$ 的端点在空间中的轨迹是一个圆，如图 2.5 所示。为了说明这一特点，假设有一观察者位于任意一点 z_{ref} 朝着波运动的方向，为了方便，在 $t = 0$ 时刻取定的 z_{ref} 点为 $z = \pi/k$，则由式(2.11)和式(2.12)可得

$$\boldsymbol{E}_x(z, t) = -\boldsymbol{e}_x E_0 \quad \text{和} \quad \boldsymbol{E}_y(z, t) = 0$$

也就是说，$\boldsymbol{E}$ 在负 x 轴方向，如图 2.5 所示。在一个稍后的时间，例如 $t = \pi/2\omega$，则电场矢量将旋转 90°在 z_{ref} 处到达正 y 轴方向。当时间进一步增加，波朝观察者运动，则观察者看到合成电场矢量 $\boldsymbol{E}$ 以角速度 ω 沿顺时针方向旋转，当波前进一个波长时，场矢量旋转一周。这种光波称为右旋圆偏振波。

如果 δ 取负号，则电场矢量为

$$\boldsymbol{E} = E_0[\boldsymbol{e}_x \cos(\omega t - kz) + \boldsymbol{e}_y \sin(\omega t - kz)] \tag{2.13}$$

此时 $\boldsymbol{E}$ 呈反时针方向旋转，这个波就是左旋圆偏振波[①]。

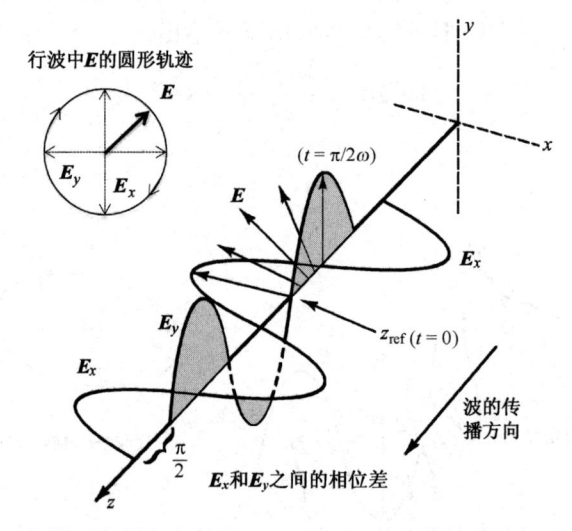

图 2.5 两个振幅相等、相对相位差为 $\delta = \pi/2 + 2m\pi$ 的线偏振波叠加形成右旋圆偏振波

2.1.4 光的量子特性

光的波动理论可以很好地解释与光传播相联系的所有现象。但在处理光与物质的相互作用，例如光的色散、光的发射和光的吸收等问题时，无论是波的粒子学说还是波动学说都是近似的。为此，必须求助于量子理论，量子理论指出光辐射具有波粒二象性。光的粒子性来

---

① 注意：这里关于左旋、右旋的定义与光学教材一致，而国内电磁场教材中的定义刚好与此相反！——译者注

源于对以下现象的解释：光能量的发射与吸收总是以称为光量子或光子的离散单位实现的。在所有验证光子存在的实验中，发现光子能量仅与频率 v 有关，而频率只有在观察光的波动特性时才能测量。

正如 1.2.1 节中描述的那样，如图 1.2 所示，光子的物理特性可以由波长、能量或频率进行测量。光子的能量 E 与频率 v 之间的关系为

$$E = hv \tag{2.14}$$

式中，$h = 6.6256 \times 10^{-34}$ J·s 是普朗克常量。当有光入射到原子上时，一个光子可以将其能量交给原子中的电子并将电子激发到较高的能级。在这个过程中没有任何一个光子只是部分地将能量交给电子，电子吸收的能量必然严格地与它跃迁到较高能级所需要的能量相等。通常，激发态的电子也可能跃迁至较低的能级并辐射一个光子，此光子的能量 hv 必然严格等于这两个能级的能量差。

训练题 2.1 利用式(2.14)可知，功率为 0.95 eV 和 0.80 eV 的光子，其波长分别为 1310 nm 和 1550 nm。

例 2.2 (a)一个入射光子基态电子，由能级跃迁 E_1 到 E_2。如果入射光子的能量 $E = E_2 - E_1 = 1.512$ eV，入射光子的波长是多少？

(b)假设激发的电子失去一些能量，并跃迁到稍低的能级 E_3，如果电子能级跃迁到 E_1，光子发出的能量为 $E_3 - E_1 = 1.450$ eV，发出的光子的波长是多少？

解：(a)据式(1.2)和式(1.3)，$\lambda_{入射光线} = 1.2405/1.512$ eV $= 0.820$ μm $= 820$ nm。(b)从式(1.2)和式(1.3)可以得到 $\lambda_{出射光线} = 1.2405/1.450$ eV $= 0.855$ μm $= 855$ nm。

2.2 基本的光学定律和定义

本节将回顾一些与光纤传输技术相关的基本光学定律和定义[1, 3]。这些定律和定义包括斯涅尔定律，材料折射率的定义以及反射、折射和偏振的概念。

2.2.1 折射率的概念

材料的最基本的光学参数是它的折射率。在自由空间光以速度 $c = 2.99793 \times 10^8$ m/s $\approx 3 \times 10^8$ m/s 传播，光的速度 c、频率 v 和波长 λ 之间的关系为 $c = \lambda v$。当光进入电介质或非导电媒质时，将以速度 s 传播，s 与材料的特性有关而且总是小于 c。真空中的光速度与材料中光传播速度之比即为材料的折射率 n，其定义式为

$$n = \frac{c}{s} \tag{2.15}$$

表 2.1 列出了不同材料的折射率。

表 2.1 不同材料的折射率

材料	折射率	材料	折射率
丙酮	1.356	玻璃，冕牌	1.52~1.62
空气	1.000	甘油	1.473

材料	折射率	材料	折射率
钻石	2.419	有机玻璃(PMMA)	1.489
普通酒精	1.361	硅(随波长变化)	3.650@850 nm
熔融石英(SiO_2)：随波长变化	1.453@850 nm	水	1.333
砷化镓(GaAs)	3.299(红外区域)		

2.2.2 反射和折射基础

关于光的反射和折射概念，利用与平面波在介质材料中传播相联系的光射线概念是最易于解释的。当光射线碰到两种不同媒质的边界面时，光射线的一部分反射回第一种材料，其余部分则进入第二种材料并发生弯折(或折射)。如果 $n_2 < n_1$ 则反射和折射情形如图 2.6 所示。在界面上光射线发生弯折或折射是由于两种材料中光的速度不同，也就是说它们有不同的折射率。在界面处光射线之间的方向关系就是众所周知的斯涅尔定律，其表达式为

$$n_1 \sin \theta_1 = n_2 \sin \theta_2 \tag{2.16a}$$

与之等效的公式为

$$n_1 \cos \varphi_1 = n_2 \cos \varphi_2 \tag{2.16b}$$

式中的角度如图 2.6 的定义，图中的角 θ_1 是入射光线与界面法线间的夹角，称为入射角。

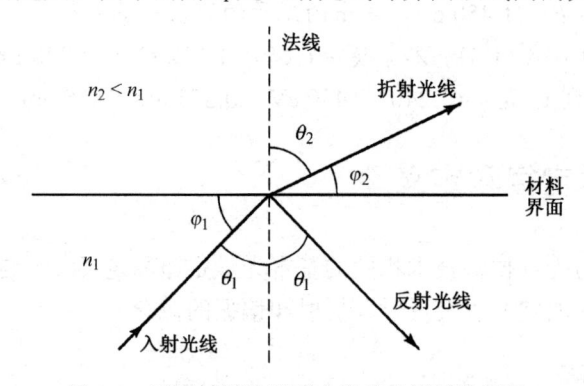

图 2.6 不同材料边界面上光线的折射和反射

根据反射定律，入射光线入射到界面间的夹角 θ_1 与反射光线与法线的夹角是完全相等的。另外，入射光线、界面的法线、反射光线位于同一平面内，这个平面是与两种材料的界面相垂直的，这个平面被称为入射面。通常而言，光被光密材料(也就是折射率较大的媒质)反射的过程称为外反射，而被光疏材料反射(例如光在玻璃中传播时被玻璃与空气的界面反射)的过程称为内反射。

当光密材料中光线的入射角 θ_1 增大时，折射角 θ_2 也增大。当 θ_1 大到某一特定值时，θ_2 达到 π/2。当入射角进一步增大时将不可能有折射光线，这时光线被"全内反射"。全内反射的所需条件可以由式(2.16)所示的斯涅尔定律决定。图 2.7 所示为玻璃与空气的界面，根据斯涅尔定律，进入空气的光射线向玻璃表面弯折，当入射角 θ_1 增大到某一值时，空气中的光射线将趋于与玻璃表面平行，这个特殊的入射角就是众所周知的临界入射角 θ_c。如果光射线的入射角 θ_1 大于临界角，全内反射条件得到满足，则光射线全部反射回玻璃，因而没有光射线从玻璃表面逃逸。

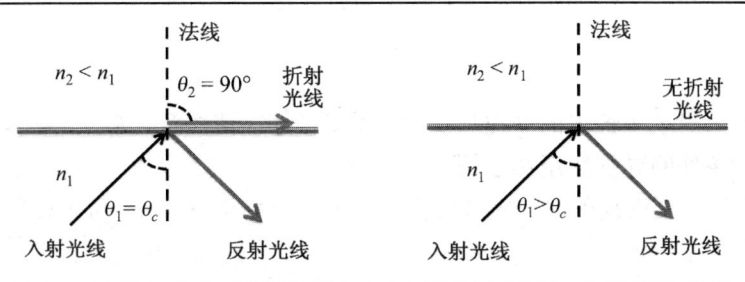

图 2.7 临界角和玻璃空气界面上全内反射的示意图(n_1为玻璃折射率)

要找到临界角,先考虑式(2.16)给出的斯涅尔定律,当关键角 θ_2 达到 90°时,$\sin\theta_2=1$,将 θ_2 的值代入等式(2.16),根据条件,临界角因此由下式确定:

$$\sin\theta_c = \frac{n_2}{n_1} \tag{2.17}$$

例 2.3 在玻璃折射率 $n_1 = 1.48$,空气折射率 $n_2 = 1.00$ 的界面处,请问当光在玻璃中传输时的临界角是多少?

解:从式(2.17)可以得到光在玻璃中传输的临界角为

$$\theta_c = \sin^{-1}\frac{n_2}{n_1} = \sin^{-1}0.676 = 42.5°$$

因此玻璃中所有以大于 42.5°的入射角 θ_1 入射到界面的任何光射线(参见图 2.7),都将全部反射回玻璃中。

例 2.4 在空气($n_1 = 1.00$)中传输的光入射到一个光滑平板的冕牌玻璃($n_2 = 1.52$)上。如果入射光与法线的角度 $\theta_1 = 30.0°$,那么在该玻璃中的折射角 θ_2 是多少?

解:从式(2.16)的斯涅尔定律可以得到

$$\sin\theta_2 = \frac{n_1}{n_2}\sin\theta_1 = \frac{1.00}{1.52}\sin 30° = 0.658 \times 0.5 = 0.329$$

从而得到 $\theta_2 = \sin^{-1}(0.329) = 19.2$。

训练题 2.2 假设反射介面为折射率 $n_1 = 3.299$ 的 GaAs 材料,空气折射率 $n_2 = 1.000$,可计算得出在 GaAs 中传输的临界角 $\theta_c = 17.6°$。

在两根光纤之间或一根光纤与其他不同材料,如空气、光源或者光检测器之间的接口处,正常入射光的反射功率是光学通信链路的重要考虑因素。图 2.8 显示了这种情况,即垂直入射光的光线。折射率为 n_1 和 n_2 的材料之间的界面。一个典型的例子,光纤链路是光纤末端与空气之间的接口。在界面处反射的入射功率由反射率 R

图 2.8 用于两种不同类型材料之间的界面处的界面的反射功

$$R = \left(\frac{n_1 - n_2}{n_1 + n_2}\right)^2 \tag{2.18a}$$

给出。通过透射率 T 给出穿过材料界面的相应部分的光学功率

$$T = \frac{4n_1 n_2}{(n_1 + n_2)^2} \quad (2.18b)$$

这些表达来自本章附录中给出的菲涅耳反射系数分析[3]。请注意，$R + T = 1$，第 5 章给出了这些光功率反射条件的详细应用和示例。

此外，当光发生全内反射时，反射光将会产生一个相位变化 δ，这个相位变化与角度 $\theta_1 < \pi/2 - \theta_c$ 之间的关系为

$$\tan \frac{\delta_N}{2} = \frac{\sqrt{n^2 \cos^2 \theta_1 - 1}}{n \sin \theta_1} \quad (2.19a)$$

$$\tan \frac{\delta_p}{2} = n \frac{\sqrt{n^2 \cos^2 \theta_1 - 1}}{\sin \theta_1} \quad (2.19b)$$

式中 δ_N 和 δp 分别是电场波与入射面垂直和平行的分量的相移，且 $n = n_1/n_2$。

2.2.3 光的偏振特性

普通的光波是由很多沿不同的方向振动的横电磁波组成的(多个平面)，这称为非偏振光。然而，我们可以将任何一个随意的振动方向表示为一个平行振动和一个垂直振动的组合，如图 2.9 所示。因此，可以将非偏振光看成是两个正交的平面偏振分量的组合，一个位于入射平面(这个平面包含入射光和反射光)，另一个位于与入射平面垂直的面上，它们分别是平行偏振分量和垂直偏振分量。当不同横波的所有电场平面被调整到互相平行时，此时的光波是线偏振。这是偏振最简单的形式，如 2.1.1 节所述。

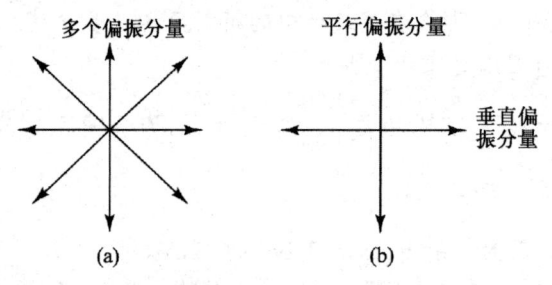

图 2.9 偏振态可以表示为一个平行振动和一个垂直振动的组合

当光通过非金属表面发生反射，或光从一种材料到另一种材料发生折射时，都可以将非偏振光分成单独的偏振分量。如图 2.10 所示，当一束在空气中传输的非偏振光入射到非金属表面(如玻璃上)时，部分光被反射，部分光折射进入玻璃中。在图 2.10 中，圆内加点和双箭头分别表示垂直偏振分量和平行偏振分量。反射光为部分偏振光，当入射角为特定角度(即布儒斯特角)时，反射光完全垂直偏振。折射光束的平行分量全部进入玻璃，而垂直分量部分地折射。折射光的偏振量取决于光与界面所成的角度以及材料的成分。

2.2.4 偏振敏感材料

当检验光隔离器和光滤波器这些器件的特性时，光的偏振特性就显得非常重要。这里介绍三种偏振敏感材料或器件，分别是起偏器、法拉第旋转器和双折射晶体。

起偏器是只允许一种偏振分量通过，而阻止另一种分量的器件。比如，当非偏振光进入

具有垂直偏振轴的起偏器时，如图 2.11 所示，只有垂直偏振分量能够通过器件。这个概念的一个类似的例子就是利用偏振太阳镜降低来自于路面或水面的部分偏振太阳反射光产生的目眩。但当用户的头偏向一边时就会出现很多的刺目点。当头部保持正常位置时，太阳镜中的偏振滤波功能就会阻止这些刺目点的偏振光。

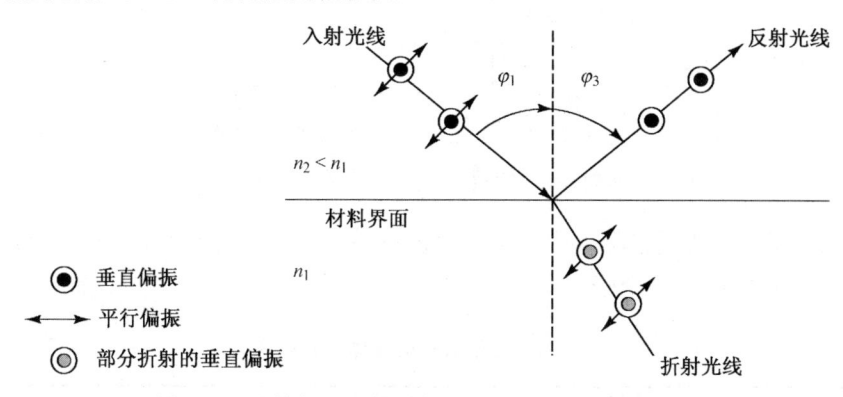

图 2.10 非偏振光入射到空气和非金属表面时的情况

法拉第旋转器是一种旋转偏振态的器件，当光通过它时，光的偏振态(SOP)会旋转一定的角度。例如，通常的器件将偏振态顺时针旋转 45°或四分之一波长，如图 2.12 所示。这个旋转与输入光的偏振态无关，但旋转角度根据光通过器件的方向而不同，即旋转过程是非互易性的。在这个过程中，输入光的偏振态在旋转后保持不变。例如，如果输入到 45°法拉第旋转器的光是一个沿垂直方向的线偏振光，那么从晶体中出来的旋转光仍是线偏振光，角度为 45°。法拉第旋转器的材料通常是不对称的晶体，比如钇铁石榴石(YIG)，旋转的角度与器件的厚度成正比。

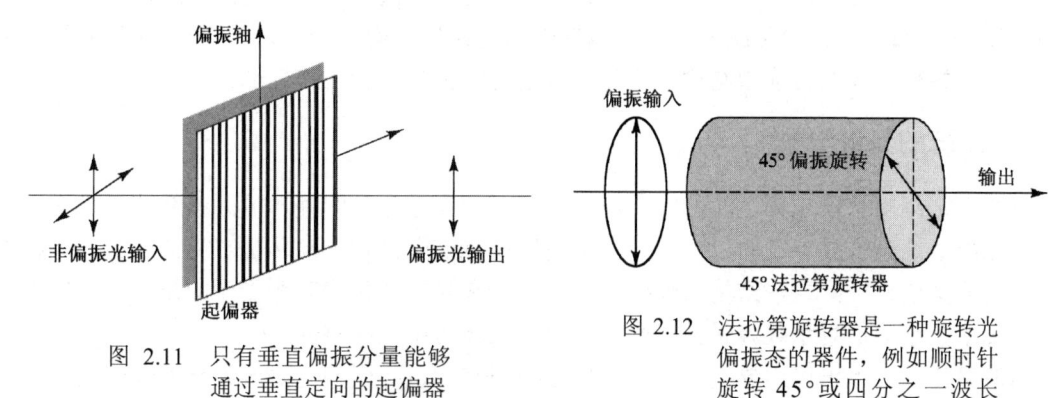

图 2.11 只有垂直偏振分量能够通过垂直定向的起偏器

图 2.12 法拉第旋转器是一种旋转光偏振态的器件，例如顺时针旋转 45°或四分之一波长

双折射晶体有一个称为双重折射的特性。这意味着沿晶体的两个正交的轴的折射率有细微的不同，如图 2.13 所示。用这种材料做成的器件称为空间分离偏振器(SWP)。SWP 将入射进其中的光信号分成两个正交偏振的光束：一束称为寻常光或 o 光，因为它遵循晶体表面的斯涅尔折射定律；另一束光称为非寻常光或 e 光，因为它的折射角偏离斯涅尔定律标准形式的预期值。这样，这两个正交的偏振分量之一以不同的角度折射，如图 2.13 所示。举例而言，如果非偏振光以与器件表面垂直的角度入射，则 o 光能够直接穿过器件而 e 光分量将偏离一个很小的角度，这样它将从不同路径通过材料。

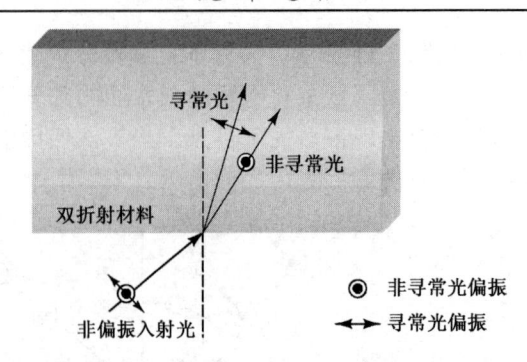

图 2.13 双折射晶体将进来的光信号分成两个正交的偏振光束

表 2.2 列出了一些光通信器件中常用的双折射晶体的寻常折射率 n_o 和非寻常折射率 n_e，并给出了这些双折射晶体的一些应用。

表 2.2 常见双折射晶体及其应用

晶体名称	符号	n_o	n_e	应 用
方解石	$CaCO_3$	1.658	1.486	偏振控制器和分束器
铌酸锂	$LiNbO_3$	2.286	2.200	光信号调制器
金红石	TiO_2	2.616	2.903	光隔离器和光环形器
钒酸钇	YVO_4	1.945	2.149	光隔离器、光环形器以及光束移位器

2.3 光纤模式和结构

在详细了解光纤的特性之前，本节首先对理解光纤模式和光纤结构的概念做一个简要的回顾。2.3 节到 2.7 节讨论传统的光纤，包括固体电介质结构。2.8 节叙述光子晶体光纤，它可以制作成各种各样的内部微结构。第 3 章讲述这两种光纤的工作性能。

2.3.1 传统的光纤分类

所谓光纤，就是以光频工作的介质波导。光纤波导通常是圆柱形的。光纤可以将光波形态的电磁能量约束于波导表面以内，并导引电磁能量沿光纤轴方向传播。光波导的传输特性取决于它的结构特性，这些结构特性将决定光信号在光纤中传播时所受到的影响。光纤的结构基本确定了它的信息承载容量并影响光纤对周围环境微扰的响应。

沿波导传播的光可以用导引电磁波来描述，通常称被导引的电磁波为导波模。这种导波模就是所谓波导中的"有界"模式或"收集"模式。每一个传导模都有一个电场和磁场分布的场图，场的分布沿光纤长度方向周期性地重复。在波导中仅有有限个离散的模式可以传播。这些模式满足光纤中的电磁场齐次波动方程和纤芯与包层界面处的电磁场边界条件。

尽管在文献[4]中已讨论过大量不同结构的光波导，但最常用的结构是单一固体电介质圆柱，其半径为 a，折射率为 n_1，如图 2.14 所示。这个介质圆柱被称为纤芯，纤芯周围是折射率为 n_2 的电介质包层，而且 $n_2 < n_1$。如 2.3.5 节描述的，选择合适的包层材料，可使光能够沿着光纤进行有效的传输。包层减少了散射和散射损耗，而散射损耗是由纤芯表面介质的不连续造成的。包层可增加光纤的机械强度，还可防止光纤在与外界接触时纤芯可能受到的污染。

标准光纤一般用高纯度的石英玻璃(SiO_2)作为纤芯材料,纤芯被玻璃包层所包围。普通纤芯尺寸约为 9 μm 和 50 μm。标准包层直径为 125 μm。高损耗的塑料芯光纤其包层也为塑料,塑料光纤同样有广泛的用途。另外,大多数光纤都包封在一层富有弹性、耐磨蚀的塑料缓冲涂覆层以及外层加强铠甲中,半径分别为 250 μm 和 900 μm。这一层材料可进一步增加光纤的强度,保护或减缓因小的几何不规则、形变和相邻表面粗糙所造成的机械损伤。这些微扰有可能导致光纤随机微小弯曲,从而产生散射损耗,当光纤成缆或置于其他支撑结构中时,这些微小弯曲是难以避免的。

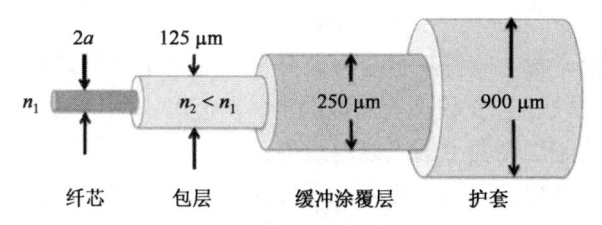

图 2.14 常用的石英玻璃光纤结构示意图,纤芯折射率为 n_1,包层折射率为 $n_2 < n_1$。弹性的塑料缓冲涂覆层包封着光纤

改变纤芯材料组成,可以得到图 2.15 所示的两种常用的光纤类型。第一种情形下,纤芯折射率是均匀的,在纤芯与包层的界面有折射率突变(或阶跃),这类光纤称为阶跃折射率光纤。在图 2.15 最后一例中,纤芯折射率作为从光纤中心向外的径向距离的函数而呈现渐变,这类光纤称为梯度折射率光纤或渐变折射率光纤。

阶跃型和梯度折射率光纤,可以进一步分成单模光纤和多模光纤。顾名思义,单模光纤只允许一个模式传播,而多模光纤可包容成百上千的模式。图 2.15 给出了单模光纤和多模光纤的几个典型尺寸,以便读者建立关于光纤尺寸的基本概念。与单模光纤比较,多模光纤有如下几个优点:在第 5 章中将看到,多模光纤较大的纤芯半径使得它较容易将光功率注入光纤并且易于将相同的光纤连接在一起;它可以用发光二极管(LED)作为光源,并易于将其光功率注入多模光纤。而单模光纤一般来说必须用半导体激光器激励。尽管 LED 的输出光功率比半导体激光器小(第 4 章中将予以讨论),但它易于制造、价格便宜,不需要复杂的电路,而且寿命也长于半导体激光器,使得 LED 更适合于一些特定的应用领域。

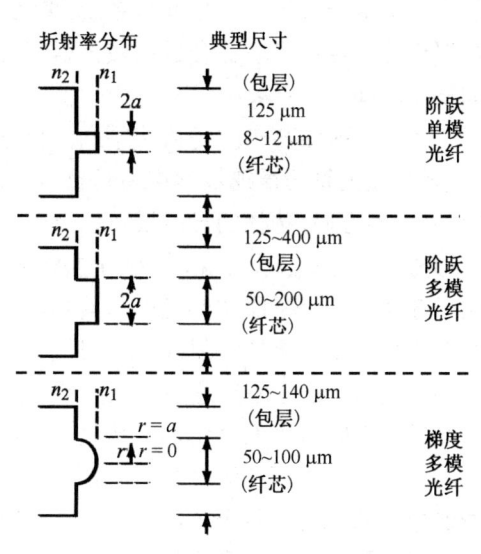

图 2.15 阶跃单模光纤、阶跃多模光纤、梯度折射率光纤的比较

多模光纤的主要缺点是它存在模间色散,将在第 3 章中详细讨论这一效应。在这里对模间色散可以扼要地做如下说明:当一个光脉冲注入光纤后,脉冲的光功率将分配给所有(或大多数)光传播模,而多模光纤中的每一个模式都以略为不同的速度传播,这就意味着同一光脉冲分配到不同模式中的各部分信号能量将在不同的时刻到达光纤的末端,这就导致光脉冲在光纤中传播时在时域中被展宽,这种效应就是所谓模间色散。如果纤芯采用梯

度折射率剖面,则可减小模间色散,这就使得梯度折射率光纤的传输带宽(数据速率/传输容量)要大得多。由于只有一种模式传输,不存在模间色散,单模光纤有更大的传输带宽。

2.3.2 光射线和模式

由光纤传导的光频电磁场可以用光波导中的有界模式或收集模式的叠加表示。每一种导波模都由一系列简单的电磁场分布组成。一个单色光场,如果角频率为 ω,沿正 z 轴方向(光纤轴方向)传播,则必有一个与时间和 z 坐标有关的因子,即

$$e^{j(\omega t - \beta z)}$$

其中因子 β 是波的传播常数 $k = 2\pi/\lambda$ 的 z 方向分量,它是用来描述光纤模式的一个最主要的参数。对于导波模,可以假定 β 仅能取离散的值。β 值可由如下条件决定:模式场必须满足麦克斯韦方程组和纤芯包层界面上的电磁场边界条件。

研究光纤中光的传播特性的另一种方法是几何光学方法或称射线轨迹方法。在光纤的半径与波长之比很大时,由几何光学方法可以得到光纤传输特性公认的很好的近似结果,这就是所谓的"短波长极限"。尽管射线方法仅在零波长极限时才严格成立,但对于多模光纤这样包含有大量导波模的非零波长系统,射线方法仍可提供相当精确的结果,而且是极有价值的。与严格的电磁波(模式)分析比较,射线方法的优点是可以给出光纤中光传播特性的更为直观的物理解释。

由于光射线与模式是截然不同的概念,所以在这里仅仅定性地看一下二者之间有何联系(二者相互关系的详细数学描述超出本书讨论范畴,但读者可阅读文献[5]~[7])。一个沿 z 方向(光纤轴方向)传播的导波模可以分解为一系列平面波的叠加,这就导致在光纤轴的横方向上形成驻波分布。或者说,这些平面波的相位关系导致平面波的集合形成的包络呈稳定状态。由于任意的一个平面波都可以与其相前垂直的射线相联系,所以与某一特定模式相对应的平面波族形成了一个称为射线汇的射线族。这个特别的射线族中的每一条射线与光纤轴之间有相同的夹角。这里应注意的是,在光纤仅有有限的 M 个离散的导波模,因而与之相应的射线与光纤轴之间可能的夹角也必然只有 M 个。尽管根据简单的射线描述,只要入射角大于临界角的任何射线都可在光纤中传播,但如果在射线描述中引进驻波形成的相位条件,则允许传输的角度就只有有限个了,这将在 2.3.5 节中进一步讨论。

尽管几何光学方法是很有用的,但与严格的模式分析方法相比,它还是有很多局限性和不足之处。首先,一个重要的问题,也就是单模光纤或很少模光纤的分析,就必须用电磁理论处理;其次,像相干性、干涉现象等问题,也只能用电磁理论方法解决。另外,当需要了解各个模式的场分布时,必须采用模式分析方法。这里举一些这样的例子,其中之一是分析单个模式的激励问题,其二是分析非理想波导中模式之间的功率耦合问题(3.1 节中将讨论这一问题)。

几何光学的另一个不足之处是它不能处理光纤有一曲率半径为常数的均匀弯曲时的传播问题,这样的问题只能借助于模式分析。第 3 章中将会看到,波动光学正确地指出弯曲光纤的每个模式都会呈一定程度的辐射损耗。但射线光学错误地指出,部分光线在弯曲处仍然满足全内反射条件,仍然为无损耗传导。

2.3.3 阶跃折射率光纤结构

我们从如图 2.15 所示的阶跃折射率光纤开始光波导中光传播问题的讨论,实际的阶跃折

射率光纤的纤芯折射率 n_1 的典型值是 1.48,半径为 a,纤芯周围的包层折射率 n_2 略小一些,n_2 为

$$n_2 = n_1(1 - \Delta) \tag{2.20}$$

参数 Δ 称为纤芯包层相对折射率差,或者简称为折射率差。n_2 取值通常被选定以使多模光纤 Δ 的典型值在 1%~3%之间,而单模光纤 Δ 的典型值在 0.2%~1%之间。由于纤芯折射率大于包层折射率,所以光频电磁能量通过纤芯包层界面的内反射,完成在光纤波导内传播。

2.3.4 射线光学描述

由于多模光纤的纤芯尺寸比工作光波长(约为 1 μm)大得多,所以理想的阶跃折射率多模光波导中光传播机理的直观图像很容易用简单的射线(几何)光学进行描述[6-11]。为简单起见,这里的分析仅考虑代表一个光纤模式的光射线汇中的一个特殊的射线。光纤中可以传播两种射线:子午光线和斜光线。子午光线是经过光纤对称轴(光纤轴)的子午平面内的射线。由于子午光线位于单一的平面内,所以它在光纤中的传播路径很容易跟踪。子午光线又可以分成两类:约束光线,即由几何光学定律约束在纤芯内沿光纤轴线方向传播的光线;非约束光线,这类光线将折射到纤芯外面。

斜光线不在单一平面内,而是沿一条类似于螺旋形的路径在光纤中传播,斜光线的传播路径如图 2.16 所示。由于斜光线沿光纤传播时,不在同一平面内,所以要跟踪斜光线是更困难的。尽管导波光线中的大多数是斜光线,但要获得光纤中射线传播的一般特性时并不需要分析斜光线,仅对子午光线的研究即可达此目的。当然,包括斜光线在内的详细考虑可以获得具有更高认可程度的表达式,可以处理光在光波导中传播时的功率损耗问题。

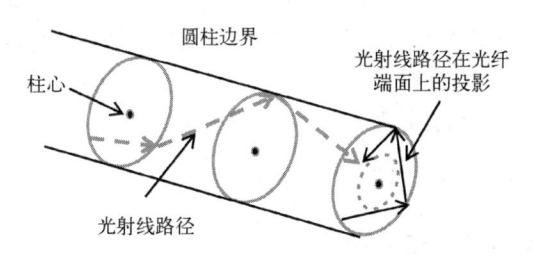

图 2.16 射线光学表示阶跃折射率光纤纤芯中斜光线的传播

如果考虑斜光线,则将产生更大的功率损耗。这是因为由几何光学定律,有相当一部分的斜光线可将其纳入漏泄光线而受到衰耗[6, 12, 13]。这类漏泄光线仅仅部分地被约束于圆形光纤的纤芯内,当光沿光纤传播时会被衰耗。这种部分反射无法用纯射线理论单独解释,这类射线导致的辐射损失只能用模式理论解释。

阶跃光纤中的子午光线,如图 2.17 所示。光线从折射率为 n 的媒质中进入光纤纤芯,光线与光纤轴之间的夹角为 θ_0,进入纤芯后以入射角 φ 投射到纤芯与包层的界面上,如果此入射角满足全内反射条件,则子午光线经内全反射后在纤芯内沿锯齿状路径传播,而且每一次反射以后都与波导轴线相交。

根据斯涅尔定律,子午光线产生全内反射的最小入射角 φ_c 为

$$\sin \varphi_c = \frac{n_2}{n_1} \tag{2.21}$$

如果光线以小于φ_c的入射角投射到纤芯包层的界面上，则将折射出纤芯进入包层而损失掉。将斯涅尔定律应用于空气光纤端面界面，根据式(2.21)可以得到空气中光线的最大入射角$\theta_{0,\max}$(称为接受角θ_A)所满足的关系式：

$$n \sin \theta_{0,\max} = n \sin \theta_A = n_1 \sin \theta_c = \left(n_1^2 - n_2^2\right)^{1/2} \tag{2.22}$$

式中$\theta_c = \pi/2 - \varphi_c$。也就是说，所有以小于$\theta_A$的角度$\theta_0$投射到光纤端面的光线，都将入纤芯并在纤芯包层界面上进行全内反射。因此θ_A定义了光纤的接收圆锥角。

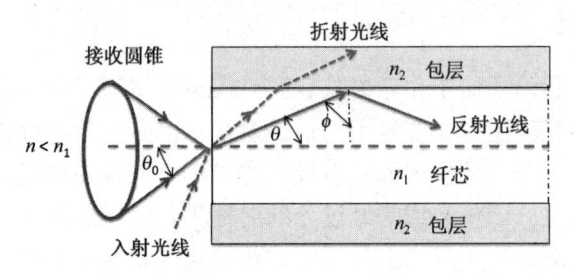

图2.17　子午射线光学表示理想的阶跃折射率光波导中光线传播机理

式(2.22)同时定义了阶跃折射率光纤中子午射线的数值孔径(NA)，即

$$\mathrm{NA} = n \sin \theta_A = \left(n_1^2 - n_2^2\right)^{1/2} \approx n_1 \sqrt{2\Delta} \tag{2.23}$$

上式的近似在式(2.20)定义的Δ远小于1时成立。由于数值孔径与接收角有关，因而它常用于描述光纤的光接收或集光的能力，以及用来计算光源与光纤间的功率耦合效率，这将在第5章详述。数值孔径是一个小于1的无量纲的量，其数值通常在0.14～0.50之间。

例2.5　考虑一个多模石英玻璃光纤，纤芯折射率$n_1 = 1.480$，包层折射率$n_2 = 1.460$，求：(a)临界角；(b)数值孔径；(c)接收角。

解：(a)从式(2.21)可以求得临界角

$$\varphi_c = \sin^{-1} \frac{n_2}{n_1} = \sin^{-1} \frac{1.460}{1.480} = 80.5°$$

(b)从式(2.23)可以计算出数值孔径

$$\mathrm{NA} = \left(n_1^2 - n_2^2\right)^{1/2} = 0.242$$

(c)从式(2.22)中求得在空气中($n = 1.00$)的接收角为

$$\theta_A = \sin^{-1} \mathrm{NA} = \sin^{-1} 0.242 = 14°$$

例2.6　考虑一个多模光纤，纤芯折射率为1.480，包层折射率差为2%($\Delta = 0.020$)。求：(a)数值孔径；(b)接收角；(c)临界角。

解：从式(2.20)可以求得包层折射率为$n_2 = n_1(1-\Delta) = 1.480 \times 0.980 = 1.450$。

(a)从式(2.23)可以得到数值孔径

$$\mathrm{NA} = n_1 \sqrt{2\Delta} = 1.480(0.04)^{1/2} = 0.296$$

(b)用式(2.22)计算出在空气中($n = 1.00$)的接收角为

$$\theta_A = \sin^{-1} \mathrm{NA} = \sin^{-1} 0.296 = 17.2°$$

(c) 从式(2.21)可求得在包层界面的临界角

$$\varphi_c = \sin^{-1}\frac{n_2}{n_1} = \sin^{-1}0.980 = 78.5°$$

训练题 2.3 假设纤芯包层的折射率分别为 n_1 和 n_2，如果 n_2 比 n_1 小 1%，当 $n_1 = 1.450$ 时，$n_2 = 1.435$，可计算得到光在纤芯中的传输临界角 $\varphi_c = 81.9°$。

2.3.5 介质平板波导中的光波

参照图 2.17，射线光学理论指出，只要以大于临界角 φ_c 的任意角 φ 入射的光线都可以在光纤中传播，但如果考虑射线与平面波的相位的作用，则可以看到，仅有一些以大于或等于 φ_c 的特定离散角度入射的波才可能沿光纤传播。

为说明这一特点，考虑波在厚度为 d 的无限大介质平板波导中的传播问题。介质平板波导的折射率 n_1 大于波导上面和下面的材料的折射率 n_2。如果光波在上下界面处的入射角满足式(2.22)所给的条件，则波在这个波导内经多次反射向前传播。

图 2.18 即为波在材料界面上反射的几何描述。在此考虑两条光线，这两条光线为同一波，记为光线 1 和光线 2。两条光线以 $\theta < \theta_c = \pi/2-\varphi_c$ 的角度入射到材料界面上，在图 2.18 中光线的路径用实线表示，而与之相联系的等相位面用虚线表示。

介质平板波导中，波可以传播的必要条件是同一等相位面上所有各点必须是同相位的。这意味着，光线 1 从 A 点传播到 B 点的相位变化，与光线 2 从 C 点传播到 D 点的相位变化的差值应是 2π 的整数倍。随着波在材料中传播，波产生的相移 Δ 为

$$\Delta = k_1 s = n_1 k s = n_1 2\pi s/\lambda$$

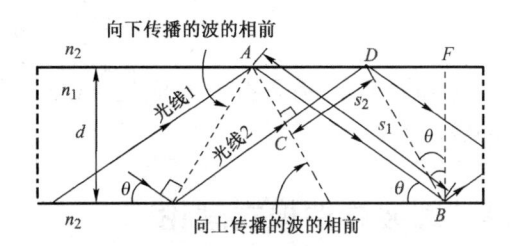

图 2.18 光波沿光纤波导的传播，波在光纤材料中传播和在界面上反射而产生波的相位变化

式中，k_1 = 折射率为 n_1 的材料中的传播常数；$k = k_1/n_1$ 是自由空间的传播常数；s 是波在媒质中的传播距离。

波的相位变化不仅包含因传播而引起的相移，而且还应包括介质界面上反射时引起的相位变化，反射引起的相位变化在 2.2 节中已有论述。

光线 1 在材料中从 A 点到 B 点的传播距离为 $s_1 = d/\sin\theta$，并在上、下两个反射点上经历两次相位突变 δ，光线 2 从 C 到达 D 未经反射，为确定光线 2 的相位变化，注意到从 A 点到 D 点的距离 $AD = AF - DF = (d/\tan\theta) - d\tan\theta$，于是得到 C 点到 D 点的距离为

$$s_2 = AD\cos\theta = (\cos^2\theta - \sin^2\theta)d/\sin\theta$$

于是波的传播条件可以写成

$$\frac{2\pi n_1}{\lambda}(s_1 - s_2) + 2\delta = 2\pi m \tag{2.24a}$$

式中 $m = 0, 1, 2, 3, \cdots$，将 s_1 和 s_2 的表达式代入式(2.24a)得到

$$\frac{2\pi n_1}{\lambda}\left\{\frac{d}{\sin\theta} - \left[\frac{(\cos^2\theta - \sin^2\theta)d}{\sin\theta}\right]\right\} + 2\delta = 2\pi m \tag{2.24b}$$

上式又可化简为

$$\frac{2\pi n_1 d \sin\theta}{\lambda} + \delta = \pi m \quad (2.24c)$$

仅仅考虑波的电场分量垂直于入射面的情形，根据式(2.19a)，因反射产生的相移为

$$\delta = -2\arctan\left[\frac{\sqrt{\cos^2\theta - (n_2^2/n_1^2)}}{\sin\theta}\right] \quad (2.25)$$

式中的负号是必需的，因为在介质中波必定是一个迅衰波而不是增长波。将此式代入式(2.24c)得到

$$\frac{2\pi n_1 d \sin\theta}{\lambda} - \pi m = 2\arctan\left[\frac{\sqrt{\cos^2\theta - (n_2^2/n_1^2)}}{\sin\theta}\right] \quad (2.26a)$$

或者

$$\tan\left(\frac{\pi n_1 d \sin\theta}{\lambda} - \frac{\pi m}{2}\right) = \left[\frac{\sqrt{n_1^2\cos^2\theta - n_2^2}}{n_1 \sin\theta}\right] \quad (2.26b)$$

由此可知，只有入射角 θ 满足式(2.26)所给出的条件的那些波，才可以在介质平板波导中传播。

2.4 圆波导的模式理论

为了更好地理解光纤中光功率的传播机理，必须在满足纤芯和包层圆柱形界面上边界条件的情况下求解麦克斯韦方程组。这一问题已在大量的著作中进行了详尽而广泛的讨论[6, 10, 14-18]。由于对这一问题的完整讨论超出本书的范畴，这里仅给出一个一般性的简化分析(但仍然复杂)。

在求解空心金属波导麦克斯韦方程组时，则只能得到横电(TE)模式和横磁(TM)模式。但在光纤中纤芯和包层边界条件导致电场和磁场分量之间相互耦合，形成了磁电混合(HE)模式，这使得对光波导的分析比对金属波导的分析更为复杂。根据横向电场(E 场)和横向磁场(H 场)哪一个更大一些，可以将混合模区分为 HE 模和 EH 模。两个最低阶模式分别记为 HE_{11} 模和 TE_{01} 模。下标用来表示光场传播可能的模式。

2.4.1 模式概述

在展开讨论圆光纤中的模式理论之前，先定性地分析图 2.19 所示的平板介质波导中的模式场。这种波导的芯是由折射率为 n_1 的介质平板构成的，波导芯被夹在折射率为 $n_2 < n_1$ 的两层介质层之间，n_2 是包层介质折射率。这种结构代表最简单的一种光波导，以它作为模型可以帮助我们理解光纤中光的传播。事实上，平板波导的剖面与沿光纤轴切开光纤得到剖面是相同的。图 2.19 给出了几个低阶横电(TE)模的场分布图(这些模式是麦克斯韦方程在平板波导中的解)，模式的阶数与波导横方向上场量的零点个数是相同的。模式阶数同时也和这个模相应的光线与波导平面(或光线轴)所成的角度相关，光线仰角越大，模式的阶数就越高。场分布曲线表明，导波模的电场并不完全限制在中心介质板中(在波导包层界面上场量不为零)，

而是部分进入包层中。场量在折射率为 n_1 的波导区域中按简谐函数变化,而在波导芯区之外按指数衰减。低阶模被严格地集中在平板中心附近(或光纤轴线附近),只有少量能量进入包层区域。但对高阶模场更趋向于向波导芯区边缘分布,从而有较多的能量进入包层区。

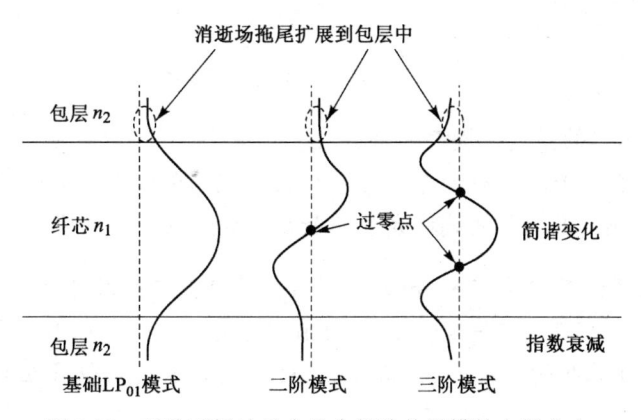

图 2.19 对称平板波导中几个低阶传导模的电场分布

求解波导中的麦克斯韦方程组表明,除了支持有限个传导模,在光纤波导中还有无限多具有连续谱的辐射模。辐射模不会收集在波导芯中受波导传导,但它们也是同一边界值问题的解。辐射场的存在是由于光纤外部的入射光入射角度超过最大允许值,导致光在波导表面产生折射的结果。由于包层的半径是有限的,所以从纤芯中辐射出的部分光被包层所俘获形成所谓包层模。当纤芯模及包层模同时沿光纤传播时,就会出现包层模和高阶纤芯模之间的耦合。之所以会出现这种耦合,是因为传导的纤芯模并不完全局限于芯内,与包层模类似,它们也有部分能量进入包层(见图 2.19)。由耦合引起的纤芯模和包层模间功率的来回传播,一般说来会引起纤芯模的功率损耗。

当 β 满足条件 $n_2k < \beta < n_1k$ 时,光纤中存在的是传导模。在 $\beta = n_2k$ 时,这个模式将不再能被传导,称为截止。因此当频率低于截止点,即 $\beta < n_2k$ 时,会出现非传导模或辐射模。然后,对于某些模式,由于辐射所导致的部分能量损耗被纤芯包层界面的角动量屏障所阻止,因此它们在截止点以下仍能够传播[17]。这类传播状态特点仅是部分地被约束于纤芯内,而不像辐射模,称为漏泄模[5, 6, 12, 13]。这些漏泄模可以沿光纤传输有限的距离,但功率在传播的过程中会通过漏泄或隧道效应传到包层中而损耗掉。

2.4.2 截止波长和参数 V

与截止条件相关的一个重要参数是 V,称为归一化频率,其定义为

$$V = \frac{2\pi a}{\lambda_c}(n_1^2 - n_2^2)^{1/2} \approx \frac{2\pi a}{\lambda} n_1 \sqrt{2\Delta} \tag{2.27}$$

右侧的近似值来自式(2.23)。

该参数是与波长和数值孔径相关的无量纲数字,并确定光纤可以支持的模式数。可以根据 G 定义的归一化传播常数 b 方便地表示波导中作为 V 的函数可以存在的模数[19],

$$b = \frac{(\beta/k)^2 - n_2^2}{n_1^2 - n_2^2} \tag{2.28}$$

图 2.20 为 V 的函数提供了一部分的 b(以 β/k)的函数,用于少数低阶模式。该图表明,

除了最低阶的 HE_{11} 模外,每个模式只能存在于超过一定限制值的 V 值(每个模式都有不同的 V 值限制)。当 $\beta = n_2k$ 时,模式被截止。截止所有高阶模的波长称为截止波长 λ_c。只有纤芯直径为零时,HE_{11} 波的模式才能截止,这是单模光纤所基于的原理。通过选择合适的 n_1 和 n_2,使得

$$V = \frac{2\pi a}{\lambda}(n_1^2 - n_2^2)^{1/2} \leqslant 2.405 \tag{2.29}$$

此时除了 HE_{11} 模,所有的模式都被截止。

ITU-T 建议书 G.652 表示,对于 1310 nm 波长区域的单模光纤操作[20],有效的截止波长应小于或等于 1260 nm。说明书还确保光纤是 1550 nm 区域中的单模操作。

训练题 2.4 探究问题:考虑具有 5 μm 纤芯半径的阶跃光纤,纤芯的折射率 $n_1 = 1.480$,包层的折射率为 $n_2 = 1.477$。(a)证明波长为 820 nm 时,光纤的 $V = 3.514$;(b)从图 2.20 中找到在 820 nm 波长下存在的四种模式;(c)证明在 1310 nm 波长时,仅存在 HE_{11} 模。

例 2.7 一个阶跃折射率光纤,在波长 1300 nm 时归一化频率 $V = 26.6$。如果纤芯半径是 25 μm,请问其数值孔径多大?

解:从式(2.27)可计算出 NA 为

$$NA = V\frac{\lambda}{2\pi a} = 26.2 \frac{1.30 \ \mu m}{2\pi \times 25 \ \mu m} = 0.22$$

训练题 2.5 假设纤芯折射率为 1.480,包层折射率为 1.476,纤芯直径为 4.4 μm 时,根据式(2.27),在输入光波长 λ_c 为 1250 nm 时,光纤中将处于单模工作状态($V = 2.405$)。

当 V 值较大时,可以用 V 值表示多模阶跃光纤中模数 M(见 2.6 节梯度折射率多模光纤的模式),估算多模阶跃光纤可支持的总模数的公式为

$$M = \frac{1}{2}\left(\frac{2\pi a}{\lambda}\right)^2(n_1^2 - n_2^2) = \frac{V^2}{2} \tag{2.30}$$

例 2.8 考虑一个多模阶跃光纤,纤芯直径为 62.5 μm,包层纤芯折射率差为 1.5%。如果纤芯折射率为 1.480,估算在工作波长为 850 nm 时,光纤的归一化频率,以及光纤支持的总模数。

解:从式(2.27)中得到归一化频率为

$$V = \frac{2\pi a}{\lambda}n_1\sqrt{2\Delta} = \frac{2\pi \times 25 \ \mu m \times 1.48}{0.86 \ \mu m}\sqrt{2 \times 0.01} = 38.2$$

用式(2.30)计算得到总模数为

$$M = \frac{V^2}{2} = 1752$$

例 2.9 假设有一个多模阶跃光纤,纤芯半径为 25 μm,纤芯折射率为 1.48,折射率差 $\Delta = 0.01$。那么在工作波长分别为 860 nm、1310 nm 和 1550 nm 时,光纤中的模数分别是多少?

解:(a)首先,从式(2.27)中,计算出在工作波长为 860 nm 时,V 值为

$$V = \frac{2\pi a}{\lambda}n_1\sqrt{2\Delta} = \frac{2\pi \times 25 \ \mu m \times 1.48}{0.86 \ \mu m}\sqrt{2 \times 0.01} = 38.2$$

利用式(2.30)得到在 860 nm 处总模数为

$$M = \frac{V^2}{2} = 729$$

(b) 重复(a)计算过程，从而得到工作波长为 1310 nm 时，$V = 25.1$，$M = 315$。

(c) 最后计算出工作波长为 1550 nm 时，$V = 21.2$，$M = 224$。

例 2.10 假设有三段多模阶跃光纤，每段的纤芯折射率为 1.48，折射率差 $\Delta = 0.01$。假设三段光纤的纤芯直径分别为 50 μm、62.5 μm 和 100 μm，那么这三段光纤在 1550 nm 波长上的模数分别是多少？

解：(a) 首先，从式(2.27)，在直径为 50 μm 时，V 值为

$$V = \frac{2\pi a}{\lambda} n_1 \sqrt{2\Delta} = \frac{2\pi \times 25\ \mu m \times 1.48}{1.55\ \mu m} \sqrt{2 \times 0.01} = 21.2$$

利用式(2.30)得到在纤芯直径为 50 μm 时总的模数为

$$M = \frac{V^2}{2} = 224$$

(b) 重复(a)计算过程，从而得到纤芯直径为 62.5 μm 时，$V = 26.5$，$M = 351$。

(c) 最后计算出纤芯直径为 100 μm 时，$V = 42.4$，$M = 898$。

2.4.3 阶跃折射率光纤中的光功率

对阶跃折射率光纤，我们感兴趣的最后一个量是对一个特定模式在纤芯内和包层中的光功率之比。正如图 2.19 所指出的那样，对一个给定的模式，其电磁场在纤芯包层界面上并不为零。从纤芯内场量呈现振荡分布到包层中呈指数律衰减分布，因而一个传导模式的电磁能量一部分由纤芯承载，另一部分则由包层承载。如果一个模式远离它的截止频率，则其能量将更多地集中于纤芯中，当逼近它的截止点时，则场将更加深入包层区，从而有更大比例的光能量在包层中传播。在截止状态，纤芯外部的场不再衰减，这个模式也就成为辐射模，所有的光功率留在包层。

对于大 V 值来说，远离截止波长，可以估计保留在包层中的部分平均光功率，

$$\frac{P_{\text{clad}}}{P} = \frac{4}{3\sqrt{M}} \tag{2.31}$$

其中，P 是光纤中的总功率。注意，因为 M 与 V^2 成比例，所以包层中的功率流量随着 V 的增加而降低。然而，对于高带宽的光纤来说，增加光纤中的模式数量是不可取的。

例 2.11 考虑一个多模阶跃光纤，纤芯半径为 25 μm，纤芯折射率为 1.48，折射率差 $\Delta = 0.01$。那么在工作波长为 840 nm 时，在包层中传输的光功率百分比是多少？

解：(a) 首先，用式(2.27)计算出在工作波长为 840 nm 时，V 值为

$$V = \frac{2\pi a}{\lambda} n_1 \sqrt{2\Delta} = \frac{2\pi \times 25\ \mu m \times 1.48}{0.84\ \mu m} \sqrt{2 \times 0.01} = 39$$

利用式(2.30)求得的总的模数为

$$M = \frac{V^2}{2} = 760$$

从式(2.31)，我们得到

$$\frac{P_{\text{clad}}}{P} = \frac{4}{3\sqrt{M}} = 0.048$$

因此,有大约 4.8%的光功率在包层中传播。如果为了降低信号色散(参见第 3 章)而让 Δ 降低到 0.03,那么光纤中的传导模数为 242 个,将有 8.6%的光功率在包层中传输。

训练题 2.6 假设多模阶跃光纤的纤芯直径为 62.5 μm,折射率为 1.48,相对折射率差 Δ 为 0.01,假设输入光波长为 840 nm 时,(a) V = 49; (b) 这时光纤中存在 1200 个传输模式; (c) 3.8%的光功率将在光纤包层中传播。

2.4.4 线偏振模

尽管光纤中光的传播理论已十分成熟,但要对光纤中的传导模和辐射模做一个完整的描述仍然是相当复杂的,这是因为一个混合电磁场模式中包含有 6 个场分量,而每一个场分量都有很复杂的数学表达式。实际上,这些表达式可以简化[19, 21-24],这是因为通常的光纤结构使得纤芯包层折射差非常小,也就是 $n_1 - n_2 \ll 1$。由此假设,光纤中仅有 4 个场分量需要考虑,而且它们的表达式变得相当简单,这些场分量称为线偏振(LP)模,并记为 LP_{jm},式中 j 和 m 是用以标识模式场解的整数。在这样的模式系列中,其低阶模式组 LP_{0m} 中的每一个模式可由 HE_{1m} 模导出,而每一个 LP_{1m} 则由 TE_{0m}、TM_{0m} 和 HE_{0m} 模构成。因此,单模光纤中的唯一的传播模式 LP_{01} 模对应于 HE_{11} 模,图 2.20 表明了 LP_{01} 模、LP_{11} 模、LP_{21} 模和 LP_{02} 模以及它们对应的低阶的 HE 模、EH 模、TE 模和 TM 模。

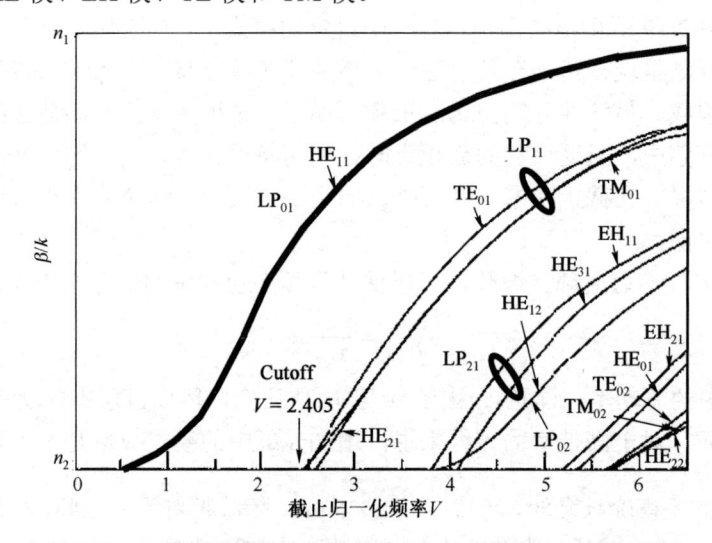

图 2.20 一些低阶模式的传播常数(以 β/k 表示)与 V 的关系图

在弱导波近似下,所有相同序号 j、m 标识的模式满足相同的特征方程,这就意味着这些模式是简并模。$HE_{v+1,m}$ 模和 $EH_{v-1,m}$ 模是简并模(即如果 HE 模和 EH 模具有相同的径向阶数 m 时,以其相同的圆周方向阶数 v 形成简并模对),于是由一个 $HE_{v+1,m}$ 模和一个 $EH_{v-1,m}$ 模构成的任意组合,同样构成光纤中一个传导模。

无论 TM 模、TE 模、EH 模还是 HE 模均配置如何,相应的 LP 模式都指定为 LP_{jm} 模。通常,以下条件成立:

1. 每一个 LP_{0m} 模由 HE_{1m} 模导出；
2. 每一个 LP_{1m} 模由 TE_{0m}、TM_{0m} 和 HE_{2m} 模构成；
3. 每一个 LP_{vm} 模 ($v \geq 2$) 由 $HE_{v+1,m}$ 模和 $EH_{v-1,m}$ 模构成。

10 个最低的 LP 模(具有最低截止频率的 10 个模)与传统的 TM, TE, EH 和 HE 模之间的对应关系列于表 2.3 中，从这个表中还可看出 LP 模的简并模数。

表 2.3 低阶线偏振模式的组成

LP 模标记	传统模式标记及模数	简并模数
LP_{01}	$HE_{11} \times 2$	2
LP_{11}	TE_{01}, TM_{01}, $HE_{21} \times 2$	4
LP_{21}	$EH_{11} \times 2$, $HE_{31} \times 2$	4
LP_{02}	$HE_{12} \times 2$	2
LP_{31}	$EH_{21} \times 2$, $HE_{41} \times 2$	4
LP_{12}	TE_{02}, TM_{02}, $HE_{22} \times 2$	4
LP_{41}	$EH_{31} \times 2$, $HE_{51} \times 2$	4
LP_{22}	$EH_{12} \times 2$, $HE_{32} \times 2$	4
LP_{03}	$HE_{13} \times 2$	2
LP_{51}	$EH_{41} \times 2$, $HE_{61} \times 2$	4

2.5 单模光纤

在多模光纤中，不同模式的传播时延差导致光纤链路的信号色散(见 3.2 节)。这种模式间时延或模式色散效应限制了光纤中信息传播的速率。可以通过设计只允许传输基模的光纤来避免模式色散，就是形成了单模光纤 SMF 的基本概念。

2.5.1 SMF 结构

如果将光纤纤芯直径尺寸做到几个波长(通常是 8~12 μm)并且使纤芯包层折射率差很小，则可制成单模光纤。由式(2.27)，令 $V = 2.4$，可以看到能够在一个相当大的实际纤芯尺寸 a 和纤芯包层折射差 Δ 变化范围内实现单模传播[25]。但实际设计的单模光纤，其纤芯包层折射率差一般在 0.2%~1.0%间变化，因而纤芯直径取值必须使第一个高阶模截止，或者使 V 值稍小于 2.4。

例 2.12 光纤制造工程师想制造一根纤芯折射率为 1.480、包层折射率为 1.478 的光纤。那么要在 1550 nm 波长上单模工作，纤芯尺寸应该多大？

解：对于单模工作，必须满足 $V \leq 2.405$ 的条件，那么从式(2.27)中，可以得到

$$a = \frac{V\lambda}{2\pi}\frac{1}{\sqrt{n_1^2 - n_2^2}} \leq \frac{2.405 \times 1.55\ \mu m}{2\pi} \frac{1}{\sqrt{(1.480)^2 - (1.478)^2}} = 7.7\ \mu m$$

如果这个光纤在 1310 nm 上也为单模，那么纤芯半径应该小于 6.50 μm。

例 2.13 某工程师有一根光纤，纤芯半径为 3.0 μm，数值孔径为 0.1。请问这根光纤工作在 800 nm 时，可以呈单模状态吗？

解：从式(2.27)，有

$$V = \frac{2\pi a}{\lambda} NA = \frac{2\pi \times 3 \text{ μm}}{0.80 \text{ μm}} 0.10 = 2.356$$

由于 $V < 2.405$，因此这根光纤工作在 800 nm 时，可以工作于单模状态。

2.5.2 模场直径

对于多模光纤，纤芯直径和数值孔径是描述信号传输特性的重要参数。在预测单模光纤的性能参数时，需要掌握光纤中传导模的光场几何分布。单模光纤的一个主要参数是模场直径(MFD)。模场直径由基模的模场分布决定，MFD 是光源波长、纤芯半径以及折射率剖面(RIP，也称折射率分布)的函数。多模光纤的模场直径与纤芯直径几乎相等，但单模光纤的模场直径一般不等于纤芯直径，这是因为单模光纤中并非所有的光都由纤芯承载并局限于纤芯内传播(见 2.4 节)，图 2.21 解释了这个效应。例如，当 $V = 2$ 时，只有 75%的光功率限制在纤芯中。这个百分比随 V 的增大而增大，而且随 V 的减小而变小。

对于单模光纤而言，MFD 是一个重要的参数，因为人们用它来预测光纤的特性，比如接头损耗、弯曲损耗、截止波长以及波导色散。在第 3 章和第 5 章描述了这些参数以及它们对光纤性能的影响。已经提出了多种表征和模型测量 MFD[26-31]，测量方法包括远场扫描、近场扫描、横向位移、远场可变孔径、刃缘法以及掩模法。在所有的这些方法中最主要考虑的因素是如何近似描述光功率的分布。

寻找 MFD 标准的方法是测量远场强度分布 $E^2(r)$，然后用 Petermann II 方程计算 MFD[28]：

$$\text{MFD} = 2w_0 = 2\left[\frac{2\int_0^\infty E^2(r)r^3 dr}{\int_0^\infty E^2(r)r dr}\right]^{1/2} \quad (2.32)$$

式中 $2w_0$(w_0 被称为光斑大小或模场半径)是远场分布的全宽。为了计算简便，场分布曲线可以近似为一个高斯函数[22]

$$E(r) = E_0 \exp(-r^2/w_0^2) \quad (2.33)$$

式中，r 是半径，E_0 是 $r = 0$ 处的场量值，如图 2.21 所示。MFD 由光功率降为 $1/e^2$ 的宽度决定。当 V 值介于 1.8 到 2.4 之间时，模斑分布非常接近式(2.33)给出的高斯图案，这一结果给出了实际单模光纤的工作区域。

相对模场直径 w_0/a 的近似结果如下式所示：

$$\frac{w_0}{a} = 0.65 + 1.619V^{-3/2} + 2.879V^{-6} \quad (2.34)$$

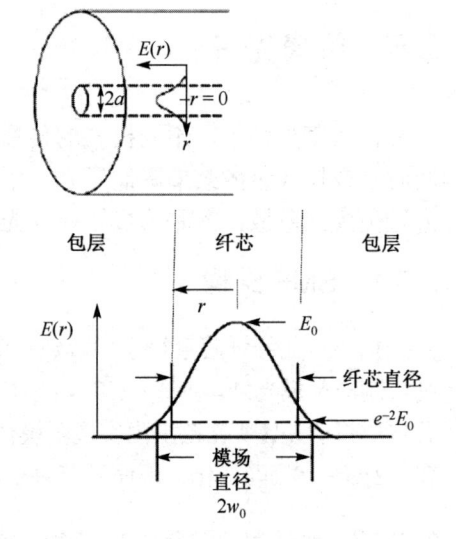

图 2.21 单模光纤中工作波长超过截止波长时的光功率分布

对于 $1.2 < V < 2.4$ 的阶跃折射率光纤，其精确度优于 1%。对于 $V = 2.405$ 的单模截止条件可获得 $w_0/a = 1.1005$。随着 V 减小到 2.4，模场直径会逐渐增大，超过纤芯直径 a 扩展进入包层中。因此制造商一般设计光纤的 V 值大于 2.0 从而防止包层的高损耗，但是 V 值又要小于 2.4 以防止光纤中产生多个模式。

例 2.14 假设一段阶跃单模光纤的 MFD 为 11.2 μm，归一化频率 $V = 2.25$，请计算光纤的纤芯直径。

解：通过式(2.32)可得 $w_0 = \text{MFD}/2 = 5.6\ \mu m$，根据式(2.34)可得：

$$a = w_0/(0.65 + 1.619V^{-3/2} + 2.879V^{-6}) = \frac{5.6\ \mu m}{0.65 + 1.619V^{-3/2} + 2.879V^{-6}}$$

$$= \frac{5.6\ \mu m}{1.152} = 4.86\ \mu m$$

因此，纤芯直径 $2a = 9.72\ \mu m$。

训练题 2.7 比较在 $V = 1.2$、1.8、2.4 时的光纤纤芯中的相对光斑大小 w_0/a。

2.5.3 双折射的起源

我们都知道任何普通的单模光中实际上都存在两个独立的简并传播模[32-34]。这两个模式极为相似，但它们的偏振面相互正交。这两个模式可以任意地取水平(H)方向偏振或取垂直方向(V)偏振，如图2.22所示。这两个正交的偏振模中的任意一个都构成主模，即 HE_{11} 模。在一般情形下，光纤中传播的光波的电场是两个偏振模的线性叠加，合成波的偏振状况决定于注入光纤点的光波的偏振状态。

假设我们随意地选取这两个正交的模中的一个，并假定其电场的横向分量沿 x 轴方向偏振，而另一个正交的模式电场的横向分量必然沿 y 轴方向偏振，如图2.22所示。在具有完善的圆对称的理想光纤中，这两个简并的模式具有完全相同的传播常数($\beta_x = \beta_y$)，任意偏振态的光波注入光纤以后，其偏振状态在传输过程中不会发生变化。实际的光纤总会有不完善性，例如非对称的径向应力，非圆纤芯以及折射率剖面的变化等，这些不完善性破坏了理想光纤的圆对称并降低了这两个正交模式的简并特性。在这种情形下，这两个正交的模式以不同的相速度传播，因而它们的有效折射率存在差异，其被称为光纤的双折射，即

$$B_f = \frac{\lambda}{2\pi}(\beta_x - \beta_y) \tag{2.35}$$

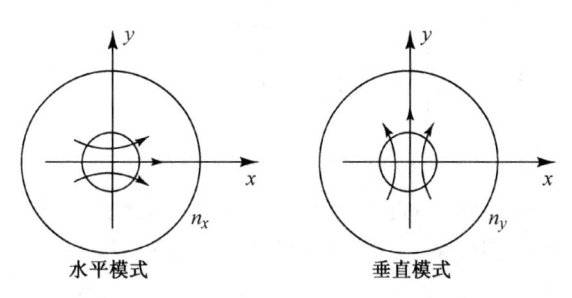

图 2.22 单模光纤中的基模 HE_{11} 模的两种偏振状态

如果注入光纤的光波同时激励起两个模式，则两个模在传播过程中二者之间将会产生一个相位差。如果这个相位差为 2π 的整数倍，则这两个模式在该点出现所谓"拍"，其偏振状态与入射点相同，产生"拍"的长度就是单模光纤的拍长，即

$$L_B = \frac{\lambda}{B_f} = \frac{2\pi}{(\beta_x - \beta_y)} \tag{2.36}$$

例 2.15 一单模光纤在 1310 nm 波长的拍长为 8 cm，请问其模式双折射为多少？

解：由式(2.36)可以得到模式双折射为

$$B_f = \frac{\lambda}{L_B} = \frac{1.31 \times 10^{-6} \text{ m}}{8 \times 10^{-2} \text{ m}} = 1.64 \times 10^{-5}$$

这些数据说明，这是一个中等程度双折射光纤。这是因为双折射可以在 $B_f = 1\times10^{-3}$（典型的高双折射光纤）到 $B_f = 1\times10^{-8}$（典型的低双折射光纤）之间变化。

2.5.4　有效折射率

从麦克斯韦方程中可以看出，基模 HE_{11}（或者等价的，LP_{01} 模）的相位由那个模的波传播常数 β 决定。在不同的应用中，比如，当讨论少模光纤中的信号传输或者分析光纤光栅时，就有必要定义一个有效折射率 n_{eff}。它的基本定义是，对于一些光纤模式，传播常数 β 是 n_{eff} 乘以真空中的波数 $k_0 = 2\pi/\lambda$，也就是

$$n_{\text{eff}} = \frac{\beta}{k_0} \tag{2.37}$$

在标准单模光纤中，由于基模 LP_{01} 大大超出了纤芯区域，有效折射率的值落在纤芯折射率和包层折射率之间。在多模光纤中，高阶模式更多地进入包层，其有效折射率低于低阶模式。有效折射率的精确值取决于很多因素，比如具体的模式、光纤的尺寸以及波长。同时要注意到，n_{eff} 的定义与光纤单位长度上相位的变化相关，而与模式的强度分布无关。

2.6　梯度折射率(GI)光纤的结构

2.6.1　GI 光纤的纤芯结构

梯度折射率光纤的纤芯折射率设计为从光纤中心随着径向距离 r 的增加而连续地减小，但通常其包层折射率保持为常数。纤芯折射率变化最常用的结构是幂指数分布，即

$$n(r) = \begin{cases} n_1 \left[1 - 2\Delta\left(\frac{r}{a}\right)^\alpha\right]^{1/2}, & 0 \leqslant r \leqslant a \\ n_1(1-2\Delta)^{1/2} \approx n_1(1-\Delta) = n_2, & r \geqslant a \end{cases} \tag{2.38}$$

式中 r 是离开光纤轴的径向距离，a 是纤芯半径，n_1 是纤芯轴的折射率，n_2 则是包层折射率，无量纲的参数 α 决定折射率剖面的形状。梯度折射率光纤的折射率差 Δ 的定义为

$$\Delta = \frac{n_1^2 - n_2^2}{2n_1^2} \approx \frac{n_1 - n_2}{n_1} \tag{2.39}$$

这个方程式右边的近似关系使得梯度折射率光纤 Δ 的表达式简化为式(2.20)所定义的阶跃折射率光纤折射率差的表达式，所以两种情形用了同一符号。如果 $\alpha = \infty$，则式(2.38)简化为阶跃折射率剖面，即 $n(r) = n_1$。

2.6.2　梯度折射率光纤的数值孔径

要确定梯度折射率光纤的数值孔径 NA，比起阶跃折射率光纤更为复杂。这是因为梯度折射率光纤的 NA 是纤芯端面的位置函数，与之相反的是，阶跃折射率光纤的 NA 在纤芯内是一个常数。利用几何光学方法可以证明，入射到光纤端面距中心 r 的位置上的光线，如果

其入射角在该点的局部数值孔径 NA(r) 所确定的角度以内，则此光线将形成传导模。局部数值孔径的定义为[35]

$$\mathrm{NA}(r) = \begin{cases} [n^2(r) - n_2^2]^{1/2} \approx \mathrm{NA}(0)\sqrt{1-(r/a)^\alpha}, & r \leq a \\ 0, & r > a \end{cases} \quad (2.40)$$

式中 NA(0) 是中心轴的数值孔径，其定义为

$$\mathrm{NA}(0) = [n^2(0) - n_2^2]^{1/2} = (n_1^2 - n_2^2)^{1/2} \approx n_1\sqrt{2\Delta} \quad (2.41)$$

由此可知，当 r 从 0 到纤芯包层界面之间变化时，梯度折射率光纤的 NA 值从 NA(0) 到零之间变化。具有不同 α 值折射率剖面的光纤，其数值孔径的比较如图 2.23 所示。梯度折射率光纤中传导模的总数为

$$M_g = \frac{\alpha}{\alpha+2}a^2k^2n_1^2\Delta \approx \frac{\alpha}{\alpha+2}\frac{V^2}{2} \quad (2.42)$$

其中 $k = 2\pi/\lambda$，右边的近似是由式(2.23)和式(2.27)推导得到的。光纤制造商通常选择 $\alpha = 2$ 的抛物线折射率剖面。此时，$M_g = V^2/4$，它的模式数目是相同 V 值的阶跃折射率光纤($\alpha = \infty$)所支持的模式数量的一半。

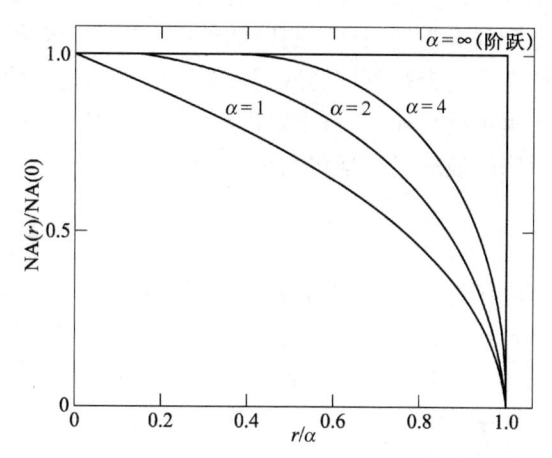

图 2.23 具有不同 α 值折射率剖面的梯度光纤数值孔径的比较

例 2.16 假设一根纤芯直径为 50 μm 的梯度折射率光纤，呈抛物线型折射率剖面($\alpha = 2$)。如果光纤的数值孔径为 NA = 0.22，请问在波长 1310 nm 上导模的总数目是多少？

解：首先，从式(2.27)中，得到

$$V = \frac{2\pi a}{\lambda}NA = \frac{2\pi \times 25 \text{ μm}}{1.31 \text{ μm}}0.22 = 26.4$$

然后从式(2.42)中得到当 $\alpha = 2$ 时总的模数

$$M_g = \frac{\alpha}{\alpha+2}\frac{V^2}{2} = \frac{V^2}{4} = 174$$

2.6.3 梯度折射率光纤的截止条件

与阶跃光纤类似，为了消除模式色散，梯度光纤也可以设计成单模光纤，只允许一个基模在需要的工作波长上传输。有一个梯度光纤 V 参数的经验公式[3]，在这个参数值上，次低阶模式 L_{11} 将被截止：

$$V = 2.405\sqrt{1+\frac{2}{\alpha}} \tag{2.43}$$

式(2.43)表明，通常对于梯度光纤，当 α 增加时 V 值降低。同时也可以看出，在抛物线梯度光纤中，截止条件时 V 的临界值是同等尺寸阶跃光纤的 $\sqrt{2}$ 倍。更进一步，从式(2.27)的定义来看，梯度光纤的数值孔径也比同尺寸的阶跃光纤要大。

2.7 光纤材料

作为光纤的候选材料，必须满足一系列的要求，例如：

1. 材料必须能拉制成很长、很细、柔韧的纤维；
2. 材料必须对特定的光波长是透明的，以便光纤可以有效地导光；
3. 物理上兼容的材料，使纤芯折射率与包层折射率仅有少许差异。

满足上述要求的材料有玻璃和塑料。

光纤主要是由二氧化硅(SiO_2)或硅酸盐制成的玻璃。可用的玻璃光纤各种各样，从具有大纤芯的中等损耗玻璃光纤到极为透明(低损耗)的玻璃光纤。前者用于短距离传输，而后者主要用于长途传输。塑料光纤尚未得到广泛应用，这是因为比起玻璃光纤，塑料光纤的损耗较大。塑料光纤主要用于短距离传输(几百米以内)和一些恶劣环境中，在这种环境中塑料光纤因其机械强度大，所以比起玻璃光纤来更具有优势。

2.7.1 玻璃光纤

玻璃由金属氧化物、硫化物、硒化物的混合物经熔融而成[36-38]。玻璃材料是随机连接的分子网络，而不是像晶体材料那样具有很好的可预知的有序结构。这种无序结构导致玻璃材料没有固定的熔点。当玻璃材料从室温加热到好几百摄氏度时都保持为坚硬的固体形态，如果温度进一步升高，则玻璃将逐渐开始软化，当温度很高时玻璃就成为一种黏滞的液体。"熔融温度"这个术语常用于玻璃的制造，它仅指玻璃变为流体的一个温度范围。

用于制作光纤的光学透明的绝大多数玻璃都是氧化物玻璃，其中最常用的是二氧化硅(SiO_2)，这种材料在 850 nm 波长上折射率为 1.458，在 1550 nm 波长上折射率为 1.444。为制作两种具有相似特性，而折射率有一个很小差异的材料以便形成纤芯和包层，可以在二氧化硅中掺氟(F)，或者掺各种氧化物(通常称为掺杂)，例如 B_2O_3、GeO_2 或 P_2O_5 等。如图 2.24 所示，如果在二氧化硅中掺 GeO_2 或 P_2O_5，则折射率增加；如果在二氧化硅中掺氟或 B_2O_3，则折射率减小。由于包层折射率必须低于纤芯折射率，所以光纤的组成实例有：

1. GeO_2-SiO_2 纤芯，SiO_2 包层；
2. P_2O_5-SiO_2 纤芯，SiO_2 包层；
3. SiO_2 纤芯，B_2O_3-SiO_2 包层；

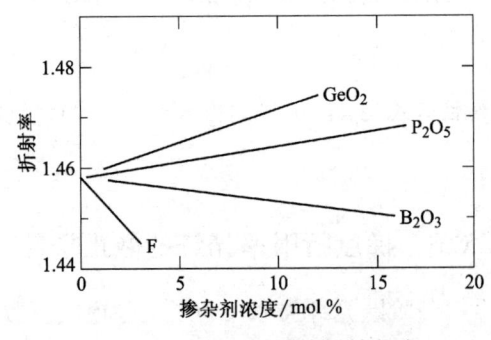

图 2.24 二氧化硅玻璃折射率随掺杂浓度的变化规律

4. GeO_2-B_2O_3-SiO_2 纤芯，B_2O_3-SiO_2 包层。

这里的符号 GeO_2-SiO_2 表示的主要原料是高纯二氧化硅玻璃中掺杂 GeO_2。

二氧化硅材料在地壳内主要是砂子，纯二氧化硅构成的玻璃可以是石英玻璃、熔融二氧化硅或玻璃态二氧化硅。石英玻璃所需要的优异性能包括：在高达 1000℃ 的温度时不易变形；由于石英的热膨胀系数很低，所以具有高的抗热冲击破损能力；良好的化学稳定性；在光纤通信系统最感兴趣的可见光区域和红外区域有很高的透明度。从熔融状态制备玻璃，石英玻璃的熔融温度过高是一个缺点。这个问题可以通过采用气相沉积技术而部分地得到解决。

2.7.2 标准光纤制造

全玻璃光纤制造有两种基本方法：气相氧化过程和直接熔融法。直接熔融法按传统的玻璃制造工艺，将处在熔融状态纯化的石英玻璃组件直接制造成光纤。气相氧化过程是将高纯度的气相金属卤化物(如 $SiCl_4$ 和 $GeCl_4$)与氧反应生成 SiO_2(或 GeO_2)微粒的白色粉末，这些微粒可采用 4 种常用的不同方法中的任意一种收集在一个大玻璃的表面并经烧结（通过加热，但未熔融，将 SiO_2 微粒转化为均匀的玻璃体)，制成洁净的玻璃棒或玻璃管。这种玻璃棒或玻璃管称为预制棒，典型的预制棒直径约为 10~25 mm，长度约为 60~120 cm。光纤则是由预制棒通过如图 2.25 所示的设备拉制而成的[39]。预制棒被精确地送进一个圆形的加热器，一般称为拉丝炉，在拉丝炉中预制棒的一端被加热软化并拉制成极细的玻璃丝，即光纤。拉丝机底部的收丝筒的转速决定光纤的拉制速度。反过来，拉制速度又决定了光纤的直径，所以收丝筒的转速必须精确控制，光纤直径检测仪通过一个反馈环实现对拉丝速度的调整。为保护裸光纤不受外部污染物(例如灰尘和水蒸气)的影响，光纤拉成以后立即将一层有弹性的涂层涂覆到光纤的表面。

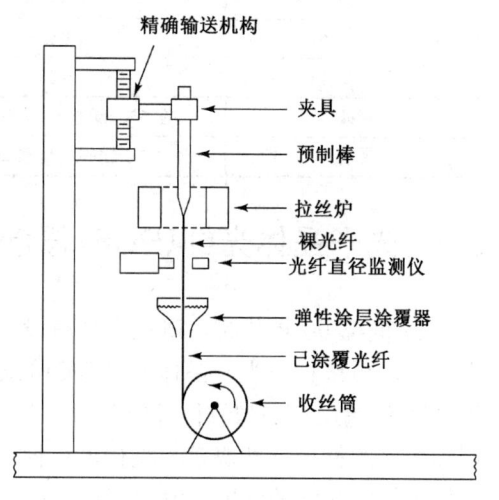

图 2.25 光纤拉丝机示意图

2.7.3 有源玻璃光纤

将稀土元素(原子序数 57~71)掺入普通的无源玻璃即可得到具有全新的光学和磁学特性的材料。这些新的特性允许材料在光通过其中时完成放大、衰减和相位延迟[40,41]。这种掺杂既可以在石英玻璃中实现，也可以在亚碲酸盐或卤化物玻璃中实现。

在光纤激光器中最常使用的两种材料是铒和钕。一般稀土元素离子的含量较低(0.005~0.05 摩尔百分比)，以避免聚集作用。为了利用这些材料的吸收和自发辐射谱，可以用一个发射波长等于材料吸收波长的光源激励掺杂稀土离子中的电子跃迁到较高能级，当这些受激电子跃迁回到低能级时，就会产生其自发辐射波长范围内的窄光谱辐射光。第 11 章中将讨论掺稀土元素光纤的应用：构建光纤放大器。

2.7.4 塑料光纤

随着直接向工作站传输高速业务的需求日益增长，促使光纤研发人员去开发用于用户接入的高带宽梯度折射率聚合物(塑料)光纤(POF)[42-44]。塑料光纤的纤芯，既可以是聚甲基丙烯酸甲酯，也可以是氟化聚合物，这些光纤分别称为 PMMA POF 和 PF POF。尽管塑料光纤与玻璃光纤相比有更大的光信号衰减，但它们具有更好的韧性，更为耐用。例如，这些聚合物的杨氏模量比石英玻璃几乎低两个数量级，所以即使直径达到 1 mm 的梯度折射率 POF 也相当柔软，很容易铺设在传统的光缆路由中。与标准多模玻璃通信光纤纤芯直径相匹配的塑料光纤可以使用标准光纤连接器。纤芯直径相似的塑料光纤与玻璃光纤可以直接耦合。另外，对于塑料光纤，可用廉价的注塑成形技术制造光连接器、光接头和收发器。

表 2.4 给出了 PMMA 塑料光纤和 PF 塑料光纤的样品特性。

表 2.4 PMMA 和 PF 塑料光纤样品特性

特性	PMMA POF	PF POF
纤芯直径	0.4 mm	0.050～0.30 mm
包层直径	1.0 mm	0.25～0.60 mm
数值孔径	0.25	0.20
衰减	在 650 nm 波长，150 dB/km	在 650～1300 nm 波长，小于 40 dB/km
带宽	2.5 Gbps，传输 200 m	2.5 Gbps，传输 550 m

2.8 光子晶体光纤(PCF)概念

20 世纪 90 年代初，研究者们就设想和开发出了一种新的光纤结构。开始时把它称为多孔光纤，后来称为光子晶体光纤(PCF)或微结构光纤[45-48]。这种新结构和传统光纤的区别在于 PCF 的包层(有时是纤芯区)包含空气孔。空气孔沿光纤整个长度分布。对于传统光纤，纤芯和包层的材料特性决定了光传输特性，而 PCF 的结构排列建立了一种内在的微结构，该微结构为控制光纤的性能(例如色散、非线性以及双折射效应)提供了额外的维度。

微结构中孔的大小和孔与孔的间距(称为孔距)以及填充材料的折射率决定了光子晶体光纤导光的特性。PCF 的两个主要分类是折射率导引光纤和光子带隙光纤。在折射率导引光纤中的光传输机理类似于传统光纤，低折射率包层包围着高折射率纤芯。然而，对于 PCF，包层的有效折射率取决于波长、孔的尺寸和孔距。相反，在光子带隙光纤中，光通过光子带隙效应在空的或微结构纤芯中导光，纤芯被微结构包层所包围。

2.8.1 折射率导引 PCF

图 2.26 所示是折射率导引 PCF 的基本结构的二维截面示意图。光纤具有固体纤芯，被包层所包围，包层包含沿光纤长度分布的很多空气孔，并有着不同的形状、尺寸以及分布图案。在图 2.26 中，空气孔呈规则的六边形阵列分布，每个孔的直径均为 d，孔与孔的间距为 Λ。

空气孔直径和孔距的值对于确定折射率导引 PCF 的工作特性非常重要。当空气孔直径与

孔距的比值 $d/\Lambda < 0.4$ 时，在很宽的波长范围（从约 300 nm 到 2000 nm）内，光纤呈现出单模特性。这个特性在标准单模光纤中是无法获得的，这对多个波长在一根光纤中同时传输很有用处。

尽管 PCF 的纤芯和包层使用相同的材料制作（如纯 SiO_2），但空气孔会降低包层区域的有效折射率，因为空气折射率 $n = 1$ 而 SiO_2 的折射率 $n = 1.45$。折射率的大差异加上微结构的小尺寸会导致包层的有效折射率依赖于波长。由纯 SiO_2 制成的纤芯，赋予 PCF 很多传统光纤（通常是由掺锗的 SiO_2 制成的）所没有的工作优势。这些优势包括：极小的损耗，可以传送高光功率能力，抗核辐射带来的暗效应。光纤可以在从 300 nm 到超过 2000 nm 的很宽的波长范围内支持单模工作方式。PCF 的模场面积可以超过 300 μm^2，而普通单模光纤只有 80 μm^2。这样 PCF 就可以传送高功率光信号而不至于引起普通光纤中会遇到的非线性效应了（见第 12 章）。

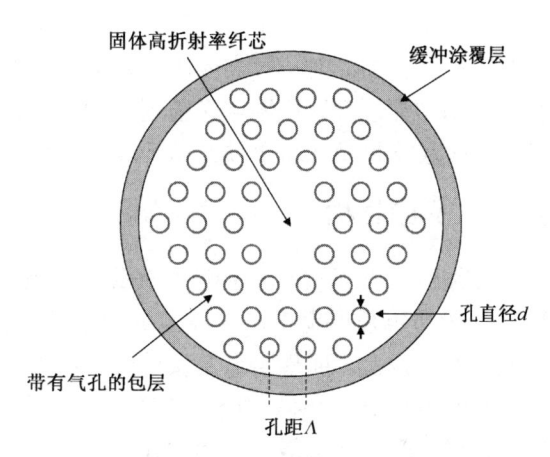

图 2.26 空气孔大小相同的折射率导引 PCF 的两种基本结构的截面示意图

2.8.2 光子带隙光纤

光子带隙（PBG）光纤有着不同的导光机理，它是基于包层横平面的二维光子带隙。这个光子带隙来源于包层中空气孔的周期性排列。带隙中的波长被阻止通过包层，因此被限制，只能在折射率低于周围材料的区域通过。光子带隙光纤的功能原理与半导体材料中周期性晶格的作用类似，它的作用是阻止电子占据带隙区域。在传统的 PBG 光纤中，空纤芯的作用是光子带隙结构中的一个缺陷，它形成了一个光可以传播的区域。尽管所有波长上的模式都可以在折射率导引光纤中传播，但在 PBG 光纤中，允许传导的光仅在一个相对较窄的波长区域中，波长宽度大约为 100~200 nm。

图 2.27 所示为一个 PBG 光纤二维截面示意图。除去光纤中间的材料，就形成了一个大的空纤芯，这个大空纤芯的面积约为 7 个空气孔。这样的结构被称为空气导光或空芯 PBG 光纤，可以允许传导模约 98% 的光功率从空气孔区域传播。与折射率导引光纤类似，包层区域的气孔有直径 d 和孔距 Λ。这样的空芯光纤的非线性效应很低，损伤阈值较高。因此 PBG 可以用于高光强的色散脉冲压缩。另外，利用气体或液体填充较大纤芯孔的 PBG，可以构造出光纤传感器或可变光衰减器。

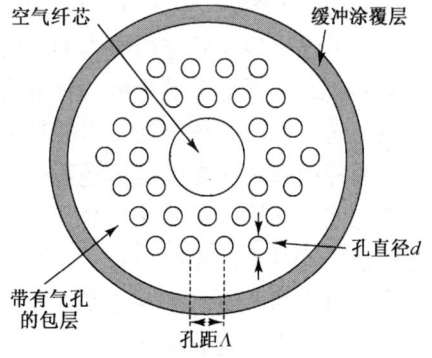

图 2.27 光子带隙光纤代表结构的二维横截面示意图

2.9 光缆

在光波导技术的实际应用中，光纤需要置入某种典型的光缆结构[49-53]。根据其是铺设在地下还是置于管道内,是直埋在地下、悬挂在室外电杆上还是置于海底水下,光缆的结构可以是多种多样的。对于每类应用,要求有不同的光缆结构,但是对于每种应用情况都必须遵循一些基本光缆设计原则。光缆制造的目标是使光缆的铺设能采用与常规电缆铺设相同的设备和铺设技术以及注意事项。由于玻璃光纤的机械特性,它需要特殊的光缆结构。

2.9.1 光缆结构

光缆的一个重要机械特性是光缆轴向允许的最大负载,它决定了光缆能可靠铺设的长度。一般在铜质电缆中,导线本身就是承受负载的主要构件,它可以在不断裂的情况下被伸长20%。反之,即便是最结实的光纤在伸长4%的情况下也会断裂,而一般的高质量光纤只能伸长0.5%~1.0%。由于当应力在允许伸长40%以上时,静态疲劳会很快产生,而低于20%时它的产生会很缓慢,因此在光缆制造和铺设过程中,光纤的伸长率应限制在0.1%~0.2%以内。

钢丝被广泛用来增强电缆。钢丝也可用作光缆的加强件。在有些应用场合中为了避免电磁感应或为了减小重量,光缆要求使用非金属结构。在这种情形下,必须采用塑料加强件或高抗拉强度的合成纤维。一种常用的有机纤维丝是 Kevlar,它是一种柔软、坚韧的黄色合成尼龙材料。采用好的制造工序,使光纤与光缆中其他构件相互隔离,并保持光纤靠近光缆的中心轴,同时在光缆弯曲和拉伸的时候,允许光纤能自由地移动。

图 2.28 所示的典型的光缆结构介绍了光纤成缆过程中常用的一些材料。单根光纤或成束的光纤组以及用于对在线设备供电的铜线松散地绕在中心缓冲加强件上,然后用光缆包带和其他加强件(比如 Kevlar)将这些光纤单元包封和黏结在一起,聚合物外套使光缆耐压坏,并应对施加到光缆上的拉伸应力,保证内部光纤不受损伤。护套还能保护光纤免受磨损、潮湿、油、溶剂以及其他污染物的腐蚀。护套的类型确定了光缆的应用特性,比如,用于直埋或架空应用的重型野外光缆的护套要比轻型室内光缆的护套厚得多,也坚硬得多。一些光缆设计可以包含可选的铜线,用于为在线设备供电。其他电缆组件还包括钢铠装带、阻水或吸水材料、用于为在线设备供电的可选铜线,以及可以在不损坏光缆内部组件的情况下轻松切割护套的撕裂线。

为了将单根光纤与同组内的光纤区分开,每根光纤通过单独的不同颜色的夹套来固定。TIA-598-D 光纤光缆颜色编码标准文件规定了一套常见的十二种基色。如果光缆中包含多个封装的光纤组,则每个光纤组的护套颜色都遵循相同的标准颜色编码方案。

两种最基本的光缆结构是紧套光缆和松套光缆。紧套光缆多用于室内,而松套光缆多用于长途室外环境。带状光缆是紧套光缆的拓展。在所有分类中,光纤自身是由制造的玻璃纤芯和包层组成的,光纤外有一直径为 250 μm 的保护涂覆层。

如图 2.29 所示,在紧套设计中,每根光纤都单独地封装在直径为 900 μm 塑料缓冲层结构中,因此称为紧套结构。900 μm 的缓冲层几乎是 250 μm 保护涂覆层直径的 4 倍,涂覆厚度的 5 倍。这样的结构特点为紧套光缆提供了极好的防潮功能和稳定的温度特性,也允许与连接器直接成端。在单根光纤模块中,900 μm 缓冲结构之外还有一层芳纶纤维加强材料。最后将这样的结构封装进 PVC 护套中。

在松套光缆中,将一根或多根标准涂覆光纤放入内直径比光纤直径大得多的热塑套管中,套管中的光纤比光缆本身略长。采用这种结构的目的是隔离光纤与由温度变化、风力或结冰等因素引起的周围光缆的拉伸。套管中充满了凝胶或阻水材料作为缓冲层，使光纤可以在套管中自由移动，并阻止潮气进入套管。松套光缆在护套里边还有一层护套提供耐压，并防止啮齿动物的啃咬。这种光缆可以用于直埋或架空室外线路应用。

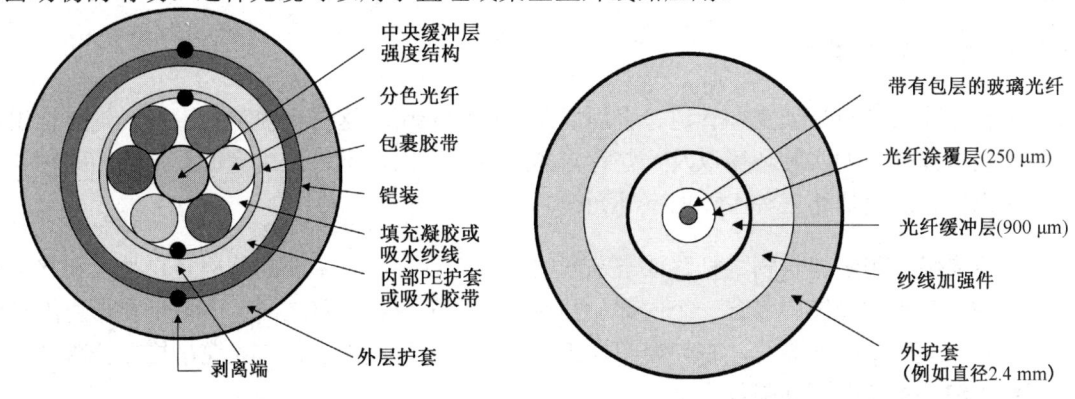

图 2.28　一种典型六芯光缆结构及常用材料

图 2.29　一个简单的紧套光缆的结构

为了方便含有大量光纤的光缆之间的连接操作，光缆设计者们设计了光纤带结构。如图 2.30 所示，光纤带光缆是一种光纤彼此精确地排列在一起，然后包覆在塑料缓冲层或护套中形成的长连续带。带中的光纤数通常从 4 到 12 不等。这些光纤带可以相互叠加放在一起，使光缆结构中包含很多光纤(比如 144 根光纤)形成一种紧密的包封结构。

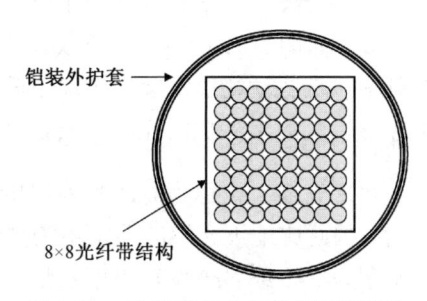

在光缆中光纤排列有很多种不同的方法。一些特别的光纤排列和光缆结构本身需要考虑一些因素，比如实际环境、光缆链路要提供的服务，以及可能需要的预先保养和维护。

图 2.30　64 芯光纤分层的光纤带结构

2.9.2　室内光缆类型

室内光缆可以用于仪器之间的相互连接、在办公室用户之间分配信号、连接打印机或服务器，以及电信设备机架中的短光纤跳线。这里描述三种主要的室内光缆。

互连光缆　为轻型、少光纤数量的室内应用服务，比如光纤到桌面链路、跳线以及管道和槽中的点到点(P2P)连接。这种光缆柔韧、紧凑、轻便，具有紧密的缓冲结构。通常的室内光缆是双芯光缆，其中两根光纤被封装在一个 PVC 外护套中。光纤跳线(也称为跳线光缆)是比较短的(通常小于 2 m)单芯或双芯光缆，两端带有连接器。它们用于将光波测试设备连接到光纤配线箱上，或用于设备架中各个光传输模块之间的互连。

分支光缆　由最多 12 根紧套光纤绕一中心加强件绞合而成。这种光缆提供少到中等数量光纤应用，在这种应用情况下必须要对各个带有护套的光纤进行保护。在分支光缆中可以很简便地将连接器安装到各个光纤上。在这样的光缆结构中，可以很容易地将单个终端光纤连接到设备的各个元件上。

配线式光缆　由单一的或小单元紧套光纤绕一中心加强件绞合而成。这种光缆提供广泛的网络应用服务,传输数据、语音以及视频信号。设计的配线光缆用于楼内光缆槽、管道以及在需要垂直布线的结构中进行宽松的铺设。最主要的一个特点是它们可以使光缆中各个单元的光纤分配到多个不同的位置上。

2.9.3 室外光缆类型

室外光缆安装包括架空、管道、直埋以及水底的应用。这些光缆都是由松套管结构组成的。根据光缆使用的实际环境以及一些特定的应用的不同,室外光缆有很多不同的结构和尺寸可供选择。这里描述三种主要的室外光缆。

架空光缆 用于建筑物、杆路或塔之间的户外架设。两种主要的结构是自承式和支承式光缆结构。自承式光缆中包含一个内部加强件,光缆吊挂在杆路之间,而不需要任何附加的支撑结构。对于支承式光缆,首先要在杆路之间拉一根线或加强件,光缆吊挂在杆路之间,然后将光缆挂在或夹到加强件上。

铠装光缆 用于直埋或地下管道铺设,在聚乙烯护套的下面有一层或多层钢丝或钢带保护铠装,如图2.31所示。这不仅仅为光缆提供了附加的强度,而且还可以防止受到啮齿动物的破坏,这些动物经常会破坏地下光缆。例如,在美国,一种平原小型地鼠能够破坏埋在地下2m以上的未保护的光缆。其他光缆组件包括中心加强件、缠绕和黏结带以及阻水材料。

水底光缆 也称为海底光缆,用于河湖以及海洋环境。由于这种光缆通常要经受高水压作用,因此比地下光缆的要求更为严格。如图2.32所示,用于河流和湖泊中的光缆具有多个阻水层、一个或多个保护内聚乙烯护套和一个结实的外铠装护套。在海底工作的光缆有更多的铠装层,并包含为海底光放大器和再生器提供电力的铜线。

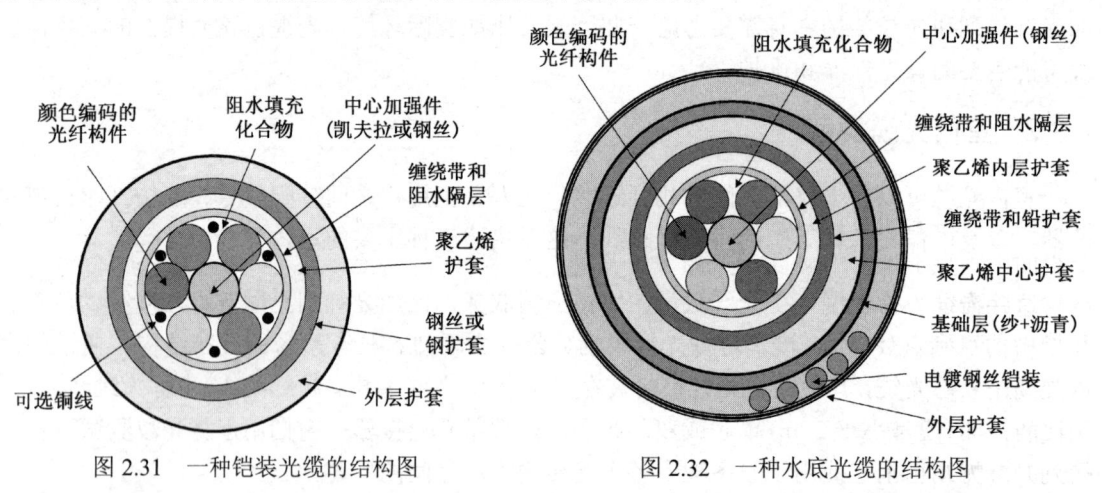

图2.31 一种铠装光缆的结构图

图2.32 一种水底光缆的结构图

2.10 小结

本章分析了光纤的结构,给出了光在光纤中传输的两种机理。一种最简单的光纤是由两种各向同性的半导体材料(玻璃或塑料)构成同轴圆柱形结构。其典型结构是,均匀折射率为

n_1 的纤芯被折射率为 n_2 的包层所包裹,其中 n_2 略小于 n_1。这种光纤称为阶跃光纤,其纤芯和包层间的折射率剖面为阶跃函数形式的。

梯度光纤纤芯的折射率剖面随半径的变化而变化,而包层的折射率为常数。折射率函数 $n(r)$ 通常可以表示为幂级数形式 r^α,α 定义为纤芯折射率剖面形状,此幂级数表达式中通常取 $\alpha = 2$。这种特殊形式称为梯度折射率剖面。多模光纤中的梯度折射率能降低信号的色散,从而比阶跃光纤提供更宽的带宽。

光子晶体光纤(PCF)或微结构光纤与传统光纤不同,在 PCF 的包层或者一些纤芯中有气孔。纤芯和包层的材料决定了光的传输特性。PCF 中气孔的布局构造出了内部微型结构,这为控制光传输特性,如色散、非线性以及双折射效应,提供了一种额外的方式。

光在传统光纤中的传输特性,可由平面波导中的光线跟踪(或几何光学)模型得到。平面波导由折射率为 n_1 的中心区域,以及折射率为 n_2 的两个夹层组成,其中 n_2 略小于 n_1。光束通过材料界面的内反射沿着平面波导传输。

虽然光束模型能直观地描述光在光纤中的传输,但是如果要综合描述光传输特性,如圆柱光纤中的信号色散以及能量损耗特性,则需要利用波动理论法。在波动理论中,光纤中传输的电磁场(光频率段)可由基本场结构的叠加表示,这又称为光纤模式。弧度频率为 ω 的单色光在光纤中沿轴向传输(正 z 方向)的模式可通过系数 $\exp[j(\omega t-\beta z)]$ 表示,其中 β 是模式传播常数。对于传导模(边界处),可假定只有有限数量的可能解。这些解由纤芯与包层界面的边界条件所决定的麦克斯韦(Maxwell)方程组确立。模式的解析过程非常复杂,因为边界条件涉及到电场 E 和磁场 H 的纵向耦合,会出现混合模式的解。

然而,可用较简单却具有较高准确性的近似解来代替冗长的精确解析解。这种方法建立在典型的阶跃光纤理论之上,即纤芯和包层的折射率之差非常小。这种弱导光纤假设已成功应用于评估光纤波导特性。

附录:菲涅耳方程

可以考虑不受两个正交平面偏振分量的非极化光。为了分析反射光和折射光,可以使用一种位于入射平面(包含入射光线和反射光线的平面,在这里被称为 yz 平面),另一个位于一个平面中垂直于入射平面(xz 平面)的分量。例如,这些可以是电场矢量的 E_x 和 E_y 分量。然后将这些指定为垂直极化分量(E_x)和水平极化分量(E_y),分别具有最大的振幅 E_{0x} 和 E_{0y}。

当在空气中传播的非偏振光束入射到非金属表面时,例如玻璃材料,光束的一部分(用 E_{0r} 表示)被反射,光束的另一部分(用 E_{0t} 表示)被折射并传输到目标材料中。反射光束是部分偏振的,并且在特定角度(称为布鲁斯特角)处,反射光完全垂直于偏振光,因此 $(E_{0r})_y = 0$。当入射角为 $\theta_1 + \theta_2 = 90°$ 时,此条件成立。角度定义见图 2.6。折射光束的平行分量完全传输到目标材料中,而垂直分量仅被部分折射。有多少折射光被偏振取决于光接近表面的角度和材料的成分。

不同偏振类型的光在材料界面 a 处反射和折射的量可以使用菲涅耳方程来计算。这些场振幅比的方程式是根据分别具有正交和平行反射系数 r_x 和 r_y,垂直和平行透射系数 t_x 和 t_y 求得的。由于 E_{0i},E_{0r} 和 E_{0t} 分别是入射波、反射波和透射波的振幅,得到

$$r_\perp = r_x = \left(\frac{E_{0r}}{E_{0i}}\right)_x = \frac{n_1 \cos\theta_1 - n_2 \cos\theta_2}{n_1 \cos\theta_1 + n_2 \cos\theta_2} \tag{2.44}$$

$$r_{||} = r_y = \left(\frac{E_{0r}}{E_{0i}}\right)_y = \frac{n_2 \cos\theta_1 - n_1 \cos\theta_2}{n_1 \cos\theta_2 + n_2 \cos\theta_1} \tag{2.45}$$

$$t_\perp = t_x = \left(\frac{E_{0t}}{E_{0i}}\right)_x = \frac{2n_1 \cos\theta_1}{n_1 \cos\theta_1 + n_2 \cos\theta_2} \tag{2.46}$$

$$t_{||} = t_y = \left(\frac{E_{0t}}{E_{0i}}\right)_y = \frac{2n_1 \cos\theta_1}{n_1 \cos\theta_2 + n_2 \cos\theta_1} \tag{2.47}$$

如果光垂直入射在材料界面，则角度为 $\theta_1 = \theta_2 = 0$。由式(2.44)和式(2.45)得到反射系数为

$$r_x(\theta_1 = 0) = -r_y(\theta_2 = 0) = \frac{n_1 - n_2}{n_1 + n_2} \tag{2.48}$$

类似地，对于 $\theta_1 = \theta_2 = 0$，传输系数为

$$t_x(\theta_1 = 0) = t_y(\theta_2 = 0) = \frac{2n_1}{n_1 + n_2} \tag{2.49}$$

例2A.1 考虑在空气中传播的光($n_{空气}$=1.00)垂直入射到折射率 $n_{玻璃}$=1.48 的光滑玻璃表面上的情况。反射系数和透射系数分别是多少？

解：从方程式(2.48)看，$n_1=n_{空气}$ 以及 $n_2=n_{玻璃}$ 时，反射系数为

$$r_x = -r_x = (1.48 - 1.00)/(1.48 + 1.00) = 0.194$$

并且从式(2.49)看，传输系数为

$$t_x = t_y = 2(1.00)/(1.48 + 1.00) = 0.806$$

反射系数的 r_x 的正负号变化意味着反射时垂直分量会移动 $180°$。

场振幅比可用于计算反射率 R(反射率与入射通量或功率之比)和透射率 T(透射率与入射通量或功率之比)。对于线性偏振光，其中入射光的振动平面垂直于界面平面，反射率和透射率分别为

$$R_\perp = \left(\frac{E_{0r}}{E_{0i}}\right)_x^2 = R_x = r_x^2 \tag{2.50}$$

$$R_{||} = \left(\frac{E_{0r}}{E_{0i}}\right)_y^2 = R_y = r_y^2 \tag{2.51}$$

$$T_\perp = \frac{n_2 \cos\theta_2}{n_1 \cos\theta_1}\left(\frac{E_{0t}}{E_{0i}}\right)_x^2 = T_x = \frac{n_2 \cos\theta_2}{n_1 \cos\theta_1}t_x^2 \tag{2.52}$$

$$T_{||} = \frac{n_2 \cos\theta_2}{n_1 \cos\theta_1}\left(\frac{E_{0t}}{E_{0i}}\right)_y^2 = T_y = \frac{n_2 \cos\theta_2}{n_1 \cos\theta_1}t_y^2 \tag{2.53}$$

与 R 相比，T 的表达式要复杂一些，因为入射光束的形状在进入第二种材料时发生变化，并且能量进出界面的速度不同。

如果光垂直入射在材料界面上，则替换式(2.48)为式(2.50)和式(2.51)，得到以下反射率 R 的表达式

$$R = R_\perp(\theta_1 = 0) = R_{||}(\theta_1 = 0) = \left(\frac{n_1 - n_2}{n_1 + n_2}\right)^2 \tag{2.54}$$

并代入式(2.49),得到式(2.52)和式(2.53),对于透射率 T 产生以下表达式

$$T = T_\perp(\theta_2 = 0) = T_{||}(\theta_2 = 0) = \frac{4n_1 n_2}{(n_1 + n_2)^2} \tag{2.55}$$

例 2A.2 考虑例 2A.1 中的描述,其中光从空气传播($n_{空气}$=1.00)垂直入射到折射率 $n_{玻璃}$=1.48 的光滑玻璃样本上。反射率和折射率分别是多少?

解:从等式(2.54)和例 2A.1 得到反射率为

$$R = [(1.48 - 1.00)/(1.48 + 1.00)]^2 = (0.194)^2 = 0.038 \text{ 或 } 3.8\%$$

从式(2.55)得到透射率为

$$T = 4(1.00)(1.48)/(1.00 + 1.48)^2 = 0.962 \text{ 或 } 96.2\%$$

注意:$R + T = 1.00$。

例 2A.3 有一个平面波,该平面波位于空气-玻璃界面的入射平面内。如果光以 30° 的角度入射到界面上,求反射系统。其中 $n_{空气} = 1.00$, $n_{玻璃} = 1.50$。

解:首先根据斯涅尔定律,得到 $\theta_2 = 19.2°$。将折射率和角度的值代入式(2.44)和式(2.45)中,得到 $r_x = -0.241$ 和 $r_y = 0.158$。如例 2A.1 所述,反射系数 r_x 的符号变化意味着垂直分量的场在反射时会移动 180°。

习题

2.1 某一个波 $y = 8\cos 2\pi(2t - 0.8z)$,式中 y 的单位为微米,传播常数的单位为 μm^{-1},试求:(a)波的振幅;(b)波长;(c)角频率;(d)$t = 0$,$z = 4$ μm 的位移。

2.2 在式(2.7)中令 $E_{0x} = E_{0y} = 1$,利用计算机或图形计算器在 $\delta = (n\pi)/8$,其中 $n = 0, 1, 2, \cdots, 16$,编写一个程序绘制此方程图形,说明当 δ 变化时光波的偏振状态是如何变化的。

2.3 证明任意的线偏振波可以表示为同频率、同相位的一个左旋圆偏振波和一个右旋圆偏振波的叠加。

2.4 光波从空气中以角度 $\theta_1 = 33°$ 投射到平板玻璃表面上,θ_1 是测得的入射光线与玻璃表面之间的夹角,依据投射到玻璃表面的角度、光束部分被反射,另一部发生折射。如果折射光束和反射光束之间的夹角刚好为 90°,(a)请证明玻璃的折射率为 1.54;(b)请证明这种玻璃的临界角为 40.5°。

2.5 一个点光源位于一大片水面以下 12 cm 处($n_{水}$=1.33)。证明水面上圆的半径最大为 13.7 cm 时,光可以通过该圆从水里入射到空气中($n_{空气}$=1.000)。

2.6 将直角棱镜(内角为 45°,45°,90°)放入酒精($n = 1.45$)中。证明:如果正常入射,在一个短面上的光线要在棱镜的长面上被全反射,则棱镜的折射率必须为 2.05。

2.7 证明在掺杂的石英玻璃($n_1 = 1.460$)和纯净石英玻璃($n_2 = 1.450$)的界面上,临界角是 83.3°。

2.8 考虑正常入射的光功率反射在光纤末端和空气之间的界面上。如果光纤的折射率 $n_{光纤} = 1.48$,空气的折射率 $n_{空气} = 1.000$,证明反射率 $R = 0.037$,透射率 $T = 0.963$。

2.9 考虑 $n_1 = 1.48$ 和 $n_2 = 1.46$ 的阶跃光纤。(a)证明数值孔径为 0.243;(b)如果外部介质是

$n = 1.00$ 的空气，证明该光纤的接收角 θ_A 为 14°。

2.10 考虑一个纤芯直径为 62.5 μm 的阶跃折射率多模光纤，纤芯折射率为 1.48，折射率差 $\Delta = 0.015$。请证明在 1310 nm 波长处，
(a) V 值为 38.4；
(b) 总共传播模式数为 737。

2.11 数值孔径约为 0.20 的给定阶跃光纤折射率多模光纤支持在 850 nm 波长下大约有 1000 个模式。(a)证明其纤芯直径为 60.5 μm；(b)证明光纤在 1320 nm 处支持 414 个模式；(c)证明光纤在 1550 nm 处支持 300 个模式。

2.12 某节阶跃折射率光纤的纤芯半径为 25 μm，$n_1 = 1.48$，$n_2 = 1.46$。(a)证明在 820 nm 处的归一化频率 $V = 46.5$；(b)证明有 1081 种模在 820 nm 的光纤中传播；(c)证明在 1320 nm 处，有 417 种模在该光纤中传播；(d)证明在 1550 nm 处，有 303 种模在该光纤中传播；(e)证明在不同波长下，在包层中的光功率在 820 nm 处为 4.1%，在 1320 nm 处为 6.6%，在 1550 nm 处为 7.8%。

2.13 考虑纤芯半径为 25 μm，纤芯折射率 $n_1 = 1.48$，且 $\Delta = 0.01$。(a)证明在 1320 nm 处参数 $V = 25$，模数 $M = 312$；(b)验证是否有 7.5% 光功率在涂覆层中；(c)如果纤芯折射率差减小到 $\Delta = 0.003$，表明模数 $M = 94$，13.7% 的光功率在包层中。

2.14 考虑一个纤芯半径为 5 μm 的阶跃折射率光纤，其折射率差 $\Delta = 0.002$，纤芯折射率为 $n_1 = 1.480$。
(a) 通过计算 V 值，试验证在 1310 nm 处是单模光纤；
(b) 验证在 820 nm 处该光纤不是单模的，因为 $V = 3.514$；
(c) 从图 2.20 找出工作在 820 nm 处的 LP_{01} 和 LP_{11} 模式。

2.15 考虑一个纤芯直径 62.5 μm 的梯度折射率光纤，具有抛物线函数折射率剖面 ($\alpha = 2$)。假定该光纤的数值孔径 $NA = 0.275$。
(a) 试得出该光纤在 850 nm 处的 V 值是 63.5；
(b) 证明该光纤在 850 nm 处能够传导的模式数为 1008。

2.16 考虑一个纤芯直径 50 μm 的梯度折射率光纤，其纤芯折射率为 $n_1 = 1.480$、包层折射率 $n_2 = 1.465$。
(a) 用式(2.39)所给出的折射率差 Δ 的严格表达式，试得出 $\Delta = 1.008\%$；
(b) 用式(2.39)右边所给出的折射率差 Δ 的近似表达式，试得出 $\Delta = 1.014\%$。这说明该近似相当准确。

2.17 计算具有抛物线折射率剖面 ($\alpha = 2$)，纤芯半径为 25 μm，$n_1 = 1.48$，$n_2 = 1.46$ 的渐变折射率光纤中 820 和 1300 nm 处的模数。这跟阶跃光纤相比如何？

2.18 在下列情形下，计算光纤的数值孔径。
(a) 阶跃折射率塑料光纤，其纤芯折射率 $n_1 = 1.60$，包层折射率 $n_2 = 1.49$；
(b) 阶跃折射率光纤，具有石英玻璃纤芯 ($n_1 = 1.458$) 和硅树脂包层 ($n_2 = 1.405$)。

习题解答（选）

2.1 根据例 2.1，(a) 8 μm；(b) 1.25 μm；(c) 4π；(d) 7.512 μm。

2.17 对于渐变折射率光纤，在 820 nm 处，$M = 543$，在 1300 nm 处，$M = 216$。对于阶跃折射率光纤，在 820 nm 处，$M = 1078$，在 1300 nm 处，$M = 429$。

2.18 (a) 0.58；(b) 0.39。

原著参考文献

1. See any general physics book or introductory optics book; for example: (a) D. Halliday, R. Resnick, and J.Walker, *Fundamentals of Physics*, 11th edn. (Wiley, 2018); (b) E.Hecht, *Optics*, Pearson, 5th edn. (2016); (c) K. Iizuka, *Engineering Optics* (Springer, Berlin, 2019)
2. See any introductory electromagnetics book; for example: (a) B.M. Notaros, *Electromagnetics* (Prentice Hall, 2011); (b) W.H. Hayt Jr, J.A. Buck, *Engineering Electromagnetics*, 9th edn. (McGraw-Hill, 2019); (c) N. Ida, *Engineering Electromagnetics*, 4th edn. (Springer, 2020); (d) F.T. Ulaby, *Fundamentals of Applied Electromagnetics*, 7th edn. (Pearson, 2015)
3. B.E.A. Saleh, M.C. Teich, *Fundamentals of Photonics*, 3rd edn. (Wiley, 2019)
4. E.A.J. Marcatili, in *Objectives of Early Fibers: Evolution of Fiber Types*, ed. by S.E. Miller, A.G. Chynoweth, Optical Fiber Telecommunications (Academic Press, 1979)
5. R.J. Black, L. Gagnon, *Optical Waveguide Modes: Polarization, Coupling and Symmetry* (McGraw-Hill, 2010)
6. A.W. Snyder, J.D. Love, *Optical Waveguide Theory* (Chapman and Hall, 1983)
7. C. Yeh, F. Shimabukuro, *The Essence of Dielectric Waveguides* (Springer, Berlin, 2008)
8. K. Okamoto, *Fundamentals of Optical Waveguides*, 2nd edn. (Academic Press, 2006)
9. C.L. Chen, *Foundations of Guided-Wave Optics* (Wiley, 2007)
10. K. Kawano, T. Kitoh, *Introduction to Optical Waveguide Analysis: Solving Maxwell's Equation and the Schrödinger Equation* (Wiley, 2002)
11. J.A. Buck, *Fundamentals of Optical Fibers*, 2nd edn. (Wiley, 2004)
12. J. Hu, C.R. Menyuk, Understanding leakymodes: slabwaveguide revisited. Adv. Optics Photon. **1**(1), 58-106 (2009)
13. A.K. Ghatak, Leaky modes in optical waveguides. Opt. Quant. Electron. **17**, 311-321 (1985)
14. E. Snitzer, Cylindrical dielectric waveguide modes. J. Opt. Soc. Amer. **51**, 491-498 (1961)
15. M. Koshiba, *Optical Waveguide Analysis* (McGraw-Hill, 1992)
16. D. Marcuse, *Light Transmission Optics*, 2nd edn. (Van Nostrand-Reinhold, 1982)
17. R. Olshansky, Propagation in glass optical waveguides. Rev. Mod. Phys. **51**, 341-367 (1979)
18. D. Gloge, The optical fiber as a transmission medium. Rep. Progr. Phys. **42**, 1777-1824 (1979)
19. D. Gloge, Weakly guiding fibers. Appl. Opt. **10**, 2252-2258 (1971)
20. ITU-T Recommendation G.652, *Characteristics of a single-mode optical fibre and cable* (2016)
21. A.W. Snyder, Asymptotic expressions for eigenfunctions and eigenvalues of a dielectric or optical waveguide. IEEE Trans. Microwave Theory Tech., **MTT-17**, 1130-1138 (1969)
22. D. Marcuse, Gaussian approximation of the fundamental modes of graded index fibers. J. Opt. Soc. Amer. **68**, 103-109 (1978)
23. H.M. DeRuiter, Integral equation approach to the computation of modes in an optical waveguide. J. Opt. Soc.

Amer. **70**, 1519-1524（1980）

24. A.W. Snyder, Understanding monomode optical fibers. Proc. IEEE **69**, 6-13（1981）
25. D. Marcuse, D. Gloge, E.A.J. Marcatili, in *Guiding Properties of Fibers*, ed. by S.E. Miller, A.G. Chynoweth, Optical Fiber Telecommunications（Academic Press, 1979）
26. M. Artiglia, G. Coppa, P. DiVita, M. Potenza, A. Sharma, Mode field diameter measurements in single-mode optical fibers. J. Lightw. Technol. **7**, 1139-1152（1989）
27. T.J. Drapela, D.L. Franzen, A.H. Cherin, R.J. Smith, A comparison of far-field methods for determining mode field diameter of single-mode fibers using both gaussian and Petermann definitions. J. Lightw. Technol. **7**, 1153-1157（1989）
28. K. Petermann, Constraints for fundamental mode spot size for broadband dispersioncompensated single-mode fibers. Electron. Lett. **19**, 712-714（1983）
29. （*a*） ITU-T Recommendation G.650.1, *Definitions and Test Methods for Linear, Deterministic Attributes of Single-Mode Fibre and Cable*（2018）；（*b*） ITU-T Recommendation G.650.2, *Definitions and Test Methods for Statistical and Nonlinear Related Attributes of Single-Mode Fibre and Cable*（2015）；（*c*） ITU-T Recommendation G.650.3, *Test Methods for Installed Single-Mode Optical Fibre Cable Links*（2017）
30. IEC-60793-1-45, *Measurement Methods and Test Procedures—Mode Field Diameter*（2017）
31. R. Hui, M. O'Sullivan, *Fiber Optic Measurement Techniques*（Academic Press, 2009）
32. I. P. Kaminow, Polarization in optical fibers. IEEE J. Quantum Electron. **17**, 15-22（1981）
33. J. N. Damask, *Polarization Optics in Telecommunications*（Springer, Berlin, 2004）
34. M. Brodsky, N. J. Frigo, M. Tur, in *Polarization Mode Dispersion*, ed. by I.P. Kaminov, T. Li, A. E. Willner, Optical Fiber Telecommunications-V, vol A, chap 17（Academic Press, 2008）, pp. 593-669
35. D. Gloge, E. Marcatili, Multimode theory of graded core fibers. Bell Sys.Tech. J. **52**, 1563-1578（1973）
36. J. D. Musgraves, J. Hu, L. Calvez, *Springer Handbook of Glass*（Springer, Berlin, 2019）
37. S. R. Nagel, in *Fiber Materials and Fabrication Methods*, ed. by S. E. Miller, I. P. Kaminow, Optical Fiber Telecommunications-II（Academic Press, 1988）
38. B. Mysen, P. Richet, *Silicate Glasses and Melts*, 2nd edn.（Elsevier, 2018）
39. P. C. Schultz, Progress in optical waveguide processes and materials. Appl. Opt. **18**, 3684-3693（1979）
40. W. Miniscalco, Erbium-doped glasses for fiber amplifiers at 1500 nm. J. Lightw. Technol. **9**, 234-250（1991）
41. F. Sidiroglou, A. Roberts, G. Baxter, Contributed review: a review of the investigation of rare-earth dopant profiles in optical fibers. Rev. Sci. Instr. **87**(041501), 22（2016）
42. O. Ziemann, J. Krauser, P. E. Zamzow, W. Daum, *POF Handbook,* 2nd edn.（Springer, Berlin, 2008）
43. R. Nakao, A. Kondo, Y. Koike, Fabrication of high glass transition temperature graded-index plastic optical fiber. J. Lightw. Technol. **30**, 969-973（2012）
44. C. -A. Bunge, M. Beckers, T. Gries（eds.）, *PolymerOptical Fibres*（Woodhead Publishing, 2017）
45. P. St. John Russell, Photonic crystal fibers. J. Lightw. Technol. **24**(12), 4729-4749（2006）
46. M. Large, L. Poladian, G. Barton, M. A. van Eijkelenborg, *Microstructured Polymer Optical Fibres*（Springer, Berlin, 2008）
47. X. Yu, M. Yan, G. Ren, W. Tong, X. Cheng, J. Zhou, P. Shum, N. Q. Ngo, Nanostructure core fiber with enhanced performances: design, fabrication and devices. J. Lightw. Technol. **27**(11), 1548-1555（2009）

48. A. Bjarklev, J. Broeng, A. S. Bjarklev, *Photonic Crystal Fibres* (Springer, Berlin, 2003)
49. B. Wiltshire, M. H. Reeve, A review of the environmental factors affecting optical cable design. J. Lightw. Technol. **6**, 179-185 (1988)
50. A. Inoue, Y. Koike, Low-noise graded-index plastic optical fibers for significantly stable and robust data transmission. J. Lightw. Technol. **36**(24), 5887-5892 (2018)
51. X. Jiang, W. Jiang, G. Pan, Y. C. Ye (eds.), *Submarine Optical Cable Engineering* (Elsevier, 2018)
52. M. Charbonneau-Lefort, M. J. Yadlowsky, Optical cables for consumer applications. J. Lightw. Technol. **33**(4), 872-877 (2015)
53. J. Chesnoy, *Undersea Fiber Communication Systems* (Academic Press, 2016)

第 3 章 衰减和色散

摘要：当信号在任意类型的传输介质中传播时，其传输过程中总是存在各种信号功率损耗以及信号失真现象。在光通信系统设计中，光信号沿着光纤传播时的衰减是一个重要的考虑因素。因为它在确定发射机与接收机之间的最大传输距离的问题上扮演了主要角色。除了衰减因素，光信号在沿着光纤传播过程中，还会不断地展宽与失真，信号展宽主要原因是模内和模间色散效应的影响。

第 2 章已经讲述了光纤的结构，同时研究了有关光信号怎样在圆柱形的介质光波导中传播的一系列概念。本章将通过回答两个非常重要的问题来继续光纤的讨论：

1. 光纤中光信号损耗或衰减的机理是什么？
2. 为什么光信号在光纤中传播时会产生畸变，畸变的程度如何？

信号衰减(也可称作光纤损耗或信号损耗)是光纤最重要的特性之一，因为它在很大程度上决定了在光发射机和光接收机之间不用信号放大器和中继器的最大距离。由于光放大器和光中继器的制造、安装和维护费用非常昂贵，因而光纤中光信号衰减的程度大大地影响了整个系统的成本。与信号衰减同等重要的还有光信号畸变，光纤中畸变机理使光纤中传输的光脉冲随着传输距离的延长而展宽。如果这些光脉冲传输的距离足够长，光脉冲展宽到与相邻的脉冲相重叠，从而导致接收机的错误判决，因而信号畸变机理限制了光纤的承载信息容量。

3.1 衰减

在光纤通信系统的设计中，光信号衰减是需要着重考虑的一个问题。因为衰减程度在确定从发射机到接收机或在线光放大器的最大传输距离时，它是一个决定性的因素。光纤中的衰减机理是吸收损耗、散射损耗以及光能的辐射损耗[1-3]。吸收损耗与光纤材料有关；散射损耗除了与材料有关，还与光纤的结构缺陷相关；辐射效应导致的损耗则是源于光纤几何形状的微扰(微观的和宏观的)。

本节将首先讨论度量光纤中光信号衰减所使用的单位，然后讲述产生光信号衰减的物理现象。

3.1.1 衰减单位

当光信号在光纤中传播时，其功率随距离的增加以指数律衰减。如果起始处($z = 0$ 处)光纤中的光功率为 $P(0)$，则在光纤中传播距离 z 后，其功率值 $P(z)$ 为

$$P(z) = P(0)e^{-\alpha_p z} \tag{3.1}$$

其中

$$\alpha_p = \frac{1}{z}\ln\left[\frac{P(0)}{P(z)}\right] \tag{3.2}$$

称为衰减系数,其单位为 km^{-1}。需要注意的是,$2z\alpha_p$ 的单位也可以用奈培(neper)(见附录 B)。

为了简便起见,在计算光纤中的信号衰减时,衰减系数的单位一般使用分贝每千米,即 dB/km。衰减系数 α 可以表示为

$$\alpha(\text{dB/km}) = \frac{10}{z}\log\left[\frac{P(0)}{P(z)}\right] = 4.343\,\alpha_p\,(km^{-1}) \tag{3.3}$$

α 通常用来表征光纤损耗或光纤衰减,在下面各节中将看到它取决于多个变量,而且衰减是波长的函数。

例 3.1 理想光纤无损耗,即 $P_{out} = P_{in}$,对应的衰减系数为 0 dB/km,但在实际中这样的光纤并不存在。实际的低损耗光纤在 1310 nm 波长处的损耗为 0.35 dB/km,在 1550 nm 的波长处的损耗为 0.2 dB/km。例如,在 1310 nm 波长下,光传输 10 km 的功率 $P(10\,km)$ 占输入功率 $P(0)$ 的比重为

$$\frac{P(10\,km)}{P(0)} = 10^{-\alpha z/10} = 10^{-(0.35)(10)/10} = 0.447 = 44.7\%$$

同样对于在 1550 nm 波长下,光传输 10 km 的功率 $P(10\,km)$ 占输入功率 $P(0)$ 的比重为

$$\frac{P(10\,km)}{P(0)} = 10^{-\alpha z/10} = 10^{-(0.20)(10)/10} = 0.63 = 63\%$$

这意味着经过 10 km 长的传输距离后,工作在 1310 nm 处的光信号功率将损失 3.5 dB(由 $10\log 0.447 = -3.5$ dB 得出),或者说传输后能量仅占输入信号的 44.7%。同理,工作在 1550 nm 处的光信号经过 10 km 传输后能量仅占其输入功率的 63%(即其衰减为 $10\log 0.63 = -2$ dB)。即,在 1310 nm 波长下,其 10 km 的传输损耗为 (10km)(0.35 dB/km) = 3.5 dB 的功率损耗。同样在 1550 nm 波长下,其 10 km 的传输损耗为 (10km)(0.2 dB/km) = 2 dB 的功率损耗。

图 3.1 展示了损耗分贝和功率比在 0.1~1 之间的关系。因此,如例 3.1 所示,第一条虚线阐释了在传输 10 km 的距离下,使用衰减系数为 0.5 dB/km 的光纤将导致其产生 5 dB 的功率衰减,并且可以观察到其对应于输出与输入的功率比为 31.6%。同样在 10 km 的传输距离下,使用衰减系数为 0.3 dB/km 的光纤将使其产生 3 dB 的功率衰减,其对应于输出输入的功率比为 50%。

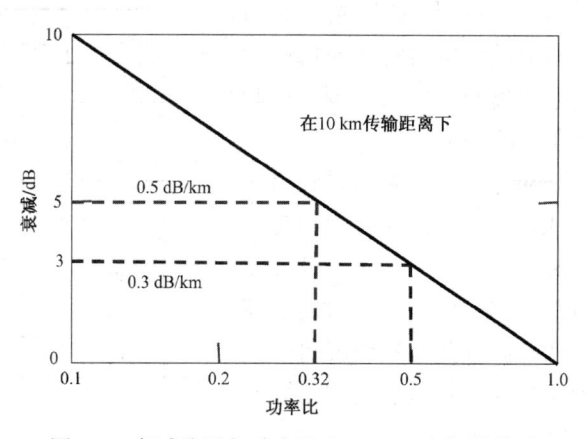

图 3.1 衰减分贝与功率比在 0.1~1 之间的关系

例 3.2 常用 dBm 来作为光功率的单位，这个单位的含义是相对于 1 mW 的功率，计算所得的分贝数(见 1.3 节)。设想一根 30 km 长的光纤，在波长 1310 nm 处的衰减系数为 0.4 dB/km，如果从一端注入功率为 200 nW 的光信号，求其输出功率 P_{out}。首先将输入功率的单位化为 dBm:

$$P_{\text{in}}(\text{dBm}) = 10\log\left[\frac{P_{\text{in}}(\text{W})}{1\text{ mW}}\right] = 10\log\left[\frac{200\times10^{-6}\text{ W}}{1\times10^{-3}\text{ W}}\right] = -7.0\text{ dBm}$$

再利用式(3.1c)，令 $P(0) = P_{\text{in}}, P(z) = P_{\text{out}}$，可以得到在 $z = 30$ km 时的输出功率(用 dBm 表示):

$$P_{\text{out}}(\text{dBm}) = 10\log\left[\frac{P_{\text{out}}(\text{W})}{1\text{ mW}}\right] = 10\log\left[\frac{P_{\text{in}}(\text{W})}{1\text{ mW}}\right] - \alpha z$$
$$= -7.0\text{ dBm} - (0.4\text{ dB/km})(30\text{ km}) = -19.0\text{ dBm}$$

最后可以得到以瓦为单位的输出功率：

$$P(30\text{ km}) = 10^{-19.0/10}(1\text{ mW}) = 12.6\times10^{-3}\text{ mW} = 12.6\text{ μW}$$

训练题 3.1 将波长为 1550 nm、功率为 100 μW 的光输入一段 50 km 的光纤，光纤衰减系数为 0.25 dB/km。则光信号的输出功率为 –32.5 dBm 或 0.56 μW。

训练题 3.2 假设光信号经过 25 km 的光纤传输后损失了 75% 的光功率，且 $z = 25$ km, $P(z) = 0.25P(0)$，根据式(3.3)可知，该段光纤衰减系数 $\alpha = 0.25$ dB/km。

3.1.2 光功率的吸收

在光纤中存在三种不同机理引起的吸收损耗:

1. 玻璃组成中的原子缺陷导致的吸收;
2. 玻璃材料中的杂质原子导致的非本征吸收;
3. 光纤材料中基本组成的原子导致的本征吸收。

原子缺陷是指光纤材料的原子结构中的不完善性，例如玻璃结构中的分子缺损、原子团的高密度聚合或是氧原子缺损。通常这种原子缺陷导致的吸收作用与本征吸收和杂质吸收作用比较起来，可以忽略不计。

石英玻璃光纤中主要的吸收因素是光纤材料中存在的微量杂质。这些杂质包括溶解在玻璃中的氢氧根离子(水)和过渡金属离子，如铁、铜、铬和钒等。20 世纪 70 年代制造的玻璃光纤中，过渡金属杂质的含量大约是 1 ppm(10^{-6})，它将导致 1~4 dB/km 的损耗，如表 3.1 所示。杂质吸收损耗产生的原因，也许是由于离子中能级间的电子跃迁，或者是由于离子间的电荷转移。由于多种过渡金属杂质的吸收峰趋向于展宽，而且几个吸收峰可能发生重叠，这样就使得受影响的波长区域变得更宽。现代的气相光纤制造技术生产预制棒已经把光纤

表 3.1 石英玻璃中含量为 1 ppm 的 OH^- 离子和各种过渡金属离子在不同波长上引起的吸收损耗

杂质	1 ppm 杂质产生的损耗/(dB/km)	吸收峰/nm
铁: Fe^{2+}	0.68	1100
铁: Fe^{3+}	0.15	400
铜: Cu^{2+}	1.1	850
铬: Cr^{2+}	1.6	625
钒: V^{4+}	2.7	725
水: OH^-	1.0	950
水: OH^-	2.0	1240
水: OH^-	4.0	1380

中过渡金属离子杂质的含量降低了几个数量级，而如此低杂质含量允许生产低损耗光纤。

光纤预制棒中 OH⁻（水）离子的存在，主要是因为原材料中含有的 $SiCl_4$、$GeCl_4$ 和 $POCl_3$ 在发生水解反应的过程中使用了氢氧焰。如果要使光纤的损耗小于 20 dB/km，那么 OH 离子的浓度必须低于几 ppb（10^{-9}）。早期的光纤中 OH⁻ 离子的浓度很高，这就使得在波长 1380 nm、1240 nm、950 nm 和 725 nm 处产生了大的吸收峰。在这些吸收峰之间为低衰减区域。

根据衰减曲线的峰和谷，可以设计出光纤的几个"传输窗口"，如图 3.2 所示（见 1.2.2 节）。现在的商用单模光纤能把 OH⁻ 离子的浓度降到 1 ppb 以下，它在 1310 nm 波长处（位于 O 波段）的衰减为 0.4 dB/km，而在 1550 nm 波长处（位于 C 波段）的衰减可小于 0.25 dB/km。进一步消除 OH⁻ 离子能减小 1440 nm 波长附近的吸收峰，从而打开 E 波段传输数据，如图 3.2 中的虚线所示。能够利用 E 波段传输数据的光纤被称为低水峰光纤或全波光纤。

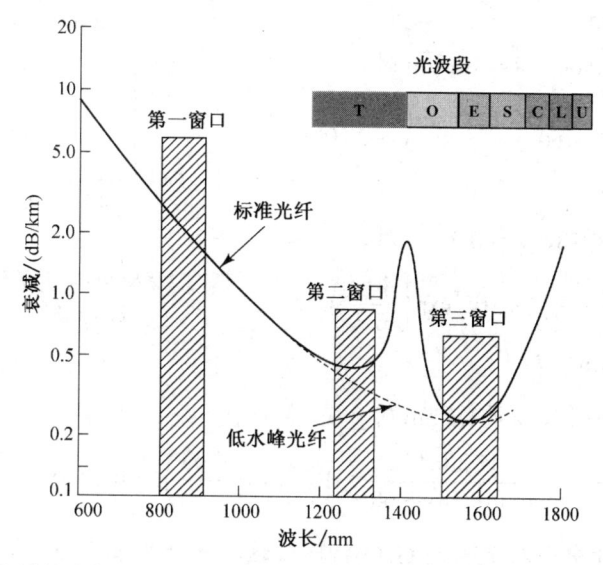

图 3.2 光纤衰减随波长变化产生的典型数值，它在 1310 nm 波长处的衰减为 0.4 dB/km，1550 nm 波长处的衰减为 0.25 dB/km。水分子吸收造成了 1400 nm 波长附近的衰减峰。图中虚线是低水峰光纤的衰减曲线

本征吸收是指制造光纤的基础材料（如纯的 SiO_2）所引入的吸收效应，它是决定光纤在某个特定的频谱区域具有传输窗口的主要物理因素。即使光纤材料完美无缺，不含任何杂质、没有任何密度的变化及不均匀性，这种吸收效应也仍然存在。因此对任何一种特定材料的光纤来说，本征吸收是最基本的，但它的影响也是比较小的。

本征吸收的产生有两个原因：其一是在紫外线波段的电子吸收带，其二是在近红外线波段原子的振动吸收带。电子吸收带是与光纤中非晶态玻璃材料的带隙相关的。当价带中的一个电子与一个光子发生相互作用，并被激励到更高的能级时，能量被电子吸收。不论是晶体或非晶体材料，电子吸收带的紫外波段的边缘都满足下面的经验公式[4]，即

$$\alpha_{uv} = C e^{E/E_0} \tag{3.4}$$

它被称为 Urbach 定则，其中 C 和 E_0 是经验常数，E 是光子的能量。紫外区域电子吸收造成的损耗其大小和指数律衰减规律可以从图 3.3 中看出。因为 E 与波长 λ 成反比，随着波长的增加，紫外线区域的吸收衰减呈指数律下降。特别地，在紫外线区域的任何波长处以 dB/km

为单位的吸收损耗与光纤中 GeO_2 的摩尔含量 x 之间存在着一个如下的经验公式[5]：

$$\alpha_{uv} = \frac{154.2x}{46.6x + 60} \times 10^{-2} \exp\left(\frac{4.63}{\lambda}\right) \quad (3.5)$$

例3.3 两根石英玻璃光纤分别含 $x = 6\%$ 和 $x = 18\%$ 摩尔含量的 GeO_2，比较它们在 $0.7\ \mu m$ 波长和 $1.3\ \mu m$ 波长处的紫外光吸收。

解：利用式(3.5)来求紫外光吸收。

(a) 当光纤的 $x = 0.06$，$\lambda = 0.7\ \mu m$ 时，
$$\alpha_{uv} = \frac{154.2(0.06)}{46.6(0.06) + 60} \times 10^{-2} \exp\left(\frac{4.63}{0.7}\right)$$
$$= 1.10\ dB/km$$

(b) 当光纤的 $x = 0.06$，$\lambda = 1.3\ \mu m$ 时，
$$\alpha_{uv} = \frac{154.2(0.06)}{46.6(0.06) + 60} \times 10^{-2} \exp\left(\frac{4.63}{1.3}\right)$$
$$= 0.07\ dB/km$$

(c) 当光纤的 $x = 0.18$，$\lambda = 0.7\ \mu m$ 时，
$$\alpha_{uv} = \frac{154.2(0.18)}{46.6(0.18) + 60} \times 10^{-2} \exp\left(\frac{4.63}{0.7}\right)$$
$$= 3.03\ dB/km$$

(d) 当光纤的 $x = 0.18$，$\lambda = 1.3\ \mu m$ 时，
$$\alpha_{uv} = \frac{154.2(0.18)}{46.6(0.18) + 60} \times 10^{-2} \exp\left(\frac{4.63}{1.3}\right) = 0.19\ dB/km$$

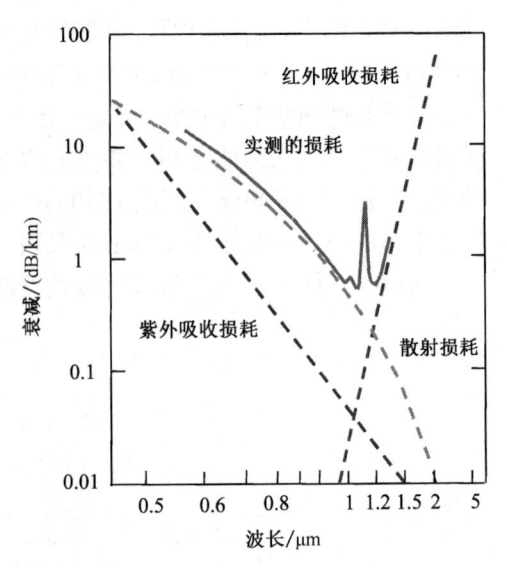

图 3.3 掺杂 GeO_2 的低损耗、低 OH^- 含量石英玻璃光纤的衰减特性及其限制机理

训练题 3.3 如果光纤中掺入 15% 的 GeO_2，比较这种光纤对 860 nm 和 1550 nm 光的紫外吸收能力。

答案：860 nm 的吸收能力为 0.75 dB/km，对 1550 nm 的吸收能力为 0.068 dB/km。

如图 3.3 所示，在 $0.5\sim1.2\ \mu m$ 波长的紫外光，可见光和近红外区域中，吸收损耗小于散射损耗。在波长大于 $1.2\ \mu m$ 的近红外频段，光波导的损耗主要取决于 OH^- 离子的浓度和组成材料本身对红外线的固有吸收。材料分子结构中的原子之间有相互作用的化学键，而对红外线的固有吸收与化学键的固有振动频率相关。振动的化学键与光信号的电磁场之间发生相互作用，作用的结果就是部分能量从电磁场转移到了化学键上，这样就使吸收损耗更加严重。因为光纤中的化学键非常多，所以这种吸收作用很强。对于波长 λ 以 μm 为单位的 GeO_2-SiO_2 玻璃，以 dB/km 为单位的红外损耗的计算有一个经验公式[5]，即

$$\alpha_{IR} = 7.81 \times 10^{11} \times \exp\left(\frac{-48.48}{\lambda}\right) \quad (3.6)$$

所有这些机理累加的结果便得到一个楔形的光谱损耗曲线，单模光纤在 $1.57\ \mu m$ 波长处可得到衰减的最低值为 0.148 dB/km，实测的结果也是如此[6]。

3.1.3 光纤中的散射损耗

玻璃中材料密度的微观变化、成分的起伏、结构上的不完善或制造过程中产生的缺陷都会引起散射损耗。正如 2.7 节中看到的那样，玻璃是由无序连接的分子网络构成的。这种结构自然就会产生一些分子密度比玻璃平均密度高些或低些的区域。另外，由于石英玻璃由好几种氧化物组成，如 SiO_2、GeO_2 和 P_2O_5，就有可能发生成分的起伏。上面两种因素导致石英玻璃光纤内部的折射率在比波长小的尺度上发生变化，这种折射率的变化引起了光的瑞利散射。石英玻璃光纤中的瑞利散射与在大气中太阳光产生瑞利散射一样，才使晴朗的天空看起来是蓝色的。

由于分子状态的无序性和存在多种氧化物成分，要表示散射引入的损耗是相当复杂的。对于单一成分的光纤，如果只表示由密度的起伏导致的损耗，则在波长 λ（单位 μm）处的散射损耗可近似表示为（以 e 为底的单位）[4, 7]：

$$\alpha_{\text{scat}} = \frac{8\pi^3}{3\lambda^4}(n^2-1)^2 k_B T_f \beta_T \tag{3.7}$$

式中，n 是折射率，k_B 是玻尔兹曼常数，β_T 是光纤材料的绝热压缩比，T_f 是一个假想的温度，在此温度下固化成玻璃，这时光纤内部的密度起伏也被固化（在拉制成光纤之后）。由此可以导出下面的公式（以 e 为底的单位）[4, 8]：

$$\alpha_{\text{scat}} = \frac{8\pi^3}{3\lambda^4} n^8 p^2 k_B T_f \beta_T \tag{3.8}$$

其中，p 是光弹性系数。式(3.7)和式(3.8)的比较放在了习题 3.5 里，注意这两个公式的单位都是奈培(neper)（这是因为以 e 为底）。如果要将单位改为分贝以便于光功率损耗的计算，可以利用式(3.1)，乘以 $10 \log e = 4.343$ 即可。

例 3.4 对于石英玻璃，其 $T_f = 1400$ K，$\beta_T = 6.8 \times 10^{-12}$ cm^2/dyn $= 6.8 \times 10^{-11}$ m^2/N，光弹性系数 $p = 0.286$，请估计其在 1.30 μm 波长处的散射损耗，计算时令 $n = 1.450$。

解：利用式(3.8)可得

$$\begin{aligned}\alpha_{\text{scat}} &= \frac{8\pi^3}{3\lambda^4} n^8 p^2 k_B T_f \beta_T \\ &= \frac{8\pi^3}{3(1.3)^4} \times (1.45)^8 \times (0.286)^2 \times (1.38 \times 10^{-23}) \times (1400) \times (6.8 \times 10^{-12}) \\ &= 6.08 \times 10^{-2} \text{ nepers/km} = 0.26 \text{ dB/km}\end{aligned}$$

例 3.5 对于纯石英玻璃，瑞利散射损耗的一个近似公式如下：

$$\alpha(\lambda) = \alpha_0 \left(\frac{\lambda_0}{\lambda}\right)^4$$

其中当 $\lambda_0 = 850$ nm 时有 $\alpha_0 = 1.64$ dB/km。此公式计算出在 1310 nm 波长处的散射损耗为 0.291 dB/km，在 1550 nm 波长处的散射损耗为 0.148 dB/km。

训练题 3.4 根据式(3.8)以及例 3.4 给出的参数条件可知，纤芯折射率为 1.455 的石英光纤对 850 nm 光信号产生的散射损耗系数大约为 1.49 dB/km。

对于多组分玻璃，在波长 λ（以 μm 为单位）的散射损耗可以表示为[4]

$$\alpha = \frac{8\pi^3}{3\lambda^4}(\delta n^2)^2 \delta V \tag{3.9}$$

式中,在体积元 δV 上的折射率均方涨落之平方 $(\delta n^2)^2$ 的表达式为

$$(\delta n^2)^2 = \left(\frac{\partial n^2}{\partial \rho}\right)^2 (\delta \rho)^2 + \sum_{i=1}^{m} \left(\frac{\partial n^2}{\partial C_i}\right)^2 (\delta C_i)^2 \tag{3.10}$$

式中,$\delta \rho$ 是密度起伏,δC_i 是玻璃中第 i 种组分的浓度起伏。而密度和组分的不均匀程度的大小必须通过实验测得。因为 $\partial n^2/\partial \rho$ 和 $\partial n^2/\partial C_i$ 分别是与密度和第 i 种玻璃组分有关的折射率平方的变化。

结构上的不均匀以及光纤制造过程中产生的缺陷同样也会造成光散射出光纤,这些缺陷可能是残留在光纤中的气泡,也可能是尚未发生反应的原材料,或是玻璃中的结晶区域。现在预制棒制造工艺的发展已经可以使这些附加的散射作用足够小,小到与其本征瑞利散射相比时可以忽略的程度。

因为瑞利散射遵循与 λ^{-4} 成反比特性,所以它会随着波长的增加而显著下降,如图 3.3 所示。在波长小于 1 μm 的波段,瑞利散射是光纤中损耗的主要因素,这就使得此波段中光纤的衰减-波长曲线随波长增加呈现下降的趋势。而在波长大于 1 μm 的波段,红外吸收作用成为影响光信号衰减的决定性因素。

3.1.4 弯曲损耗

光纤经受一定曲率半径的弯曲时就会产生辐射损耗[9, 10],光纤可以呈现两类曲率半径弯曲:(a)曲率半径比光纤直径大得多的宏弯,例如光缆拐弯时就会产生此种弯曲;(b)光纤成缆时产生,沿轴向的随机性微观弯曲。

首先来研究大曲率半径的辐射损耗,它被称为宏弯损耗或简称为弯曲损耗。轻微的弯曲所产生的附加损耗非常小,基本上观测不到。当曲率半径减小时,损耗以指数律增加,直到曲率半径达到某一临界值,才可观测到弯曲损耗。而当曲率半径进一步减小到临界值以下时,损耗就会突然变得很大。

从光纤的弯曲处辐射出的能量取决于该处的场强和曲率半径 R。因为纤芯对高阶模式的限制作用不如低阶模式,所以首先从光纤中辐射出去的是高阶模式,于是弯曲光纤支持的传播模式的数量就要少于直的光纤。文献[11]推导出了一个计算半径为 a 的弯曲多模光纤中有效传导模数 M_{eff} 的公式如下:

$$M_{eff} = M_{\infty}\left\{1 - \frac{\alpha+2}{2\alpha\Delta}\left[\frac{2a}{R} + \left(\frac{3}{2n_2 kR}\right)^{2/3}\right]\right\} \tag{3.11}$$

式中,α 定义了梯度折射率剖面,Δ 是纤芯和包层的折射率差,n_2 是包层的折射率,$k = 2\pi/\lambda$ 是光波的传输常数,而

$$M_{\infty} = \frac{\alpha}{\alpha+2}(n_1 ka)^2 \Delta \tag{3.12}$$

是直光纤中总的模数[见式(2.42)]。

例 3.6 对于一根梯度折射率多模光纤,其折射率指数 $\alpha = 2$,纤芯折射率 $n_1 = 1.480$,纤芯和包层的折射率差 $\Delta = 0.01$,纤芯半径 $a = 25$ μm。如果光纤的曲率半径 $R = 1.0$ cm,光纤工作波

长为 1300 nm，试问光纤中模式百分比为多少？

解：首先，从方程(2.20)得到 $n_2 = n_1(1-\Delta) = 1.480(1-0.01) = 1.465$。那么，已知 $k = 2\pi/\lambda$，从方程(3.7)中得到在给定曲率 R 的情况下，模式的百分比为

$$\frac{M_{\text{eff}}}{M_\infty} = 1 - \frac{\alpha + 2}{2\alpha\Delta}\left[\frac{2a}{R} + \left(\frac{3}{2n_2kR}\right)^{2/3}\right]$$

$$= 1 - \frac{1}{0.01}\left[\frac{2\times(25)}{10000} + \left(\frac{3\times(1.3)}{2\times(1.465)\times 2\pi\times(10000)}\right)^{2/3}\right] = 0.42$$

可见在弯曲半径为 1.0 cm 时，光纤中还保留了 42% 的模式量。

训练题 3.5 (a) 如果阶跃光纤的折射率参数 $\alpha = \infty$，此时式(3.7)可演化为

$$\frac{M_{\text{eff}}}{M_\infty} = 1 - \frac{1}{2\Delta}\left[\frac{2a}{R} + \left(\frac{3}{2n_2kR}\right)^{2/3}\right]$$

(b) 假设阶跃光纤的纤芯折射率 $n_1 = 1.480$，相对折射率差 $\Delta = 0.01$，纤芯半径 R 为 25 μm。如果光纤的弯曲半径 R 为 1 cm，通过上式可知，此时，波长 1300 nm 的光信号经传输后可剩余 71% 的全部光功率。注：$k = 2\pi/\lambda$。

光波导中另一种形式的辐射损耗源于模式耦合，它是由光纤的随机微观弯曲造成的[12]。微弯是指光纤轴上曲率半径的重复性小尺寸起伏，如图 3.4 所示。它的产生是由于光纤生产过程中的不均匀性或是光纤在成缆过程中产生的不均匀的径向压力，后者又被称为成缆损耗或封装损耗。微弯之所以会引起衰减，是因为光纤的弯曲导致了传播模与泄漏模或者非传播模之间的能量耦合。

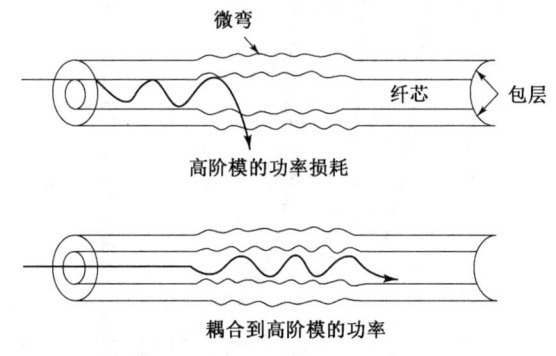

图 3.4 光纤轴的曲率半径的小尺寸扰动导致微弯损耗，微弯使高阶模泄漏并使得低阶模的功率耦合到高阶模

减小微弯损耗的方法之一是在光纤表面制作一层弹性护套，当受外力作用到护套时，护套发生变形而光纤仍可保持相对直的状态。对于多模梯度折射率光纤，若其纤芯半径为 a，外半径为 b（不包括护套），折射率差为 Δ，带有护套的光纤其微弯的损耗 α_M 是无护套时的 $1/F$ [13]，F 由下式给出：

$$F(\alpha_M) = \left[1 + \pi\Delta^2\left(\frac{b}{a}\right)^4 \frac{E_f}{E_j}\right]^{-2} \quad (3.13)$$

式中，E_j 和 E_f 分别是护套和光纤的杨氏模量，常用的护套材料的杨氏模量范围在 20~500 MPa

之间，熔融石英玻璃的杨氏模量大约为 65 GPa。

训练题 3.6 根据式(3.13)可知，如果光纤上加装压缩护套，其微弯损耗将会降低。假设光纤加装的护套杨氏模数为 $E_j = 58$ MPa，而光纤本身的杨氏模量 E_j 为 64 GPa，且光纤的外内径比 $b/a = 2.0$。经计算可得，其相对折射率差 $\Delta = 0.01$，护套对微弯损耗降低系数 $F(\alpha_M) = 0.0233 = 2.33\%$。

3.1.5 纤芯和包层的损耗

当测量实际光纤的传输损耗时，所有的吸收损耗和散射损耗将会同时出现。因为纤芯和包层有不同的折射率、不同的成分，所以通常纤芯和包层有着不同的衰减系数，分别以 α_1 和 α_2 表示。如果忽略模式耦合的影响，则阶跃折射率光纤中模式 (v, m) 的损耗可表示为

$$\alpha_{vm} = \alpha_1 \frac{P_{core}}{P} + \alpha_2 \frac{P_{clad}}{P} \tag{3.14}$$

式中功率比 P_{core}/P 和 P_{clad}/P 由图 3.5 给出，图中所示的是几个低阶模式与 V 的关系。使用式(3.14)，且考虑 $P = P_{core} + P_{clad}$ 则有

$$\alpha_{vm} = \alpha_1 + (\alpha_2 - \alpha_1)\frac{P_{clad}}{P} \tag{3.15}$$

为得到光纤中总的损耗值，用功率比加权所有模式再相加即可。

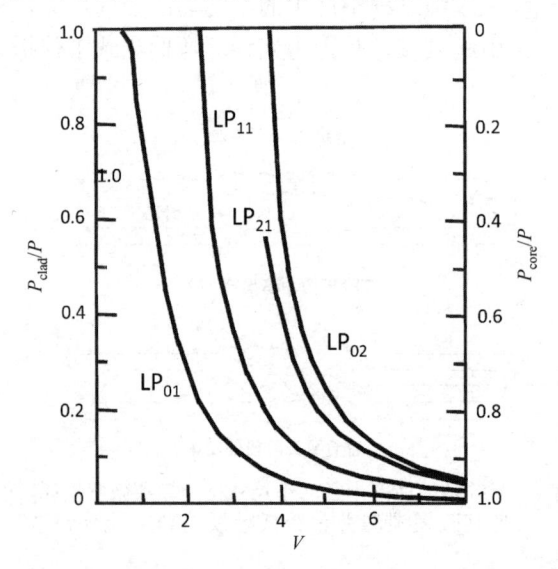

图 3.5 几种低阶模式下包层与纤芯的功率比 P_{core}/P 和 P_{clad}/P

对于梯度折射率光纤，情况要复杂得多，这时衰减系数和模式功率都成了径向坐标的函数，在距纤芯轴 r 处的损耗为[14]

$$\alpha(r) = \alpha_1 + (\alpha_2 - \alpha_1)\frac{n^2(0) - n^2(r)}{n^2(0) - n_2^2} \tag{3.16}$$

式中，α_1 和 α_2 分别是纤芯轴心和包层的衰减系数，n 因子已在式(2.38)中定义过。对于给定的模式，其损耗可按下式计算：

$$\alpha_{gi} = \frac{\int_0^\infty \alpha(r)\, p(r)\, r\, \mathrm{d}r}{\int_0^\infty p(r)\, r\, \mathrm{d}r} \tag{3.17}$$

式中，$p(r)$ 是此模式在 r 处的功率密度。由于多模光纤的复杂性，不可能对所有的模式都采用同一个经验模型。但已经观察到，模式阶数越高损耗就越大。

3.2 光纤中的信号畸变

如图 3.6 所示，沿着光纤传输的光信号会因光纤的衰减而变弱，由于光纤的色散作用导致沿光纤传输的脉冲展宽，衰减和色散最终会导致相邻脉冲重叠。当重叠严重到一定程度以后，接收机将不能够区分每个相邻的脉冲，从而判断接收的信号出现误码。

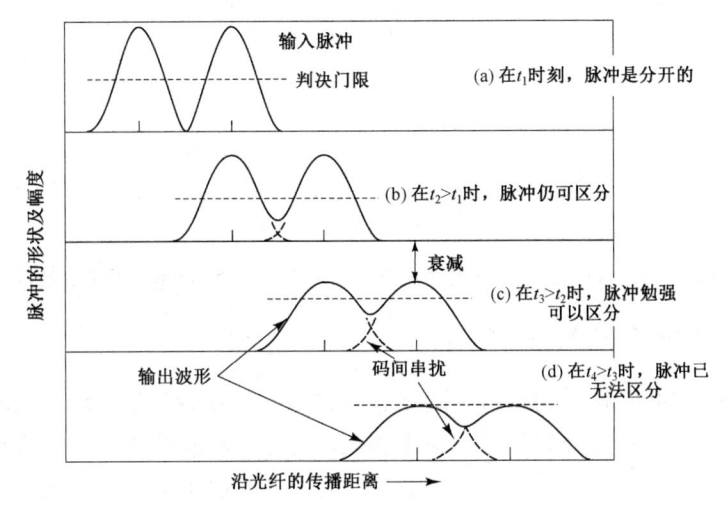

图 3.6 两个相邻的光脉冲在光纤中传播时产生的展宽及衰减：(a)开始时两个脉冲是分离的；(b)两个脉冲稍有交叠，但容易区分；(c)两个脉冲明显交叠，勉强可以区分；(d)两个脉冲严重重叠，已无法区分

本节首先讨论引起信号畸变的几种因素，然后详细分析各种不同的色散机理。3.2.2 节主要介绍不同模式的时延，以及讨论模式的时延与多模光纤的承载信息容量的关系，信息容量是用传输比特率 B 来衡量的。3.2.3 节讨论因传播常数 β 与频率相关引起的各种色散因素，3.2.4 节讨论群时延，从 3.2.5 节到 3.2.8 节讲述各种色散机理的细节。

3.2.1 色散概述

信号畸变是由模间时延(也称为模式色散)、模内色散、偏振模色散和高阶色散效应等多种因素产生的结果。这种畸变可以利用传导模的群速度来解释，这里所谓的群速度，是指光纤中某一特定模式的能量传播速度(见 3.2.4 节)。

模间时延或模式时延 只出现在多模光纤中。模式时延的产生是由于每个模式在每个单一频率都有不同的群速度。由此可得到多模光纤承载信息容量的直观描述。

模内色散或色度色散 指在一个单独的模式内发生的脉冲展宽。产生这种展宽是因为光源所发射的光有一定的谱宽，而群速度是波长的函数，因而这种色散也称为群速度色散 (GVD)。模内色散与波长相关，所以光源的频谱越宽，它对信号畸变的影响就越大。光源的谱宽是指它所发射光的波长范围,通常用均方根(rms)谱宽 σ_λ 来表示。对于发光二极管(LED),其谱宽大约是中心波长的 4%~9%。例如,如图 3.7 所示,发光二极管发射的峰值波长为 850 nm,则它的谱宽为 36 nm,也就是说它发射光的功率大部分都集中在 832~868 nm 的波长范围内。半导体激光器的谱宽则要窄得多,其中多模激光器的典型谱宽为 1~2 nm,而单模激光器仅有 10^{-4} nm(见第 4 章)。

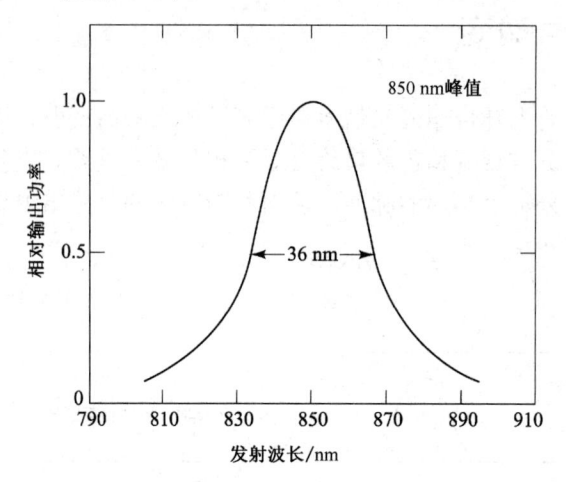

图 3.7 典型的 $Ga_{1-x}Al_xAs$ LED 的发射光谱,其发射峰值位于 850 nm,半高点光谱宽度为 36 nm

产生模内色散的两个主要原因如下:

1. **材料色散**。因纤芯材料的折射率随波长变化导致了这种色散。材料色散也称为色度色散,因为它与三棱镜分解光谱的原理相同。折射率随波长变化使任何模式的群速度都随波长而变化,因为如式(2.15)所示,光的速度取决于折射率数值,这样即使不同波长的光经过完全相同的路径,因为速度的差异也会发生脉冲的展宽。
2. **波导色散**。造成脉冲展宽的原因是只有一部分的光功率在纤芯中传输。在单个传输模式中,光纤中光的分布随波长的不同而变化。较短波长的光更多地通过纤芯来传输,而较长波长的光功率会通过包层来传输,如图 3.8 所示。因为包层折射率低于纤芯,所以包层中传输的光功率会快于纤芯中传输的光功率。另外,因为折射率取决于波长(见 3.2.5 节),因此单个模式中不同的频谱成分具有不同的传输速度。因为包层和纤芯中光功率分布的不同,以及不同的波长具有不同的传播速度,因纤芯包层空间光功率分布差,造成了每个模式中传输速度的改变,色散也就产生了。波导色散的大小取决于光纤的结构(见 3.3.1 节)。在多模光纤中,波导色散通常能够忽略;而在单模光纤中,波导色散的影响很明显。

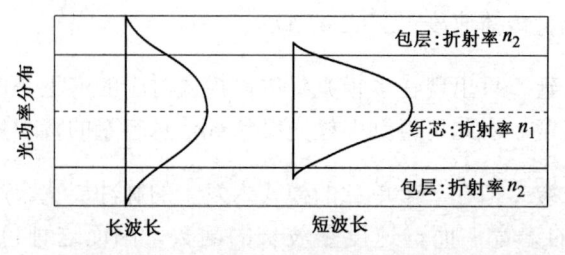

图 3.8 短波长的光比长波长的光更集中于纤芯中心

偏振模色散 产生的原因是，在单模光纤中任意波长光信号的能量实际上占用了两个正交的偏振态或偏振模式（见 2.5 节）。这两个偏振态在光纤的起始处是同步的，但是由于沿着光纤长度方向，光纤的材料不完全均匀，两个偏振态之间会产生微小的折射率差，每个偏振态的传播速度会有微小的不同。两个偏振态之间传播时间的不同会造成脉冲展宽，3.2.8 节会详细地介绍这种效应。

3.2.2 模式时延效应

模间色散或模式时延只发生在多模光纤中。这种信号畸变的机理是每个模式在每一频率都有不同的群速度。从图 2.17 中所示的多模阶跃折射率光纤的子午光线图，可以看出为什么会产生时延，可以直观地解释为模式阶数越高，与光纤轴线之间的夹角越大，因而它的轴向群速度就越慢。模式之间的群速度差导致了群时延差，由此产生模间色散。这种色散对单模光纤没有影响，对多模光纤却是至关重要的。假设光束经过最长路径（最高阶模经历）的传输时间为 $T_{\max}$，经过最短路径（基模经历）的传输时间为 $T_{\min}$，则模式色散可能产生的最大脉冲展宽即为两者之差。这可以简单地通过光线路径轨迹得到，即对于一条长为 L 的光纤，有

$$\Delta T = T_{\max} - T_{\min} = \frac{n_1}{c}\left(\frac{L}{\sin\theta_c} - L\right) = \frac{Ln_1^2}{cn_2}\Delta \approx \frac{Ln_1\Delta}{c} \tag{3.18}$$

式中，用到了式 (2.21) 中的 $\sin\theta_c = n_2/n_1$，Δ 为折射率差。

例 3.7 有一根 1 km 长的多模阶跃折射率光纤，其 $n_1 = 1.480$，$n_2 = 1.465$，$\Delta = 0.01$。计算此光纤单位长度的模式时延。

解：由式 (3.18)，有

$$\frac{\Delta T}{L} = \frac{n_1^2}{cn_2}\Delta = 50 \text{ ns/km}$$

这说明在此光纤中传输 1 km 的距离，脉冲会展宽 50 ns。

现在的问题是在多模阶跃折射率光纤中最大的比特速率 B 可以达到多少。通常，光纤的容量是用比特率距离积 BL 来表示的，即比特率 B 乘以传输距离 L。为了使接收到的信号可判别，脉冲的展宽必须小于 $1/B$，即一个比特周期的宽度。例如，高性能链路的要求是 $\Delta T \leqslant 0.1/B$，一般至少需要达到 $\Delta T < 1/B$。由式 (3.18) 可以推导出比特率距离积 BL 的制约关系

$$BL < \frac{n_2}{n_1^2}\frac{c}{\Delta} \tag{3.19}$$

令 $n_1 = 1.480$，$n_2 = 1.465$，$\Delta = 0.01$，则此多模阶跃折射率光纤的容量为 $BL = 20$ Mbps·km。

例 3.8 对于例 3.7 中的 $BL = 20$ Mbps·km 的多模阶跃折射率光纤，其脉冲展宽大小为 50 ns/km。举一个例子，某一个传输系统只允许脉冲宽度展宽至多 25%，如果数据传输率为 10 Mbps，即每 100 ns 传输一个脉冲，脉冲展宽最多只能为 25 ns，传输距离不能超过 500 m。如果数据传输率提高到 100 Mbps，即每 10 ns 传输一个脉冲，那么在需求不变的情况下只能在此光纤中传输 50 m。

时延的均方根值是评估多模光纤模式时延影响的有用参数。假设光线在光纤的接收角上均匀分布，那么在阶跃折射率多模光纤中由于模间色散而造成的均方根冲激响应 σ_s 可由

下式估计：

$$\sigma_s \approx \frac{Ln_1\Delta}{2\sqrt{3}c} \approx \frac{L(\text{NA})^2}{4\sqrt{3}n_1c} \tag{3.20}$$

式中，L 为光纤长度，NA 为数值孔径。式(3.20)说明脉冲展宽的大小正比于纤芯包层折射率差和光纤长度。

训练题3.7 一段 10 km 长的由阶跃多模光纤构成的传播链路，其光纤纤芯的折射率 $n_1 = 1.480$，相对折射率差 $\Delta = 0.01$。

(a) 根据式(3.18)的右侧近似可知，该光纤链路中最快的传播模式和最慢的传播模式之间的时延差为 493 ns。

(b) 根据式(3.20)可知，一个双曲正割光脉冲信号经多模光纤传输后，因模式间时延差可产生的脉冲展宽量为 142 ns。

(c) 根据式(3.18)，光纤传输的最大比特率 B 应满足 $B < 0.1/\Delta T$，其比特率距离积 $BL = 2.03$ Mbps·km。

图 2.15 所示的纤芯采用折射率梯度是减小多模光纤模间时延的有效方法。在多模光纤中，与较高阶模式相关的光总是靠近纤芯边缘传输，而与较低阶模式相关的光总是靠近纤芯轴传输，所以前者的传输路径较长。但是，如果纤芯具有梯度折射率，那么较高阶模式会经历纤芯边缘附近较低的折射率，因而在纤芯边缘附近传输的较高阶模式速度大于在纤芯中心轴附近传输的较低阶模式的速度，这就减小了快的和慢的模式之间的时延差。利用电磁场模式理论，得出了具有 2.6 节纤芯折射率剖面的梯度折射率光纤输出端的模式时延($\alpha = 2$)为

$$\sigma_s \approx \frac{Ln_1\Delta^2}{20\sqrt{3}c} \tag{3.21}$$

因此当折射率差 $\Delta = 0.01$ 时，梯度折射率光纤中模间均方根脉冲展宽的改善因子为 1000。

例 3.9 考虑以下两种多模光纤：(a) 阶跃折射率光纤，纤芯折射率 $n_1 = 1.458$，纤芯包层折射率差 $\Delta = 0.01$；(b) 具有抛物线分布的梯度折射率光纤，其 n_1 和 Δ 与 (a) 的相同。比较这两种光纤传播单位距离 (1 km) 的均方根脉冲展宽。

解：(a) 由式(3.20)，有

$$\frac{\sigma_s}{L} \approx \frac{n_1\Delta}{2\sqrt{3}c} = \frac{1.458(0.01)}{2\sqrt{3} \times 3 \times 10^8 \text{ m/s}} = 14.0 \text{ ns/km}$$

(b) 由式(3.21)，有

$$\frac{\sigma_s}{L} \approx \frac{n_1\Delta^2}{20\sqrt{3}c} = \frac{1.458(0.01)^2}{20\sqrt{3} \times 3 \times 10^8 \text{ m/s}} = 14.0 \text{ ps/km}$$

对于梯度折射率光纤而言，仔细地选择折射率剖面能够实现高达 1 Gbps·km 的比特率距离积。

3.2.3 色散起因

本节将简要介绍造成色散的各种因素。从 3.2.4 节至 3.2.8 节，以及 3.3 节将更详细地介绍这些色散起因。

如 2.3.2 节所述,波的传播常数 β 的 z 分量是波长的函数,也可以说成是角频率 ω 的函数。因为 β 是 ω 的慢变函数,通过把 β 关于中心频率 ω_0 做泰勒展开,能看出各种色散产生的原因。把 β 的泰勒展开式代入波形方程中,例如式(2.1),就能看出由于模式色散引起的 β 变化和脉冲的频率成分对时延的影响。

把 β 展开成三阶的泰勒级数,即

$$\beta(\omega) \approx \beta_0(\omega_0) + \beta_1(\omega_0)(\omega - \omega_0) + \frac{1}{2}\beta_2(\omega_0)(\omega - \omega_0)^2 + \frac{1}{6}\beta_3(\omega_0)(\omega - \omega_0)^3 \quad (3.22)$$

式中,$\beta_m(\omega_0)$ 表示 β 的 m 阶导数在 $\omega = \omega_0$ 处的值,即

$$\beta_m = \left(\frac{\partial^m \beta}{\partial \omega^m}\right)_{\omega = \omega_0} \quad (3.23)$$

现在分析乘积 βz 的不同成分,其中 z 为沿光纤传输的距离。第一项 $\beta_0 z$ 表示的是传输光波的相移,从式(3.22)的第二项可知,因子 $\beta_1(\omega_0)z$ 产生了群时延 $\tau_g = z/V_g$,其中 z 为脉冲传输的距离,$V_g = 1/\beta_1$ 是群速度[见式(3.27)和式(3.28)]。对于某一特定模式,设 β_{1x} 和 β_{1y} 分别是沿 x 轴和 y 轴偏振的传播常数的一阶导函数,两个偏振分量在传播距离 z 后相应的群时延分别是 $\tau_{gx} = z\beta_{1x}$ 和 $\tau_{gy} = z\beta_{1y}$,两个模的传播时间差为

$$\Delta \tau_{\text{PMD}} = z|\beta_{1x} - \beta_{1y}| \quad (3.24)$$

这就是理想均匀光纤的偏振模色散(PMD)。需要注意的是,实际光纤的偏振模色散是统计变量(见 3.2.8 节)。

式(3.22)第三项中的 β_2 表明单色波的群速度与波的频率有关。所以当脉冲沿光纤传输时,色度色散或脉冲中的不同频率成分有不同的速度,从而导致脉冲沿光纤传输时脉冲展宽。这种群速度的发散就是通常所说的色度色散或群速度色散(GVD)。β_2 称为群速度色散参数(见 3.2.4 节),而色散系数 D 与 β_2 存在关系

$$D = -\frac{2\pi c}{\lambda^2}\beta_2 \quad (3.25)$$

式(3.22)第四项中的 β_3 称为三阶色散。这一项在 β_2 等于零的波长附近很重要。三阶色散与色散系数 D 和色散斜率 $S_0 = \partial D/\partial \lambda$(色散随波长变化)有关,$\beta_3$ 是将 β_2 与 ω 导数转换为 β_2 与 λ 的导数,从而得到

$$\beta_3 = \frac{\partial \beta_2}{\partial \omega} = -\frac{\lambda^2}{2\pi c}\frac{\partial \beta_2}{\partial \lambda} = -\frac{\lambda^2}{2\pi c}\frac{\partial}{\partial \lambda}\left[-\frac{\lambda^2}{2\pi c}D\right] = \frac{\lambda^2}{(2\pi c)^2}(\lambda^2 S_0 + 2\lambda D) \quad (3.26)$$

对于商用光纤,3.3.3 节将给出式(3.26)中各个参数的数值。

3.2.4 群时延

例 3.8 已经提到,光纤链路承载的信息容量能由测得的光纤中传输的短脉冲畸变确定。下面的讨论主要关注脉冲的展宽,它是数字信号传输的主要特征。

首先来看看光源调制的电信号。假设被调制的信号在光纤的输入端同等地激励起了所有模式,每个传导模携带的相同的光功率通过光纤,而且每种模式包含光源发射谱宽范围内所有的频谱分量,这样就相当于原信号调制了光源的每一个频谱分量。当光信号在光纤中传播时,就可以把每一个频谱分量看成是独立传播的,则在已知传播方向的单位距离上所经历的时延或群时延 τ_g/L 的表达式为[15]

$$\frac{\tau_g}{L} = \frac{1}{V_g} = \frac{1}{c}\frac{d\beta}{dk} = -\frac{\lambda^2}{2\pi c}\frac{\partial \beta}{\partial \lambda} \tag{3.27}$$

式中，L 是脉冲传播的距离，β 是光纤轴向的传播常数，$k = 2\pi/\lambda$，而群速度为

$$V_g = c\left(\frac{d\beta}{dk}\right)^{-1} = \left(\frac{\partial \beta}{\partial \omega}\right)^{-1} \tag{3.28}$$

它是脉冲能量沿光纤传播的速度。

因为群时延是波长的函数，因此任何特定模式的任一频谱分量传播相同距离所需的时间不同。这种时延差所造成的后果就是光脉冲在光纤中传播时随时间的推移而展宽，而我们所关心的就是由群时延差变化引起的脉冲展宽的程度。

如果光源谱宽不是太宽，在传播路径上单位波长的时延差可近似表示为 $d\tau_g/d\lambda$。对于谱宽为 $\delta\lambda$，中心波长 λ_0 上下各相差 $\delta\lambda/2$ 的两个频谱分量来说，经过长度 L 后的时延差 $\delta\tau$ 为

$$\delta\tau = \frac{d\tau_g}{d\lambda}\delta\lambda = -\frac{L}{2\pi c}\left(2\lambda\frac{d\beta}{d\lambda} + \lambda^2\frac{d^2\beta}{d\lambda^2}\right)\delta\lambda \tag{3.29}$$

如果以角频率 ω 来表示，上式又可写成

$$\delta\tau = \frac{d\tau_g}{d\omega}\delta\omega = \frac{d}{d\omega}\left(\frac{L}{V_g}\right)\delta\omega = L\left(\frac{d^2\beta}{d\omega^2}\right)\delta\omega \tag{3.30}$$

因子 $\beta_2 \equiv d^2\beta/d\omega^2$ 是群速度色散参数，它决定了光纤中传播的脉冲展宽程度。

如果光源谱宽 $\delta\lambda$ 用其均方根值 σ_λ 表示（见图 3.7 典型的 LED），则脉冲展宽可近似地用均方根脉冲宽度表示，即

$$\sigma_g = \left|\frac{d\tau_g}{d\lambda}\right|\sigma_\lambda = \frac{L\sigma_\lambda}{2\pi c}\left|2\lambda\frac{d\beta}{d\lambda} + \lambda^2\frac{d^2\beta}{d\lambda^2}\right| \tag{3.31}$$

因子

$$D = \frac{1}{L}\frac{d\tau_g}{d\lambda} = \frac{d}{d\lambda}\left(\frac{1}{V_g}\right) = -\frac{2\pi c}{\lambda^2}\beta_2 \tag{3.32}$$

称为色散系数。由它所定义的脉冲展宽是波长的函数，其度量单位是单位谱宽传输单位长度所产生的时延差[ps/(nm·km)]，它包含材料色散和波导色散。在很多理论分析中，要计算模内色散的值，都是先分别算出材料色散和波导色散，再通过相加得到总色散。实际上，这两种色散有着错综复杂的联系，折射率的色散特性（引起材料色散）对波导色散同样有影响。但在检验材料和波导色散相互依存关系的实验[16]中发现，在不要求结果特别精确的条件下，总的模内色散可以通过忽略其他色散影响条件下分别计算单一色散对信号畸变的影响得到，所得的结果是一个极好的近似值。因此，D 可以写成材料色散 D_{mat} 和波导色散 D_{wg} 之和。以下两节分别讨论材料色散和波导色散。

3.2.5 材料色散

材料色散的产生是因为折射率是随光波长而变化的函数。图 3.9 所示为石英玻璃的折射率随光波长变化的曲线。又因为模式的群速度 V_g 是折射率的函数，所以模式中不同频谱分量，以不同速度传播，也是波长的函数。因此，材料色散作为一种模内色散，其影响对单模光纤和 LED 系统（因为 LED 的发射谱宽比半导体激光器宽得多）来说显得尤为突出。

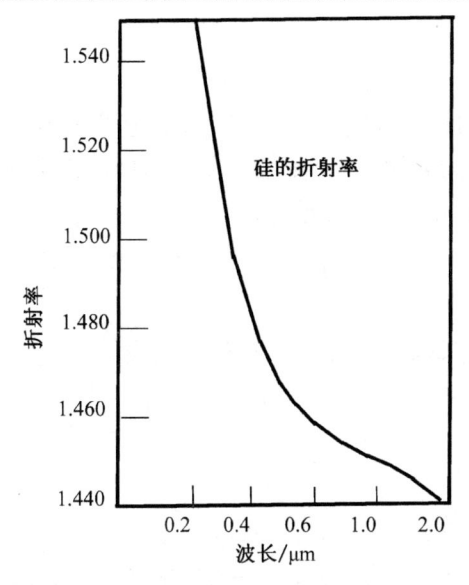

图 3.9 石英玻璃的折射率随光波长的变化曲线

为计算材料产生的色散,我们设想一个平面波在无限延伸的电介质中传播,介质的折射率与纤芯折射率相同,均为 $n(\lambda)$,则其传播常数 β 为

$$\beta = \frac{2\pi n(\lambda)}{\lambda} \tag{3.33}$$

将这个 β 的表达式及 $k = 2\pi/\lambda$ 代入式(3.27),得到因材料色散引起的群时延 τ_{mat} 为

$$\tau_{mat} = \frac{L}{c}\left(n - \lambda\frac{dn}{d\lambda}\right) \tag{3.34}$$

应用式(3.31),在光源谱宽为 σ_λ 时,脉冲展宽 σ_{mat} 可以由群时延对波长的微分乘以 σ_λ 得到,即

$$\sigma_{mat} = \left|\frac{d\tau_{mat}}{d\lambda}\right|\sigma_\lambda = \frac{\sigma_\lambda L}{c}\left|\lambda\frac{d^2 n}{d\lambda^2}\right| = \sigma_\lambda L|D_{mat}(\lambda)| \tag{3.35}$$

式中的 $D_{mat}(\lambda)$ 就是材料色散系数。

例 3.10 一个制造商的产品性能资料给出了一种掺 GeO_2 的光纤在波长 860 nm 处的材料色散系数 D_{mat} 为 110 ps/(nm·km)。如果光源是一个 GaAlAs LED,其在输出波长为 860 nm 处的谱宽 σ_λ 为 40 nm,请计算由于材料色散造成的每千米的均方根脉冲展宽值。

解:由式(3.35),可以得到均方根材料色散为

$$\sigma_{mat}/L = \sigma_\lambda D_{mat} = (40 \text{ nm}) \times [110 \text{ ps/(nm} \cdot \text{km)}] = 4.4 \text{ ns/km}$$

例 3.11 根据制造商给出的产品性能数据,例 3.10 中的光纤在波长 1550 nm 处的材料色散系数 D_{mat} 为 15 ps/(nm·km)。现在所用的激光源输出波长为 1550 nm,谱宽 σ_λ 为 0.2 nm,计算由于材料色散造成的每千米的均方根脉冲展宽值。

解:由式(3.35),得到均方根材料色散为

$$\sigma_{mat}/L = \sigma_\lambda D_{mat} = (0.2 \text{ nm}) \times [15 \text{ ps/(nm} \cdot \text{km)}] = 7.5 \text{ ps/km}$$

这个例子说明:当采用长波长激光器光源时,可以使色散明显减小。

3.2.6 波导色散

为了分析波导色散对脉冲展宽的影响,可以近似地认为材料折射率与波长无关。首先考虑群时延,即一个模式在长度为 L 的光纤中传播所需的时间。为了使计算的结果具有一般性[17],我们用归一化的传播常数 b 来表示群时延,b 定义为

$$b = \frac{\beta^2/k^2 - n_2^2}{n_1^2 - n_2^2} \tag{3.36}$$

如果折射率差 $\Delta = (n_1-n_2)/n_1$ 非常小,上式可以近似写成

$$b = \frac{\beta/k - n_2}{n_1 - n_2} \tag{3.37}$$

从式(3.37)中解出 β,得到

$$\beta \approx n_2 k (b\Delta + 1) \tag{3.38}$$

假设 n_2 与波长无关,利用 β 的这个表达式,可以求出由波导色散得到的群时延 τ_{wg}:

$$\tau_{wg} = \frac{L}{c}\frac{d\beta}{dk} = \frac{L}{c}\left[n_2 + n_2\Delta\frac{d(kb)}{dk}\right] \tag{3.39}$$

模式传播常数 β 可以由式(2.27)定义的归一化频率 V 给出。V 的近似表达式为

$$V = ka(n_1^2 - n_2^2)^{1/2} \approx k a n_1 \sqrt{2\Delta} \tag{3.40}$$

上式只有在 Δ 很小时才成立。将式(3.39)中的群时延用 V 代替 k,则可得到

$$\tau_{wg} = \frac{L}{c}\left[n_2 + n_2\Delta\frac{d(Vb)}{dV}\right] \tag{3.41}$$

式(3.41)中的第一项是常数,第二项表示由波导色散引起的群时延。对于确定的 V 值,每个传导模的群时延不相同。当一个光脉冲注入光纤,光脉冲被分散到多个传导模上,这些传导模以各自的群时延,在不同的时刻到达光纤的另一端,这就使得光脉冲发生展宽。对多模光纤来说,波导色散比材料色散小得多,因而可以忽略。

3.2.7 单模光纤中的色散

对于单模光纤,波导色散是重要的,其值与材料色散在同一个量级上。为证明这一结论,让我们比较这两个色散系数。光源谱宽为 σ_λ 时产生的脉冲展宽 σ_{wg} 可以由群时延对波长的导数求得,即

$$\sigma_{wg} = \left|\frac{d\tau_{wg}}{d\lambda}\right|\sigma_\lambda = L|D_{wg}(\lambda)|\sigma_\lambda = \frac{V}{\lambda}\left|\frac{d\tau_{wg}}{dV}\right|\sigma_\lambda = \frac{n_2 L \Delta \sigma_\lambda}{c\lambda}V\frac{d^2(Vb)}{dV^2} \tag{3.42}$$

式中,$D_{wg}(\lambda)$ 就是波导色散系数。

对麦克斯韦方程进行分析,HE_{11} 模 b 可以表示为

$$b(V) = 1 - \frac{\left(1+\sqrt{2}\right)^2}{\left[1+(4+V^4)^{1/4}\right]^2} \tag{3.43}$$

图 3.10 给出了 b 及其导数 $\mathrm{d}(Vb)/\mathrm{d}V$、$V\mathrm{d}^2(Vb)/\mathrm{d}V^2$ 随 V 的变化曲线。

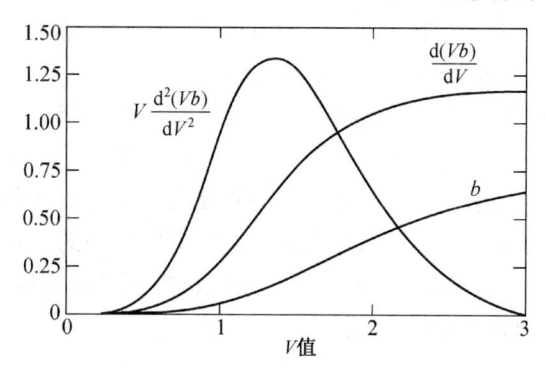

图 3.10　HE_{11} 模或 LP_{01} 模的波导参数 b 及其导数 $\mathrm{d}(Vb)/\mathrm{d}V$、$V\mathrm{d}^2(Vb)/\mathrm{d}V^2$ 随 V 变化的曲线

例 3.12　从式(3.42)，可以得到波导色散

$$D_{\mathrm{wg}}(\lambda) = -\frac{n_2 \Delta}{c}\frac{1}{\lambda}\left[V\frac{\mathrm{d}^2(Vb)}{\mathrm{d}V^2}\right]$$

令 $n_2 = 1.48$，$\Delta = 0.2\%$，从图 3.15 中可以看出，在 $V = 2.4$ 处，方括号中的值为 0.26。选择波长 $\lambda = 1320$ nm，可以计算出 $D_{\mathrm{wg}}(\lambda) = -1.9$ ps/(nm·km)。

图 3.11 比较了熔融石英玻璃单模光纤在 $V = 2.4$ 时的波导色散和材料色散随波长变化大小的例子。比较波导色散与材料色散，标准的非色散位移光纤，波导色散在 1320 nm 处的作用尤为突出；因为在这一点上，波导色散和材料色散作用完全抵消，使得总色散为零。材料色散决定着短波长和长波长的波导色散，例如在 900 nm 和 1550 nm 处。注意，这个图是在近似认为材料色散和波导色散具有可加性的条件下作出的。

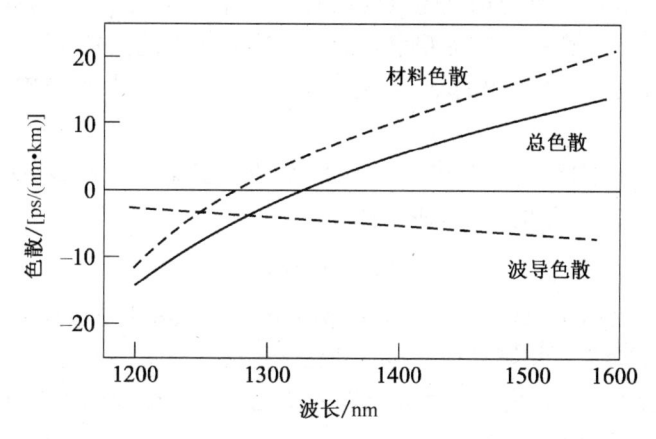

图 3.11　熔融石英玻璃单模光纤的波导色散和材料色散随光波长的变化曲线

3.2.8　偏振模色散

光纤双折射对光信号的不同偏振状态的作用是导致脉冲展宽的另一个因素。这种因素对于高速率、长途传输链路(例如以 10 Gbps 或 40 Gbps 的速率传输数十千米)的影响尤为严重。双折射的产生是因为光纤本身的缺陷，如纤芯的几何形状不规则、光纤受到内部应力作用等，

哪怕纤芯的不圆度不到 1%，对高速系统的影响也很明显。另外，外部因素如弯曲、扭曲、挤压光纤时，也会导致双折射。在任何野外铺设的光纤中，上述这些影响都会不同程度地存在，所以在光纤线路长度上双折射的大小是变化的。

光信号的一个基本特性是它的偏振状态。所谓偏振，指的是光信号中的电场矢量的取向，它会沿着光纤的长度发生变化。如图 3.12 所示，信号的能量在给定的波长处被分解成两个正交的偏振模。由于沿着光纤方向的双折射程度不断变化，引起每个偏振模传播的速率稍有差别。这两个正交的偏振模之间的传播时延差$\Delta\tau_{PMD}$会导致脉冲的展宽，这就是所谓的偏振模色散（PMD）[18, 19]。如果用V_{gx}和V_{gy}来表示两个正交偏振模的群速度，则脉冲传播距离L后，两个偏振分量所产生的差分时延$\Delta\tau_{PMD}$为

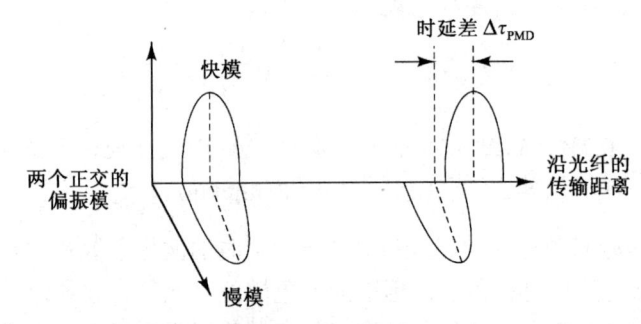

$$\Delta\tau_{PMD} = \left| \frac{L}{V_{gx}} - \frac{L}{V_{gy}} \right| \tag{3.44}$$

图 3.12 光脉冲传过沿长度方向双折射变化的光纤时，两个偏振模产生的传输时延差

特别需要注意的一点是，PMD 与色度色散不同，后者在光纤长度方向上是一种相对稳定的现象，而 PMD 沿光纤长度方向是随机变化的。之所以如此，是因为双折射效应会因温度和应力的动态变化而产生微扰。实际观察到的这些扰动现象是在光纤输出端的 PMD 值随时间随机起伏。因此式(3.44)所给出的$\Delta\tau_{PMD}$表达式不能直接用来估算 PMD，而 PMD 只能用统计方法求得。

一种实用的表征长线路光纤 PMD 值的方法是利用差分群时延（DGD）的平均值（见第 14 章中的 PMD 测量方法），这可用下式进行计算：

$$\Delta\tau_{PMD} \approx D_{PMD}\sqrt{L} \tag{3.45}$$

式中，D_{PMD}是 PMD 参数的平均值，单位是 $ps/km^{1/2}$，D_{PMD}典型值在 $0.03 \sim 1.3\ ps/km^{1/2}$ 之间。埋地电缆通常不会遇到周围环境的显著变化，因此 PMD 值往往较低且相对稳定。架空光缆的 PMD 值之所以较大，是因为外界温度的变化和刮风引起的光纤摆动，使得光纤容易受到缓慢和突然的应力作用。

为使 PMD 造成的误码率低，最大的$\Delta\tau_{PMD}$一般应限制在一个比特时长的 10%~20%之间。因此在 10 Gbps 数据速率时$\Delta\tau_{PMD}$应不超过 10~20 ps，在 40 Gbps 数据速率时$\Delta\tau_{PMD}$应不超过 3 ps。例如，取较低的容限为例，对于一条由 20 个跨距，每个跨距 80 km 组成的 10 Gbps 数据链路，其光纤的 PMD 必须小于 $0.2\ ps/km^{1/2}$。

例 3.13 假设一段 1600 km 的光纤，其数据传输比特率 $B = 10$ Gbps，假设偏振模时延差容限为 10%的比特周期。因此，$\Delta\tau_{PMD} < 0.1/B = 0.1/(10\times10^9 \text{ s}^{-1}) = 10$ ps。光纤中的偏振模色散量必须满足以下条件：

$$D_{PMD} < 0.1\Delta\tau_{PMD}/\sqrt{L} = 10 \text{ ps}/\sqrt{1600 \text{ km}} = 0.25 \text{ ps}/\sqrt{\text{km}}$$

训练题 3.8 假设一段 1600 km 的光纤链路，其数据传输比特率 B 为 40 Gbps，并假设偏振模时延差容限为 20%的比特周期。因此由光纤传输产生的 PMD 容限需 $0.13 \text{ ps}/\sqrt{\text{km}}$。

3.3 单模光纤的设计和性能

本节主要介绍单模光纤的基本结构和工作特性，这些特性包括用于生产不同类型光纤的折射率剖面结构、截止波长概念、色散的设计和计算、模场直径的定义以及光纤弯曲损耗。

3.3.1 折射率剖面

在生产单模光纤时，制造商特别关注光纤结构对色度色散和偏振模色散的影响。色散特性是应考虑的最主要的特性，因为它们是制约长距离和高速率传输的首要因素。如图 3.11 所示，可以看到阶跃折射率石英玻璃光纤在 1310 nm 处有最小的色散值，而在 1550 nm（C 波段内）处的损耗最小。对于长距离传输，应工作在 C 波段，但其色散明显大于 1310 nm 窗口。为达到高速长距离传输，通常光纤设计人员可以调整光纤的参数，将零色散波长移至更长的波长段。

基础材料的色散难以有显著的改变，但是将包层简单的阶跃折射率结构改为较复杂的折射率结构，就有可能改变波导色散，使单模光纤获得不同的色散特性。因此研究人员研究测试了多种纤芯和包层折射率剖面的光纤，得到了不同的色散特性。图 3.13 给出了 4 种主要类别光纤的典型折射率剖面：1310 nm 最优化光纤、色散位移光纤、色散平坦光纤和大有效面积光纤。

在电信网络中使用得最为广泛的单模光纤是近似为阶跃折射率的光纤，它在 O 波段 1310 nm 波长处具有最优的色散特性。这些 1310 nm 最优化单模光纤可以设计成匹配包层或凹陷包层，如图 3.13(a)所示。匹配包层光纤的整个包层折射率保持不变，其典型的模场直径为 9.5 μm，纤芯包层折射率差为 0.35%左右。凹陷包层光纤的内包层折射率要低于外包层，模场直径大约为 9 μm，典型的正负折射率差分别为 0.25%和 0.12%。

式(3.35)和式(3.42)表明，材料色散仅与材料的成分有关，而波导色散取决于纤芯半径、折射率差及折射率剖面的形状。因此改变光纤的结构参数时，波导色散会有很大的变化。如果生产具有较高的负波导色散光纤，同时假设材料色散与标准单模光纤相同，这样就可将波导色散和材料色散之和的零色散点移至较长的波长处，所得光纤就是所谓的色散位移光纤。图 3.13(b)给出了色散位移光纤的折射率剖面的例子。

因为色散位移光纤的零色散值位于 1550 nm 波长，所以小于 1550 nm 波长的色散为负，大于 1550 nm 波长的色散为正。这些正和负的色散会因为光纤的非线性效应而严重地影响 C 波段波分复用信号中相邻波道的密集间隔，如第 12 章所述。为了减小光纤非线性效应的影响，光纤设计人员研制出了非零色散位移光纤（NZDSF）。这种光纤在整个 C 波段上都有较低的全正或全负色散。一种典型的具有正色散值的非零色散位移光纤在 1550 nm 波长处的色散为 4.5 ps/(nm·km)。

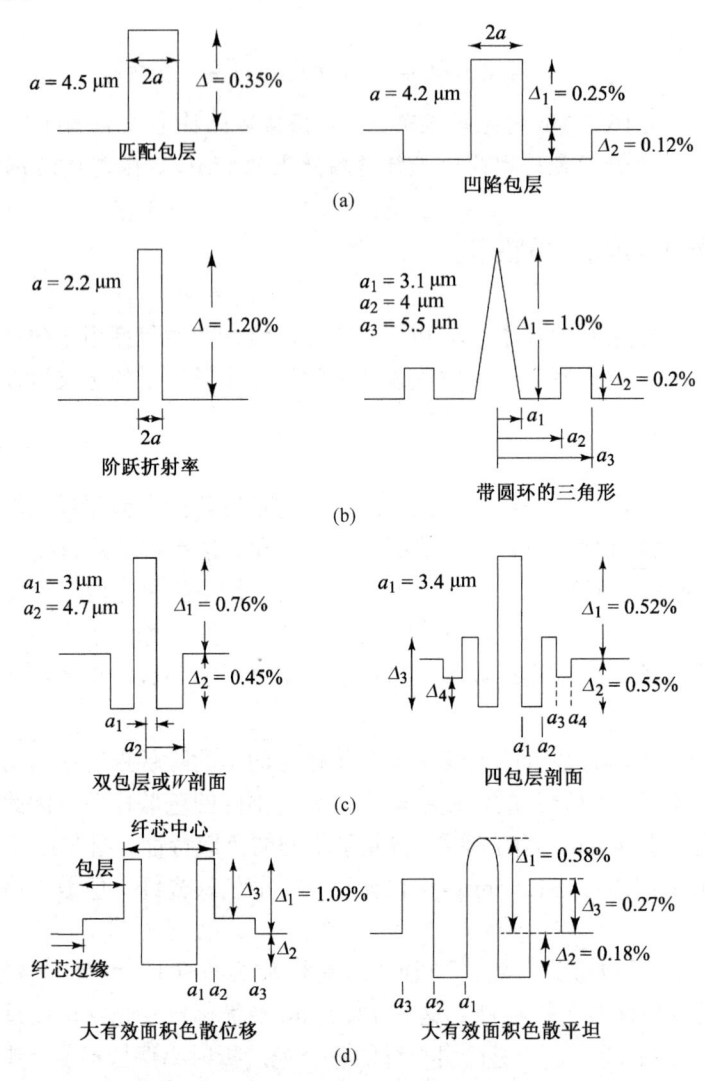

图 3.13 几种有代表性的光纤折射率剖面。(a) 1310 nm 最优化；(b) 色散位移；(c) 色散平坦；(d) 纤芯大有效面积

在 NZDSF 光纤中典型的是大有效纤芯面积的单模光纤。大有效面积光纤可以降低光纤的非线性效应，而非线性效应通过限制传输系统的密集波分复用信道间隔从而制约系统容量。图 3.13(d) 中给出了大有效面积 (LEA) 光纤的两种折射率剖面。标准单模光纤的有效纤芯面积大约为 55 μm^2，而大有效面积光纤可以大于 100 μm^2。

另一种改变光纤结构的概念是在较大的波长范围内保持使色散最小，这就是所谓的色散平坦。正因为要在较大的波长范围内考虑色散值，因此色散平坦光纤的结构较之色散位移光纤更为复杂。色散平坦光纤在宽波长范围内提供了需要的色散特性。图 3.13(c) 给出了此种光纤二维折射率剖面。在图 3.14(a) 中有这种光纤的典型波导色散曲线，其总色散平坦的特性则如图 3.14(b) 所示。

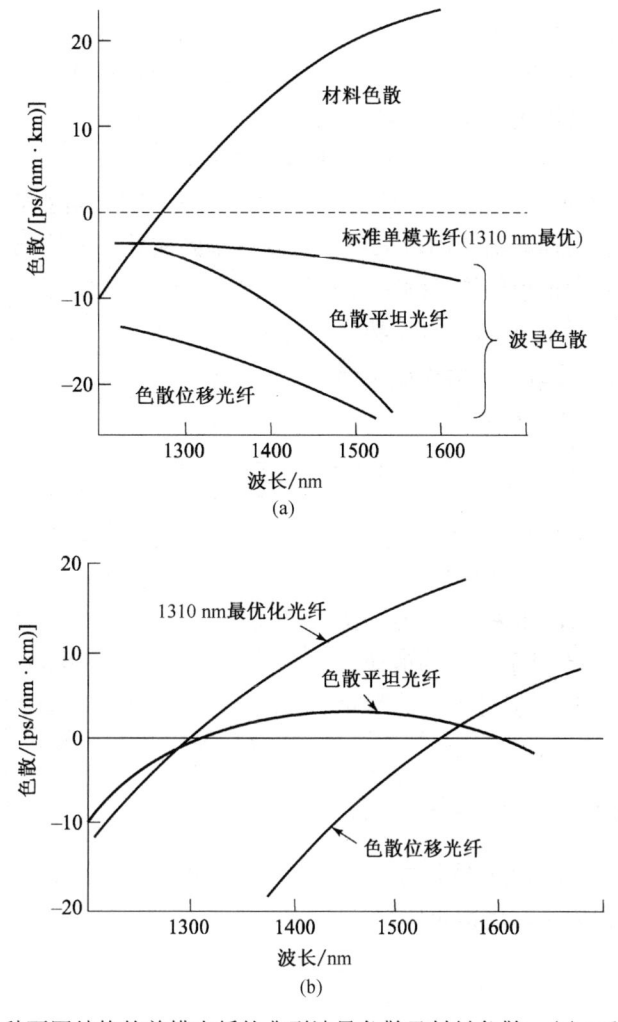

图 3.14 (a)三种不同结构的单模光纤的典型波导色散及材料色散; (b)三种光纤的总色散

3.3.2 截止波长的概念

第一个高阶模(LP_{11})的截止波长对单模光纤来说是一个重要的传输参数,它是判断单模传输或多模传输的条件。从式(2.27)中可以看到,单模传输发生的条件是工作波长比理论截止波长长,理论截止波长为

$$\lambda_c = \frac{2\pi a}{V}(n_1^2 - n_2^2)^{1/2} \approx \frac{2\pi a}{V}n_1\sqrt{2\Delta} \tag{3.46}$$

对于阶跃折射率光纤,$V = 2.405$。比这个波长长的波段,只有LP_{01}模(也就是HE_{11}模)能在光纤中传播。

例 3.14 一种阶跃折射率光纤的纤芯折射率为 1.480,纤芯半径为 4.5 μm,纤芯和包层的折射率差为 0.25%。问此光纤的截止波长是多少?

解: 由式(3.46),当 $V = 2.405$ 时,光纤的截止波长为

$$\lambda_c = \frac{2\pi a}{V}n_1\sqrt{2\Delta} = \frac{2\pi \times (4.5)}{2.405} \times (1.480) \times \sqrt{2(0.0025)} = 1.23 \text{ μm} = 1230 \text{ nm}$$

由于在截止范围内，LP_{11} 模的场扩散到光纤的整个横截面上(即未被紧密地制约于纤芯内)，光纤的弯曲、长度和成缆时的影响会使其产生较大的损耗。ITU-T 的 G.650.1 建议规范了确定有效截止波长 λ_c 的测量方法[20]。测量装置中包括一段打了一个半径为 14 cm 圈的 2 m 的光纤或在一个 2 m 圈中加上几个半径为 14 cm 的弯圈，一个波长可调光源，其半高全宽 (FWHM)线宽不超过 10 nm，当光耦合进光纤时，LP_{01} 模和 LP_{11} 模能被同等地激励。

首先，在截止波长的预期值周围很大范围内测量不同波长时的输出光功率 $P_1(\lambda)$，然后再将测试光纤绕一个半径很小的圈，圈半径的典型值为 30 mm，使之滤掉 LP_{11} 模，并在同样的波长范围内测量不同波长时的输出光功率 $P_2(\lambda)$。应用这种方法，可以计算出传输功率 $P_1(\lambda)$ 和 $P_2(\lambda)$ 之比的对数值 $R(\lambda)$：

$$R(\lambda) = 10\log\left[\frac{P_1(\lambda)}{P_2(\lambda)}\right] \tag{3.47}$$

图 3.15 给出了 $R(\lambda)$ 的典型曲线。有效截止波长 λ_c 定义为当高阶的 LP_{11} 模相对于基模 LP_{01} 模的功率降到 0.1 dB，即 $R(\lambda) = 0.1$ dB 时的最大波长，如图 3.15 所示。λ_c 的值建议取在 1100～1280 nm 之间，以避免模式噪声和色散影响。

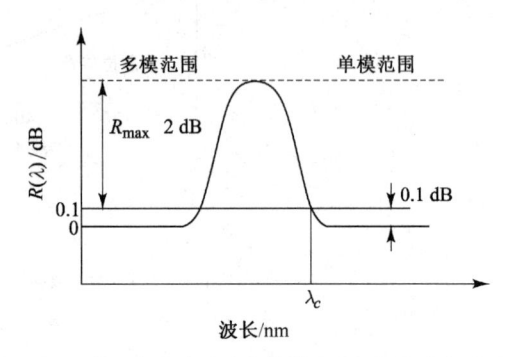

图 3.15 利用弯曲参考(或单模参考)传输功率法确定截止波长，典型的损耗比与波长关系曲线

3.3.3 色散计算标准

如 3.3.1 节中所述，单模光纤中的总色散主要由材料色散和波导色散构成，由这两种色散构成的模内色散或称为色度色散可以表示为[21]

$$D(\lambda) = \frac{1}{L}\frac{d\tau}{d\lambda} \tag{3.48}$$

式中，τ 为所测得的单位长度光纤中的群时延，色散系数的单位一般为 ps/(nm·km)。光脉冲传过长度为 L 的光纤所产生的展宽 σ 为

$$\sigma = D(\lambda)L\sigma_\lambda \tag{3.49}$$

式中，σ_λ 是光源的半功率谱宽。为了测得色散值，必须在所需的波长范围内测出脉冲的时延。

如图 3.14 所示，色散特性不仅与波长有关，而且也与光纤类型有关，因此 TIA 和 ITU-T 对不同类型的光纤在不同的波长区域的色度色散推荐了不同的计算公式。如对于非色散位移光纤，要计算其在 1270～1340 nm 区域内的色散，这些标准推荐了一个计算单位长度上的群时延的三项 Sellmeier 方程式[20]，即

$$\tau = A + B\lambda^2 + C\lambda^{-2} \tag{3.50}$$

为了测得脉冲数据，式中的 A、B 和 C 为曲线拟合参数。另一个与之等价的表达式为

$$\tau = \tau_0 + \frac{S_0}{8}\left(\lambda - \frac{\lambda_0^2}{\lambda}\right)^2 \tag{3.51}$$

式中，τ_0 是零色散波长 λ_0 处的相对时延最小值，S_0 是色散斜率 $S(\lambda) = dD/d\lambda$ 在 λ_0 处的值，其单位是 ps/(nm²·km)。应用式(3.48)，则非色散位移光纤的色散值为

$$D(\lambda) = \frac{\lambda S_0}{4}\left[1 - \left(\frac{\lambda_0}{\lambda}\right)^4\right] \tag{3.52}$$

计算色散位移光纤在 1500～1600 nm 区域内的色散，标准推荐使用一个二次方程作为时延的计算公式，即

$$\tau = \tau_0 + \frac{S_0}{2}(\lambda - \lambda_0)^2 \tag{3.53}$$

由上式可得到色散系数表达式为

$$D(\lambda) = (\lambda - \lambda_0)S_0 \tag{3.54}$$

最后，由式(3.26)可得三阶色散 β_3 的表达式

$$\beta_3 = \frac{\lambda^2}{(2\pi c)^2}(\lambda^2 S_0 + 2\lambda D) \tag{3.55}$$

当测量一组光纤时，所得的 λ_0 的值将在 $\lambda_{0,\min}$ 到 $\lambda_{0,\max}$ 之间，图 3.16 所示是一组非色散位移光纤在 1270～1340 nm 波长区域内期望的色散值范围。标准非色散位移光纤的 S_0 的典型值为 0.092 ps/(nm²·km)。对于色散位移光纤，S_0 值在 0.06～0.08 ps/(nm²·km)之间。在 ITU-T 的 G.652 建议中，规定了 1285～1330 nm 区域内允许的最大色散为 3.5 ps/(nm·km)，在图 3.16 中以虚线表示。

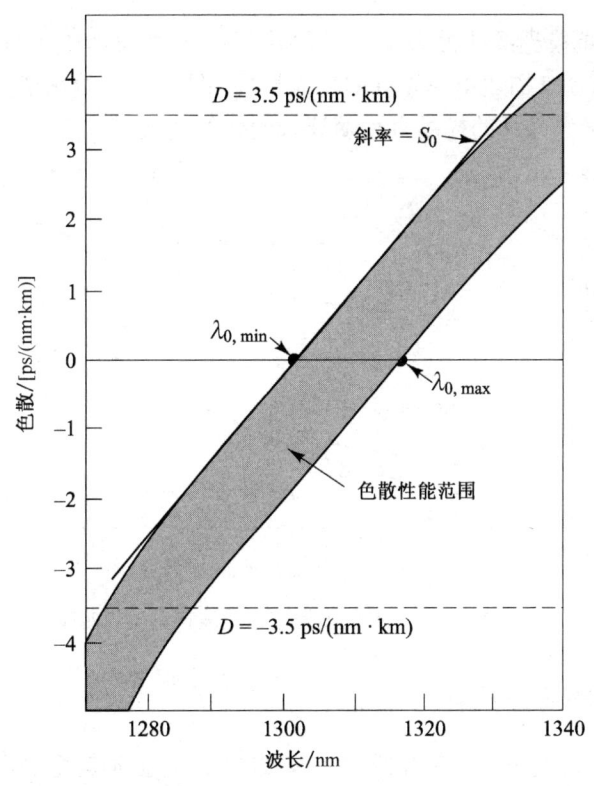

图 3.16 一组单模光纤的色散特性曲线，其中两条
稍有弯曲的曲线是求解式(3.52)得到的

例 3.15 制造商的产品性能表列举了一种非色散位移光纤参数，其零色散波长为 1310 nm，色散斜率为 0.092 ps/(nm²·km)。试比较此光纤在 1280 nm 和 1550 nm 波长处的色散值。

解：由式(3.52)计算出两个波长处的色散值

$$D(1280) = \frac{\lambda S_0}{4}\left[1 - \left(\frac{\lambda_0}{\lambda}\right)^4\right] = \frac{(1280)(0.092)}{4}\left[1 - \left(\frac{1310}{1280}\right)^4\right]$$
$$= -2.86 \text{ ps/(nm·km)}$$

$$D(1550) = \frac{\lambda S_0}{4}\left[1 - \left(\frac{\lambda_0}{\lambda}\right)^4\right] = \frac{(1550)(0.092)}{4}\left[1 - \left(\frac{1310}{1550}\right)^4\right]$$
$$= 17.5 \text{ ps/(nm·km)}$$

训练题 3.9 一段用于长距离高速率传输的单模光纤通信链路，其在波长 1550 nm 处的色散斜率为 0.045 ps/(nm²·km)，当输入光波长为 1405 nm 时，其光纤色散为 0。根据式(3.52)可知，该光纤在 1310 nm 和 1550 nm 处的色散值分别为 –4.76 ps/(nm·km) 和 5.76 ps/(nm·km)。

总结一下，当光脉冲在光纤中传播时，光脉冲展宽的原因是光脉冲中不同频率成分具有不同的传播速度，导致脉冲展宽。如式(3.49)所蕴含的含义，光源的谱宽 σ_λ 越宽，色散就越严重。

3.3.4 模场直径的定义

2.5.2 节中定义了单模光纤的模场直径。因为模场直径概念考虑了与波长有关的场渗透到包层中，所以用模场直径来描述单模光纤的功能特性。图 3.17 中给出了 1310 nm 最优化光纤、色散位移光纤和色散平坦光纤的模场直径随波长变化的曲线。

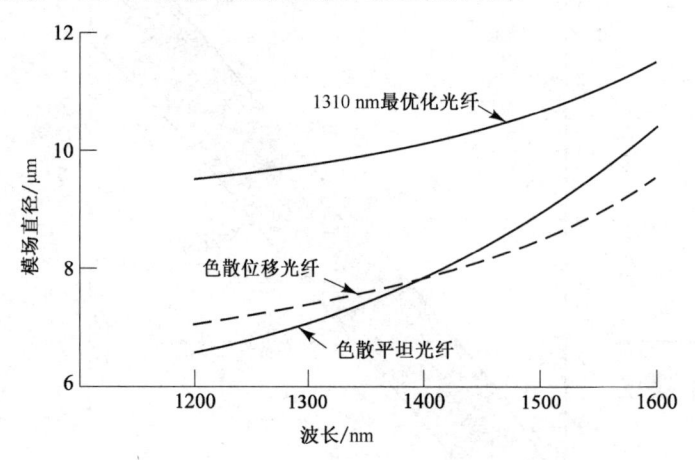

图 3.17 几种光纤的模场直径随波长变化的曲线

3.3.5 单模光纤中的弯曲损耗

宏弯损耗和微弯损耗在设计单模光纤时应着重考虑。弯曲损耗主要是模场直径的函数。通常模场直径越小，弯曲损耗就越小，因为对于小模场直径，模式会更紧密地被限制在纤芯中。

如果规定单模光纤铺设时允许的最小弯曲半径极限值，就可以在很大程度上避免微弯损耗的影响。制造商通常建议光纤或光缆所允许的最小弯曲直径不小于 40～50 mm(1.6～2.0 英寸)。与之相一致的是，在光纤安装指南中规范的管道、光纤接头盒和设备机架处光缆的典型弯曲直径为 50～75 mm。此外，如 3.5 节所述，对弯曲不敏感的光纤的出现允许在光电封装中的光纤绕成更小的圈。而且在密集的设备机架中跳线光缆用这种对弯曲不敏感的光纤，可以大大减小弯曲损耗。

3.4 国际标准 ITU-T 的光纤标准

ITU-T 是研究和发布国际认可建议与标准主要的组织。建立了一系列国际认可的电信应用各种多模光纤和单模光纤的制造与测试建议。这些文件给出了如纤芯、包层尺寸、圆度、衰减、截止波长和色散等光纤参数规范值的指导书。建议允许合理范围的设计灵活度，如光纤厂家可以改进产品，开发在指导书所给出性能特性范围内的新产品。

表 3.2 汇总了用于电信网、接入网和企业网的多模光纤和单模光纤的 ITU-T 建议。下面各节将描述这些光纤的基本特征。这些建议可以在相关网站上进行下载。

表 3.2 用于电信网、接入网和企业网所用光纤的建议

ITU-T 建议号	名称与描述
G.651.1（2018 年 11 月第 2 版）	名称：用于光接入网的 50/125 μm 梯度折射率多模光纤 描述：给出了用于 850 nm 或 1300 nm 区域的石英玻璃 50/125 μm 梯度折射率多模光纤光缆要求
G.652（2016 年 11 月第 9 版）	名称：单模光纤与光缆 描述：讨论了 O 波段（1310 nm）最优化的单模光纤，但它也可用于 1550 nm 区域
G.653（2010 年 7 月第 7 版）	名称：色散位移单模光纤与光缆 描述：讨论了零色散波长移至 1550 nm 区域的单模光纤。描述了粗波分复用（CWDM）应用的 1460～1625 nm 范围的色散
G.654（2020 年 3 月版本 E）	名称：截止波长位移单模光纤与光缆 描述：海底系统应用。讨论了零色散波长在 1300 nm 附近的单模光纤
G.655（2009 年 11 月第 5 版）	名称：非零色散位移单模光纤与光缆 描述：长途链路应用。描述了在 1530～1565 nm 波长范围内色散大于 0 的单模光纤
G.656（2010 年 7 月第 3 版）	名称：宽带光传送用的非零色散光纤与光缆 描述：扩展 WDM 用的低色散光纤。光纤可用于波长范围在 1460～1625 nm 之间
G.657（2016 年 11 月第 4 版）	名称：接入网用的弯曲损耗不敏感单模光纤与光缆 描述：讨论了宽带接入网应用的单模光纤。如建筑物内的弯曲条件

3.4.1 G.651.1 建议

低成本铺设高速短距离光纤通信链路的经济需求扩展了多模光纤的市场。多模光纤链路使用价格适中、工作于短波长区域（770～860 nm）或者 O 波段（1310 nm 附近）的光源。其应用场所包括办公或政府大楼、医疗设施、大学校园或制造工厂内的链路，其预期传输距离在 2 km 以内。

G.651.1 建议替换了原有的 G.651 文档。这一新版本给出了 50/125 μm 多模梯度折射率石英玻璃光纤光缆用于 850 nm 或 1300 nm 区域的要求。该光纤允许系统独立运行于每个波段，也允许系统同时运行于两个频谱带。其应用扩展为跨多个承租楼宇环境的接入网和企业网用户服务，为各个公司提供达到各部门或各办公室的宽带业务传送。所建议的多模光纤支持经济的应用链路长度为 550 m 的 1 Gbps 以太网系统。这些以太网链路常用 850 nm

收发器。光纤损耗值因工作波长而不同,在 850 nm 处为 2.5 dB/km,在 1310 nm 处则小于 0.6 dB/km。

除了 G.651.1 的建议,IEEE 802.3 系列标准还描述了在 550 m 内的距离上以高达 10 Gbps 的数据速率运行的以太网链路的实现。

3.4.2 G.652 建议

G.652 建议规范了 1310 nm 处为零色散的单模光纤的几何、机械和传输特性。图 3.18 对比了 G.652 光纤和其他类型的单模光纤的色散。该光纤由直径在 5～8 μm 之间的掺锗石英玻璃纤芯和 125 μm 直径的石英玻璃包层构成。标称衰减为 1310 nm 处 0.4 dB/km、1550 nm 处 0.35 dB/km。最大偏振模色散为 0.2 ps/km。从 G.652a 到 G.652d 是这种光纤的 4 个子类。由于 20 世纪 90 年代以来 G.652a/b 光纤大量用于电信网络,它们被称为标准单模光纤或 1310 nm 最优化光纤。G.652c/d 光纤允许采用 E 波段,广泛用于光纤到驻地(FTTP)系统。

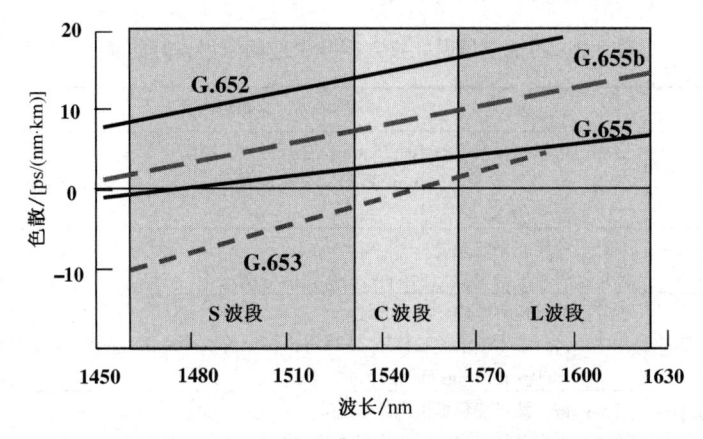

图 3.18 G652 光纤与其他单模光纤类型的色散比较

尽管许多长途光缆线路铺设使用了非零色散位移光纤,世界范围内铺设的大量 G.652 光纤仍然要服役许多年。若 G.652 光纤用在 1550 nm,其色散值为 17 ps/(nm·km) 必须考虑采用色散补偿技术或特殊数据格式,以适应高速数据传输要求。例如,一些现场实验已经验证了在已铺设的长距离 G.652a/b 光纤上传输 160 Gbps 数据的可行性。

G.652c/d 光纤是通过降低水离子浓度消除 E 波段 1360～1460 nm 的损耗峰制成的,它们被称为低水峰光纤,允许工作波长范围为 1260～1625 nm。该光纤的一种应用是 E 波段低成本短距离 CWDM(粗波分复用)系统。在 CWDM 中波长信道间隔为 20 nm,因此几乎无须对光源的波长稳定控制,如第 10 章所述。另一个重要的应用是 FTTP 接入网的无源光网络(PON)。

3.4.3 G.653 建议

色散位移光纤(DSF)是为使用 1550 nm 激光器而开发的。如图 3.18 所示,这类光纤的零色散点移位到 1550 nm,在 1550 nm 光纤的损耗是 1310 nm 的一半。因此,这种光纤允许在 1550 nm 或 1550 nm 附近的单波长信道高速数据流经过长距离传输保持信号保真度不变。然而,在一个或多个工作的 C 波段中心的密集波分复用(DWDM)应用中存在非线性效应问题。

如第 10 章所述,为防止 DWDM 系统中不必要的非线性效应,应当在整个工作波段保持正(或负)色散值。图 3.18 显示了 G.653 光纤的色散值在 1550 nm 上下具有不同的符号。因此,DWDM 系统中使用 G.653 光纤必须限制在 S 波段(波长小于 1550 nm)或者 L 波段(波长大于 1550 nm)。这类光纤已经鲜有铺设,因为 G.655 光纤提供了更好的解决方案。

3.4.4 G.654 建议

该建议论述的是为长距离高功率信号传输而设计的截止波长位移光纤。描述了一种零色散波长在 1300 nm 的单模光纤的几何、机械和传输性能。该光纤通过采用纯硅纤芯以获得 1550 nm 波段极低损耗。由于它具有 1500 nm 的高截止波长,该光纤的工作波段被限制在 1500~1600 nm 区域。它的典型应用仅是长距离海底系统。

3.4.5 G.655 建议

非零色散位移光纤(NZDSF)是 20 世纪 90 年代中期因 WDM 应用而引入的该建议有 5 个不同的版本,从 G.655.A 到 G.655.E。这些类别中的每一个在 1550 nm 处的色散系数值略有不同。例如,G.655.A 对于大于 1460 nm 的波长具有正色散系数。这使得 WDM 系统能够在 C 波段工作,C 波段是掺铒光纤放大器的工作频谱范围(参见第 11 章)。与之不同,G.653 光纤在 C 波段的色散值从负经过零到正值。为了扩展 WDM 应用到达 S 波段,又引入 G.655.B 修订版。如图 3.18 所示,G.655.B 光纤的主要特性为在整个 S 波段和 C 波段具有非零色散值。G.655.C 版本规范的 PMD 值为 0.2 ps/(km)$^{1/2}$,低于 G.655.A/B 光纤的 0.5 ps/(km)$^{1/2}$。G.655.D 标准和 G.655.E 标准在色散系数和色散斜率上有一定的不同,以便功率、信道间隔、放大器间距、链路长度和比特率方面通过不同的 G.655 版本之间的差异进行优化。

3.4.6 G.656 建议

该建议描述了在 1460~1625 nm 波段正色散值为 2~14 ps/(nm·km) 的单模光纤。虽然色散斜率低于 G.655 光纤,但大多数 G.656 光纤属性与 G.655 光纤属性相似。例如,模场直径的范围为 7~11 μm(相比之下,G.655 光纤的模场直径范围为 8~11 μm),成缆光纤的最大偏振模色散为 0.2 ps/(km)$^{1/2}$,截止波长为 1310 nm(与 G.655 光纤相同)。因此,由于这两种光纤类型非常相似,许多光纤制造商都不区分 G.655 和 G.656 光纤,而只是将其产品称为符合 G.655/656 标准的要求。

3.4.7 G.657 建议

在大容量接入网和企业网中,宽带业务需求全球的快速增长,带来了对单模光纤的性能特点新的需求,这和以前的电信应用有一些区别。与城域网和广域网相比,这些性能差别主要是在接入网和企业网中由本地配线缆和引入缆的高密度造成的。特别是,建筑物内的应用常常在狭小拥挤的环境里处理。这些条件和很多人为安装的光缆系统需要弯曲不敏感的光纤。

因此 G.657 建议的目的是描述一种呈现出改善弯曲性能的光纤。与 G.652 光纤和光缆相比,G.657 光纤和光缆具有良好的抗弯曲性能。G.657 建议规范了两类不同的单模光纤。A 类光纤完全与 G.652 单模光纤兼容,并且可以用在网络的其他地方。B 类光纤不完全与 G.652 单模光纤兼容,但是它在小角度弯曲的情况下损耗比较小。B 类光纤更加适合室内使用。

3.5 特种光纤的设计和使用

如 3.4 节中所讲，通信光纤设计用于传输光信号，保真度的变化要尽可能小。反之，特种光纤可以用来与光相互作用，可以处理或控制光信号的一些特性。光处理包括光信号放大、光功率耦合、色散补偿、波长变换以及物理参数的传感，例如温度、压力、应力、震动和液面高度。对于光控制应用，特种光纤应用包括对弯曲不敏感、保持偏振态、重新分配特定波长或者为光纤终端提供极高衰减。

特种光纤可以是单模或者多模光纤。可能用到特种光纤的光器件，包括光发射机、光信号调制器、光接收机、光波长复用器、光耦合器和分束器、光放大器、光开关、光波长分/插模块以及光功率衰减器。表 3.3 给出了部分特种光纤和它们的应用。

掺铒光纤 这种光纤有少量的稀土离子(例如每百万个之中有一千个)被加入到石英玻璃材料中来形成一个光纤放大器的基本组件，用于掺杂的稀土元素有铒(Er)、镱(Yb)、铥(Tm)、镨(Pr)。如第 11 章中所述，一段大约 10～30 m 长的掺铒光纤作为增益介质可以用来补偿 0.1 μm 区域、C 波段(1530～1560 nm)或 L 波段(1560～1625 nm)的衰减。对于这类特种光纤来说，有很多可变参数，例如掺杂量、截止波长、模场直径、数值孔径以及包层直径，根据特殊的掺铒光纤配置泵浦光功率、噪声系数(NF)、信号增益、输出平坦度选择不同结构的光放大器。高掺铒浓度意味着可以减小铒纤的长度，小的包层可以用来紧凑封装以及高数值孔径允许光纤绕成小圈放在小封装器中结合。表 3.4 罗列了一些在 C 波段应用的掺铒光纤通用的参数。

表 3.3 一些特种光纤及其应用实例

特种光纤类型	应用
掺铒光纤	光纤放大器的增益介质
光敏光纤	制作光纤光栅
弯曲不敏感光纤	在器件封装中完成小圈连接
保偏光纤	泵浦激光器，偏振敏感器件，传感器
光子晶体光纤	开关，色散补偿

表 3.4 用于 C 波段的掺铒光纤的通用参数

参数	数值
1530 nm 峰值吸收	5～10 dB/m
有效数值孔径	0.14～0.31
截止波长	900±50 nm 或 1300 nm
1550 nm 的模场直径	5.0～7.3 μm
包层直径	标准 125 μm，紧绕 80 μm
涂层材料	UV-固化丙烯酸

光敏光纤 当光敏光纤被曝露到紫外光时，它的折射率会发生改变。光敏性是由光纤中掺进锗或硼离子提供的。它的主要应用是生产光纤光栅，光纤光栅是一种折射率随着光纤长度周期变化的器件(见第 10 章)。光纤光栅的应用包括用于光放大器与泵浦激光器的光耦合、波长分/插模块、光滤波器和色散补偿模块。

弯曲不敏感光纤 在室内光纤应用中的许多电信设施以及家庭或企业内部的光纤路径中，我们必须特别注意的情况是，这些光纤都会面临要承受非常大的弯曲半径。由于每当光纤经历其自身有限曲率的弯曲时，光纤将会产生辐射损耗。对于极其轻微的弯曲，这样的损耗可以忽略不计。然而，随着曲率半径的不断减小，其产生的损耗将呈现指数型增长，直到达到某个临界半径,其损耗将变得无穷大。如图 3.19 所示,对于标准光纤而言,其波长越长,对应的弯曲损耗就越明显。举个例子,某个弯曲半径小的光纤在 1310 nm 处传输良好,然而其在 1 cm 弯曲半径处会额外产生 1 dB 损耗,故而这根光纤在 1550 nm 波长处的损耗将会比较大,导致其额外损耗达到 100 dB。

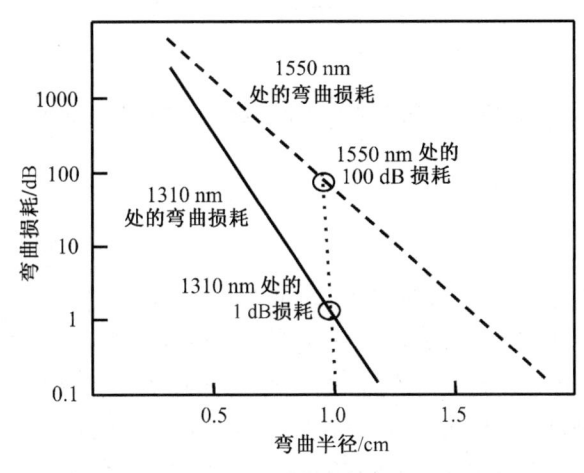

图 3.19 弯曲损耗随波长增加而增加

基于此种情况,电信制造商开发出了一种对弯曲损耗不敏感的光纤,这种光纤可以承受许多由室内安装而造成的极限弯曲。这种光纤比标准单模光纤的数值孔径(NA)更高。与标准单模光纤相比,这种光纤通过增大光纤功率,降低了光纤对弯曲损耗的灵敏度。这种弯曲损耗不敏感的光纤可以从许多光纤制造商处购买,其包层直径以 80 μm 或 125 μm 作为其标准产品。与 125 μm 的包层直径相比,当光纤在微型光电设备中封装或在空间紧凑的仪器中盘绕时,80 μm 包层光纤所占用的体积将小得多。

例如,各种制造商所提供的弯曲不敏感光纤的单模截止波长比传统标准光纤截止波长要低,通常比指数差值Δ高 50%,比传统电信光纤的数值孔径高 25%。低弯曲损耗光纤的较高数值孔径可以提高从半导体激光器光源到平面光源的耦合波导效率。通常,对于 20 mm 以上的弯曲半径,弯曲引起的损耗可以忽略不计。由于 10 mm 芯轴盘绕 100 圈,最大弯曲诱导损耗小于 0.2 dB。需要注意,在近红外线的工作波长下,当这些光纤与标准单模光纤互相连接时,低弯曲损耗光纤的较小模场直径会导致模式失配损耗。然而,这些不同光纤之间通过仔细熔接其损耗通常小于 0.1 dB。

保偏光纤　与光信号传过光纤时偏振态发生波动的单模光纤相比,保偏光纤纤芯具有特殊的结构用来保持光的偏振态。这些光纤的应用包括采用铌酸锂材料制成的光信号调制器、偏振复用的光放大器、供泵浦激光器的光耦合光纤、偏振模色散补偿器。图 3.20 给出了 2 种不同的保偏光纤的横截面内的几何形状(分别是熊猫型和领结型),白色圆圈代表纤芯,灰色区域代表应力区,任何一种结构都是采用应力元件在纤芯中产生慢轴和快轴。两个光轴分别以不同的速度引导光在光纤中传输。两个光轴之间的串扰受到抑制,注入任一轴的偏振光都将保持其偏振态沿着光纤传输。

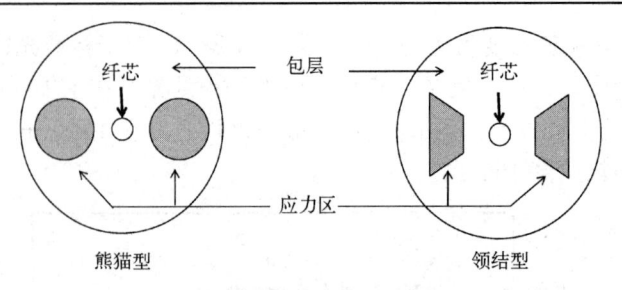

图3.20　2种不同保偏光纤的横截面内的几何形状

3.6　多芯光纤

在1.5.4节中提到过，多芯光纤已经发展成为增加光纤传输容量的方法之一[22]。多模和单模多芯光纤均有相应的结构。通常的结构包含7个纯石英纤芯，如图3.21所示。基于石英的纤芯其材料折射率也可以略高于纯石英。每个纤芯周围都环绕着低折射率的包层[见图3.13(a)低折射率结构]，这样可以降低纤芯之间的串扰。纤芯之间距离（中心至中心间距）的典型值为40 μm，工作在1310 nm和1490 nm波长上的单模纤芯直径在8 μm左右。在光纤上可以嵌入标注以区分不同的纤芯。

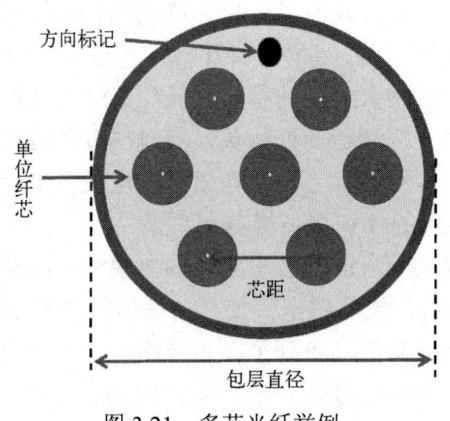

图3.21　多芯光纤举例

3.7　小结

光沿光纤传输的损耗是设计光纤通信系统中需要考虑的重要因素，这是因为损耗决定了信号在发送端和接收端能够传输的最大距离。基本的损耗机理包括吸收损耗、散射损耗以及辐射损耗。吸收损耗主要来自于光纤材料中杂质原子的非本征吸收以及基本构成原子的本征吸收。对于特定材料来说，非本征吸收给出了损耗的下限值。散射与瑞利波长λ^{-4}有关，这使得在损耗-波长曲线特性中，损耗随着波长的增加而降低。

只要光纤弯曲就会发生辐射损耗。这些损耗可以来自于宏弯曲，比如光纤遇到拐角时，或者来自于光纤轴微弯曲，这发生在光纤的制作或成缆过程中，或者来自于温度引起的光纤收缩。在这多种效应中，微弯曲是最麻烦的，因此在制作、成缆以及安装过程中要格外小心，

第 3 章 衰减和色散

尽量减小弯曲。

除了衰减，当光信号沿着光纤传输时还会经历连续的展宽和失真。信号展宽是模内色散和模间色散的结果。模间色散或模时延仅存在于多模光纤中。色散的机理是每个模式在单个波长上具有不同的速度。模内色散是指脉冲展宽发生在单个模式上，因此在单模光纤中比较重要。形成色散的三个主要原因是材料色散、波导色散以及偏振模色散。

各种多模和单模光纤被广泛用于电信、接入以及企业网络之中。国际电联已经为制造和测试这些光纤提出了一系列的建议以及产品应用标准。

习题

3.1 推导将单位为 dB/km 的 α 值与单位为 km^{-1} 的 α_p 值联系起来的式 (3.3)。

3.2 某光纤在 1310 nm 处的损耗为 0.6 dB/km，在 1550 nm 处为 0.3 dB/km。假设下面两种光信号同时进入光纤：1310 nm 波长的 150 μW 的光信号和 1550 nm 波长的 100 μW 的光信号，试求这两种光信号在 (a) 8 km；(b) 20 km 处的功率各是多少？以 μW 为单位。

3.3 某特定波长的光信号在光纤中传播 7 km 后，其光功率损失了 55%，求此光纤的损耗是多少？以 dB/km 表示。

3.4 一段连续 40 km 长的光纤线路的损耗为 0.4 dB/km。
(a) 如果在接收端保持 2.0 μW 的接收光功率，则注入光纤的最小光功率必须为多少？
(b) 如果光纤的损耗变为 0.6 dB/km，则所需的输入光功率又为多少？

3.5 利用式 (3.7) 或式 (3.8) 可以计算出光纤中由瑞利散射导致的光功率损耗，对于石英玻璃光纤 ($n = 1.460$, 630 nm 处)，在下述给定条件下比较两式的结果：假想温度 T_f 为 1400 K，绝热压缩比 β_T 为 6.8×10^{-12} cm^2/dyn，光弹系数为 0.286。看看这些值是否与 633 nm 处的实测值 3.9~4.8 dB/km 相符？

3.6 考虑一个梯度折射率多模光纤，纤芯半径是 $a = 25$ μm，折射率剖面参数 $\alpha = 2.0$，包层折射率 $n_2 = 1.478$，折射率差 $\Delta = 0.01$。请采用式 (3.11) 比较 $R = 2.5$ cm 和 $R = 1.0$ cm 时，在 1310 nm 波长处的比率 M_{eff}/M_∞。

3.7 考虑一个折射率剖面参数 $\alpha = 2.0$ 的梯度折射率多模光纤，包层折射率 $n_2 = 1.478$，折射率差 $\Delta = 0.01$。请采用式 (3.11) 比较在 1550 nm 波长处，$R = 2.5$ cm 时，(a) $a = 25$ μm 和 (b) $a = 50$ μm 的比率 M_{eff}/M_∞。

3.8 可以通过在光纤外套装弹性护套降低微弯因子，式 (3.13) 给出了微弯损耗减小倍数因子的表达式。考虑护套材料的杨氏模量为 $E_j = 21$ MPa，玻璃光纤的杨氏模量为 $E_j = 64$ GPa，包层对纤芯比率为 $b/a = 2.0$。
(a) 当折射率差 $\Delta = 0.01$ 时，请证明损耗减小倍数因子 $F(\alpha_M) = 0.38\%$；
(b) 当折射率差 $\Delta = 0.001$ 时，请证明损耗减小倍数因子 $F(\alpha_M) = 75\%$。

3.9 假设某阶跃折射率光纤的 V 值为 6.0。
(a) 利用图 3.5，估算 4 个最低阶的 LP 模式在包层中传播的相对功率 P_{clad}/P；
(b) 如果 (a) 中光纤是玻璃纤芯和玻璃包层，光纤的纤芯和包层衰减分别为 3.0 dB/km 和 4.0 dB/km，试计算 4 个最低阶模式的每个模的损耗。

3.10 假设梯度折射率光纤中某一特定模式的功率密度 $p(r) = P_0 \exp(-Kr^2)$，其中因子 K 的值取决于模式的功率分布。

(a) 将式(2.38)中 $n(r)$ 的表达式代入式(3.16)，并令 $\alpha = 2$，试证明这个模式的损耗为

$$\alpha_{gi} = \alpha_1 + \frac{\alpha_2 - \alpha_1}{Ka^2}$$

因为 $p(r)$ 随着 r 的增加而迅速衰减，并且 $\Delta \ll 1$，所以为了运算的简便可以假设式(2.38)中的上面一个关系式对所有的 r 都成立；

(b) 选择 K 使 $p(a) = 0.1P_0$，即 10% 的功率在包层中传播，求出用 α_1 和 α_2 表示的 α_{gi}。

3.11 一个 5 km 传输链路采用阶跃折射率多模光纤，其纤芯折射率 $n_1 = 1.480$，纤芯包层折射率差 $\Delta = 0.01$。

(a) 用式(3.18)等号右边的近似表达式，试得出最快和最慢模的时延差为 247 ns；

(b) 用式(3.20)，试得出模间时延造成脉冲 rms（均方根）展宽量为 71.2 ns；

(c) 用式(3.18)和最大传输速率 B 必须满足的条件式 $B < 0.1/\Delta T$，试得出能达到的最大距离带宽积 $BL = 4.05$ (Mbps)·km。

3.12 当波长小于 1.0 μm 时，折射率 n 满足 Sellmeier 关系式：

$$n^2 = 1 + \frac{E_0 E_d}{E_0^2 - E^2}$$

其中 $E = hc/\lambda$ 是光子能量，E_0 和 E_d 分别是材料振动能量和耗散能量参数。对于 SiO_2 玻璃，$E_0 = 13.4$ eV，$E_d = 14.7$ eV。证明当波长范围在 0.20~1.0 μm 时，用 Sellmeier 关系式计算出的 n 值与图 3.9 所示的结果是完全一致的。为方便比较，选择 3 个代表值，例如 0.2 μm，0.6 μm 和 1.0 μm。

3.13 (a) 一个工作在 850 nm 处的 LED 的谱宽为 45 nm，该波长处材料色散为 115 ps/(nm·km)，它由材料色散引起的每千米脉冲展宽是多少？

(b) 工作波长 1550 nm 的激光器，材料色散为 20 ps/(nm·km)，求其由材料色散导致的每千米脉冲展宽。

3.14 验证图 3.10 中所示的 b、$d(Vb)/dV$ 和 $Vd^2(Vb)/dV^2$ 的曲线。其中 b 的表达式可使用式(3.43)。

3.15 利用射线轨迹法推导式(3.18)。

3.16 一阶跃折射率光纤的纤芯和包层直径分别为 62.5 μm 和 125 μm，纤芯折射率 $n_1 = 1.48$，折射率差 $\Delta = 1.5\%$。试比较用式(3.18)计算这个光纤在 1310 nm 的模式色散和用更准确的表达式

$$\frac{\sigma_{\text{mod}}}{L} = \frac{n_1 - n_2}{c}\left(1 - \frac{\pi}{V}\right)$$

计算所得的结果，其中 L 是光纤的长度，n_2 是包层折射率。

3.17 考虑一标准的 G.652 非色散位移单模光纤，它的零色散波长为 1310 nm，色散斜率 $S_0 = 0.0970$ ps/(nm²·km)，利用式(3.52)画出在波长范围 1270 nm $\leq \lambda \leq$ 1340 nm 内的色散曲线。

3.18 试从式(3.50)推导出式(3.52)的色散表达式。

习题解答（选）

3.2 $P(100\ \mu W) = -10.0$ dBm；$P(150\ \mu W) = -8.24$ dBm

(a) $P_{1310}(8\ \text{km}) = -13.0$ dBm $= 50\ \mu W$；$P_{1550}(8\ \text{km}) = -12.4$ dBm $= 57.5\ \mu W$；

(b) $P_{1310}(20\text{ km}) = -20.2$ dBm $= 9.55$ μW；$P_{1550}(20\text{ km}) = -16.0$ dBm $= 25.1$ μW。

3.3 $\alpha = 0.5$ dB/km。

3.4 (a) $P_{in} = 79.6$ μW $= -11$ dBm；(b) $P_{in} = 502$ μW $= -3$ dBm。

3.5 从式(3.7)得到 $\alpha_{scat} = 0.0462$ km^{-1} $= 0.4$ dB/km；从式(3.8)得到 $\alpha_{scat} = 0.0608$ km^{-1} $= 0.26$ dB/km。

3.6 对 $R = 2.5$ cm 和 1.0 cm 情况，比率分别为 0.758 和 0.423。

3.7 对 $a = 25$ μm 和 50 μm 情况，比率分别为 0.753 和 0.553。

3.9

模式序号	P_{clad}/P	$\alpha_{vm} = \alpha_1 + (\alpha_2 - \alpha_1)P_{clad}/P$
01	0.02	$3.0 + 0.02$ dB/km
11	0.05	$3.0 + 0.05$
21	0.10	$3.0 + 0.10$
02	0.16	$3.0 + 0.16$

3.10 (b) $p(a) = 0.1 P_0 = P_0 \, e^{-Ka^2}$，因此 $e^{Ka^2} = 10$。

从而 $Ka^2 = \ln 10 = 2.3$。

$\alpha_{gi} = \alpha_1 + \dfrac{(\alpha_2 - \alpha_1)}{2.3} = 0.57\alpha_1 + 0.43\alpha_2$。

3.12

波长 λ	计算得折射率 n	图3.9中的折射率 n
0.2 μm	1.548	1.550
0.6 μm	1.457	1.458
1.0 μm	1.451	1.450

3.13 (a) 根据LED的式(3.35)得到 $\sigma_{mat}/L = 5.175$ ns/km；

(b) 对于激光二极管，$\sigma_{mat}/L = 20$ ns/km。

原著参考文献

1. D. Gloge, The optical fibre as a transmission medium. Rpts. Prog. Phys. **42**, 1777-1824（1979）
2. D.B. Keck, Fundamentals of optical waveguide fibers. IEEE Commun. Mag. **23**, 17-22（1985）
3. J.D. Musgraves, J. Hu, L. Calvez, *Springer Handbook of Glass*（Springer, Berlin, 2019）
4. R. Olshansky, Propagation in glass optical waveguides. Rev. Mod. Phys. **51**, 341-367（1979）
5. S.R. Nagel, in *Fiber Materials and Fabrication Methods*, ed. by S.E. Miller, I.P. Kaminow. Optical Fiber Telecommunications-II（Academic, 1988）
6. K. Nagayama, M. Matsui, M. Kakui, T. Saitoh, K. Kawasaki, H. Takamizawa, Y. Ooga, I. Tsuchiya, Y. Chigusa, Ultra low loss（0.1484 dB/km）pure silica core fiber. SEI Tech. Rev. **57**, 3-6（2003）
7. R. Maurer, Glass fibers for optical communications. Proc. IEEE **61**, 452-462（1973）
8. D.A. Pinnow, T.C. Rich, F.W. Ostermeyer, M. DiDomenico Jr., Fundamental optical attenuation limits in the liquid and gassy state with application to fiber optical waveguide material. Appl. Phys. Lett. **22**, 527-529（1973）

9. W.A. Gambling, H. Matsumura, C.M. Ragdale, Curvature and microbending losses in singlemode optical fibers. Opt. Quantum Electron. **11**(1), 43-59 (1979)
10. T. Murao, K. Nagao, K. Saitoh, M. Koshiba, Design principle for realizing low bending losses in all-solid photonic bandgap fibers. J. Lightw. Technol. **29**(16), 2428-2435 (2011)
11. D. Gloge, Bending loss in multimode fibers with graded and ungraded core index. Appl. Opt. **11**, 2506-2512 (1972)
12. J. Sakai, T. Kimura, Practical microbending loss formula for single mode optical fibers. IEEE J. Quantum Electron. **QE-15**, 497-500 (1979)
13. D. Gloge, Optical fiber packaging and its influence on fiber straightness and loss. Bell Sys. Tech. J. **54**, 245-262 (1975)
14. D. Marcuse, *Theory of Dielectric Optical Waveguides*, 2nd edn. (Academic Press, 1991)
15. D. Gloge, E.A.J.Marcatili, D.Marcuse, S.D. Personick, in *Dispersion Properties of Fibers*, ed. by S.E. Miller, A.G. Chynoweth. Optical Fiber Telecommunications (Academic Press, 1979)
16. D. Marcuse, Interdependence of waveguide and material dispersion. Appl. Opt. **18**, 2930-2932 (1979)
17. D. Gloge, Weakly guiding fibers. Appl. Opt. **10**, 2252-2258 (1971); Dispersion in weakly guiding fibers. Appl. Opt. **10**, 2442-2445 (1971)
18. A.E. Willner, S.M.R. Motaghian Nezam, L. Yan, Z. Pan, M.C. Hauer, Monitoring and control of polarization-related impairments in optical fiber systems. J. Lightw. Technol. **22**, 106-125 (2004)
19. P. Barcik, P. Munster, Measurement of slow and fast polarization transients on a fiber-optic testbed. Opt. Exp. **28**(10), 15250-15257 (2020)
20. ITU-T Recommendation G.650.1, *Definitions and Test Methods for Linear, Deterministic Attributes of Single-Mode Fibre and Cable* (2018)
21. R. Hui, M. O'Sullivan, *Fiber Optic Measurement Techniques* (Academic Press, 2009)
22. K. Saitoh, S. Matsua, Multicore fiber technology. J. Lightw. Technol. **34**(1), 55-66 (2016)

第4章 光　　源

摘要：半导体发光二极管和半导体激光器是与光纤特性匹配的 2 类基本光源。它们都适合光通信是因为都具有合适的输出光功率、可以直接信息调制和高能量转换效率。为了理解这些光源的应用，本章首先介绍半导体物理学的基本概念，并阐释发光二极管和半导体激光器的工作特性。

光纤通信中广泛使用的两类光源主要是异质结半导体激光器(也称为注入式激光器或 ILD)和发光二极管(LED)。一个异质结是由两种不同带隙能量的相邻半导体材料组成的。这两种器件适用于光传输的原因是它们都有足够的输出功率，应用范围广，可以通过改变注入电流来直接调制光源输出光功率，它们有比较高的效率，而且它们的尺寸与光纤的尺寸也比较匹配。LED 和半导体激光器的主要特性在许多著作和综述论文中[1-6]都有介绍，第 11 章还将介绍光纤激光器和泵浦激光器。

本章的目的是对于与光纤匹配的发光光源的相关特性进行综述。第一节讨论与光源工作相关的半导体材料的基础知识。接下来的两节分别介绍 LED 与半导体激光器的输出特性和工作特性。后续各节介绍光源的温度响应、线性特性和在不同工作条件下的可靠性。

由本章 4.1 节可知，LED 和激光器的发光区都是由直接带隙的 Ⅲ-Ⅴ族半导体材料构成的 pn 结组成。当 pn 结正向偏置时，电子和空穴被分别注入 p 型区和 n 型区。这些注入的少数载流子(电子与空穴)会发生复合，当为辐射性复合时就会发射出一个能量为 $h\nu$ 的光子；若为非辐射性复合，则复合能量以发热的形式耗散掉。这个 pn 结称为有源区或复合区。

LED 与激光器的一个主要差别在于，LED 输出非相干光，而激光器输出相干光。对相干光源，光的能量在光学谐振腔中产生。从谐振腔中释放出的能量具有时间和空间相干性，这意味着输出光有很好的单色性和输出光束具有极好的方向性。而对于非相干的 LED 光源，波长选择没有光学谐振腔。LED 的输出光具有很宽的频谱，这是由于发射的光子能量范围超出了复合的电子和空穴能量分布，能量分布一般在 $1 \sim 2\ k_B T$ 之间(k_B 是玻尔兹曼常数，T 是 pn 结的热力学温度)。另外，发射的非相干光能量进入一个宽的椭圆区按余弦分布，因而光束呈现大的发散角。

在选择一种与光源匹配的光纤时，必须考虑光纤的各种不同特性[如几何尺寸、衰减随波长变化、群时延失真(带宽)和模式特征]。这些光纤特性与光源功率、谱宽、辐射图形以及调制容量之间的相互影响也要考虑到。从半导体激光器中发出的空间方向相干光能可以耦合进入单模光纤或多模光纤。通常，多模光纤中采用 LED 作为光源，因为通常情况下从 LED 中发出的光只有注入到多模光纤中时，非相干光才能获得充分高的耦合效率。然而，在高速局域网中，若想在同一根光纤中同时传送多个波长，如使用 LED 时，就要用到一种称为频谱分割的技术。这就需要使用一个无源器件，如波导光栅阵列(见第 10 章)，来将 LED 发射的宽谱光分割成多个窄频谱信号。由于这些分割频谱的每个中心在不同的波长，于是它们可以用独立数据流外调制，然后送到同一根光纤中传输。

4.1 半导体物理学基础

本章内容假设读者具备半导体物理学的基本知识。本章给出了各种与半导体材料性能相关的定义,如能带、本征材料和非本征材料、pn 结以及直接带隙和间接带隙的概念。如需深入了解,可参阅参考文献[4-6]。

4.1.1 半导体能带

半导体材料的导电特性介于金属和绝缘体之间。以硅(Si)为例,它位于元素周期表的第Ⅳ族,在它的原子核外层有 4 个电子,通过它们能与晶体中的相邻原子构成共价键。这种原子核外层电子称为价电子。

可借助图 4.1(a)所示的能带图来解释半导体的导电特性。在半导体材料中,价电子占用的能带称为价带 E_v 作为最高的能级,这是电子能够允许存在的最低能带。电子允许占据的较高的能带称为导带 E_c 作为最低的能级。在低温下,纯晶体导带完全没有电子和价带充满电子,两带通过能隙或带隙分开,带隙中没有能级存在。当温度上升时,一些电子受热激发而越过带隙。对于 Si 晶体,这个激发能量必须大于 1.1 eV,1.1 eV 是带隙的能量。这种电子激发过程使导带产生的自由电子的浓度为 n,同时使得价带中留下相同浓度 p 的空位或空穴,如图 4.1(b)所示。材料中的自由电子和空穴都是可移动的,两者都是载流子,能起到导电的作用。价带中的电子迁移导致空穴出现。这种作用使空穴朝着与电子流相反的方向移动,如图 4.1(a)所示。

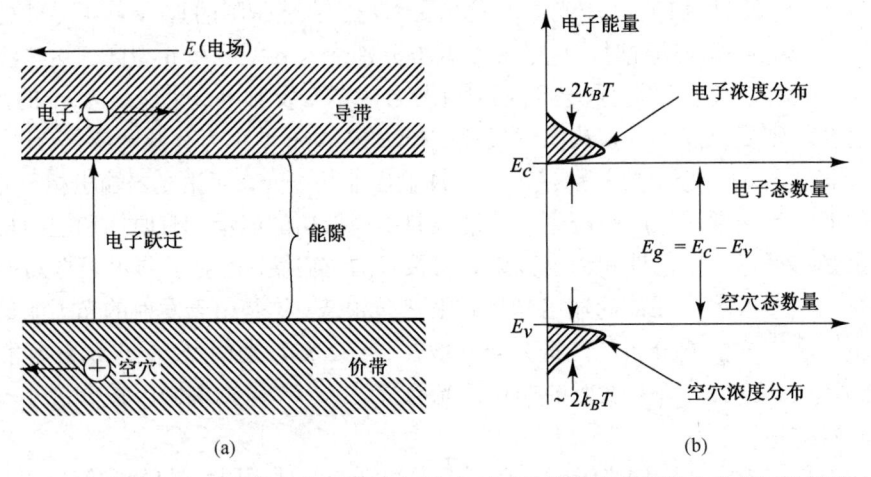

图 4.1 (a)电子从价带跃迁到导带激发的能级图;(b)电子受热激发穿越带隙产生相同浓度的电子和空穴

当电子在半导体中运动时,它会与材料中周期分布的组成原子相互作用,从而经受一种外力作用。为了表示半导体材料中电子因外力 F_{ext} 产生的加速度 a_{crys},电子的质量应当以基于量子机理的有效质量 m_e 来表示。也就是说,当使用关系式 $F_{ext} = m_e a_{crys}$ 时,材料中电子受外力的影响都应用等效质量 m_e。

材料中电子和空穴的浓度称为本征载流子浓度 n_i,对于无缺陷和未掺杂的理想材料,它可以表示为

$$n = p = n_i = K \exp\left(-\frac{E_g}{2k_B T}\right) \tag{4.1}$$

式中

$$K = 2(2\pi k_B T/h^2)^{3/2}(m_e m_h)^{3/4}$$

是材料的一个特征常数。式中 T 是热力学温度、k_B 是玻尔兹曼常数、h 是普朗克常数；m_e 和 m_h 分别表示电子和空穴的等效质量，它们可能是自由空间中电子的静止质量 9.11×10^{-31} kg 的 1/10 或更小。

例 4.1 已知在 300 K 时，GaAs 的一些参数值如下：

电子静止质量 $m = 9.11\times10^{-31}$ kg

电子有效质量 $m_e = 0.068\ m = 6.19\times10^{-32}$ kg

空穴有效质量 $m_h = 0.56\ m = 5.10\times10^{-31}$ kg

带隙能量 $E_g = 1.42$ eV

其本征载流子的浓度是多少？

解：首先将带隙能量的单位转换为焦耳

$$E_g = 1.42 \text{ eV} \times 1.60\times10^{-19} \text{ J/eV}$$

于是由式(4.1)可求得本征载流子浓度为

$$n_i = 2\left(\frac{2\pi(1.381\times10^{-23})300}{(6.626\times10^{-34})^2}\right)^{3/2} \times [(6.19\times10^{-32})$$

$$\times (5.10\times10^{-31})]^{3/4} \exp\left(\frac{1.42\times1.6\times10^{-19}}{2(1.381\times10^{-23})300}\right)$$

$$= 2.62\times10^{12} \text{ m}^{-3} = 2.62\times10^{6} \text{ cm}^{-3}$$

训练题 4.1 硅的有效质量分别为

电子的有效质量 $m_e = 1.09\ m$

空穴的有效质量 $m_h = 0.56\ m$

由式(4.1)可知本征载流子浓度为 $n = p = n_i = 1.00\times10^{10}$ cm^{-3}。为了得到式(4.1)中指数因子 $E_g/2k_BT$ 的精确值，取 $E_g = 1.100$ eV，$2k_BT = 0.02586$ eV，$T = 300$ K。

通过向晶体中掺微量的 V 族元素(如 P、As、Sb)杂质，可以使晶体的导电性能大为增加。这个过程称为掺杂，被掺杂后的半导体称为非本征材料。这些用来掺杂的元素在原子核的外层有 5 个电子。当用它们来替换一个 Si 原子时，其中 4 个电子用来与相邻原子形成共价键，余下的一个电子受到的束缚很弱，用来传导电流。如图 4.2(a)所示，这就在导带下面产生了一个占用能级，一般称为施主能级。因为它能贡献一个电子给导带，因此称这种杂质为施主杂质。如图 4.2(b)所示，导带中自由电子浓度的增加正是这一特点的反映。由于这种材料中的电流由带负电荷的电子来传导，我们称之为 n 型材料。

通过向晶体中掺 III 族元素(如 Al、Ga、In)杂质，也能使材料的导电性能得到增强。III 族元素在其原子核的外层有 3 个电子。在这种情形下，3 个电子构成共价键，同时会产生一个与施主电子电量相等的空穴。如图 4.3(a)所示，这使得在价带上方 E_A 产生了一个非占用能级。

当价带中的电子被激励到这个受主能级（这样称呼是因为杂质原子接收来自价带的电子）时，它就具有了导电性。相应地，价带中的自由空穴浓度增加，如图 4.3(b) 所示。因为导电性是带正电荷的空穴流动的结果，我们称之为 p 型材料。

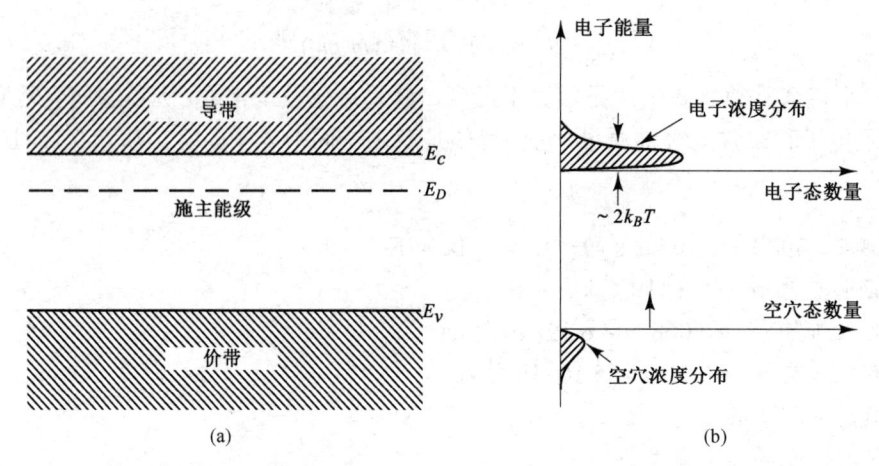

图 4.2　(a) n 型材料中的施主能级；(b) 施主杂质的电离使得电子浓度分布增加

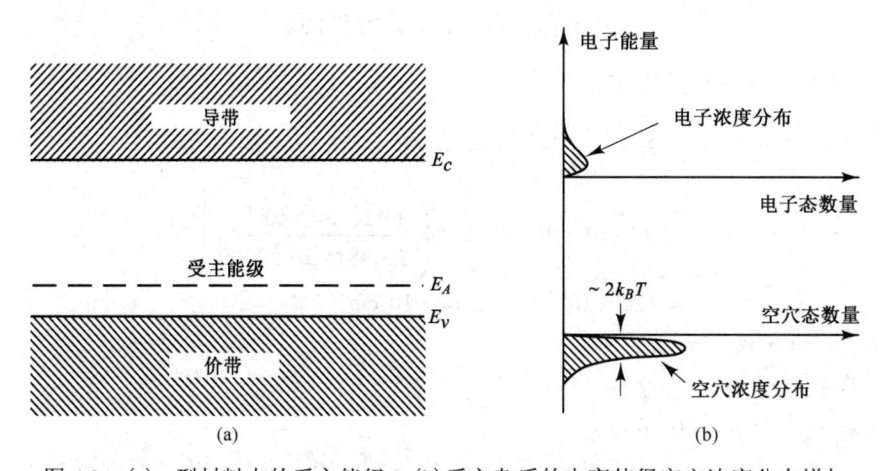

图 4.3　(a) p 型材料中的受主能级；(b) 受主杂质的电离使得空穴浓度分布增加

训练题 4.2　一个电子位于既定能级 E 的概率为

$$f(E)=\frac{1}{1+\exp[(E-E_f)/k_BT]}$$

其中，E_f 为参考能量，又称费米能量或费米能级。硅在 $T=300$ K 时的带隙能量为 $E_g=1.10$ eV。假设费米能级在能隙的中间，那么对于硅来说，$E_c-E_f=E_g/2=0.55$ eV。当室温为 $k_BT=0.02586$ eV 时，电子位于导带底部（如 $E=E_c$）的概率为 $f(E_c)=5.8\times10^{-10}$。这表明在电子位于底部的情形 20 亿中只有一个。

4.1.2　本征材料和非本征材料

不含杂质的理想材料称为本征材料。因为晶体中原子的热振动，价带中的某些电子可获得足够能量而被激励到导带。由于每个移动到导带的电子同时在价带中留下一个空穴，这一热生成过程就产生了电子-空穴对。于是对于本征材料，电子和空穴的数量都等于式(4.1)所表示的载流子密度。相反，在复合过程中一个自由电子释放其能量并落入价带中的一个空穴。对于非本征半导体，一种载流子浓度增加的同时另一种载流子的浓度就会减小。在特定温度下，两种载流子浓度的乘积为一个常数。于是有以下的浓度作用定律

$$pn = n_i^2 \tag{4.2}$$

在热平衡下，此定律对本征材料和非本征材料都是成立的。

由于导电性与载流子浓度成正比，定义以下两种类型的载流子。

1. 多数载流子：指 n 型材料中的电子或 p 型材料中的空穴；
2. 少数载流子：指 n 型材料中的空穴或 p 型材料中的电子。

半导体器件工作的关键是少数载流子的注入和抽取。

例 4.2 考虑一已掺净浓度为 N_D 的施主杂质的 n 型半导体。设 n_N 和 p_N 分别为电子和空穴的浓度，下标 N 用来表示它具有 n 型半导体特性。在这种情形下，仅能通过本征原子的热电离来产生空穴。此过程中产生的电子浓度和空穴浓度是相等的，所以 n 型半导体中的空穴浓度为

$$p_N = p_i = n_i$$

由于传导电子是由杂质原子和本征原子共同产生的，总的传导电子浓度 n_N 满足以下关系：

$$n_N = N_D + n_i = N_D + p_N$$

将 p_N 代入式(4.2)，可知在平衡条件下电子浓度与空穴浓度的乘积等于本征载流子密度的平方，所以有 $p_N = n_i^2/n_N$。由此可得到以下关系式：

$$n_N = \frac{N_D}{2}\left(\sqrt{1 + \frac{4n_i^2}{N_D^2}} + 1\right)$$

一般情况下有 $n_i \ll N_D$，于是有以下近似表达式：

$$n_N = N_D \qquad p_N = n_i^2/N_D$$

4.1.3 pn 结

掺杂的 n 型半导体材料或 p 型半导体材料就其本身而言仅能起导电作用。在用它们制作光源器件时，必须同时使用两种材料（在单一或连续的晶体结构中）。当 p 型半导体与 n 型半导体接触时，在接触区（两者中间）会形成一个相对稳定的空间电荷区，这就是所谓的 pn 结，它决定了半导体器件的电特性。

当 pn 结形成后，多数载流子就会在结区扩散。这导致了 n 区的电子去填充 p 区的空穴，同时又在 n 区产生了空穴。如图 4.4 所示，在 pn 结上就形成电场 $E(x)$，这个电场的变化会在 pn 结上任一点 x 上产生势能（电位）$V(x)$。因为有定义 $E = dV/dx$，因此势能可以通过对电场积分得到。最后得到的 pn 结上的势能是个抛物线型函数，如图 4.4 所示。势能的幅度从 0 变化到最大值 V_{max}，称为势

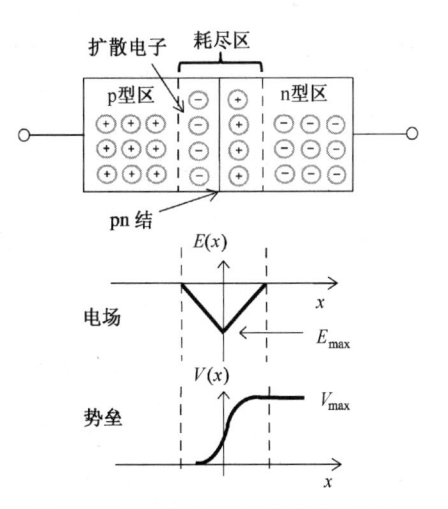

图 4.4 电子跨过 pn 结的扩散运动在耗尽区建立了势垒（电场）

垒或内建势能。一旦平衡建立起来，势能就会阻止电荷的净运动。现在结区没有移动的载流子，因为电子和空穴被锁定在共价键结构中。这个区域称为耗尽区或空间电荷区。

如图 4.5 所示，连接一个电池到 pn 结上，将其正极接 n 型材料、负极接 p 型材料，这时就说 pn 结是反向偏置。由于反向偏压的作用，耗尽区向 n 区和 p 区扩张而得到加宽。这有效地增加了势垒强度，从而阻止多数载流子流过 pn 结。然而，少数载流子可以流动。在常温和正常工作电压下，少数载流子的流动很微弱。但若产生了额外载流子，例如光照射光电二极管时，这种流动也会变得相当强。

如图 4.6 所示，当 pn 结被正向偏置时，会导致势垒降低。于是 n 型区的导带电子和 p 型区的价带空穴又可在结区内扩散。一旦穿过结区，它们会极大地增加少数载流子的浓度，余下的载流子就会与带相反电荷的多数载流子复合。剩余少数载流子的复合是产生光辐射的机理。

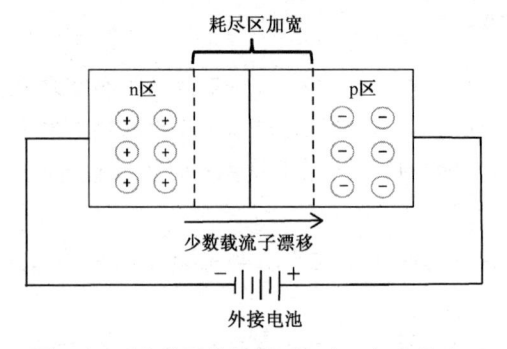

图 4.5 反向偏置使耗尽区加宽，但允许少数载流子在外加场作用下自由移动

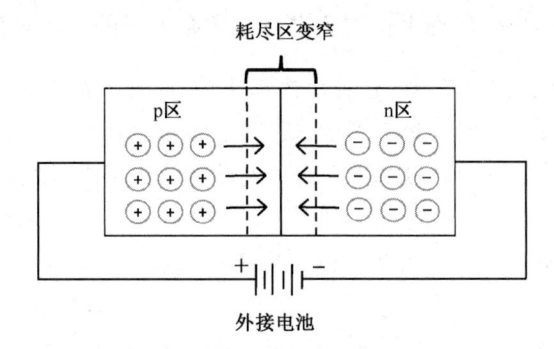

图 4.6 正向偏置使势垒降低，使多数载流子在结区内扩散

4.1.4 直接带隙和间接带隙

如式 (1.2) 所示，一个光子具有能量 $E = h\nu = hc/\lambda$，其中 ν 和 λ 分别是该光子的频率和波长。当我们说电子在导带和价带之间发生跃迁时，是一个位于价带的电子从入射光子中吸收能量后跳跃到达导带的过程。电子从导带回落到价带与其中一个空穴复合时，该过程激发一个光子如图 4.7 所示。为了使电子在向导带跃迁或从导带跃迁的过程中分别伴随着光子的辐射或吸收，必须保持能量和动量守恒。虽然一个光子可能具有可观的能量，但它的动量 $h\nu/c$ 非常小。

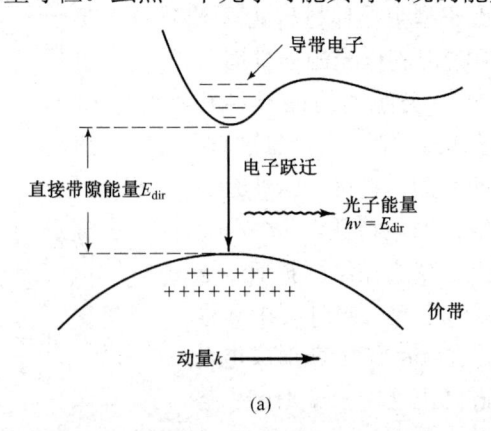

图 4.7 (a) 直接带隙材料中，电子复合伴随光子的发射；(b) 间接带隙材料中，电子复合需要一个能量为 E_{ph}、动量为 k_{ph} 的光子参与

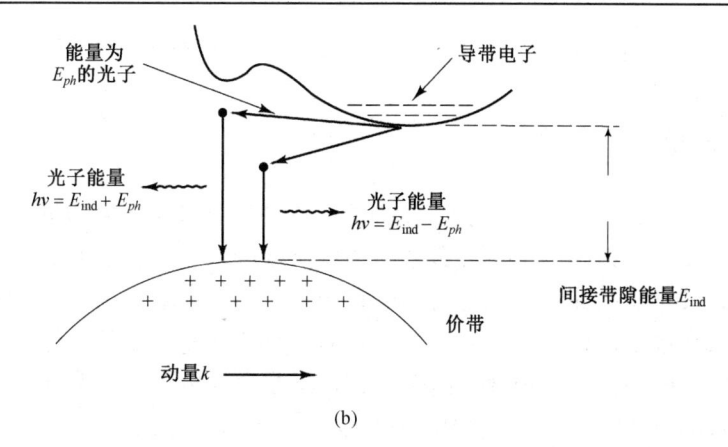

图 4.7(续)　(a)直接带隙材料中,电子复合伴随光子的发射;(b)间接带隙
材料中,电子复合需要一个能量为 E_{ph}、动量为 k_{ph} 的光子参与

如图 4.7 所示,半导体材料的带隙是动量 k 的函数,依照带隙的形状,可以将半导体分成直接带隙材料和间接带隙材料两类。考虑一个电子和一个空穴复合,随后辐射一个光子的过程,在最简单和最有可能发生的复合过程中,电子和空穴具有相同的动量[见图 4.7(a)],这就是直接带隙材料。

对于间接带隙材料,导带最小能级和价带最大能级有不同的动量,如图 4.7(b)所示。由于光子的动量很小,所以此时导带与价带之间的复合必须要有另外的粒子参与以保持动量守恒。声子(例如晶格振动)就能完成这样的功能。

4.1.5　半导体器件的制造

在制造半导体器件的过程中,必须对不同材料的晶体结构进行多方面考虑。在任何晶体结构中,单原子(如 Si 或 Ge)或原子团在空间上是以一定形式重复排列的。这种周期性的排列称为晶格,原子间或原子团间的距离称为晶格距离或晶格常数。典型的晶格距离为几埃(1 埃 = 0.1nm)。

半导体器件的制作一般从晶体衬底开始,它为器件的制作提供机械长度并为电接触层提供了一个底层基础。通常使用一种称为晶体生长的化学反应在衬底上生成一层很薄的半导体材料。这些半导体材料必须具有与衬底晶体相同的晶格结构。尤其是对相邻的材料,晶格距离必须完全匹配,这样才能避免在材料接触面由于温度的变化而引起压力和张力。这种晶体生长技术也称为外延生长法(epitaxial),这个词来自古希腊,其中"epi"的意思为"在……上","taxis"的意思为"排列"。也就是说,它是一种材料的原子在另一种材料上的排列。外延生长法的一个重要特点就是它可以比较容易地改变连续材料层的掺杂浓度,因此多层半导体器件可以通过一个连续过程制作。外延层的形成可以采用的生长工艺有气相法、液相法和分子束法[4-6]。

4.2　发光二极管(LED)的原理

对于光纤通信系统,若使用多模光纤且信息比特速率在 100～200 Mbps 以下,同时只要求几十微瓦的输入光功率,那么 LED 是可选用的最佳光源。比起半导体激光器,因为它不需要热稳定和光稳定电路(见 4.3.6 节),所以 LED 的驱动电路要相对简单得多,另外它们的制作成本低、产量高。

4.2.1 LED 的结构

为了有效地应用于光纤传输系统,LED 必须有较高的辐射光功率输出、快速的发光响应时间以及高量子效率。辐射强度(亮度)是常用的一个测量指标,它是单位发光面辐射进单位立体角的光功率,其单位为瓦特。光源必须要有较大的辐射强度,这样才能将足够高的光功率耦合进光纤,具体细节将在第 5 章讲述。发光响应时间是输入电脉冲与输出光信号之间的时延。正如 4.2.4 节和 4.3.7 节中所述,这个时延是限制注入电流直接调制光源的带宽值的主要因素。量子效率与注入电子-空穴对中辐射性复合比例相关。4.2.3 节中将给出量子效率的定义,并将对其进行详细讲解。

为获得高辐射强度和高量子效率,LED 的结构必须提供一种约束机制以便将载流子和辐射光限制在 pn 结的有源区,让尽可能多的载流子在有源区内发生辐射性复合。载流子限制用来在器件的有源区获得较高的辐射性复合,这样就能获得比较高的量子效率。为了阻止 pn 结周围材料对辐射光产生吸收,对辐射光进行限制是十分重要的。

为了对载流子和辐射光实现限制,人们对 LED 的结构如同质结、单异质结和双异质结等进行了广泛的研究[7, 8]。图 4.8 中画出了这些结构中最有效的一种,就是双异质结构(或异质结)器件。之所以称其为双异质结,主要是因为在有源区的两边有两个不同材料的合金层。这种结构是从半导体激光器的研究中发展起来的。通过将各种不同材料的合金层夹在一起,所有的载流子和辐射光都被局限在中心有源层。相邻层间的带隙差使得载流子被限制[如图 4.8(b)所示],而相邻层间的折射率差使辐射光被约束在中心有源区[如图 4.8(c)所示]。这就使得它具有高效率和高辐射强度。影响器件性能的其他参数包括有源区的光吸收率(自吸收)、异质结界面的载流子复合、有源层的掺杂浓度、注入载流子密度以及有源层的厚度等。将在下面的几节详细讨论这些参数的影响。

用于光纤系统的两种基本 LED 结构是面发光(又称为 Burrus 或前发射)二极管和边发光二极管。在面发光二极管中,有源发光面与光纤轴垂直[9],如图 4.9 所示。在这种结构中,在器件的衬底腐蚀了一个小孔,然后用环氧树脂材料固定插入小孔的光纤,这样能以尽可能高的效率接收发射出来的光。实用面发光二极管的球形发光面的标准直径为 50 μm、厚度为 2.5 μm。辐射方向图基本上是各向同性的,总的半功率光束宽度为 120°。这种器件对于将光耦合进多模光纤中很有帮助。

从面发光二极管中发出的各向同性光束称为朗伯光。在这种光辐射方向图中(见图 5.2),从各个方向观察光源其亮度都相同,但是光功率按 $\cos\theta$ 递减,其中 θ 是观察方向与发光面法线之间的夹角(这是由于对观察者而言,其观察的发光面积的投影随 $\cos\theta$ 减小)。于是当 $\theta = 60°$时功率降至极大值的一半,因此总的半功率光束宽度为 120°。

图 4.10 给出了一个边发光二极管的示意图,它由一个产生非相干光的有源结区、两个导光层组成。导光层的折射率要比有源区的折射率低,但比周围材料的折射率高。这种结构形成了一个波导通道,使辐射光的出射方向朝向光纤的纤芯。为了与典型纤芯直径(50~100 μm)相匹配,边发光二极管的条形接触面的宽度一般在 50~70 μm 之间。有源区的长度通常在 100~150 μm 之间。边发光二极管的辐射光要比面发光二极管具有更好的方向性,如图 4.10

所示。在与 pn 结平行的平面上，由于没有导波作用，其辐射光为朗伯光（按 $\cos\theta$ 变化），半功率宽度为 $\theta_\parallel = 120°$。通过合理选择波导厚度，可使与 pn 结正交的平面上辐射光的半功率宽度 $\theta_\perp$ 降到 25°～35°。

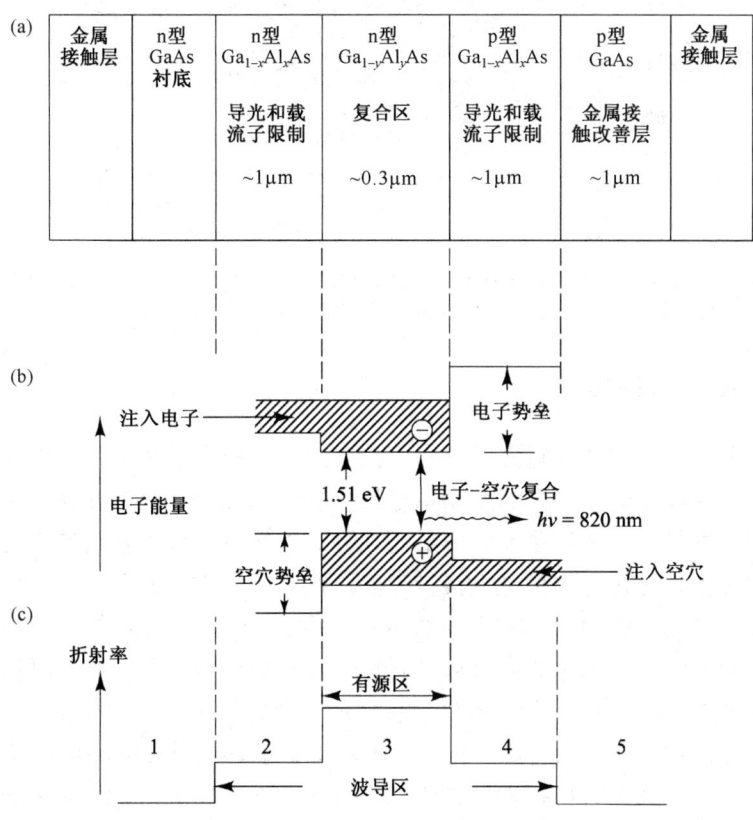

图 4.8 (a) 典型的 GaAlAs 双异质结发光二极管的横截面图（非实物尺寸）。在这种结构中，当 $x>y$ 时能实现对载流子的限制和对辐射光的导引；(b) 能带图，显示了有源区以及将载流子限制在有源层的电子势垒和空穴势垒；(c) 折射率变化，因为波导材料有较高的带隙能量，所以第 1 区和第 5 区的低折射率材料在波导周围建立起一个光的屏障

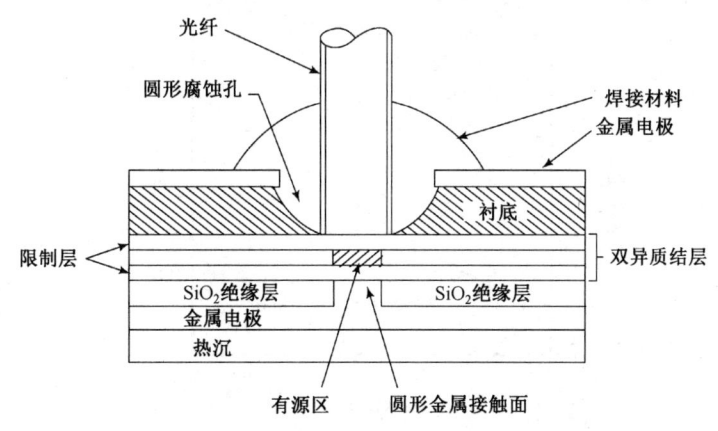

图 4.9 高辐射强度的面发光 LED 原理图（非实物尺寸），有源区限制在一个与纤芯尾端面积基本一致的圆形截面内

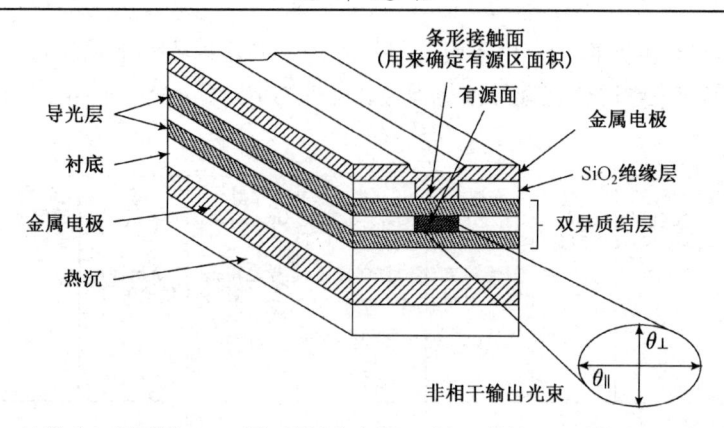

图 4.10 边发光双异质结 LED 原理图(非实物尺寸),其输出光束在与 pn 结平行的面内是朗伯光($\theta_\parallel = 120°$),在与 pn 结垂直的平面内具有较强的方向性($\theta_\perp \approx 30°$)

4.2.2 光源的半导体材料

用于光源有源层的半导体材料必须具有直接带隙。这样电子和空穴就能在带隙中直接复合,而不需要第三种粒子的参与来满足动量守恒[见图 4.7(a)]。只有在直接带隙材料中,才能有足够高的辐射性复合来产生足够的出射光功率。虽然没有哪种普通的单元素半导体是直接带隙材料,但许多二元化合物都是直接带隙的。这其中最重要的就是所谓Ⅲ-V族化合物。它们由一种Ⅲ族元素(如 Al、Ga、In)和一种V族元素(如 P、As、Sb)化合而成。另外,这些元素的许多三元和四元化合物也具有直接带隙特性,它们也是合适的光源材料。

对于工作在 800~900 nm 波段的光源,使用的主要材料是三元合金 $Ga_{1-x}Al_xAs$。砷化铝与砷化镓的比率 x 决定了合金的带隙,相应地也就决定了其辐射光的峰值波长,由图 4.11 可以看出这一点。当 x 的值大于 0.37 时,带隙从直接带隙变为间接带隙。通常会合理选择有源区发光材料的 x 值约为 0.1,使它的峰值发光波长在 800~850 nm 之间。图 4.12 给出了 $Ga_{1-x}Al_xAs$ 发光二极管在 $x = 0.08$ 时的辐射谱,它在 810 nm 处有最大输出光功率。频谱图中半最高功率点的宽度是大家熟悉的半高全宽(FWHM)谱宽。对于 LED 光源,根据不同的波长,这个值在 20~50 nm 之间,如图 4.12 所示,对于一个 810 nm 的 LED 其 FWHM 谱宽 σ_λ 为 36 nm。

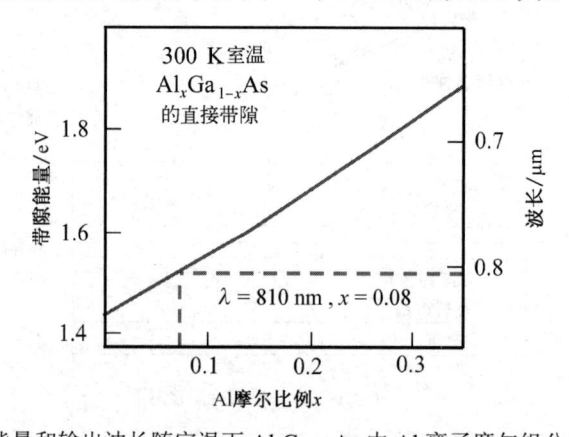

图 4.11 带隙能量和输出波长随室温下 $Al_xGa_{1-x}As$ 中 Al 离子摩尔组分 x 变化的关系图

若要获得更长的波长,四元合金 $In_{1-x}Ga_xAs_yP_{1-y}$ 是最常选用的光源材料中的一种。通过改变有源区材料的摩尔比例 x、y,可以构造出峰值发光波长在 $1.0\sim 1.7~\mu m$ 之间的 LED。为简单起见,除非有明确要求需要给出 x 和 y 的值,我们通常使用 GaAlAs 和 InGaAsP 这两个符号来表示三元合金和四元合金。在有些文献中,也有其他的表示方法,如 AlGaAs、(Al, Ga)As、(GaAl)As、GaInPAs 和 $In_xGa_{1-x}As_yP_{1-y}$ 等。从最后一种表示中显然可见,由于各个作者的习惯不同,在不同的文献中,对同一种材料 x 和 $1-x$ 可能会交换。

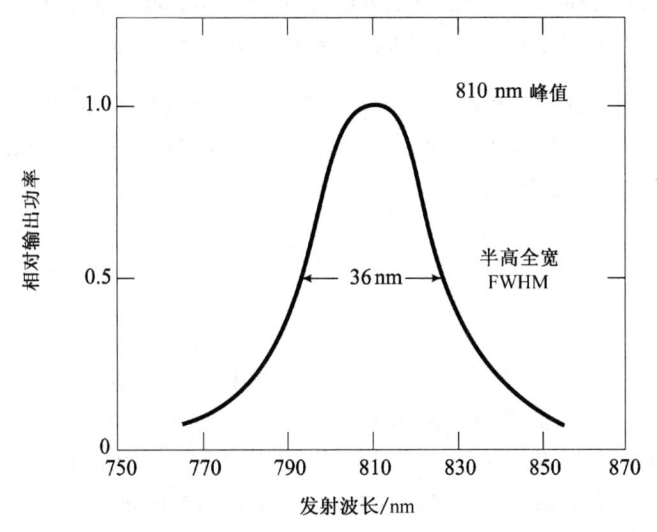

图 4.12 $x = 0.08$ 的典型 $Ga_{1-x}Al_xAs$ 发光二极管的光谱图。其半最高功率点间的谱宽为 36 nm

GaAlAs 和 InGaAsP 合金之所以被选作半导体光源材料,主要是因为通过适当使用二元合金材料、三元合金材料和四元合金材料化合物,有可能使异质结端面的晶格参数比较好地匹配。若要使两种相邻异质结的晶格参数匹配得非常好,必须降低端面缺陷并尽可能减小由于温度变化引起的张力。这些因素直接影响光源辐射效率和寿命。使用能量 E 和频率 v 之间的基本量子力学关系式

$$E = hv = \frac{hc}{\lambda}$$

通过下面等式,可以将峰值发光波长 $\lambda(\mu m)$ 与带隙能量 $E_g(eV)$ 之间的函数关系用下面的方程式表示

$$\lambda(\mu m) = \frac{1.240}{E_g(eV)} \qquad (4.3)$$

测量电子从价带到导带所需的激发能量可以得到半导体材料的带隙。表 4.1 中给出了光纤通信中一些常用半导体材料的带隙能量。

通过选择两种具有相同晶格常数和不同带隙能量(带隙差异用来限制载流子溢出)的组合材料,可以构建出具有匹配晶格常数的异质结。在三元合金 $Ga_{1-x}Al_xAs$ 中,当 $0 \leqslant x \leqslant 0.37$(直接带隙范围)时,带隙能量 $E_g(eV)$ 可由以下经验公式得到[1,9]:

表 4.1 一些常用半导体材料的带隙能量

半导体材料	带隙能量 /eV
硅(Si)	1.12
砷化镓(GaAs)	1.43
锗(Ge)	0.67
磷化铟(InP)	1.35
$Ga_{0.93}Al_{0.07}As$	1.51
$In_{0.74}Ga_{0.26}As_{0.57}P_{0.43}$	0.97

$$E_g = 1.424 + 1.266x + 0.266x^2 \tag{4.4}$$

确定 E_g(eV) 的值后,由式(4.3)就可得到峰值发光波长(μm)。

例 4.3 $Ga_{1-x}Al_xAs$ 激光器材料比值 $x = 0.07$。计算:(a)这种材料的带隙能量;(b)峰值发光波长。

解: (a)由式(4.4)可得 $E_g = 1.424 + 1.266 \times (0.07) + 0.266 \times (0.07)^2 = 1.51$ eV;

(b)再由式(4.3)得 λ(μm) $= 1.240/1.51 = 0.82$ μm $= 820$ nm。

四元合金 InGaAsP 的带隙能量和晶格常数变化范围要相对大得多,在这种情况下,比例参数 x 和 y 在 $0 \leq x \leq 0.47$ 时满足关系式 $y \approx 2.20x$。对与 InP 晶格匹配的 $In_{1-x}Ga_xAs_yP_{1-y}$ 材料,其带隙能量 E_g(eV) 按下式变化:

$$E_g = 1.35 - 0.72y + 0.12y^2 \tag{4.5}$$

在这种材料中,带隙能量确定的波长变化范围为 $0.92 \sim 1.65$ μm[8,10]。

例 4.4 对合金 $In_{1-x}Ga_xAs_yP_{1-y}$ 形式的 $In_{0.74}Ga_{0.26}As_{0.57}P_{0.43}$(也就是,$x = 0.26$,$y = 0.57$),计算:(a)这种材料的带隙能量;(b)峰值发光波长。

解: (a)从式(4.5)可得 $E_g = 1.35 - 0.72(0.57) + 0.12(0.57)^2 = 0.97$ eV;

(b)由式(4.3)有 λ(μm) $= 1.240/0.97 = 1.27$ μm $= 1270$ nm。

虽然当发光波长在 800 nm 左右时,LED 的 FWHM 功率谱宽约为 35 nm,但对长波长材料其谱宽会有所增加。对中心工作波长在 1300~1600 nm 范围的器件,FWHM 谱宽在 70~180 nm 左右。图 4.13 给出了一峰值发光波长为 1300 nm 器件的光谱图。需要补充的一点是,因为器件结构对辐射光的内吸收作用不同,面发光二极管的输出光谱要比边发光二极管的宽一些,如图 4.13 所示。

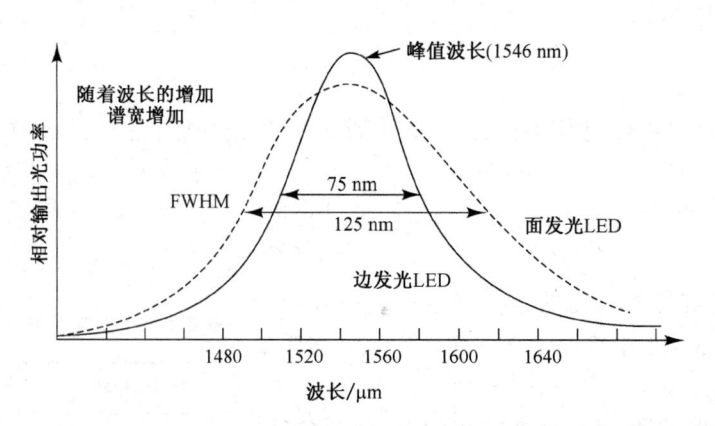

图 4.13 峰值发光波长为 1310 nm 时,边发光 LED 和面发光 LED 的典型光谱图。随着波长增加,光谱被展宽;相对而言,面发光 LED 的光谱要更宽一些

表 4.2 列出了面发光二极管及边发光二极管的典型参数。例子中使用的材料分别是工作在 850 nm 的 GaAlAs 和 1310 nm 的 InGaAsP。表中所列出的光纤耦合能量是指能够耦合进入直径 50 μm 的多模光纤的光能量。

表 4.2　面发光及边发光二极管的典型参数

LED 类型	材料	波长/nm	工作电流/mA	光纤耦合能量/μW	标准 FWHM/nm
SLED	GaAlAs	850	110	40	35
ELED	InGaAsP	1310	100	15	80
SLED	InGaAsP	1310	110	30	150

训练题 4.3　GaAs 的一个重要参数是折射率的值，这个值为波长的函数。当波长范围为 $\lambda = 0.89\ \mu m$ 到 $\lambda = 4.1\ \mu m$ 时，折射率由下式给出：

$$n^2 = 7.10 + \frac{3.78\lambda^2}{\lambda^2 - 0.2767}$$

其中，λ 的单位为微米。比较 GaAs 在波长分别为 810 nm 和 900 nm 时的折射率。[**答案**：波长为 810 nm 时，$n = 3.69$，波长为 900 nm 时，$n = 3.58$。]

4.2.3　LED 的量子效率和输出功率

由于 p 型材料和 n 型材料中的电子和空穴过剩，于是在器件的接触面上注入载流子时就会在半导体光源内产生少数载流子。因为晶体要呈电中性，所以额外电子密度 n 与额外空穴密度 p 相等。当停止载流子的注入时，载流子密度就会恢复到一个平衡值。一般来说，额外载流子密度按以下公式呈指数衰减

$$n = n_0 e^{-t/\tau} \tag{4.6}$$

式中 n_0 是初始时刻的注入额外电子密度。时间常数 τ 是载流子寿命，它是电光器件最重要的工作参数，取值范围从几毫秒到零点几纳秒，这主要由材料的组成及器件缺陷决定。

额外载流子的复合既可能是辐射性的，也可能是非辐射性的。在辐射性复合中，会有一个能量为 $h\nu$（约等于带隙能量）的光子发射出来。而非辐射性复合作用包括了有源区的光吸收（自吸收）、异质结端面的载流子复合和将电子-空穴复合所释放能量以动能形式转移到其他载流子的 Auger 过程。

当有恒定电流输入到 LED 中时，会建立起一个平衡条件。也就是说，由于注入载流子的产生和复合都是成对的，因此器件内是保持电中性的，从而使额外电子密度 n 和额外空穴密度 p 相等。总的载流子生成速率是外部供应速率与热生成速率之和。外部供应速率由 J/qd 求得，其中 J 是电流密度，单位为 A/cm^2，q 是电子电荷，d 是复合区厚度，热生成速率为 n/τ。于是，LED 中的载流子复合速率方程为

$$\frac{dn}{dt} = \frac{J}{qd} - \frac{n}{\tau} \tag{4.7}$$

要满足平衡条件，必须令式(4.7)等于零，于是得到

$$n = \frac{J\tau}{qd} \tag{4.8}$$

由这个关系式可知，当输入恒定电流时有源区的电子密度也是一个常数。

有源区的内量子效率是指辐射性复合电子-空穴对所占的比例。如果辐射性复合速率为 R_r、非辐射性复合速率为 R_{nr}，则内量子效率 η_{int} 是辐射性复合速率与总的复合速率之比。即

$$\eta_{\text{int}} = \frac{R_r}{R_r + R_{nr}} \tag{4.9}$$

若额外载流子按指数规律衰减,辐射性复合寿命为 $\tau_r = n/R_r$,非辐射性复合寿命为 $\tau_{nr} = n/R_{nr}$。于是,内量子效率可表示为

$$\eta_{\text{int}} = \frac{1}{1 + \tau_r/\tau_{nr}} = \frac{\tau}{\tau_r} \tag{4.10}$$

式中整体复合寿命(bulk recombination lifetime) τ 为

$$\frac{1}{\tau} = \frac{1}{\tau_r} + \frac{1}{\tau_{nr}} \tag{4.11}$$

一般说来,对于直接带隙半导体如 GaAlAs 和 InGaAsP,τ_r 与 τ_{nr} 基本相等,也就是说,R_r 与 R_{nr} 在量值上相近。所以单同质结 LED 的内量子效率约为 50%,而具有双异质结构的 LED 的内量子效率能达到 60%~80%。能获得这么高的量子效率是因为这种结构器件的有源区很薄,因此可以有效减小自吸收作用,从而达到降低非辐射性复合的比率。

如果注入到 LED 中的电流为 I,则每秒内总的载流子复合数量为

$$R_r + R_{nr} = I/q \tag{4.12}$$

将式(4.12)代入式(4.9),得到 $R_r = \eta_{\text{int}} I/q$。注意到 R_r 是每秒内产生的总光子数量,而且每个光子具有能量 $h\nu$,于是可以得到 LED 的内部发光功率为

$$P_{\text{int}} = \eta_{\text{int}} \frac{I}{q} h\nu = \eta_{\text{int}} \frac{hcI}{q\lambda} \tag{4.13}$$

例 4.5 一双异质结 InGaAsP 材料 LED,其峰值发光波长为 1310 nm,辐射性复合寿命和非辐射性复合寿命分别为 30 ns 和 100 ns,驱动电流为 40 mA。计算:(a)整体复合寿命;(b)内量子效率;(c)内部发光功率。

解:(a)由式(4.11)可得整体复合寿命为

$$\tau = \frac{\tau_r \tau_{nr}}{\tau_r + \tau_{nr}} = \frac{30 \times 100}{30 + 100} \text{ns} = 23.1 \text{ ns}$$

(b)利用式(4.10)可得内量子效率为

$$\eta_{\text{int}} = \frac{\tau}{\tau_r} = \frac{23.1}{30} = 0.77$$

(c)将其代入式(4.13)则可得到内部发光功率为

$$P_{\text{int}} = \eta_{\text{int}} \frac{hcI}{q\lambda}$$

$$= 0.77 \frac{(6.6256 \times 10^{-34} \text{ J} \cdot \text{s}) \times (3 \times 10^8 \text{ m/s}) \times (0.040 \text{ A})}{(1.602 \times 10^{-19} \text{ C}) \times (1.31 \times 10^{-6} \text{ m})}$$

$$= 29.2 \text{ mW}$$

应注意的是,并不是光源内部产生的所有光子都能从器件中发射出去。要求得发射功率,必须考虑外量子效率 η_{ext},它定义为从 LED 中发射出的光子数目与内部产生的总光子数目之比。为了求得外量子效率,需要考虑 LED 表面的反射作用。如图 4.14 所示,在材料分界面,只有落在发散角为临界角 φ_c 的锥体内的光子能从 LED 中发射出去,2.2 节中已对此进行了介

绍。由式(2.17)可得 $\phi_c = \arcsin(n_2/n_1)$，其中 n_1 是半导体材料的折射率，n_2 是外部材料的折射率，一般情况下外面为空气，所以有 $n_2 = 1$。外量子效率可由以下公式求得：

$$\eta_{\text{ext}} = \frac{1}{4\pi} \int_0^{\phi_c} T(\phi)(2\pi \sin\phi) \mathrm{d}\phi \tag{4.14}$$

式中 $T(\phi)$ 是菲涅耳传输系数或是菲涅耳透射系数，它由入射角 ϕ 确定。出于简单性考虑，我们使用正入射时的表达式[18, 22]（见 2.2.2 节）：

$$T(0) = \frac{4n_1 n_2}{(n_1 + n_2)^2} \tag{4.15}$$

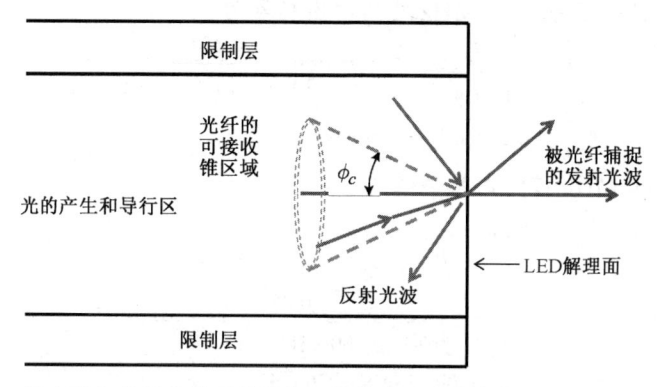

图 4.14 只有落入半锥角等于临界角 ϕ_c 的锥体以内的光才能从光源中发射出去

假定外界媒质为空气并令 $n_1 = n$，可得 $T(0) = 4n/(n+1)^2$。于是，外量子效率约为

$$\eta_{\text{ext}} = \frac{1}{n(n+1)^2} \tag{4.16}$$

由上式，可求得 LED 的输出光功率为

$$P = \eta_{\text{ext}} P_{\text{int}} \approx \frac{P_{\text{int}}}{n(n+1)^2} \tag{4.17}$$

例 4.6 取 LED 材料的典型折射率 $n = 3.5$，问辐射到空气中的光能量占产生光能量的百分比为多少？

解：考虑在一般条件下，从式(4.16)可得

$$\eta_{\text{ext}} = \frac{1}{n(n+1)^2} = \frac{1}{3.5 \times (3.5+1)^2} = 1.41\%$$

这表明内部产生的光功率仅有很小一部分能从器件中发射出去。

训练题 4.4 (a)验证当 GaAs 设备产生的发射光入射到 GaAs 和空气的接触面时，32%的光子会被反射；空气折射率为 1.0，而 GaAs 折射率为 3.58；(b)说明当外部材料界面为折射率是 1.48 的玻璃纤维时，光子的反射部分变为 17%。

4.2.4 LED 的响应时间

光源的响应时间或频率响应表示了电输入改变光功率输出的速度能力。LED 的频率响应特性在很大程度上取决于以下三个因素：(a)有源区的掺杂程度；(b)复合区的注入载流子寿命 τ_i；(c) LED 的寄生电容。若驱动电路的调制频率为 ω，则从器件中输出的光功率按下式变化：

$$P(\omega) = P_0[1+(\omega\tau_i)^2]^{-1/2} \tag{4.18}$$

式中，P_0 是零调制频率时的发射功率。寄生电容会延迟有源区载流子的注入，从而相应地延迟光的输出[11]。若对二极管施加一个小的恒压正向偏置，这个时延就可以忽略不计。在此条件下，式(4.18)仍然有效，且调制频率响应仅受载流子复合时间的限制。

例 4.7 给定 LED，其注入载流子寿命为 5 ns，当没有调制电流时，在给定直流偏置下输出光功率为 0.250 mW。假定忽略寄生电容，当调制频率为：(a) 10 MHz；(b) 100 MHz 时，输出光功率分别为多少？$\omega = 2\pi f$。

解：(a) 从式(4.18)可得在 10 MHz 处的输出功率为

$$P(\omega) = \frac{P_0}{\sqrt{1+(\omega\tau_i)^2}} = \frac{0.250}{\sqrt{1+[2\pi(10\times 10^6)\times(5\times 10^{-9})]^2}}$$

$$= 0.239 \text{ mW} = 239 \text{ μW}$$

(b) 同理可得 100 MHz 时输出光功率为

$$P(\omega) = \frac{P_0}{\sqrt{1+(\omega\tau_i)^2}}$$

$$= \frac{0.250}{\sqrt{1+[2\pi(100\times 10^6)\times(5\times 10^{-9})]^2}}$$

$$= 0.076 \text{ mW} = 76 \text{ μW}$$

可以看出这种器件的输出光功率随调制速率的增加而递减。

LED 的调制带宽可从电学和光学角度给出定义。由于带宽实际上是由相关电路所决定的，所以一般使用电学定义。其定义为电信号功率 $p(\omega)$ 降为零调制频率时功率一半的点所对应的频带宽度。这也就是电学中的 3 dB 带宽。也就是说，在这个频率上输出电功率相对于输入电功率下降了 3 dB，如图 4.15 所示。

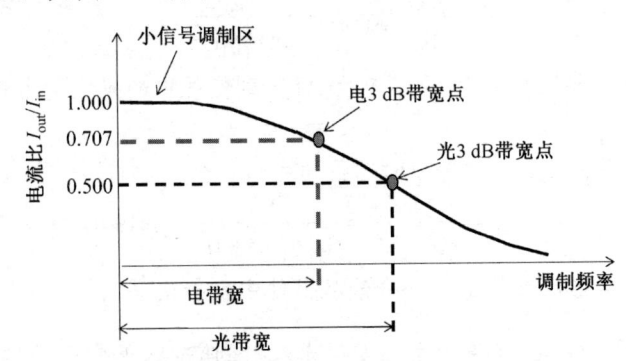

图 4.15 表示电 3 dB 带宽点和光 3 dB 带宽点的光源频率响应曲线

由于光源的输出光功率与输入电流呈线性关系，因此在光学系统中，相对而言更多地用到电流指标，而电压主要用于电学系统中。因为 $p(\omega) = I^2(\omega)/R$，所以调制频率为 ω 时的输出电功率与零调制频率时输出电功率之比可以表示为

$$\text{Ratio}_{\text{elec}} = 10\log\left[\frac{p(\omega)}{p(0)}\right] = 10\log\left[\frac{I^2(\omega)}{I^2(0)}\right] \tag{4.19}$$

式中，$I(\omega)$ 是检测电路中的电流，R 是电阻。电 3 dB 带宽点即为 $p(\omega) = p(0)/2$ 的频率点，

它满足下式：

$$\frac{I^2(\omega)}{I^2(0)} = \frac{1}{2} \tag{4.20}$$

或 $I(\omega)/I(0) = 1/\sqrt{2} = 0.707$。

例 4.8 考虑例 4.7 给出的 LED，注入载流子的寿命为 5 ns。计算：(a)这种器件的光 3 dB 带宽是多少？(b)电 3 dB 带宽是多少？

解：(a)光 3 dB 带宽指调制频率使得 $P(\omega) = 0.5P_0$，从式(4.18)可得

$$\frac{1}{[1+(\omega\tau_i)^2]^{1/2}} = \frac{1}{2}$$

因此 $1+(\omega\tau_i)^2 = 4$，或者 $\omega\tau_i = \sqrt{3}$。由 $\omega = 2\pi f$ 求解这个表达式，得到

$$f = \frac{\sqrt{3}}{2\pi\tau_i} = \frac{\sqrt{3}}{2\pi \times 5 \times 10^{-9}} = 55.1 \text{ MHz}$$

(b) 电 3 dB 带宽为 $f/\sqrt{2} = 0.707(55.1 \text{ MHz}) = 39.0 \text{ MHz}$。

在某些场合，LED 的调制带宽也按调制光功率 $P(\omega)$ 的 3 dB 带宽来定义，也就是说，在这个频率上有 $P(\omega) = P_0/2$。在这种情形下，3 dB 带宽取决于调制频率为 ω 时的光功率与零调制频率光功率 P_0 之比。由于检测电流直接与光功率成正比，此比值可表示为

$$\text{Ratio}_{\text{optical}} = 10\log\left[\frac{P(\omega)}{P(0)}\right] = 10\log\left[\frac{I(\omega)}{I(0)}\right] \tag{4.21}$$

光 3 dB 带宽点相当于电流比为 1/2 时的频率点。如图 4.15 所示，它使调制带宽扩展，对应于电功率下降 6 dB 的带宽。

训练题 4.5 一个活跃区宽度为 1.0 μm，工作温度为 300 K 的 GaAlAs 发光二极管的电流密度水平为 $J = 100 \text{ A/cm}^2$。假定在稳定状态下，当电流为 $J = 100 \text{ A/cm}^2$ 时电子密度为 $n = 6 \times 10^{16} \text{ cm}^{-3}$。首先通过等式(4.8)可以计算出载流子的寿命 τ 为 9.6 ns。那么取 τ 为 9.6 ns 时，试用例 4.8 给出的表达式说明 3 dB 的截止频率是 28.7 MHz。

4.3 半导体激光器

激光器有多种形式，它的尺寸小到仅相当于一颗盐粒、大到可以填满一整间屋子。产生激光的媒质可以是气体、液体、绝缘晶体(固态)或半导体。在光纤通信系统中，用到的激光光源几乎全是半导体激光器。与其他激光器(例如普通固态和气体激光器)相似，半导体激光器产生的辐射光同样具有空间、时间相干性。也就是说，输出光具有强单色性而且光束具有很好的方向性。

尽管存在这样那样的差别，各种激光器的基本工作原理是相同的。产生激光必须要有以下三个关键过程：(a)光子吸收；(b)自发辐射；(c)受激辐射。在图 4.16 中，以简单的二能级结构描绘了这些过程，其中 E_1 是基态能量、E_2 是激发态能量。按照普朗克定律，两个能级间的跃迁必定会伴随着能量为 $h\nu_{12} = E_2 - E_1$ 光子的吸收或辐射。一般情况下，系统都是处于基态的，当有一个能量为 $h\nu_{12}$ 的光子照射系统时，一个处于基态 E_1 的电子就会吸收这个光子

的能量并跃迁到激发态 E_2，此过程如图 4.16(a) 所示。由于这是一个非稳定状态，因此这个电子很快就又会回到基态，同时会释放出一个能量为 $h\nu_{12}$ 的光子如图 4.16(b) 所示。由于此光子的产生并没有外界激励的作用，所以称之为自发辐射。这时辐射光是各向同性和相位随机的，表现为窄带高斯输出。

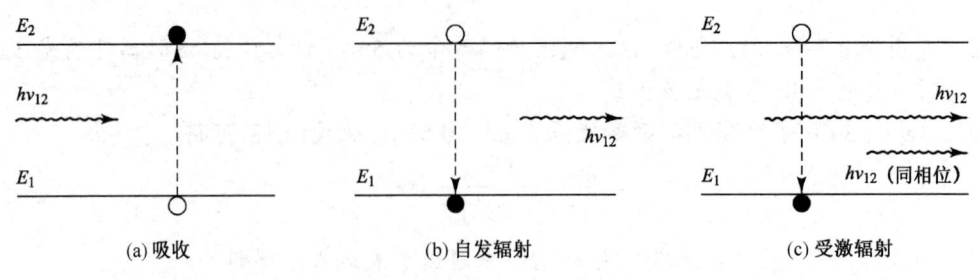

图 4.16 产生激光的三个关键的跃迁过程。空心圆圈表示电子初始状态，实心圆圈表示最后状态。图的左边表示入射光子，右边表示辐射光子

在外界激励作用下，电子也有可能从激发态向基态反向跃迁。如图 4.16(c) 所示，当一个受激电子还处在激发态时，若有一个能量为 $h\nu_{12}$ 的光子照射，那么这个电子会立即向基态跃迁，同时释放出一个能量为 $h\nu_{12}$ 的光子，此光子与入射光子具有相同的相位。这个辐射过程称为受激辐射。

在热平衡下，处于激发态的电子密度很小。大部分入射光子被吸收掉，以至于受激辐射实际上可以忽略不计。只有当处于激发态的电子数量大于基态电子数量时，受激辐射才能超过光的吸收，这个条件称为粒子数反转。由于这是一种非平衡状态，因此必须通过各种"泵浦"技术来获得粒子数反转。在半导体激光器中，粒子数反转是通过在器件接触面向半导体中注入电子来填充导带中的低能级而实现的。

4.3.1 半导体激光器的模式和阈值条件

对于要求带宽约大于 200 MHz 的光纤通信系统，采用注入式半导体激光器作为光源比用 LED 更为合适。半导体激光器的典型响应时间小于 1 ns、光谱带宽小于或等于 1 nm，并且它可以和具有小芯径和小模场直径的光纤实现耦合，注入光纤的功率可达几十毫瓦。实际使用的所有半导体激光器都是多层异质结器件。正如 4.2 节中提到的，双异质结 LED 结构是由异质结注入式半导体激光器对载流子和光的有效限制改进而来的。与半导体激光器相比，LED 获得了更快的发展与应用，这主要是因为它固有的结构简单、辐射光功率具有较好的温度独立性而且 LED 不存在严重的性能劣化。由于需要将电流限制在一个很小的激光谐振腔中，因而半导体激光器的结构更为复杂。

半导体激光器的受激辐射光是由电子在价带与导带之间连续分布的能级间跃迁产生的，这与气体和固体激光器不同，它们的辐射性跃迁仅发生在离散的原子或分子能级上。如图 4.17 所示，半导体激光器的辐射光在法布里-珀罗腔[5, 6]中产生，大多数激光器中都会采用这样的谐振腔。这种谐振腔的长度约为 250~500 μm、宽度约为 5~15 μm、厚度约为 0.1~0.2 μm。这些尺寸通常称为谐振腔的纵向尺寸、水平横向尺寸和垂直横向尺寸。如图 4.17 所示激光器输出垂直椭圆光束，而激光器有源区的模场是一个水平椭圆光斑。出射光束横向半功率宽度角 $\theta_{\parallel} \approx 5° \sim 10°$。纵向半功率宽度角 $\theta_{\perp} \approx 30° \sim 50°$。

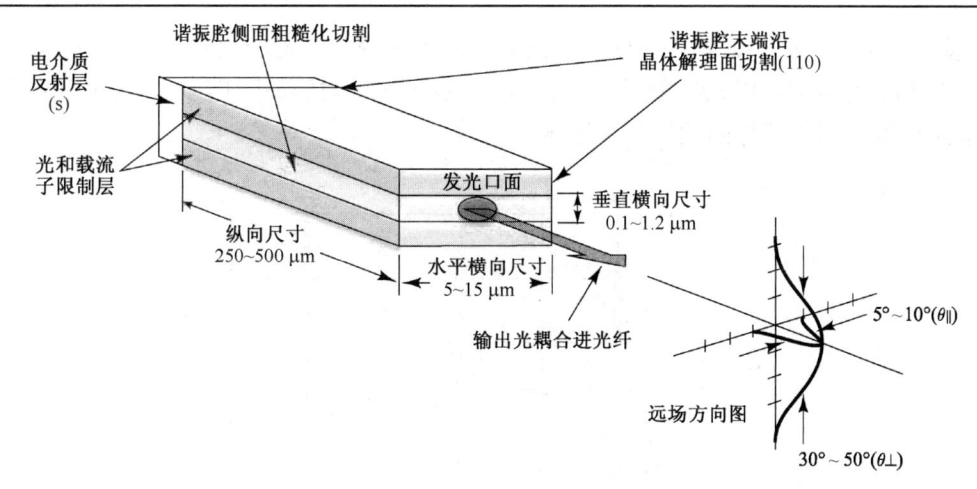

图 4.17 半导体激光器中的法布里-珀罗谐振腔,晶体末端的解理面提供部分反射功能,后端面(未使用)可以涂覆一层电介质反射层以减小腔内的光损耗。注意,尽管在有源区的口面上的激光光斑呈水平椭圆形状,但从激光器发射出的光束形成垂直椭圆形光束

如图 4.18(a)所示,在半导体激光器的法布里-珀罗腔中,用一对平行放置的部分反射镜来构成谐振腔。沿半导体晶体方向在自然晶体上刻两条平行的裂缝就形成了所谓的解理面,由它即可充当反射镜。反射镜的作用是提供强的纵向光反馈,从而将器件转化为振荡器(从而形成光发射器),它通过增益机理来补偿腔内的光损耗。激光器谐振腔可能会有许多谐振频率,但它仅会在那些增益足以克服损耗的频率上振荡。谐振腔的侧面进行了有意的粗糙化处理,其目的是避免光在这些方向上出现不必要的散射。

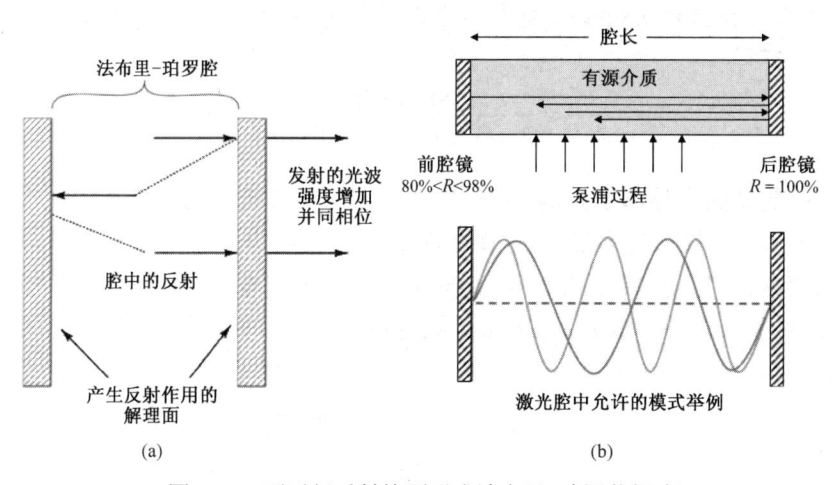

图 4.18 两平行反射镜面形成法布里-珀罗共振腔

当光在法布里-珀罗腔中来回反射时,光电场在连续回路中产生干涉作用。在图 4.18(b)中看到,波长为腔长整数倍的光波发生相长干涉从而使得其幅度增加并从右平面辐射出来。其他的波长发生相消干涉逐渐减弱。发生相长干涉的光波频率称为谐振腔的共振频率。因此,波长在共振频率处的自发辐射光子经过谐振腔多重回路不断增强,光强增强。由于在腔体长度方向发生共振作用,这些共振波长被称为谐振腔的纵向模式。

图 4.19 给出了三种镜面反射率下的共振波长特性($R=0.4$, 0.7 和 0.9,见 2.11 节)。图中给出了相对强度是与腔体长度相联系的波长的函数。从图 4.19 可以看到,共振态的线宽取决

于镜面反射率值。也就是，共振态线宽随反射率增加而变窄。图 4.19 还给出了自由谱范围(FSR)，指相邻光频率(或波长)的透射(或反射)光强的最大(或最小)间隔。第 10 章在法布里-珀罗腔及标准具的理论方面做了详细论述。

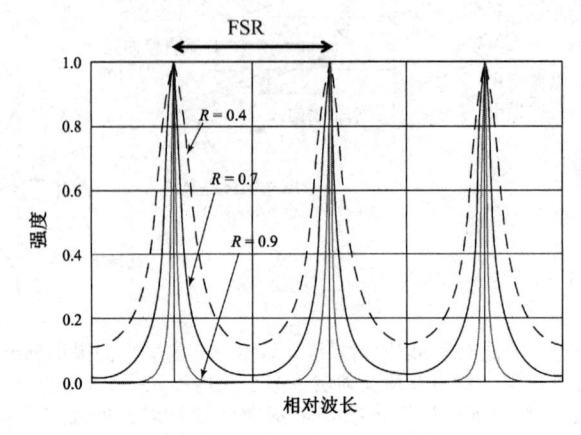

图 4.19　三种镜面反射率下法布里-珀罗腔中共振波长的特性

例4.9　如 10.5 节所述，法布里-珀罗腔中共振波长相邻峰值之间的距离称为自由谱范围(free spectral range)，如图 4.19 所示。如果 D 指反射镜面的距离，折射率为 n，那么在峰值波长 λ 处 FSR 定义为

$$\text{FSR} = \frac{\lambda^2}{2nD}$$

法布里-珀罗腔中，腔长为 0.8 mm，折射率为 3.5，波长为 850 nm，其 FSR 是多少？

解：由上式可得

$$\text{FSR} = \frac{\lambda^2}{2nD} = \frac{(0.85 \times 10^{-6})^2}{2 \times (3.5) \times (0.80 \times 10^{-3})} = 0.129 \text{ nm}$$

另外有一种类型的半导体激光器，我们称之为分布反馈式(DFB)激光器[2, 3, 12]，它不需要解理面来进行光反馈。图 4.20 给出了典型的 DFB 激光器结构。这种器件的制作与法布里-珀罗腔型激光器类似，但它是由布拉格反射器(也就是布拉格光栅)或周期性折射率波纹(也称分布反馈波纹)来产生反馈并形成激光辐射的。这种波纹分布被应用到器件的多层结构中，其详细介绍见 4.3.6 节。

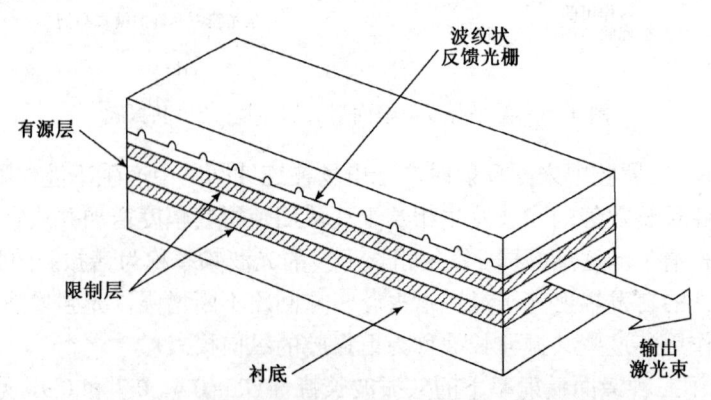

图 4.20　分布反馈式(DFB)半导体激光器的结构示意图

一般情况下，仅需要在激光器的前端面也就是与光纤耦合的端面输出全部光。于是，可在激光器的后端面沉积一个电介质反射层，以此来降低谐振腔内的光损耗和电流密度阈值（激光器开始起振时的电流值）、提高外量子效率。

在半导体激光器的谐振腔内，辐射光建立起的电磁场模式被称为谐振腔模式（关于模式的具体介绍见 2.3 节和 2.4 节）。它们能很方便地划分为横电（TE）模式和横磁（TM）模式两类，每类模式都能通过沿谐振腔主轴分布的纵向电磁场、水平横向电磁场以及垂直横向电磁场的半正弦变化来进行描述：

- 纵向模式与谐振腔的长度 L 相关，它决定辐射光的主要光谱结构。由于 L 远大于激光波长（约 1 μm），因此在谐振腔中会存在许多纵向模式。
- 水平横模分布在 pn 结平面内，它取决于谐振腔的宽度以及边壁制备情况，同时它又决定了激光束的水平横向分布特性。
- 垂直横模和 pn 结垂直方向上的电磁场和波形相关。由于以上三种模式分布在很大程度上决定了激光器的特性，例如辐射方向图（输出光功率的角分布）和阈值电流密度等，因而这三种模式是极为重要的。

为了确定激光器的受激辐射条件与谐振频率，这里用电场的复数量来表示电磁波的纵向（即垂直于反射面的轴向）传播：

$$E(z, t) = I(z) \exp[j(\omega t - \beta z)] \tag{4.22}$$

式中，$I(z)$ 是电场强度，ω 是光频率，β 是传播常数（见 2.3.2 节）。

当半导体激光器内达到光放大的条件时，激光器就能产生受激辐射。这要求必须获得粒子数反转分布。也可以从光强 I 与吸收系数 α_λ 及法布里-珀罗腔内的增益系数 g 这三者之间的基本关系来理解受激辐射条件。特定模式的受激辐射率与模式的辐射强度成正比，一个由光子能量 $h\nu$ 确定的辐射强度与激光腔内的传播距离 z 按指数规律变化，即遵循以下关系：

$$I(z) = I(0) \exp\left\{[\Gamma g(h\nu) - \alpha_{\mathrm{mat}}(h\nu)]z\right\} \tag{4.23}$$

其中 α_{mat} 是光路径上材料的有效吸收系数；Γ 是光场限制因子，也就是有源层光功率与总的光功率之间的比值（见习题 4.11 中关于垂直横向限制因子与水平横向限制因子的详细描述）。

通过光学谐振腔的反馈机制，可以对特定模式的光进行选择性放大。在两个部分反射光的平行反射镜之间往返传播的过程中，那些具有最高光增益系数的辐射光被保留了下来，并在谐振腔的往返传播过程中不断放大。

在谐振腔的一个往返过程中（$z = 2L$），若有一个或几个导波模的增益超过腔中的光损耗，那么此时就能发射激光。在往返传播中，光分别以系数 R_1 和 R_2 在端面 1 和端面 2 上反射，其中 R_1 和 R_2 是镜面反射率或菲涅耳反射系数，它的值由下式给出：

$$R = \left(\frac{n_1 - n_2}{n_1 + n_2}\right)^2 \tag{4.24}$$

上式是在两个折射率分别为 n_1 和 n_2 材料交界面上光的反射率。于是由受激辐射条件，式(4.23)

可以写成

$$I(2L) = I(0)\, R_1 R_2 \exp\{2L[\Gamma g(h\nu) - \alpha_{\text{mat}}(h\nu)]\} \tag{4.25}$$

例 4.10 假定一裂开的镜面端面正对一非涂覆的 GaAs 激光器，其外层媒质为空气。如果 GaAs 的折射率是 3.6，求正常条件下平面波在 GaAs 与空气界面处的反射率是多少？

解：对于 GaAs，$n_1 = 3.6$，对于空气，$n_2 = 1$，那么从式(4.24)中得到两界面处折射率为：

$$R_1 = R_2 = \left(\frac{3.6 - 1}{3.6 + 1}\right)^2 = 0.32$$

对于未经涂覆的解理面，反射率仅在 30% 左右。为提高反射率、加强腔内光的反馈，典型的做法是在解理面上涂覆介质层。这样，可以在近端面获得 99% 的反射率，而在前端面，也就是激光输出端面获得 90% 左右的反射率。

在受激辐射阈值上，会建立起一个稳定振荡，而且返回光波的幅度与相位都要和初始光波的相等。所以有以下振幅条件：

$$I(2L) = I(0) \tag{4.26}$$

和相位条件：

$$e^{-j2\beta L} = 1 \tag{4.27}$$

由相位条件式(4.27)可以确定法布里-珀罗腔的谐振频率，这将在 4.3.2 节做进一步的讨论。由式(4.26)，能找出有足够增益来进行持续振荡的那些模式，并能算出这些模式的振幅。在谐振腔内，受激辐射阈值条件也就是光的增益值刚好等于总的损耗 α_t。从式(4.26)可得阈值条件为

$$g_{\text{th}} = \alpha_t = \alpha_{\text{mat}} + \frac{1}{2L}\ln\left(\frac{1}{R_1 R_2}\right) = \alpha_{\text{mat}} + \alpha_{\text{end}} \tag{4.28}$$

式中 α_{end} 是激光腔的反射镜损耗。由上式可知，要想使激光器产生受激辐射，必须有 $g \geq g_{\text{th}}$。这意味着使粒子数反转分布的泵浦源必须足够强，以致它产生的增益能超过谐振腔中所有能量损耗因素之和。

满足式(4.28)的模式首先达到阈值条件。理论上，一旦某个模式达到阈值条件，所有注入激光器的外加能量都会转移到这个模式上，使得其能量得到增长。实际上，各种不同现象导致了不止一个模式被激励。对纵向单模工作条件的研究发现，决定模数量最重要的因素是有源区厚薄程度以及温度稳定性。

例 4.11 对 GaAs 材料，其未涂覆解理面上 $R_1 = R_2 = R = 0.32$（也就是 32% 的辐射光在端面上被反射），$\alpha_{\text{mat}} \approx 10\ \text{cm}^{-1}$。那么，500 μm 长的半导体激光器的增益阈值是多少？($L = 500 \times 10^{-4}\ \text{cm}^{-1}$)

解：由式(4.28)可得

$$g_{\text{th}} = \alpha_{\text{mat}} + \frac{1}{2L}\ln\left(\frac{1}{R^2}\right)$$

$$= 10 + \frac{1}{2 \times (500 \times 10^{-4})}\ln\left[\frac{1}{(0.32)^2}\right] = 33\ \text{cm}^{-1}$$

输出光功率与半导体激光器驱动电流之间的关系如图 4.21 所示。在低驱动电流时，只存在自发辐射现象。此时具有很宽的辐射谱范围和很宽的横向光束宽度，这与 LED 比较相似。在受激辐射阈值点附近，曲线形状会有一个显著的变化，光功率随电流的增加而急剧增大。过了此转换点后，光谱范围与光束宽度都会随着驱动电流的增加而减小。最终的谱宽度约为 1 nm，达到阈值点后完全窄化了的光束水平横向宽度约为 5°～10°。阈值电流 I_{th} 一般是通过对功率电流曲线受激辐射范围的微分来进行定义的，如图 4.21 所示。在输出光功率比较高时，由于 pn 结受热，曲线的斜率会下降。

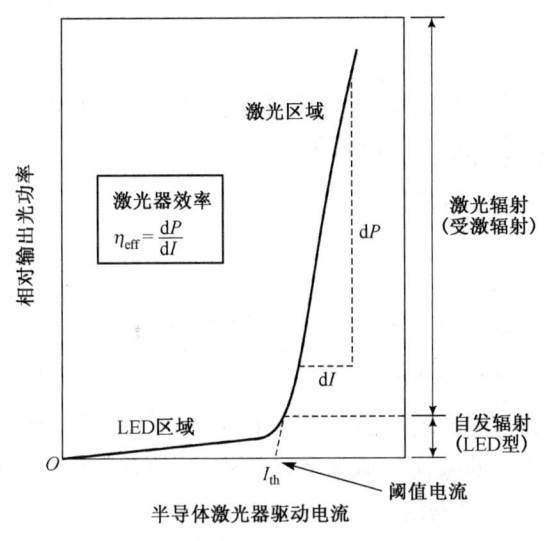

图 4.21 输出光功率与半导体激光器驱动电流之间的关系

对于具有强载流子限制作用的激光器结构，受激辐射电流密度阈值 J_{th} 与激光器受激辐射阈值增益有一个很好的近似关系式：

$$g_{th} = \beta_{th} J_{th} \tag{4.29}$$

式中增益系数 β_{th} 是由器件的具体结构所决定的一个常数。

例 4.12 给定一个 GaAlAs 激光器，其腔长为 300 μm，宽为 100 μm，在正常工作温度下，增益系数 $\beta_{th} = 21 \times 10^{-3}$ A·cm^3，衰减系数 $\alpha_{mat} \approx 10$ cm^{-1}，假定每个镜面的反射率 $R_1 = R_2 = R = 0.32$，计算：(a)阈值电流密度；(b)阈值电流。

解：(a)从式(4.28)和式(4.29)可得

$$J_{th} = \frac{1}{\beta_{th}} \left[\alpha_{mat} + \frac{1}{L} \ln\left(\frac{1}{R}\right) \right]$$

$$= \frac{1}{21 \times 10^{-3}} \left[10 + \frac{1}{(300 \times 10^{-4})} \ln\left(\frac{1}{0.32}\right) \right]$$

$$= 2.28 \times 10^3 \text{ A/cm}^2$$

(b)阈值电流 I_{th} 由下式给出：

$$I_{th} = J_{th} \times \text{腔体横截面积}$$
$$= (2.28 \times 10^3 \text{ A/cm}^2) \times (300 \times 10^{-4} \text{ cm}) \times (100 \times 10^{-4} \text{ cm})$$
$$= 684 \text{ mA}$$

训练题 4.6 法布里-珀罗(FP)激光器的吸收损耗系数为 $20~\text{cm}^{-1}$，若腔体两端的腔镜反射系数为 0.33。请使用式(4.28)验证腔长为 $L = 554~\mu\text{m}$ 时吸收损耗和腔体损耗相等。

4.3.2 半导体激光器的速率方程

通过分析控制有源区光子和电子相互作用的速率方程，可以确定输出光功率与激光器驱动电流之间的关系。前面已经提到过，总的载流子数量由注入载流子数目、自发复合数目和受激辐射数目三者决定。对于载流子限制区厚度为 d 的 pn 结，速率方程为

$$\frac{\text{d}\Phi}{\text{d}t} = Cn\Phi + R_{\text{sp}} - \frac{\Phi}{\tau_{\text{ph}}} \tag{4.30}$$

= 单位时间内受激辐射光子数量+单位时间内自发辐射光子数量+
单位时间内损失光子数量

它决定了光子数量 Φ 的值，同时有

$$\frac{\text{d}n}{\text{d}t} = \frac{J}{qd} - \frac{n}{\tau_{\text{sp}}} - Cn\Phi \tag{4.31}$$

= 单位时间内注入载流子数量+单位时间内自发复合数量+
单位时间内受激辐射数量

上式决定了电子数目 n 随时间的变化规律，其中 C 是描述光吸收与辐射相互作用强度的系数、R_{sp} 是自发辐射成为激光模式的载流子速率(它远小于总的自发辐射速率)、τ_{ph} 是光子寿命、τ_{sp} 是自发复合寿命、J 是注入电流密度。

考虑激光腔中所有对载流子数目有影响的因素，可以使式(4.30)与式(4.31)达到平衡。式(4.30)的右式中，第一项是由受激辐射所产生的光子数，第二项是由自发辐射所产生的光子数，第三项是由于激光腔的损耗所造成的光子损失数。式(4.31)的右式中，第一项表示当电流注入器件时导带中电子浓度的增加量，第二项和第三项分别表示由于自发复合和受激复合所引起的导带中的电子损失数。

在稳态下求解这两个方程，可以得到输出光功率的表达式。所谓稳态，也就是式(4.30)与式(4.31)等于零。首先，假定式(4.30)中的 R_{sp} 可以忽略不计，注意到当 Φ 较小时，$\text{d}\Phi/\text{d}t$ 必须大于零，于是得到

$$Cn - \frac{1}{\tau_{\text{ph}}} \geq 0 \tag{4.32}$$

这表明要使 Φ 值增加，n 必须大于阈值 n_{th}。由式(4.31)，n_{th} 可由阈值电流密度 J_{th} 来表示，J_{th} 为当光子数 $\Phi = 0$ 时，稳态下保持在反转能级上 $n = n_{\text{th}}$ 所需的电流密度，其关系如下：

$$\frac{n_{\text{th}}}{\tau_{\text{sp}}} = \frac{J_{\text{th}}}{qd} \tag{4.33}$$

这个表达式定义了当仅考虑自发辐射衰耗机制时激光器维持额外电子浓度所需的电流。

接下来，在达到受激辐射阈值的稳态条件下考虑光子和电子速率方程。此时式(4.30)与式(4.31)可写成

$$0 = Cn_{th}\Phi_s + R_{sp} - \frac{\Phi_s}{\tau_{ph}} \tag{4.34}$$

= 单位时间内受激辐射光子数量+单位时间内自发辐射光子数量+单位时间内损失光子数量

和

$$0 = \frac{J}{qd} - \frac{n_{th}}{\tau_{sp}} - Cn_{th}\Phi_s \tag{4.35}$$

= 单位时间内注入载流子数量+单位时间内自发复合数量+单位时间内受激辐射数量

式中 Φ_s 是稳态光子浓度。将式(4.34)与式(4.35)相加,然后用式(4.33)代替 n_{th}/τ_{sp},得到单位体积内的光子数为

$$\Phi_s = \frac{\tau_{ph}}{qd}(J - J_{th}) + \tau_{ph} R_{sp} \tag{4.36}$$

上式右侧第一项是由受激辐射所产生的光子数,这些光子的功率一般集中在一个或几个特定模式上。第二项是由自发辐射所产生的光子数,它们不具有模式选择性,其功率分布在腔体内所有可能的模式上,模式数量可达 10^8 量级。

4.3.3 外微分量子效率

我们定义外微分量子效率 η_{ext} 为超过阈值时每个电子-空穴对辐射性复合所产生的光子数。假设刚过阈值时增益系数 g_{th} 为一恒定值,则 η_{ext} 为[2, 3]

$$\eta_{ext} = \frac{\eta_i(g_{th} - \alpha_{mat})}{g_{th}} \tag{4.37}$$

式中 η_i 是内量子效率。对半导体激光器,这个量难以准确确定,但大量测试结果表明,在室温下 $\eta_i \approx 0.6 \sim 0.7$。在实验中,常由辐射光功率 P 与驱动电流 I 曲线的直线部分来计算 η_{ext},这样可以得到

$$\eta_{ext} = \frac{q}{E_g}\frac{dP}{dI} = 0.8065\lambda\ (\mu m)\frac{dP(mW)}{dI(mA)} \tag{4.38}$$

式中,E_g 是用电子伏特(eV)表示的带隙能量,$dP(mW)$ 是当驱动电流增加 $dI(mA)$ 时辐射光功率的增加量,$\lambda(mm)$ 是辐射波长。对标准半导体激光器,外微分量子效率的典型值为 15%~20%,对高性能器件,外微分量子效率则可达到 30%~40%。

4.3.4 激光器的谐振频率

现在让我们回到式(4.27)来讨论激光器的谐振频率。当满足下式时,式(4.27)中的条件成立:

$$2\beta L = 2\pi m \tag{4.39}$$

式中 m 是一个整数。传播常数 $\beta = 2\pi n/\lambda$,于是有

$$m = \frac{L}{\lambda/2n} = \frac{2Ln}{c}\nu \tag{4.40}$$

式中 $c = v\lambda$。这表明当反射镜间的距离为半波长的 m(整数)倍时,谐振腔产生共振(也就是说,在谐振腔产生驻波分布)。

由于在所有的激光器中,增益是频率(或波长,$c = v\lambda$)的函数,于是满足式(4.40)的将是一个频率(或波长)范围。每个频率对应激光器的一个振荡模式。究竟有多少频率满足式(4.26)和式(4.27)是由激光器的结构决定的。由以上分析可知,激光器有单模与多模之分。可假设增益和频率间有以下形式的高斯关系:

$$g(\lambda) = g(0)\exp\left[-\frac{(\lambda - \lambda_0)^2}{2\sigma^2}\right] \tag{4.41}$$

式中,λ_0 是光谱的中心波长,σ 是增益谱宽,增益最大值 $g(0)$ 与反转的粒子数量成正比。

现在来考虑多模激光器的频率、波长及模式间距。这里仅考虑纵向模。需要提醒的一点是,对于每个纵向模,可能会由于在传播过程中谐振腔壁面的反射作用而产生一个或多个横向模[2, 3]。为确定频率间隔,设有两个频率为 v_{m-1} 和 v_m 的相邻模式,m 和 $m-1$ 是整数,由式(4.40)可以得到

$$m - 1 = \frac{2Ln}{c}v_{m-1} \tag{4.42}$$

和

$$m = \frac{2Ln}{c}v_m \tag{4.43}$$

将式(4.43)代入式(4.42),得

$$1 = \frac{2Ln}{c}(v_m - v_{m-1}) = \frac{2Ln}{c}\Delta v \tag{4.44}$$

由上式可求得频率间隔为

$$\Delta v = \frac{c}{2Ln} \tag{4.45}$$

利用关系式 $\Delta v/v = \Delta\lambda/\lambda$,可得波长间隔表达式如下:

$$\Delta\lambda = \frac{\lambda^2}{2Ln} \tag{4.46}$$

根据式(4.41)和式(4.46),可以得到多模激光器的典型增益频率曲线所决定的输出光谱,如图 4.22 所示。确切的模数量以及它们的相对高度和间隔由激光器的结构决定。

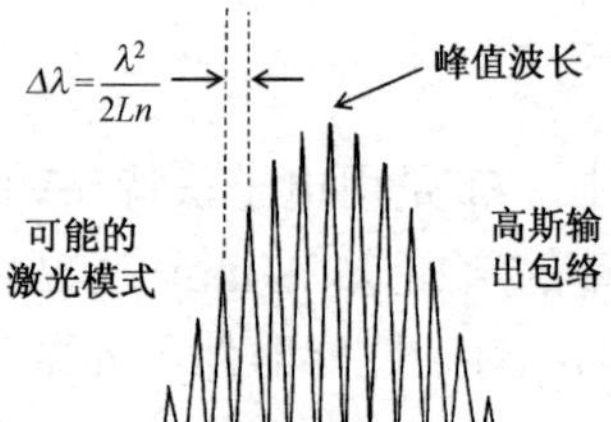

例 4.13 一个 GaAs 激光器,工作波长为 850 nm、激光器长 500 μm、材料折射率 $n = 3.7$。试问:(a) 频率间隔和波长间隔为多少?(b) 若在半功率点 $\lambda - \lambda_0 = 2$ nm,增益谱宽 σ 为多少?

图 4.22 典型法布里-珀罗 GaAlAs/GaAs 半导体激光器的光谱

解: (a) 从式(4.45),有

$$\Delta v = \frac{3 \times 10^8 \text{m/s}}{2 \times (500 \times 10^{-6}\text{m}) \times (3.7)} = 81\,\text{GHz}$$

从式(4.46)得到

$$\Delta\lambda = \frac{(850 \times 10^{-9}\text{m})^2}{2 \times (500 \times 10^{-6}\text{m}) \times (3.7)} = 0.195\,\text{nm}$$

(b) 将 $g(\lambda) = 0.5g(0)$ 代入式(4.41)，然后将 $\lambda - \lambda_0 = \Delta\lambda = 0.195$ 代入求解 σ，得到

$$\sigma = \frac{\lambda - \lambda_0}{\sqrt{2\ln 2}} = \frac{0.195 \text{ nm}}{\sqrt{2\ln 2}} = 0.166 \text{ nm}$$

例 4.14 考虑一发射波长为 900 nm 的双异质结边发射法布里-珀罗腔 AlGaAs 激光器。假设激光器腔长为 300 μm，材料折射率为 4.3。求：(a) 法布里-珀罗腔两镜面间的半波数目是多少？(b) 激光模式间波长间隔是多少？

解：(a) 从式(4.40)可得法布里-珀罗腔两镜面间的半波数目为

$$m = \frac{2nL}{\lambda} = \frac{2 \times (4.3) \times 300 \text{ μm}}{0.90 \text{ μm}} = 2866$$

(b) 从式(4.46)可得

$$\Delta\lambda = \frac{(900 \times 10^{-9} \text{m})^2}{2 \times (300 \times 10^{-6} \text{m}) \times (4.3)} = 0.314 \text{ nm}$$

训练题 4.7 一个工作在 900 nm 的 GaAs 激光器腔长为 300 μm，折射系数为 $n = 3.58$。请用式(4.45)说明谐振模的频率间隔是 140 GHz。

4.3.5 激光二极管的结构和辐射场型分布

除了能将横向的光和载流子限制在异质结之间，要使半导体激光器有效地工作，还必须满足以下基本要求：电流必须严格限制于激光器长度方向的窄条以内。科研人员提出了许多能实现这种功能的新颖方法，它们在不同程度上是成功的，但所有的努力都是为了以下目标：(a) 限制横模的数量以使激光辐射被限制在单光丝内；(b) 获取稳定的横向增益；(c) 保证阈值电流相对较低。最常用的器件被称为折射率导引激光器。如果某个特定的折射率导引激光器仅支持基横模和单一纵模，则它就是所谓单模激光器。这样的器件发射单模、很好的准直光束，其强度按钟形高斯曲线分布。

当设计光腔的宽度和厚度时，在电流密度和输出光束宽度上要做个折中。当有源区的宽度或者厚度增加时，水平或横向光束宽度都将会变窄，但代价是阈值电流密度的增加。大部分波导激光器的光斑宽度为 3 μm、高 0.6 μm。这大大高于有源层的厚度，因为几乎一半的光在限制层传播。这样的激光器最多以连续波(cw)输出光功率 3~5 mW 状态稳定工作。

尽管一个标准的双异质结构激光器的有源层厚度足够薄(1~3 μm)能够限制电子和光场，但其电子和光属性仍然保持与大体积材料相同。这些限制可达的阈值电流密度、调制速率以及器件的线宽。量子阱激光器克服了这些限制，它的有源层厚度约为 10 nm[13]。由于自由电子运动的尺度从三维降为二维，这就戏剧性地改变了电和光属性。如图 4.23 所示，载流子运动限制在与有源层垂直的方向，导致能级的量化。可能的能级之间的跃迁引起光子辐射，记为 ΔE_{ij}（见习题 4.16）。人们制作了单量子阱(SQW)和多量子阱(MQW)激光器。这些结构分别包含单个或多个有源区域，分隔有源区的层称为势垒层。MQW 激光器具有更好的光模限制作用，因此阈值电流密度更低。通过调节层的厚度 d，可以改变输出光的波长。比如，在 InGaAs 量子阱激光器中，当 $d = 10$ nm 和 $d = 8$ nm 时，峰值输出波长从 1550 nm 移动到 1500 nm。

4.3.6 单模激光器

在高速长距离通信系统中，必须使用单模激光器，这种激光器必须工作在单纵模和单横

模状态。通常，这样的辐射光具有很窄的谱线宽度。

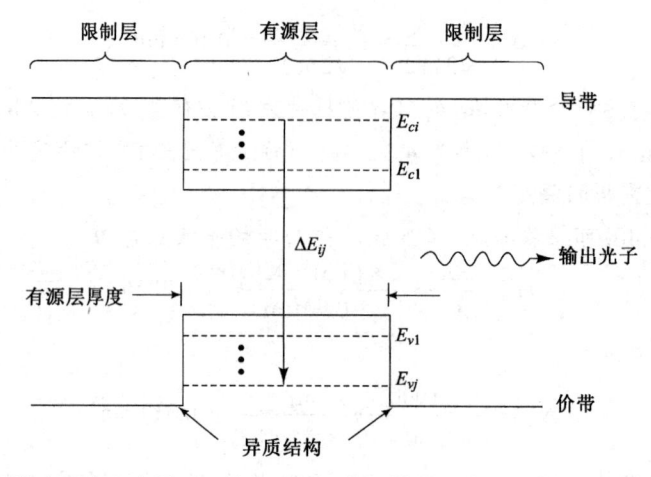

图 4.23 MQW 激光器中一个量子层的能带图。能级被量子化，参数 ΔE_{ij} 表示允许的能级跃迁

将激光器的辐射光限制成单纵模的一条途径是减小谐振腔的长度 L，使式(4.45)中给出的相邻模式间频率间隔 $\Delta \nu$ 大于激光器的跃迁线宽。于是也就只有一个纵模落在器件的增益谱内。例如，对法布里-珀罗激光腔，所有的纵模的损耗都几乎相同，当发光波长为 1300 nm 时，对长为 250 μm 的谐振腔，其模式间波长间隔为 1 nm。将腔长 L 从 250 μm 降为 25 μm，模式间波长间隔由 1 nm 增加为 10 nm。但是由于谐振腔过短，使得激光器很难操作，而且输出光功率也只能有几毫瓦。

有鉴于此，产生了许多改进型器件。其中有垂直腔表面发射激光器、内建选频光栅结构激光器以及可调谐激光器。本节介绍前两种结构。垂直腔表面发射激光器(VCSEL)[14, 15]的特点是发射光垂直于半导体表面，其结构如图 4.24 所示。由于其结构特点，它能很容易地被集成到单个一维或二维阵列芯片中，这在波分复用系统中是很有吸引力的。这种器件的有源区尺寸非常小，使得其阈值电流比较低(小于 100 μA)。另外，在相同的输出功率下，与边发射激光器相比，它的调制带宽要大得多，这主要是因为其高光子密度使得辐射寿命降低。因为反射系数越大激光器的工作效率也会越高，因此在 VCSEL 中其反射系统至关重要。图 4.24 中的反射系统由两种材料构成，其中一种为 Si/SiO_2 材料，另一种是由 Si/Al_2O_3 构成的氧化层。

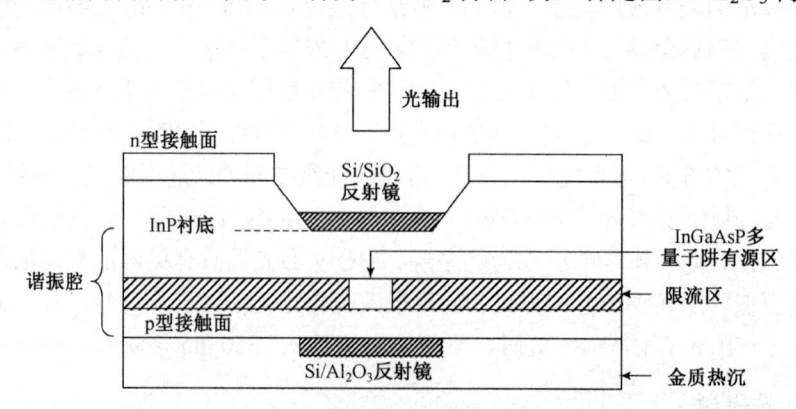

图 4.24 垂直腔表面发射激光器(VCSEL)的基本结构

使用内建选频反射器的三种激光器结构如图 4.25 所示。在每种结构中，选频反射器都是由与有源层毗连的波纹状无源光栅波导构成的。光波的传播方向与光栅平行。这种激光器的工作是以分布式布拉格相位光栅反射器的反射机理为基础的。相位光栅是折射率发生周期性变化的一个关键区域，它导致两个朝相反方向传播的光波互相耦合。当光波的波长越接近布拉格波长 λ_B 时，其耦合也就越强烈，其中 λ_B 与光栅周期 Λ 之间的关系为

$$\lambda_B = \frac{2n_e \Lambda}{k} \tag{4.47}$$

式中，n_e 是模式的有效折射率（见 2.5.4 节），k 是光栅的阶数。一阶光栅（$k=1$）的耦合最强，但有时也会使用二阶光栅，因为它的光栅周期相对比较大，制作起来要容易得多。基于这种结构的激光器呈现很好的单纵模工作特性，而且它对驱动电流和温度变化不敏感。

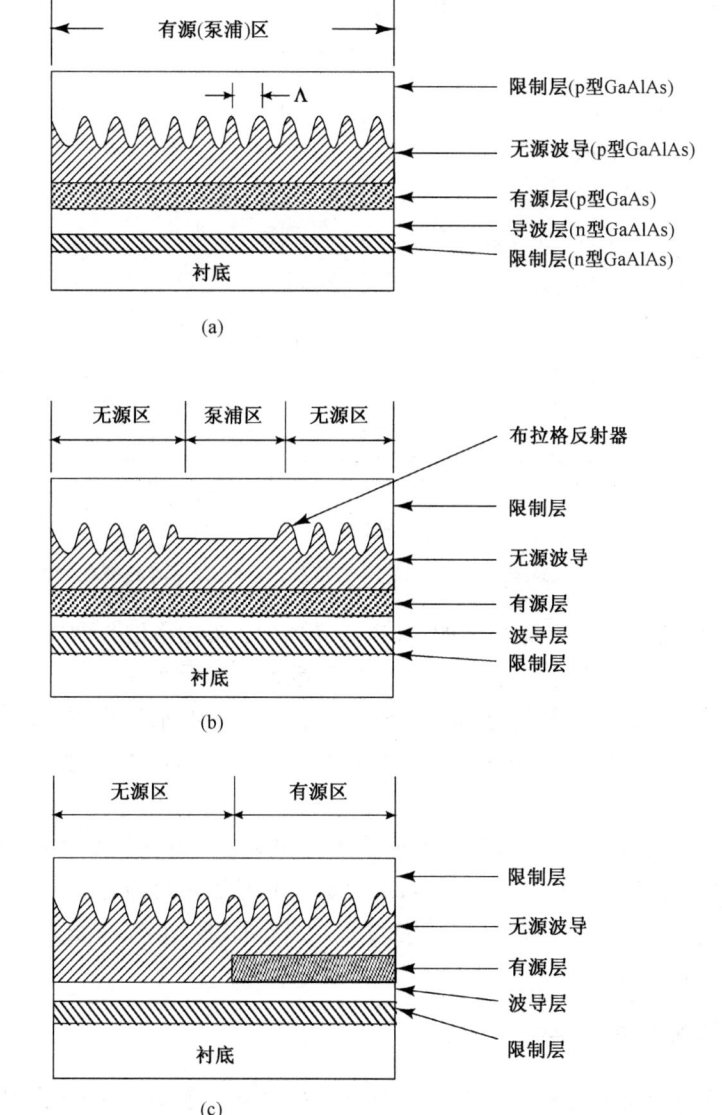

图 4.25　三种采用内建选频谐振光栅的激光器结构。(a) 分布反馈式 (DFB) 激光器；(b) 分布式布拉格反射器 (DBR) 激光器；(c) 分布式反射器 (DR) 激光器

在分布反馈式(DFB)激光器中[2, 3, 12]，其整个有源区都有波长选择光栅[见图 4.25(a)]。如图 4.26 所示，在理想的 DFB 激光器中，纵模波长对称地分布于 λ_B 两侧，其波长由下式给出：

$$\lambda = \lambda_B \pm \frac{\lambda_B^2}{2n_e L_e}\left(m + \frac{1}{2}\right) \tag{4.48}$$

式中，$m = 0, 1, 2, \cdots$ 是模式阶数，L_e 是有效光栅长度。高阶模的幅度逐级减小，它们比起零阶模要小很多，例如一阶模($m = 1$)往往比零阶模($m = 0$)的幅度要下降 30 dB。

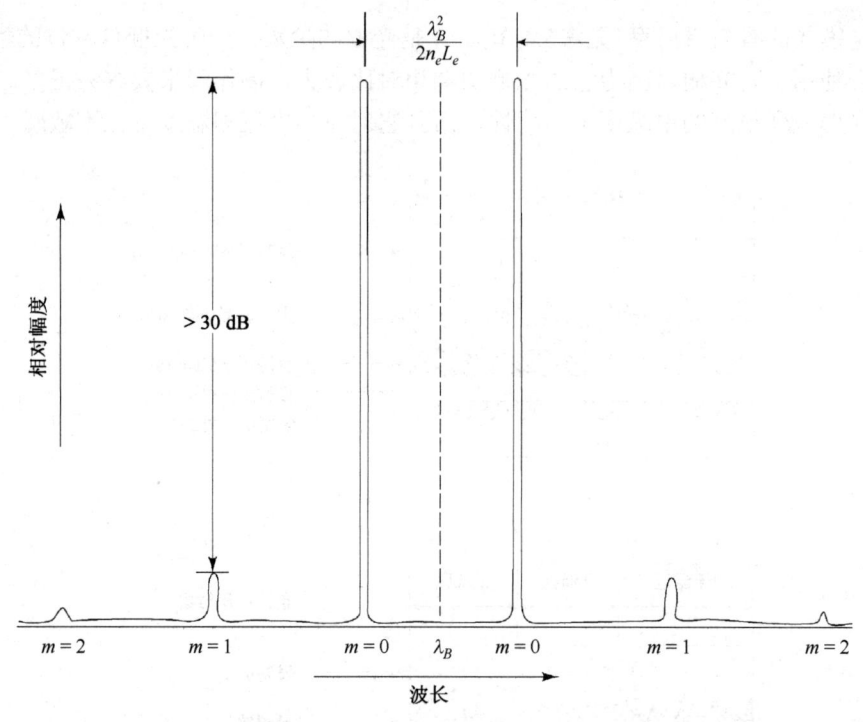

图 4.26 在理想的分布反馈式(DFB)半导体激光器中，输出光谱对称地分布在 λ_B 两侧

理论上，在两端都有消反射涂覆层的 DFB 激光器中，布拉格波长两侧的零阶模的阈值功率会一样低，并且在理想的对称结构中会同时发射激光。然而实际上，由于切割过程中的随机性导致了模式增益的退化，最终导致了单模工作。这种端面不对称性可通过在一端采用高反射率涂覆层、另一端采用低反射率涂覆层来加强。如前端面使用反射率为 2%的材料，后端面使用反射率为 30%的材料。

对分布式布拉格反射器激光器，光栅被放置于有源层平面的两侧来取代形成法布里-珀罗腔的解理面反射镜[如图 4.25(b)所示]。分布式反射器激光器由有源分布式反射器和无源分布式反射器组成[如图 4.25(c)所示]。这种结构改善了常规 DFB 和 DBR 激光器的发光特性，并且有很高的效率和输出功率。

4.3.7 半导体激光器的调制

将信息加载到光束上的过程称为调制。对于数据速率小于 10 Gbps(典型值为 2.5 Gbps)的情况，可以通过直接调制实现信息的加载。即通过信息流直接控制激光器的驱动电流从而获得输出功率的变化来实现调制。对于更高速的数据速率，则需使用外调制器来改变激光器输出的稳定光功率来实现调制(见 4.3.9 节)。市面上有许多商用化的外调制器,一般有分离器件形式或作为一个部件集成到激光器发射机封装中。

半导体激光器直接调制速率的基本限制是自发(辐射性)载流子寿命、受激载流子寿命和光子寿命。自发载流子寿命 τ_{sp} 是半导体能带结构及载流子浓度的函数。室温下,在掺杂浓度为 10^{19} cm^{-3} 量级的 GaAs 材料中,辐射寿命大约为 1 ns。受激载流子寿命 τ_{st} 由激光谐振腔内的光子浓度决定,约为 10 ps。光子寿命 τ_{ph} 是光子在被吸收或通过端面辐射之前驻留在激光谐振腔内的平均时间。在法布里-珀罗腔中,光子寿命为[1-3]

$$\tau_{ph}^{-1} = \frac{c}{n}\left(\alpha_{mat} + \frac{1}{2L}\ln\frac{1}{R_1 R_2}\right) = \frac{c}{n}g_{th} \tag{4.49}$$

典型地,当 g_{th} = 50 cm^{-1}、激光谐振腔内材料折射率 n = 3.5 时,光子寿命约为 τ_{ph} = 2 ps。光子寿命的长短决定了半导体激光器的直接调制速率上限。

因为光子寿命远小于载流子寿命,因而可方便地对半导体激光器进行脉冲调制。若激光器在每个脉冲输出后都完全停止发光,则自发载流子寿命将成为限制调制速率的主要因素。这是因为在幅度为 I_p 的电脉冲开始起作用之前,有一个由下式给定的时延 t_d(见习题 4.19):

$$t_d = \tau \ln\frac{I_p}{I_p + (I_B - I_{th})} \tag{4.50}$$

用来获得能提供足够增益以克服激光谐振腔中光损失的反转粒子数量。在式(4.50)中,参数 I_B 是偏置电流、τ 是当复合区内总电流 $I = I_p + I_B$ 接近阈值电流 I_{th} 时的载流子平均寿命。从式(4.50)显而易见,可通过在半导体激光器上施加与受激辐射阈值电流大小相等的直流偏置来消除此时延。因此仅当工作范围在阈值以上时(见图 4.21),才对激光器进行脉冲调制。在此范围内,载流子寿命缩短到与受激辐射寿命相同,因而可获得较高的调制速率。

在高速传输系统中,当对半导体激光器进行直接调制时,调制频率必须小于激光场的张弛振荡频率。张弛振荡频率由自发寿命与光子寿命决定。理论上,若假设光增益与载流子浓度线性相关时,张弛振荡频率约为

$$f = \frac{1}{2\pi}\frac{1}{(\tau_{sp}\tau_{ph})^{1/2}}\left(\frac{I}{I_{th}} - 1\right)^{1/2} \tag{4.51}$$

对腔长为 300 μm 的激光器,τ_{sp} 约为 1 ns、τ_{ph} 的大小在 2 ps 的量级上,于是当注入电流约为阈值电流的两倍时,调制频率的最大值约为几吉赫兹。作为例子,图 4.27 给出了一个张弛振荡频率为 3 GHz 的激光器的调制特性。

4.3.8 激光器输出谱宽

在非半导体激光器中,如固态激光器,其噪声来自于自发辐射效应,这将导致输出激光出现有限频谱宽度或称线宽 $\Delta\nu$。然而,半导体激光器线宽比这种理论上指出的要大得多。在半导体材

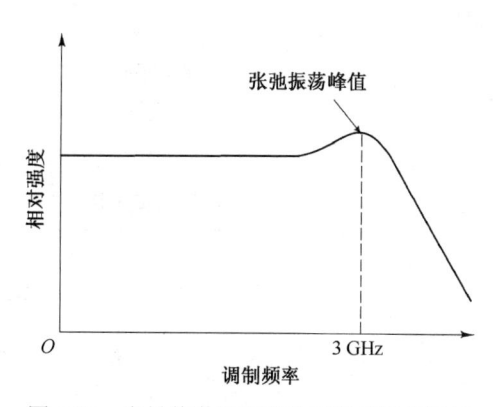

图 4.27 半导体激光器张弛振荡峰值的例子

料中，光增益和折射率都依赖于媒质中的实际载流子浓度。这将导致折射率与增益之间的耦合，即会产生相位噪声和光强度之间的相互作用。理论计算的结果为[10]

$$\Delta v = \frac{R_{sp}}{4\pi I}(1+\alpha^2) \tag{4.52}$$

式中，I 是谐振腔中的平均光子数，R_{sp} 是自发辐射率[见式(4.30)]，参数 α 是线宽增强因子。由公式基本可以看出在半导体激光器中，线宽随因子$(1+\alpha^2)$增加而增大。

式(4.52)中的线宽表达式用输出光功率 P_{out} 可以表示为

$$\Delta v = \frac{V_g^2 \, hvg_{th} n_{sp} \alpha_t}{8\pi P_{out}}(1+\alpha^2) \tag{4.53}$$

式中，V_g 是光的群速度，hv 是光子能量，g_{th} 是阈值增益，α_t 是腔损耗[见式(4.28)]，n_{sp} 是自发辐射因子(发光模式相耦合的自发辐射与总的自发辐射的比值)。

从式(4.53)可以看出，多种变量可影响激光器线宽的幅度。例如，当激光器输出功率增大时，Δv 将减小。α 因子的值也与线宽有关。这种无量纲的 α 因子通常的取值范围在 2.0～6.0 内，在这一范围内得到的计算值与实验值吻合较好。另外，激光器的构造也对线宽有影响，因为 α 因子的值随所采用的材料类型和激光器的结构不同而有所差异。如多量子阱激光器结构的 α 因子值要比块材料结构的小，而量子点激光器更小。DFB 激光器线宽值为 5～10 MHz(或约等效于 10^{-4} nm)。

当采用直接调制来改变输出光强度时，激光器的线宽也会显著地增加。这种谱线展宽效应称为啁啾效应，8.2.6 节将做详细解释。

4.3.9 外调制

当激光器发射机采用直接调制时，驱动电流控制激光器通断的过程会使得其线宽展宽。这种现象称为啁啾，这也使得在处理速率高于 2.5 Gbps 的数据时不宜采用直接调制。在高速应用中更适合采用外调制器，如图 4.28 所示。光源发出恒定幅度的光信号进入外调制器。这种调制方式下，外调制器的电驱动信号动态地改变调制器输出光功率的大小而不是改变激光器的输出光幅度，这就产生了随时间变化的光信号。外调制器可以同光源一并嵌入到同一封装中，也可以形成单独的器件。两种主要的器件类型是电光相位调制器及电吸收调制器[16, 17]。

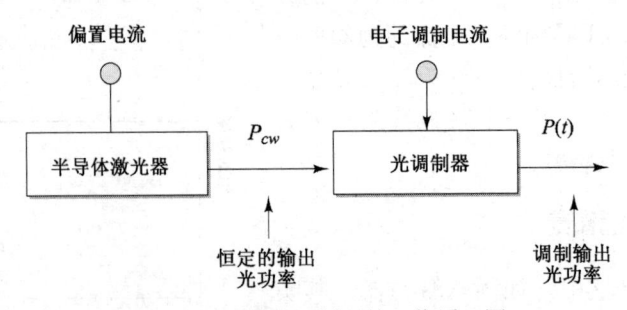

图 4.28 一般外调制器的工作原理图

电光(EO)相位调制器[也称为马赫-曾德尔(Mach-Zehnder)调制器或 MZM]的典型材料是铌酸锂(LiNbO₃)。电光调制器将光束对半分成两束并通过两个独立的路径传输，如图 4.29

所示。然后高速调制电信号改变其中一条路径中的光信号相位。完成之后两路信号又在输出端相遇，由于相位的改变，这两路信号合并后会相消或者相长。相长合并产生大信号，相应为 1 脉冲。另一方面，相消合并的两分路信号在合束器输出端相互抵消，因此没有输出信号，对应的就是 0 脉冲。$LiNbO_3$ 调制器是独立封装器件，其长度可达 12 cm(约为 5 英寸)。

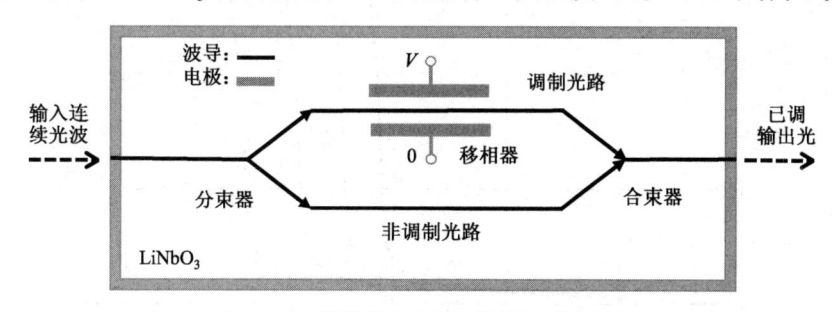

图 4.29 铌酸锂电光调制器的工作原理

电吸收调制器(EAM)通常是用电光衬底制作的，比如磷化铟(InP)。如图 4.30 所示，EMA 通过电信号改变光路中材料的传输特性，使得 1 脉冲可以通过而 0 脉冲不能通过。因为 EMA 采用的材料为 InP，可以集成到相同的衬底上作为 DFB 激光二极管芯片。完整的激光器加上调制器模块可以一起置于蝶形封装中，相比采用独立的激光器加上铌酸锂调制器的封装方法，此方法可以降低驱动电压、功率以及空间需求。

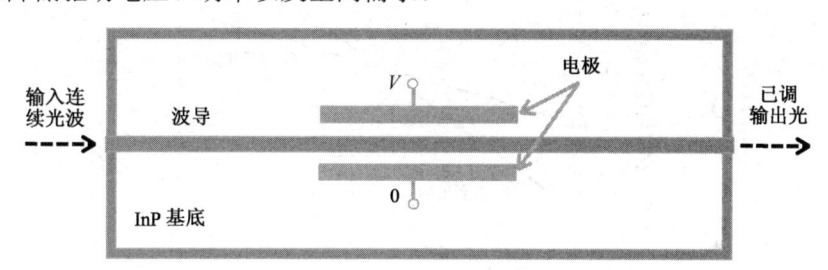

图 4.30 电吸收调制器(EAM)的工作原理

4.3.10 激光器阈值的温度特性

在半导体激光器的应用中，一个值得考虑的重要因素是温度对阈值电流的影响 $I_{th}(T)$。在所有类型的半导体激光器中，由于各种复杂的温度影响因素，这个参数会随温度的上升而增加。由于各种影响因素非常复杂，不可能用单一的方程来描述各种器件在所有温度范围内的关系。但可由以下经验公式来粗略表示 I_{th} 随温度的变化：

$$I_{th}(T) = I_z \exp(T/T_0) \tag{4.54}$$

式中，T_0 是一个特征温度，它是激光器对温度敏感程度的度量，I_z 是一个常数。对于常规条形结构 GaAlAs 半导体激光器，在接近室温时，T_0 的典型值为 120℃~165℃。图 4.31 中给出了一个 T_0 = 135℃、I_z = 52 mA 的激光器的曲线阈值电流在 20℃到 60℃之间，以约为 1.4 的因数增大。I_{th} 随温度的变化量约为 0.8/℃，如图 4.32 所示。GaAlAs 量子阱异质结激光器的阈值电流 I_{th} 受温度影响相对要小些。对于这样的激光器，T_0 可高达 437℃。图 4.32 中也给出了这种器件的温度相关参数 I_{th} 的曲线。对这种特殊的激光器，I_{th} 随温度的变化量约为 0.23%/℃。

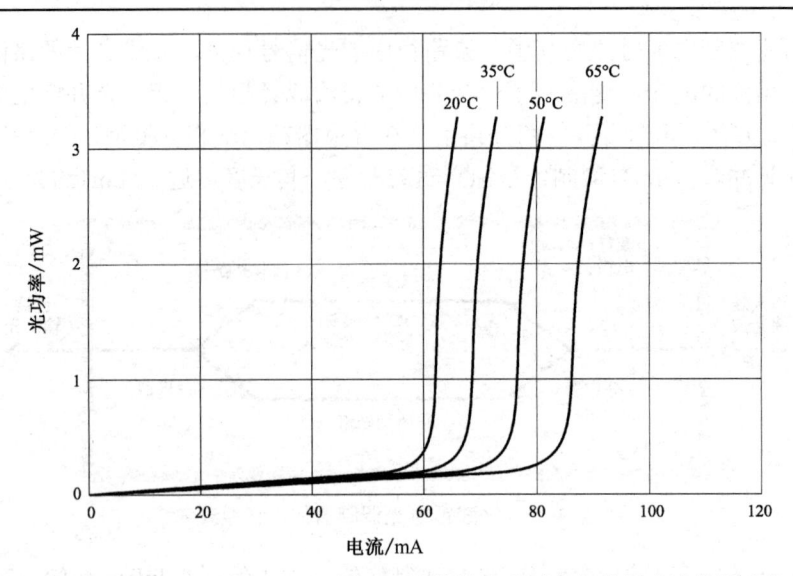

图 4.31　特定半导体激光器($T_0 = 135℃$、$I_z = 52\ mA$)的输出光功率与偏置电流的温度相关特性曲线

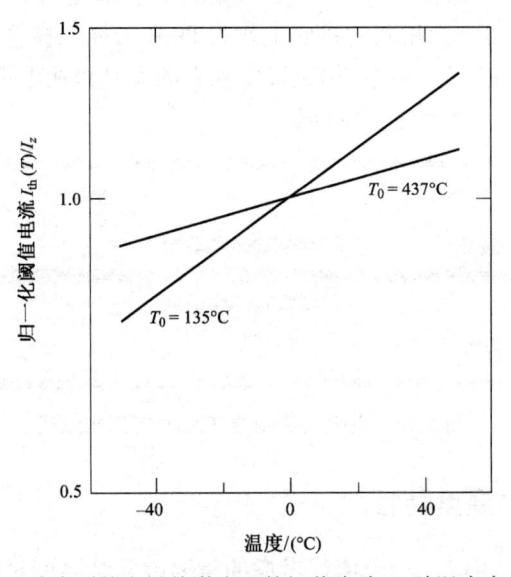

图 4.32　两种类型的半导体激光器的阈值电流 I_{th} 随温度变化的曲线

另外，受激辐射阈值也会随激光器的使用年限而变化。因此，若想当激光器的温度和使用年限变化时仍保持恒定的输出功率，就必须调整直流偏置电流。能自动完成这样功能的可能方案是光反馈。

可以用一个光检测器获得光反馈，可以通过感应激光器后端面辐射光功率的变化而实现，或是从激光器前端面与光纤的耦合辐射功率中取出一部分并加以监控。光检测器将输出光功率与参考功率相比较，然后根据比较结果自动调整直流偏置电流，最终使光功率峰值保持为一个稳定值。所使用的光检测器在一个较宽的温度范围内应具备长期稳定的反应能力。当工作波长在 800～900 nm 范围时，Si 光电二极管一般都具有以上特性（见第 6 章）。

另一种稳定半导体激光器输出光功率的标准方法就是采用微型热电制冷器[18]，这种器件使激光器保持恒温，最终达到稳定输出功率的目的。一般情况下，热电制冷器与后端面的检测器反馈环相连，如图4.33所示。

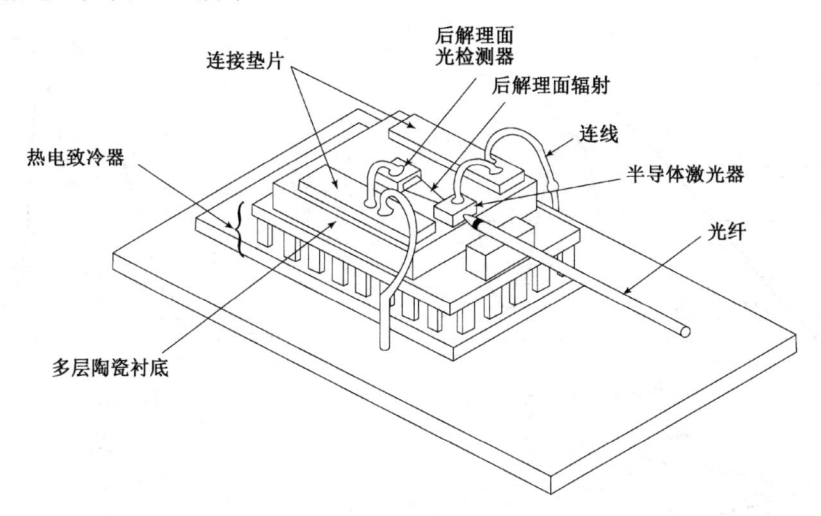

图4.33 使用热电制冷器来保持温度稳定的半导体激光器发射机的结构

例4.15 某工程师有特征温度 $T_0 = 135℃$ 的 GaAlAs 激光器及 $T_0 = 55℃$ 的 InGaAsP 激光器。当温度从20℃上升到65℃时，比较这两种激光器的阈值电流改变的百分比。

解：(a) 令 $T_1 = 20℃$，$T_2 = 65℃$，从式(4.54)可以得到 GaAlAs 激光器阈值电流的增加为

$$\frac{I_{th}(65\ ℃)}{I_{th}(20\ ℃)} = \exp[(T_2 - T_1)/T_0]$$
$$= \exp[(65 - 20)/135]$$
$$= 1.40 = 140\%$$

(b) 同理令 $T_1 = 20℃$，$T_2 = 65℃$，从式(4.54)可以得到 InGaAsP 激光器阈值电流的增加为

$$\frac{I_{th}(65\ ℃)}{I_{th}(20\ ℃)} = \exp[(T_2 - T_1)/T_0]$$
$$= \exp[(65 - 20)/55]$$
$$= 2.27 = 227\%$$

4.4 光源的输出线性特性

若能提供一种方法来补偿器件的非线性，高辐射强度的 LED 和半导体激光器是最适合宽带模拟应用的光源。在模拟系统中，时变模拟电信号 $s(t)$ 直接调制光源（偏置电流点为 I_B）（见图4.34）。设无信号输入时，输出光功率为 P_t，则当输入信号为 $s(t)$ 时，输出光信号 $P(t)$ 为

$$P(t) = P_t[1 + ms(t)] \tag{4.55}$$

其中 m 是调制指数（或调制深度），它定义为

$$m = \frac{\Delta I}{I'_B} \tag{4.56}$$

本式中，对 LED 有 $I'_B = I_B$，对半导体激光器有 $I'_B = I_B - I_{th}$。参数 ΔI 是电流相对于偏置点的变化。为了防止输出信号失真，调制必须限制在输出光功率驱动电流曲线的线性部分。此外，

如果ΔI大于I'_B(也就是m大于1),信号的下半部将会部分地被切除,这将产生严重的失真。在模拟系统中,m的典型值在$0.25 \sim 0.5$之间。

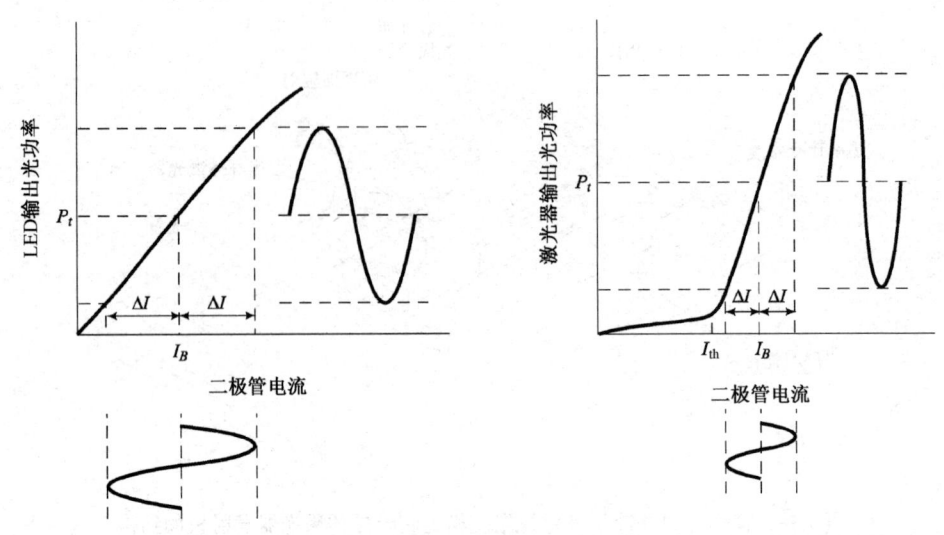

图4.34　LED(左)和半导体激光器(右)在模拟应用中的偏置点和幅度调制范围

在模拟应用中,任何的器件非线性都将使输出信号产生输入信号所不包含的频率成分。其中,谐波失真与互调失真(IMD)是两种比较重要的非线性作用。如果输入到非线性器件的信号是简单的余弦信号$x(t) = A\cos\omega t$,则输出信号为

$$y(t) = A_0 + A_1 \cos \omega t + A_2 \cos 2\omega t + A_3 \cos 3\omega t + \cdots \tag{4.57}$$

也就是说,输出信号将包含输入频率ω的附加寄生成分:零频直流、二次谐波2ω、三次谐波3ω以及更高阶的谐波。这种作用就是所谓的谐波失真。n阶谐波失真的分贝值由下式给定:

$$n \text{阶谐波失真} = 20 \log \frac{A_n}{A_1} \tag{4.58}$$

为求得互调失真,设非线性器件的调制信号为两个余弦波之和:$x(t) = A_1\cos\omega_1 t + A_2\cos\omega_2 t$,于是输出信号有以下形式:

$$y(t) = \sum_{m,n} B_{mn} \cos(m\omega_1 + n\omega_2) \tag{4.59}$$

式中$m, n = 0, \pm 1, \pm 2, \pm 3, \cdots$。此信号包含了$\omega_1$和$\omega_2$的所有谐波以及两者交叉项如$\omega_2 - \omega_1$、$\omega_2 + \omega_1$、$\omega_2 - 2\omega_1$、$\omega_2 + 2\omega_1$等。这些和频项与差频项引起了互调失真。系数$m$和$n$的绝对值之和决定了互调失真的阶数。例如,二阶互调分量频率为$\omega_1 \pm \omega_2$,其幅度为B_{11};三阶互调分量频率为$\omega_1 \pm 2\omega_2$及$2\omega_1 \pm \omega_2$,其幅度分别为B_{12}和B_{21},等等。$m \neq 0$、$n = 0$或$m = 0$、$n \neq 0$时,也会有谐波失真,它们的幅度分别为B_{m0}和B_{0n}。奇数阶的互调分量满足$m = n \pm 1$(如$2\omega_1 - \omega_2$、$2\omega_2 - \omega_1$、$3\omega_1 - 2\omega_2$等),由于它们通常落在信道带宽以内,因此影响也最大。其中,往往只有三阶项值得重点考虑,这是因为高阶项的幅度会变得很小。如果工作频带小于一个倍频程,除三阶项以外所有的其他互调分量都会落在通带以外,在接收机端采用适当的滤波器可以将它们完全滤除。

4.5 小结

本章分析了异质结构造的发光二极管和半导体激光器的工作特性。首先介绍这些光源的基本结构，即不同半导体材料的夹层式结构。这种分层结构是为了限制电和光载流子，从而形成高功率输出和高效能的光源。光源基本材料主要是工作在 800 nm 到 900 nm 波长区间的三元合成 GaAlAs 以及工作在 1100 nm 到 1700 nm 区间的四元合成 InGaAsP。

光源的调制能力以及在输入瞬时电流脉冲时光源的响应，是与量子效率相关的一种重要特性。特别需要注意的是通过减小光源的直流偏置电压，可降低电驱动脉冲与光输出之间的时延。加载偏置电压能减小二极管寄生空间电荷电容，从而引起载流子注入有源区的时延。而注入时延会延迟光功率输出。

在选取发光二极管或半导体激光器作为光源时，需要权衡各自器件的优缺点。半导体激光器主要在以下几方面优于发光二极管：

1. 响应时间更快，半导体激光器具备更高的调制速率(即更高的传输速率)；
2. 激光器输出谱宽更窄，在传输过程中因色散导致的脉冲展宽会更小；
3. 激光器耦合到光纤的功率更高，从而传输距离会更长。

相对于发光二极管，半导体激光器的缺点主要有以下几个方面：

1. 构造更复杂，这主要是因为半导体激光器需在较小的激光腔内进行限流，这也使其价格比发光二极管更高。
2. 输出功率与温度密切相关，这增加了激光器发送电路的复杂度。如果半导体激光器用在外部温度变化范围较大的地方，就必须用冷却装置(如热电制冷器)使激光器维持恒定温度，或者使用能感知激光阈值的电路，调整偏置电流从而改变温度。比较典型的控制温度的方法是使用热电制冷器。

对于高速长距离通信来说，激光器必须是单模的，即只能包含单个纵向模和单个横向模。这样光发送序列谱宽会较窄。常用的单模激光器包括分布反馈式(DFB)半导体激光器和垂直腔表面发射(VCSEL)半导体激光器。

习题

4.1 测量结果表明，GaAs 的带隙能量 E_g 按以下经验公式随时间变化：
$$E_g(T) \approx 1.55 - 4.3 \times 10^{-4} T$$
式中 E_g 的单位为电子伏特(eV)。
通过这个表达式，证明本征电子浓度 n_i 与温度的关系式为
$$n_i = 5 \times 10^{15} T^{3/2} e^{-8991/T}$$

4.2 对 p 型半导体，重复例 4.2 中步骤，特别是要证明当净受主杂质浓度远大于 n_i 时，有 $p_p = N_A$ 和 $n_p = n_i^2/N_A$。

4.3 有两个 $Ga_{1-x}Al_xAs$ 材料 LED：其中一个带隙能量为 1.540 eV，另一个 $x = 0.015$。

(a) 求出第一个 LED 的 Al 摩尔比例 x 和发光波长；

(b) 求出第二个 LED 的带隙能量和发光波长。

4.4 已知 $In_{1-x}Ga_xAs_yP_{1-y}$ 的晶格间距遵循 Vegard 定律。也就是说，对形如 $A_{1-x}B_xC_yD_{1-y}$ 的四元化合物，其中 A、B 是第Ⅲ族元素（如 Al、In 和 Ga），C、D 为第Ⅴ族化合物（如 As、P 和 Sb），其晶格间距 $a(x, y)$ 近似为

$$a(x, y) = xya(BC) + x(1-y)a(BD) + (1-x)ya(AC) + (1-x)(1-y)a(AD)$$

其中 $a(IJ)$ 是二元化合物 IJ 的晶格间距。

(a) 有一 $In_{1-x}Ga_xAs_yP_{1-y}$ 化合物，其中

$$a(GaAs) = 5.6536 \text{ Å}$$

$$a(GaP) = 5.4512 \text{ Å}$$

$$a(InAs) = 6.0590 \text{ Å}$$

$$a(InP) = 5.8696 \text{ Å}$$

$1 \text{ Å} = 10^{-10}$ m，证明此四元化合物的晶格间距为

$$a(x, y) = 0.1894y - 0.4184x + 0.0130xy + 5.8696 \text{ Å}$$

(b) 对于与 InP 晶格匹配的四元化合物，x、y 值可由关系式 $a(x, y) = a(InP)$ 决定，试证明当 $0 \le x \le 0.47$ 时，有近似结果 $y \approx 2.20x$；

(c) 带隙能量与 x、y 的关系可由以下简单经验公式表示：$E_g(x, y) = 1.35 + 0.668x - 1.17y + 0.758x^2 + 0.18y^2 - 0.069xy - 0.322x^2y + 0.33xy^2$。

试求出 $In_{0.74}Ga_{0.26}As_{0.56}P_{0.44}$ 的带隙能量及峰值发光波长。

4.5 由表达式 $E = hc/\lambda$，说明为什么 LED 的 FWHM 功率谱宽在长波长会变得更宽些。

4.6 一双异质结 InGaAsP 材料 LED 的峰值发光波长为 1310 nm，其辐射性复合时间和非辐射性复合时间分别为 25 ns 和 90 ns，驱动电流为 35 mA。

(a) 求出内量子效率和内功率电平；

(b) 如果光源材料的折射率为 $n = 3.5$，求器件的发射功率。

4.7 假设 LED 中注入的少数载流子寿命为 5 ns，且当加入恒定直流驱动时器件的输出光功率为 0.30 mW。利用式 (4.18) 画出当 LED 调制频率范围在 20～100 MHz 时，器件的输出光功率图；并指出当调制频率较高时，LED 的输出光功率会发生什么变化。

4.8 设有一个 LED，其少数载流子寿命为 5 ns，试求它的 3 dB 光带宽和 3 dB 电带宽。

4.9 (a) 有一个 GaAlAs 半导体激光器，其谐振腔长为 500 μm，腔内的有效吸收系数为 10 cm^{-1}。两端的未涂覆解理面的反射率为 0.32。求在受激辐射阈值条件下的光增益；

(b) 若在激光器的一端涂覆一层电介质反射材料，使其折射率变为 90%，试求在受激辐射阈值条件下的光增益；

(c) 若它的内量子效率为 0.65，试求 (a) 和 (b) 中的外量子效率。

4.10 求 $Ga_{1-x}Al_xAs(x = 0.03)$ 半导体激光器的外量子效率。已知它的光功率与驱动电流的比值为 0.5 mW/mA。

4.11 在法布里-珀罗激光腔中，水平横向光场限制因子 Γ_T 和垂直横向光场限制因子 Γ_L 的近似表达式分别为

$$\Gamma_T = \frac{D^2}{2+D^2} \qquad D = \frac{2\pi d}{\lambda}\left(n_1^2 - n_2^2\right)^{1/2}$$

和

$$\Gamma_L = \frac{W^2}{2+W^2} \qquad W = \frac{2\pi w}{\lambda}\left(n_{\text{eff}}^2 - n_2^2\right)^{1/2}$$

式中

$$n_{\text{eff}}^2 = n_2^2 + \Gamma_T\left(n_1^2 - n_2^2\right)$$

这里 W 和 D 分别表示有源区的宽度和厚度，n_1 和 n_2 分别代表谐振腔内外的折射率。

(a) 有一个 1300 nm 的 InGaAsP 半导体激光器，其有源区为 0.1 μm 厚、1.0 μm 宽、250 μm 长，折射率分别为 $n_1 = 3.55$ 和 $n_2 = 3.20$。试求水平光场限制因子和垂直光场限制因子分别为多少？

(b) 假设总的限制因子 $\Gamma = \Gamma_T \Gamma_L$ 已知，若有效吸收系数 $\alpha_{\text{mat}} = 30 \text{ cm}^{-1}$、解理面反射率 $R_1 = R_2 = 0.31$，试求增益阈值为多少？

4.12 一峰值发光波长在 800 nm 的 GaAs 激光器，其谐振腔长 400 μm，且材料折射率 $n = 3.6$。如果增益 g 在 750 nm<λ<850 nm 的范围内都大于总损耗系数 α_t，试求此激光器中能存在多少个模式？

4.13 一峰值发光波长 $\lambda_0 = 850$ nm 的激光器，其增益谱宽 $\sigma = 32$ nm、增益峰值 $g(0) = 50 \text{ cm}^{-1}$。由式(4.41)画出 $g(\lambda)$，如果 $\alpha_t = 32.2 \text{ cm}^{-1}$，并标出此激光器的受激辐射区域。如果激光器谐振腔长为 400 μm、材料折射率 $n = 3.6$，试求激光器中有多少个模式被激励？

4.14 在式(4.46)的推导过程中假设折射率 n 与波长无关。

(a) 试证明当 n 与 λ 相关时，有

$$\Delta\lambda = \frac{\lambda^2}{2L(n - \lambda\, dn/d\lambda)}$$

(b) 如果 GaAs 激光器的群折射率 ($n - \lambda dn/d\lambda$) 在 850 nm 处为 4.5，试求当谐振腔长为 400 μm 时激光器的模式间距。

4.15 对于强载流子限制结构激光器，受激辐射阈值电流密度 J_{th} 与受激辐射阈值光增益 g_{th} 之间有一个很好的近似关系 $g_{\text{th}} = \beta_{\text{dev}} J_{\text{th}}$，式中 β_{dev} 是一个由特定器件结构决定的常数。有一个 GaAs 激光器，光学谐振腔长 250 μm、宽 100 μm。在正常工作温度下，增益因子 $\beta_{\text{dev}} = 21\times 10^{-3} \text{ A/cm}^3$，有效吸收系数 $\alpha_{\text{mat}} = 10 \text{ cm}^{-1}$。

(a) 如果折射率为 3.6，求出阈值电流密度 J_{th} 和阈值电流强度 I_{th}，假设激光器的端面没有进行涂覆且电流严格限制在光谐振腔中；

(b) 若激光器的谐振腔宽度降为 10 μm，求此时阈值电流为多少？

4.16 按照量子力学，图 4.23 中量子阱激光器的电子和空穴能级分布遵循下列关系式：

$$E_{ci} = E_c + \frac{h^2}{8d^2}\frac{i^2}{m_e} \qquad i = 1, 2, 3, \cdots\text{（适应于电子）}$$

和

$$E_{vj} = E_v - \frac{h^2}{8d^2}\frac{j^2}{m_h} \qquad j = 1, 2, 3, \cdots \text{（适应于空穴）}$$

式中 E_c 和 E_v 分别是导带能量和价带能量（见图 4.1），d 是有源层厚度，h 是普朗克常数，m_e 和 m_h 为例 4.1 中所定义的电子质量和空穴质量。可能引起光子辐射的能级跃迁由下式给定：

$$\Delta E_{ij} = E_{ci} - E_{vj} = E_g + \frac{h^2}{8d^2}\left(\frac{i^2}{m_e} + \frac{j^2}{m_v}\right)$$

如果 GaAs 的 $E_g = 1.43$ eV，当有源层厚度 $d = 5$ nm 时，求 $i = j = 1$ 能级跃迁的辐射波长。

4.17 在多量子阱激光器中，外量子效率与温度的关系可由下式表示：

$$\eta_{\text{ext}}(T) = \eta_i(T)\frac{\alpha_{\text{end}}}{N_w[\alpha_w + \gamma(T - T_{\text{th}})] + \alpha_{\text{end}}}$$

式中 $\eta_i(T)$ 是内量子效率、α_{end} 是由式(4.28)给出的激光腔镜面损耗、N_w 是量子阱数目、T_{th} 是阈值温度、α_w 是当 $T = T_{\text{th}}$ 时量子阱的内损耗、γ 是温度相关内量子参量。考虑一个有 6 个量子阱、350 μm 长的 MQW 激光器，其相关参数为 $\alpha_w = 1.25$ cm^{-1}、$\gamma = 0.025$ cm^{-1}/K、$T_{\text{th}} = 303$ K。激光腔前解理面为标准的非涂覆面 ($R_1 = 0.31$)，后解理面进行了高反射涂覆处理 ($R_2 = 0.96$)。

(a) 假设内量子效率是一个常数，借助计算机画出 303 K $\leq T \leq$ 375 K 时外量子效率对温度的函数关系图，已知 $T = 303$ K 时 $\eta_{\text{ext}}(T) = 0.8$；

(b) 若驱动电流 $I_d = 50$ mA、$T = 303$ K 时，激光器的输出光功率为 30 mW。在这个固定的驱动电流下，画出 303 K $\leq T \leq$ 375 K 范围内输出光功率对温度的函数关系图。

4.18 一分布反馈式激光器，它的布拉格波长为 1570 nm、二阶光栅周期 $\Lambda = 460$ nm、谐振腔长度为 300 μm。假设有一完全对称的 DFB 激光器，求出其零阶、一阶和二阶受激辐射波长，要求精确到 0.1 nm，并画出相对幅度与波长的关系图。

4.19 当向半导体激光器中输入电流脉冲时，在厚度为 d 的复合区内，注入载流子对的浓度 n 随时间的变化遵循关系式

$$\frac{\partial n}{\partial t} = \frac{J}{qd} - \frac{n}{\tau}$$

(a) 当电流密度在阈值 J_{th} 附近时，注入载流子对浓度为 n_{th}，假设此时复合区内平均载流子寿命为 τ，也就是说在稳态有 $\partial n/\partial t = 0$，因此

$$n_{\text{th}} = \frac{J_{\text{th}}\tau}{qd}$$

若输入强度为 I_p 的电流脉冲到未偏置的半导体激光器中，证明受激辐射开始的时延为

$$t_d = \tau \ln \frac{I_p}{I_p - I_{\text{th}}}$$

在这里，假设 $I = JA$，其中 J 是电流密度，A 是有源区面积。

(b) 若激光器的预偏置电流密度为 $J_B = I_B/A$，此时初始额外载流子对的浓度 $n_B = J_B\tau/qd$，则输入电流脉冲 I_p 时，有源区的电流密度 $J = J_B + J_p$，在这种情形下，推导式(4.50)。

4.20 有一个半导体激光器，其最大平均输出光功率为 1 mW (0 dBm)，用信号 $x(t)$（其直流成分为 0.2、周期成分为 ± 2.56）对激光器进行幅度调制。如果输入电流与输出光功率满足

关系式 $P(t) = i(t)/10$，且调制电流为 $i(t) = I_0[1 + mx(t)]$，试求 I_0 与 m 为多少？

4.21 一光源在给定偏置点，其光功率与驱动电流关系的泰勒级数展开式为

$$y(t) = a_1 x(t) + a_2 x^2(t) + a_3 x^3(t) + a_4 x^4(t)$$

假设调制信号 $x(t)$ 为如下两个频率分别为 ω_1 和 ω_2 的余弦成分之和：

$$x(t) = b_1 \cos\omega_1 t + b_2 \cos\omega_2 t$$

(a) 试求二阶、三阶和四阶互调失真系数 B_{mn}（其中 $m, n = \pm 1、\pm 2、\pm 3、\pm 4$）与 b_1、b_2 和 a_i 的关系式；

(b) 试求二阶、三阶和四阶谐波失真系数 A_2、A_3 和 A_4 与 b_1、b_2 和 a_i 的关系式。

习题解答（选）

4.3 (a) $x = 0.090$，$\lambda = 805$ nm；(b) $E_g = 1.620$ eV，$\lambda = 766$ nm。

4.4 (c) $E_g = 0.956$ eV；$\lambda(\mu m) = 1.240/E_g(eV) = 1.297$ μm。

4.5 对表达式中 E 进行微分得到 $\Delta\lambda = \dfrac{\lambda^2}{hc}\Delta E$。对相同能量间隔 ΔE，谱宽 $\Delta\lambda$ 正比于波长的平方。由此举例 $\dfrac{\Delta\lambda_{1550}}{\Delta\lambda_{1310}} = \left(\dfrac{1550}{1310}\right)^2 = 1.40$。

4.6 (a) $\eta_{int} = 0.783$，$P_{int} = 26$ mW；(b) 0.37 mW。

4.8 3 dB 光带宽 = 9.5 MHz；3 dB 电带宽 = 6.7 MHz。

4.9 (a) 55.6 cm^{-1}；(b) 34.9 cm^{-1}；(c) η_{ext} 分别为 0.53 和 0.46。

4.10 提示：利用式(4.3)得到 $E_g = 1.462$ eV，然后得到 $\lambda = 848$ nm，再利用式(4.38)得到 $\eta_{ext} = 0.342$。

4.11 (a) $\Gamma_T = 0.216$ 和 $\Gamma_L = 0.856$；(b) $\Gamma = 0.185$。

4.12 $\Delta\lambda = 0.22$ nm 产生 455 个模式。

4.13 $\Delta\lambda = 0.25$ nm 产生 240 个模式。

4.14 (b) $\Delta\lambda = 0.20$ nm。

4.15 (a) $J_{th} = 2.65 \times 10^3$ A/cm^2 和 $I_{th} = J_{th} \times 1 \times w = 663$ mA；
(b) $I_{th} = 66.3$ mA。

4.16 $\lambda = 739$ nm。

4.20 $i(t) = I_0[1 + mx(t)]$ mA $= 9.2[1 + 0.42x(t)]$ mA。

原著参考文献

1. L.A. Coldren, S.W. Corzine, M.L. Mashanovitch, *Diode Lasers and Photonic Integrated Circuits*, 2nd edn. (Wiley, 2012)

2. T. Numai, *Fundamentals of Semiconductor Lasers*, 2nd edn. (Springer, 2015)

3. D.J. Klotzkin, *Introduction to Semiconductor Lasers for Optical Communications*（Springer, 2020）

4. D.A. Neaman, 4th edn. *Semiconductor Physics and Devices*（McGraw-Hill, 2012）

5. B.L. Anderson, R.L. Anderson, *Fundamentals of Semiconductor Devices*, 2nd edn.（McGraw-Hill, 2018）

6. S.O. Kasap, *Principles of Electronic Materials and Devices*, 4th edn.（McGraw-Hill, 2018）

7. J.J. Coleman, A.C. Bryce, C. Jagadish (eds.) *Advances in Semiconductor Lasers* (Academic Press, 2012)
8. S. Adachi, III-V ternary and quaternary compounds, Chap. 1, in *Springer Handbook of Electronic and Photonic Materials*, ed. by S. Kasap, P. Capper (Springer 2017)
9. C.A. Burrus, B.I. Miller, Small-area double heterostructure AlGaAs electroluminescent diode sources for optical fiber transmission lines. Opt. Commun. **4**, 307-309 (1971)
10. B.E.A. Saleh, M.C. Teich, *Fundamentals of Photonics*, 3rd edn. (Wiley, 2019)
11. T.P. Lee, Effects of junction capacitance on the rise time of LEDs and the turn-on delay of injection lasers. Bell Sys. Tech. J. **54**, 53-68 (1975)
12. M.N. Zervas, Chap. 1, Advances in fiber distributed-feedback lasers, in *Optical Fiber Telecommunications Vol. VIA: Components and Subsystems*, ed. by I. Kaminow, T. Li, A.E. Willner (Academic Press, 2013)
13. E.O. Odoh, A.S. Njapba, A review of semiconductor quantum well devices. Adv. Physics Theories Appl. **46**, 26-32 (2015)
14. R. Michalzik, *VCSELs: Fundamentals, Technology and Applications of Vertical-Cavity Surface-Emitting Lasers* (Springer 2013)
15. C.C. Shen et al., Design, modeling, and fabrication of high-speed VCSEL with data rate up to 50 Gb/s. Nanoscale Res. Lett. **14**, 276 (2019)
16. M. Mohsin, D. Schall, M. Otto, A. Noculak, D. Neumaier, H. Kurz, Graphene based low insertion loss electroabsorption modulator on SOI waveguide. Opt. Express, **22**(12), 15292-15297 (2014)
17. M. He et al., High-performance hybrid silicon and lithium niobate Mach-Zehnder modulators for 100 Gb/s and beyond. Nat. Photon. **13**(5), 359-364 (2019)
18. W. Zhu, Y. Deng, Y. Wang, A. Wang, Finite element analysis of miniature thermoelectric coolers with high cooling performance and short response time. Microelectron. J. **44**, 860-868 (2013)

第 5 章 光功率耦合

摘要： 在检查光纤特性以及其关联光源之后，下一步是研究如何利用某种发光光源高效地将其光功率发射到特定的光纤中。与之相关的问题是如何将光功率从一条光纤中耦合至另一条光纤。每种连接技术将受到某些外部条件的制约，这些条件会导致接头处出现不同程度的光功率损耗。本章内容在于重点阐释这些制约条件，并研究使其损耗影响最小的方法。

在实现光纤链路的过程中，存在着两个主要的系统问题：如何将某种类型的光源发射的光功率送进一根特定的光纤，以及如何将光功率从一根光纤耦合进另外一根光纤。从光源发射的光功率进入光纤需要考虑一系列因素，如光纤的数值孔径、光纤的纤芯尺寸、光纤的折射率剖面和光纤的纤芯包层折射率差。除此之外，还应考虑光源的尺寸、辐射强度和光功率的角分布。

在光源发射的全部光功率中，能耦合进光纤的光功率比例，通常用耦合效率 η 来度量，其定义为

$$\eta = \frac{P_F}{P_S}$$

式中，P_F 为耦合进光纤的功率，P_S 为光源发射的功率。发射效率或耦合效率取决于和光源连接的光纤类型和耦合的实现过程，例如，是否采用透镜或其他耦合改进方案。

实际上，许多光源供应商提供的光源都附有一短截光纤(长约 1 m 或更短)，使其功率耦合处于最佳状态。这一段短光纤通常称为"跳线"或"尾纤"。因此，对这些带有尾纤的光源的功率耦合问题就被简化为一个更简单的形式，即从一根光纤到另一根光纤的光功率耦合问题。对此需要考虑的影响包括光纤位置偏差、不同的纤芯尺寸、数值孔径和纤芯的折射率剖面；除此之外，还需要对光纤端面进行预处理，使之与其轴线垂直并保持光纤的头端面的清洁和平滑。

另外，也有将光源及接收光纤集成并封装在一个发射机内，此时光纤到光纤的耦合只需简单地用连接器将光缆与发射机连在一起。最常用的商用化连接器，是一种称为小型光纤连接头(SFF)结构以及 SFF 可插拔(SFP)器件。

5.1 光源至光纤的功率耦合

对于光源功率输出，一种方便而有用的度量是在给定驱动电流下光源辐射强度(或称亮度)的角分布。辐射强度的角分布是单位发射面积射入单位立体角内的光功率，通常以单位平方厘米、单位球面度内的瓦特数来度量。由于能够耦合进光纤的光功率取决于辐射角分布(也就是光功率的空间分布)，当考虑光源光纤耦合效率时，光源的辐射角分布与光源输出总功率相比是一个更重要的参数。

5.1.1 光源的辐射圈

为确定光纤的光功率接收能力,首先必须知道光源的空间辐射方向图,这一方向图是相当复杂的。考虑如图 5.1 所示的一个球坐标系,R、θ 和 ϕ 表征三个坐标变量,发射面的法线为其极轴。通常辐射强度既是 θ 的函数又是 ϕ 的函数,同时还随发光面上位置的变化而变化。为简化分析,可以作一个合理的假设,即在光源发光面内其发射是均匀的。

面发射的 LED 用朗伯光源的输出方向图来表征,这种方向图意味着从任何方向观察,光源是等亮度的。在相对于发射面的垂直线 θ 角度上,测量光源发出的功率随 $\cos\theta$ 变化,因为随着观察方向的变化,发射面的投影也随 $\cos\theta$ 变化。因此,朗伯光源的发射方向图用下面的关系式来表示:

$$L(\theta,\phi) = L_0\cos\theta \tag{5.1}$$

式中,L_0 是沿辐射面垂直方向的辐射强度。这种光源的辐射方向图如图 5.2 所示。

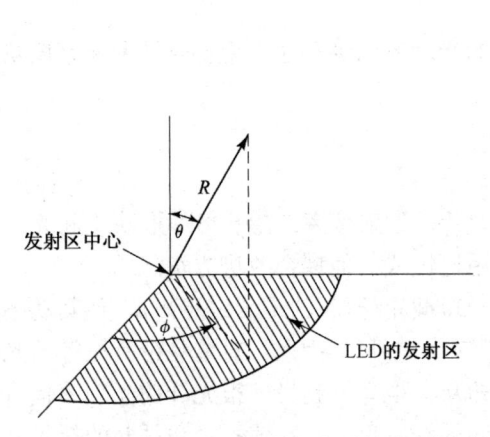

图 5.1 用于表征光源辐射方向图的球坐标系

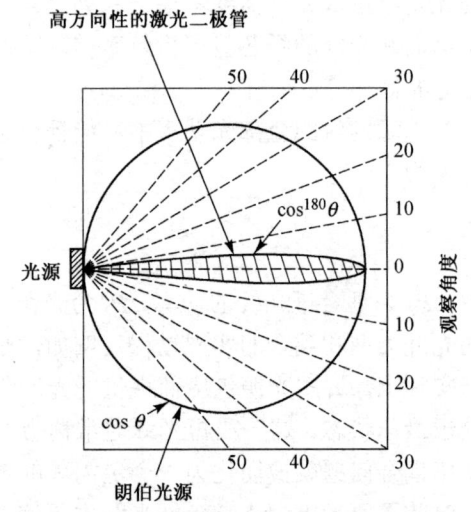

图 5.2 朗伯光源的辐射方向图和强方向性的半导体激光器的水平输出方向图,这两种光源的 L_0 都是归一化的

训练题 5.1 (a)朗伯 LED 发出的光成什么角度时其测量的功率为发出功率的一半?这个方向也称为半功率点;(b)在中心线以下当光与轴成多少度角的时候强度只有发出的 40%。

答案:[(a) 60°; (b) 67°]

边发光 LED 和半导体激光器有更复杂的发射方向图。这些器件在 LED 的 pn 结平面的水平方向和垂直方向分别有不同的辐射角分布 $L(\theta,0°)$ 和 $L(\theta,90°)$。辐射角分布可以近似为以下的一般形式[1,2]:

$$\frac{1}{L(\theta,\phi)} = \frac{\sin^2\phi}{L_0\cos^{d_1}\theta} + \frac{\cos^2\phi}{L_0\cos^{d_2}\theta} \tag{5.2}$$

式中的整数 d_1 和 d_2 分别是横向的和侧向的功率分布系数。

例 5.1 图 5.2 比较了朗伯光源和半导体激光器的输出方向图,此半导体激光器具有水平方向($\phi = 0°$),半功率光束宽度 $2\theta = 10°$。求其侧向功率分布系数。

解:由式(5.2)可得

$$L(\theta = 5°, \phi = 0°) = L_0(\cos 5°)^{d_2} = 0.5L_0$$

求解 d_2,可以得到

$$d_2 = \frac{\log 0.5}{\log(\cos 5°)} = \frac{\log 0.5}{\log 0.9962} = 182$$

由此可见,半导体激光器更窄的输出光束可以让更多的光功率耦合进光纤中。

训练题 5.2 请验证当激光二极管的角度 $\phi = 45°$,$\theta = 5°$ 且 $d_1 = 150$,$d_2 = 1$ 时辐射角 $L(\theta, \phi) = 0.721L_0$。

训练题 5.3 对于激光二极管,调整的朗伯光源接近于 $L = L_0\cos^m\theta$ 的发射形式。假设用同样的激光二极管 -3 dB 的功率水平以 15° 角入射到发射面,试说明其 m 的值为 20。

一般而言,对于边发光,$d_2 = 1$(这是 120° 半功率光束宽度的朗伯分布),而 d_1 的值要更大一些。对于半导体激光器,d_1 的值可能超过 100。

5.1.2 功率耦合计算

为了计算耦合进光纤的最大光功率,首先考虑如图 5.3 所示的亮度 $L(A_s, \Omega_s)$ 对称光源的情形,其中 A_s,Ω_s 分别是光源上的面积和发射立体角。在此,光纤的端面在光源发射面中心并且其位置尽可能地靠近光源。耦合功率可以用下面的关系式计算:

$$\begin{aligned}P &= \int_{A_f} dA_s \int_{\Omega_f} d\Omega_s L(A_s, \Omega_s) \\ &= \int_0^{r_m} \int_0^{2\pi} \left[\int_0^{2\pi} \int_0^{\theta_A} L(\theta, \phi)\sin\theta \, d\theta \, d\phi\right] d\theta_s \, r \, dr\end{aligned} \tag{5.3}$$

式中,光纤的端面 A_f 和接收角立体 Ω_f 给定了积分的上下限。在这个表达式中,第一步首先将处于发射面上的一个单独的辐射点源的辐射角分布函数 $L(\theta, \phi)$ 在光纤所允许的立体接收角上进行积分,这一积分就是括号内的表达式,其中 θ_A 是光纤的最大接收角,它与数值孔径 NA 有关,可以利用式(2.23)计算得到。总的耦合功率可以通过计算面积为 $d\theta_s r dr$ 的每一个单独发射元所发射的光功率总和来决定,也就是说,在发射面积上进行积分。为了简化起见,这里发射面被视为圆形。如果光源的半径 r_s 小于光纤的纤芯半径 a,那么积分上限 $r_m = r_s$;如果光源面积大于纤芯的面积,则有 $r_m = a$。

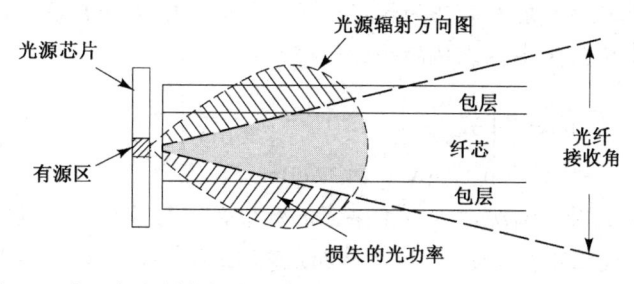

图 5.3 光源与光纤的耦合示意图,在最大接收角以外的光将损失

作为一个例子，假设一个面发射的 LED，其半径 r_s 小于纤芯的半径 a，由于这是一个朗伯光源，将式(5.1)代入式(5.3)可得

$$P = \int_0^{r_s} \int_0^{2\pi} \left(2\pi L_0 \int_0^{\theta_A} \cos\theta \sin\theta \, d\theta \right) d\theta_s \, r \, dr$$

$$= \pi L_0 \int_0^{r_s} \int_0^{2\pi} \sin^2\theta_A \, d\theta_s \, r \, dr \quad (5.4)$$

$$= \pi L_0 \int_0^{r_s} \int_0^{2\pi} \mathrm{NA}^2 \, d\theta_s \, r \, dr$$

式中的数值孔径 NA 由式(2.23)定义。对于阶跃折射率光纤，其数值孔径与光纤头端面的 θ_s 和 r 无关，因此式(5.4)变为(当 $r_s < a$ 时)

$$P_{\mathrm{LED,step}} = \pi^2 r_s^2 L_0 (\mathrm{NA})^2 \approx 2\pi^2 r_s^2 L_0 n_1^2 \Delta \quad (5.5)$$

现在考虑从面积为 A_s 的光源发射到半球区域中的全部光功率 P_s，它由下式给出：

$$P_s = A_s \int_0^{2\pi} \int_0^{\pi/2} L(\theta, \phi) \sin\theta \, d\theta \, d\phi$$

$$= \pi r_s^2 2\pi L_0 \int_0^{\pi/2} \cos\theta \sin\theta \, d\theta \quad (5.6)$$

$$= \pi^2 r_s^2 L_0$$

因此，可以将式(5.5)表示为 P_s 的函数，即

$$P_{\mathrm{LED,step}} = P_s (\mathrm{NA})^2, \qquad r_s \leq a \quad (5.7)$$

当发射区的半径大于纤芯的半径 a 时，只有部分面积 $\pi a^2 / \pi r_s^2$ 上的功率可以耦合进光纤，因此式(5.7)变为

$$P_{\mathrm{LED,step}} = \left(\frac{a}{r_s}\right)^2 P_s (\mathrm{NA})^2, \qquad r_s > a \quad (5.8)$$

例 5.2 考虑一个 LED，其圆形发射区半径为 35 μm，并且在给定的驱动电流下，朗伯辐射方向图的轴向辐射强度为 150 W/(cm²·sr)。让我们比较耦合进两根阶跃折射率光纤中的光功率，其中一根光纤纤芯半径为 25 μm，数值孔径 NA = 0.20，而另一根光纤纤芯半径为 50 μm，数值孔径 NA = 0.20。

解：对于更大芯径的光纤，可以使用式(5.6)和式(5.7)得到

$$P_{\mathrm{LED,step}} = P_s(\mathrm{NA})^2 = \pi^2 r_s^2 L_0 (\mathrm{NA})^2$$

$$= \pi^2 (0.0035 \text{ cm})^2 \times [150 \text{ W/(cm}^2 \cdot \text{sr})] \times (0.20)^2$$

$$= 0.725 \text{ mW}$$

对于光纤端面积小于光源发射面面积的情况，可以利用式(5.8)来计算，计算出的耦合功率小于上面的情形，功率比值为半径比值的平方，即

$$P_{\mathrm{LED,step}} = \left(\frac{25\,\mu\mathrm{m}}{35\,\mu\mathrm{m}}\right)^2 P_s(\mathrm{NA})^2 = \left(\frac{25\,\mu\mathrm{m}}{35\,\mu\mathrm{m}}\right)^2 \times (0.725 \text{ mW})$$

$$= 0.37 \text{ mW} = -4.32 \text{ dBm}$$

对于渐变折射率光纤的情况，光纤上某点的数值孔径与该点到光纤轴的距离 r 有关，用式(2.40)计算。利用式(2.40)和式(2.41)，从面发射 LED 耦合进渐变折射率光纤的功率可表示为(当 $r_s < \alpha$ 时)

$$P_{\text{LED, graded}} = 2\pi^2 L_0 \int_0^{r_s} [n^2(r) - n_2^2] r\, dr$$

$$= 2\pi^2 r_s^2 L_0 n_1^2 \Delta \left[1 - \frac{2}{\alpha + 2} \left(\frac{r_s}{a} \right)^\alpha \right] \quad (5.9a)$$

$$= 2P_s n_1^2 \Delta \left[1 - \frac{2}{\alpha + 2} \left(\frac{r_s}{a} \right)^\alpha \right]$$

式中最后的表达式可从式(5.6)得到。当光源发射光束半径大于光纤纤芯半径时,能耦合进光纤纤芯的光的半径达到极值 $r = a$,其所占面积比为 $(a/r_s)^2$。因此(当 $r_s > a$ 时)有

$$P_{\text{LED, graded}} = 2\pi^2 a^2 L_0 n_1^2 \Delta \frac{\alpha}{\alpha + 2} = \pi^2 a^2 L_0 \text{NA}(0)^2 \frac{\alpha}{\alpha + 2} \quad (5.9b)$$

其中在上式右边利用了式(2.41)来近似计算中心轴的数值孔径 NA(0)。

从具有非圆柱形分布的边缘发射 LED 光功率至光纤中的过程有点复杂[3]。

训练题 5.4 若一个 LED 在给定的驱动电流下光发射区域呈半径为 $r_s = 35\ \mu\text{m}$ 的圆形,朗伯发射形式为 $L_0 = 150\ \text{W}/(\text{cm}^2 \cdot \text{sr})$。(a)试说明当光耦合进纤芯半径为 50 μm,NA(0) = 0.20,α = 2.0 的渐变型光纤时功率为 0.55 mW 即 −2.62 dBm;(b)说明当光耦合进纤芯半径为 25 μm,NA(0) = 0.20,α = 2.0 的渐变型光纤时功率为 0.185 mW 即 −7.33 dBm;(c)将这些结果与例 5.2 中同样尺寸的阶跃型光纤的值进行比较。

上面的分析仅在光源与光纤之间理想耦合的条件下才成立,也就是说,是在光源与纤芯之间媒质的折射率 n 与纤芯折射率 n_1 匹配的条件下得到的。如果二者不等则有部分光能量被反射,损失的能量比率为

$$R = \left(\frac{n_1 - n}{n_1 + n} \right)^2 \quad (5.10)$$

式中的 R 就是所谓菲涅耳反射或光纤端面反射率(见 2.1.1 节)。$r = (n_1 - n)/(n_1 + n)$ 称为反射系数,是反射波与入射波场量幅值之比。

例 5.3 一个折射率为 3.6 的砷化镓光源耦合进折射率为 1.48 的石英光纤中,计算光源与光纤之间的耦合损耗。

解:如果光纤端面和光源在物理上紧密相接,则由式(5.10),在光源和光纤头端的分界面上菲涅耳反射可用下式来表示:

$$R = \left(\frac{n_1 - n}{n_1 + n} \right)^2 = \left(\frac{3.60 - 1.48}{3.60 + 1.48} \right)^2 = 0.174$$

这相当于有 17.4% 的光功率被反射回光源,与这一 R 值相应的耦合功率由下式给定:

$$P_{\text{coupled}} = (1 - R) P_{\text{emitted}}$$

用分贝表示的功率损耗 L_{power} 为

$$L_{\text{power}} = -10 \log \left(\frac{P_{\text{coupled}}}{P_{\text{emitted}}} \right) = -10 \log(1 - R)$$

$$= -10 \log(0.826) = 0.83\ \text{dB}$$

这个值有可能因在光源和光纤端面之间存在折射率匹配物质而减小。

例5.4 一个折射率为3.540的InGaAsP光源耦合进中心折射率为1.480的阶跃光纤。假设光源尺寸比光纤纤芯小，且光源与光纤之间有个小间隙。(a)如果间隙被折射率为1.520的凝胶填满，那么光源耦合进光纤的功率损耗分贝数为多少？(b)如果光源与光纤之间没有凝胶，那么功率损耗又是多少？

解：(a)这里需要考虑两个界面反射率。首先由式(5.10)可得光源对凝胶的反射率为

$$R_{sg} = \left(\frac{n_{sourse} - n_{gel}}{n_{sourse} + n_{gel}}\right)^2 = \left(\frac{3.540 - 1.520}{3.540 + 1.520}\right)^2 = 0.159$$

同样，由式(5.10)可得凝胶对光源的反射率为

$$R_{gf} = \left(\frac{n_{fiber} - n_{gel}}{n_{fiber} + n_{gel}}\right)^2 = \left(\frac{1.480 - 1.520}{1.480 + 1.5202}\right)^2 = 1.777 \times 10^{-4}$$

通过凝胶的匹配作用总的传输就变成了两段独立传输的结果，所以

$$T = (1 - R_{sg}) \times (1 - R_{gf}) = (1 - 0.159) \times (1 - 1.777 \times 10^{-4}) = 0.841$$

功率损耗(比例)为

$$L_{power} = 1 - T = 0.159 \text{（即 15.9\%的功率损耗了）}$$

换算成分贝就是

$$L_{power}(dB) = -10\log(1-R) = -10\log 0.841 = 0.752 \text{ dB}$$

(b)同样，通过空气间隙的作用总的传输也是两段独立的传输的结果

$$T = \left[1 - \left(\frac{n_{source} - n_{air}}{n_{source} + n_{air}}\right)^2\right] \times \left[1 - \left(\frac{n_{fiber} - n_{air}}{n_{fiber} + n_{air}}\right)^2\right]$$
$$= (1 - 0.313) \times (1 - 0.037) = 0.662$$

功率损耗(比例)为

$$L_{power} = 1 - T = 0.338 \text{（即 33.8\%的功率损耗了）}$$

换算为分贝为

$$L_{power}(dB) = -10\log(1-R) = -10\log 0.662 = 1.791 \text{ dB}$$

5.1.3 发射功率与波长的关系

值得注意的是，注入光纤的光功率并不取决于光源的波长而只取决于光源的辐射强度。从式(2.30)和式(2.42)可以看出，能在一个多模光纤(SI 或 GI)中传播的模式数目与波长的平方成反比：

$$M \propto \lambda^{-2} \tag{5.11}$$

因此，在波长为900 nm处，一根给定的光纤中能传播的模式数目是波长为1300 nm时的模

式数目的两倍。

一个特定工作波长的光源激励起来的模式所携带的光功率 P_s/M，可以由辐射强度与额定光源波长的平方相乘得到[4]：

$$\frac{P_s}{M} = L_0 \lambda^2 \tag{5.12}$$

于是，在波长为 1300 nm 处，注入光纤中一个给定模式的功率是波长为 900 nm 处注入光纤这一给定模式功率的两倍。也就是说，两个相等尺寸的光源，工作波长不同但有相同的辐射强度，它们注入相同光纤的光功率是相等的。

训练题 5.5 有两个尺寸相等的光源，一个输出波长为 895 nm，另一个输出波长为 1550 nm。(a)证明在同样的多模光纤中波长为 895 nm 能传播的模式数目是波长为 1550 nm 传播模式的 3 倍。(b)请说明若两个光源传输相同的距离，在一个给定的模式上 1550 nm 光源发射的功率是 895 nm 光源的 3 倍。(c)请用式(5.11)和式(5.12)说明两个光源发射到同一光纤中的总功率是相同的。

5.1.4 稳态数值孔径

如前所述，一个光源通常与一根短尾纤(约 1~2 m 长)相连，以便于实现光源与系统光纤之间的耦合。为了获得较低的耦合损耗，尾纤应连接在具有相同的标称 NA 和相同纤芯直径的系统光纤上。一定量的光功率(范围为 0.1~1 dB)将在连接点损耗掉，损耗的准确值取决于连接机理和光纤类型，这将在 5.3 节中讨论。除了耦合损耗，额外的损耗还将存在于多模光纤的头几十米。这种额外的损耗是在注入模式达到稳态的过程中非传播模散射的结果。这种损耗对于面发射 LED 特别重要，因为这类光源倾向于将光功率耦合进光纤的所有模式中。激光器与光纤之间的耦合受这种效应的影响较小，这是由于激光器很少激励起非传播的光纤模式。

在任何系统设计时，必须仔细地分析这种额外的损耗，因为对于某些类型的光纤这种损耗会明显地高于其他光纤[5]。图 5.4 给出了一个数值孔径随多模光纤长度变化的例子。在光纤的输入端，光纤的接收功率取决于输入数值孔径 NA_{in}。如果 LED 的光发射面积小于光纤纤芯的横截面面积，那么在这一点上，耦合进光纤的功率由式(5.7)决定，其中 $NA = NA_{in}$。

然而，当发射的模式达到稳态之后(通常需要 50 m 左右)，在一个较长的光纤长度上测量

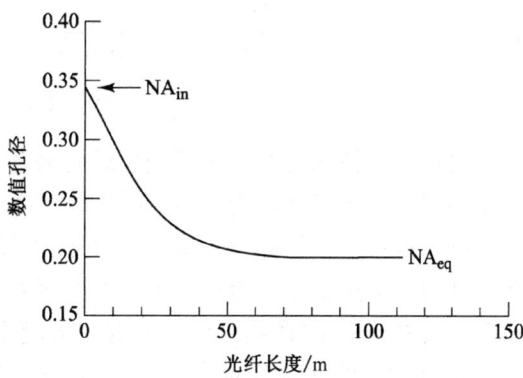

图 5.4 数值孔径随多模光纤长度变化的例子

光功率时，稳态数值孔径 NA_{eq} 的影响变得明显起来。在这个点上光纤内的光功率可以由下式估算：

$$P_{eq} = P_{50} \left(\frac{NA_{eq}}{NA_{in}} \right)^2 \tag{5.13}$$

式中，P_{50} 是入射数值孔径为 NA 时，在光纤长度等于 50 m 处的功率。进入光纤的耦合模式

数目主要是光纤纤芯包层折射率差的函数,它可能因光纤的种类不同而大不一样。因为大多数光纤在大约 50 m 处达到稳态数值孔径的 80%~90%,所以在计算多模光纤系统中的注入光功率时,NA_{eq} 的数值非常重要。

5.2 改善耦合的透镜结构

5.1 节给出的光功率的注入分析是基于将光纤的平面端面中心尽可能地直接靠近光源。如果光源发射面积大于光纤纤芯的面积,则最终耦合进光纤的光功率可以达到最大值。这是基本能量和辐射强度守恒原理[6]的结果(也就是众所周知的亮度定律)。如果光源的发射面积小于纤芯的面积,可以在光源和光纤之间设置微型透镜来改善功率耦合效率。

微型透镜的功能是扩大光源的发射面积,使之与光纤纤芯区域精确匹配。如果发射区域的放大因子为 M,则从 LED 耦合进光纤的立体角被同一因子放大。

几种可能采用的透镜结构如图 5.5 所示[1, 2, 7-12]。这些结构包括:圆形端面光纤、既和光源又和光纤相接触的小玻璃球(非成像微球体)、大的球形透镜将光源发射的光成像于光纤端面的纤芯区域、一小段光纤做成的柱状透镜、包含球表面的 LED 和球形端面光纤形成的系统、锥形头端光纤等。

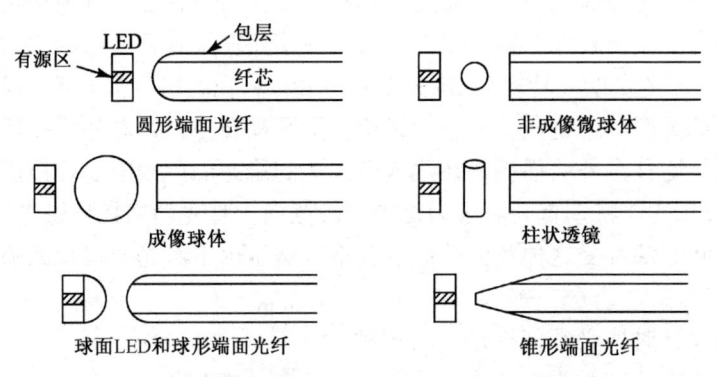

图 5.5 用透镜来提高光源光纤耦合效率的几种方案

虽然这些技术能改善光源到光纤的耦合效率,但是也会导致更高的实现复杂度。其中的一个问题是透镜尺寸与光源和光纤纤芯尺寸相近,这就造成了制造和调整难度。对于锥形端面光纤的情形,由于耦合效率变成更加尖锐的空间对准峰值函数,必须实施高精度的机械对准。然而,对于其他的透镜系统,对准容差就可以大一些。

一种最有效的聚焦方法是使用非成像微球。图 5.6 就是将其用于面发射光源的示意图。首先做以下符合实际的假设:球形透镜的折射率 R_L 为 2.0,外部介质为空气(折射率 $n = 1.0$),并且发射区是圆形的。为准直 LED 的输出光,发射表面应该位于透镜的焦点处。焦点的位置可以用高斯透镜公式来计算[13],即

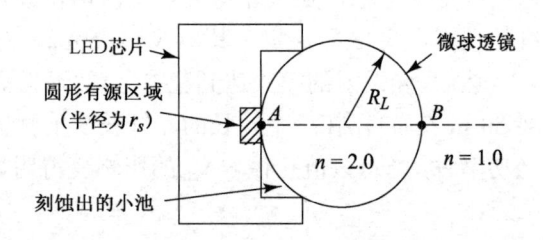

图 5.6 带有微球透镜的 LED 辐射器结构示意图

$$\frac{n}{s} + \frac{n'}{q} = \frac{n'-n}{r} \tag{5.14}$$

式中，s 和 q 分别是从透镜表面测量的物距和像距，n 是透镜的折射率，n' 是外部介质的折射率，r 是透镜表面的曲率半径。

在式(5.14)中，使用了以下的符号规则：

1. 光线从左到右传播；
2. 物距的测量以顶点的左方为正，而以右方为负；
3. 像距的测量则以顶点的右方为正，而以左方为负；
4. 所有遇到光线的凸面曲率半径为正，而凹面曲率半径为负。

例 5.5 根据式(5.14)所应用的符号规则，找出如图 5.6 所示的透镜的右表面的焦点。

解：为找到焦点，令 $q = \infty$，同时由式(5.14)解出 s，这里 s 是从 B 点开始测量的。设 $n = 2.0$，$n' = 1.0$，$q = \infty$，且 $r = -R_L$，则由式(5.14)可得出

$$s = f = 2R_L$$

因此，焦点位于透镜表面的 A 点。

如果靠近透镜表面安放 LED，即可产生对光源发射区域的显著放大，其放大因子为 M。该放大因子由透镜的横截面积和发射面积的比率给定，即

$$M = \frac{\pi R_L^2}{\pi r_s^2} = \left(\frac{R_L}{r_s}\right)^2 \tag{5.15}$$

根据式(5.4)，在使用透镜的条件下耦合进一个张角为 2θ 的区域的光功率 P_L 可以由下式计算：

$$P_L = P_s \left(\frac{R_L}{r_s}\right)^2 \sin^2\theta \tag{5.16}$$

式中，P_s 是在没有透镜的情况下 LED 的总输出功率。注意，放大因子最大值发生在当放大光源区域等于纤芯面积的时候，因此 $M_{max} = (a/r_s)^2$。

理论耦合效率可以从能量和辐射强度守恒原理得到。这个效率通常由光纤的尺寸来决定。对于半径为 a 且数值孔径为 NA 的光纤，与朗伯光源的最大耦合效率 η_{max} 由下式给出[14]：

$$\begin{aligned}\eta_{max} &= \left(\frac{a}{r_s}\right)^2 (\text{NA})^2, & \frac{r_s}{a} > 1 \\ &= (\text{NA})^2, & \frac{r_s}{a} \leq 1\end{aligned} \tag{5.17}$$

当发射区域的半径大于光纤的半径时，采用透镜的方法耦合效率可能得不到改善。在这种情况下，最佳耦合效率可以采用直接接触方法来获得。

例 5.6 一个具有圆形输出方向图的光源与一个数值孔径为 0.22 的阶跃光纤耦合。如果光源半径 $r_s = 50\ \mu m$ 且纤芯半径 $a = 25\ \mu m$，则光源与光纤的最大耦合效率为多少？

解：因为比值 $r_s/a > 1$，据式(5.17)计算出最大耦合效率为

$$\begin{aligned}\eta_{max} &= \left(\frac{a}{r_s}\right)^2 \times (\text{NA})^2 = \left(\frac{25}{50}\right)^2 \times (0.22)^2 \\ &= 0.25 \times (0.22)^2 = 0.012 = 1.2\%\end{aligned}$$

可见，此时的耦合效率已减小为光源与纤芯半径相等时[也就是 $\eta_{max} = (\text{NA})^2$]的 25%。

5.3 光纤与光纤的连接

在任何光纤系统的铺设过程中,必须考虑的一个重要问题,即如何实现光纤之间的低损耗连接。这些连接存在于光源、光检测器、光缆内部中间点上两根光纤连接处以及线路中两根光缆的连接点。光纤连接需要采用何种特殊技术,这取决于光纤是否永久连接或是连接易于拆卸。永久性的连接通常指的是一个接头,可拆卸的连接则称为连接器。

每种连接方法都会受制于一些特定的条件,它们在接点处都将导致不同数量的光功率损耗。这些损耗取决于一定的参数,诸如连接点输入功率分布、光源与连接点之间的光纤长度、在连接点处相连的两根光纤的几何特性与波导特性以及光纤头端面的质量等。

从一根光纤耦合进另一根光纤的光功率受制于每根光纤中能传播的模式数量。例如,如果一根可传播 500 个模式的光纤连接到另一根仅能传送 400 个模式的光纤中,那么,第一根光纤中最多有 80% 的光功率被耦合进第二根光纤中(如果假设所有的模式都相等地激励)。对于渐变折射率光纤,其纤芯半径为 a,包层折射率为 n_2,$k = 2\pi/\lambda$,则模式总数量可以用下面的表达式来计算(这个公式的推导较为复杂)[6]

$$M = k^2 \int_0^a [n^2(r) - n_2^2] r \, dr \tag{5.18}$$

式中,$n(r)$ 为光纤纤芯内距光纤轴 r 处的折射率剖面,与光纤的本地数值孔径 $NA(r)$ 有关,利用式(2.40)可以得到

$$\begin{aligned} M &= k^2 \int_0^a NA^2(r) r \, dr \\ &= k^2 NA^2(0) \int_0^a \left[1 - \left(\frac{r}{a}\right)^\alpha\right] r \, dr \end{aligned} \tag{5.19}$$

通常,任何相互连接的两根光纤都存在半径 a、轴上数值孔径 $NA(0)$ 和折射率剖面 α 的差异。从一根光纤到另一根光纤的功率耦合比与两根光纤 M_{comm} 所共有的模式容量成正比(如果假设在所有模式上功率为均匀分布),由此可得光纤与光纤之间的耦合效率 η_F 为

$$\eta_F = \frac{M_{comm}}{M_E} \tag{5.20}$$

式中,M_E 是发射光纤的模式数量(向下一光纤发射功率的光纤)。

光纤与光纤之间的耦合损耗 L_F 可以用 η_F 定义如下:

$$L_F = -10 \log \eta_F \tag{5.21}$$

训练题 5.6 当接收端光纤的模式数量 M_R 比发送端光纤的模式数量 M_E 少时,式(5.20)可以写作 $\eta_F = M_R/M_E$。从式(2.30)可以得出多模阶跃光纤中的模式数量为

$$M = \left(\frac{2\pi a n_1}{\lambda}\right)^2 \Delta$$

(a)如果两段连接的光纤除了半径其余参数相同,当 $\alpha_R = 0.90 \alpha_E$ 时,请说明光纤到光纤的耦合效率为 $\eta_F = 0.81$;(b)说明耦合损耗为 $L_F = 0.92$ dB。

在连接点处,两根多模光纤的光功率损耗的估计和分析是比较困难的,这是因为光功率

损耗取决于光纤中模式间的功率分配。例如,在考虑第一种情况时,即光纤中所有模式被相同地激励,如图 5.7(a)所示,此时,发射光束充满了整个发射光纤的输出数值孔径。现在假设有第二根完全相同的光纤,即接收光纤与发射光纤连接。对于接收光纤,它接收所有由第一根光纤中发射的光功率。这两根光纤必须完全对准,同时它们的几何特性与波导特性也必须精确匹配。

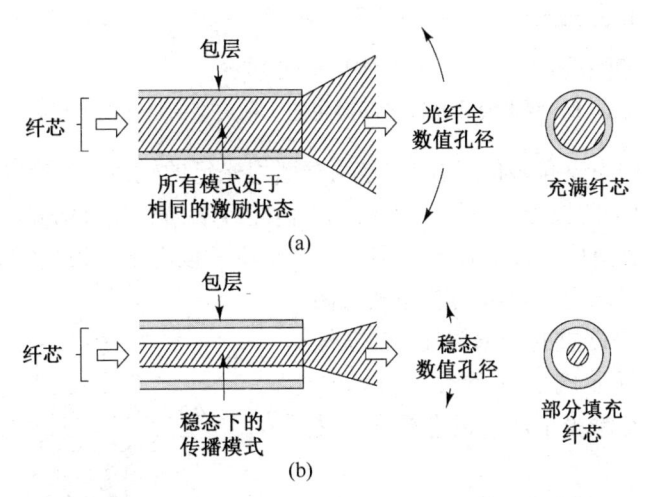

图 5.7 从光纤射出光束的不同模式分布导致不同程度的耦合损耗:(a)所有的模式处于相同的激励状态,输出光束充满全部的输出数值孔径;(b)对于稳态的模式分布,输出光束充满稳态数值孔径

另一方面,如果稳态模式平衡已经在发射光纤中建立,大部分功率集中在低阶模式中,这就意味着光功率集中在纤芯的中心附近,如图 5.7(b)所示,从发射光纤出射的光功率仅仅充满稳态数值孔径决定的空间(见图 5.4)。在这种情况下,由于接收光纤的输入数值孔径大于发射光纤的稳态数值孔径,两根连接光纤的轻微机械对准误差以及几何特性的微小变化不会对连接损耗产生重要影响。

稳态模式平衡通常要在较长的光纤长度上才能建立起来,于是,当估算长光纤间的连接损耗时,基于均匀模式功率分布的计算结果可能太过粗糙。然而,如果假设存在稳态平衡模式功率分布,则其估算结果可能更接近实际情况,这是由于机械对准偏差和光纤到光纤的特性变化会导致第二根光纤中模式功率的重新分配。光功率在第二根光纤中传播时,由于需要重新建立模式的稳态分布,所以会产生附加的损耗。

两根不同光纤之间耦合损耗的精确计算,必须考虑光纤中不同模式的功率非均匀分布和第二根光纤的传播影响,计算过程相当烦冗[15]。因此,我们假设光纤中所有模式相等地激发。虽然这给出的光纤间的连接损耗预测稍显粗糙,但是它可以对由于机械对准偏差、几何失配以及两根互连光纤间的波导特性变化而引起的损耗的相对影响做出估计。

5.3.1 机械对准误差

机械对准误差是两根光纤连接时的主要问题。由于两根光纤的尺寸细微[16-19],一根标准的多模渐变折射率光纤纤芯的直径为 50~100 μm,大约是人的头发丝这么粗,而一根单模光纤纤芯的直径约为 9 μm。这样细的光纤之间如果存在机械对准误差则必将产生辐射损耗,这是因为发射光纤的辐射锥可能与接收光纤的接收圆锥失配。辐射损耗的量值取决于两根光纤对准误差的大小。光纤之间的三种基本对准误差类型如图 5.8 所示。

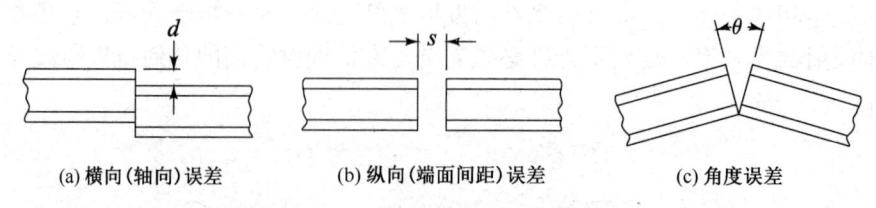

(a) 横向(轴向)误差　　(b) 纵向(端面间距)误差　　(c) 角度误差

图 5.8　两根连接光纤之间产生的三种类型的机械对准误差

轴向偏移(也常称为横向移位)的产生是由于两根光纤的轴线之间存在横向分离距离 d。纵向间距的产生是由于两根光纤在同一个轴线上但光纤端面之间有间隙 s。角度误差(角度对准误差)的产生是由于两根光纤的轴之间存在一个角度,以至于两根光纤的端面不平行。

在实践中,最常见的光纤对准误差是轴向偏移,这种偏移会导致最严重的功率损耗。轴向偏移减小了两根光纤纤芯端面的重叠区域,如图 5.9 所示,其结果是减少了从一根光纤耦合进另一根光纤的光功率。

为了说明轴向偏移的影响,我们讨论一个简单的例子。有两根相同的阶跃折射率光纤,纤芯半径为 a。连接时,两根光纤的轴向偏移距离为 d,如图 5.9 所示。假定发射光纤中有均匀的模式功率分布,由于数值孔径在两根光纤的端面上

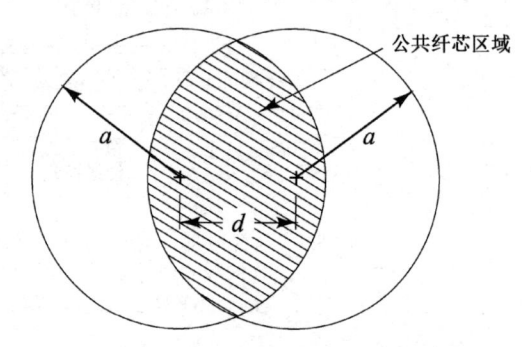

图 5.9　轴向偏移导致两根光纤端面公共纤芯区域减小

是不变的,因而从一根光纤耦合进另一根光纤的光功率就简单地正比于两根光纤公共的纤芯区域面积 A_{comm}。A_{comm} 的计算公式如下:

$$A_{comm} = 2a^2 \arccos \frac{d}{2a} - d\left(a^2 - \frac{d^2}{4}\right)^{1/2} \tag{5.22}$$

对于阶跃折射率光纤,其耦合效率就可简单地表示为公共纤芯区域面积与纤芯端面面积的比值,即

$$\eta_{F,step} = \frac{A_{comm}}{\pi a^2} = \frac{2}{\pi}\arccos\frac{d}{2a} - \frac{d}{\pi a}\left[1 - \left(\frac{d}{2a}\right)^2\right]^{1/2} \tag{5.23}$$

从一根渐变折射率光纤耦合进另一根相同光纤的光功率计算更为复杂,这是由于数值孔径在光纤端面内是变化的。正因为如此,公共纤芯区中在一个给定点上耦合进接收光纤的总功率受传输光纤或接收光纤的数值孔径的制约,耦合功率的大小决定于小数值孔径一方。

例 5.7　一位工程师连接两根相同的阶跃光纤,纤芯直径都为 50 μm。如果两根光纤之间有 5 μm 的轴向偏移,则连接点的插入损耗为多少?

解:由式(5.23)可得耦合效率为

$$\eta_{F,\text{step}} = \frac{2}{\pi}\arccos\left(\frac{5}{50}\right) - \frac{5}{\pi(25)}\left[1-\left(\frac{5}{50}\right)^2\right]^{1/2} = 0.873$$

再由式(5.21)可得连接点插入损耗 L_F 为

$$L_F = -10\log\eta_F = -10\log 0.873 = -0.590 \text{ dB}$$

如果渐变折射率光纤的端面被均匀照射，则纤芯所接收的光功率即是落入光纤的数值孔径以内的功率。光纤端面上某点 r 处的光功率密度 $p(r)$ 正比于该处的数值孔径 $\text{NA}(r)$ 的平方[20]，也就是

$$p(r) = p(0)\frac{\text{NA}^2(r)}{\text{NA}^2(0)} \tag{5.24}$$

式中，$\text{NA}(r)$ 与 $\text{NA}(0)$ 分别由式(2.40)与式(2.41)定义，参量 $p(0)$ 是纤芯轴上的功率密度，它与光纤中总功率 P 的关系由下式表示：

$$P = \int_0^{2\pi}\int_0^a p(r) r\,\mathrm{d}r\,\mathrm{d}\theta \tag{5.25}$$

对于任意的折射率剖面，式(5.25)中的积分必须进行数值计算。但是对于抛物线折射率剖面（$\alpha = 2.0$），可以得到解析结果。利用式(2.40)，在给定点 r 处的功率密度表达式[式(5.24)]变为

$$p(r) = p(0)\left[1-\left(\frac{r}{a}\right)^2\right] \tag{5.26}$$

根据式(5.25)和式(5.26)，轴上的功率密度 $p(0)$ 与发射光纤中的总功率 P 间的关系为

$$P = \frac{\pi a^2}{2}p(0) \tag{5.27}$$

假设两根光纤的折射率剖面均为抛物线型，光纤间的轴向偏移为 d，如图 5.10 所示。现在计算一下通过这两根光纤连接点的传输功率，重叠的区域必须分别考虑为区域 A_1 和 A_2，在区域 A_1 中，数值孔径为发射光纤所制约，而在区域 A_2 中，接收光纤数值孔径小于发射光纤的数值孔径，分开两个区域的垂直虚线是数值孔径相等的点的集合。

为了确定耦合进接收光纤中的功率，利用式(5.26)给出的功率密度分别在区域 A_1 和 A_2 上积分。由于在区域 A_1 发射光纤的数值孔径小于接收光纤的数值孔径，所有被射入这一区域的功率将被接收光纤所接收，因此，区域 A_1 的接收功率 P_1 为

$$\begin{aligned}P_1 &= 2\int_0^{\theta_1}\int_{r_1}^a p(r) r\,\mathrm{d}r\,\mathrm{d}\theta \\ &= 2p(0)\int_0^{\theta_1}\int_{r_1}^a \left[1-\left(\frac{r}{a}\right)^2\right] r\,\mathrm{d}r\,\mathrm{d}\theta\end{aligned} \tag{5.28}$$

式中积分的上下限如图 5.11 所示，并由下式表示：

$$r_1 = \frac{d}{2\cos\theta}$$

以及

$$\theta_1 = \arccos\frac{d}{2a}$$

完成积分，可以得到

$$P_1 = \frac{a^2}{2} p(0) \left\{ \arccos \frac{d}{2a} - \left[1 - \left(\frac{d}{2a}\right)^2 \right]^{1/2} \frac{d}{6a} \left(5 - \frac{d^2}{2a^2} \right) \right\} \tag{5.29}$$

式中，$p(0)$由式(5.27)给定。

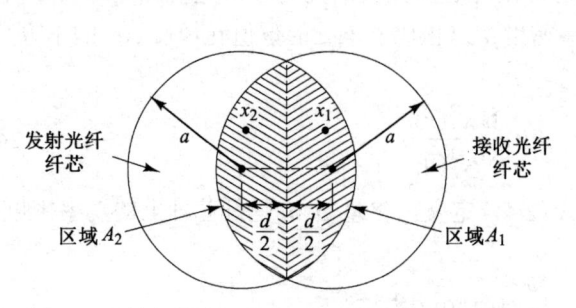

图 5.10 轴向偏移距离为 d 的两根相同的抛物线型渐变折射率光纤纤芯的重叠区域，x_1 和 x_2 是在区域 A_1 和 A_2 中对称的任意两点

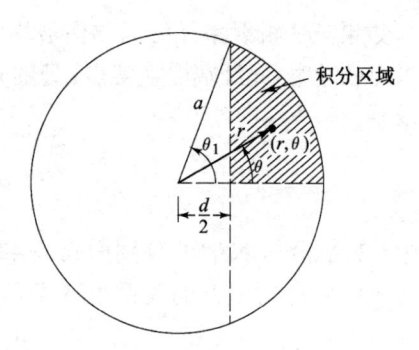

图 5.11 两根抛物线渐变折射率光纤的公共纤芯区域和积分限

在区域 A_2 中，发射光纤的数值孔径比接收光纤的数值孔径大，这就意味着接收光纤仅能接收落入其数值孔径的那部分发射光功率。由于对称的原因，这个功率值易于计算。区域 A_2 中 x_2 点所对应的接收光纤数值孔径值与区域 A_1 中对称点 x_1 所对应的发射光纤数值孔径值是相同的，因此，在区域 A_2 中任意的 x_2 点上被接收光纤接收的光功率，也等于从区域 A_1 中的对称 x_1 点上发射出来的光功率。区域 A_2 上的总耦合功率 P_2 等于区域 A_1 上总的耦合功率 P_1。结合以上这些结果，可以得出接收光纤所接收的总功率 P_T 为

$$P_T = 2P_1 = \frac{2}{\pi} P \left\{ \arccos \frac{d}{2a} - \left[1 - \left(\frac{d}{2a}\right)^2 \right]^{1/2} \frac{d}{6a} \left(5 - \frac{d^2}{2a^2} \right) \right\} \tag{5.30}$$

例 5.8 假设两根相同的渐变光纤连接时有 $d = 0.3a$ 的轴向对准误差。那么这两根光纤之间的耦合损耗为多少？

解： 由式(5.30)可知，接收功率与发射功率的比值为

$$\frac{P_T}{P} = 0.748$$

或者用分贝表示为

$$10 \log \left(\frac{P_T}{P} \right) = -1.26 \, \text{dB}$$

当轴向对准误差 d 相对于纤芯的半径 a 较小时，式(5.30)可以近似为

$$P_T \approx P \left(1 - \frac{8d}{3\pi a} \right) \tag{5.31}$$

当 $d/a < 0.4$ 时，上式引入的误差不超过1%，式(5.30)和式(5.31)给出了由于轴向偏移引起的耦合损耗为

$$L_F = -10 \log \eta_F = -10 \log \frac{P_T}{P} \tag{5.32}$$

两根光纤端面间存在着纵向间距 s 的影响如图 5.12 所示。并非所有在宽度为 x 的环形区域中发射的高阶模式光功率都能被接收光纤所截获。耦合进接收光纤的那部分光功率可由接收光纤端面的有效面积 (πr^2) 与发射功率在距离 s 处所分布的面积 $\pi(a+x)^2$ 的比值来确定。由图 5.12 可知 $x = s\tan\theta_A$,其中 θ_A 为光纤的接收临界角,由式(2.2)定义。由这个比值可以计算出有纵向位移时两根相同阶跃光纤之间的连接损耗为

$$L_F = -10\log\left(\frac{a}{a+x}\right)^2 = -10\log\left(\frac{a}{a+s\tan\theta_A}\right)^2$$
$$= -10\log\left[1+\frac{s}{a}\sin^{-1}\left(\frac{\text{NA}}{n}\right)\right]^{-2} \tag{5.33}$$

式中,a 为光纤纤芯半径,NA 为光纤数值孔径,n 为连接光纤端面之间的物质(通常不是空气就是匹配折射率凝胶)的折射率。

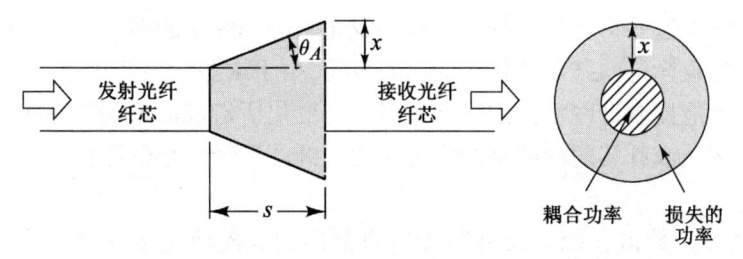

图 5.12 当光纤端面间存在纵向间距 s 时的损耗效应

例 5.9 两根相同的阶跃光纤,纤芯半径为 25 μm,接收临界角为 14°。假设它们之间横向和角向都理想连结,求纵向间距为 0.025 mm 时的插入损耗。

解: 由式(5.33)可以计算出有纵向连接间距时的插入损耗。对于 0.025 mm 即 25 μm 的间距,插入损耗为

$$L_F = -10\log\left(\frac{25}{25+25\tan 14°}\right)^2 = 1.93\,\text{dB}$$

当两根互连光纤的轴在连接处存在着角度对准误差时,置于接收光纤的立体接收角之外的光功率将会被损失。对于两根具有角度对准误差为 θ 的阶跃折射率光纤,在连接处的光功率损耗可以表示为[21]

$$L_F = -10\log\left(\cos\theta\left\{\frac{1}{2} - \frac{1}{\pi}p(1-p^2)^{1/2} - \frac{1}{\pi}\arcsin p - q\left[\frac{1}{\pi}y(1-y^2)^{1/2} + \frac{1}{\pi}\arcsin y + \frac{1}{2}\right]\right\}\right) \tag{5.34}$$

式中

$$p = \frac{\cos\theta_A(1-\cos\theta)}{\sin\theta_A\sin\theta}$$

$$q = \frac{\cos^3\theta_A}{(\cos^2\theta_A - \sin^2\theta)^{3/2}}$$

$$y = \frac{\cos^2\theta_A(1-\cos\theta) - \sin^2\theta}{\sin\theta_A\cos\theta_A\sin\theta}$$

式(5.34)的推导需要再次假设所有的模式都是均匀激励的。

在三种机械对准误差中，最主要的损耗产生于横向偏移。在实际连接时，在熔接点和活动连接器中角度对准误差可以达到小于 1°。实验数据可以看出，这些对准误差导致的损耗小于 0.5 dB。

对于光纤接头，光纤间存在缝隙所引起的损耗在正常情况下是可以忽略的，这是因为光纤相当紧密地接触在一起。对于大多数光纤连接器，光纤的端面被有意识地分开一个小的缝隙，这种方法可以避免两根光纤端面相互摩擦，从而可以避免对连接头的接合面造成伤害。在实际应用时，典型缝隙的范围为 0.025～0.1 mm，对于 50 μm 直径的光纤，这将导致低于 0.8 dB 的损耗。

5.3.2 光纤差异损耗

除了机械对准误差，任何互相连接光纤的几何特性和波导特性的差异对光纤间的耦合损耗也有明显的影响。这些特性包括纤芯直径的变化、纤芯区域的椭圆度、光纤的数值孔径、折射率剖面以及每根光纤的纤芯和包层的同心度等。由于这些特性变化是与光纤制造相关的，因而使用者通常不能控制这些特性的变化。对这些变化所造成的影响进行的理论与实验研究表明，与折射率剖面或纤芯的椭圆度的失配相比，纤芯半径与数值孔径的差异对连接损耗有更为显著的影响。

光纤纤芯直径、数值孔径以及纤芯折射率剖面的失配所造成的连接损耗从式(5.19)和式(5.20)很容易计算。为了简化起见，用下标 E 和 R 分别表示发射光纤和接收光纤，如果纤芯半径 a_E 与 a_R 不相等，但是轴上数值孔径与折射率剖面相等[$NA_E(0) = NA_R(0)$ 且 $\alpha_E = \alpha_R$]，则耦合损耗为

$$L_F(a) = \begin{cases} -10 \log \left(\frac{a_R}{a_E}\right)^2, & a_R < a_E \\ 0, & a_R \geq a_E \end{cases} \quad (5.35)$$

如果两根相互耦合的光纤的纤芯半径与折射率剖面相同而轴上数值孔径不同，则耦合损耗为

$$L_F(NA) = \begin{cases} -10 \log \left[\frac{NA_R(0)}{NA_E(0)}\right]^2, & NA_R(0) < NA_E(0) \\ 0, & NA_R(0) \geq NA_E(0) \end{cases} \quad (5.36)$$

训练题 5.7 若光从纤芯半径为 62.5 μm 的多模阶跃光纤耦合进纤芯半径为 50 μm 的同样的多模阶跃光纤时，请证明耦合损耗为 1.94 dB。

例 5.10 考虑两根理想对接的阶跃光纤。如果接收光纤的数值孔径为 $NA_R = 0.20$，发射光纤的数值孔径为 $NA_E = 0.22$，则它们之间的耦合损耗为多少？

解：由式(5.36)可得

$$L_F(NA) = -10 \log \left(\frac{0.20}{0.22}\right)^2 = -10 \log 0.826 = -0.828 \text{ dB}$$

最后，对于两根相互连接的光纤，如果半径与轴向数值孔径相同而纤芯折射率剖面有差异，则耦合损耗为

$$L_F(\alpha) = \begin{cases} -10 \log \left[\frac{\alpha_R(\alpha_E+2)}{\alpha_E(\alpha_R+2)}\right], & \alpha_R < \alpha_E \\ 0, & \alpha_R \geq \alpha_E \end{cases} \quad (5.37)$$

如果 $\alpha_R < \alpha_E$,则会出现接收光纤支持的模式数目小于发射光纤的模式数目的结果。如果 $\alpha_R > \alpha_E$,则发射光纤中所有的模式都能被接收光纤所捕获。

例 5.11 考虑两根理想对接的渐变折射率光纤。如果接收光纤的折射率剖面为 $\alpha_R = 1.98$,发射光纤的折射率剖面为 $\alpha_E = 2.20$,则它们之间的耦合损耗为多少?

解:由式(5.37)可得

$$L_F(\alpha) = -10\log\left[\frac{\alpha_R(\alpha_E+2)}{\alpha_E(\alpha_R+2)}\right] = -10\log 0.950 = -0.22 \text{ dB}$$

5.3.3 单模光纤损耗

与多模光纤一致,造成单模光纤传输损耗最严重的情况为其横向(轴向)的偏移错位。高斯型光束中[22],相同光纤之间的损耗为等式(2.34)中定义的模场半径即光斑尺寸 w, d 为图 5.9 所示的横向位移。由于单模光纤的光斑尺寸只有几微米,因此低损耗耦合在轴向尺寸上需要非常高的机械精度。

$$L_{\text{SM,lat}} = -10\log\left\{\exp\left[-\left(\frac{d}{w}\right)^2\right]\right\} \tag{5.38}$$

例 5.12 单模光纤的归一化频率 $V = 2.20$,纤芯折射率 $n_1 = 1.47$,包层折射率 $n_2 = 1.465$,纤芯直径 $2a = 9$ μm。试问横向偏移为 $d = 1$ μm 的光纤接头处的插入损耗是多少?对于模式场直径,请使用表达式

$$w = a(0.65 + 1.619V^{-3/2} + 2.879V^{-6})$$

解:首先使用上述表达式求出模式场直径

$$w = 4.5[0.65 + 1.619 \times (2.20)^{-3/2} + 2.879 \times (2.20)^{-6}] = 5.27 \text{ μm}$$

之后,由式(5.38)可得

$$L_{\text{SM,lat}} = -10\log\{\exp[-(1/5.27)^2]\} = 0.156 \text{ dB}$$

对于单模光纤中的角度对准偏移,在波长 λ 处的损耗为[22]

$$L_{\text{SM,ang}} = -10\log\left\{\exp\left[-\left(\frac{\pi n_2 w\theta}{\lambda}\right)^2\right]\right\} \tag{5.39}$$

式中,n_2 为包层折射率,θ 为用弧度表示的角度偏移,w 为模场半径,如图 5.9 所示。

对于材料折射率为 n_3 的介质,其间隙距离为 s,令 $G = s/kw^2$,相同的单模光纤接头的间隙损耗为

$$L_{\text{SM,gap}} = -10\log\frac{64n_1^2 n_3^2}{(n_1+n_3)^4(G^2+4)} \tag{5.40}$$

例 5.13 现考虑例 5.12 中描述的单模光纤,接头处具有 $1° = 0.0175$ rad 的角度偏移,请计算出在 1300 nm 波长处的损耗。

解:由式(5.39)得

$$L_{\text{SM,ang}} = -10\log\left\{\exp\left[-\left(\frac{\pi(1.465) \times (5.27) \times (0.0175)}{1.3}\right)^2\right]\right\} = 0.46 \text{ dB}$$

5.3.4 光纤端面制备

在两根光纤相互连接或熔接之前，必须采取的第一个步骤就是制备光纤端面。为了不在连接处产生光线的折射和散射，光纤的端面必须是一个垂直于光纤轴的平面，并且十分平滑。广泛使用的端面制备技术包括切割、打磨、抛光以及可控折断和激光切割等。

常规的打磨与抛光技术就能产生垂直于光纤轴的非常光滑的表面。然而，这种方法非常耗时并且要求有大量娴熟的操作工。虽然这种技术能在可控环境如工厂或实验室里实施，但在野外的环境下，这些方法不能采用。在研磨与抛光工序中，连续精细摩擦常被用来抛光光纤的端面。光纤端面被连续而精细地磨光，直到以前摩擦材料所造成的擦痕被现在摩擦的精细擦痕完全代替，而所使用的摩擦次数取决于所希望的抛光程度。

可控折断技术是基于刻痕和断裂的方法来分开光纤。在这项操作中，首先在准备被截断的光纤上划一道痕，以在光纤表面制造一个应力集中点。当两边的张力同时施加时，光纤被弯曲成一条曲线形状，如图 5.13 所示，这将在光纤的横截面上产生一个应力分布。最大的应力产生于划痕点，于是裂缝开始穿过光纤进行传播，导致光纤被折断。

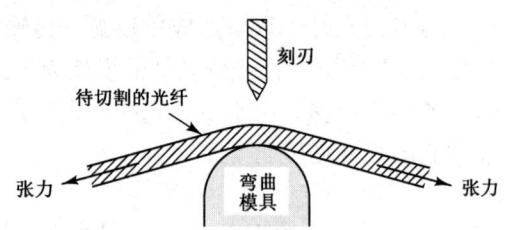

图 5.13 光纤端面制备的可控折断过程

采用这种方法可以得到高光滑性和垂直于光纤轴的端面，在可控折断技术中使用的各种工具已经开发出来，这些工具既可用于野外环境和也可用于工厂环境。然而，可控折断方法需要对光纤弯曲度进行仔细控制并应用一定量的张力，如果沿裂缝的应力分布控制不当，则沿光纤横截面传播的裂缝能分叉为几个裂缝。这些分叉将产生缺陷，例如唇状或部分锯齿状光纤端面，如图 5.14 所示。

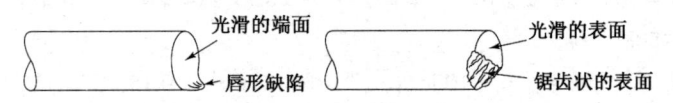

图 5.14 光纤端面断裂缺陷的两个例子

端面缺陷有如下类型：

唇形缺陷(lip) 这是一个从断裂的光纤边缘产生的一个尖锐的突出。它会阻止互相连接光纤纤芯的紧密接触。过度的唇形缺陷将导致光纤的损坏。

剥皮缺陷(rolloff) 光纤边缘的剥皮缺陷是与唇形缺陷相反的情况，这也是一种明显的缺陷，这将导致较大的插入损耗或连接损耗。

缺损(chip) 所谓缺损是指位于被切割光纤端面的一个局部裂纹或损伤。

锯齿(hackle) 如图 5.14 所示，这是光纤头端面上严重的不规则缺陷。

模糊(mist) 这是一种类似锯齿的缺陷，但没有那么严重。

螺旋或阶梯(spiral or step) 这是指光纤端面表面几何形状发生的意外变化。

粉碎(shattering) 这是一种不受控制的断裂的结果，它导致不确定的裂口或非常规的表面特性。

另一种替代的切割光纤的方法是采用激光切割[23, 24]。

5.4 小结

本章论述了将光源发射的光功率注入光纤，以及将光从一根光纤耦合进另一根光纤的问题。将光功率从一个光源耦合进一根光纤受以下因素的影响：

1. 光纤的数值孔径，其定义了光纤捕捉光线的能力。
2. 光纤纤芯的横截面积与光源发射面积的比较。如果光源辐射区小于光纤纤芯，那么采用棱镜结构可以提高耦合效率。
3. 光源辐射强度(或称亮度)，其为单位发射面积射入单位立体角内的光功率(以单位平方厘米、单位球面度内的瓦特数来度量)。
4. 光源的辐射方向图。LED 的宽光束辐射和光纤的窄接收圆锥角之间的不一致是耦合损耗的主要因素。这缩小了可用激光器的范围。

实际上，许多供应商提供的光源都有一截短光纤(通常为 1 m 到 2 m)，使得其功率耦合处于最佳状态。这一段短光纤通常称为"跳线"或"尾纤"，它使得用户将光源的光耦合进入系统光纤更加容易。这样光功率注入的问题简化成从一根光纤到另一根光纤的光功率耦合问题。为了实现低的耦合损耗，光源尾纤应该与具有相同数值孔径和纤芯直径的系统光纤相连接。

光纤之间的连接存在于光源尾纤和系统光纤之间、光检测器处、光缆链路上两段光纤的接合处，或者光通信链路中光纤和光器件之间。原理上有两种不同的连接方式，一种是熔接，它将两段光纤永久地粘合在一起；另一种是光纤连接器，它被用来实现光纤之间或光纤和光器件之间可拆卸的连接需求。

每一种连接技术都受制于一定的条件，这些条件决定了光纤连接处光功率损耗大小。这些条件参数包括：

1. 光纤的几何特性。例如，如果发射光纤比接收光纤的纤芯直径大，那么这种连接处的失配会造成光功率的损耗。
2. 光纤的波导特性。例如，如果发射光纤比接收光纤的数值孔径大，那么所有位于接收光纤可接收区以外的光功率将损失掉。
3. 连接处光纤端面的各种机械对准误差。这些误差包括纵向间距误差、角度误差、轴向(或横向)误差。实际中最易产生的对准误差是轴向偏移，其会造成最严重的功率损耗。
4. 连接点输入功率分布。如果发射光纤中所有的模式都得到相等的激励，两个光波导必须做到精确机械对准，以及具有完全相同的几何特性和波导特性，才能在连接点实现无光功率损耗。另一方面，如果稳态模式平衡已经在发射光纤中建立(这发生在长光纤中)，大部分功率集中在低阶光纤模式中。在这种情况下，两根连接光纤的轻微机械对准误差以及几何特性的微小变化不会对连接损耗产生重要影响。
5. 光纤头端面的质量。要想实现接点处低损耗，光纤头端面必须干净且平滑。端面制备技术包括切割、打磨、抛光和可控折断等。

习题

5.1 模仿图 5.2,使用计算机绘出并比较从一个朗伯光源的辐射方向图和一个由 $L(\theta) = L_0\cos^3\theta$ 给出的辐射方向图。假定两个光源有相同的峰值辐射强度 L_0,并且两种辐射方向图都被归一化。

5.2 考虑一个光源,其辐射方向图由 $L(\theta) = L_0\cos^m\theta$ 给出,使用计算机绘出 $L(\theta)$ 作为参数 m 的函数曲线,m 的范围从 $1 \leq m \leq 20$,视角为 $10°、20°、45°$,假设所有光源都有同样的峰值辐射强度 L_0。

5.3 一个半导体激光器水平($\phi = 0°$)和横向($\phi = 90°$)半功率波束宽度分别为 $2\theta = 60°$ 和 $30°$,请证明这个器件的横向和水平功率分布系数分别为 $T = 20.0$ 和 $L = 4.82$。

5.4 一个 LED,圆形发射区域半径为 20 μm,在 100 mA 驱动电流下,具有 100 W/(cm²·sr) 轴向辐射的朗伯辐射模式。试求有多少光功率被耦合进纤芯直径为 100 μm、NA = 0.22 的梯度折射率光纤中?有多少光功率从这一个光源耦合到纤芯直径为 50 μm、$\alpha = 2.0$、$n_1 = 1.48$,且 $\Delta = 0.01$ 的渐变折射率光纤中?

5.5 一个折射率为 3.6 的砷化镓光源,与一纤芯折射率为 1.465 的梯度折射率光纤紧密耦合在一起,如果光源尺寸小于纤芯尺寸,光纤与光源之间的微小间歇充满了凝胶,其折射率为 1.305,光纤中填充凝胶,其折射率为 1.305,验证以下参数(参照例 5.4):(a)空气与凝胶交界处的反射率 $R_{s\text{-}g} = 0.219$;(b)凝胶与光纤交界处的反射率 $R_{g\text{-}f} = 3.34 \times 10^{-3}$;(c)通过凝胶的总传输量为 $T = 0.778$;(d)从电源到光纤的功率损耗为 $L = 1.09$ dB。

5.6 考虑一个朗伯 LED 光源,发射区域直径 50 μm,(a)如果光源连接到纤芯直径 62.5 μm,NA = 0.18 的光纤上,请证明耦合效率为 3.24% = −14.9 dB;(b)如果使用透镜来提高耦合效率,请证明最大放大倍数为 $M_{\max} = 1.56$;(c)证明使用这块透镜耦合效率为 5.06% = −13 dB。

5.7 两根纤芯折射率为 1.485 的光纤的端面被完全对准,但在两根光纤之间存在着小的间隙,(a)如果这个间隙充满了折射率为 1.305 的凝胶,证明在凝胶-光纤界面处的反射率为 4.16×10^{-3};(b)证明在凝胶-光纤界面处的功率损耗为 $L = -10\log(1-R) = 0.018$ dB;(c)如果间隙很小,证明当不使用折射率匹配材料时,通过接头的功率损耗为 0.17 dB。空气的折射率 $n = 1.0$。

5.8 考虑有表 5.1 中所列属性的三根光纤,对于指定的轴向对准误差,利用式(5.23)和式(5.21)去验证本表中由于轴向对准误差造成的耦合损耗。

表 5.1 习题 5.8

纤芯直径(μm)/包层直径(μm)	对于给定轴向对准误差的耦合损耗(dB)			
	1	3	5	10
50/125	0.112	0.385	0.590	1.266
62.5/125	0.089	0.274	0.465	0.985
100/140	0.56	0.169	0.286	0.590

5.9 式(5.35)给出了两根纤芯半径不相同的光纤之间的耦合损耗。证明在 $\alpha_R/\alpha_E = 0.5, 0.7, 0.9$

时，用分贝表示的耦合损耗分别为 –6.02 dB，–3.10 dB 和 –0.92 dB。

5.10 式(5.36)给出了两根轴上数值孔径不等的光纤的耦合损耗。请证明在 $\mathrm{NA}_R(0)/\mathrm{NA}_E(0) = 0.5$，0.7 以及 0.9 时，用分贝表示的耦合损耗分别为 –6.02 dB，–3.10 dB 和 –0.92 dB。

5.11 式(5.37)给出了两根不同纤芯折射率剖面的光纤之间的耦合损耗。如果 $\alpha_E = 2.20$，请问当 (a) $\alpha_R = 1.80$，(b) $\alpha_R = 2.00$ 时，耦合损耗分别是多少？

5.12 考虑两根具有表 5.2 所列特性的多模渐变折射率光纤，如果这两根光纤之间理想对准没有缝隙，计算在下列情况下的连接损耗和耦合系数。
(a) 光从光纤 1 到光纤 2；
(b) 光从光纤 2 到光纤 1。

表 5.2 习题 5.12

参数	光纤 1	光纤 2
纤芯折射率 n_1	1.46	1.48
折射率差 Δ	0.010	0.015
纤芯半径 a	50 μm	62.5 μm
剖面因数 α	2.00	1.80

习题解答（选）

5.4　$P_\text{LED-step} = 191\ \mu\text{W}$；$P_\text{LED-graded} = 159\ \mu\text{W}$。

5.11　(a) 0.44 dB；(b) 0.20 dB。

5.12　(a) $L_{1\to 2}(\alpha) = 0.24$ dB；(b) $L_{2\to 1}(a) = 1.94$ dB，$L_{2\to 1}(\mathrm{NA}) = 1.89$ dB。

原著参考文献

1. Y. Uematsu, T. Ozeki, Y. Unno, Efficient power coupling between an MHLED and a taper-ended multimode fiber. IEEE J. Quantum Electron. **15**, 86-92（1979）

2. H. Kuwahara, M. Sasaki, N. Tokoyo, Efficient coupling from semiconductor lasers into singlemode fibers with tapered hemispherical ends. Appl. Opt. **19**, 2578-2583（1980）

3. D. Marcuse, LED fundamentals: comparison of front and edge-emitting diodes. IEEE J. Quantum Electron. **13**, 819-827（1977）

4. B.E.A. Saleh, M. Teich, *Fundamentals of Photonics*, 3$^\text{rd}$ edn.（Wiley, 2019）

5. TIA-455-54B, *Mode Scrambler Requirements for Overfilled Launching Conditions to Multimode Fibers*（1998）

6. M, Bass（ed.）, *Handbook of Optics*, vol II（McGraw-Hill, 2010）

7. M. Forrer et al., High precision automated tab assembly with micro optics for optimized high-power diode laser collimation, in Paper 11261-10, *SPIE Photonics West*, Feb. 2020

8. K. Sakai, M. Kawano, H. Aruga, S.-I. Takagi, S.-I. Kaneko, J. Suzuki, M. Negishi, Y. Kondoh, K.-I. Fukuda, Photodiode packaging technique using ball lens and offset parabolic mirror. J. Lightw. Technol. **27**(17), 3874-3879（2009）

9. A. Nicia, Lens coupling in fiber-optic devices: efficiency limits. Appl. Opt. **20**, 3136-3145（1981）

10. K. Keränen, J.T. Mäkinen, K.T. Kautio, J. Ollila, J. Petäjä, V. Heikkinen, J. Heilala, P. Karioja, Fiber pigtailed multimode laser module based on passive device alignment on an LTCC substrate. IEEE Trans. Adv. Packag.

29, 463-472 (2006)

11. G. Jiang, L. Diao, K. Kuang, Understanding lasers, laser diodes, laser diode packaging and their relationship to tungsten copper, in *Advanced Thermal Manage. Materials* (Springer, 2013)

12. C. Tsou, Y.S. Huang, Silicon-based packaging platform for light-emitting diode. IEEE Trans. Adv. Pack. **29**, 607-614 (2006)

13. See any general physics or introductory optics book; for example: (a) H.D. Young, R.A. Freedman, *University Physics with Modern Physics*, 15th edn. (Pearson, 2020); (b) K. Lizuka, *Engineering Optics* (Springer, 2019); (c) C.A. Diarzio, *Optics for Engineers* (Apple Academic Press, 2021)

14. M.C. Hudson, Calculation of the maximum optical coupling efficiency into multimode optical waveguides. Appl. Opt. **13**, 1029-1033 (1974)

15. P. Di Vita, U. Rossi, Realistic evaluation of coupling loss between different optical fibers. J. Opt. Common. **1**, 26-32 (1980); Evaluation of splice losses induced by mismatch in fiber parameters. Opt. Quantum Electron. **13**, 91-94 (1981)

16. M.J. Adams, D.N. Payne, F.M.E. Staden, Splicing tolerances in graded index fibers. Appl. Phys. Lett. **28**, 524-526 (1976)

17. D. Gloge, Offset and tilt loss in optical fiber splices. Bell Sys. Tech. J. **55**, 905-916 (1976)

18. T.C. Chu, A.R. McCormick, Measurement of loss due to offset, end separation and angular misalignment in graded index fibers excited by an incoherent source. Bell Sys. Tech. J. **57**, 595-602 (1978)

19. C.M. Miller, Transmission vs. transverse offset for parabolic-profile fiber splices with unequal core diameters. Bell Sys. Tech. J. **55**, 917-927 (1976)

20. D. Gloge, E.A.J. Marcatili, Multimode theory of graded-core fibers. Bell Sys. Tech. J. **52**, 1563-1578 (1973)

21. F.L. Thiel, D.H. Davis, Contributions of optical-waveguide manufacturing variations to joint loss. Electron. Lett. **12**, 340-341 (1976)

22. D. Marcuse, D. Gloge, E.A.J. Marcatili, Guiding properties of fibers, in ed. by S.E. Miller, A.G. Chynoweth. *Optical Fiber Telecommunications* (Academic Press, 1979)

23. G. Van Steenberge, P. Geerinck, S. Van Put, J. Watté, H. Ottevaere, H. Thienpont, P. Van Daele, Laser cleaving of glass fibers and glass fiber arrays. J. Lightw. Technol. **23**, 609-614 (2005)

24. W.H. Wu, C.L. Chang, C.H. Hwang, A study on cutting glass fibers by CO_2 laser. Appl. Mech. Mater. **590**, 192-196 (2014)

第6章 光检测器

摘要：光纤通信的两种主要光电检测器件(光检测器,也称光电探测器)基于半导体的 pin 光电二极管和雪崩光电二极管。这些器件的主要优点是它们的尺寸能够与光纤兼容,在所需工作波长具有高灵敏度,其快速的响应时间可实现精准的信号跟踪。由于光信号从光纤末端发出时通常会出现衰减以及失真的现象,因此光电二极管必须满足特定严格的性能要求。本章的目的是描述其性能特性并说明如何在光纤链路中使用光电二极管。

在光传输线路的输出端,必须有一个能转换光信号的接收装置,即光接收机。接收机的首要部件就是光检测器。光检测器能检测出入射在它上面的光功率,并把这个光功率的变化转换为相应电流的变化。由于光信号在光纤中传输会带来损耗和畸变,所以对光检测器的性能要求很高。其中最重要的几点要求是在所用光源的波长范围内有较高的响应度或灵敏度、较小的噪声、响应速度快或足够的带宽以适应需要的数据速率。另外还要求光检测器对温度变化不敏感、和光纤尺寸匹配、相对于系统其他组成部分价格合理并且工作寿命长等。

光检测器主要有如下几种不同的类型:光电倍增管、热电检测器、半导体材料的光导电体、光电晶体管、光电二极管。在这些检测器中,基于半导体的光电二极管由于尺寸较小、材料合适、灵敏度高、响应速度快,所以在光纤通信系统中得到了广泛的应用。常用的光电二极管有两种类型,即 pin 光电二极管和雪崩光电二极管(APD)。在接下来的各节中将讨论这两种器件的基本特性。为介绍这些器件,将用到 4.1 节中讲述的一些关于半导体物理的基本原理。有关光检测过程的基本原理也可以在其他教材中找到[1-12]。

6.1 光电二极管的物理原理

6.1.1 pin 光电二极管

最普通的光电二极管是 pin 光电二极管,如图 6.1 所示,它的 p 型材料区和 n 型材料区由轻微掺杂 n 型材料的本征(i)区隔开。正常工作时,通过负载电阻 R_L 在器件上加上足够大的反向偏置电压,本征区的载流子就会完全耗尽。也就是说,该区域中本征的 n 和 p 载流子的浓度非常小,与掺杂载流子相比可以忽略。

在光子流 Φ 穿过半导体时,会被半导体所吸收。假设当 $x=0$ 时光照到光检测器上面,其功率为 P_{in},当光进入半导体距离为 x 时,其光功率为 $P(x)$,光功率随进入半导体的距离 dx 的变化量为 $dP(x)$,那么 $dP(x) = -\alpha_s(\lambda)P(x)dx$,其中 $\alpha_s(\lambda)$ 为波长 λ 时材料的吸收系数。由此可以看出,在半导体材料中,光功率的吸收呈指数规律,即

$$P(x) = P_{in}\exp(-\alpha_s x) \tag{6.1}$$

图 6.1 给出了光功率随着光进入半导体深度的变化图,其中半导体的深度为 w。p 区的厚

度非常薄，在 p 区被吸收的光功率极小。

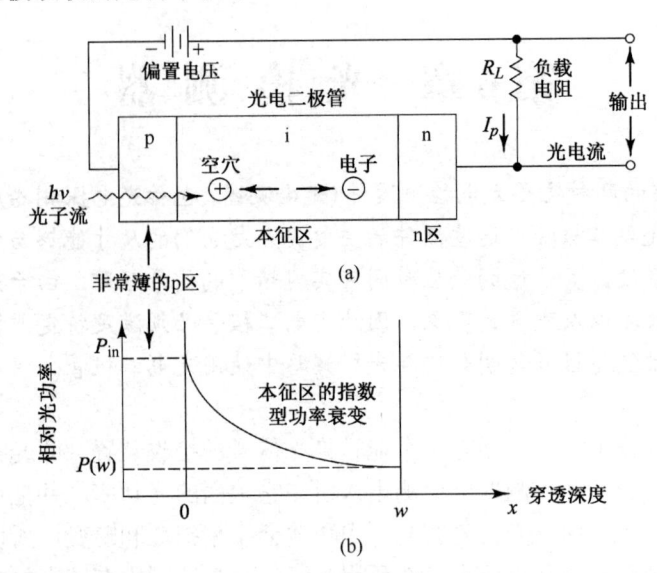

图 6.1 (a)外加反向偏置电压的 pin 光电二极管示意图；(b)入射光功率在器件内呈指数衰减

例 6.1 $In_{0.53}Ga_{0.47}As$ 光电二极管，在波长 1550 nm 处的吸收系数为 0.8 μm^{-1}，当 $P(x)/P_{in} = 1/e = 0.368$ 时的穿透深度是多少？

解：根据式(6.1)

$$\frac{P(x)}{P_{in}} = \exp(-\alpha_s x) = \exp(-0.8x) = 0.368$$

所以

$$-0.8x = \ln 0.368 = -0.9997$$

得到 $x = 1.25$ μm。

例 6.2 高速 $In_{0.53}Ga_{0.47}As$ pin 光电二极管在波长 1310 nm 的吸收系数为 1.5 μm^{-1}，当耗尽层厚度为 0.15 μm 时，吸收功率的百分比为多少？

解：根据式(6.1)，在 $x = 0.15$ μm 时的输出功率为

$$\frac{P(x)}{P_{in}} = \exp(-\alpha_s x) = \exp[(-1.50) \times 0.15] = 0.80$$

因此只有 20%的输入功率被吸收。

训练题 6.1 InGaAs pin 光电二极管，在波长 1550 nm 的吸收系数为 1.0 μm^{-1}。试证明在穿透深度为 0.69 μm 时，吸收功率为 50%。

当一个入射光子能量大于或等于半导体的带隙能量 E_g 时，将激励价带上的一个电子吸收光子的能量而跃迁到导带上，从而产生自由的电子-空穴对，如图 6.2 所示，由于它们是在偏置电压控制下由光通过器件而产生的电载流子，所以被称为光生载流子。光生载流子的数量受到半导体材料纯度的制约(见 4.1 节)。通常光电二极管的设计使得大部分的入射光在耗尽区(耗尽的本征区)吸收，由此大部分的载流子也在此区域产生。耗尽区的高电场使得电子-

空穴对立即分开并在反向偏置的结区中向两端流动,在边界处被收集,从而在外电路中形成电流。每个载流子对分别对应着一个流动的电子,这种电流就是所谓的光电流。

当电载流子在材料中流动时,一些电子-空穴对会重新复合而消失,此时电子和空穴平均流动的距离分别为 L_n 和 L_p,这个距离就是所谓扩散长度。电子和空穴重新复合所需的时间称为载流子寿命,分别记为 τ_n 和 τ_p。载流子寿命和扩散长度的关系可以表示为

$$L_n = (D_n\tau_n)^{1/2}, \quad L_n = (D_n\tau_n)^{1/2}$$

其中 D_n 和 D_p 分别是电子和空穴的扩散系数(或扩散常数),其单位是 cm^2/s。

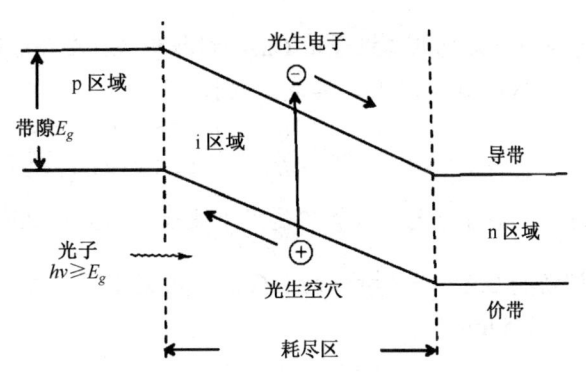

图 6.2 pin 光电二极管的能带简图,能量大于或等于带隙能量 E_g 的光子可以产生自由电子-空穴对,作为光电流载流子

图 6.3 给出了几种不同的光电二极管材料吸收系数与波长的关系[13]。从图中可以看出,α_s 随波长 λ 显著变化,因此,特定的半导体材料只能应用在有限的波长范围内。上限截止波长 λ_c 取决于所用材料的带隙能量 E_g,如果 E_g 用电子伏特(eV)表示,λ_c 用微米(μm)表示,则

$$\lambda_c(\mu m) = \frac{hc}{E_g} = \frac{1.2406}{E_g(eV)} \tag{6.2}$$

对 Si 材料,截止波长为 1.06 μm,对 Ge 材料则为 1.6 μm,对 InGaAs 材料则为 1.7 μm。如果波长更长的话,光子的能量就不足以激励一个价带的电子跃迁到导带中去。

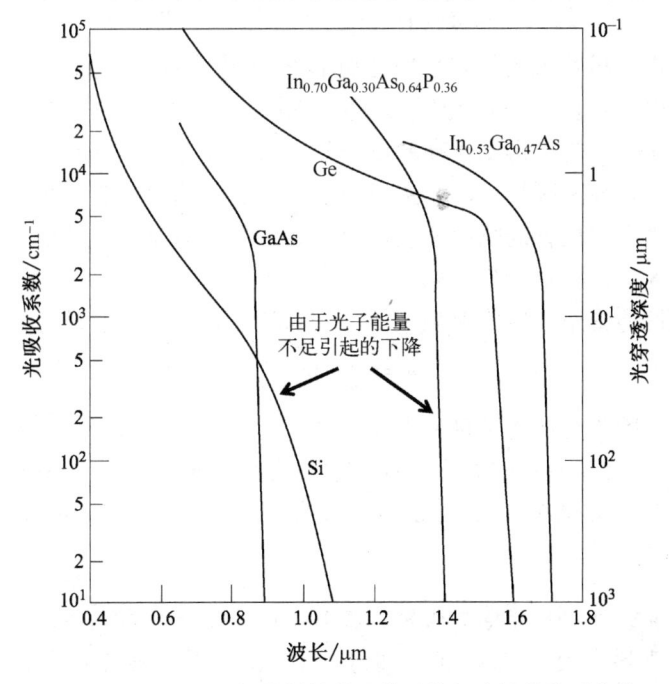

图 6.3 不同光电二极管材料的吸收系数与波长的关系曲线

在短波长段,材料的吸收系数 α_s 变得很大,因此光子在光检测器的表面就被吸收,电子-空穴对的寿命极短,结果载流子在被光检测器电路收集之前就被复合掉了。

例 6.3 某光电二极管由 GaAs 材料构成,在 300 K 时其带隙能量为 1.43 eV,求其截止波长。

解:由式(6.2),其截止波长为

$$\lambda_c = \frac{hc}{E_g} = \frac{(6.625 \times 10^{-34} \text{J·s}) \times (3 \times 10^8 \text{m/s})}{(1.43 \text{eV}) \times (1.625 \times 10^{-19} \text{J/eV})} = 869 \text{ nm}$$

这个 GaAs 光电二极管不能用于波长范围大于 869 nm 的系统中。

训练题 6.2 一个特殊的 InGaAs pin 光电二极管,其带隙能量为 0.74 eV,试证明其截止波长为 1675 nm。

如果耗尽区宽度为 w,由式(6.1),在距离 w 里吸收功率为

$$P_{\text{absorbed}}(w) = \int_0^w \alpha_s P_{\text{in}} \exp(-\alpha_s x) \, dx = P_{\text{in}}(1 - e^{-\alpha_s w}) \tag{6.3}$$

设光电二极管入射表面的反射系数为 R_f,则可从式(6.3)得到初级光电流 i_p

$$i_p = \frac{q}{h\nu} P_{\text{in}} [1 - \exp(-\alpha_s w)](1 - R_f) \tag{6.4}$$

式中,P_{in} 是入射到光电二极管上的光功率,q 是电子电荷,$h\nu$ 是光子能量。

光电二极管的两个重要特性参数是其量子效率和响应速度,这些参数主要由器件材料的带隙能量、工作波长、p 区、i 区、n 区的掺杂浓度和宽度所决定。量子效率 η 表示每个能量为 $h\nu$ 的入射光子所产生的电子-空穴对数,由下式给出:

$$\eta = \frac{\text{产生的电子-空穴对的个数}}{\text{被吸收的入射光子数}} = \frac{i_p/q}{P_{\text{in}}/h\nu} \tag{6.5}$$

其中 i_p 是入射在光电二极管上的稳态平均光功率 P_{in} 所产生的平均光电流。

实际使用的光电二极管,100 个光子会产生 30~95 个电子-空穴对,因此检测器的量子效率范围为 30%~95%。为了得到较高的量子效率,必须加大耗尽区的厚度,使得大部分光子可以被吸收。但是,耗尽区越厚,光生载流子渡越反向偏置结的时间就越长,而载流子的漂移时间又决定了光电二极管的响应速度。所以必须在响应速度和量子效率之间采取折中,有关这一问题将在 6.3 节中进一步讨论。

光电二极管的性能常用响应度 $\mathscr{R}$ 来表征,它和量子效率的关系是

$$\mathscr{R} = \frac{i_p}{P_{\text{in}}} = \frac{\eta q}{h\nu} \tag{6.6}$$

这个参数非常有用,因为它描述了单位光功率产生的光生电流的大小,图 6.4 所示为典型的 pin 光电二极管的响应度与波长的关系。Si 在波长为 900 nm 时,$\mathscr{R}$ 为 0.65 A/W;而 Ge 在波长为 1300 nm 时 $\mathscr{R}$ 为 0.45 A/W;InGaAs 在波长为 1300 nm 和 1550 nm 时,$\mathscr{R}$ 的典型值分别为 0.9 A/W 和 1.0 A/W。

例 6.4 有一个 InGaAs 材料的光电二极管,在 100 ns 的脉冲时段内共入射了波长为 1300 nm 的光子 6×10^6 个,平均产生了 5.4×10^6 个电子-空穴(e-h)对,则它的量子效率可以由式(6.5)得出

$$\eta = \frac{\text{产生的电子-空穴对的数量}}{\text{被吸收的入射光子数}} = \frac{5.4 \times 10^6}{6 \times 10^6} = 0.90$$

因此在 1300 nm 波长上它的量子效率为 90%。

例 6.5 能量为 1.53×10^{-19} J 的光子入射到一个光电二极管上，此二极管的响应度为 0.65 A/W，如果入射光功率为 10 μW，则根据式(6.6)，产生的光电流为

$$i_p = \mathcal{R} P_{in} = (0.65 \text{ A/W}) \times (10 \text{ μW}) = 6.5 \text{ μA}$$

光子能量一定时，大多数光电二极管的量子效率和入射到光电二极管上的光功率无关。因此响应度是光功率的线性函数，也就是说，光电流 i_p 正比于入射到光电二极管上的光功率 P_{in}，所以对于给定的波长(给定的光子能量 $h\nu$)，响应度 $\mathcal{R}$ 是一个常数。不过，在整个波长范围内量子效率并不是一个常数，因为光子能量在改变。因此，响应度随波长和所用的光电二极管材料的不同(不同的材料有不同的带隙能量 E_g)而变化。对于给定的材料，当入射光的波长越来越长时，光子能量变得越来越小，当这个能量不能满足从价带激发一个电子跃迁到导带上的能量要求时，响应度就会在截止波长处迅速降低，如图 6.4 所示。

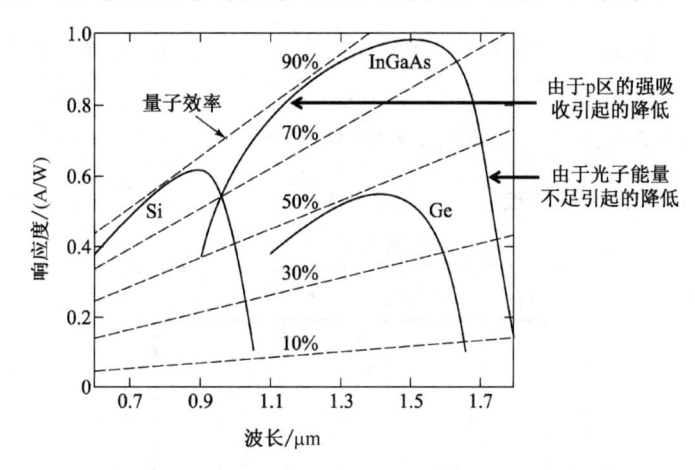

图 6.4 几种不同材料的 pin 光电二极管的响应度和量子效率与波长的关系曲线

例 6.6 如图 6.4 所示，波长范围为 1300 nm<λ<1600 nm，InGaAs 的量子效率大约为 90%，因此在这个波长范围内响应度为

$$\mathcal{R} = \frac{\eta q}{h\nu} = \frac{\eta q \lambda}{hc} = \frac{(0.90) \times (1.6 \times 10^{-19} \text{ C}) \lambda}{(6.625 \times 10^{-34} \text{ J·s}) \times (3 \times 10^8 \text{ m/s})} = 7.25 \times 10^5 \lambda$$

例如当波长为 1300 nm 时，有

$$\mathcal{R} = [7.25 \times 10^5 \text{(A/W)/m}] \times (1.30 \times 10^{-6} \text{m}) = 0.92 \text{ A/W}$$

当波长大于 1600 nm 时，光子能量不足以从价带激发一个电子跃迁到导带。例如 $In_{0.53}Ga_{0.47}As$ 的带隙能量 $E_g = 0.73$ eV，由式(6.2)，截止波长为

$$\lambda_c = \frac{1.2406}{E_g} = \frac{1.2406}{0.73} = 1.7 \text{ μm}$$

对于 InGaAs，波长小于 1100 nm 时，光子在光电二极管的表面就被吸收，产生的电子-空穴对的复合寿命很短，很多载流子对并没有产生光电流，所以在短波长段，响应度的值也迅速降低。

6.1.2 雪崩光电二极管

雪崩光电二极管（APD）内部可以对尚未进入放大器的输入电路初级光电流进行放大。由于光电流在遇到与接收机电路相关的热噪声之前就被放大[14-16]，可显著提高接收机灵敏度。为了达到载流子的倍增，光生载流子必须穿过一个具有非常高电场的高场强区（见图 6.5）。在这个高场强区，光生电子或空穴可以获得很高的能量，它们高速碰撞价带电子，使之电离，从而激发出新的电子-空穴对，这种载流子倍增的机理称为碰撞电离。新产生的载流子同样被电场加速，获得足够的能量从而导致更多的碰撞电离产生，这就是所谓的雪崩效应。

光电二极管中所有载流子产生的倍增因子 M 定义为

$$M = \frac{i_M}{i_p} \tag{6.7}$$

其中 i_M 是雪崩增益后输出电流的平均值，而 i_p 是式(6.4)中所定义的未倍增时的初级光电流。实际上，雪崩过程是一种统计过程，并不是每一个载流子都经过了同样的倍增，所以 M 只是一个统计平均值。

与 pin 光电二极管类似，APD 的性能也是由它的响应度 $\mathscr{R}_{\text{APD}}$ 来表征的，响应度的定义由下式给出：

$$\mathscr{R}_{\text{APD}} = \frac{\eta q}{h\nu} M = \mathscr{R} M \tag{6.8}$$

其中 $\mathscr{R}$ 是 pin 光电二极管的响应度。

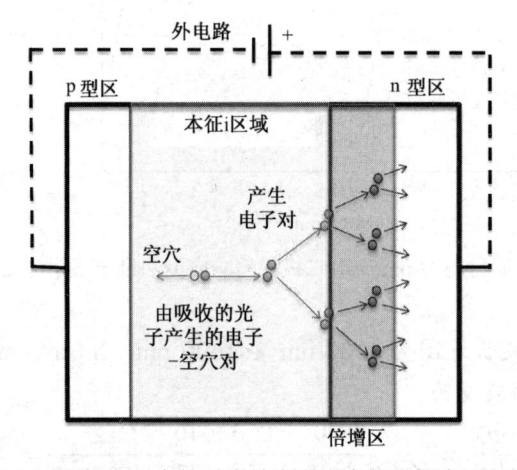

图 6.5 通过 APD 中的雪崩效应对光电倍增概念进行阐释

例 6.7 一种硅 APD 在波长 900 nm 时量子效率为 65%，假定 0.5 μW 的光功率产生的倍增电流为 10 μA，试求倍增因子 M。

解：根据式(6.6)，初级光电流为

$$i_p = \mathscr{R} P_{\text{in}} = \frac{\eta q \lambda}{hc} P_{\text{in}} = \frac{(0.65) \times (1.6 \times 10^{-19}\,\text{C}) \times (9 \times 10^{-7}\,\text{m})}{(6.625 \times 10^{-34}\,\text{J} \cdot \text{s}) \times (3 \times 10^8\,\text{m/s})} \times (5 \times 10^{-7}\,\text{W})$$

$$= 0.235\,\mu\text{A}$$

由式(6.7)，倍增因子 M 为

$$M = \frac{i_M}{i_p} = \frac{10\,\mu A}{0.235\,\mu A} = 43$$

因此，初级光电流被放大了 43 倍。

训练题 6.3 一种 InGaAs APD 在波长为 1310 nm 时量子效率是 90%。假定 0.5 μW 的光功率产生的倍增电流为 8 μA，试证明倍增因子 M 为 16。

6.2 光检测器噪声

6.2.1 信噪比

为了检测到尽可能小的信号，必须对光检测器和它随后的放大电路进行优化设计，以此来保证一定的信噪比。光接收机输出端的信噪比 S/N 定义为

$$\text{SNR} = S/N = \frac{\text{光电流信号功率}}{\text{光检测器噪声功率} + \text{放大器噪声功率}}$$

$$= \frac{\text{均方根信号电流}}{\sum \text{均方根噪声电流}} = \frac{\langle i_s^2(t) \rangle}{\langle i_{th}^2 \rangle + \langle i_{shot}^2 \rangle + \langle i_{dark}^2 \rangle} = \frac{\langle i_s^2(t) \rangle}{\langle i_{th}^2 \rangle + \langle i_N^2 \rangle} \tag{6.9}$$

接收机中的噪声电流一般来自光检测器的散粒噪声 $\langle i_{shot}^2 \rangle$ 和暗电流噪声 $\langle i_{dark}^2 \rangle$，以及与光电二极管和放大器电路的组合电阻相关的热噪声 $\langle i_{th}^2 \rangle$。这样的噪声源将在 6.2.2 节中进行描述。在大多数应用中，噪声电流决定了可以被检测到的最小光功率水平，这是由于负责信号电流的光电二极管的量子效率通常能达到它的最大理论值。注意在分析噪声源时，虽然光检测器遵循泊松统计过程，但是也可以使用高斯统计来近似描述散粒和暗电流噪声的统计性质。因此，它们的噪声功率可以由噪声电流的方差表示。另外，热噪声也遵循高斯统计[17]。这些近似方法简化了接收机的 SNR 分析过程。

6.2.2 噪声源

为了了解不同类型的噪声对信噪比的影响，先来研究图 6.6 所示的光接收机的简化模型和它的等效电路。光电二极管有一个小的串联电阻 R_s，总电容 C_d 由结电容和封装电容组成。并联电阻（或负载电阻）为 R_L，光电二极管后面的放大电路的输入电容为 C_a，输入电阻为 R_a。在实际应用中，R_s 远远小于负载电阻 R_L，因而可以忽略不计。

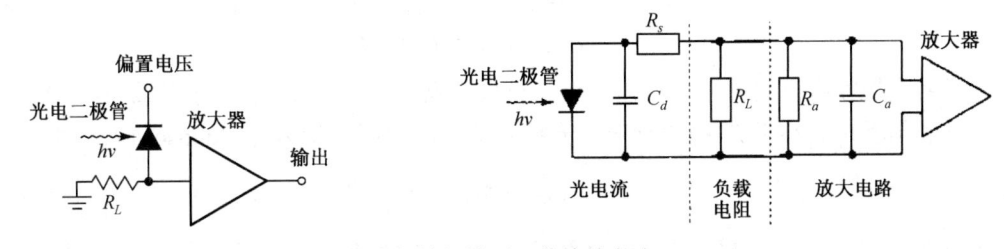

图 6.6 光接收机简化模型及其等效电路

对 pin 光电二极管来说，它的均方信号电流 $\langle i_s^2 \rangle_{\text{pin}}$ 为

$$\langle i_s^2 \rangle_{\text{pin}} = \sigma_{s,\text{pin}}^2 = \langle i_p^2(t) \rangle \tag{6.10}$$

其中 $i_p(t)$ 是落在光检测器上的时变光功率 $P_{\text{in}}(t)$ 转换成的初级时变光电流，σ 是均方差。对雪崩光电二极管则有

$$\langle i_s^2 \rangle_{\text{APD}} = \sigma_{s,\text{APD}}^2 = \langle i_p^2(t) \rangle M^2 \tag{6.11}$$

其中 M 就是式(6.7)定义的雪崩增益的统计平均值。

光检测器在无内部增益时，其主要噪声包括量子噪声、光电二极管材料引起的暗电流噪声和表面漏电流噪声。量子噪声或散弹噪声的产生是由于光信号入射到光检测器上时，光电子的产生和收集过程具有统计特性，已经证明它服从泊松分布。光电效应产生的光生载流子数是随机起伏的，这是光检测过程的基本特性，它使得当其他条件都达到最佳化时接收机灵敏度具有一个最低极限。在带宽 B_e 内，量子噪声均方根电流和光电流 i_p 的平均值成正比，即

$$\langle i_{\text{shot}}^2 \rangle = \sigma_{\text{shot}}^2 = 2qi_p B_e M^2 F(M) \tag{6.12}$$

其中 $F(M)$ 是和雪崩过程的随机特性有关的噪声系数(NF)。对于 APD，噪声系数典型数值为 3～6 dB。实验结果表明，将 $F(M)$ 近似为 M^x 是合理的，其中 $x(0 \leqslant x \leqslant 1.0)$ 取决于所用的材料。对于 Si，InGaAs 和 Ge，x 分别取值 0.3、0.7 和 1.0。这一点在 6.4 节将有更详细的论述。对 pin 光电二极管，$F(M)$ 与 M 均为 1。

光电二极管的暗电流是指没有光入射时流过检测器反向偏置电路的电流，它是体暗电流和表面暗电流之和。体暗电流 i_{dark} 来自光电二极管 pn 结区热运动产生的电子和(或)空穴。对于 APD，由此产生的载流子同样会得到结区高电场的加速，并因雪崩效应而被倍增，其均方值为

$$\langle i_{\text{dark}}^2 \rangle = \sigma_{\text{dark}}^2 = 2qi_D M^2 F(M) B_e \tag{6.13}$$

其中 i_D 是初始(未倍增过的)光检测器体暗电流。

训练题 6.4 设 $x \approx 0.3$ 的 Si APD 工作在 $M = 100$ 上。(a)若没有信号落在光检测器上，且未倍增的暗电流 $i_D = 10$ nA。现请参考等式(6.13)说明每平方根带宽的 APD 噪声电流为 $\left[\langle i_{\text{dark}}^2 \rangle \right]^{1/2} = [2qi_D M^2 F(M) B_e]^{1/2} = 11.3 B_e^{1/2} \text{pA/Hz}^{1/2}$；(b)如果接收机带宽为 50 MHz，则 APD 显示的暗噪声电流为 79.9 nA。

由于暗电流与信号电流是不相关的，所以光检测器总的均方噪声电流 $\langle i_N^2 \rangle$ 可以写成

$$\begin{aligned} \langle i_N^2 \rangle &= \sigma_N^2 = \langle i_{\text{shot}}^2 \rangle + \langle i_{\text{dark}}^2 \rangle = \sigma_{\text{shot}}^2 + \sigma_{\text{dark}}^2 \\ &= 2q(i_p + i_D) M^2 F(M) B_e \end{aligned} \tag{6.14}$$

为了简化接收机电路的分析，在这里假设放大器输入阻抗 R_a 远大于负载电阻 R_L，所以放大电路的热噪声远小于 R_L 的热噪声。光检测器负载电阻的均方热(Johnson)噪声电流为

$$\langle i_{\text{th}}^2 \rangle = \sigma_{\text{th}}^2 = \frac{4k_B T}{R_L} B_e \tag{6.15}$$

式中 k_B 为玻尔兹曼常数，T 是热力学温度。在接收机带宽许可范围内，可以用较大的负载电阻来降低这种热噪声。

例6.8 InGaAs 光电二极管在波长为 1300 nm 时有如下参数:$i_D = 4$ nA,$\eta = 0.90$,$R_L = 1000\ \Omega$,假设入射光功率为 300 nW(−35 dBm),温度为 293 K,接收机带宽为 20 MHz,求(a)初级光电流;(b)均方量子噪声电流;(c)均方暗电流;(d)均方热噪声电流。

解:(a)首先计算初级光电流,由式(6.6),

$$i_p = \mathscr{R} P_{in} = \frac{\eta q \lambda}{hc} P_{in} = \frac{(0.90) \times (1.6 \times 10^{-19}\ \text{C}) \times (1.3 \times 10^{-6}\ \text{m})}{(6.625 \times 10^{-34}\ \text{J}\cdot\text{s}) \times (3 \times 10^8\ \text{m/s})} \times (3 \times 10^{-7}\ \text{W})$$
$$= 0.282\ \mu\text{A}$$

(b)由式(6.12),pin 光电二极管的均方量子噪声电流为

$$\langle i_{\text{shot}}^2 \rangle = 2q i_p B_e = 2 \times (1.6 \times 10^{-19}\ \text{C}) \times (0.282 \times 10^{-6}\ \text{A}) \times (20 \times 10^6\ \text{Hz})$$
$$= 1.80 \times 10^{-18}\ \text{A}^2$$

或

$$\langle i_{\text{shot}}^2 \rangle^{1/2} = 1.34\ \text{nA}$$

(c)由式(6.13)可得均方暗电流为

$$\langle i_{\text{dark}}^2 \rangle = 2q i_D B_e = 2(1.6 \times 10^{-19}\ \text{C})(4 \times 10^{-9}\ \text{A})(20 \times 10^6\ \text{Hz})$$
$$= 2.56 \times 10^{-20}\ \text{A}^2$$

或

$$\langle i_{\text{dark}}^2 \rangle^{1/2} = 0.16\ \text{nA}$$

(d)接收机的均方热噪声电流可以从式(6.15)得到

$$\langle i_{\text{th}}^2 \rangle = \frac{4k_B T}{R_L} B_e = \frac{4(1.38 \times 10^{-23}\ \text{J/K}) \times (293\ \text{K})}{1000\ \Omega} \times (20 \times 10^6\ \text{Hz})$$
$$= 323 \times 10^{-18}\ \text{A}^2$$

或

$$\langle i_{\text{th}}^2 \rangle^{1/2} = 18\ \text{nA}$$

因此,这个接收机的均方根热噪声电流大约是均方根散弹噪声电流的 14 倍,是均方根暗电流的 100 倍。

6.2.3 信噪比受限

通过检测各种噪声的大小,可以对某种限定条件下的 SNR 进行简化。将式(6.11)、式(6.14)和式(6.15)代入式(6.9),得到放大器输入端的信噪比为

$$\text{SNR} = \frac{\langle i_p^2 \rangle M^2}{2q(i_p + i_D) M^2 F(M) B_e + 4k_B T B_e / R_L} \tag{6.16}$$

当平均信号电流远大于暗电流时,i_D 也可忽略,于是可以简化为

$$\text{SNR} = \frac{\langle i_p^2 \rangle M^2}{2q i_p M^2 F(M) B_e + 4k_B T B_e / R_L} \tag{6.17}$$

例6.9 假设有一个例 6.8 描述的 InGaAs pin 光电二极管,其 SNR 如何计算?

解:与散弹噪声和热噪声相比,暗电流可以忽略不计,根据式(6.17),可以得到

$$\text{SNR} = \frac{(0.282 \times 10^{-6})^2}{1.80 \times 10^{-18} + 323 \times 10^{-18}} = 245$$

以分贝表示，则为

$$\text{SNR} = 10 \log 245 = 23.9$$

当输入光功率相对较高时，散弹噪声功率远大于热噪声。在这种情况下，SNR 就称为散弹噪声极限或者量子噪声极限。当光功率相对比较小时，热噪声相对散弹噪声占主要地位。这种情况下，SNR 就称为热噪声极限。

当采用 pin 光检测器时 pin 光电二极管主要的噪声电流来自检测器负载电阻(热电流 i_T)和放大器电路的有源器件(i_{amp})。对于雪崩光电二极管，热噪声并不重要，主要的噪声来自光检测器。

从式(6.16)可以看出，信号功率增加了 M^2 倍，而量子噪声加上暗电流增加了 $M^2 F(M)$ 倍。由于 $F(M)$ 是随 M 增加而增加的，所以存在一个 M 的最佳值，使得信噪比最大。把最大信噪比对 M 求导，并使导数为零，解出 M，就可以得到最佳增益值。对一个调制指数 $m = 1$ 的正弦信号，并把 $F(M)$ 近似为 M^x，则可推出

$$M_{\text{opt}}^{x+2} = \frac{4 k_B T / R_L}{xq(i_p + i_D)} \tag{6.18}$$

例 6.10 假如硅 APD 工作在 300 K，负载电阻为 $R_L = 1000\ \Omega$，响应度 $\mathcal{R} = 0.65$ A/W，$x = 0.3$。(a) 如果暗电流可以忽略，输入功率为 100 nW，最优增益为多少？(b) 当 $B_e = 100$ MHz 时，SNR 是多少？(c) 这个 APD 的 SNR 与硅 pin 光电二极管相比有什么不同？

解：(a) 忽略暗电流，$i_p = \mathcal{R} P = (0.65) \times (100 \times 10^{-9})$，则由式(6.18)得到如下最佳增益

$$M_{\text{opt}} = \left(\frac{4 k_B T}{x q R_L i_p}\right)^{1/(x+2)} = \left(\frac{4 \times (1.38 \times 10^{-23}) \times (300)}{0.3 \times (1.60 \times 10^{-19}) \times (1000) \times (0.65) \times (100 \times 10^{-9})}\right)^{1/2.3} = 42$$

(b) 忽略暗电流，$F(M) = M^x = 42^{0.3}$，则有

$$\text{SNR} = \frac{(i_p M)^2}{\left[2 q i_p M^{2.3} + \left(\frac{4 k_B T}{R_L}\right)\right] B_e}$$

$$= \frac{\left[(0.65) \times (100 \times 10^{-9}) \times 42\right]^2}{\left[2 \times (1.6 \times 10^{-19}) \times (0.65) \times (100 \times 10^{-9}) \times 42^{2.3} + \left(\frac{4 \times 1.38 \times 10^{-23} \times 300}{1000}\right)\right] \times (100 \times 10^6)}$$

$$= 659$$

或者用 dB 为单位，SNR = 10 log 659 = 28.2 dB。

(c) 对于一个 $M = 1$ 的 pin 光电二极管，用前面的公式计算得到 SNR(pin) = 2.3 = 3.5 dB。因此，与 pin 光电二极管相比，APD 的 SNR 提高了 24.7 dB。

6.2.4 噪声等效功率

光纤通信系统的灵敏度通常用检测器的最小接收功率来衡量。这个光功率可以产生和全部噪声功率的均方根一样的功率，也就是说 SNR = 1。这个光信号功率就被称为噪声等效功率(NEP)，单位为 W/$\sqrt{\text{Hz}}$。

例如，假如在热噪声极限情况下采用 pin 光电二极管接收，当光信号功率较低，热噪声占主导时，SNR 为热噪声极限，SNR 变为

$$\text{SNR} = \mathscr{R}^2 P^2 / (4 k_B T B_e / R_L) \tag{6.19}$$

为了获得 NEP，我们假设 SNR = 1，求解 P 可得

$$\text{NEP} = \frac{P_{\min}}{\sqrt{B_e}} = \sqrt{4 k_B T / R_L} / \mathscr{R} \tag{6.20}$$

例 6.11 假如硅 InGaAs 光电二极管工作在 1550 nm，$\mathscr{R} = 0.90$ A/W，$T = 300$ K，负载电阻为 $R_L = 1000\ \Omega$，在热噪声受限的情况下，NEP 为多少？

解：从式(6.17)中可得

$$\text{NEP} = [4 \times (1.38 \times 10^{-23}\ \text{J/K}) \times (300\ \text{K}) / 1000\ \Omega]^{1/2} / (0.90\ \text{A/W})$$
$$= 4.52 \times 10^{-12}\ \text{W} / \sqrt{\text{Hz}}$$

训练题 6.5 一种特殊硅 pin 光电二极管的 NEP = 1×10^{-13} W/Hz$^{1/2}$。如果接收机的工作带宽为 1 GHz，试证明在 SNR = 1 的条件下需要的光信号功率为 3.16 nW。

参数检测率 D^* 是检测器用来表现性能的品质因数。检测率等于用单位面积 A 归一化后的 NEP 的倒数：

$$D^* = A^{1/2} / \text{NEP} \tag{6.21}$$

它的单位为 cm·$\sqrt{\text{Hz}}$/W。

6.3 光电二极管的响应时间

6.3.1 耗尽层光电流

为了研究光电二极管的频响特性，首先考虑如图 6.7 所示的反向偏置 pin 光电二极管的示意图。光子从 p 层进入二极管，被半导体材料吸收并产生电子-空穴对。在耗尽区或一个扩散长度内产生的电子-空穴对会被反向偏置电压感应的电场分开，所以在载流子穿越耗尽区作漂移运动时会在外部电路产生电流。

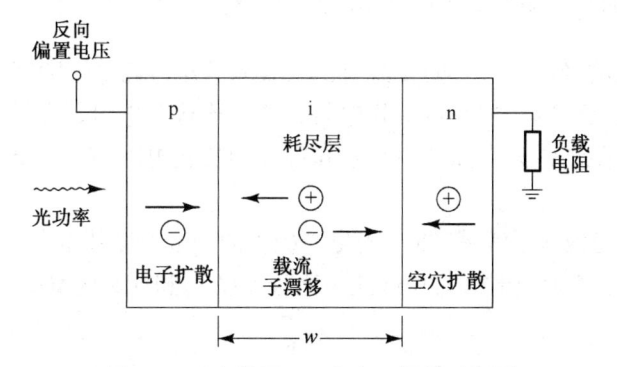

图 6.7 反向偏置 pin 光电二极管示意图

在稳定状态下，流过反向偏置耗尽区的总电流密度 J_{tot} 为

$$J_{\text{tot}} = J_{\text{dr}} + J_{\text{diff}} \tag{6.22}$$

式中，J_{dr} 是耗尽区内载流子产生的漂移电流密度，J_{diff} 是耗尽区之外（也就是在 n 区和 p 区）产生并扩散进入反向偏置结区的载流子的扩散电流密度。漂移电流密度可以从式(6.4)得到

$$J_{\text{dr}} = \frac{i_p}{A} = q\Phi_0(1 - e^{-\alpha_s w}) \tag{6.23}$$

式中 A 是光电二极管面积。而 Φ_0 是单位面积上的入射光通量，由下式给出：

$$\Phi_0 = \frac{P_{\text{in}}(1 - R_f)}{Ah\nu} \tag{6.24}$$

pin 光电二极管表面的 p 层一般都很薄，所以扩散电流主要取决于空穴在体状 n 区的扩散。在这种材料中空穴的扩散可以由一维扩散方程决定[10]：

$$D_p \frac{\partial^2 p_n}{\partial x^2} - \frac{p_n - p_{n0}}{\tau_p} + G(x) = 0 \tag{6.25}$$

式中，D_p 是空穴扩散系数，p_n 是 n 型材料中的空穴密度，τ_p 是过剩空穴寿命，p_{n0} 是平衡空穴密度，$G(x)$ 是电子-空穴对生成速率，并由下式给出：

$$G(x) = \Phi_0 \alpha_s e^{-\alpha_s x} \tag{6.26}$$

从式(6.25)，可以得到扩散电流密度：

$$J_{\text{diff}} = q\Phi_0 \frac{\alpha_s L_p}{1 + \alpha_s L_p} e^{-\alpha_s w} + q p_{n0} \frac{D_p}{L_p} \tag{6.27}$$

把式(6.23)、式(6.27)代入式(6.22)，可以得到通过反向偏置耗尽区的总电流密度为

$$J_{\text{tot}} = q\Phi_0 \left(1 - \frac{e^{-\alpha_s w}}{1 + \alpha_s L_p}\right) + q p_{n0} \frac{D_p}{L_p} \tag{6.28}$$

含有 p_{n0} 的项通常很小，所以总的光生电流正比于光通量 Φ_0。

6.3.2 响应时间特性

光电二极管产生光电流的响应时间（见图 6.6）主要取决于以下三个因素：

1. 耗尽区光生载流子的渡越时间；
2. 耗尽区外产生的光生载流子的扩散时间；
3. 光电二极管和与它相关的电路的 RC 时间常数。

影响这三种因素的光电二极管的参数有：吸收系数 α_s、耗尽区宽度 w、光电二极管结电容和封装电容、放大器电容、检测器负载电阻、放大器输入电阻、光电二极管串联电阻等。光电二极管的串联电阻通常只有几欧姆，它和很大的负载电阻与放大器输入电阻相比可以忽略不计。

首先讨论耗尽区光载流子渡越时间。光电二极管的响应速度基本上取决于光生载流子渡越耗尽区所需的时间。这个渡越时间 t_d 由载流子漂移速度 v_d 和耗尽区宽度 w 决定，由下式给出：

$$t_d = \frac{w}{v_d} \tag{6.29}$$

一般情况下，耗尽区的电场足够高，载流子都能达到它们的散射极限速度。对于 Si 来说，当电场强度在 2×10^4 V/cm 量级时，电子和空穴的最大速度分别为 8.4×10^6 cm/s 和 4.4×10^6 cm/s。典型的 Si 光电二极管的耗尽区宽度为 10 μm，极限响应时间为 0.1 ns。

比起高场区载流子的漂移，耗尽区以外的载流子扩散过程就要慢得多。因此为了得到高速的光电二极管，光生载流子应该在耗尽区或是非常接近耗尽区的地方产生，使它的扩散时间小于或等于渡越时间，较长的扩散时间会影响光电二极管的响应时间。当检测器被阶跃光脉冲照射时，响应时间可以用检测器输出脉冲的上升时间和下降时间来表示。如图 6.8 所示，输出脉冲前沿的 10% 到 90% 之间的间隔为上升时间 τ_r，对全耗尽型光电二极管，上升时间 τ_r 和下降时间 τ_f 通常是相同的。但当偏置电压较低时，光电二极管不是全耗尽型的，τ_r 和 τ_f 就会不同，这是因为对上升时间来说，光子的收集时间就会成为重要因素。因为在耗尽区产生的载流子会被迅速地分离并被吸收，但在 n 区和 p 区产生的载流子要经过一个缓慢的扩散时间才能到达耗尽区并被分离和吸收。部分耗尽型光电二极管的典型响应时间由图 6.9 给出。快速载流子的输出脉冲上升到峰值的 50% 时，响应时间大约是 1 ns，而慢速载流子在输出脉冲到达峰值之前引起较长的时延。

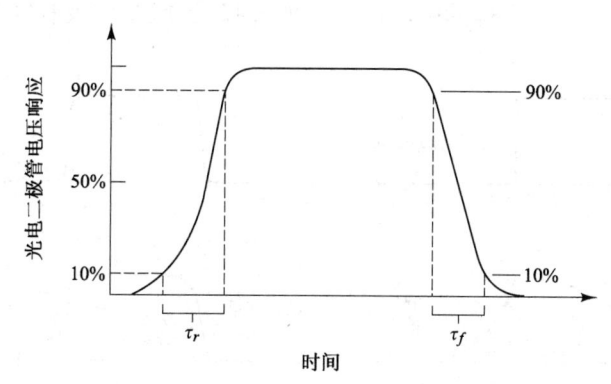

图 6.8　光电二极管对光输入脉冲响应的 10%～90% 上升时间和下降时间

为了获得较高的量子效率，耗尽区宽度必须大于 $1/\alpha_s$（吸收系数的倒数），这样大部分的光才会被吸收。图 6.10(b) 所示为一个低电容的、耗尽区宽度 $w \gg 1/\alpha_s$ 的光电二极管对如图 6.10(a) 所示的矩形输入脉冲的响应，它的上升与下降时间与输入脉冲比较一致。如果光电二极管的电容较大，那么它的响应时间就会被负载电阻 R_L 和光电二极管结电容所构成的 RC 时间常数所限制。光检测器的响应就变得如图 6.10(c) 所示了。

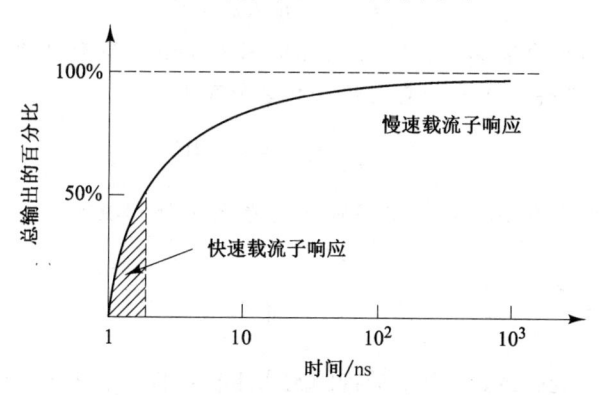

图 6.9　非全耗尽型光电二极管的典型响应时间

如果耗尽区宽度太窄，则非耗尽材料产生的任何载流子在被收集前将扩散到耗尽区。所以窄耗尽区的器件会有明显不同的慢速和快速响应分量，如图 6.10(d) 所示。上升时间的快速反应分量起源于耗尽区产生的载流子，而慢速分量则是来源于在距离耗尽区边界 L_n 处的载流子的扩散。在光脉冲后沿，耗尽区的光脉冲吸收很快，所以在下降时间里产生了快速分量，在距耗尽区边界距离 L_n 以内的载流子扩散造成了脉冲后沿的一个很慢的延迟拖尾。另外如果 w 太小，结电容也会变得很大。结电容 C_j 为

$$C_j = \frac{\varepsilon_s A}{w} \tag{6.30}$$

式中：ε_s = 半导体材料的电容率 = $\varepsilon_0 K_s$
K_s = 半导体材料的相对介电常数
ε_0 = 8.8542×10^{-12} F/m 是自由空间的电容率
A = 扩散层面积

这个电容增大，就会使 RC 时间常数变大，从而限制了检测器的响应时间。在高频响应和高量子效率之间有一个合理的吸收区宽度的选择，那就是使吸收区宽度介于 $1/\alpha_s$ 和 $2/\alpha_s$ 之间。

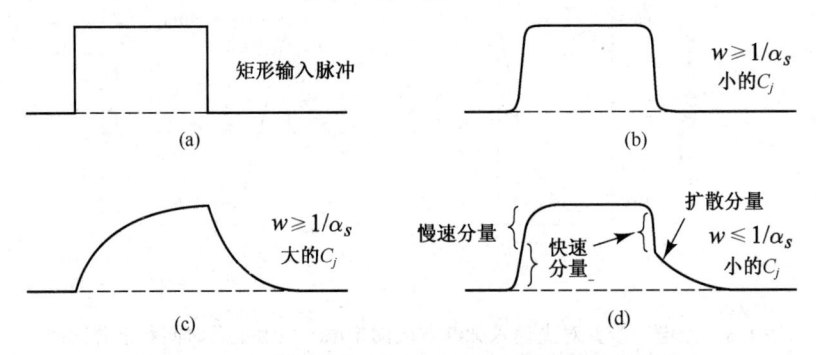

图 6.10　不同检测器条件下，光电二极管的脉冲响应

设 R_T 是负载电阻和放大器输入电阻的组合，C_T 是光电二极管结电容和放大器输入电容之和，如图 6.6 所示，则此检测器可以简单地近似为一个 RC 低通滤波器，其通带由下式给出：

$$B_c = \frac{1}{2\pi R_T C_T} \tag{6.31}$$

例 6.12　如果光电二极管电容为 3 pF，放大器电容为 4 pF，负载电阻为 1 kΩ，放大器输入电阻为 1 MΩ。则 C_T = 7 pF，R_T = 1 kΩ，所以电路带宽为

$$B_c = \frac{1}{2\pi R_T C_T} = 23 \text{ MHz}$$

如果把检测器负载电阻降为 50 Ω，则电路带宽变为 B_c = 455 MHz。

6.4　光检测器比较

本节归纳 Si，Ge，InGaAs 光电二极管的常用工作特性。表 6.1 和表 6.2 分别列出了 pin 光电二极管和雪崩光电二极管的性能参数值。这些参数值是从各厂商的数据单和文献中报告的性能参数值中选出的，它们可以作为对性能参数进行对比的指南。具有特殊用途的特种器件的详细值可以从光检测器和接收模块供应商那里得到。

表 6.1 Si，Ge，InGaAs pin 光电二极管的一般工作参数

参数	符号	单位	Si	Ge	InGaAs
波长范围	λ	nm	400~1100	800~1650	1100~1700
响应度	$\mathscr{R}$	A/W	0.4~0.6	0.4~0.5	0.75~0.95
暗电流	i_D	nA	1~1	50~500	0.5~2.0
上升时间	τ_r	ns	0.5~1	0.1~0.5	0.05~0.5
带宽	B_m	GHz	0.3~0.7	0.5~3	1~2
偏置电压	V_B	V	5	5~10	5

表 6.2 Si，Ge，InGaAs 雪崩光电二极管的一般工作参数

参数	符号	单位	Si	Ge	InGaAs
波长范围	λ	nm	400~1100	800~1650	1100~1700
雪崩增益	M	—	20~400	50~200	10~40
暗电流	i_D	nA	0.1~1	50~500	10~50 ($M=10$)
上升时间	τ_r	ns	0.1~2	0.5~0.8	0.1~0.5
增益带宽积	$M \cdot B_m$	GHz	100~400	2~10	20~250
偏置电压	V_B	V	150~400	20~40	20~30

短距离应用时，工作在 850 nm 的 Si 器件对大多数链路来说是个相对比较便宜的解决方案。而长距离的链路常常需要工作在 1300 nm 和 1550 nm 窗口，所以常用基于 InGaAs 的器件。

6.5 小结

半导体 pin 和雪崩光电二极管是光通信链路中的主要光电检测器件，因为它们具有与光纤器件兼容的尺寸，在所需光波长处灵敏度高，响应速度快。对于相对低数据速率的短距离应用，工作在 850 nm 左右的 Si 器件对大多数链路来说是个相对便宜的解决方案。而长距离或很高速率的短距离链路常常需要工作在 1300 nm 和 1550 nm 窗口，故常采用基于 InGaAs 器件。

当光进入光检测器，光子能量大于或等于半导体材料的带隙能量时，激励价带上的一个电子吸收光子的能量而跃迁到导带上，从而产生自由的电子-空穴对，称为光检测器中的光生载流子。当给光检测器加载一个相反偏置的电压时，器件中整个电场会造成载流子分离，从而在器件内部电路中产生一个电流，称为光电流。

量子效率 η 是一个重要的光检测器性能参数，其定义为每个能量为 $h\nu$ 的入射光子所产生的电子-空穴对数。实际中检测器的量子效率范围为 30%~95%。另一个重要的参数是响应度 $\mathscr{R}$，它与量子效率的关系为

$$\mathscr{R} = \frac{\eta q}{h\nu}$$

此参数描述了单位功率产生的光电流大小。pin 光电二极管的响应度典型值有：Si 在波长 800 nm 处为 0.65 A/W，Ge 在波长 1300 nm 处为 0.45 A/W，InGaAs 在波长 1550 nm 处为 0.95 A/W。

雪崩光电二极管(APD)内部可以对初级光电流进行放大。由于在接收机电路的热噪声之

前光电流就被放大了，这样就提高了接收机的灵敏度。载流子倍增 M 是器件中碰撞电离的结果。因为这种放大机理是一种统计过程，并不是二极管中产生的每一个载流子都经过了同样的倍增，所以测得的 M 只是一个统计平均值。类似于 pin 光电二极管，雪崩二极管的性能可以用其响应度 $\mathscr{R}_{APD}$ 来表示，有

$$\mathscr{R}_{APD} = \frac{\eta q}{h\nu} M = \mathscr{R} M$$

其中，$\mathscr{R}$ 是单位增益响应度。

光检测器和与其连接的接收机的灵敏度在本质上是由光检测器噪声决定的，而噪声来自光电转换过程的统计特性和放大电路的热噪声。光检测器的噪声电流主要有：

1. 量子或散弹噪声电流，其产生原因为光电子的产生和收集过程具有统计特性；
2. 暗电流，其产生原因为光电二极管 pn 结区热运动产生的电子和(或)空穴。

大体上讲，对于 pin 光电二极管接收机，主要的噪声电流来自检测器负载电阻和放大器电路的有源器件。对于雪崩光电二极管接收机，热噪声并不是关键，主要的噪声通常来自光检测器。

特定应用下的给定光电二极管的用处取决于所需的响应时间。光电二极管必须能精确地跟踪上信号的变化，才能准确可靠地重现输入信号。响应时间取决于在工作波长上的材料吸收系数、光电二极管耗尽区宽度、光电二极管的各种电容电阻，以及接收机电路。

因为雪崩二极管的雪崩过程具有统计特性，相比于 pin 光电二极管，雪崩二极管具有一个额外的噪声因子。这种噪声的增加由过剩噪声因子 $F(M)$ 衡量。

习题

6.1 InGaAs pin 光检测器在 1550 nm 处的吸收系数为 $1.0\ \mu m^{-1}$。请说明吸收 50%光子的穿透深度为 $0.69\ \mu m$。

6.2 如果光功率电平 P_{in} 入射到光电二极管上，则电子空穴生成率 $G(x) = \Phi_0 \alpha_s \exp(-\alpha_s x)$。$\Phi_0$ 是由式(6.24)给出的单位面积的入射光子通量。由此，请使用表达式

$$i_p = qA \int_0^w G(x) dx$$

来证明宽度为 w 的耗尽区中的初级光电流由式(6.4)给出。

6.3 有一个 Si 光电二极管，在波长 860 nm 的吸收系数为 $0.05\ \mu m^{-1}$，证明当 $P(x)/P_{in} = 1/e = 0.368$ 时的穿透深度是 $20\ \mu m$。

6.4 给定 InGaAs pin 光电二极管的带隙能量为 0.74 eV，证明该器件的截止波长为 1678 nm。[因此，该 GaAs 光电二极管不会响应波长大于 1678 nm 的光子。]

6.5 InGaAs pin 光电二极管在 1550 nm 处具有以下参数：$i_D = 1.0$ nA、$\eta = 0.95$ 和 $R_L = 500\ \Omega$。入射光功率为 500 nW(−33 dBm)，接收机带宽为 150 MHz。(a)证明由式(6.6)得到初级光电流为 0.593 μA；(b)证明由式(6.12)、式(6.13)和式(6.15)给出的噪声电流如下所示：

$$\sigma_{\text{shot}}^2 = 2qi_P B_e = 2.84 \times 10^{-17} \text{ A}^2$$
$$\sigma_{\text{dark}}^2 = 2qi_D B_e = 4.81 \times 10^{-20} \text{ A}^2$$
$$\sigma_{\text{th}}^2 = \frac{4k_B T}{R_L} B_e = 4.85 \times 10^{-15} \text{ A}^2$$

6.6 研究具有以下参数的雪崩光电二极管接收机：暗电流 $i_D = 1$ nA，量子效率 $\eta = 0.85$，增益 $M = 100$，过剩噪声因子 $F = M^{1/2}$，负载电阻 $R_L = 10^4 \Omega$，带宽 $B_e = 10$ kHz。假设调制指数 $m = 0.85$ 的 850 nm 波长的正弦变化信号落在光电二极管上，该二极管处于室温（$T = 300$ K）。试证明其响应率为 0.58 A/W。

6.7 对于一个雪崩光电二极管接收机，它具有习题 6.6 中列出的参数。根据入射光功率 P_{in} 独立检查每个噪声，比较各个噪声项对如式(6.9)所示的 SNR 的贡献。证明对于这组特定参数，对 SNR 的相对贡献如下：

$$\text{SNR}_{\text{shot}} = \frac{\langle i_s^2(t) \rangle}{\langle i_{\text{shot}}^2(t) \rangle} = 6.565 \times 10^{12} P_{\text{in}}$$

$$\text{SNR}_{\text{dark}} = \frac{\langle i_s^2(t) \rangle}{\langle i_{\text{dark}}^2(t) \rangle} = 3.798 \times 10^{22} P_{\text{in}}^2$$

$$\text{SNR}_{\text{th}} = \frac{\langle i_s^2(t) \rangle}{\langle i_{\text{th}}^2(t) \rangle} = 7.333 \times 10^{22} P_{\text{in}}^2$$

6.8 给定的 InGaAs 雪崩光电二极管在 1310 nm 波长下的量子效率为 90%，假设 0.5 μW 的光功率产生 8 μA 的倍增光电流。证明倍增因子 $M = 16$。

6.9 假设一个雪崩光电二极管有如下参数：$I_D = 1$ nA，$\eta = 0.85$，$F = M^{1/2}$，$R_L = 10^3 \Omega$，$B_e = 1$ kHz。一个 850 nm 的正弦光信号，调制指数为 $m = 0.85$，平均功率 $P_{\text{in}} = -50$ dBm，在室温条件下入射到光检测器上，(a) 用式(6.16)证明

$$\text{SNR} = \frac{1.215 \times 10^{-17} M^2}{2.176 \times 10^{-24} M^{5/2} + 1.656 \times 10^{-20}}$$

(b) 绘出信噪比关于 M 的函数关系曲线，M 的取值范围为 20～100。证明 $M = 62$ 时信噪比可以达到最优。

6.10 最大信噪比下的最佳增益可以通过对方程(6.16)关于 M 微分将结果设置为零，然后求解 M。请证明这个过程会得到式(6.18)。

6.11 假设有一个 Si pin 光电二极管，耗尽区宽度 $w = 20$ μm，面积 $A = 0.05$ mm^2，介电常数 $K_s = 11.7$。如果这个光电二极管工作在 800 nm，负载电阻为 10 kΩ，吸收系数 $\alpha_s = 10^3$ cm^{-1}，比较这个器件的 RC 时间常数和载流子漂移时间，请问载流子的扩散时间对这个光电二极管有无重要意义？

习题解答（选）

6.11 由方程(6.30)得 $t_{\text{RC}} = 2.59$ ns，由方程(6.29)得 $t_d = 0.45$ ns，因此大多数载流子被耗尽区吸收，因此载流子扩散时间在这里并不重要。检测器响应时间由 RC 时间常数决定。

原著参考文献

1. P.C. Eng, S. Song, B. Ping, State-of-the-art photodetectors for optoelectronic integration at telecommunication wavelength. Nanophotonics (2015)
2. A. Beling, J.C. Campbell, InP-based high-speed photodetectors: tutorial. J. Lightw. Technol. **27**(3), 343-355 (2009)
3. M. Casalino, G. Coppola, R.M. De La Rue, D.F. Logan, State-of-the-art all-silicon sub-bandgap photodetectors at telecom and datacom wavelengths. Laser Photonics Rev. **10**(6), 895-921 (2016)
4. M.J. Deen, P.K. Basu, *Silicon Photonics: Fundamentals and Devices* (Wiley, 2012)
5. S. Donati, *Photodetectors: Devices* (Prentice Hall, Circuits and Applications, 2000)
6. Z. Zhao, J. Liu, Y. Liu, N. Zhu, High-speed photodetectors in optical communication system. J. Semicond. **38**(12), 121001 (2017) (review article)
7. H. Schneider, H.C. Liu, *Quantum Well Infrared Photodetectors* (Springer, 2006)
8. B.E.A. Saleh, M. Teich, *Fundamentals of Photonics*, 3rd edn. (Wiley, 2019)
9. B.L. Anderson, R.L. Anderson, *Fundamentals of Semiconductor Devices*, 2nd edn. (McGraw-Hill, 2018)
10. D.A. Neaman, *Semiconductor Physics and Devices*, 4th edn. (McGraw-Hill, 2012)
11. S.O. Kasap, *Principles of Electronic Materials and Devices*, 4th edn. (McGraw-Hill, 2018)
12. O. Manasreh, *Semiconductor Heterojunctions and Nanostructures* (McGraw-Hill, 2005)
13. S.E. Miller, E.A.J. Marcatili, T. Li, Research toward optical-fiber transmission systems. Proc. IEEE **61**, 1703-1751 (1973)
14. P.P. Webb, R.J. McIntyre, J. Conradi, Properties of avalanche photodiodes. RCA Rev. **35**, 234-278 (1974)
15. D.S.G. Ong, M.M. Hayat, J.P.R. David, J.S. Ng, Sensitivity of high-speed lightwave system receivers using InAlAs avalanche photodiodes. IEEE Photonics Technol. Lett. **23**(4), 233-235 (2011)
16. S. Cao, Y. Zhao, S. urRehman, S. Feng, Y. Zuo, C. Li, L. Zhang, B. Cheng, Q. Wang, *Theoretical studies on InGaAs/InAlAs SAGCM avalanche photodiodes*. Nanoscale Res. Lett. **13**, 158 (2018)
17. B.M. Oliver, Thermal and quantum noise. IEEE Proc. **53**, 436-454 (1965)

第7章 光接收机

摘要：光接收机的设计非常复杂，因为接收机必须能够检测微弱的失真信号，并根据该失真信号的放大和整形处理来决定发送哪种类型的数据。在光电探测过程中，不可避免地会引入各种噪声和失真，从而导致信号出现误码。因此，在光接收机的设计中考虑噪声因素必不可少，这是因为在接收机中运行的噪声源通常为可处理的最低限度信号。本章描述了这些噪声的来源及其对链路性能的影响。

前一章讨论了光电二极管的工作原理及特性，本章将转而关注光接收机。光接收机是由光检测器(也称光电探测器)、放大器和信号处理电路组成的，它的任务是把光纤中传来的光信号转换为电信号，然后将其充分放大，以便后面的电路进行处理。

在这些过程中，不可避免地会带来各种噪声和信号畸变，它们将导致接收机信号解调错误。正如前一章所述，光检测器产生的电流通常很小，而且会受到在光检测过程中产生的随机噪声的影响。当光电二极管输出的电信号被放大时，放大器电路的附加噪声将使信号进一步劣化。由于接收机电路中的噪声源，使得信号一般都有一个能正确判决的最低限，由此光接收机设计中对噪声的考虑显得尤为重要。

设计接收机时，有必要先建立各种接收单元的数学模型并分析其性能。这些模型必须考虑加在各级电路上的信号畸变和噪声，说明设计者选择哪些元器件可以得到理想的接收机特性。

评判数字通信系统性能的最有意义的标准是平均误码率。对于模拟系统，保真度标准通常用信号与均方根噪声比的峰值来衡量。数字光通信系统接收机的误码率计算不同于传统的电子系统，这是因为光信号的离散量子特性，以及雪崩光电二极管增益的统计特性。许多作者运用不同的数值方法来推导接收机性能的近似结果，在推导过程中，要在分析的简单性和近似的准确性上有一个折中。对光接收机设计的综述和详细概念可参考文献[1-12]。

7.1 节将首先分析数字信号在接收机中经过的路径和在每一级中所发生的情况，并由此勾画出光接收机不同单元的基本工作特性。7.2 节中将概略讲述在分析信噪比的基础上计算数字接收机误码率或误码概率的基本方法。7.2 节还将讨论接收灵敏度概念，它是估计为了达到某一误码率水平所需最小接收光功率的重要参数。

眼图是衡量接收信号保真度的一个常用测试工具，在各种通信链路包括有线链路、无线系统和光链路中广泛使用。7.3 节将介绍眼图的产生方法以及如何用眼图来分析各种信号的畸变参量。

无源光网络(PON)中，位于电信中继局的光接收机的工作特性明显不同于常规的点到点链路中的光接收机特性。7.4 节将简要介绍这类突发模式接收机。最后，7.5 节将介绍模拟接收机。

7.1 接收机工作的基本原理

光接收机的设计比光发射机的设计要复杂得多,这是因为接收机必须检测微弱的畸变信号,然后根据这个放大的畸变信号来判断所传输数据的类型。为了了解光接收机的功能,首先来分析一下信号通过一个光数据链路时所发生的现象。因为传统的光通信系统都是直接使用二进制开关键控(OOK)数字信号的强度调制直接检测(IMDD)系统,所以 7.1.1 节首先来分析这种使用 OOK 格式信号的直接检测接收机的性能。

7.1.1 数字信号传输

同一数字信号在光链路上的不同位置有不同形态,如图 7.1 所示。传输信号是一个两电平的二进制数据流,在持续时间为 T_b 的时隙内不是 0 就是 1,这个时隙就称为一个比特周期。电域中对给定的数字信息有许多种发送方法[13-16],其中一种最简单的(但并不是最有效的)发送二进制码的方法是幅移键控(ASK)或开关键控(OOK),对一个二值电压进行开或关的切换。所得到的信号波形由两个幅度分别为 V 和 0 的电压脉冲组成,幅度为 V 的电压脉冲对应于二进制码中的信号 1,幅度为 0 的值对应于二进制码中的信号 0。对于不同的应用码型,信号 1 可以填满或不填满时隙 T_b。为简单起见,这里假设发送一个 1 码时,有一个持续时间为 T_b 的电压脉冲,而发送 0 码时电压保持在零值。

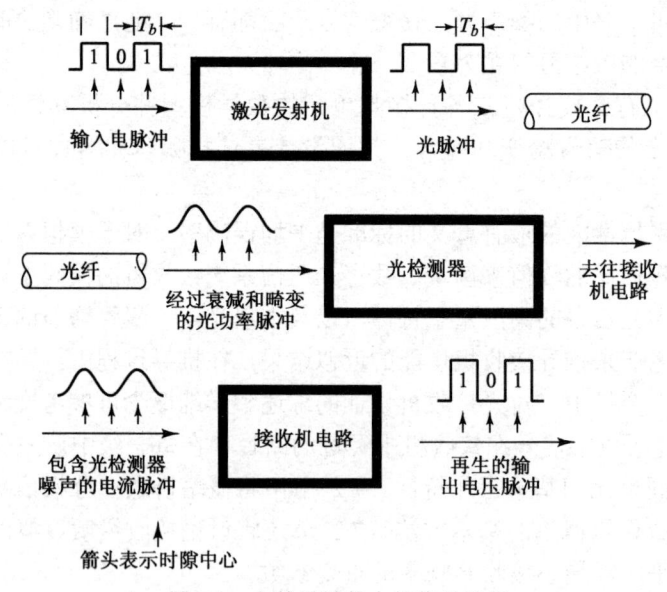

图 7.1 光数据链路中的信号路径

光发射机的功能是把电信号转换成光信号。如 4.3.7 节所述,其中一个办法是用信息流直接调制光源的驱动电流来产生一个随之变化的光功率输出 $P(t)$。这样无论光源是 LED 还是半导体激光器,光发射机产生光信号时,持续时间为 T_b 的光能量脉冲代表 1 码,没有光发出时代表 0 码。

从光源耦合到光纤的光信号沿着光纤传输时会发生衰减和畸变。到达光纤链路末端时,接收机把光信号重新转换成电信号。图 7.2 画出了光接收机的基本组成部分。第一部分是一个 pin 或雪崩光电二极管，可以产生与接收光功率成正比的电流。通常这个电流都非常弱，接下来是一个前置放大器将其放大到一定电平，便于后面的电子器件处理。

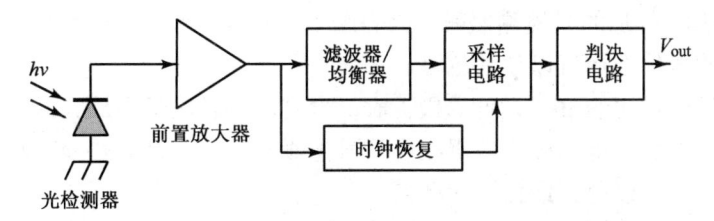

图 7.2 光接收机的基本结构

光电二极管产生的电流被放大后，通过一个低通滤波器，这样就可以滤除信号带宽之外的噪声，这个滤波器的带宽也就是接收机的带宽。另外，为了减小码间串扰(ISI)的影响，滤波器可以对经光纤传输后畸变的脉冲进行重新整形。这个过程称为脉冲均衡，因为它均衡或消除了脉冲展宽效应。

如图 7.2 所示，在光接收机模块的最后，是采样和判决电路。其功能是在每个时隙的中间时刻抽取信号的大小，和一个特定的参考电压(也就是所谓门限电压)进行比较，如果接收信号值大于阈值，则判定接收到一个 1 码，如果接收电压小于阈值，则判定接收到了一个 0 码。为了完成比特判别，光接收机必须知道每 1 比特的时间分界点在哪里。这由周期性的时钟波形辅助完成，该时钟的周期等于比特时间间隔，这种功能称为时钟恢复或定时恢复[17, 18]。

有时候，光电二极管前面会放置一个光放大器，在进行光检测之前对光信号进行放大。这样做的目的是可以抑制由接收机电子线路引入的热噪声而导致的信噪比劣化。和雪崩光电二极管或采用光外差检测相比，采用光前置放大器可以提供更高的增益和更宽的带宽，但是这也会给光信号带来附加噪声。第 11 章将讲述光放大器及其对系统性能的影响。

7.1.2 误码源

信号检测系统的各种噪声和干扰会引起检测误码，如图 7.3 所示。术语"噪声"习惯上描述的是电信号中不需要的部分，它们干扰了系统中信号的传输和处理，而且难以控制。噪声源既可以在系统的外部(如输电线、电动机、无线电、闪电等)，也可以在系统的内部(如开关和供电不稳等)。这里主要应注意存在于每一个通信系统的内部噪声，是信号传输和检测的基本限制。这种噪声是由于电路中电流和电压的起伏引起的，最常见的两个例子是散弹噪声(或量子噪声)和热噪声。电子器件中的散弹噪声来源于器件中电流的离散性，热噪声则来源于导电体中电子的无规则热运动。第三种噪声源是暗电流，它是当无光入射到光电二极管上时，在器件偏置电路上连续流动的电流。

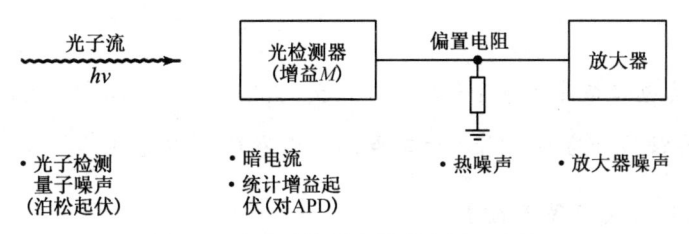

图 7.3 光脉冲检测中的噪声源和干扰

信号光子的随机到达速率使得光检测器产生量子(或散弹)噪声。由于这种噪声的大小取决于入射信号光功率值，因而对输入光功率较大的 pin 接收机和雪崩光电二极管接收机就特别重要。当使用雪崩光电二极管时，倍增过程的随机特性产生附加散弹噪声，它随着雪崩增益 M 的增加而增加。附加的光检测器噪声来自暗电流和漏电流，它们和光电二极管的入射光无关，通过合理的器件选择可以使其忽略。

当使用具有低信噪比的 pin 光电二极管时，检测器负载电阻和放大器电路引起的热噪声成为主要噪声。当雪崩光电二极管应用在小信号光输入时，通过对热噪声和与增益相关的量子噪声的优化设计，可以得到最佳雪崩增益。

由于热噪声具有高斯特征，很容易用标准技术处理。噪声和误码率的分析是非常复杂的，因为这既与初级光电流的产生有关同时还和雪崩倍增有关，而这两个过程都不是高斯过程。光电二极管产生初级光电流是一个时变的泊松过程，这是由到达检测器的光子数的随机性造成的。假如检测器被光信号 $P(t)$ 照射，则在时间间隔 τ 内产生的电子-空穴对的平均值为

$$\overline{N} = \frac{\eta}{h\nu} \int_0^\tau P(t)\,dt = \frac{\eta E}{h\nu} = \frac{\eta \lambda}{hc} E \tag{7.1}$$

式中，η 是检测器的量子效率，$h\nu$ 是光子能量，E 是时间间隔 τ 内所接收到的光能量。实际的电子-空穴对的值 n 相对于平均值产生起伏，服从泊松分布

$$P_r(n) = \overline{N}^n \frac{e^{-\overline{N}}}{n!} \tag{7.2}$$

式中 $P_r(n)$ 是在时间间隔 τ 内产生 n 个电子的概率。

例 7.1 在一段时间内如果有一个功率为 E 的光脉冲到达，通过式(7.2)我们可以知道，没有电子被激励的概率为 P_r。那么，对于一个 1 脉冲，如果要使它不被判为 0 脉冲的概率为 10^{-9} 或更小，所需要的能量是多少？

解：假定在 0 信号时没有电子-空穴对产生，即令 $n = 0$。由式(7.2)，在 $P_r(n = 0) < 10^{-9}$ 时可以计算出所需要的能量。通过式(7.1) $\overline{N} = \eta \lambda E/hc$，可得不等式

$$P_r(n=0) = \exp\left(-\frac{\eta \lambda E}{hc}\right) \leq 10^{-9} \tag{7.3}$$

解得

$$E \geq (9\ln 10)\frac{hc}{\eta \lambda} = 20.7 \frac{hc}{\eta \lambda}$$

其中 hc/λ 是光子能量，η 是检测器的量子效率。不等式的意义在于，在 10^{-9} 的概率条件下，接收光功率至少需要 $20.7/\eta$ 个光子能量使得 1 信号不被误判为 0 信号。注意电子数必须是整数。

训练题 7.1 如果光电二极管的量子效率 $\eta = 0.65$。(a)试证明在 10^{-12} 或更小的概率条件下，要使得 1 信号不会被误判为 0 信号，所需要的能量为 $E \geq (12\ln 10)\frac{hc}{\eta \lambda} = 42.5 \frac{hc}{\eta \lambda}$；(b)为什么在 1 脉冲时电子数必须大于等于 66？

由于无法准确预测入射到检测器上的已知光功率会产生多少电子-空穴对,这是雪崩倍增过程的随机性导致过剩噪声因子 $F(M)$ 的由来。由 6.4 节可知,对于平均增益为 M 的雪崩检测器,对于电子注入 $F(M)$ 通常由经验方程近似如下:

$$F(M) \approx M^x \tag{7.4}$$

式中指数 x,根据所用的光电二极管材料可在 0 到 1.0 范围内取值。

误码来源进一步可归因于码间串扰(ISI),码间串扰是由光纤中的脉冲展宽引起的。当脉冲在给定时隙内传输时,大部分脉冲能量在接收端都能到达相应的时隙内。如图 7.4 所示。但是,在脉冲沿着光纤传输的过程中,由于光纤色散导致脉冲展宽,渐渐地就有能量由于展宽而进入相邻的时隙 T_b 内。这种能量进入相邻时隙的现象形成串扰信号,称为码间串扰。在图 7.4 中,保留在正确时隙 T_b 内的光能量部分记为 γ,那么由于展宽而进入相邻时隙的能量就是 $1-\gamma$。

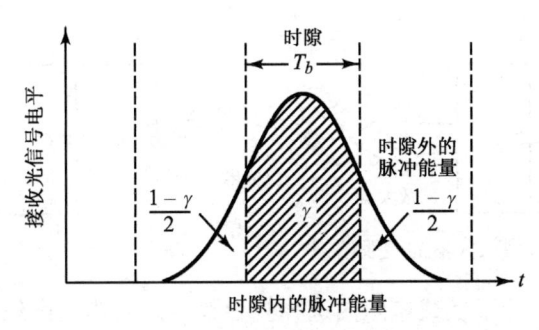

图 7.4 光信号的脉冲展宽导致的码间串扰

7.1.3 接收机前置放大器

接收机前端的噪声源限制了接收机的灵敏度和带宽,所以设计低噪声前置放大器就成了工程师考虑的重点。其目标是在使接收灵敏度最大化的同时维持适当的带宽。为了实现这些目标,前端设计中的一个基本问题是选择多大的负载电阻 R_L,因为该参数会影响带宽和噪声性能。用于光纤通信系统的前置放大器可以分为三大类:低阻抗型、高阻抗型和跨阻抗型。这些区分在实际应用中并不明显,因为介于二者之间的设计也是可能的,但是它们可以用来说明设计思路。

低阻抗型前置放大器是最简单的配置,但却不是最佳的前置放大器配置。最基本的结构如图 7.5 所示。在此设计中,光电二极管电流进入低阻抗型放大器,有效输入阻抗 R_a(比如 $R_a = 50\ \Omega$)。与 R_a 平行的偏置或负载电阻 R_b 用来匹配放大器阻抗(也就是说,用来抑制驻波以获得统一的频率响应)。总的前置放大器负载电阻 $R_L = R_a R_b/(R_a + R_b)$ 是 R_a、R_b 的并联结果。结合放大器输入电容 C,偏置电阻的大小就是使前置放大器带宽等于或大于信号带宽。从式 (6.29) 可以看出,很小的负载电阻就可以产生很大的带宽。缺点就是对于低负载阻抗,热噪声占主导地位,因此,尽管低阻抗型前置放大器可以工作在很宽的带宽上,它们却不能提供较高的接收机灵敏度,因为整个输入阻抗上只能产生很小的信号电压。因此这些前置放大器只能用在一些并不需要高灵敏度的特殊的短距离应用中。

回忆式(6.15),热噪声与负载电阻成反比例关系,所以为了得到最小的热噪声,应该使

负载电阻 R_L 尽可能大。通过提高 R_6 的阻值设计一个图 7.5 所示的高阻抗型放大器时，应该综合考虑噪声与接收带宽的关系，因为接收带宽反比于光电二极管的负载电阻值。对于一个高阻抗型前置放大器，高负载可得到低噪声的同时，将导致接收带宽变窄。尽管有时均衡器可以用来增加接收带宽，但如果带宽依然小于比特速率，那么这样的前置放大器是不能用的。

图 7.6 所示的跨阻抗型放大器的设计很好地克服了高阻抗型放大器的不足。图中 R_L 作为放大器的负反馈电阻。这样 R_L 就可以很大，因为负反馈可以减小光电二极管的等效电阻，使得 $R_P = R_L/(G+1)$，其中 G 为放大器的增益。也就是说，对于同样大小的负载电阻，因子 $(G+1)$ 可以使跨阻抗型放大器的带宽增大，达到高阻抗型的 $(G+1)$ 倍。尽管和高阻抗型放大器相比增加了热噪声，但增加量通常低于两倍，是可以容忍的。因而跨阻抗型前端设计是光纤通信链路中放大器的常用选择。

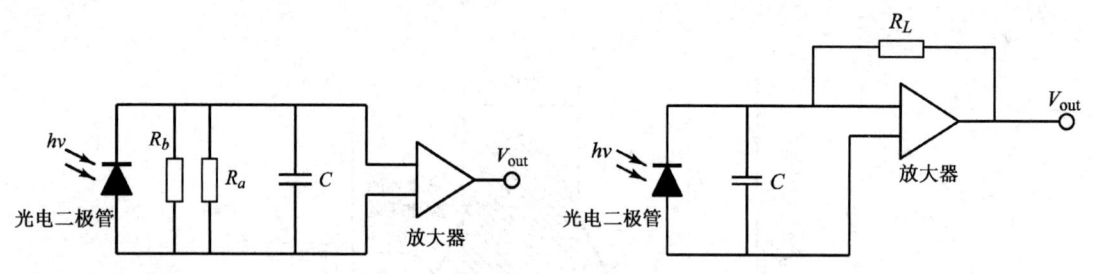

图 7.5　低阻抗型和高阻抗型放大器的一般结构　　图 7.6　跨阻抗型放大器的一般结构

另外需要注意的是，除了负载电阻的选择会导致不同的热噪声外，光检测器后面的前置放大器中使用的电子元件也会增加热噪声。增加的热噪声量取决于放大器的设计类型，例如是使用双极型晶体管还是场效应晶体管。噪声的增量可以通过在式(6.17)的分子中引入放大器噪声系数 F_n 来计算得到。F_n 定义为放大器输入 SNR 与输出 SNR 的比值。放大器噪声系数的典型值为 3～5 dB。

例 7.2　有一个输入电阻 $R_a = 4\ \text{M}\Omega$ 高阻抗型放大器的光接收机，把它匹配到一个偏置电阻 $R_b = 4\ \text{M}\Omega$ 的光电二极管。(a)如果总电容 $C = 6\ \text{pF}$，在不均衡时最大可实现带宽是多少？(b)如果高电阻的放大器被一个跨阻抗为 $100\ \text{k}\Omega$ 的反馈电阻，增益 $G = 350$ 的放大器代替，此时在不均衡时最大可实现带宽是多少？

解：(a)总的前置放大电路的电阻 $R_L = R_a R_b/(R_a+R_b) = (4\times 10^6)^2/8\times 10^6 = 2\ \text{M}\Omega$。由式(6.29)可得，最大带宽 $B = 1/(2\pi R_L C) = 13.3\ \text{kHz}$。

(b)如果总的电容 $C = 6\ \text{pF}$，此时带宽

$$B = \frac{G}{2\pi R_L C} = \frac{350}{2\pi(1\times 10^5\ \Omega)(6\times 10^{-12}\ \text{F})} = 92.8\ \text{MHz}$$

7.2　数字接收机性能

理想情况下，数字接收机判决电路输出的信号电压 $v_{\text{out}}(t)$ 在 1 码时输出信号总是会超过门限电压(即阈值电压)，而对无脉冲发送时(0 码)总是小于阈值。但在实际系统中，$v_{\text{out}}(t)$ 相对于平均值会有偏差，这是由于各种噪声、相邻脉冲的码间串扰和 0 脉冲时光源并不完全无光等

因素造成的。

7.2.1 误码率的确定

在实际中，测量数字数据流的差错率有许多种方法。第 14 章介绍了几种方法，其中一种简单的方法是在一定的时间间隔 t 内，区分发生差错的脉冲数 N_e 和在这个时间间隔内传输的总脉冲（1 或 0）数 N_t，然后两者相除。这就称为误码率或误比特率，简写为 BER，因此有

$$\mathrm{BER} = \frac{N_e}{N_t} = \frac{N_e}{Bt} \tag{7.5}$$

其中 $B = 1/T_b$ 是比特率（也就是脉冲传输速率）。误码率以一个数字表示，比如 10^{-9}，它代表平均每发送十亿个脉冲有一个误码出现。光纤通信系统的典型误码率范围是 $10^{-9} \sim 10^{-12}$，误码率取决于接收机的信噪比。在给定系统误码率时，由于接收机的噪声电平使得在光检测器上的光信号功率有一个最低限。

例 7.3 在给定数据速率的情况下，要得到确定的 BER，所需要的最小平均功率是多少？假设出现 0 和 1 的概率相等。

解：由式(7.1)和式(7.2)得

$$P_r(n=0) = \exp\left(-\frac{\eta \lambda E}{hc}\right) \leqslant \mathrm{BER}$$

解公式可得：

$$E \geqslant \frac{hc}{\eta \lambda} \ln\left(\frac{1}{\mathrm{BER}}\right)$$

因此，假定 $E_{\min}$ 是在特定 BER 条件下的最小接收功率，对于特定的比特速率 $B = 1/T_b$，最小的平均功率是

$$P_{\mathrm{ave}} = \frac{E_{\min}}{2T_b} = E_{\min} B / 2$$

训练题 7.2 如果一个光电二极管在 1310 nm 波长处的量子效率为 0.65。试证明在 BER = 10^{-12}，数据速率为 1 Gbps 时的最小平均功率为 3.74 nW = −54.3 dBm。

为了计算接收机误码率，就必须知道均衡器输出端信号的概率分布[19-21]。知道此时信号的概率分布非常重要，因为这样就可以判决是发送了 1 还是 0。两种信号的概率分布形状如图 7.7 所示，由此可以得到

$$P_1(v) = \int_{-\infty}^{v} p(y|1) \mathrm{d}y \tag{7.6}$$

这是当发送一个逻辑 1 脉冲时均衡器输出电压小于 v 的概率，而

$$P_0(v) = \int_{v}^{\infty} p(y|0) \mathrm{d}y \tag{7.7}$$

是当发送一个逻辑 0 而均衡器输出电压大于 v 的概率。注意，图 7.7 中两种概率分布图是不同的，它表明对逻辑 0 和逻辑 1 的噪声大小是不同的。在光纤通信系统中出现这种现象是传输损伤（比如色散、光放大器噪声、非线性失真）、接收机噪声和 ISI 引入信号畸变等因素引

起的。函数 $p(y|1)$ 和 $p(y|0)$ 是条件概率分布函数,也就是说 $p(y|x)$ 是发送 x 而输出电压为 y 的概率。

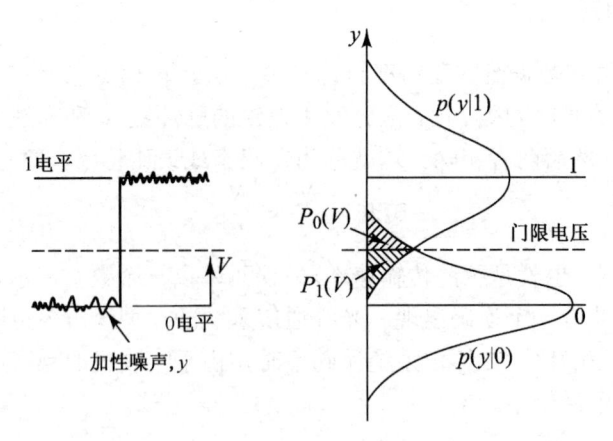

图 7.7 逻辑 0 和逻辑 1 信号脉冲的接收信号概率分布,两种分布的不同宽度是由于各种信号畸变引起的

如果设门限电压为 v_{th},则误码率 P_e 定义为

$$P_e = aP_1(v_{th}) + bP_0(v_{th}) \tag{7.8}$$

权重因子 a 和 b 是先验确定的数据分布,也就是说,a 和 b 分别是 1 和 0 出现的概率。对于非特定的数据,1 和 0 出现的概率是相同的,也就是说,$a = b = 0.5$。现在的问题是怎样选择判决门限可以得到最小的误码率 P_e。

为了计算误码率,必须知道均方噪声电压($\langle v_N^2 \rangle$),在判决时刻它叠加在信号电压上。采样时刻输出电压的统计数据非常复杂,所以确切的计算相当冗长,因此为了计算二进制数字光接收机特性常用许多不同的近似。在应用这些近似时,不得不在计算的简单性和结果的准确性之间作出折中选择。最简单的方法是高斯近似,这种方法假设输入光脉冲序列已知,均衡器输出电压 $v_{out}(t)$ 是高斯随机变量。因此计算误码率只需知道 $v_{out}(t)$ 的均值和标准差。

因此,假设信号 s(既可以是噪声干扰也可以是承载信息的信号)具有均值为 m 的高斯概率分布。如果在任意时刻 t_1 对信号电压 $s(t)$ 进行采样,采样信号 $s(t_1)$ 落在 s 到 $s + ds$ 范围内的概率由下式给出

$$f(s)ds = \frac{1}{\sqrt{2\pi}\,\sigma} e^{-(s-m)^2/2\sigma^2} ds \tag{7.9}$$

式中,$f(s)$ 是概率密度函数,σ^2 是噪声方差,它的平方根 σ 是标准偏差,是概率分布函数宽度的量度。分析式(7.9)可以看出,数值 $2\sqrt{2}\sigma$ 代表了概率分布值是最大值的 $1/e$ 时的全宽。

现在可以用概率密度函数来计算幅度为 V 的 1 脉冲数据流的误码率。如图 7.8 所示,1 脉冲的高斯输出的均值和方差分别是 b_{on} 和 σ_{on}^2,0 脉冲的高斯输出的均值和方差分别是 b_{off} 和 σ_{off}^2。先考虑发送 0 脉冲时的情况,解码时刻应该没有脉冲存在,这时的误码率是噪声值超过阈值 v_{th} 被误判为 1 的概率。这个概率 $P_0(v)$ 是均衡器输出电压 $v(t)$ 介于 v_{th} 至 ∞ 的概率。运用式(7.7)和式(7.9),有

$$P_0(v_{th}) = \int_{v_{th}}^{\infty} p(y|0) dy = \int_{v_{th}}^{\infty} f_0(v) dv$$

$$= \frac{1}{\sqrt{2\pi}\,\sigma_{\text{off}}} \int_{\upsilon_{\text{th}}}^{\infty} \exp\left[-\frac{(\upsilon - b_{\text{off}})^2}{2\sigma_{\text{off}}^2}\right] d\upsilon \tag{7.10}$$

其中下标 0 表示比特 0。

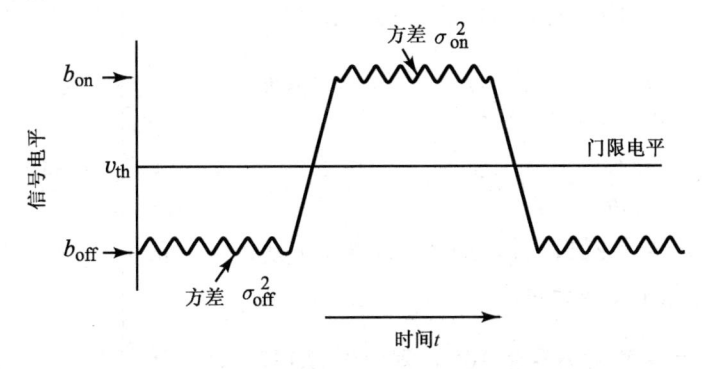

图 7.8 二进制信号对开和关信号电平显示出的高斯噪声统计特性

类似地，也可以得到发送 1 码时被均衡器后面的解调电路误判为 0 的概率。这个误码概率是抽样的信号加噪声脉冲落在阈值 υ_{th} 以下的概率。从式(7.6)和式(7.9)，可以很简便地得出此概率为

$$P_1(\upsilon_{\text{th}}) = \int_{-\infty}^{\upsilon_{\text{th}}} p(y|1) dy = \int_{-\infty}^{\upsilon_{\text{th}}} f_1(v) d\upsilon$$
$$= \frac{1}{\sqrt{2\pi}\,\sigma_{\text{on}}} \int_{-\infty}^{\upsilon_{\text{th}}} \exp\left[-\frac{(b_{\text{on}} - \upsilon)^2}{2\sigma_{\text{on}}^2}\right] d\upsilon \tag{7.11}$$

其中下标 1 代表比特 1。

假设 0 和 1 的发送概率相同，即在式(7.8)中 $a = b = 0.5$，则运用式(7.6)和式(7.7)可得

$$P_0(\upsilon_{\text{th}}) = P_1(\upsilon_{\text{th}}) = \frac{1}{2} P_e \tag{7.12}$$

运用式(7.10)和式(7.11)，可得误码率(BER)或差错概率 P_e 为

$$\text{BER} = P_e(Q) = \frac{1}{\sqrt{\pi}} \int_{Q/\sqrt{2}}^{\infty} \exp(-x^2) dx = \frac{1}{2}\left[1 - \text{erf}\left(\frac{Q}{\sqrt{2}}\right)\right]$$
$$\approx \frac{1}{\sqrt{2\pi}} \frac{e^{-Q^2/2}}{Q} \tag{7.13}$$

最后的近似表达式由 erf(x) 的渐近展开式得到，其中参数 Q 定义为

$$Q = \frac{\upsilon_{\text{th}} - b_{\text{off}}}{\sigma_{\text{off}}} = \frac{b_{\text{on}} - \upsilon_{\text{th}}}{\sigma_{\text{on}}} = \frac{b_{\text{on}} - b_{\text{off}}}{\sigma_{\text{on}} + \sigma_{\text{off}}} \tag{7.14}$$

erf(x) 的定义为

$$\text{erf}(x) = \frac{2}{\sqrt{\pi}} \int_0^x \exp(-y^2) dy \tag{7.15}$$

称为误差函数，在很多数学手册中都可以查表得到[22, 23]。

因子 Q 被广泛地用来说明接收机的特性，因为它和特定误码率下的信噪比相关。需要特别说明的是，在光纤通信系统中，对于接收到的逻辑 0 和逻辑 1，噪声功率的方差一般情况

下是不同的。图 7.9 显示了 BER 随着 Q 变化的情况。式(7.13)给出的 P_e 的近似值由图 7.9 中虚线表示,其精确度在 $Q \approx 3$ 时,误差小于 1%。Q 越大,精确度越高。通常所用的 Q 因子为 6,因为与之对应的误码率是 10^{-9}。

例 7.4 如果系统码间串扰比较少,$\gamma - 1$ 比较小,使得 $\sigma_{on}^2 = \sigma_{off}^2$,令 $b_{off} = 0$,由式(7.14)可得

$$Q = \frac{b_{on}}{2\sigma_{on}} = \frac{1}{2}\text{SNR}$$

是信噪比 SNR 的一半。此时,$v_{th} = b_{on}/2$,即最优判决门限是 0 电平和 1 电平之间的中点。

例 7.5 如果一个系统的误码率为 10^{-9},则由式(7.13)可得

$$P_e(Q) = 10^{-9} = \frac{1}{2}\left[1 - \text{erf}\left(\frac{Q}{\sqrt{2}}\right)\right]$$

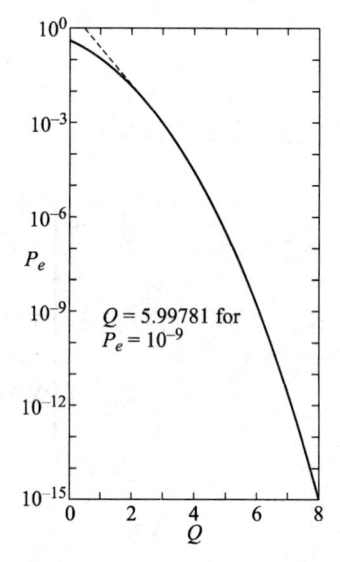

图 7.9 BER-(P_e) 和因子 Q 的关系曲线,虚线所示为式(7.13)得到的近似值

从图 7.9 中可得 $Q = 6$(精确计算结果是 $Q = 5.997\,81$),也就是说信噪比为 12,即 10.8 dB。$10 \log (S/N) = 10 \log 12 = 10.8$ dB。

现在来考虑 $\sigma_{off} = \sigma_{on} = \sigma$ 且 $b_{off} = 0$,因而 $b_{on} = V$ 的特殊情况。从式(7.14),得到门限电压为 $v_{th} = V/2$,由此得到 $Q = V/2\sigma$。σ 通常称为均方根噪声,比值 V/σ 也就是峰值均方根信噪比。在这种情形下,式(7.13)变为

$$P_e(\sigma_{on} = \sigma_{off}) = \frac{1}{2}\left[1 - \text{erf}\left(\frac{V}{2\sqrt{2}\,\sigma}\right)\right] \tag{7.16}$$

式(7.16)给出了误码率和信噪比之间的指数关系。可以发现,将 V/σ 增加 2 倍,就会使 S/N 翻一番(信号功率增加 3 dB),BER 降低为 $1/10^4$,因此在不能接受的高误码率到可以容忍的误码率之间,信噪比的取值范围实际上很窄,产生这个转换时的信噪比称为门限电平。通常,为保证系统特性,传输链路设计中需留有 3 dB 的富余度,这样当系统参数,比如发送功率、传输衰耗、噪声等变化时不会超出这个阈值。

例 7.6 图 7.10 所示为由式(7.16)确定的 BER 与信噪比的关系曲线,下面来看一下两种传输速率的情况。在标准 DS1 电话速率为 1.544 Mbps 时,对于 SNR 分别为 8.5 和 12.0 的两种情况,分别会有多少比特的误码?

解: V/σ 为 8.5(18.6 dB)时,$P_e = 10^{-5}$。如果这是一个速率为 1.544 Mbps 的标准 DS1 电话的接收信号电平值,这个 BER 将导致每 0.065 s 有一位误码,是很不理想的。但是通过增加信号功率使 $V/\sigma = 12.0$(21.6 dB),BER 就会降到 $P_e = 10^{-9}$。对于 DS1,意味着每 650 s(或 11 min)才有 1 位误码,通常这是可以容忍的。

训练题 7.3 图 7.10 为由式(7.16)确定的 BER 与信噪比的关系曲线。请证明对于工作在 622 Mbps 的高速网络,10^{-12} 的 BER 意味着必须要满足 $V/\sigma = 22.3$ dB。

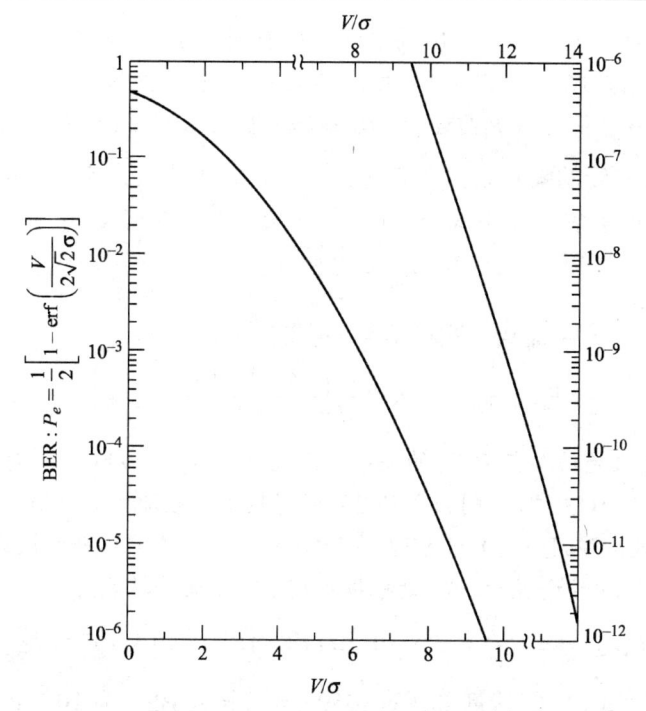

图 7.10 标准差相等($\sigma_{on} = \sigma_{off}$)且 $b_{off} = 0$ 时,误码率和信噪比的关系曲线

7.2.2 接收机灵敏度

光纤通信系统用 BER 值来表明特定传输链路的性能要求。例如,SONET/SDH 网络(见第 13 章)的规定是 BER 必须不高于 10^{-10},吉比特以太网和光纤信道都要求 BER 不高于 10^{-12}。为了实现给定数据速率系统的 BER,光检测器必须有一个最小的平均接收光功率。这个最小功率值就称为接收灵敏度。

定义接收灵敏度的一个常用方法是光检测器接收的平均光功率(P_{ave})的 dBm 值,或者也可以定义为光检测器输出端电流峰峰值的光调制幅度(OMA)。接收灵敏度是特定数据速率下维持最大 BER(最糟糕的情况)时平均功率的最小值或所需 OMA 的度量。许多研究人员在考虑了脉冲形状劣化因素以后,对接收灵敏度进行了大量的复杂计算。本节介绍几种简化分析方法,以便说明接收灵敏度分析的基础。

首先根据 1 脉冲和 0 脉冲的信号电流(分别为 i_1 和 i_0),以及对应的噪声电流方差(分别为 σ_1 和 σ_0),并且假设 0 脉冲时没有光功率,由式(7.14)可得

$$Q = \frac{i_1 - i_0}{\sigma_1 + \sigma_0} = \frac{i_1}{\sigma_1 + \sigma_0} \tag{7.17}$$

再根据式(6.6)、式(6.7)和式(7.14),接收灵敏度可由特定速率数据在一个比特周期内所包含的平均光功率计算得到

$$P_{sensitivity} = P_1/2 = i_1/(2\mathscr{R}M) = Q(\sigma_1 + \sigma_0)/(2\mathscr{R}M) \tag{7.18}$$

式中,$\mathscr{R}$ 为单位增益响应度,M 为光电二极管增益。

如果在光纤传输链路中没有光放大器,那么热噪声和散弹噪声就是接收机的主要噪声。如 6.2 节所述,热噪声与输入光信号功率无关,但散弹噪声与接收光功率有关。所以,假设

接收 0 脉冲时没有光功率，则 0 脉冲和 1 脉冲对应的噪声方差分别为 $\sigma_0^2 = \sigma_{th}^2$ 和 $\sigma_1^2 = \sigma_{th}^2 + \sigma_{shot}^2$。利用式(6.6)、式(6.13)和式(7.18)，可得 1 脉冲的散弹噪声方差为

$$\sigma_{shot}^2 = 2q\mathcal{R} P_1 M^2 F(M) B_e = 4q\mathcal{R} P_{sensitivity} M^2 F(M) B/2 \tag{7.19}$$

其中 $F(M)$ 为光电二极管的噪声系数，接收机的电带宽 B_e 假设为比特速率 B 的一半，即 $B_e = B/2$。考虑放大器噪声系数 F_n，由式(6.15)可得热噪声电流方差为

$$\sigma_{th}^2 = \frac{4k_B T}{R_L} F_n \frac{B}{2} \tag{7.20}$$

把 $\sigma = (\sigma_{shot}^2 + \sigma_{th}^2)^{1/2}$ 和 $\sigma_0 = \sigma_{th}$ 代入式(7.18)，可得 $P_{sensitivity}$ 为

$$P_{sensitivity} = (1/\mathcal{R}) \frac{Q}{M} \left[\frac{qMF(M)BQ}{2} + \sigma_{th} \right] \tag{7.21}$$

例 7.7 为了分析接收光功率与 BER 的关系，假设负载 $R_L = 200\ \Omega$，并令温度 $T = 300\ K$，放大器噪声系数 $F_n = 3\ dB$(2 倍)，则由式(7.20)可得热噪声电流方差为 $\sigma_T = 9.10 \times 10^{-12} B^{1/2}$。选择在 1550 nm 波长处响应度 $\mathcal{R} = 0.95\ A/W$ 的 InGaAs 光电二极管，并假设误码率 BER = 10^{-12}，$Q = 7$。如果光电二极管的增益为 M，则根据式(7.21)接收灵敏度为

$$P_{sensitivity} = \frac{7.37}{M}[5.6 \times 10^{-19} MF(M)B + 9.10 \times 10^{-12} B^{1/2}] \tag{7.22}$$

图 7.11 表示了由式(7.22)计算得到的 1550 nm 波长处 BER 为 10^{-12} 的 InGaAs pin 二极管和雪崩二极管的接收灵敏度与数据速率的关系。在图 7.11 中，APD 的增益为 $M = 10$，$F(M) = 10^{0.7} = 5$。需要注意的是，图中曲线是给定参数 $Q = 7$，负载电阻 $R_L = 200\ \Omega$，放大器噪声系数 $F_n = 3\ dB$，波长为 1550 nm 时得到的。也就是说，灵敏度曲线将随这些参数的变化而变化。

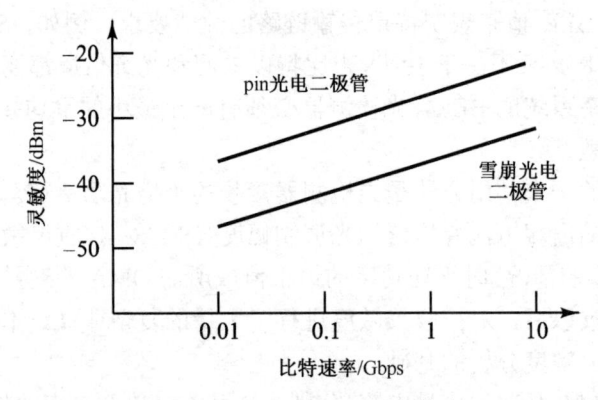

图 7.11 普通的 pin 和 APD InGaAs 二极管在 1550 nm 处，BER 为 10^{-12} 时接收灵敏度与比特速率的关系曲线

例 7.8 考虑一个 $M = 1$，$F(M) = 1$ 的 InGaAs pin 二极管，其他条件与式(7.22)一致，要求 BER 为 10^{-12}，数据速率为 1 Gbps，求接收灵敏度。

解：由式(7.22)可得

$$P_{sensitivity} = 7.37 \times [5.6 \times 10^{-19} \times (1 \times 10^9) + 9.10 \times 10^{-12} \times (1 \times 10^9)^{1/2}]\ mW$$
$$= -26.7\ dBm$$

训练题 7.4 一个 InGaAs APD，$M = 10$，$F(M) = 5$。由式(7.22)，试证明在 BER = 10^{-12}、数据速率为 1 Gbps 的条件下接收机的灵敏度是 $2.32 \times 10^{-4}\ mW = -36.3\ dBm$。

7.2.3 量子极限

设计光通信系统时，了解基本的物理限制对系统性能的影响是有用的。首先看一下在光检测过程中的限制，假设有一个理想的光检测器，其量子效率为 1，而且没有暗电流，也就是说，没有光脉冲时就没有电子-空穴对产生。给定这个条件，就可以得到数字系统在特定误码率时所要求的最小接收光功率，这个最小接收功率值就是所谓量子极限。因为假定所有系统参数都是理想的，所以系统性能就仅仅受限于光检测过程的统计特性。

假设在时间段 τ 内有一个能量为 E 的光脉冲落在光检测器上，如果在光脉冲出现时没有电子-空穴对产生，就会被接收机判断为 0 脉冲。由式(7.2)，在时间段 τ 内激励 $n=0$ 个电子的概率为

$$P_r(0) = e^{-\overline{N}} \tag{7.23}$$

式中电子-空穴对的平均值 $\overline{N}$ 由式(7.1)给出。因此对于给定的误码率 $P_r(0)$，可以得到在特定波长 λ 时所需要的最小能量 E。

例 7.9 一个数字光纤链路工作在 850 nm 时要求最大 BER 为 10^{-9}。

(a) 先根据光检测器量子效率和入射光子能量求出量子极限。由式(7.23)，可得误码率为

$$P_r(0) = e^{-\overline{N}} = 10^{-9}$$

解出 $\overline{N}$，可得 $\overline{N} = 9\ln 10 = 20.7 \approx 21$。因此，对于给定的 BER 指标，要求每个脉冲平均有 21 个光子产生。求解式(7.1)，可以得到 E，即

$$E = 20.7 \frac{h\nu}{\eta}$$

(b) 对一个传输速率为 10 Mbps 的两电平信号系统，为了达到 10^{-9} 的 BER 指标，试求光检测器上的最小入射光功率 P_i。如果检测器的量子效率 $\eta = 1$，则有

$$E = P_i\tau = 20.7h\nu = 20.7 h\nu/\lambda$$

其中 $1/\tau$ 是数据速率 B 的一半，即 $1/\tau = B/2$（注意这里假设 0 脉冲和 1 脉冲个数相等），解出 P_i：

$$P_i = 20.7 \frac{hcB}{2\lambda} = \frac{20.7 \times (6.626 \times 10^{-34} \text{ J·s}) \times (3.0 \times 10^8 \text{ m/s}) \times (10 \times 10^6 \text{ bits/s})}{2 \times (0.85 \times 10^{-6} \text{ m})}$$

$$= 24.2 \text{ pW}$$

或者，当参考功率等于 1 mW 时，$P_i = -76.2$ dBm。

在实际中，大多数接收机的灵敏度值都比量子极限要高出 20 dB 左右，这是由于传输链路中存在着各种非线性畸变和噪声影响。此外，当给定量子极限时，必须认真区分峰值功率和平均功率。如果用平均功率，例 7.4 中对应于 10^{-9} BER 指标的量子极限仅为每比特 10 个光子。有时，文献引用量子极限的时候指的是平均功率，但这会带来误解，因为"极限"一词真正的含义是峰值而不是平均值。

7.3 眼图原理

眼图是评价数字传输系统数据处理能力的强大测试工具。这个方法已经被广泛用于评估

有线系统的性能,并应用于光纤数字链路中。第 14 章将更为详细地介绍 BER 的测试设备和测量方法。

7.3.1 眼图的特征

眼图测量是在时域中进行的,并且可以在标准 BER 测试设备的显示屏上立即显示波形畸变的效果。图 7.12 给出了一个典型的显示图案,称为眼图。基本的上下界限由逻辑 1 和逻辑 0 确定,分别用 b_{on} 和 b_{off} 表示。

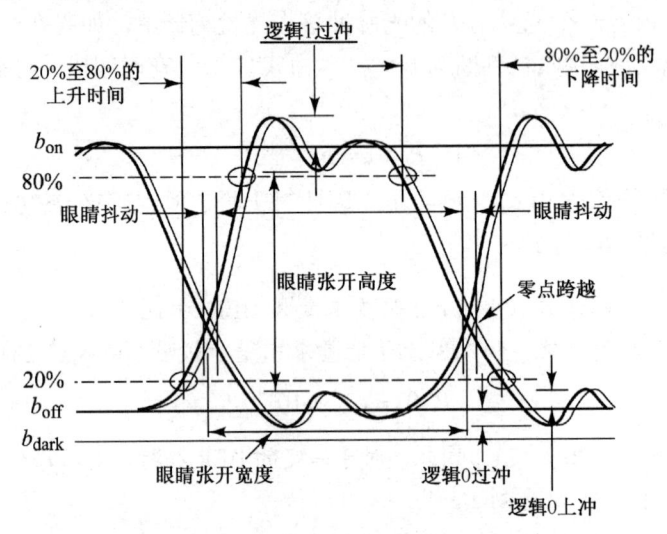

图 7.12 显示基本测量参数定义的一般眼图形状

从眼图中可以推断出大量的系统性能信息。仔细分析图 7.12 和图 7.13 所示的简化图可以更好地理解眼图。通过信号幅度畸变、时间抖动、系统上升时间等信息,可以从眼图中得到以下信息。

- 眼睛张开宽度。对接收信号进行采样时不会因为相邻脉冲的干扰(即所谓码间串扰)而出错的时间间隔。
- 接收波形的最佳采样时刻就是眼睛张开高度最大时刻。这个高度随数据信号的幅度畸变而减小。畸变程度是眼睛张开高度的顶点值与信号电平的最大值之差。眼睛张开度越小就越难区分信号中的 0 和 1。
- 特定采样时刻的眼睛张开高度表示了系统的噪声容限或者抗扰度。噪声容限是交错比特序列的峰值信号电压 V_1(由眼睛张开高度定义)与从阈值上所测得的最大信号电压 V_2 的百分比,如图 7.13 所示。即

$$\text{噪声容限}(\%) = \frac{V_1}{V_2} \times 100\% \tag{7.24}$$

- 眼睛闭合速率(也就是眼图边的斜率)决定了系统对定时误差的敏感度。眼图的边越接近水平,产生定时误差的概率就越大。
- 光纤通信系统的定时抖动(也称边沿抖动或相位失真)随接收机的噪声和光纤中的脉冲畸变的增加而增加[18]。过度的抖动将导致误码,因为这样的抖动会产生时钟的不确

定性。这种时钟的不确定性将导致接收机无法与输入比特流同步，进而不能准确地判断 1 脉冲和 0 脉冲。如果在时间间隔的中间时刻(即信号通过阈值电平时间段的中点处)进行采样，那么在阈值电平处的畸变量 ΔT 就体现了抖动量。定时抖动为

$$\text{定时抖动}(\%) = \frac{\Delta T}{T_b} \times 100\% \tag{7.25}$$

其中 T_b 为比特间隔时间。

- 通常把上升时间定义为信号上升边沿达到最大幅度的 10%处与达到最大幅度 90%处的时间间隔。但是在测量光信号时这些点经常被噪声和抖动影响所掩盖。所以通常测量更容易辨别 20%和 80%阈值点。可以用下面这个近似关系来转换这两个上升时间

$$T_{10-90} = 1.25 \times T_{20-80} \tag{7.26}$$

可以用类似的方法来定义下降时间。

- 信道传输特性的任何非线性效应都将导致眼图的非对称性。如果一个完全随机的数据流通过一个完全线性的系统，那么所有眼睛张开度都将相同且对称。

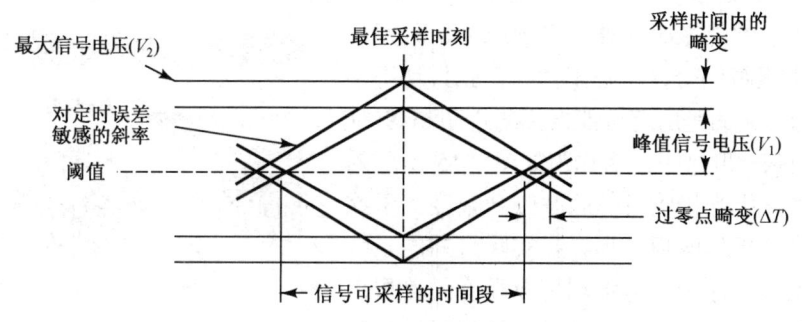

图 7.13 表示主要性能参数的简化眼图

例 7.10 考虑一个眼图，由于码间串扰，其中心张开度为 90%。码间串扰劣化为多少分贝？

解：码间串扰劣化为

$$\text{ISI} = 20\log\frac{V_1}{V_2} = 20\log 0.90 = 0.915 \text{ dB}$$

现代误码率测试仪构建并显示的眼图如图 7.14 所示。理想情况下，如果信号损伤很小，显示器上显示的接收眼图将是尖锐、清晰的细线。但是时变信号在传输路径中的损伤会导致信号的幅度变化以及数据信号与相关时钟信号的时间非对称。而通常时钟信号是用数据信号来编码的，用于接收机正确地识别输入数据。所以一个实际链路的接收眼图将变得更宽，边沿、顶部和底部也会畸变，如图 7.14 所示。

图 7.14 典型的较小失真信号的眼图

7.3.2 BER 和 Q 因子测量

因为 BER 是一个统计参数，所以它的值取决于测量时间和导致误码的各种因素。如果在一个相对稳定的传输链路中导致误码的都是高斯噪声，那么就需要一个产生 100 个误码的测

量时间来确保这是一个在统计学意义上有效的测试。如果是一个会产生突发误码的系统，那么就可能需要更长的测量时间。对于高速通信系统，BER 的要求将不高于 10^{-12}。例如，对于一个 10 Gbps 的链路，10^{-12} 的 BER 表示每 100 s 产生一个误码。也许这个水平还不够，那么就需要更低的误码率，如 10^{-15}，来保证高服务质量的用户需求。可接受 BER 的标准有两个，一个是 ITU-T G.959.1 建议，另一个是以太网标准 IEEE 802.3-2018[20, 24-26]。

测试时间可能会相当长。例如测量一个速率为 10 Gbps、BER 为 10^{-12} 的链路，检测 100 个误码将要 2.8 小时。所以在任何地方运行的已铺设链路的测试时间需要 8~72 小时。为了减小这样昂贵又费时的测试周期，可以采用 Q 因子技术。尽管这种方法有一些误差，但它可以将测试时间由几小时降到几分钟。这种方法是通过降低接收机的阈值，使得误码率增加，从而减少了测试时间。

现在已经有许多精密仪器可以用来对光通信设备和传输链路进行厂内和野外测试。除了用标准眼图或基于 Q 因子的计算方法来进行性能测试，还有更先进的设备可以用来测试系统性能，这些设备采用更接近野外线路实际的降级信号来实施测量。这种方法见于 IEEE 802.3ae 规范中关于 10 GbE 设备的测试方法。这种压力眼图测试法测试的是最坏条件下的性能。这些条件包括指定糟糕的消光比、外加多种压力、码间串扰(ISI)或垂直眼睛闭合、正弦干扰、正弦抖动等。这种测试概念假设的是所有可能发生的抖动和 ISI 损伤都将使眼图张开度减小，劣化为如图 7.15 所示的菱形。如果测试中光接收机的眼睛张开幅度大于这个无误码工作的菱形面积，那么在实际野外的系统就能按预期工作。这种压力眼图模板高度的典型值为整个眼图高度的 0.1~0.25。第 14 章将对这种测试方法进行更为详细的介绍。

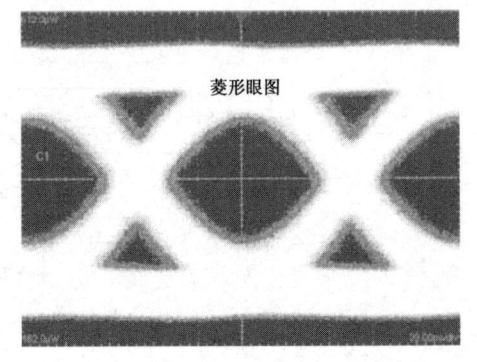

图 7.15 包含所有可能的信号失真影响的眼图，结果是只有很小的菱形开口

7.4 突发模式接收机

为了满足用户对与中心交换设备之间实现更大容量连接持续增长的需求，网络和服务提供商提出了无源光网络(PON)概念[27-30]。如第 13 章所述，这也就是人们所熟知的光纤到驻地(FTTP)网络。对于 PON，从中心局到用户大楼都没有有源设备。在传输路径中只有无源光设备来导引特定波长携带的信号到用户端或回到中心局(CO)。

图 7.16 给出了一个典型的 PON 结构，中心局的交换机通过光纤网络连接众多用户。中心局设备可以是公共电话交换机、视频点播服务器、IP 路由器、以太网交换机，以及网络监控与控制站(CS)。在中心局，数据和数字话音信号组合在一起，构成下行数据流，通过工作波长为 1490 nm 的光纤链路发送到用户。上传数据和话音信息流(用户到中心局)则通过 1310 nm 波长回传。视频服务则用 1550 nm 波长传输。网络传输设备由位于中心局的光线路终端(OLT)和每个用户建筑物的光网络终端(ONT)构成。

一根单模光纤从中心局引出，然后进入接入网，到达无源光网络的分路器，这些分路器可能在某个楼群和某个办公集合场所附近，也可能在某个学校附近。无源分路器在这里将光功率简单地均分到 N 个独立的用户路径。分路器的分路数可以是 2~64 个，但通常情况下可以是 8 个、16 个或 32 个。各个独立的单模光纤从光分路器接出，最后接入到各个大楼或服务设备。从中心局到用户的光纤传输链路长度可达 20 km。

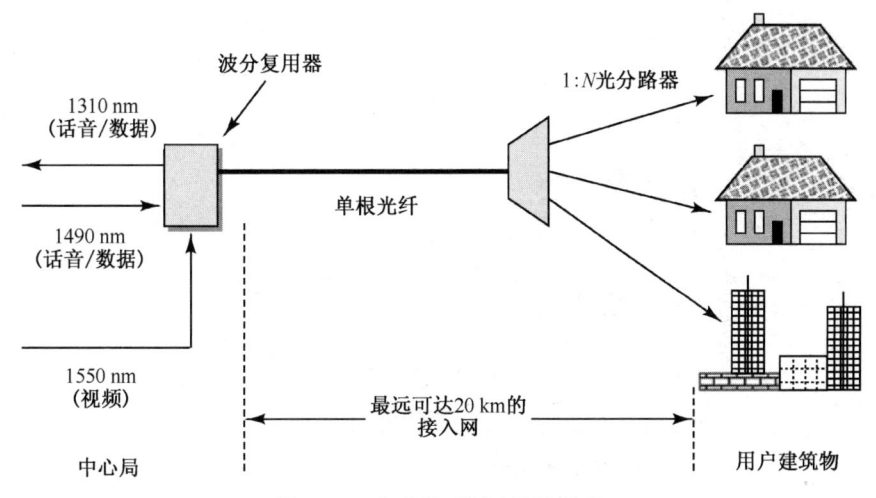

图 7.16 典型的无源光网络结构

对于 PON，光线路终端上中心局接收机的工作特点与通常的点到点连接的接收机有明显差异。这是因为来自于不同网络用户的相继时隙的数据分组之间，其幅度和相位都会有明显的差异，如图 7.17 所示。不同的用户与中心局之间的距离可能会相差 20 km。假设一种特殊情况，最近和最远的用户到达同一光分路器的距离差是 20 km，光纤的衰减系数为 0.5 dB/km，如果他们的上传光输出功率相等，那么从这两个用户处到达光线路终端(OLT)时，其信号幅度将有 10 dB 之差。如果到达这两个用户地点其中之一的传输链路中还有另外的光器件，那么到达 OLT 的信号电平差异甚至可达 20 dB。

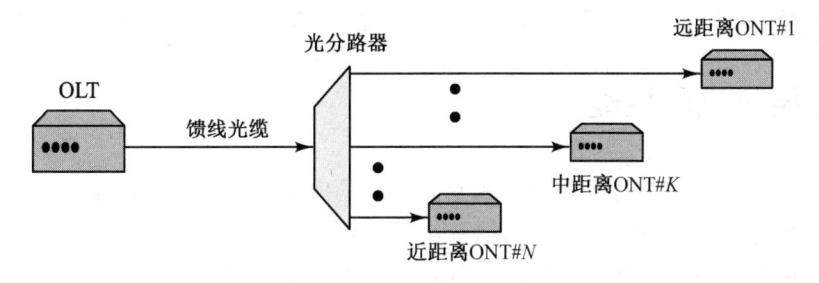

图 7.17 用户与中心局之间的距离差异，信号通过 PON 后将导致不同的功率损耗

图 7.18 显示了这种效应的结果。图中 ONT 是指用户处的收发设备。图 7.18(a)表示了通常点到点链路中的接收数据图样类型，比如从中心局到达特定用户点的信号电平，接收逻辑 1 时没有幅度差异。图 7.18(b)则表示从不同用户到达同一 OLT 的光信号电平的差异。这种情况下，不同的数据分组里面的信号幅度随各个 ONT 与中心局的距离的不同而不同。图 7.18 中的保护时间提供了充足的时延，这样来自不同的 ONT 的相继到达的数据分组之间不会冲突。

因为普通的光接收机不能即时处理信号幅度和时钟相位同步快速变化，这就需要专门设计一种突发模式接收机[27-30]。这种接收机可以从一组位于每一突发数据分组的开头处快速提取判断电平并判定信号相位。然而这种方法将使接收机灵敏度有 3 dB 的功率代价。

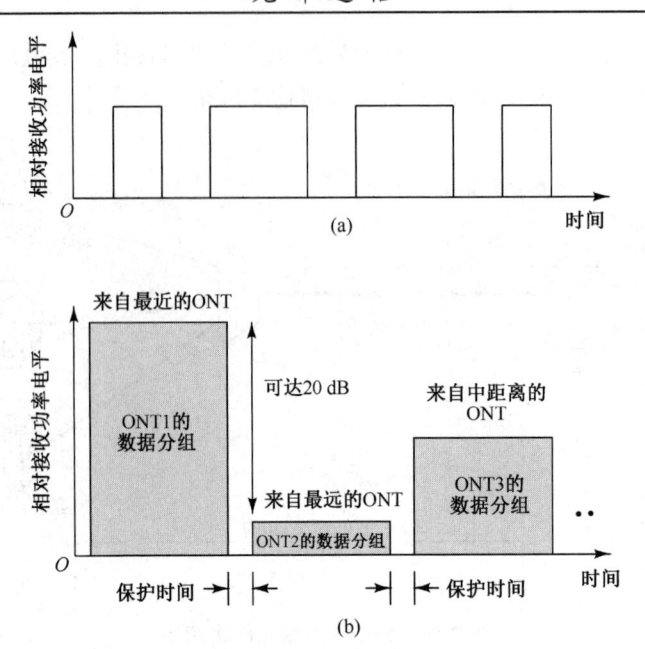

图 7.18 (a)通常的点到点链路中的典型接收数据图样类型；(b)OLT 中光信号电平差异

突发模式接收机的主要要求是灵敏度高、动态范围(DR)宽和反应时间快。灵敏度很重要，因为它与光功率预算有关。例如，3 dB 的灵敏度改进可以使光功率分配器的规模增加一倍，这样就可以容许更多的用户接入 PON。要实现构建长距离网络，也就是说，可以同时容纳与中心局距离很近和很远的用户，很宽的动态范围是必需的。

在突发模式接收机中不可以使用惯常的交流耦合方法，因为任何一个特定的数据突发后耦合电容中残留的电荷都不能立即消失，这样就不可避免地会影响下一个突发的初始条件。因而突发模式接收机需要附加电路实现直流耦合。现在标准的商用 OLT 设备已包含这种接收机。

7.5 模拟接收机的性能

光纤通信除了在数字信号的传输领域有着广泛的应用，在模拟链路中同样也有很多潜在的应用。其应用范围从单个的 4 kHz 的话音信道直到工作于千兆赫兹频段的微波链路[31-33]。在前面的几节中我们讨论了数字光接收机的误码特性，对于模拟接收机，其性能的好坏是用信噪比来度量的，它定义为均方信号电流与均方噪声电流之比。

最简单的模拟技术是对信号源实施幅度调制。在这种方案中，时变电信号 $s(t)$ 用来直接调制已由预偏置电流 I_B 确定了工作点的光源，如图 7.19 所示。发射光功率 $P(t)$ 有如下形式：

$$P(t) = P_t[1 + ms(t)] \tag{7.27}$$

式中，P_t 是驱动电流 I_B 平均发射光功率，$s(t)$ 是模拟调制信号，m 为调制指数，定义为(见4.4节)

$$m = \frac{\Delta I}{I'_B} \tag{7.28}$$

式中，对于 LED，$I'_B = I_B$，对于激光二极管，$I'_B = I_B - I_{th}$，ΔI 是电流相对于偏置点的变化幅度。为了不给光信号引入畸变，调制必须限制在光源输出曲线的线性区域内，如图 7.19 所示。如果 ΔI 大于 I_B，则信号的下半部分会被截掉，从而产生严重的失真。

第 7 章 光接收机

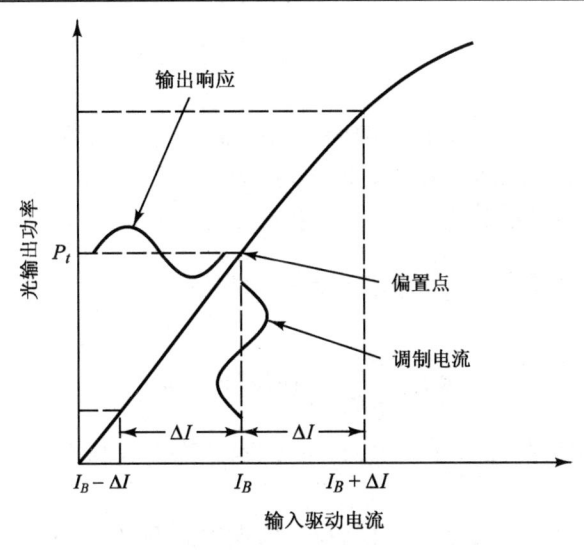

图 7.19 LED 源的直接模拟调制

在接收机端，模拟光信号产生的光电流为

$$i_s(t) = \mathcal{R} M P_r [1 + m s(t)] = i_p M [1 + m s(t)] \tag{7.29}$$

其中 $\mathcal{R}$ 是检测器的响应度，P_r 是平均接收光功率，$I_p = \mathcal{R} P_r$ 是初级光电流，M 是光检测器增益。如果 $s(t)$ 是正弦调制信号，那么在检测器输出端的均方信号电流为（忽略直流项）

$$\langle i_s^2 \rangle = \frac{1}{2}(\mathcal{R} M m P_r)^2 = \frac{1}{2}(M m i_p)^2 \tag{7.30}$$

回忆 6.2.2 节，光电二极管接收机的均方噪声电流是均方量子噪声电流、等效电阻热噪声电流、暗电流噪声和表面漏电流噪声之和，因此

$$\langle i_N^2 \rangle = 2q(i_p + i_D) M^2 F(M) B_e + \frac{4k_B T B_e}{R_{eq}} F_t \tag{7.31}$$

式中：i_p = 初级（无倍增）光电流 = $\mathcal{R} P_r$；
i_D = 初级体暗电流；
$F(M)$ = 光电二极管过载噪声系数 $\approx M^x (0 < x < 1)$；
B_e = 等效噪声带宽；
R_{eq} = 光检测器负载电阻与放大器电阻的等效电阻；
F_t = 基带放大器噪声系数。

如果选择合适的光检测器，则可以忽略漏电流。在这种假设下，信噪比 S/N 为

$$\text{SNR} = \frac{\langle i_s^2 \rangle}{\langle i_N^2 \rangle} = \frac{\frac{1}{2}(i_p M m)^2}{2q(i_p + i_D) M^2 F(M) B_e + \frac{4k_B T B_e}{R_{eq}} F_t} \tag{7.32}$$

对 pin 光电二极管，$M = 1$。当入射到光检测器上的光功率很小时，噪声电流主要是电路噪声项，因此有

$$\text{SNR} = \frac{\frac{1}{2}(i_p m)^2}{(4k_B T B_e / R_{eq}) F_t} \tag{7.33}$$

由此可见，信噪比和光电二极管输出电流的平方成正比，和电路的热噪声成反比。

训练题 7.5 在热噪声是主要噪声机制、$M_{\text{opt}}^{2+x} = \dfrac{4k_B T F_t / R_{\text{eq}}}{q(i_p + i_D)x}$ 时，由式(7.32)计算得到最大信噪比。如果 Si APD 检测器的参数：过载噪声系数 $x = 0.3$，负载电阻与放大器噪声系数比 $R_{\text{eq}}/F_t = 10^4 \, \Omega$，暗电流为 10 nA，响应度为 0.6 A/W。在 $T = 300$ K，光照功率为 $P_r = 10$ nW 时，(a) 用式(6.6)得主要光电流是 6 nA；(b) 利用上面的公式可以得到最佳增益 $M_{\text{opt}} = 28.1$。

如果有较强光信号入射到 pin 光电二极管上，则信号检测过程相关的量子噪声成为主要噪声，因此

$$\text{SNR} \approx \frac{m^2 i_p}{4q B_e} = (m^2 \mathscr{R} P_r)/(4q B_e) \tag{7.34}$$

由于这种情况下的信噪比和电路噪声无关，它代表了模拟接收机灵敏度的基本限制或量子极限。

当雪崩光电二极管在小信号条件下使用时，假设增益 M 也很小，电路噪声项是主要噪声。对固定的小信号电平，当增益由小到大增加时，信噪比也随之增加，直到量子噪声变得可以和电路噪声相比。此时如果再提高增益，信噪比反而会降低为 $F(M)^{-1}$。因此，对于给定的工作条件，存在一个最佳的雪崩增益使信噪比达到最大。由于在弱光信号条件下，雪崩光电二极管可以得到更高的信噪比，所以这种光检测器适合检测微弱光信号。

对于强光信号，接收机噪声主要是量子噪声，此时用雪崩光电二极管并无优势，因为随着增益 M 的增加，检测器噪声增加得比信号更为迅速。pin 光电二极管和雪崩光电二极管（APD）接收机的信噪比作为接收光功率的函数，其对比如图 7.20 中的曲线所示。雪崩光电二极管的信噪比是在它的最佳增益条件下得到的。

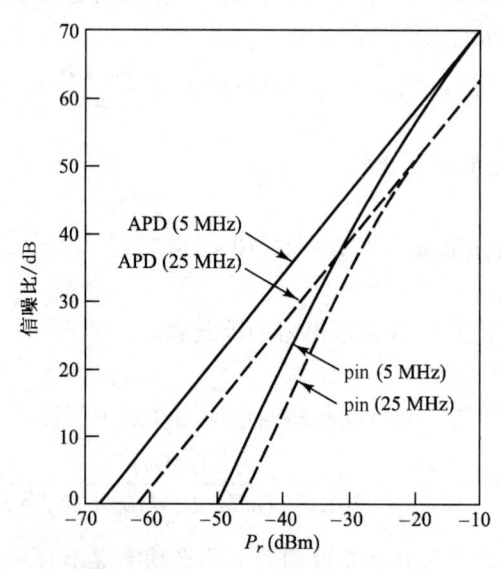

图 7.20 带宽为 5 MHz 和 25 MHz 时，作为接收光功率的函数，pin 光电二极管和雪崩光电二极管的信噪比对比

这个例子所选的工作参数 $B_e = 5$ MHz 和 $B_e = 25$ MHz，对雪崩光电二极管有 $x = 0.5$，而 pin 光电二极管有 $x = 0$，$m = 80\%$，$\mathscr{R} = 0.5$ A/W，$R_{\text{eq}}/F_t = 10^4 \, \Omega$。可以看到，小信号时雪崩光电二极管具有较高的信噪比，而在较大的接收光功率时 pin 光电二极管具有较好的性能。

例 7.11 一个模拟光纤系统工作在 1550 nm 波段，接收机有效噪声带宽为 5 MHz。假设接收信号有量子噪声极限，且要求信噪比为 50 dB，则需要多大的入射光功率？假设响应度为 0.9 A/W，$m = 0.5$。

解：首先注意到 50 dB 的 SNR 即 $S/N = 10^5$，由式(7.34)可得

$$P_r = (\text{SNR})\, 4qB_e/(m^2 \mathcal{R}) = \frac{(1 \times 10^5) \times 4 \times (1.6 \times 10^{-19}) \times (5 \times 10^6)}{(0.5)^2 \times (0.9)}$$

$$= 1420 \text{ nW} = 1.42 \times 10^{-3} \text{ mW}$$

或用 dBm 表示为

$$P_r(\text{dBm}) = 10 \log P_r = 10 \log 1.42 \times 10^{-3} = -28.5 \text{ dBm}$$

7.6 小结

光接收机的功能首先是把光纤中发来的光信号转换成电信号，然后充分放大该信号，以便后面的电路可以处理其中的信息内容。在这些过程中，不可避免地会带来各种噪声和信号畸变，它们将导致接收机信号解调出错。光接收机的三个主要组成部分为光检测器、放大器和均衡器。对光电二极管后面的放大器的设计很重要，因为放大器是主要的噪声来源。放大器后面的均衡器通常是一个线性频率整形滤波器，其作用是消除信号畸变和码间串扰的影响。

在数字接收机中，经过放大和滤波后的信号从均衡器输出，然后在每个时隙中与同一个阈值进行比较，从而判断相应的时隙有无脉冲。由于各种噪声和相邻脉冲的干扰，以及光源的能量并没有在 0 脉冲时被完全压制，这会造成判决出错。为了计算出错概率，需要知道判决时间内叠加在信号电压上的均方噪声电压。

因为抽样时刻输出电压的统计特性非常复杂，所以为了计算二进制光接收机的性能常用近似的方法。在应用这些近似方法时，不得不在计算的简单性和结果的准确性之间做出折中选择。其中最简单的方法是高斯近似，此方法假设输入光脉冲序列已知，均衡器输出电压是高斯随机变量，故计算误码概率只需知道输出电压的均值和标准差。

光接收机中的前置放大器的设计有三种基本类型：低阻抗型、高阻抗型和跨阻抗型。这些区分在实际应用中并不明显，因为可能是介于两者之间的设计结构，但是它们可以用来说明设计思路。低阻抗型前置放大器是最简单的类型，但不是最优的，它局限于特定的短距离系统应用中，在此类应用中接收机高灵敏度不是最关心的因素。高阻抗型前置放大器引入的噪声最小，但其有两个限制条件：(a)宽带应用需要采用均衡方法；(b)动态范围受限。跨阻抗型前置放大器引入了较高的噪声，灵敏度降低，但是好处是不需要均衡，且具有较宽的动态范围。

对于无源光网络应用，需要一个特殊设计的突发模式接收机。这种接收机可以从一组位于每个突发数据分组的开头处快速提取判决电平并判定信号相位。但是这种方法将使接收机灵敏度有 3 dB 的功率代价。突发模式接收机的主要特点是灵敏度高、动态范围宽和反应时间快。其中灵敏度很重要，因为它与光功率预算有关。例如，3 dB 的灵敏度提高可以允许更多的用户接入此无源光网络。要实现构建长距离网络，也就是说，可以同时容纳与中心局距离

很近和很远的用户，必须要有很宽的动态范围。

眼图是评价数字传输系统数据处理能力的强大测试工具。此方法已经被广泛用于评估有线系统的性能，并应用于光纤数据链路中。Q 因子技术被用来减短昂贵又费时的测试周期。尽管这种方法会损失一些精确率，但是它可以将测试时间由几小时降到几分钟。这种方法是通过降低接收机的阈值，使得误码率增加，从而减少了测试时间。

习题

7.1 现有一个具有量子效率 $\eta = 0.75$ 的光检测器，(a)证明 1 个 1 脉冲在到达时不会被判决为 0 脉冲的概率为 10^{-11} 或更小的概率，需要的能量满足下式

$$E \geqslant 25.3 \frac{hc}{\eta \lambda}$$

(b) 为什么 1 个脉冲中的光子数必须大于或等于 34？

7.2 光接收机内的均衡器通常是线性频率整形滤波器，用于减轻信号畸变和码间串扰的影响。为了说明连续抵达接收机的畸变脉冲，可以把入射到光检测器的二进制数字脉冲序列表示为

$$P(t) = \sum_{n=-\infty}^{\infty} b_n h_p(t - nT_b)$$

其中 $P(t)$ 为接收光功率，T_b 为比特周期，b_n 表示第 n 个脉冲的能量 ($b_n = b_0$ 表示 0 脉冲，b_1 表示 1 脉冲)，$h_p(t)$ 表示接收脉冲形状。

证明下列脉冲波形满足归一化条件

$$\int_{-\infty}^{\infty} h_p(t)\mathrm{d}t = 1$$

(a) 矩形脉冲(α 为常数)

$$h_p(t) = \begin{cases} \frac{1}{\alpha T_b}, & -\frac{\alpha T_b}{2} < t < \frac{\alpha T_b}{2} \\ 0, & \text{其他} \end{cases}$$

(b) 高斯脉冲

$$h_p(t) = \frac{1}{\sqrt{2\pi}} \frac{1}{\alpha T_b} e^{-t^2/2(\alpha T_b)^2}$$

(c) 指数脉冲

$$h_p(t) = \begin{cases} \frac{1}{\alpha T_b} e^{-t/\alpha T_b}, & 0 < t < \infty \\ 0, & \text{其他} \end{cases}$$

7.3 由式(7.8)推导出式(7.16)。

7.4 现有一个光接收机，它有一个输入电阻 $R_a = 3\text{ M}\Omega$ 的高阻抗型放大器。假设它与值 $R_b = 3\text{ M}\Omega$ 的光检测器偏置电阻匹配。(a) 如果总电容为 $C = 6\text{ pF}$，请证明无须均衡可实现的最大带宽为 17.3 kHz；(b) 将高阻抗型放大器替换为具有 100 kΩ 反馈电阻的跨阻抗型放大器，并且增益 $G = 350$。请证明在这种情况下，没有均衡的最大可实现带宽是 92.8 MHz。

7.5 如图 7.7 所示的概率分布，其中二进制 1 的信号电压为 V_1 且 $v_{th} = V_1/2$。

(a) 如果 $p(y|0)$ 的 $\sigma = 0.20V_1$，$p(y|1)$ 的 $\sigma = 0.24V_1$，请使用式(7.10)和式(7.11)证明误码率

$$P_0(v_{th}) = 0.5\,[1 - \text{erf}(1.768)] = 0.0065$$

$$P_1(v_{th}) = 0.5\,[1 - \text{erf}(1.473)] = 0.0185$$

(b) 如果 $a = 0.65$ 和 $b = 0.35$，证明 $P_e = 0.0143$。

(c) 如果 $a = b = 0.5$，证明 $P_e = 0.0125$。

7.6 工作在 1300 nm 波长的 LED 将 25 μW 的光功率注入光纤。
假设 LED 与光检测器之间的衰减为 40 dB，光检测器量子效率为 0.65。
(a) 证明落在光检测器上的光功率是 2.5 nW。
(b) 证明在时间 $t = 1$ ns 内产生的电子-空穴对平均为 $N = 10.6$。
(c) 证明 1 ns 间隔内检测器上产生的电子-空穴对少于 5 个的概率为 $P(n = 5) = 0.05 = 5\%$。

7.7 如果一个突发比特误码噪声持续了 2 ms，那么当数据速率分别为 10 Mbps，100 Mbps 和 2.5 Gbps 时各影响了几比特的数据？

7.8 一个有热噪声极限的模拟光纤通信系统，pin 二极管在 1310 nm 处的灵敏度为 0.85 A/W。假设系统的调制指数为 0.5，工作带宽为 5 MHz，接收机的均方热噪声电流为 2×10^{-23} A²/Hz。请证明当入射光功率为 −20 dBm (0.010 mW) 时，接收机端信号功率峰峰值与均方根噪声的比值为 38 dB。

7.9 一个有量子噪声极限的模拟光纤通信系统，pin 二极管在 1310 nm 处的灵敏度为 0.85 A/W。假设系统使用的调制指数为 0.6，工作带宽为 40 MHz。如果忽略检测器暗电流，证明当入射光功率为 −15 dBm (0.032 mV) 时，接收机的信噪比为 29.1 dB。

7.10 证明当增益 M 取最优化值

$$M_{\text{opt}}^{2+x} = \frac{4k_B T F_t / R_{\text{eq}}}{q(i_p + i_D)x}$$

时，式(7.32)给出的信噪比最大。

7.11 现有一个硅型 APD 检测器，它的噪声系数相关参数 $x = 0.3$，负载电阻/放大器噪声系数值 $R_{\text{eq}}/F_t = 10^4\,\Omega$，暗电流 $i_D = 6$ nA，响应度为 0.55 A/W。如果在温度 $T = 300$ K 时，光检测器以光功率水平 $P_{\text{in}} = 15$ nW 照射，

(a) 使用方程(6.6)证明初级光电流为 $i_p = 8.25$ nA；
(b) 使用习题 7.10 中给出的关系证明最佳增益为 $M_{\text{opt}} = 29.6$。

习题解答（选）

7.7 (a) 2×10^4；(b) 2×10^5；(c) 5×10^6

原著参考文献

1. T. V. Muoi, Receiver design for high-speed optical-fiber systems. J. Lightw. Technol. **LT-2**, 243-267 (1984)
2. M. Brain, T. P. Lee, Optical receivers for lightwave communication systems. J. Lightw. Technol. **LT-3**,

1281-1300 (1985)
3. E. Säckinger, *Broadband Circuits for Optical Fiber Communications* (Wiley, New York, 2005)
4. K. Schneider, H. Zimmermann, *Highly Sensitive Optical Receivers* (Springer, Berlin, 2006)
5. S.D. Personick, Optical detectors and receivers. J. Lightw. Technol. **26**(9), 1005-1020 (2008)
6. S. Bottacchi, *Noise and Signal Interference in Optical Fiber Transmission Systems* (Wiley, New York, 2009)
7. A. Beling, J. C. Campbell, Advances in photodetectors and optical receivers (Chap. 3), in *Optical Fiber Telecommunications VIA*, ed. by A. E. Willner, T. Li, I. Kaminow (Elsevier, Amsterdam, 2010)
8. M. Atef, H. Zimmermann, *Optoelectronic Circuits in Nanometer CMOS Technology* (Springer, Berlin, 2016)
9. B. Razavi, *Design of Integrated Circuits for Optical Communications*, 2nd ed. (Wiley, New York, 2012)
10. F. Aznar, S. Celma, B. Calvo, *CMOS Receiver Front-Ends for Gigabit Short-Range Optical Communications* (Springer, Berlin, 2013)
11. G.-S. Jeong, W. Bae, D.-K. Jeong, Review of CMOS integrated circuit technologies for highspeed photo-detection. Sensors, **17**, 01962 (2017) (40 page review)
12. S. Zohoori, M. Dolatshahi, M. Pourahmadi, & M. Hajisafari, An inverter-based, CMOS, lowpower optical receiver front-end. Fiber Integr. Optics, **38**(1), 1-20 (2019)
13. A. B. Carlson, P. Crilly, *Communication Systems* (5th edn.). McGraw-Hill (2010)
14. L. W. Couch II, *Digital and Analog Communication Systems*, 8th edn. (Prentice Hall, 2013)
15. R. E. Ziemer, W. H. Tranter, *Principles of Communications: Systems, Modulation, and Noise*, 7th edn. (Wiley, New York, 2014)
16. M. S. Alencar, V. C. da Rocha, *Communication Systems* (Springer, Berlin, 2020)
17. F. Ling, *Synchronization in Digital Communication Systems* (Cambridge University Press, 2017)
18. T. von Lerber, S. Honkanen, A. Tervonen, H. Ludvigsen, F. Küppers, Optical clock recovery methods: review. Opt. Fiber Technol. **15**(4), 363-372 (2009)
19. Z. Pan, C. Yu, A.E. Willner, Optical performance monitoring for the next generation optical communication networks. Optical Fiber Technol. **16**, 20-45 (2010)
20. ITU-T Recommendation O.201, *Q-factor test equipment to estimate the transmission performance of optical channels*, July 2003
21. J.J. Schiller, R.A. Srinivasan, M.R. Spiegel, *Schaum's Outline of Probability and Statistics*, 4th edn. (McGraw-Hill, 2013)
22. W. Navidi, *Principles of Statistics for Engineers and Scientists*, 2nd edn. (McGraw-Hill, 2021)
23. D. Zwillinger (ed.), *StandardMathematical Tables and Formulae,* 33rd edn. (CRC Press, 2018)
24. ITU-T G-series Recommendations, Supplement 39, Feb 2016
25. ITU-T Recommendation G.959.1, *Optical transport network physical layer interfaces*, July 2018
26. IEEE 802.3-2018, *IEEE Standard for Ethernet*, June 2018
27. C. Su, L.-K. Chen, K.W. Cheung, Theory of burst-mode receiver and its applications in optical multiaccess networks. J. Lightw. Technol. **15**, 590-606 (1997)
28. G. Keiser, *FTTX Concepts and Applications* (Wiley, New York, 2006)
29. B.C. Thomsen, R. Maher, D.S. Millar, S.J. Savory, Burstmode receiver for 112 Gb/s DP-QPSK with parallel DSP. Opt. Exp. **19**(26), B770-B776 (2011)

30. S.C. Lin, S.L. Lee, C.K. Liu, C.L. Yang, S.C. Ko, T.W. Liaw, G. Keiser, Design and demonstration of REAM-based WDM-PONs with remote amplification and channel fault monitoring. J. Opt. Commun. Netw. **4**(4), 336-343 (2012)

31. A. Brillant, *Digital and Analog Fiber Optic Communications for CATV and FTTx Applications* (Wiley, New York, 2008)

32. C. Lim, A. Nirmalathas, M. Bakaul, P. Gamage, K.L. Lee, Y. Yang, D. Novak, Fiber-wireless networks and subsystem technologies. J. Lightw. Technol. **28**(4), 390-405 (2009)

33. C. Lim, Y. Tian, C. Ranaweera, T.A. Nirmalathas, E. Wong, K.L. Lee, Evolution of radio-overfiber technology. J. Lightw. Technol. **37**(6), 1647-1656 (2019)

第8章 数字光纤链路

摘要：一个数字链路的设计包含许多相互联系的光纤、光源、光检测器和其他元素的工作特性参数。当对光纤链路进行分析时，需要进行数次不同设备特性的迭代才能保证圆满完成分析。链路功率预算(link power budget)和展宽时间分析是两个经常被用来实施的基础性分析，以确保系统性能达到理想状态。除了讨论这两种分析外，本章强调了一种在数字数据流中的检测和控制差错的流程，来提高通信链路的可靠性。

光纤传输链路各个模块的基本特性已经在前面各章进行了详细论述。光纤传输链路的各个模块包括光纤传输媒质、光源、光检测器及其相关的接收机，还包括用于连接光缆、光源以及光检测器的连接器。现在我们研究如何将这些分立的单元组合在一起，以形成一条完整的光纤传输链路。本章重点研究基本的数字链路，第9章主要讨论模拟链路。在第13章中将介绍更为复杂的传输链路。

本章首先讨论最简单的情形，即点到点链路。包括对一些能够实现特殊应用的器件的研究，了解这些器件与系统性能(比如色散、误码率)的关系。对于一组给定的器件和系统要求，我们就可以作出功率预算，以便分析该光纤链路的衰减是否达到系统要求，以及是否需要放大设备来提高功率电平。最后，对系统进行上升时间分析，验证整个系统的性能是否符合要求。

在8.1节的分析中，假设除了在量子检测过程中的统计特性以外，投射到光检测器上的光功率是时间的确定函数。实际上，各种信号损伤会降低链路性能。理想情况下，这些损伤会导致到达接收机的光信号功率比理想状况低，这就是所谓功率代价。8.2节讲述几个光链路中能观察到的与主要损伤相关的功率代价。

在通信线路中，为了控制误码和提高可靠性，必须能够检测误码，然后纠正误码或者重新传输信号。8.3节讲述光纤通信链路中用到的误码检测和纠错方法；8.4节讲述基本的相干检测方法，这种方法与直接检测方法相比可以提高接收灵敏度，特别是在40 Gbps或100 Gbps的高速链路中；第13章还将介绍其他的信号调制和检测方式，如差分相移键控(DPSK)和差分四相移键控(DQPSK)。

本章还将介绍一些功能强大的商用模拟和仿真工具，这些工具可以完成多种任务。这些基于软件的工具能方便地在个人电脑上运行，其功能包括BER估算、不同光接收机模型的功率代价、链路功率预算、使用不同元器件时的系统性能仿真等。

8.1 基本的光纤链路

最简单的传输链路是一端有一个发射机，另一端有接收机的"点对点"式的光纤链路，如图8.1所示。在发射机终端用电信号信源调制光源，来进行"电-光"转换(将电信号转换为光信号)。在光纤的另一端用一个光电二极管作为接收端进行"光-电"转换，通过图8.1

电路处理信号来恢复电信号。这种类型的链路是需求最少的光纤技术并为日后研究更复杂的网络奠定了架构基础。

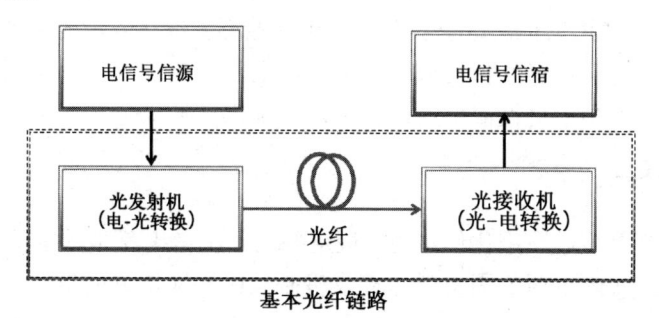

图 8.1 基本的光纤链路

光纤链路的设计涉及许多相互关联的变元,如光纤、光源和光检测器的工作参数,因此,在链路未达到令人满意的要求之前,其设计和分析需要经过若干次反复的过程。由于性能和成本是光纤传输链路很重要的制约因素,因此设计人员必须仔细选择器件,在不超过器件性能指标的前提下,使其预期的性能指标在系统的寿命期内保持稳定。

下述关键的系统要求在分析一个光链路时是必须考虑的:

1. 预期(或可能)的传输距离
2. 数据速率或信道带宽
3. 误码率(BER)

为了满足这些要求,设计人员可以选择下面的器件及其相关的特性参量:

1. 多模光纤或单模光纤
   (a) 纤芯尺寸
   (b) 纤芯折射率剖面
   (c) 带宽或色散
   (d) 衰减
   (e) 数值孔径或模场直径
2. LED 或半导体激光器光源
   (a) 发射波长
   (b) 谱线宽度
   (c) 输出功率
   (d) 有效辐射区域
   (e) 发射方向图
   (f) 发射模式数量
3. pin 或雪崩光电二极管
   (a) 响应度
   (b) 工作波长
   (c) 速率
   (d) 灵敏度

为了确保获得预期的系统性能，必须进行两种分析，即链路功率预算和系统上升时间预算。在链路功率预算分析中，首先要确定光发射端的输出和接收端最小灵敏度之间的功率富余量，以保证特定的 BER 指标。这个富余量用于连接器、熔接点和光纤的损耗，以及用于补偿由于器件的退化、传输线路的损耗或温度的影响而引起的损耗。如果所选择的器件不能达到预期的传输距离，就必须更换器件，或在链路上加入光放大器。

8.1.1 传输信号格式

在设计通信链路以传送数字化信息时，最重要的一个考虑就是数字信号的格式[1-5]。从发射机出来的信号的格式最重要的因素就是接收机必须能够从接收的信号中精确提取出定时信息[6]。下面是定时的三个主要目的：

- 可以让信号在信噪比最大时被接收机采样；
- 保持脉冲之间的合理距离；
- 指出每个定时间隔的开始和结束。

除此以外，在需要的时候，我们还希望信号具有自纠误码的能力，就像纠错机制一样。通过对数据信号的重构和编码，可以将这些定时和误码最小化特性结合在数据流中[7-9]。这个过程称为信道编码或线路编码（简称线路码）。本节回顾了光纤通信系统中使用的基本的二进制线路码。

线路码最主要的一个功能是使比特流中的误码最少，误码的产生可能来自噪声或其他干扰效应。通常需要向净数据流中引入额外的比特，再用一种特殊的方式排列它们，在接收机中再将冗余信号抽取出来以恢复原始信号。根据引入到数据流中的冗余信号的数量，误码率可以得到不同程度的降低，前提是数据速率低于信道容量。

NRZ 和 RZ 信号格式 对信号编码最简单的方法就是单极性非归零码（NRZ）。单极性意味着逻辑 1 用一个填满整个比特周期的电压或光脉冲表示，而逻辑 0 则没有光传输。比如图 8.2 所示的数据序列 1010110。由于这个过程是信号光在开和关之间转换，因此称为幅移键控（ASK）或开关键控（OOK）。如果 1 和 0 脉冲等概率，而且电压脉冲的幅度是 A，那么这个码的平均传送功率就是 $A^2/2$。在光系统中，通常用光功率水平描述一个脉冲，在这种情况下，一个 0 和 1 等概率光脉冲的平均光功率是 $P/2$，其中 P 是 1 脉冲的峰值功率。

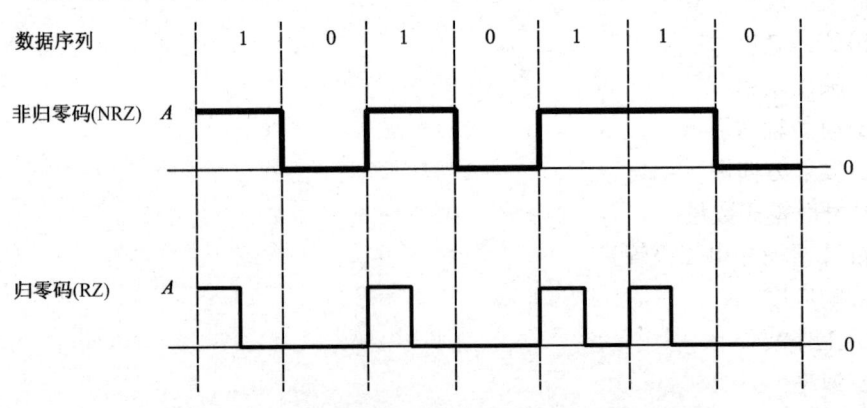

图 8.2 数据序列 1010110 的非归零码和归零码的结构

NRZ 码所需带宽最小而且很容易产生和解码。然而，NRZ 码中缺少定时能力可能会导致接收机的错译。比如，在一长串 0 码或 1 码中包含原本计划发送的 N 比特信息，由于无法识别定时信息，可能会被接收成 $N-1$ 比特或 $N+1$ 比特信息。除非使用高稳定（同时也是很贵的）的定时时钟。为了限制无电平变化的最长的时间间隔，通常用两种方法，分别是分组码（见下文）和扰码。扰码就是用一个已知的比特序列通过模 2 加方法加入到数据流中，从而产生一个随机的数据模式。在接收机，再用这个相同的已知比特序列对接收数据进行模 2 加，从而恢复出原始数据序列。

如果有足够的带宽，NRZ 编码自身的定时问题可以用归零（RZ）码缓和。如图 8.2 的下半部分，当传输 1 时，在每个比特周期的开始都会有幅度的变化，如果没有变化则意味着 0 码。因此对于 RZ 脉冲，1 比特只占用了比特间隔的部分，剩下的部分归零。对 0 比特则没有脉冲。

尽管在电数据传输系统中，RZ 脉冲名义上占用了一个比特周期的一半，但在光通信链路中，RZ 脉冲可以只占据一个比特周期的一小部分。在链路中可以使用多种 RZ 格式，传输数据速率可达 10 Gbps 或更高。

分组码 可以将冗余比特引入到数据流中以提供足够的定时信息并进行误码监测。一种流行的高效率编码方法就是 mBnB 分组码。在这种编码方法中，将每 m 个二进制比特分组转换成更长的 n 分组，$n>m$。由于增加了 $n-m$ 个冗余比特，所需要带宽增加了 n/m 倍。比如，在 $m=1$，$n=2$ 的 mBnB 分组码中，二进制 1 码被映射为比特对 10，二进制 0 码被映射为比特对 01。这种编码的开销是 50%。

在高速数据率中比较适合的 mBnB 码有 3B4B，4B5B，5B6B 以及 8B10B。如果主要的评判标准是编码器和解码器电路的简单性，那么 3B4B 是最方便的编码格式了。如果降低带宽是主要的考虑因素，那么 5B6B 最具有优势。多种版本的以太网使用 3B4B，4B5B 以及 8B10B 格式。8.3 节讨论了更多用于检错和纠错的高级编码方法。

8.1.2 链路设计中的考虑

进行功率预算时，首先要确定传输波长，然后选择工作在这一区域的器件。如果数字信号的传输距离不太远，可以令其工作在 770~910 nm 之间或 T 波段；如果传输的距离相对较远，可以令其工作在 O~U 波段之间，这是因为在这两个波长区具有低损耗和低色散的特点。

确定波长之后，需要把光纤链路三个主要模块（接收设备、发送设备和光纤）的性能联系起来考虑。通常，设计人员先选择其中两个模块的特性，再由此计算第三个模块，分析其性能是否满足系统要求。如果所选器件高于或低于所需的指标，就要反复选取设计。在设计过程中，可以先选择光检测器和光源，然后估算在某一特定光纤中数字信号能够传输的距离，以决定是否在链路中加入放大器以提高信号功率。

在选取光检测器的过程中，应重点考虑加在光检测器上所需的最小光功率，这项功率指标是为了在特定的数据速率下满足误码率（BER）要求。选取时，设计人员还应考虑设计成本和复杂程度。从第 6 章和第 7 章的讨论中不难发现，pin 光电二极管与雪崩光电二极管相比，其特点是结构更简单，温度变化时性能更稳定，成本更低。另外在正常情况下，pin 光电二极管的偏置电压低于 5 V，而雪崩光电二极管的偏置电压的范围在 40 V 到几百伏之间。不过，如果需要检测极微弱的光信号，则 pin 光电二极管的优势将被雪崩光电二极管的高灵敏度所替代。

选取 LED 还是选取半导体激光器，这就需要考虑一些系统参数，如色散、数据速率、传输距离和成本等。由第 4 章可知，激光器输出的谱宽比 LED 的谱宽窄。波长在 770～910 nm 的区域里，LED 的谱宽和石英光纤的色散特性把比特率距离积限制在 150 Mbps·km 左右。要达到更高的数值(2500 Mbps·km 以上)，则在此波长区域上就必须使用激光器。当波长在 1.3 μm 左右时，该区域光纤中的信号色散很小，此时用 LED 就可以得到 1500 Mbps·km 的带宽距离积。若采用 InGaAsP 激光器，在 1.3 μm 处，在 OM4 多模光纤中传输 150 m 能达到 100 Gbps 的数据速率(见 13.4 节)。

采用半导体激光器可以获得更大的无中继传输距离，典型情况下，半导体激光器耦合入光链路的光功率比 LED 要高出 10～15 dB。但半导体激光器的价格部分地抵消了这一优势及其低色散的优点。半导体激光器不仅比 LED 昂贵，其发送电路也更加复杂，这是因为激光器的受激辐射阈值是温度和器件使用年限的函数，必须加自动控制电路。当然，市场上可以找到多种性价比较好的激光发射机。

对于光纤，可以选择单模或多模光纤，二者都可能有阶跃或渐变折射率的纤芯。其选择要考虑所用的光源和能承受的色散大小。从 LED 发出的光功率被耦合入光纤的比例，依赖于纤芯包层折射率差 Δ，而 Δ 又与光纤的数值孔径有关(当 Δ = 0.01 时，数值孔径 NA≈0.21)。随着 Δ 的增加，耦合入光纤的功率也相应增加。不过，在 Δ 增加的同时，色散也会跟着增加，因此在耦合功率与允许的色散值之间必须仔细权衡。

当选择成缆光纤的衰减特性时，除了考虑光纤自身的损耗，还应考虑成缆过程中的额外损耗。同时还应包括连接器、熔接点以及环境影响共同引起的损耗，其中的环境影响有可能是温度、尘埃和湿度等因素对连接器的影响。

8.1.3 链路功率预算

图 8.3 给出了点到点链路的光功率损耗模型。光检测器上接收的光功率取决于耦合进光纤的光功率以及发生在光纤、连接器和熔接点的损耗。链路的损耗预算可由链路上各个部分的损耗推出。各个部分的损耗可以用分贝(dB)表示为

$$损耗 = 10 \log \frac{P_{\text{out}}}{P_{\text{in}}} \tag{8.1}$$

式中的 P_{in} 和 P_{out} 分别表示这个损耗单元的输入功率和输出功率。通常把某一特定单元对应的损耗称为该单元的插入损耗。

除了图 8.3 所示的能产生损耗的器件外，分析过程中还应引入链路功率富余量，用于补偿器件老化、温度波动以及将来可能加入链路的器件引起的损耗。一般的系统应有 3～6 dB 的链路功率富余量，以便在将来有非期望器件加入链路的条件下系统仍可正常工作。

链路损耗预算只考虑总光功率损耗 P_T，即光源和光检测器之间所允许的功率损耗，把预算损耗分配到光缆衰减、连接损耗、熔接点损耗以及系统富余量中。如果 P_S 表示与光源相连的跳线端口发出的光功率，P_R 表示接收机的灵敏度，则对于 N 个连接器和接头

$$P_T = P_S - P_R = Nl_c + \alpha L + 系统富余量 \tag{8.2}$$

式中，l_c 表示连接损耗，α 表示光纤衰减(dB/km)，L 表示传输距离，系统的富余量通常设为 3 dB。

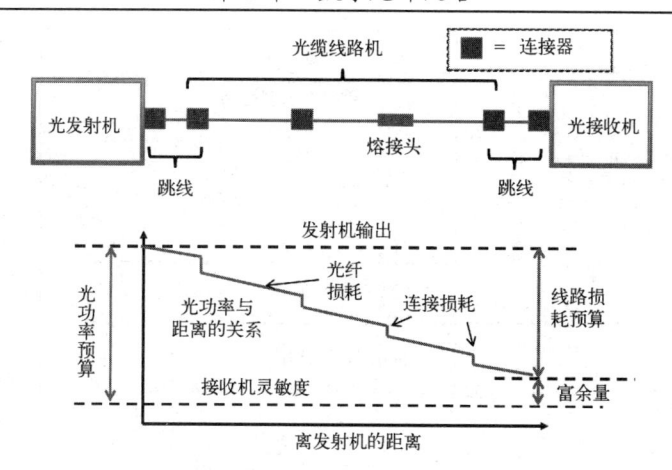

图 8.3 "点对点"链路光功率损耗模型,损耗发生在连接器、熔接头和光纤等元件中

例 8.1 为了说明链路的损耗预算是怎样建立的,举一个特殊的设计例子。首先,假定数据速率为 20 Mbps,误码率为 10^{-9}(也就是说,每发送 10^9 个比特,其误码最多为 1 个)。对接收机,可以选择工作在 850 nm 的硅 pin 光电二极管。如图 8.4 所示,其接收机所需的信号功率为 -42 dBm(比 1 mW 低 42 dB)。选择一个 AlGaAs LED,使其能够把 50 μW(-13 dBm)的平均光功率耦合进纤芯直径为 50 μm 的尾纤,允许有 29 dB 的损耗。可以进一步假设尾纤与光缆间的连接损耗为 1 dB,在光缆光检测器的连接点上也有 1 dB 的连接损耗。包括 6 dB 的系统富余量,对衰减为 α (dB/km) 的光缆,可以由式(8.2)得到

$$P_T = P_S - P_R = 29\ \text{dB} = 2(1\ \text{dB}) + \alpha L + 6\ \text{dB}$$

如果 $\alpha = 3.5$ dB/km,则可算得传输距离为 6.0 km。

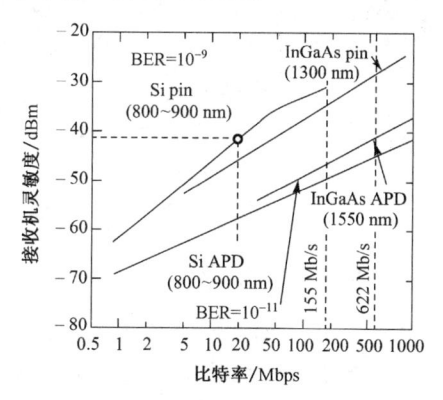

图 8.4 作为比特率函数的接收机灵敏度曲线,对于 Si pin 光电二极管、Si APD 和 InGaAs pin 光电二极管的曲线,BER 为 10^{-9};对 InGaAs APD 曲线,BER 为 10^{-11}

光纤链路功率预算还可以用图表表示,如图 8.5 所示。图中的纵轴表示发射机与接收机之间允许的光功率损耗,横轴表示传输距离。这里给出了灵敏度为 -42 dBm(20 Mbps)的硅 pin 接收机和耦合进光纤跳线的功率为 -13 dBm 的 LED 预算图表。减去每端 1 dB 的连接损耗,剩下的总富余量为 27 dB,再减去 6 dB 的系统富余量,剩下的 21 dB 的可容许损耗将用于光缆和熔接点。图 8.5 所示的斜线表示 3.5 dB/km 的光缆损耗(这种情况应包括熔接点的损耗)。斜线始于 -14 dBm(即为耦合进光纤的光功率),终点位于 -35 dBm(接收机的灵敏度减去 1 dB 的连接损耗和 6 dB 的系统富余量)。由相交点 D 的位置即可决定最大的传输距离。

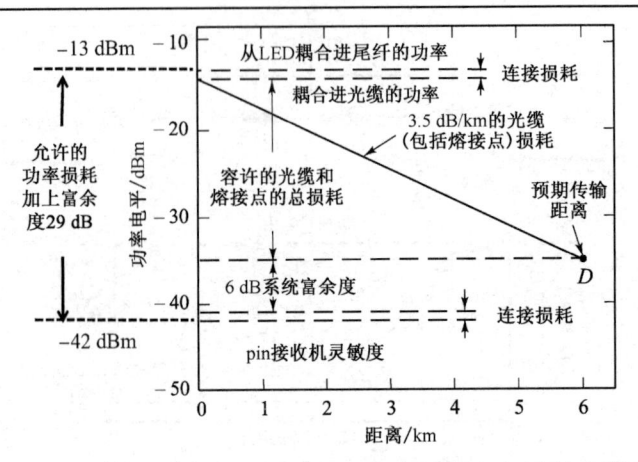

图 8.5 工作在 20 Mbps 的 850 nm LED/pin 系统的链路损耗预算图

传统的功率预算是通过列表法计算的。以 2.5 Gbps 的链路为例说明这方法。

例 8.2 假定一个 1550 nm 的半导体激光器，其发送到尾纤的光功率为 +3 dBm(2 mW)；一个 InGaAs APD 在 2.5 Gbps 时，其灵敏度为 −32 dBm；一条 60 km 长的光缆，其衰减为 0.3 dB/km。如图 8.6 所示，由于设备安装的需要，在传输光缆的末端与 SONET 设备机架之间的每个端口都需要一条 5 m 长的跳线，假设每条跳线有 3 dB 的损耗。另外，假定在每个光纤连接点（由于有跳线，每一端有两个连接点）上有 1 dB 的连接损耗。

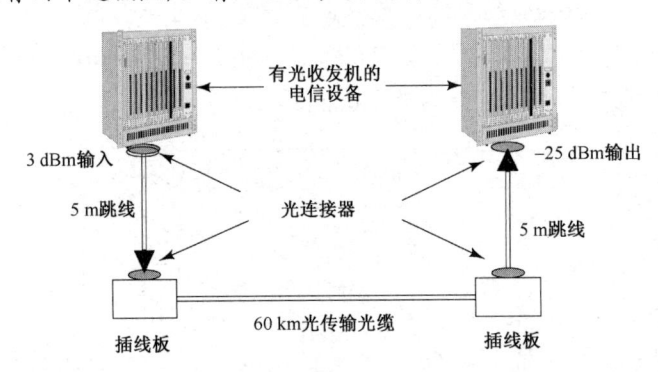

图 8.6 长为 60 km，各端有 5 m 长跳线，传输速率为 2.5 Gbps 的光纤链路

表 8.1 中的第一列为所用器件，第二列为与之相关的光输出、灵敏度或损耗值，第三列给出了可以得到的功率富余量，即光源与光检测器之间所允许的总的功率损耗（这里是 35 dB）减去器件损耗所得的值。所有的损耗相加得到 7 dB 的最终功率富余量。

表 8.1 计算光链路功率预算的列表法举例

器件/损耗参数	输出/灵敏度/损耗	功率富余量/dB
激光器输出	3 dBm	
APD 在 2.5 Gbps 时的灵敏度	−32 dBm	
允许损耗[3−(−32)]		35
光源连接损耗	1 dB	34
跳线+连接损耗	3+1 dB	30

器件/损耗参数	输出/灵敏度/损耗	功率富余量/dB
光缆损耗(60 km)	18 dB	12
跳线+连接损耗	3+1 dB	8
接收机连接损耗	1 dB	7(最终的富余量)

训练题 8.1 光链路在 1310 nm 处有如下参数值：

(a) 一个激光二极管从连接的光纤引线发射出 0 dBm 的功率；

(b) 一个 pin 光电二极管在 2.5 Gbps 的灵敏度是 −20 dBm；

(c) 一段长 20 km 的光纤在 1310 nm 处的衰减是 0.4 dB/km；

(d) 在每个链路末端的 1 dB 连接损耗。

请证明功率极限为 2 dB。

训练题 8.2 一段单模光纤在 1310 nm 波长下支持 1 Gbps 的城市网络。假设链路的器件符合如下参数：

(a) 一个激光二极管从连接的光纤引线发射出 0 dBm 的功率；

(b) 一个 pin 光电二极管在 1 Gbps 的灵敏度是 −22 dBm；

(c) 一段光纤在 1310 nm 处的衰减是 0.4 dB/km；

(d) 在每个链路末端的 1 dB 连接损耗；

(e) 需要的功率极限为 8 dB。

请证明链路最长为 30 km。

8.1.4 展宽时间预算

确定光纤链路中色散限制的一种简便的方法是进行上升时间或脉冲展宽时间分析。这种方法主要是用于数字系统。在这种方法中，链路总的展宽时间 t_{sys} 等于每一种因素引起的脉冲展宽时间 t_i 的平方和的平方根，即

$$t_{sys} = \left(\sum_{i=1}^{N} t_i^2\right)^{1/2} \tag{8.3}$$

严重限制系统数据速率的 4 个基本因素是：发射机展宽时间 t_{tx}，光纤群速度色散(GVD)展宽时间 t_{GVD}，光纤模式色散展宽时间 t_{mod}，接收机展宽时间 t_{rx}。单模光纤没有模式色散，所以其展宽时间只与 GVD 有关。通常情况下，一条数字链路总的展宽时间不得超过 NRZ(非归零)比特周期的 70%，或不超过 RZ(归零)比特周期的 35%。这里的比特周期定义为数字传输速率的倒数。

设计人员都熟悉发射机和接收机的展宽时间。发射机的展宽时间主要取决于光源及其驱动电路，接收机的展宽时间由光检测器响应和接收机前端 3 dB 带宽决定。接收机响应的前沿可以用一个具有阶跃响应的一阶低通滤波器来模拟[10]

$$g(t) = [1 - \exp(-2\pi B_e t)]u(t) \tag{8.4}$$

式中，B_e 表示接收机的 3 dB 电带宽，$u(t)$ 为单位阶跃函数，当 $t \geq 0$ 时其值为 1，当 $t < 0$ 时其值为 0。接收机的展宽时间 t_{rx} 通常定义为在 $g(t) = 0.1$ 和 $g(t) = 0.9$ 之间的时间间隔，这就是

我们熟知的 10%到 90%的上升时间。如果 B_e 用兆赫为单位表示，则通过解式(8.4)，接收机前端的展宽时间 t_{rx} 可用纳秒为单位表示为(见习题 8.5)

$$t_{rx} = \frac{350}{B_e} \tag{8.5}$$

事实上，实际中的链路很少由单一的、连续的、无连接点的光纤组成。相反，一条传输链路基本上都由几段首尾相连的光纤组成，各段光纤有不同的色散特性，尤其对于速率在 10 Gbps 以上的有色散补偿链路更是如此(见第 13 章)。另外，多模光纤在光纤之间的连接处要进行模式再分配，其原因可能是连接点的机械对准误差、光纤的纤芯有不同的折射率剖面，或每条光纤上的模式混合程度不同。因此，确定光纤由 GVD 及模式色散产生的展宽时间要复杂得多。

在长度为 L 的光纤上由 GVD 产生的展宽时间 t_{GVD}，可以式(3.49)近似为

$$t_{GVD} = |D|L\sigma_\lambda \tag{8.6}$$

式中的 σ_λ 表示光源的半功率谱宽，对于非色散位移光纤，色散系数 D 已由式(3.52)给出，对于色散位移光纤 D 则由式(3.54)给出。一般来说对一条很长的链路，不同部分的色散数值不同，因此式(8.6)中的 D 应取平均值。

对于多段相连的多模光纤，要预测它的带宽(或模式展宽时间)，其难度在于观测得到的链路带宽与各段光纤连接的次序相关。例如，相对于随机地将各段光纤(但差异极小)连接到一起的链路，交替使用过补偿或欠补偿折射率剖面的光纤可以达到均衡模式时延的目的，能得到较宽的链路带宽。虽然最终的链路带宽可以通过选取光纤的连接次序得到改善，但是这种方法不常用而且很费时，因为链路中初始的一段光纤对总的链路特性有着决定性影响。

模式色散的许多成熟的理论已经发展起来[11-13]。经过实践的验证，长度为 L 的链路带宽 B_M 可以近似地表示为

$$B_M(L) = \frac{B_0}{L^q} \tag{8.7}$$

式中的参数 q 在 0.5 到 1 之间取值，B_0 表示 1 km 光缆的带宽。当 $q = 0.5$ 时表示达到了稳定的模式平衡状态，当 $q = 1$ 时表示几乎没有模式混合。根据经验，一般认为 $q = 0.7$ 较为合理。

根据实验数据所作的曲线，可以得到 B_M 另外的表达式，即

$$\frac{1}{B_M} = \left[\sum_{n=1}^{N}\left(\frac{1}{B_n}\right)^{1/q}\right]^q \tag{8.8}$$

式中的参数 q 变化范围在 0.5(平方叠加再开平方)到 1.0(线性叠加)之间，B_n 表示第 n 段光纤的带宽。

现在，我们需要找出光纤中的展宽时间和 3 dB 带宽之间的关系。假设光纤中的光功率满足高斯瞬态响应，用公式可以表示为

$$g(t) = \frac{1}{\sqrt{2\pi}\sigma}e^{-t^2/2\sigma^2} \tag{8.9}$$

式中的 σ 表示均方根脉冲宽度。这个表达式的傅里叶变换为

$$G(\omega) = \frac{1}{\sqrt{2\pi}}e^{-\omega^2\sigma^2/2} \tag{8.10}$$

$t_{1/2}$ 表示脉冲降为其峰值的一半所需的时间，即这个时间应满足如下关系

$$g(t_{1/2}) = 0.5g(0) \tag{8.11}$$

由式(8.9)可以求得

$$t_{1/2} = (2\ln 2)^{1/2}\sigma \tag{8.12}$$

如果定义 t_{FWHM} 为脉冲的半高全宽，则

$$t_{\text{FWHM}} = 2t_{1/2} = 2\sigma(2\ln 2)^{1/2} \tag{8.13}$$

3 dB 的光带宽 $B_{3\,\text{dB}}$ 定义为如果用频率 $f_{3\,\text{dB}}$ 调制光源，则此时接收端的光功率下降到零频率值的一半。于是，设定方程(8.10)等于 $0.5G(0)$，得到 3 dB 频率，并利用式(8.13)，得到 FWHM 上升时间 t_{FWHM} 和 3 dB 光带宽之间的关系：

$$f_{3\,\text{dB}} = B_{3\,\text{dB}} = \frac{0.44}{t_{\text{FWHM}}} \tag{8.14}$$

将式(8.6)用于光纤链路的 3 dB 带宽定义，并且假定 t_{FWHM} 表示模式色散引起的展宽时间，则由式(8.14)可得

$$t_{\text{mod}} = \frac{0.44}{B_M} = \frac{0.44L^q}{B_0} \tag{8.15}$$

如果 t_{mod} 用纳秒表示，B_M 用兆赫表示，则有

$$t_{\text{mod}} = \frac{440}{B_M} = \frac{440L^q}{B_0} \tag{8.16}$$

把式(3.27)、式(8.5)及式(8.16)代入式(8.3)，可以得到总的系统展宽时间为

$$t_{\text{sys}} = \left[t_{tx}^2 + t_{\text{mod}}^2 + t_{\text{GVD}}^2 + t_{rx}^2\right]^{1/2} = \left[t_{tx}^2 + \left(\frac{440L^q}{B_0}\right)^2 + D^2\sigma_\lambda^2 L^2 + \left(\frac{350}{B_e}\right)^2\right]^{1/2} \tag{8.17}$$

式中所有的时间都用纳秒表示，σ_λ 表示光源的半功率谱宽，对于非色散位移光纤，其色散 D[用 ns/(nm·km) 表示]的表达式已由式(3.52)给出；对于色散位移光纤，其表达式则由式(3.54)给出。正如图 3.18 描述的 G.652 单模光纤，在 O 波段色散 D 低于 3.5 ps/(nm·km)，在 1550 nm 处为 17 ps/(nm·km)。对于 G.655 光纤，O 波段的色散取值范围为 $-10\sim -3$ ps/(nm·km)，C 波段的色散取值范围为 $5\sim 10$ ps/(nm·km)。

例 8.3 作为多模链路展宽时间分析的一个例子，这里继续分析 8.1.3 节所讨论的链路。我们假定 LED 及其驱动电路有 15 ns 的展宽时间。采用典型的 40 nm 谱宽的 LED，在 6 km 的链路上可以得到与材料色散相关的 21 ns 展宽时延。假定接收机有 25 MHz 的带宽，则由式(8.5)可得，接收机导致的上升时延为 14 ns。如果选择的光纤的带宽距离积为 400 MHz·km，而且式(8.7)中的 $q = 0.7$，则由式(8.15)得到模式色散引起的光纤展宽时间为 3.9 ns。把这些数值全部代入式(8.17)，则可得到链路的展宽时间为

$$t_{\text{sys}} = \left[t_{tx}^2 + t_{\text{mod}}^2 + t_{\text{GVD}}^2 + t_{rx}^2\right]^{1/2} = \left[(15\text{ ns})^2 + (21\text{ ns})^2 + (3.9\text{ ns})^2 + (14\text{ ns})^2\right]^{1/2}$$
$$= 30\text{ ns}$$

对于 20 Mbps 的 NRZ 数字流，这个结果低于允许的 35 ns 的最高上升时延，器件的选择符合系统的设计标准。

与功率预算的算法相似，在展宽时间预算中，为了记下不同的展宽时间值，一种方便的做法是运用列表法。作为一个例子，仍然以例 8.2 中的 SONET OC-48(2.5 Gbps) 链路加以分析。

例 8.4 假定半导体激光器及其驱动电路的展宽时间为 0.025 ns(25 ps)。采用谱宽为 0.1 nm 的半导体激光器、1550 nm 波段平均色散为 2 ps/(nm·km) 的光纤,对于 60 km 距离总共有 12 ps(0.012 ns)与 GVD 相关的展宽时间。假定基于 InGaAs-APD 的接收机的带宽为 2.5 GHz,则由式(8.5)可得接收机的展宽时间为 0.14 ns。把不同的部分的展宽时间代入式(8.17),即可得到总的展宽时间为 0.14 ns。

在表 8.2 中,第 1 列为器件,第 2 列为相关的展宽时间,第 3 列给出了 2.5 Gbps NRZ 数据流所允许的系统展宽时间预算峰值 0.28 ns,这可以从 $0.7/B_{NRZ}$ 的表达式中算出,这里的 B_{NRZ} 表示 NRZ 信号的比特速率。表格的底部给出了计算所得的 0.14 ns 的系统展宽时间。在这种情况下,系统的展宽时间主要由接收机决定,在本例中它能很好地满足系统的要求。

表 8.2 以表格形式展示各单元对光链路展宽时间预算的贡献示例

器件	展宽时间	展宽时间预算
允许的展宽时间预算		$t_{sys} = 0.7/B_{NRZ} = 0.28$ ns
激光发射机	25 ps	
光纤的 GVD	12 ps	
接收机展宽时间	0.14 ns	
系统展宽时间[见式(8.17)]		0.14 ns

训练题 8.3 一个单模光纤链路,使用 1310 nm 的 F-P 激光二极管,在校园网 6 km 距离内工作。假设在这个距离上工作的链路部件各自上升时间值如下:
1. 激光发射机上升时间 = 0.3 ns。
2. pin 光电接收机上升时间为 0.14 ns。
3. 光纤的色散是 2.0 ps/(nm·km)。
4. 激光二极管谱宽 2.0 nm
   (a) 请证明系统上升时间为 0.33 ns;
   (b) 请证明对于 NRZ 信号最大比特率为 $B_{NRZ} = 2.1$ Gbps。

8.1.5 短波长上的传输

图 8.7 显示了短波段(770~910 nm)LED/pin 系统的无中继传输距离受衰减和色散限制的情况,显然无中继传输距离是数据速率的函数。对于任意的数据速率,BER 都设定为 10^{-9}。数据速率在 200 Mbps 以下时,LED 耦合入光纤的功率都假定为一个恒定的值 −13 dBm。损耗受限曲线是在使用损耗为 3.5 dB/km 的光纤和图 8.4 所示的接收机灵敏度的条件下作出的。对于给定的 BER,接收机所需的最小光功率随着数据速率的提高而增加,因此它的损耗受限曲线向右下滑。连接器 1 dB 的耦合损耗和系统 6 dB 的富余量已经计算在内。

色散的限制作用取决于材料色散和模式色散。800 nm 处的材料色散为 0.07 ns/(nm·km),对于谱宽为 50 nm 的 LED,则为 3.5 ns/(nm·km)。图 8.7 中的曲线代表在没有模式色散时材料色散的限制作用,这个限制是指 t_{mat} 达到一个比特周期的 70% 时所传输的距离。对于带宽距离积为 800 MHz·km 和 $q = 0.7$ 的光纤,其模式色散可以由式(8.15)得到。模式色散的限制则是指 t_{mod} 达到一个比特周期的 70% 时所传输的距离。衰减曲线下面和色散曲线左边,也就是图中画斜线的部分即为可获得的传输距离。数据速率低于 40 Mbps 时,传输距离主要受损耗的限制,速率高于 40 Mbps 时,材料色散成为主要的限制因素。

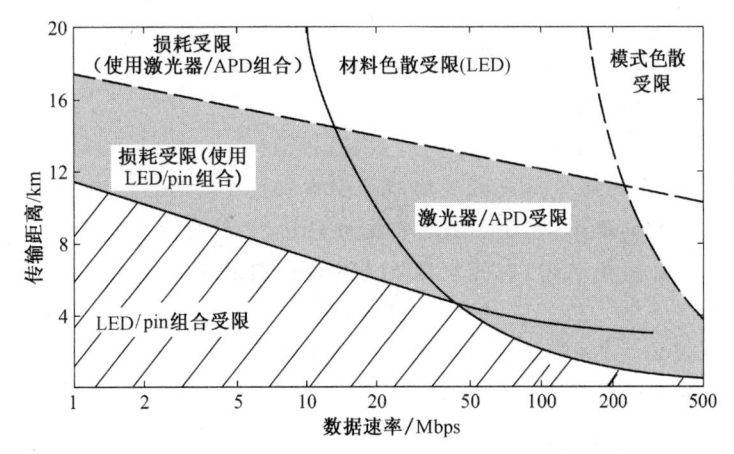

图 8.7 传输距离与数据速率的关系,使用 800 MHz·km 光纤,800 nm LED 与硅 pin 光电二极管以及 850 nm 激光器与硅 APD 组合

如果使用半导体激光器与雪崩光电二极管,则可获得更长的传输距离。以一个 AlGaAs 激光器为例,其谱宽为 1 nm,在 850 nm 处能把 0 dBm(1 mW)的功率耦合进尾纤。接收机可用 APD,其灵敏度列在图 8.4 中,所用光纤则与本节中其他情形相同。这种情况下,材料色散受限曲线位于右边的模式色散受限曲线之下,其损耗受限(包括 8 dB 的系统富余量)曲线如图 8.7 所示。可达到的传输距离包含了图中阴影部分区域。

8.1.6 单模光纤链路的损耗限制

单模光纤链路没有模式色散,因此除损耗因素外,无中继传输距离还受到光纤中光源谱宽色散、偏振模色散和非线性效应的限制。本节将验证单模损耗对无中继传输距离的限制;8.2 节将讲述由色度色散和偏振模色散引起的传输限制。本章中,我们假设入射到光纤的光功率不高于 0 dBm(1 mW),因而信号中的非线性效应可以忽略;第 12 章将讨论由于高光功率产生的非线性效应而导致的信号失真。

例 8.5 为了说明损耗限制无中继传输。假设两段单模光纤链路工作在 1550 nm,基于 pin 和 APD 接收如图 7.11 所示。两条链路器件和表现特性如下:

1. 光源是 DFB 激光器,在 1550 nm 光纤输出功率为 0 dBm;
2. 在 1550 nm 单模光纤的损耗为 0.2 dB/km;
3. 接收机的负载电阻 $R_L = 200\ \Omega$ 且温度为 300 K;
4. 两链路的误码率是 10^{-12},需要 Q 值为 7;
5. InGaAs 的 pin 二极管和 APD 的灵敏度为 0.95 A/W。APD 的增益 $M = 10$,噪声系数 $F(M) = 5$ dB。

请问损耗限制无中继传输的距离是多少?

解:(a)接收机灵敏度曲线如图 7.11 所示。可以推断砷化镓 pin 光电二极管在 1550 nm 的

误码率为 10^{-12}。接收机灵敏度可由直线方程确定 $P_R = 8\log B - 28$ dBm。B 是单位为 Gbps 的数据率。为了获得损耗限制无中继传输距离 L_{pin}，可用式(8.2)加上连接损耗以及 3 dB 的系统富余度。所以

$$L_{pin} = (P_S - P_R - 3\text{ dB})/\alpha = (0\text{ dBm} - 8\log B + 28\text{ dB} - 3\text{ dB})/\alpha$$
$$= (-8\log B + 25)/0.2$$
$$= -40\log B + 125$$

(b) 同样，从图 7.11 的接收机灵敏度曲线可以看到，对于 InGaAs APD，接收机灵敏度可由直线方程确定 $P_R = 5\log B - 38$ dBm，B 是单位为 Gbps 的数据率。用式(8.2)加上连接损耗和 3 dB 系统富余度，因此当用 APD 时损耗限制无中继传输距离 L_{APD} 为

$$L_{APD} = (P_S - P_R - 3\text{ dB})/\alpha = (0\text{ dBm} - 5\log B + 38\text{ dB} - 3\text{ dB})/\alpha$$
$$= (-5\log B + 35)/0.2 = -25\log B + 175$$

损耗限制无中继传输距离 L_{pin} 和 L_{APD} 如图 8.8 所示。

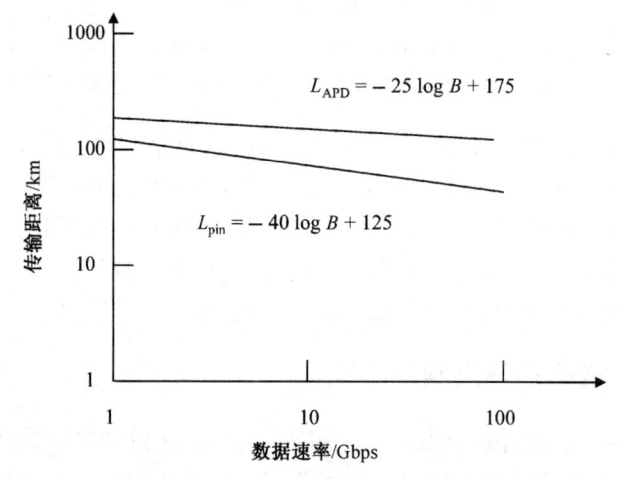

图 8.8 由具有 0 dBm 入纤功率的 1550 nm 激光器，InGaAs pin 二极管和 APD，以及损耗为 0.2 dB/km 单模光纤构成的链路，因损耗而引起的传输距离极限与数据速率的关系

8.2 功率代价

在 8.1 节的分析中，我们假设除了在检测过程中的量子统计特性以外，入射到光检测器上的光功率是一个时间的确定函数。实际上，光纤传输系统里的各种信号损伤会降低链路性能。

当链路中出现各种信号损伤时，相对于理想的接收情况，到达接收机中的光功率电平会降低。与无损伤的情况相比，其结果是链路的信噪比 SNR 下降。SNR 下降，误码率(BER)就会上升，而要保持和理想情况下相同的误码率，必须要求接收机有更高的信号功率。因此，接收到的降低了的信号功率和理想接收功率之比即为功率代价，通常用分贝表示。理想情况和损伤情况下的光功率分别用 P_{ideal} 和 P_{impair} 表示，损伤 x 情况下的功率代价 PP_x 用分贝表示为

$$PP_x = -10\log\frac{P_{impair}}{P_{ideal}} \tag{8.18}$$

某些情况下，可以通过增加接收机中的光功率来减小功率代价，但有些情况下增加功率

电平对功率代价没有影响,如在第 12 章中提到的非线性效应。功率代价主要由色度色散、偏振模色散、模式或散斑噪声、模分配噪声、消光比、波长啁啾、定时抖动、光反射噪声等因素产生,当光纤链路中具有较高的光功率时,非线性效应也会导致一定的功率代价。模式噪声只出现在多模链路中,但是单模链路中其他噪声的影响非常严重。非线性效应将在第 12 章中讲述,本章将介绍上面所有的损伤因素。第 11 章和第 12 章将分别介绍由光放大器和 WDM 信道串扰引起的额外功率代价。

8.2.1 色度色散的功率代价

色度色散源于光纤中不同波长传输信号的速度有微小差别,到达光纤终点的时间略有不同,造成脉冲展宽。如 3.3 节所述,色度色散对于特定波长是一个定值,其单位为 ps/(nm·km)。色散是波长的函数,图 3.18 给出了一些不同标准单模光纤的色散特性。例如,G.652 单模光纤在 1550 nm 处的典型色散值是 $D_{CD} = 18$ ps/(nm·km),G.665 单模光纤在 1550 nm 处的典型色散值是 $D_{CD} = 4$ ps/(nm·km)。

在链路中,总色散会随着距离的增加不断累积,因此设计传输系统时,可以设定系统色散容限,也可以采取色散补偿措施[14-17]。这里对链路性能的色度色散极限给出一个基本判据,即规定色散累积总量与 $T_b = 1/B$ 之比小于 ε,B 是比特率,也就是 $|D_{CD}|L\sigma_\lambda < \varepsilon T_b$,或者

$$|D_{CD}| L B \sigma_\lambda < \varepsilon \tag{8.19}$$

ITU-T G.957 标准和 TGR 的 GR-253 标准,建议 SDH 或 SONET 系统对于 1 dB 的功率代价,色散累积量应该小于 0.306 比特周期[18,19];对于 2 dB 的功率代价则有 $\varepsilon = 0.491$。

当把工作波长换到 1310 nm 时,G.652 光纤的色散 $D_{CD} \approx 6$ ps/(nm·km),对于数据速率为 10 Gbps 的系统,其最大传输距离将会增加到 100 km。然而,1310 nm 处的损耗比 1550 nm 处大,工作在 1310 nm 处将会受到损耗限制。

已经证明,有多种方法可以用于减轻色散产生的码间干扰。首先,采用 G.653 色散位移光纤,可以降低 1550 nm 处的色散系数 D_{CD},但是这种光纤只适用于单波长链路,由于不同波长间的非线性串扰,它不适合 WDM 系统(见第 10 章和第 13 章)。另一种更好的克服色散限制的方法是色散补偿,通过具有和传输光纤中相反色散的色散补偿模块(DCM)实现,通过合理设计色散补偿单元,可以将光传输系统中的总色散量降低到可接受的程度。

例 8.6 色散受限传输距离 L_{CD} 是比特率的函数,在下面三种情况下,G.652 单模光纤在 1550 nm 处的色散受限传输距离 L_{CD} 是多少?令 1550 nm 处的色散值为 $D_{CD} = 18$ ps/(nm·km)。

(a) 谱宽为 $\sigma_\lambda = 1$ nm 的直接调制激光光源。
(b) 谱宽为 $\sigma_\lambda = 0.2$ nm 的直接调制激光光源。
(c) 谱宽和调制带宽同量级、外调制单纵模(SLM)DFB 激光光源。

解:选择 NRZ 码数据格式,其最大允许色散脉冲标准为:在 2 dB 功率代价时小于或等于 0.491 个比特周期(1/B)。因此,需满足条件 $D_{CD}BL_{CD}\sigma_\lambda \leq 0.491$。

(a) 计算比特率距离积,其中 B 的单位为 Gbps,得到

$$BL_{CD} \leq \frac{0.491}{D_{CD}\sigma_\lambda} = \frac{0.491}{[18 \text{ ps/(nm·km)}] \times 1 \text{ nm}} = 27 \text{ Gbps·km}$$

可见谱宽对传输距离是重要的限制,色散受限无中继传输距离 L_{CD} 与比特率的关系如图 8.9 所示。

(b) 计算比特率距离积，其中 B 的单位为 Gbps。

$$BL_{CD} \leq \frac{0.491}{D_{CD}\sigma_\lambda} = \frac{0.491}{[18 \text{ ps/(nm·km)}] \times 0.2 \text{ nm}}$$

$$= 135 \text{ Gbps·km}$$

当谱宽压缩至 0.2 nm 时，其传输距离得到提升，但对于高速长距离光通信系统还是不够的。如图 8.9 所示，色散受限无中继传输距离 L_{CD} 仍是比特率的函数。

(c) 当使用外调制时，信号的谱宽和比特率成正比。例如，利用关系 $\Delta f = B$，10 Gbps 的外调制信号其谱宽为 $\Delta f = 10$ GHz。从最基本的公式 $c = f\lambda$，这种特定的谱宽可以用波长表示为 $\Delta\lambda = (c/f^2)\Delta f = (\lambda^2/c)\Delta f$。将 $\sigma_\lambda = \Delta\lambda = (\lambda^2/c)B$ 代入式 (8.19)，对于 2 dB 功率代价得到

$$D_{CD}B^2L_{CD}\lambda^2/c \leq 0.491$$

把 1550 nm 处的参数 $D_{CD} = 18$ ps/(nm·km) 代入，得到

$$B^2L_{CD} \leq 3406(\text{Gbps})^2 \cdot \text{km}$$

因此，G.652 光纤在 1550 nm 处，当 $B = 2.5$ Gbps 时传输距离限制在 545 km 以内，当 $B = 10$ Gbps 时传输距离限制在 34 km 以内。这种情况下，色散受限无中继传输距离 L_{CD} 是比特率的函数，如图 8.9 所示。

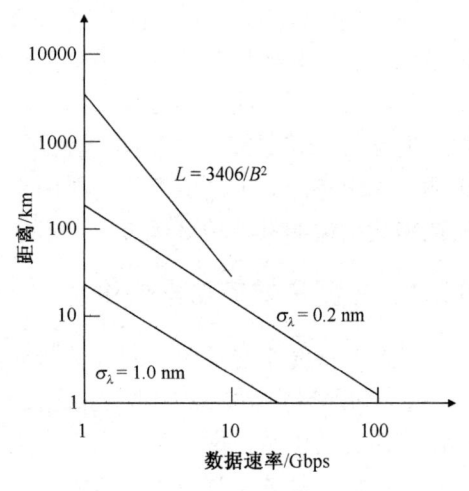

图 8.9 两种不同色散和不同谱宽光源的色散限制

训练题 8.4 改变条件为：当 1 dB 功率代价允许的最大脉冲色散要求 $D_{CD}\sigma_\lambda L_{CD}$ 乘积小于等于比特周期 $1/B$ 的 0.306，重复练习例 8.6。

答案：(a) $B \cdot L_{CD} \leq 17$ Gbps·km；
(b) 85 Gbps·km；
(c) $B^2 \cdot L_{CD} \leq 2123 (\text{Gbps})^2 \cdot \text{km}$。

8.2.2 偏振模色散 (PMD) 的功率代价

如 3.2 节所述，偏振模色散 (PMD) 的产生是由单模光纤中给定波长处的光信号能量占有两个正交极化状态或模式，图 3.12 解释了这种情形。由于光纤存在双折射，这两个正交极化模式的传输速度有微小的差别，从而产生 PMD。两正交极化模式间的传输时间差将会导致信号脉冲展宽，PMD 影响不易克服，对于 10 Gbps 或者速率更高的链路，影响更为严重。

在光纤中，PMD 不是一个常量，在温度和应力变化时会随时间波动[20-22]。当外部应力随着时间缓慢变化时，PMD 也缓慢起伏波动。PMD 与距离的平方根成比例，其单位为 ps/$\sqrt{\text{km}}$。光纤典型的 PMD 值为 $D_{PMD} = 0.05$ ps/$\sqrt{\text{km}}$，在成缆过程中该值会增加。在地下管道或楼道内光缆的 PMD 值起伏不是很大，但是对于野外的架空光缆，其 PMD 值会周期性地增加超过 1 ps/$\sqrt{\text{km}}$，因为这种光缆面临着很大的温度变化、风生应力和冰负载引起的拉伸。

为了使功率代价低于 1 dB, 偏振模色散引起的平均脉冲展宽 $\Delta\tau_{PMD}$ 必须小于一个比特周期 T_b 的 10%, 利用式(3.40), 这条件可表示为

$$\Delta\tau_{PMD} = D_{PMD}\sqrt{L} < 0.1 T_b \tag{8.20}$$

例 8.7 一根 100 km 长的光纤, 其偏振模色散 $D_{PMD} = 0.5$ ps/$\sqrt{km}$, 如果脉冲展宽小于脉冲宽度的 10%, NRZ 码信号的最大可能数据速率为多少?

解: 根据式(8.20), 100 km 长的光纤的脉冲展宽为 $\Delta\tau_{PMD} = 5.0$ ps。由于此脉冲展宽应小于脉冲宽度的 10%, 得到

$$\Delta\tau_{PMD} = 5.0 \text{ ps} \leqslant 0.1 T_b$$

因此, 最大 NRZ 比特率为 $1/T_b = 0.1/(5 \text{ ps}) = 20$ Gbps。

8.2.3 消光比功率代价

激光器的消光比 r_e 定义为: 发送逻辑 1 的光功率 P_1 和发送逻辑 0 的光功率 P_0 之比, 即 $r_e = P_1/P_0$。理想情况下, 消光比为无穷, 这种条件下便没有功率代价。在这种情况下, 如果平均功率为 P_{ave}, 则 $P_0 = 0$ 而 $P_1 = 2P_{ave} = P_{ideal}$。但是在实际系统中, 为了减少激光脉冲的上升时间, 消光比必须为有限值。

令 $P_{1\text{-}ER}$ 和 $P_{0\text{-}ER}$ 分别为 1 和 0 的功率电平, 非零消光比则定义为 $r_e = P_{1\text{-}ER}/P_{0\text{-}ER}$, 平均功率则为

$$P_{ave} = \frac{P_{1\text{-}ER} + P_{0\text{-}ER}}{2} = P_{0\text{-}ER}\frac{r_e + 1}{2} = P_{1\text{-}ER}\frac{r_e + 1}{2r_e} \tag{8.21}$$

当接收机以热噪声为主时, 1 和 0 噪声功率相等并独立于信号电平。这种情况下, 令 $P_0 = 0$ 而 $P_1 = 2P_{ave}$, 式(8.18)给出的功率代价变为

$$PP_{ER} = -10\log\frac{P_{1\text{-}ER} - P_{0\text{-}ER}}{P_1} = -10\log\frac{r_e - 1}{r_e + 1} \tag{8.22}$$

实际上, 光接收机的消光比范围为 7~10(8.5~10 dB), 功率代价范围为 1.25~0.87 dB。为了使功率代价低于 0.5 dB, 需要的消光比为 18。注意到由于消光比的降低, 功率代价会显著增加。

训练题 8.5 (a)请证明消光比为 $r_e = 8$ 的功率代价为 1.09 dB; (b)请证明消光比为 18 时需要的功率代价小于 0.5 dB。

8.2.4 模式噪声功率代价

相干激光器的光耦合到多模光纤中时, 能激发许多光纤传播模式[23, 24]。只要这些模式的相对相位保持相干, 在光纤末端(或光纤中的任一点)的辐射会呈现出散斑图样, 这是给定平面内传播模式的相加干涉和相消干涉的结果。图 8.10 便是一个例子, 图样斑纹的数量接近于传播模式的数量。当光在光纤中传播时, 模式损耗的叠加、模式间的相位改变、光纤内模式能量分配的起伏都会改变模式干涉情况, 产生不同的散斑图。当链路中出现基于散斑图的损耗时, 就会随之产生模式噪声或散斑噪声。这类损耗的例子有熔接头、连接器、微弯和光检测器光敏面上的响应度不均匀等。当散斑图随着时间改变时便产生噪声, 进而改变在特定损

耗元件中传输的光功率。因此，在接收信号时，光检测器中持续改变的散斑图会产生随时间而改变的噪声，这会降低接收机的性能。

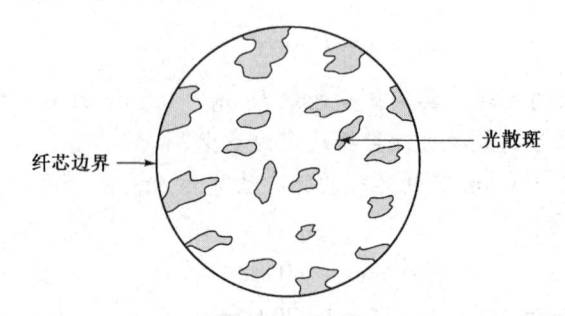

图 8.10　将相干激光束耦合进多模光纤产生散斑的例子

某一个模式对之间的干涉产生正弦脉动，从而导致模式失真，其脉动频率为

$$\nu = \delta T \frac{\mathrm{d}\nu_{\text{source}}}{\mathrm{d}t} \tag{8.23}$$

其中 $\mathrm{d}\nu_{\text{source}}/\mathrm{d}t$ 是光频的变化率。

使用激光器的高速多模光纤链路的性能很难估算，这是因为模式噪声影响的大小在很大程度上取决于特定的铺设方式。所以，最好的办法就是逐项消除它，对此可以采用下列办法：

1. 使用 LED 光源（非相干光源），可以避免模式噪声；
2. 使用多纵模（10 个或更多）激光器，这将增加斑纹图样的粒状性，从而降低链路中因机械干扰而引起的光强度起伏；
3. 使用数值孔径较大的光纤，因为它支持很多模式，从而导致斑纹数目很多；
4. 使用单模光纤，因为它只支持一个模式，于是就不存在模式之间的相互干涉。

8.2.5　模分配噪声引起的功率代价

模分配噪声是与多模半导体激光器中纵模的强度起伏相联系的[25]，这是因为激光器边模未能被有效地抑制。当使用如 FP 激光器等多模器件时，模分配噪声是单模光纤中最主要的噪声源。即使其总的输出光强不变，多模激光器的各个模式都会发生强度起伏，如图 8.11 所示。无论是在单个脉冲内部或是在脉冲与脉冲之间，功率分布都可能发生显著的变化。

因为半导体激光器的发射具有很强的方向性，这些强度起伏的模式所携带的光功率以很高的效率耦合进入光纤，加之由于模式之间有小的

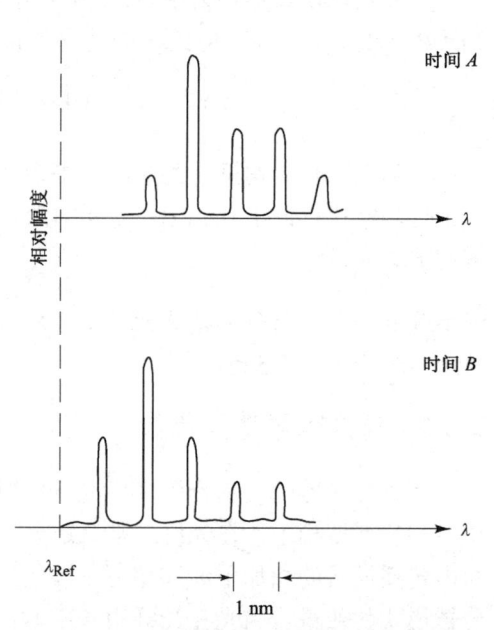

图 8.11　激光器的时变动态光谱，不同时刻激光器的输出取决于不同的模式或模式组，模式间隔大约 1 nm

波长差，于是每种纵模进入光纤后将有不同的损耗和时延。如果主模式的功率起伏很大而且光纤具有高色散，则在系统接收端收到的信号电平就会有明显的变化。

由模分配噪声导致的信噪比是与信号功率无关的，因此整个系统的差错率控制难以突破这种噪声的限制。这是它与由光纤的色度色散引起的接收机灵敏度劣化之间的一个很重要的区别，而后者可以用提高信号功率的方法加以补偿。

由激光器模分配噪声导致的以分贝为单位的功率代价可近似表示为[26]

$$\text{PP}_{\text{mpn}} = -5\frac{x+2}{x+1}\log\left[1 - \frac{k^2 Q^2}{2}(\pi \, BLD_{\text{CD}}\,\sigma_\lambda)^4\right] \tag{8.24}$$

式中，x 是 APD 的过剩噪声因子，Q 是信噪比因子（见图 7.9），B 是以吉比特每秒为单位的比特速率，L 是以千米为单位的光纤长度，D_{CD} 是单位为 ps/(nm·km) 的色度色散系数，σ_λ 是以纳米为单位的光源均方根谱宽，k 是模分配噪声因子。参数 k 的精确值很难确定，对于不同的激光器，其值在 0～1 之间变化，一般可以使用 0.6～0.8 的经验值。为使功率代价小于 0.5 dB，一个好的传输系统应满足 $BLD_{\text{CD}}\sigma_\lambda < 0.1$。

模分配噪声的影响在高比特率的系统中表现得更为明显。有一种办法可以使模分配噪声导致的误码减小甚至消除，这就是使激光器的偏置点略高于阈值。然而提高偏置功率电平又会降低可用的信号脉冲功率，致使热噪声导致的信噪比下降。

8.2.6 啁啾引起的功率代价

单纵模激光器在 CW 工作模式下，当以速率 2.5 Gbps 直接调制注入电流时会发生动态的谱线展宽[27-29]，直接调制导致了载流子浓度的变化，伴随发生的谱线展宽称为频率"啁啾"。当发射波长不等于光纤的零色散波长时，激光器的啁啾可能会使强度调制后的光脉冲发生严重的色散效应。这对于工作波长为 1550 nm 的系统特别严重，因为在典型的 G.652 非色散位移光纤中，1550 nm 系统的色散要远大于 1300 nm 系统。

作为一个很好的近似，与时间相关的激光频率偏移 $\Delta v(t)$ 可以用输出光功率 $P(t)$ 表示为[27]

$$\Delta v(t) = \frac{-\alpha}{4\pi}\left[\frac{d}{dt}\ln P(t) + \kappa P(t)\right] \tag{8.25}$$

其中 α 是线宽展宽因子，κ 是一个与频率无关的因子，它取决于激光器的结构。对于 AlGaAs 激光器，因子 α 的取值范围是 −3.5～−5.5，而对于 InGaAsP 激光器，α 值在 −6～−8 之间。

当激光器的啁啾效应很小时，接收眼图的闭合参数 Δ 可以近似表示为

$$\Delta = \left(\frac{4}{3}\pi^2 - 8\right) t_{\text{chirp}}\, DLB^2 \delta\lambda \left[1 + \frac{2}{3}(DL\delta\lambda - t_{\text{chirp}})\right] \tag{8.26}$$

式中，t_{chirp} 是啁啾持续时间，B 是比特率，D 是光纤色度色散系数，L 是光纤长度，$\delta\lambda$ 是啁啾引入的波长漂移。

对于 APD 系统的功率代价，可以用信号幅度减小导致的信噪比降低来估算，即

$$\text{PP}_{\text{chirp}} = -10\frac{x+2}{x+1}\log(1 - \Delta) \tag{8.27}$$

其中 x 是 APD 的过剩噪声因子。

使啁啾最小化的方法是增加激光器的偏置电平，使调制电流不会以低于阈值的大小驱动它，此时 $\ln P$ 和 P 会迅速改变。然而，这会引起较低的消光比，导致接收机由于信号与背景

噪声之间的信噪比降低而产生消光比功率代价。

然而，运行在 2.5 Gbps 以上速率的现有系统现在使用 4.3.9 节中描述的外部调制技术。这些外部调制器可进行标准的小型化电子封装，与激光二极管集成在一起。

8.2.7 反射噪声引起的链路不稳定

光在光纤链路中传输时，在折射率不连续处，例如熔接点、耦合器、滤波器以及连接器的空气玻璃界面都会发生反射。反射光信号对发射机及接收机都会造成性能劣化。在高速系统中，反射引起的光反馈会造成激光器输出不稳定。这种不稳定性表现为输出激光的强度噪声(输出光功率的波动)、抖动(脉冲畸变)或者相位噪声，以及改变输出激光的波长、线宽及阈值电流。这些效应使信噪比降低，导致两种类型的接收机灵敏度功率代价。其一，由链路多个反射点形成的干涉谐振腔将光能量反馈给激光器谐振腔，将相位噪声转换成强度噪声，如图 8.12(a)所示；其二，由于光的多径效应，一些假信号以不同时延到达接收端，产生码间串扰，图 8.12(b)给出了说明。

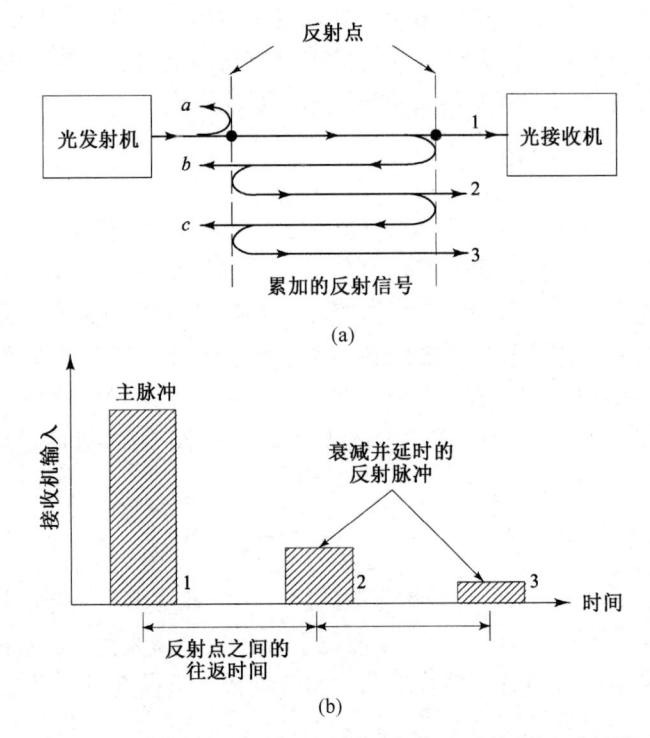

图 8.12 (a)光纤链路的折射率不连续引起多次反射；(b)反射脉冲的每一次往返都会产生强度递减的时延信号，引起码间串扰

遗憾的是，这种效应与信号有关，因此增加发送或接收光功率并不能改进误码性能，因此必须寻找消除反射的方法。首先看看光纤中反射幅度，从式(5.10)可以得到，石英光纤与空气界面反射率典型值为

$$R = \left(\frac{1.47 - 1.00}{1.47 + 1.00}\right)^2 = 3.6\%$$

这相当于对入射光产生下降 14.4 dB 的回波损耗。抛光端面会产生层折射率为 1.6 的薄层，使

反射率增加为 5.3%(回波损耗为 12.7 dB)。当反射点之间的距离等于发射波长的半波长整数倍时，光反射将进一步增加。当所有回路距离等于同相位波长的整数倍时，就会出现相长干涉现象。这将使反射率增长 4 倍，对于未抛光端面，其反射率为 14%或产生 8.5 dB 的回波损耗，而抛光端面反射率将超过 22%(回波损耗为 6.6 dB)。

将回波损耗控制在−15～−32 dB 以下，相应的功率代价能够降低数十分贝。下面这些方法能够降低光反馈。

1. 将光纤端面设计为曲面或者是相对激光出射面成一定的角度。这样反射光就会偏离光纤轴线，不会再进入波导中。端面角度为 5°～15°时，回波损耗达 45 dB 或更高。但是，这种方法增加了插损及连接头的复杂度。
2. 在空气玻璃界面处使用折射率匹配的润滑油或凝胶。使用这种方法的回波损耗通常大于 30 dB。但是，如果连接头经常插拔，接口处容易聚集污染物，一般不推荐使用这种方法。
3. 采用端面直接物理接触的连接器(所谓的 PC 连接器)，这种连接器的回波损耗值为 25～40 dB。
4. 激光器发送模块内使用光隔离器。这种方法回波损耗很容易达到 25 dB，但是也会在链路中引入了高达 1 dB 的前向损耗。

训练题 8.6 一个折射率为 3.6 的砷化镓光源耦合到纤芯折射率为 1.48 的光纤，请证明入射到材料表面的光回波损耗小于 7.59 dB(相对于信号功率电平的下降值)(见 5.1 节)。

8.3 差错检测和控制

在任何数字传输系统中，即使信噪比足够高，误码还是可能发生。用户的需要决定了一定大小的误码率能否被接受。例如，数字音频或视频可以接受偶然的高误码率，但是诸如金融数据传输等应用则要求近似完全无误码。在这种情况下，网络传输协议必须补偿期望的误码率和实际误码率之间的差异。

为了控制误码，提高通信线路的可靠性，首先要能够检测误码，然后纠正误码或者重新发送数据。误码检测方法是将信息流编码为特定的序列，如果接收数据中的一些区段扰乱了这个序列，就发生了误码。8.3.1 节至 8.3.3 节将阐述检错原理及一些常用的检错方法。

自动请求重发(ARQ)和前向纠错(FEC)是两种基本的纠错方法[7, 30-32]。ARQ 方法已经在实际应用中使用多年，如使用电话线路的计算机通信及因特网的数据传输。如图 8.13 所示，ARQ 方法是在发送端及接收端建立反馈信道，一旦接收端检测到误码，即请求发送端重传数据。因为每次重传都会增加至少往返一次的延迟时间，对于数据必须在一定时间内到达才能有用的应用程序，ARQ 可能不可行。在需要低延迟的高带宽光网络中，前向纠错则避免了ARQ 的缺点。FEC 法中，冗余信息与初始信息一同传输。如果初始数据丢失或在接收端产生了误码，则可用冗余信息来修复错误比特。8.3.4 节给出了用于 FEC 的 RS 码(里德–所罗门码)概要。

```
信息源 → 发送控制器 → 编码器 →(传输线)→ 译码器 → 接收控制器 → 用户
                    ←──────── 反馈信道 ────────
```

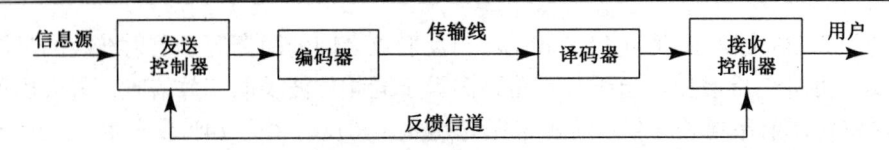

图 8.13　自动请求重发(ARQ)纠错方法的基本原理

8.3.1　误码检测概念

数据流中的误码可以归类为单比特误码和突发误码。顾名思义,单比特误码是指一个数据单元中(如一个字节,码字,一个数据分组或者一帧)只有一个比特从 1 变成 0,反之亦然。因为大多数产生误码的噪声作用持续时间超过一个比特周期,单比特误码在典型传输系统中并不多见。

突发误码是指在一个数据单元中误码数多于一个比特。因为噪声突发持续时间超过几个比特周期,这类误码在典型传输系统中较常见。突发误码并不一定会改变包含错误的数据段中的每个比特。突发误码的长度指从第一个错误比特到最后一个错误比特,如图 8.14 所示。这一区段中并不是所有比特都有误码。

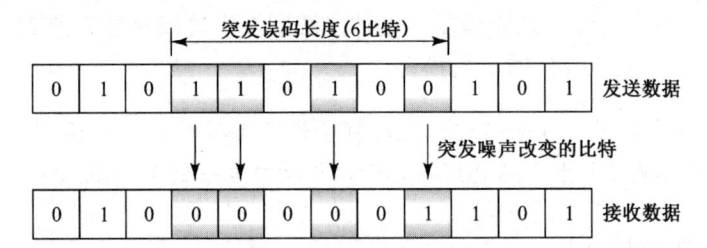

```
        ←── 突发误码长度(6比特) ──→
    0 1 0 1 1 0 1 0 0 1 0 1    发送数据
          ↓ ↓   ↓   ↓
                      突发噪声改变的比特
    0 1 0 0 0 0 0 0 0 1 1 0 1    接收数据
```

图 8.14　突发误码长度是指从第一个错误比特到最后一个错误比特

误码检测的基本原理很简单。在进入传输信道前,发送端发出的数据经过编码,形成特定的序列或特定码字集合。接收端校验接收到的数据,以确认序列正确。如果接收到的数据中一些区段与预期的序列不一致,那么这一区段中就有误码产生。

例 8.8　受突发误码影响的比特数与数据速率及突发噪声持续时间有关。如果突发噪声持续时间为 1 ms,那么对于 10 kbps 的速率其误码区段为 10 比特,而 10 Mbps 的速率误码区段则为 10 000 比特。

8.3.2　线性检错码

单奇偶校验编码是最简单的检错方法,其码字由 k 个信息位加上一个校验位组成。如果 k 个信息比特中包含奇数个 1,那么校验位为 1,否则为 0。这一编码方法使得码字中肯定包含偶数个 1,称为偶校验。起检验作用的比特位称为校验位。因此,单奇偶校验码能检测码字中奇数个误码。但是,如果接收码字中包含偶数个误码,则这种方法失效。之所以将单奇偶校验码称为线性码,是因为校验位 b_{k+1} 由 k 个信息位模 2 加计算得出,即

$$b_{k+1} = b_1 + b_2 + \cdots + b_k \bmod 2 \tag{8.28}$$

式中 $b_1, b_2, \cdots, b_k$ 指信息位。

另一种更通用线性码称为二进制线性码,它具有更强的检错能力。其码字由 k 个信息位

加上 $n-k$ 个校验位组成,因此码字长度为 n,记为 (n, k)。例如 $(7, 4)$ 线性汉明码,码字的前四位 b_1, b_2, b_3, b_4 是信息位,剩下的三位 b_5, b_6, b_7 是校验位。在众多汉明码中,这一特定码字能够检测到所有单个和两个误码,但检测不到三个。

8.3.3 多项式码的误码检测

因为可以用移位寄存器简单地实现,多项式码被广泛地用于误码检测。多项式码的称谓源自于数据位、码字以及误码向量分别由带有二进制系数的多项式来表示。如果发送的码字为 n 位,那么误码向量定义为 $(e_1, e_2, \cdots, e_n)$,当发送数据的第 j 位出现误码时 $e_j = 1$,否则 $e_j = 0$。因为校验位是通过循环冗余校验(CRC)的方式产生的,所以多项式码也称为 CRC 码。

循环冗余校验码建立在数据分组的数据位与冗余位的二进制相除基础上。图 8.15 列出了基本的 CRC 码产生过程。

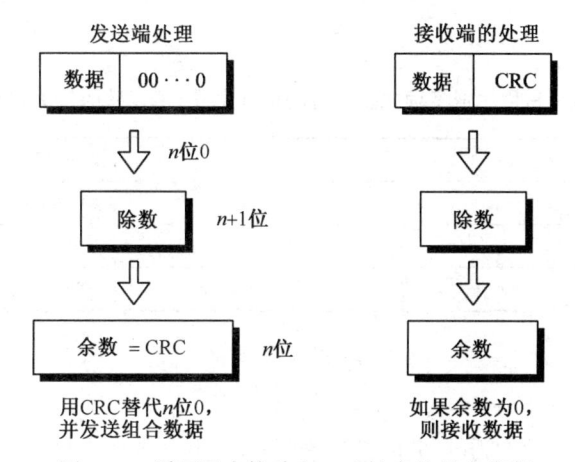

图 8.15 循环冗余校验(CRC)技术的基本流程

- 第 1 步:在发送端,将 n 位 0 序列串添加到数据单元中,这 n 位序列将起到误码检测的作用。例如,数据单元可能是一个数据分组(数据位加上路由位及控制位)。冗余比特的特征是这样的组合(数据分组加上冗余位)能被一个确定的二进制数整除。
- 第 2 步:将新扩充的数据单元用已知的除数进行二进制除。如果添加到数据单元的位数是 n,那么除数的位数就是 $n+1$。相除得到的余数称为 CRC 余数或简称为 CRC,其位数为 n。例如,如果 $n=3$,那么余数可能是 101。注意,如果两数能够整除,则余数可以是 000。
- 第 3 步:用 n 位 CRC 代替第 1 步中添加到数据单元的 n 位 0 序列串,然后将新组合的数据通过传输信道发送出去。
- 第 4 步:当数据单元及添加的 CRC 到达接收端时,接收端用产生 CRC 码的相同除数去除接收到的组合数据单元。
- 第 5 步:如果没有余数,表明数据单元中没有误码,数据被接收。有余数则表明在传输过程中一些数据位产生了误码,数据单元将被拒绝接收。

CRC 码生成器通常用带有二进制系数的代数多项式来代替 1、0 序列串。这样便于识别并且能够更好地进行除法运算。表 8.3 列出了几个常用的多项式及对应的用来生成 CRC 码的二进制序列[31, 32]，分别被命名为 CRC-8，CRC-16，CRC-32 以及 CRC-64 码。数字 8，16，32 及 64 指 CRC 余数的位数。其对应的 CRC 除数分别为 9，17，33 及 65 位。前两种生成多项式用于异步传输模式(ATM)网络中，而 CRC-32 用于 IEEE-802 LAN 中。CRC-16 用于面向比特的协议，如高级数据链路控制(High-level Data Link Control，HDLC)标准，在这个协议中，数据帧被看成是比特的集合。

生成多项式需满足以下特性：

- 不能被 x 整除，这一条件保证了 CRC 码能够检测到所有长度小于或等于多项式级数的突发误码。
- 能被 $x+1$ 整除，这使得 CRC 能检测所有奇数个错误的突发误码。

鉴于以上两点，能够得到 CRC 码检测长度大于多项式级数 N 的突发误码的概率为

$$P_{ed} = 1 - 1/2^N \qquad (8.29)$$

表 8.3 常用生成多项式及对应的用来生成 CRC 码的二进制序列

CRC 类型	生成多项式	二进制序列
CRC-8	$x^8 + x^2 + x + 1$	100000111
CRC-16	$x^{16} + x^{15} + x^2 + 1$	11000000000000101
CRC-32	$x^{32} + x^{26} + x^{23} + x^{22} + x^{16} + x^{12} + x^{11} + x^{10} + x^8 + x^7 + x^5 + x^4 + x^2 + x + 1$	100000100110000010001110110110111

例 8.9 生成多项式 $x^7 + x^5 + x^2 + x + 1$ 可以写成下面的形式

$$1 \times x^7 + 0 \times x^6 + 1 \times x^5 + 0 \times x^4 + 0 \times x^3 + 1 \times x^2 + 1 \times x^1 + 1 \times x^0$$

这里变量 x 的指数代表二进制序列中比特所在的位置而系数表示这一位置上的二进制数。因此与所给多项式对应的 8 位二进制序列为 10100111。

例 8.10 生成多项式 $x^3 + x + 1$ 写成二进制序列为 1011。对于信息单元 11110，可以采用上述步骤 1 到 3 通过二进制或多项式除法来获得 CRC 码。因为除数有 4 位，需在数据位后添加 3 位 0 进行二进制计算。图 8.16 给出了多项式除法和二进制除法两种不同的计算过程。多项式除法余数为 $x^2 + 1$，与二进制除法中得到的余数 101 相同。那么信息单元加上 CRC 生成的发送数据为 11110101。注意，在进行二进制除法时，如果余数最左位是 0，则必须用 0000 作为除数，而不再是 1011。

训练题 8.7 (a)请证明多项式 $x^8 + x^6 + x^4 + x + 1$ 的等价二进制序列是 101010011；(b)请证明二进制序列 10101011110101101 对应的多项式是 $x^{16} + x^{14} + x^{12} + x^{10} + x^9 + x^8 + x^7 + x^5 + x^3 + x^2 + 1$。

例 8.11 表 8.3 列出的 CRC-32 码级数为 32。它能够检测到所有影响奇数位的突发误码，所有长度小于或等于 32 位的突发误码，从式(8.29)还可以得到，检测到长度大于或等于 32 位的突发误码的概率为 99.99%。

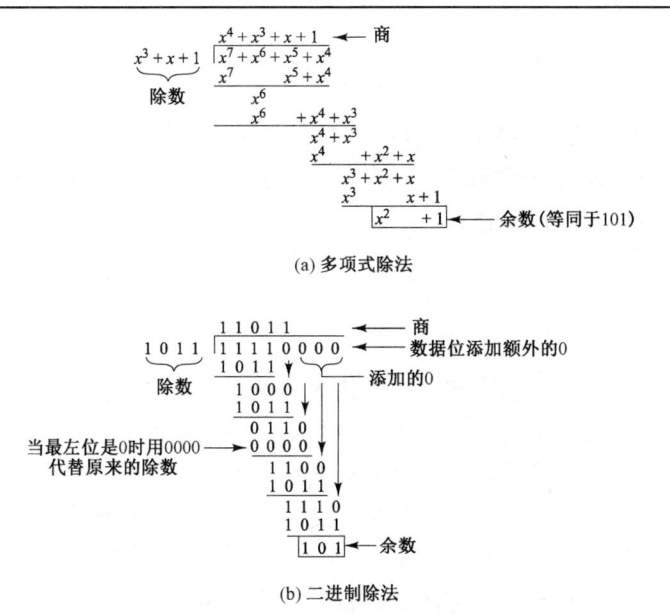

$$\begin{array}{r} x^4+x^3+x+1 \\ x^3+x+1 \overline{\smash{\big)}\, x^7+x^6+x^5+x^4} \\ \underline{x^7+x^5+x^4} \\ x^6 \\ \underline{x^6+x^4+x^3} \\ x^4+x^3 \\ \underline{x^4+x^2+x} \\ x^3+x^2+x \\ \underline{x^3+x+1} \\ x^2+1 \end{array}$$

(a) 多项式除法

(b) 二进制除法

图 8.16 使用多项式除法及二进制除法得到 CRC 码的两种不同计算过程

8.3.4 利用冗余位纠错

在数据中添加冗余位可以实现纠错功能。这种方法是在发送端将冗余位通过常规逻辑计算添加到初始数据并在接收端提取数据。这些冗余数据本身不包含信息，但可在接收端检测并能对信息位进行一定程度的纠错。数据无误码传输等级与引入的冗余位的数量有关。注意，包括冗余数据在内的数据速率必须小于或等于信道容量。

为减少误码而由发送端在数据信息中添加冗余位的方法称为前向纠错法。通常添加的冗余数据位数较小，FEC 法并没有占用太多的额外带宽，因此其效率仍然很高。循环码是最常用的纠错码，如里德–所罗门码（RS 码）。这种码是将 r 个冗余字符添加到 k 个信息字符中，其中每个字符的长度为 s 位，如 $s=8$。记为 (n, k)，n 等于 k 个初始信息字符长度与 r 个冗余字符长度之和。如果字符给定大小为 s，RS 码字的最大长度为 $n=2^s-1$。

例 8.12 $(255, 239)$RS 码用于海底高速光纤链路通信，这里 $s=8$（1 字节）。每发送 239 字节的信息块，同时发送的冗余数据为 $r=n-k=255-239=16$。16 个冗余字节相对于信息字节来说，开销不到 7%。

里德–所罗门译码器最多能纠正 t 个字符的误码，这里 $2t=n-k$。例如 $(255, 239)$RS 码在 239 字节中能够纠正 8 字节的错误。字符错误是指其中的一个或多个比特发生错误。因此被纠正的比特数与错误的分布有关。如果误码字节仅有一个错误比特，那么这种情况下 $(255, 239)$RS 码纠正的比特数为 8。在一些极端情况中，如果每一个误码字节的所有比特都发生了误码，那么 $(255, 239)$RS 码纠正的比特数为 $8\times 8=64$。从这也可看出，RS 码的一个重要特点是能够纠正突发误码，即接收端收到的字节相继发生误码的情况。

里德–所罗门码的另一个优点是，在达到相同的 BER 时，采用 RS 码的发送功率可以比不采用编码的更低。所节约的能量称为编码增益。$(255, 239)$RS 码的编码增益约为 6 dB。级联里德–所罗门码（几个码相继使用）的编码增益更高。

当前地面及海底高速光通信系统使用了多种不同的 RS 码。例如，作为 G.709 数字封装技术建议的一部分，ITU-T 选用了 (255, 239) 和 (255, 223) 里德–所罗门码[33-35]。相对于 (255, 239) 码，(255, 223) 码的开销更大(15%)，但是其功能更强，可在 223 字节中纠正 16 个错误。数字封装技术使用了与 SDH 和 SONET 相同的误码监测方法。编码性能优劣的衡量标准包括接收码流中码字的破坏程度、误码秒数、严重误码秒数以及服务不可用总秒数。

8.4 相干检测

第 7 章介绍了光接收机的基本知识，结构简单及低成本是主要考虑因素，所以发送端采用输入信号电压对光强线性调制。接收端光检测器只对光功率大小(光强)响应，系统不涉及光载波的频率或相位，光检测器将光功率波动变换为初始电信号形式。这就是所谓的强度调制直接检测(IMDD)方法。从这个意义上说，直接检测光通信系统与早期的晶体收音机检测广播信号相似。虽然 IMDD 方法简单且廉价，但是其灵敏度受限于光检测器和接收机前端放大器噪声。这种噪声以平方律形式劣化 IMDD 传输系统的接收灵敏度，比量子噪声极限灵敏度要低 10~20 dB。

1978 年前后，光器件研究人员对半导体激光器的谱纯度及频率稳定度进行了卓有成效的改善，使得光信号零差和外差检测成为可能。因为实现过程中与光载波的相位相干性有关，采用零差或外差检测的光通信系统称为相干光通信系统。与微波无线电系统类似，相干检测技术中，信息加载过程可以通过对光的幅度、频率或相位调制实现[36-39]。

20 世纪 80 年代到 90 年代早期，相干检测技术作为长距离链路中增加传输距离的一种方法得到了广泛的验证。然而，光放大器的出现使基于 OOK 的多波长系统的传输距离大幅度增加，人们对相干检测系统的研究兴趣降低了。所幸的是，对相干技术的研究并未终止，十年之后数据传输速率已达到并超过 10 Gbps，人们又对相干技术研究产生了兴趣。这是因为相对于直接检测，相干技术的频谱利用率更高，并且对色度色散和偏振模色散的容限更宽。

8.4.1 基本概念

图 8.17 给出了相干光通信系统的基本结构。相干检测技术关键点是将接收到的光信号与本地产生的 CW 光波混频，以产生混频增益。混频意味着两个频率分别为 ω_1，ω_2 波合并后，会出现其他频率如 $2\omega_1$，$2\omega_2$ 及 $\omega_1 \pm \omega_2$。对于相干光通信系统，除了 $\omega_1 - \omega_2$ 外其他频率分量都被接收端滤除掉。用来产生本地连续光波信号的是一个窄线宽激光器，称为本地振荡器(LO)。混频过程使得接收端的噪声主要来自本地振荡器的散粒噪声。这意味着接收端灵敏度受限于散粒噪声影响。

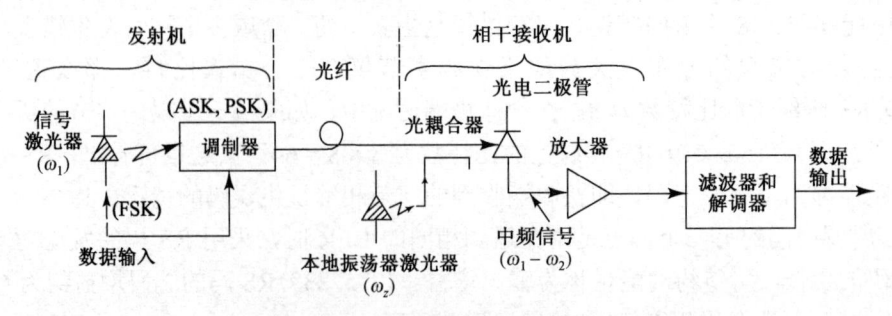

图 8.17 相干光通信系统的基本结构图

第8章 数字光纤链路

为理解混频提高相干接收机性能的基本原理,这里简单假设发送的光信号为平面波,其电场强度为

$$E_s = A_s \cos[\omega_s t + \varphi_s(t)] \tag{8.30}$$

式中,A_s 是光信号幅度,ω_s 是光载波频率,$\varphi_s(t)$ 是光信号相位。为发送信息,可以调制光载波的幅度、频率或相位。实际应用中可以采用以下三种调制方式中的一种。

1. 幅移键控(ASK)或开关键控(OOK)。此时,φ_s 为常量,信号幅度 A_s 在每个比特周期中的值为两个可能值中的一个,这与发送的数据是 0 还是 1 有关。
2. 频移键控(FSK)。对于 FSK 调制,幅度 A_s 为常量,$\varphi_s(t)$ 为 $\omega_1 t$ 或 $\omega_2 t$,频率 ω_1,ω_2 分别代表二进制信号的两个值。
3. 相移键控(PSK)。PSK 方法中,信息由相位变化的正弦波 $\varphi_s(t) = \beta \sin\omega_m t$ 携带,β 是调制指数,ω_m 是调制频率。

在直接检测系统中,光源的功率受发送端输入的电信号幅度调制。因此光功率与信号电流大小成比例。接收端收到的光信号直接变换为解调的电信号形式。直接检测的电流 I_{DD} 与光信号强度(电场的平方)成正比,即

$$I_{DD} = E_s E_s^* = \frac{1}{2} A_s^2 [1 + \cos(2\omega_s t + 2\varphi_s)] \tag{8.31}$$

由于 $\cos(2\omega_s t + 2\varphi_s)$ 项的频率是载波频率的两倍,超出了检测器的响应范围,因此这一项将会在接收端消除。对于直接检测,式(8.31)变为

$$I_{DD} = E_s E_s^* = \frac{1}{2} A_s^2 \tag{8.32}$$

在相干检测接收端,首先将本地产生的光信号与接收到包含信息的信号进行混频,然后检测混合的信号。接收端有 4 种基本的解调方法,这与光信号是如何与本地振荡器信号进行混频(外差或零差检测)以及如何检测电信号(同步或异步)有关。对于给定的调制方式,本节将会看到,零差接收机比外差接收机灵敏度高,同步检测比异步检测灵敏度高。

载有信息的信号与本地振荡器信号的混频是在光检测器表面完成的。如果本地振荡器(LO)场强为

$$E_{LO} = A_{LO} \cos[\omega_{LO} t + \varphi_{LO}(t)] \tag{8.33}$$

式中,A_{LO} 是本地振荡幅度,ω_{LO} 和 $\varphi_{LO}(t)$ 分别是振荡频率及相位,那么检测到的电流与光检测器信号总的电场强度平方成比例,即光电流 $I_{coh}(t)$ 为

$$I_{coh}(t) = (E_s + E_{LO})^2 = \frac{1}{2} A_s^2 + \frac{1}{2} A_{LO}^2 + A_s A_{LO} \cos[(\omega_s - \omega_{LO})t + \varphi(t)] \cos\theta(t) \tag{8.34}$$

式中,$\varphi(t) = \varphi_s(t) - \varphi_{LO}(t)$ 是接收信号与本地振荡的相位差,且

$$\cos\theta(t) = \frac{E_s \cdot E_{LO}}{|E_s||E_{LO}|} \tag{8.35}$$

表示接收光与本地振荡波之间的极化失配。这里使用了刚才的条件,即光检测器对振荡频率在 $2\omega_s$ 和 $2\omega_{LO}$ 附近的高频项不响应。

因为光功率与光强度成比例,在光检测器处有

$$P(t) = P_s + P_{LO} + 2\sqrt{P_s P_{LO}} \cos[(\omega_s - \omega_{LO})t + \varphi(t)] \cos\theta(t) \tag{8.36}$$

式中 P_s 和 P_{LO} 分别为光信号和本振光功率,且 $P_{LO} \gg P_s$。两信号的角频率差 $\omega_{IF} = \omega_s - \omega_{LO}$ 是一中频信号,相位角 $\varphi(t)$ 是两个信号间时变相位差。频率 ω_{IF} 通常为几十到几百兆赫,在射频范围内。

8.4.2 零差检测

当接收信号与本地振荡频率相等时,即当 $\omega_{IF} = 0$ 时为零差检测,这时式(8.36)为

$$P(t) = P_s + P_{LO} + 2\sqrt{P_s P_{LO}} \cos\varphi(t) \cos\theta(t) \tag{8.37}$$

因此可以使用 OOK[信号功率 P_s 变化而 $\varphi(t)$ 为常量]或者 PSK[信号相位 $\varphi_s(t)$ 变化而 P_s 为常量]调制来传输信息。注意,因为 $P_{LO} \gg P_s$,而且 P_{LO} 为常量,式(8.37)右边最后一项包含了发送信息。这一项的值随着激光器功率的增大而增加,本地振荡器等效于信号放大器,因此这种接收方式的接收灵敏度要显著高于直接检测。

从式(8.37)可以看出,零差检测将检测频率直接降低到基带频率,因此不需要复杂的电信号解调。零差接收是最灵敏的相干通信系统。然而,因为本地振荡器必须由光锁相环控制,零差接收机也是最难实现的。另外,需要信号光和本地振荡激光器的频率相同,也对两个光源提出了严格要求,其中包括极窄的线宽和较高的波长调谐能力。

8.4.3 外差检测

在外差检测中,中频 ω_{IF} 不为 0,因此不需要光锁相环。这样外差接收机比零差接收机容易实现得多,但简易的代价是灵敏度要比零差接收机低 3 dB。

OOK,FSK 或 PSK 调制都可在外差检测中使用。考虑接收机的输出电流,因为 $P_s \ll P_{LO}$,忽略式(8.36)右边第一项。接收机输出电流中包含直流分量

$$i_{dc} = \frac{\eta q}{h\nu} P_{LO} \tag{8.38}$$

以及时变的中频信号

$$i_{IF}(t) = \frac{2\eta q}{h\nu} \sqrt{P_s P_{LO}} \cos[\omega_{IF} t + \varphi(t)] \cos\theta(t) \tag{8.39}$$

直流电流通常被接收机滤除,中频电流被放大。因此可以通过射频解调技术从放大的信号中获取信息。

8.4.4 相干检测的 SNR

由于本振功率一般比接收到的光信号功率大得多,所以在一个相干检测接收机中,信噪比主要由散粒噪声决定。因此仅考虑散粒噪声和热噪声,接收机的信噪比计算公式为

$$\text{SNR} = \frac{\langle i_s^2(t) \rangle}{\langle i_{th}^2(t) \rangle + \langle i_{shot}^2(t) \rangle} \tag{8.40}$$

对于零差检测,接收光信号与本振之间需要光学相位锁定,信号功率为

$$\langle i_s^2(t) \rangle_{\text{homodyne}} = \mathscr{R}^2 P_s(t) P_{LO} \tag{8.41}$$

对于外差检测,$\langle \cos^2\varphi(t) \rangle = 1/2$,信号功率为

$$\langle i_s^2(t) \rangle_{\text{heterodyne}} = \mathscr{R}^2 P_s(t) P_{LO}/2 \tag{8.42}$$

式(8.40)中的热噪声功率和散粒噪声功率分别为

$$\langle i_{\text{th}}^2 \rangle = \frac{4k_B T B_e}{R_L} \tag{8.43}$$

$$\langle i_{\text{shot}}^2 \rangle = 2q\mathscr{R}[P_s(t)/2 + P_{\text{LO}}]B_e \tag{8.44}$$

其中 B_e 是电信号的带宽，R_L 是负载电阻。$P_s(t)/2$ 是耦合器在合成光信源信号和本振信号时产生的 3 dB 分束损耗引起的。使用上面的表达式，就可以得到对于零差检测：

$$\text{SNR}_{\text{homodyne}} = \frac{\mathscr{R}^2 P_s(t) P_{\text{LO}}}{4k_B T/R_L + 2q\mathscr{R}[P_s(t)/2 + P_{\text{LO}}]} \frac{1}{B_e} \tag{8.45}$$

对于外差检测：

$$\text{SNR}_{\text{heterodyne}} = \frac{\mathscr{R}^2 P_s(t) P_{\text{LO}}/2}{4k_B T/R_L + 2q\mathscr{R}[P_s(t)/2 + P_{\text{LO}}]} \frac{1}{2B_e} \tag{8.46}$$

其中 $2B_e$ 是外差检测所需要的双倍带宽。如果本振功率比信号功率强大，本振产生的散粒噪声将对热噪声起主导作用。由此，式(8.45)和式(8.46)可以被简化成

$$\text{SNR}_{\text{homodyne}} \approx \frac{\mathscr{R}}{2qB_e} P_s(t) \tag{8.47}$$

$$\text{SNR}_{\text{heterodyne}} \approx \frac{\mathscr{R}}{8qB_e} P_s(t) \tag{8.48}$$

8.4.5 相干检测误码率比较

现在对不同相干检测技术进行比较。通常数字通信系统性能由误码率度量，而误码率与接收机输出端(比较器的输入端)的信噪比及概率密度函数(PDF)有关。对于零差和外差检测，在高本地振荡功率下，两者的概率密度函数都呈高斯型，所以误码率只与信噪比有关。因此可以通过接收机输出端的信噪比来描述其灵敏度，信噪比直接与接收的光功率成比例。对于相干检测，习惯用平均光子数来描述接收机灵敏度，这里也使用误码率达到 10^{-9} 量级这一判据。

OOK 直接检测

假设有一开关键控系统，其中 1，0 脉冲的概率相等。因为数据流只有一半的时间处于"开"的状态，单位比特所需的平均光子数 $\bar{N}_p$ 是 1 脉冲所需光子数的一半。因此，如果 1 和 0 脉冲的电子-空穴对数目分别为 N 和 0，那么对于单位量子效率($\eta = 1$)，单位比特的平均光子数 $\bar{N}_p$ 为

$$\bar{N}_p = \frac{1}{2}N + \frac{1}{2}(0) \tag{8.49}$$

或记作 $\bar{N} = 2\bar{N}_p$。从式(7.23)可以得到出现误码的概率为

$$\frac{1}{2}P_r(0) = \frac{1}{2}e^{-2\bar{N}_p} \tag{8.50}$$

式(8.50)表明，对于直接检测 OOK 系统，要达到 10^{-9} 的误码率需要每比特光子数约为 10。

实际应用中直接检测接收机很难达到这种量子极限限制。光检测器散粒噪声和放大电路的热噪声导致接收功率需要比量子极限高出 13~20 dB。

OOK 零差检测系统

如 8.4.1 节所述，零差或外差接收机都可以和 OOK 调制一起使用。首先看看零差检测，当接收到持续时间为 T_b 的 0 脉冲时，其平均电子-空穴对的数目 $\bar{N}_0$ 就由本地振荡器产生，即

$$\overline{N}_0 = A_{\text{LO}}^2 T_b \tag{8.51}$$

对于 1 脉冲，平均电子-空穴对数目 $\overline{N}_1$ 为

$$\overline{N}_1 = (A_{\text{LO}} + A_s)^2 T_b \approx (A_{\text{LO}}^2 + 2A_{\text{LO}}A_s) T_b \tag{8.52}$$

式中的近似取自条件 $A_{\text{LO}}^2 \gg A_s^2$。因为本地振荡器输出功率远大于接收信号功率，在 1 脉冲时接收机译码器处的电压 V 为

$$V = \overline{N}_1 - \overline{N}_0 = 2A_{\text{LO}}A_s T_b \tag{8.53}$$

均方根噪声 σ 为

$$\sigma \approx \sqrt{\overline{N}_1} \approx \sqrt{\overline{N}_0} \tag{8.54}$$

因此，从式(7.16)可得到误码率 BER

$$P_e = \text{BER} = \frac{1}{2}\left[1 - \text{erf}\left(\frac{V}{2\sqrt{2}\sigma}\right)\right] = \frac{1}{2}\text{erfc}\left(\frac{V}{2\sqrt{2}\sigma}\right) = \frac{1}{2}\text{erfc}\left(\frac{A_s T_b^{1/2}}{\sqrt{2}}\right) \tag{8.55}$$

式中 $\text{erfc}(x) = 1 - \text{erfc}(x)$ 是补余误差函数。

从例 7.8 知道，为达到 10^{-9} 量级的 BER，需满足 $V/\sigma = 12$。利用式(8.53)和式(8.54)，得到

$$A_s^2 T_b = 36 \tag{8.56}$$

这是期望每个信号脉冲产生的光子数。因此对于 OOK 零差检测，平均每个脉冲必须产生 36 个电子-空穴对。在量子效率为 1 的理想情况下，平均接收光能量达到每脉冲 36 个光子，则 BER 可达 10^{-9}。如果假设 1，0 脉冲组成 OOK 序列，其中 1，0 脉冲概率相等，则单位信息比特平均接收光子数 $\overline{N}_p = 18$（要求的每个脉冲光子数的一半）。对于 OOK 零差检测，BER 由下式给出

$$\text{BER} = \frac{1}{2}\text{erfc}\left(\sqrt{\eta \overline{N}_p}\right) \tag{8.57}$$

为简化此式，注意到对于 $x \geqslant 5$，将一个有用的近似式

$$\text{erfc}(\sqrt{x}) \approx \frac{e^{-x}}{\sqrt{\pi x}} \tag{8.58}$$

代入可得

$$\text{BER} = \frac{e^{-\eta \overline{N}_p}}{\left(\pi \eta \overline{N}_p\right)^{1/2}} \tag{8.59}$$

这就是满足 $\eta \overline{N}_p \geqslant 5$ 的 OOK 零差检测结果。

训练题8.8 (a)证明对于一个理想的直接检测OOK系统，每比特需要10光子才能够获得10^{-9}的误码率。

(b)证明对于一个理想的OOK零差系统，每脉冲需要36光子才能达到10^{-9}误码率。

PSK 零差检测系统

理论上 PSK 调制零差检测的接收机灵敏度是最好的，但这种方式在实际中最难实现。图 8.18 给出了零差检测接收机的基本原理图。接收光信号首先与本地振荡器输出的大功率光波混合，这一过程可由光纤定向耦合器(见第 11 章)或者由称为分束器的部分反射镜来完成。

当使用分束器时，因为接收光信号要比本地振荡器输出信号小得多，分光器基本上是透明传输的。

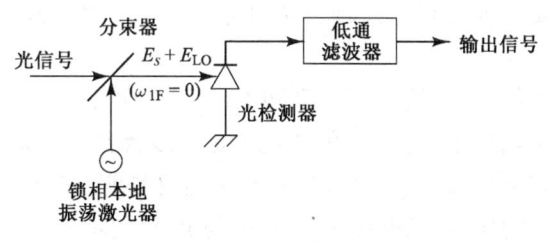

图 8.18 零差接收机的基本原理图

从式(8.37)知道，可以通过改变发送光波的相位来传输信息。对于 0 脉冲，信号光与本地振荡器输出光是反相的，因此产生的电子-空穴对数目为

$$\overline{N}_0 = (A_{LO} - A_s)^2 T_b \tag{8.60}$$

而对于 1 脉冲，两个信号则是同相的，因此有

$$\overline{N}_1 = (A_{LO} + A_s)^2 T_b \tag{8.61}$$

那么，接收机的译码器处电压为

$$V = \overline{N}_1 - \overline{N}_0 = (A_{LO} + A_s)^2 T_b - (A_{LO} - A_s)^2 T_b = 4A_{LO}A_s T_b \tag{8.62}$$

均方根噪声为

$$\sigma = \sqrt{A_{LO}^2 T_b} \tag{8.63}$$

同 OOK 零差检测的情况一样，BER 达到 10^{-9} 需满足 $V/\sigma = 12$，得到

$$A_{LO}^2 T_b = 9 \tag{8.64}$$

这表明对于理想 PSK 零差检测($\eta = 1$)，要达到 10^{-9} 的误码率，单位比特平均光子数应为 9。注意，这里不必考虑像 OOK 那样区分单位脉冲的光子数和单位比特的光子数，因为 PSK 光信号一直都是有脉冲存在。

从式(7.16)可以得到

$$\text{BER} = \frac{1}{2}\text{erfc}\left(\sqrt{2\eta \overline{N}_p}\right) \tag{8.65}$$

这是 PSK 零差检测的情况。

外差检测系统

因为光检测器输出信号频率 ω_{IF} 处在中频波段，对外差接收机的分析要比零差的情况复杂得多。对于不同调制方式的 BER，其详细推导过程参考文献中已经给出[36-39]，这里只列出最后结果。

外差接收机一个值得注意的特点是既可以采用同步检测也可采用异步检测方式。图 8.19 给出了一般的接收机结构。以 PSK 的情况为例，同步 PSK 检测[见图 8.19(a)]中使用的载波恢复电路通常是一个微波锁相环(PLL)，用来产生本地参考相位。通过将 PLL 输出信号与中频信号进行混频来恢复中频载波，然后用低通滤波器得到基带信号。同步外差 PSK 的 BER 为

$$\text{BER} = \frac{1}{2}\text{erfc}\left(\sqrt{\eta \overline{N}_p}\right) \tag{8.66}$$

理想情况下，BER 要达到 10^{-9}，这种方法的每比特光子数为 18。注意，这与 OOK 零差检测的值一样。

结构如图 8.19(b) 所示的异步检测不需要 PLL，更为简单、可靠。这种技术称为差分 PSK 或 DPSK，这里载波恢复电路由一个简单的 1 比特延迟线代替。因为 PSK 是通过改变光信号相位来编码信息，混频器输出的正负与接收信号相位是否与前一接收比特相位发生改变有关，因此可在输出中得到发送的信息。DPSK 的灵敏度与 PSK 同步外差检测接近，其误码率为

$$\text{BER} = \frac{1}{2}\text{erfc}\left(\sqrt{\eta \overline{N}_p}\right) \tag{8.67}$$

要使 BER 为 10^{-9}，则每比特需要 20 个光子，这与 PSK 同步外差检测相比灵敏度差 0.5 dB。

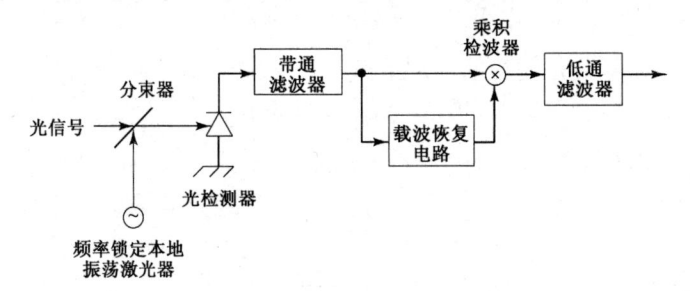

图 8.19 一般的外差接收机结构

(a) 使用载波恢复电路的同步检测

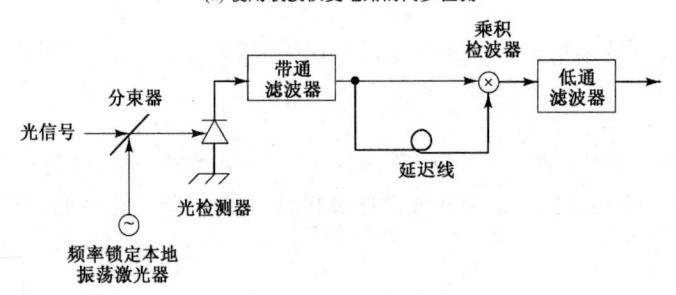

(b) 使用1比特延迟线的异步检测

与 PSK 的情况类似，OOK 同步外差检测的灵敏度要比 OOK 零差检测的情况低 3 dB。因此其 BER 为

$$\text{BER} = \frac{1}{2}\text{erfc}\sqrt{\frac{1}{2}\eta \overline{N}_p} \tag{8.68}$$

要达到 10^{-9} 的 BER，这里每比特需要 36 个光子。OOK 异步外差检测的误码率由下式给出

$$\text{BER} = \frac{1}{2}\exp\left(-\frac{1}{2}\eta \overline{N}_p\right) \tag{8.69}$$

BER 为 10^{-9} 时，OOK 异步外差检测每比特需要 40 个光子，这要比 DPSK 灵敏度差 3 dB。

不同调制方式的接收机灵敏度已归纳在表 8.4 和表 8.5 中。表 8.4 给出了作为每比特接收的平均光子数 N_p 的函数的误码率；表 8.5 则是理想条件下，光检测器量子效率 $\eta = 1$ 时，要达到 10^{-9} 的 BER 需要的每比特光子数。

表 8.4 相干光通信系统中误码率作为每比特接收光子数的函数的汇总

调制方式	误码率			
	零差	外差		直接检测
		同步检测	异步检测	
开关键控(OOK)	$\frac{1}{2}\text{erfc}(\eta\bar{N}_p)^{1/2}$	$\frac{1}{2}\text{erfc}\left(\frac{1}{2}\eta\bar{N}_p\right)^{1/2}$	$\frac{1}{2}\exp\left(-\frac{1}{2}\eta\bar{N}_p\right)$	$\frac{1}{2}\exp(-2\eta\bar{N}_p)$
相移键控(PSK)	$\frac{1}{2}\text{erfc}(2\eta\bar{N}_p)^{1/2}$	$\frac{1}{2}\text{erfc}(\eta\bar{N}_p)^{1/2}$	$\frac{1}{2}\exp(-\eta\bar{N}_p)$	—
频移键控(FSK)	—	$\frac{1}{2}\text{erfc}\left(\frac{1}{2}\eta\bar{N}_p\right)^{1/2}$	$\frac{1}{2}\exp\left(-\frac{1}{2}\eta\bar{N}_p\right)^{1/2}$	—

表 8.5 使用量子效率为 1 的光检测器的理想接收机要达到 10^{-9} 的 BER 需要的每比特光子数汇总

调制方式	单位比特光子数			
	零差	外差		直接检测
		同步检测	异步检测	
开关键控(OOK)	18	36	40	10
相移键控(PSK)	9	18	20	—
频移键控(FSK)	—	36	40	—

8.5 高阶光调制方式

光纤通信链路中单个信道容量采用 OOK 调制可以稳定增长到 10 Gbps。采用密集波分复用(DWDM)技术(见第 10 章),可以使单根光纤的传输速率接近 1 Tbps。为了进一步提高单根光纤的系统容量,人们测试并使用了具有高频谱效率的不同调制方式[40]。本节将讨论频谱效率的概念,并介绍一些用于高速大容量电信链路的多电平调制方式。

8.5.1 频谱效率

频谱效率是对光调制方案利用光纤频谱资源效率的度量。这个效率参数以单位赫兹光频率每秒传输多少比特来表示,即度量单位是 bps/Hz。

采用简单的 OOK 调制方式、单信道 10 Gbps 的收发器仅占用了 50 GHz 信道间隔的一部分频谱(见第 10 章讨论 DWDM 波长栅格)。因此 50 GHz 信道的大部分未被使用,导致了相对较低的频谱利用率,仅为 0.2 bps/Hz。对于采用如 8.5.4 节中描述的 100 Gbps 调制技术,相同 50 GHz 信道间隔的传输容量是原先的 10 倍,频谱效率达到 2 bps/Hz。而 400 Gbps 传输的调制方案可以获得 8 bps/Hz 的频谱效率。

8.5.2 相移键控和 IQ 调制

对于高速数据,信息传输可以采用正交调制技术。这种技术将承载信息的信号分为两部分,一部分称为同相分量(I),另一部分称为正交分量(Q)。这意味着同相分量(I)是信号的实值，而正交分量(Q)是该信号的移相。这种方法称为相移键控(PSK)或 IQ 调制。与 OOK 调制改变(开关)光功率不同，PSK 技术通过改变光载波相位实现数据编码。

差分相移键控(DPSK)是最简单的 PSK 调制方式。DPSK 用光载波相位承载信息。每一个 DPSK 比特时隙都有光功率。对于 NRZ-DPSK 调制方式，光功率将占据整个时隙；而对于 RZ-DPSK 调制方式，光功率只占据每个时隙的一部分。通过控制相邻时隙光载波相移为 0 或 π 实现二进制数据编码。例如，通过将载波相位相对于前一个时隙的载波相位相移 180°实现信息比特 1 的传输，通过将载波相位与前一个时隙的载波相位一致实现信息比特 0 的传输。还有许多不同的 PSK 调制方式，如 8.5.3 节介绍的 DQPSK。

8.5.3　差分四相移键控(DQPSK)

直到 2002 年，在大多数光通信系统采用 NRZ-OOK 或 RZ-OOK 方式下，单波长传输速率最高只能达到 2.5 Gbps。随着对 10 Gbps 和 40 Gbps 高速传输的需求不断增加，使用多电平调制方式的想法得到更多关注。其中尤为关注的高速传输就是采用差分四相移键控(DQPSK)方式。对多电平调制格式，每个符号传输比特数大于 1。在 DQPSK 方案中，信息通过 4 种不同的相移编码{π/4, +3π/4, −π/4, −3π/4}，比特组集合{00, 10, 01, 11}可以被指配给 4 种不同的相移。IQ 图上的数据点如图 8.20 所示。例如，π/4 意味着比特组 11 被传输了。因此 DQPSK 符号传输速率是总比特率的一半。

由于对给定数据速率 DQPSK 方式可以将符号速率降低为 OOK 调制方案的一半，从而降低了发射机和接收机所需的频谱带宽。此外，色散和偏振模色散限制也被延伸了。但是，与 DPSK 相比，达到特定 BER 所需的 SNR 增大了 1~2 dB。同时，接收机设计变得更为复杂，这是因为发射激光器与延迟干涉仪之间的频移容限降低为 DPSK 的 1/6。

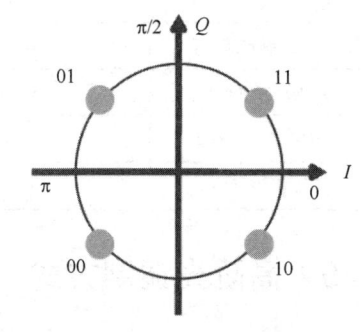

图 8.20　DQPSK 调制方式在 IQ 图上的数据点

8.5.4　正交幅度调制(QAM)

通过每个符号采用 M 个状态实现 $m = \log_2 M$ 数据比特编码，可以将 DQPSK 的概念进一步扩展到更高阶的调制方式。这一方法可以降低频谱宽度从而允许采用低速元件实现数据率的提升。图 8.21 显示了 8 阶相移键控的数据星座图(data constellations)，每 45°相移代表一个不同的 3 比特数据区块。图 8.22 显示了两种高阶调制格式，最高达 16 个状态的正交幅度调制(QAM)。图 8.22(a)的格式使用 3 种幅值、12 种相位，而图 8.22(b)的格式使用 4 种幅值、8 种相位。这种调制方式被称为 16QAM，是每通道 400 Gbps 的数据传输的首选方案。图 8.23 显示的是用于矩形 16QAM 调制方式的 4 比特数据点。QAM 格式包括 32QAM、64QAM、128QAM 和 256QAM。256 QAM 格式可以实现高达 8 bps/Hz 的高光谱效率。

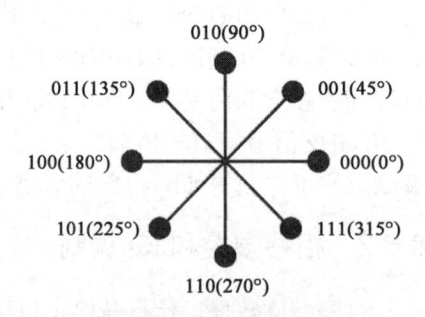

图 8.21　8PSK 的数据星座图

图 8.22 16QAM 两种可能的调制方式

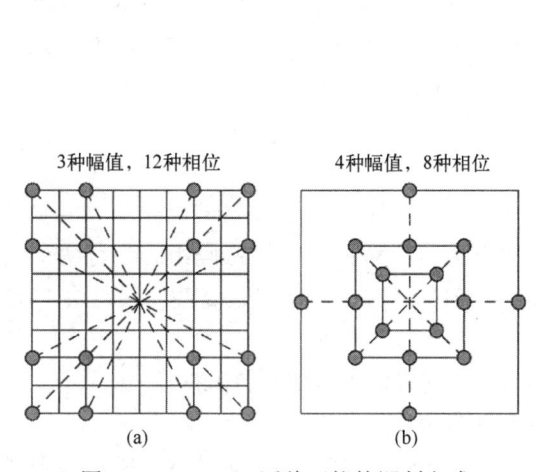

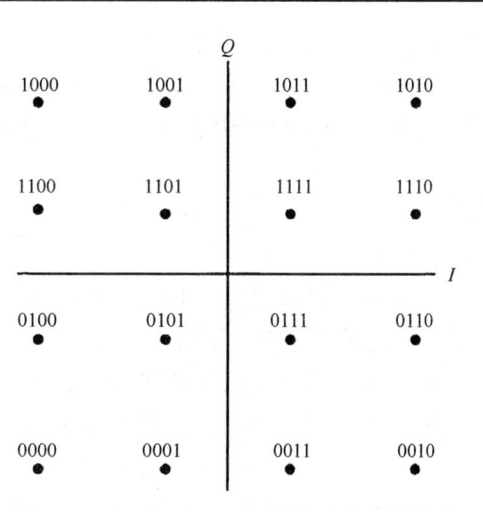

图 8.23 矩形 16QAM 调制方式的 4 比特数

8.6 小结

设计光链路需要考虑光纤、光源、光检测器和链路中其他器件的特性及相互关联。通常进行两种分析以确保系统性能满足预期，这就是链路功率预算和系统上升时间分析。链路功率预算分析中，首先指定 BER 下，确定光发送输出与最小接收灵敏度之间的功率富余度。这一富余度是链路器件损耗与用于器件性能劣化的额外功率富余度之和。

一旦完成了链路功率预算，设计者需要进行系统上升时间分析以确保没有超出链路色散限制。四个基本的因素会严重限制系统响应速率，它们是发射机上升时间、光纤材料色散、光纤模式色散和接收机上升时间。

初级的链路功率预算和系统上升时间分析都假定落入光检测器的光功率是一个具有量子检测过程统计特性的明确定义时间函数。但是，实际链路中各种信号损伤都会劣化链路性能。这些损伤会使光信号到达接收机时的功率比理想情况少，这就是该损伤效应的功率代价。主要功率代价有：色散、偏振模色散、模式或斑点噪声、模分配噪声、消光比、波长啁啾、定时抖动、光反射噪声、由于光纤链路中功率水平增高而引起的非线性效应。模式噪声只有在多模链路中存在，而其他各种效应均可能对单模链路产生严重影响。

为了控制差错发生以提高通信线路的可靠性能，首先需要具备检测错误信息的能力，然后再选择是纠正错误还是重传信息。差错检测方法是将信息流按特定图案编码。可以采用数据流中的冗余来完成差错纠正。在发送端的逻辑电路中，有规律地在原始数据流中加入额外数据，然后在接收端去除。这些冗余数据本身不承载信息，但是却使得接收机可以检测并纠正一定数量的信息差错。这种为了降低差错在发送端信息流中引入冗余比特的方法称为前向纠错(FEC)。

普通光接收机只对光源强度进行与输入电信号幅度呈线性关系的调制。这种方案无法针对光载波的频率和相位，因为接收机的光检测器只响应落入其中的光功率(强度)水平的变化。此方案就是强度调制直接检测(IMDD)。尽管 IM/DD 系统简单且成本较低，它的灵敏度却受限于光检测器和接收机预放产生的噪声。采用零差和外差检测的光通信系统被称为相干光通信系统，因为其实现依赖于光载波的相位相干性。光通信系统采用的相干检测技术与微波射频系统类似，光波是一种可以实现幅度、频率、相位调制的载波媒介。相干检测技术比直接检测方式具有更高的频谱效率和更大的色散与 PMD 容限。

习题

8.1 一个 3B4B 编码器根据表 8.6 所示规则将 3 比特的码组转换为 4 比特码组。当有两个或多个连续的全零码组时，交替使用二进制码块 0010 和 1101。同时，交替使用码块 1011 和 0100 来表示连续出现的全 1 码组。

(a) 请使用该转换规则，找到数据 010001111111010000000001111110 的编码比特流。

(b) 在编码图案中出现的连续相同比特数最大是多少？

8.2 一个 4B5B 码共有 $2^4 = 16$ 种 4 比特数据字符。将这些 4 比特字符按照表 8.7 所示规则映射成为 5 比特序列。请使用这些信息对如下比特流进行编码：010111010010111010100111。

表 8.6 3B4B 码转换规则

原码	3B4B 码	
	模式 1	模式 2
000	0010	1101
001	0011	
010	0101	
011	0110	
100	1001	
101	1010	
110	1100	
111	1011	0100

表 8.7 数据序列采用 4B5B 码进行转换

数据序列	编码序列
0000	11110
0001	01001
0010	10100
0011	10101
0100	01010
0101	01011
0110	01110
0111	01111
1000	10010
1001	10011
1010	10110
1011	10111
1100	11010
1101	11011
1110	11100
1111	11101

8.3 求出下面两个速率为 100 Mbps 的系统的损耗受限最大传输距离。

系统 1 工作在 850 nm。

(a) GaAlAs 半导体激光器：耦合进光纤功率为 0 dBm(1 mW)；

(b) 硅雪崩光电二极管：灵敏度 −50 dBm；

(c) 渐变折射率光纤：在 850 nm 处的损耗为 3.5 dB/km；

(d) 连接损耗：每个连接器为 1 dB。

系统 2 工作在 1300 nm。
(a) InGaAsP LED：耦合进光纤的功率为 –13 dBm；
(b) InGaAs pin 光电二极管：灵敏度 –38 dBm；
(c) 渐变折射率光纤：在 1300 nm 处的损耗为 1.5 dB/km；
(d) 连接损耗：每个连接器 1 dB。
每个系统均要求有 6 dB 的系统富余量。

8.4 某工程师有以下器件可供选用：
(a) GaAlAs 半导体激光器，工作波长 850 nm，能将 1 mW (0 dBm) 的功率耦合进光纤；
(b) 有 10 段 500 m 长的光缆，损耗为 4 dB/km，两端均有连接器；
(c) 每个连接器的损耗为 2 dB；
(d) 一台 pin 光电二极管接收机；
(e) 一台雪崩式光电二极管接收机。
该工程师想利用上述组件构成一个速率为 20 Mbps 的 5 km 长的光纤链路，如果 pin 和 APD 接收机的灵敏度分别为 –45 dBm 和 –56 dBm，请证明如果系统需要 6 dB 的系统富余量，则应使用 APD 接收机。

8.5 利用式(8.4)的阶跃响应 $g(t) = [1-\exp(-2\pi B_e t)]u(t)$，证明式(8.5)给出了接收信号从 10% 到 90% 的上升沿时间。[提示：首先从 $g(t_{10\%}) = 0.1$ 和 $g(t_{90\%}) = 0.9$ 中找出 $t_{10\%}$ 和 $t_{90\%}$ 的值。然后对每个表达式取自然对数 (ln)，得到 $t_{rx} = t_{90\%} - t_{10\%}$，如式(8.5)所示。]

8.6 (a) 用式(8.9)验证从式(8.11)到式(8.12)的步骤；
(b) 证明由式(8.10)和式(8.13)可以推导出式(8.14)。

8.7 一个数据速率为 90 Mbps 的 NRZ 数据传输系统用于传输两个 DS3(45 Mbps) 信道，所用 GaAlAs 半导体激光器的谱宽为 1 nm，发送脉冲的上升沿时间为 2 ns，所用渐变折射率光纤的带宽距离积为 800 MHz·km，传输距离为 7 km。
(a) 如果接收机带宽为 90 MHz，模式混合因子 $q = 0.7$，则系统的上升时间为多少？这个上升时间是否满足 NRZ 的要求，即要小于 70% 脉冲宽度？
(b) 如果在 7 km 的链路中没有出现模式混合，即 $q = 1.0$ 时系统的上升时间又是多少？

8.8 验证图 8.6 中下述系统传输距离随数据速率变化的曲线，发射机采用工作于 850 nm 的 GaAlAs 半导体激光器，它耦合进光纤的功率为 0 dBm (1 mW)，谱宽为 1 nm，光纤在 850 nm 处的损耗为 3.5 dB/km，其带宽距离积为 800 MHz·km。接收机采用硅雪崩光电二极管，其灵敏度速率曲线如图 8.3 所示，为运算方便，将接收机的灵敏度 (dBm) 近似表示为

$$P_R = 9 \log B - 68.5$$

其中 B 是用 Mbps 表示的数据速率。求出损耗受限传输距离，包括每个连接器 1 dB 损耗的和 6 dB 的冗余。

8.9 一个工作波长为 1550 nm 的单模光纤链路，需要在无放大器的条件下以 622 Mbps 的数据速率传输 80 km。所用单模 InGaAsP 激光器平均能将 3 dBm 的光功率耦合进光纤，光纤的损耗为 0.25 dB/km，而且每公里处有一个损耗为 0.1 dB 的熔接头；接收端的耦合损耗为 0.5 dB，使用的 InGaAs APD 的灵敏度为 –39 dBm；附加噪声损伤大约为 1.5 dB。

(a) 作出这个系统的功率预算并计算出系统的富余量；(b) 如果速率改为 2.5 Gbps，APD 的灵敏度变为 –31 dBm，则系统富余量又是多少？

8.10 (7, 4) 线性汉明码码字的前四位是信息位 b_1，b_2，b_3，b_4，余下的三位 b_5，b_6，b_7 是校验位，由下式给出

$$b_5 = b_1 + b_3 + b_4$$

$$b_6 = b_1 + b_2 + b_4$$

$$b_7 = b_2 + b_3 + b_4$$

制表列出 16 种可能的 4 位信息码字，即由 0000 到 1111，并给出对应的 7 位码字。

8.11 (a) 写出与下列生成多项式对应的二进制序列

$$x^8 + x^7 + x^3 + x + 1$$

(b) 写出与下列二进制序列对应的生成多项式

$$10011011110110101$$

8.12 考虑 10 位的数据组 1010011110 和除数 1011，使用二进制除法和多项式除法两种方法得出 CRC 余数是 001。

8.13 考虑生成多项式 $x^3 + x + 1$。

(a) 证明数据组 1001 的 CRC 码为 110；

(b) 如果接收到的码字第一位发生了误码，证明接收端计算得到的 CRC 是 101。

8.14 为什么 (255, 223) 里德–所罗门码能纠正 16 字节的误码，而 (255, 239) 只能纠正 8 字节的误码？这两种码的开销分别是多少？

8.15 请验证式 (8.34) 关于电流强度的最终表达式是信号场强和本振场强的共同作用。

8.16 带宽为 100 MHz 的 ASK 零差接收机，包括一 pin 光检测器，响应波长为 1310 nm，响应度为 0.6 A/W。接收机是散粒噪声受限的，要达到 10^{-9} 的 BER 需要的信噪比为 12 dB。如果本地振荡器输出功率为 –3 dBm，相位误差为 10°，假设接收信号和本地振荡器输出信号极化方向一致，计算出产生的光电流是多少？

8.17 对于误码率为 10^{-9} 的情况，假设载波信号和本地振荡信号组合谱宽为发送比特率的 1%。

(a) 对于 100 Mbps 的数据速率，波长为 1310 nm 时需要的谱宽为多少？

(b) 对于 2.5 Gbps 的速率允许的最大谱宽是多少？

8.18 (a) 对于 OOK 直接检测系统，证明要使误码率达到 10^{-9}，每比特光子数需为 10。

(b) 对于 OOK 零差检测系统，证明要使误码率达到 10^{-9}，每个脉冲光子数需为 36。

习题解答（选）

8.1 下面答案中插入一些间隔，这样更清楚一些

(a) 原始码：010 001 111 111 101 000 000 001 111 110，

3B4B 编码：0101 0011 1011 0100 1010 0010 1101 0011 1011 1100；

(b) 连续相同比特的最大数为 3。

8.2 (a) 原始码：0101 1101 0010 1110 1010 0111　4B5B 编码：01011 11011 10100 11100 10110 01111。

8.3 对于系统 1，$L = 12$ km；对于系统 2，$L = 11.3$ km。

8.4 (a) 对 pin 接收机 $L = 4.25$ km；(b) 对 APD 接收机 $L = 7.0$ km。

8.7 (a) $t_{sys} = 4.90$ ns；$t_{sys} < 0.7T_b = 7.78$ ns；

(b) $t_{sys} = 5.85$ ns。

8.9 622 Mbps 时 12.1 dB；2.5 Gbps 时 4.1 dB。

8.10

数据序列				编码序列						
b_1	b_2	b_3	b_4	b_1	b_2	b_3	b_4	b_5	b_6	b_7
0	0	0	0	0	0	0	0	0	0	0
0	0	0	1	0	0	0	1	1	1	1
0	0	1	0	0	0	1	0	1	0	1
0	0	1	1	0	0	1	1	0	1	0
0	1	0	0	0	1	0	0	0	1	1
0	1	0	1	0	1	0	1	1	0	0
0	1	1	0	0	1	1	0	1	1	0
0	1	1	1	0	1	1	1	0	0	1
1	0	0	0	1	0	0	0	1	1	0
1	0	0	1	1	0	0	1	0	0	1
1	0	1	0	1	0	1	0	0	1	1
1	0	1	1	1	0	1	1	1	0	0
1	1	0	0	1	1	0	0	1	0	1
1	1	0	1	1	1	0	1	0	1	0
1	1	1	0	1	1	1	0	0	0	0
1	1	1	1	1	1	1	1	1	1	1

8.11 (a) 110001011；(b) $x^{16} + x^{13} + x^{12} + x^{10} + x^9 + x^8 + x^7 + x^5 + x^4 + x^2 + 1$。

8.16 $i_{IF}(t) = 0.67$ μA。

8.17 (a) $\Delta\lambda = 5.6 \times 10^{-6}$ nm；(b) $\Delta\lambda = 1.0 \times 10^{-4}$ nm。

原著参考文献

1. A. B. Carlson, P. Crilly, *Communication Systems*, 5th edn.（McGraw-Hill, 2010）

2. L.W. Couch II, *Digital and Analog Communication Systems*, 8th edn.（Prentice Hall, 2013）

3. R.E. Ziemer, W.H. Tranter, *Principles of Communications: Systems, Modulation, and Noise*, 7th edn.（Wiley, 2014）

4. J.M. Giron-Sierra, *Digital Signal Processing with Matlab Examples, Volume 1: Signals and Data, Filtering, Non-stationary Signals, Modulation*（Springer, 2017）

5. M.S. Alencar, V.C. da Rocha, *Communication Systems*（Springer, 2020）

6. T. von Lerber, S. Honkanen, A. Tervonen, H. Ludvigsen, F. Küppers, Optical clock recovery methods: Review. Opt. Fiber Technol. **15**(4), 363-372（2009）

7. S. Benedetto, G. Bosco, Channel coding for optical communications, in *Optical Communication Theory and Techniques*, ed. by E. Forestieri, pp. 63-78（Springer, 2005）

8. P.J. Winzer, R.J. Essiambre, Advanced optical modulation formats. Proc. IEEE **94**, 952-985 (2006)
9. P.V. Kumar, M.Z.Win, H.-F. Lu, C.N. Georghiades, Error-control coding techniques and applications (Chap. 17), in *Optical Fiber Telecommunications-V*, ed. by I.P. Kaminov, T. Li, A.E. Willner, vol. B. Academic Press (2008)
10. R. Keim, What is a low pass filter? A tutorial on the basics of passive RC filters. *All About Circuits*, 12 May 2019
11. T. Kanada, Evaluation of modal noise in multimode fiber-optic systems. J. Lightw. Technol. **2**, 11-18 (1984)
12. R.D. de la Iglesia, E.T. Azpitarte, Dispersion statistics in concatenated single-mode fibers. J. Lightw. Technol. **5**, 1768-1772 (1987)
13. M. Suzuki, N. Edagawa, Dispersion-managed high-capacity ultra-long-haul transmission. J. Lightw. Technol. **21**, 916-929 (2003)
14. L. Grüner-Nielsen, M. Wandel, P. Kristensen, C. Jørgensen, L.V. Jørgensen, B. Edvold, B. Pálsdóttir, D. Jakobsen, Dispersion-compensating fibers. J. Lightw. Technol. **23**, 3566-3579 (2005)
15. A.B. Dar, R.K. Jha, Chromatic dispersion compensation techniques and characterization of fiber Bragg grating for dispersion compensation. Opt Quant Electron **49**, 108 (2017)
16. T. Xu, G. Jacobsen, S. Popov, J. Li, S. Sergeyev, A.T. Friberg, T. Liu, Y. Zhang, Analysis of chromatic dispersion compensation and carrier phase recovery in long-haul optical transmission system influenced by equalization enhanced phase noise. Optik **138**, 494-508 (2017)
17. H. Bülow, F. Buchali, A. Klekamp, Electronic dispersion compensation. J. Lightw. Technol. **26**, 158-167 (2008)
18. ITU-T Recommendation G.957, *Optical Interfaces for Equipments and Systems Relating to the Synchronous Digital Hierarchy*, Mar 2006
19. Telcordia, *SONET Transport Systems—Common Generic Criteria GR-253*, Issue 5, Dec 2009
20. M. Brodsky, N.J. Frigo, M. Tur, Polarization mode dispersion (Chap. 16), in *Optical Fiber Telecommunications-V*, ed. by I.P. Kaminov, T. Li, A.E. Willner, vol. A, pp. 593-603 (Academic Press, 2008)
21. D.S. Waddy, L. Chen, X. Bao, Polarization effects in aerial fibers. Optical Fiber Tech. **11**(1), 1-19 (2005)
22. M. Zamani, Polarization-induced distortion effects on the information rate in single-mode fibers. Appl. Opt. **57**, 6572-6581 (2018)
23. A.M.J. Koonen, Bit-error-rate degradation in a multimode fiber optic transmission link due to modal noise. IEEE J. Sel. Areas. Commun. **SAC-4**, 1515-1522 (1986)
24. P.M. Shankar, Bit-error-rate degradation due to modal noise in single-mode fiber optic communication systems. J. Opt. Commun. **10**, 19-23 (1989)
25. P. Pepeljugoski, Dynamic behavior of mode partition noise in multimode fiber links. J. Lightw. Technol. **30**(15), 2514-2519 (2012)
26. K. Ogawa, Analysis of mode partition noise in laser transmission systems. IEEE J. Quantum Electron. **QE-18**, 849-855 (1982)
27. R. Heidemann, Investigation on the dominant dispersion penalties occurring in multigigabit direct detection systems. J. Lightw. Technol. **6**, 1693-1697 (1988)
28. Y. Matsui, D. Mahgerefteh, X. Zheng, C. Liao, Z.F. Fan, K. McCallion, P. Tayebati, Chirpmanaged directly modulated laser (CML). IEEE Photonics Tech. Lett. **18**, 385-387 (2006)
29. S.L. Chuang, G. Liu, P.K. Kondratko, High-speed low-chirp semiconductor lasers (Chap. 3), in *Optical Fiber*

Telecommunications-V, ed. by I.P. Kaminov, T. Li, A.E. Willnerc, vol. A, pp. 53-80 (Academic Press, 2008)
30. S. Lin, D.J. Costello, *Error control coding*, 2nd edn. (Prentice-Hall, 2005)
31. B. A. Forouzan, *Data Communication and Networking*, McGraw-Hill, 5th ed., 2013.
32. F. Kienle, Channel coding basics, in *Architectures for Baseband Signal Processing* (Springer, 2014)
33. ITU-T Recommendation G.709, *Interfaces for the Optical Transport Network* (OTN), June 2016
34. ITU-T Recommendation G.975, *Forward Error Correction for Submarine Systems*, Oct 2000
35. ITU-T Recommendation G.975.1, *Forward Error Correction for High Bit Rate DWDM Submarine Systems*, Feb 2004
36. G. Li, Recent advances in coherent optical communication. Adv. Opt. Photon. **1**(2), 279-307 (2009)
37. S.J. Savory, Digital coherent optical receivers: Algorithms and subsystems. IEEE J. Sel. Topics Quantum. Electron. **16**(5), 1164-1179 (2010)
38. K. Kikuchi, Fundamentals of coherent optical fiber communications (tutorial review). J.Lightw. Technol. **34**(1), 157-179 (2016)
39. Z. Jia, L.A. Campos, *Coherent Optics for Access Networks* (CRC Press, 2019)
40. K. Kitayama, Optical Code Division Multiple Access (Cambridge University Press, 2014)

第9章 模 拟 链 路

摘要：虽然通常情况下主要使用数字传输链路，但在许多情况下，不先将其转换为数字信号而用原始的模拟信号来传送信息会有许多优势。例如，由于宽带无线装置日益广泛地被使用，人们研究和实现利用模拟光纤链路分配宽带微波频率信号的方法。本章将介绍业界熟知的 RF-over-fiber 技术。

从历史角度上看，光纤网络的趋势是使用数字传输方案。这要归因于数字集成电路技术，这种技术为同时传送话音和数据提供了既可靠又经济的方法。然而，许多时候，以模拟形态传送信息比先转化为数字格式再传送信息具有更多的优点。关键的应用有微波光子和光载射频[1-9]。大多数模拟应用都使用半导体激光器发射机，所以本章重点是分析这种光源。

对于模拟光纤系统，主要应考虑的参数是载噪比、带宽和传输系统中非线性引起的信号失真。在 9.1 节中，介绍模拟光纤链路的一般工作原理以及常用的元器件。按照传统分析方法，在模拟系统中用载噪比分析而不是信噪比分析，这是因为信息信号总是调制在一个射频（RF）载波上传送，在 9.2 节中将分析载噪比需求。首先考虑假设信息信号直接调制到光载波的单信道应用。

在同一信道中，传输多个信号可以采用副载波调制（SCM）技术，这种方法将在 9.3 节中介绍。所谓副载波调制是将信息信号先加在辅助的 RF 副载波上，然后再将这些载波组合形成多路电信号，并用以调制一个光载波。这类系统的主要制约因素是谐波和互调失真导致的信号损伤。

由于目前大量采用无线宽带数据通信，在很多应用中，倾向于采用光纤传输宽带射频信号。采用光纤链路传输 0.3～300 GHz 模拟信号的技术就是所谓光载射频（ROF）技术。9.4 节中将阐述它的理论基础，9.5 节中将给出一个通过单根光纤和室内分布式天线，提供无线局域网和移动电话服务的 ROF 链路例子。

为了更好地应用光载射频技术，微波光子学应运而生。这个领域的研究包括用在微波频段的光子学器件。除了器件之外，微波光子学还重点研究微波信号光学处理方法以及设计和实现射频信号的光学传输系统。9.6 节将简要介绍微波光子学器件及其应用。

9.1 模拟链路的基本组成

图 9.1 给出了模拟链路的基本组成单元，发射机既可采用发光二极管也可采用半导体激光器。正如 4.4 节中图 4.34 所示，一个模拟系统首先要在光源接近线性输出区域中点处设置预偏置点，模拟信号才可以用几种调制技术加以发送。对于模拟链路，最简单的方式是直接强度调制，这种调制方式通过简单地改变偏置点附近的电流以使光源发出的光强度与外加信号电平成比例，于是信息信号直接以基带方式传输。

一种较复杂但更为有效的方法是在对光源进行强度调制之前先将基带信号调制在电副载

波上。副载波调制可以用标准幅度调幅(AM)、频率调制(FM)或相位调制(PM)技术实现[10]。无论用哪种方法实现,都必须注意光源中产生的信号损伤,包括谐波失真、互调分量,激光器的相对强度噪声(RIN)和激光削波失真。

另外,必须考虑光纤中与频率相关的幅度、相位和群延迟。若在所需的通频带内使发送的信号不受线性失真的影响,光纤就必须有平坦的幅度和群延迟响应。另外,因为模式色散限制的频带宽度难以均衡,所以最好选择单模光纤。光纤的衰减也是非常重要的,因为系统的载噪比性能作为接收光功率的函数将随光纤衰减改变。

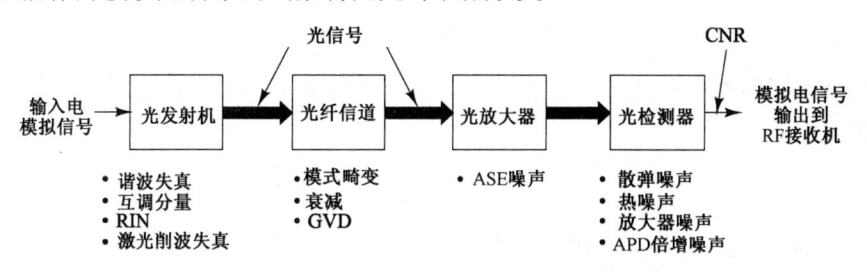

图 9.1 模拟链路的基本组成单元和主要噪声因素

在链路中使用光放大器会导致附加噪声,这就是所谓放大的自发辐射(ASE)噪声,有关这方面的内容将在第 11 章中介绍。光接收机中,主要的损伤是量子噪声或散弹噪声、APD 倍增噪声和热噪声。

9.2 载噪比的概念

对于模拟系统的性能分析,一般是在光检测过程之后 RF 接收机的输入端通过计算载波功率的均方根值与噪声功率的均方根值之比,这就是所谓载噪比(CNR)。下面看一看典型的数字和模拟信号的 CNR 值。对数字数据考虑使用频移键控(FSK)的方式,这种调制方式,正弦载波的幅度保持为常数,而从一个频率改为另一个频率即代表二进制信号。对于 FSK,BER 分别为 10^{-9} 和 10^{-15} 时,转换为 CNR 值则分别为 36(15.6 dB)和 64(18.0 dB)。模拟信号的分析要更为复杂一些,因为就像电视图像那样信号质量有时还要依赖于用户感觉上的认识。一个广泛应用的模拟信号是 525 线的演播级电视信号。若使用幅度调制(AM)发送这样的信号,需要的 CNR 值为 56 dB,这是因为对带宽使用效率的要求导致了高信噪比要求。若采用频率调制(FM)则只需要 15~18 dB 的 CNR 值。

若用 CNR_i 代表某一特殊噪声成分(例如散弹噪声)导致的载噪比,则对含有 N 个噪声因子的系统,其总的 CNR 值由下式给出

$$\left(\frac{1}{CNR_{total}}\right)^{-1} = \sum_{i=1}^{N}\left(\frac{1}{CNR_i}\right)^{-1} \tag{9.1}$$

对于只含有一个单独的信息信道的传输链路,主要的信号损伤包括激光器强度噪声、激光削波、光检测器噪声和光放大器噪声。如果在同一根光纤中同时传送携带不同信息的多个频率不同的载波,则会产生谐波失真和互调失真,同时光放大器也会产生 ASE 噪声。光纤链路中引起信号损伤的三个主要因素是散弹噪声、光放大器噪声和激光削波,其他因素的影响可以采取相应措施加以抑制或消除。

在本节中，将首先分析一个简单的基带传输的单信道幅度调制信号。9.3 节将处理多信道系统，此时互调制噪声变得十分重要。

9.2.1 载波功率

为了计算载波功率，首先分析信号在发射机中的产生过程。如图 9.2 所示，光源的驱动电流由固定的偏置电流和时变的正弦电流叠加而成。光源作为平方律器件其输出光功率 $P(t)$ 的包络和输入的驱动电流有相同的波形。如果时变的模拟驱动信号为 $s(t)$，则输出光功率为

$$P(t) = P_t[1 + ms(t)] \tag{9.2}$$

式中，P_t 是光源在偏置电流处的输出光功率，调制指数 m 由式(4.56)定义。如果用光功率来表示调制指数则有

$$m = \frac{P_{\text{peak}}}{P_t} \tag{9.3}$$

其中 P_{peak} 和 P_t 的定义由图 9.2 给出，模拟应用中典型的 m 取值范围是 0.25~0.50。

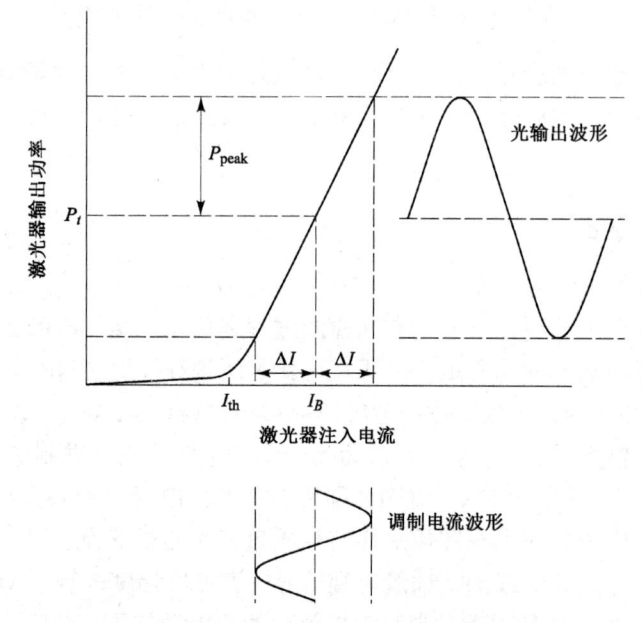

图 9.2 半导体激光器的偏置点及其模拟信号调制响应

对一个正弦接收信号，接收机输出端的载波功率 C(以 A^2 为单位)为

$$C = \frac{1}{2}(m \mathscr{R} M \overline{P})^2 \tag{9.4}$$

式中，$\mathscr{R}$ 是光检测器的单位增益响应度，M 是光检测器的增益(对 pin 光电二极管 $M = 1$)，$\overline{P}$ 是平均接收光功率。

9.2.2 光检测器和前置放大器的噪声

光电二极管和前置放大器的噪声表达式分别由式(6.14)和式(6.15)给出。其中光电二极管的噪声为

$$\langle i_N^2 \rangle = \sigma_N^2 = 2q(i_p + i_D)M^2 F(M)B_e \tag{9.5}$$

正如第 6 章所定义的，$i_p = \mathcal{R}\bar{P}$ 是初始光电流，i_D 是光检测器的体暗电流，M 是光电二极管的增益，与之相伴是过载噪声系数 $F(M)$，B_e 是接收机带宽，于是光检测器的 CNR 为 $\text{CNR}_{\text{det}} = C/\sigma_N^2$。

将式 (6.15) 推广，可以得到前置放大器的噪声为

$$\langle i_{\text{th}}^2 \rangle = \sigma_{\text{th}}^2 = \frac{4k_B T}{R_{\text{eq}}} B_e F_t \tag{9.6}$$

式中，R_{eq} 是光检测器负载和前置放大器的等效电阻，F_t 是前置放大器的噪声系数。于是前置放大器的 CNR 为 $\text{CNR}_{\text{preamp}} = C/\sigma_{\text{th}}^2$。

训练题 9.1 一段 20 km 长的模拟光纤链路的光纤衰减为 1.0 dB/km。假设在发送端，半导体激光器将平均功率 0.1 mW 注入到光纤中，在接收端采用一个接收灵敏度为 0.6 A/W 的 pin 光电二极管。(a)请证明调制指数 $m = 0.5$ 时，接收端的载波功率为 $1.12 \times 10^{-10} \text{A}^2$；(b)如果接收机是热噪声受限的，请证明 CNR 值为 2.4×10^3，其中放大器的负载电阻为 50 Ω、噪声系数为 1.5 dB、温度 $T = 300$ K，信号在 100 MHz 的带宽测量。

9.2.3 相对强度噪声(RIN)

在半导体激光器中，输出光的幅度或强度的起伏产生了光强度噪声。这种起伏可以因温度变化或激光器输出的自发辐射而产生。这种随机的强度波动产生的噪声称为相对强度噪声(RIN)，可以用均方强度变化定义。均方噪声电流值由下式给出

$$\langle i_{\text{RIN}}^2 \rangle = \sigma_{\text{RIN}}^2 = \text{RIN}(\mathcal{R}M\bar{P})^2 B_e \tag{9.7}$$

由此可见，由激光幅度起伏产生的 CNR 为 $\text{CNR}_{\text{RIN}} = C/\sigma_{\text{RIN}}^2$。其中 RIN 的单位为 dB/Hz，可以用噪声信号功率比来定义，即

$$\text{RIN} = \frac{\langle (\Delta P_L)^2 \rangle}{\bar{P}_L^2} \tag{9.8}$$

其中 $\langle (\Delta P_L)^2 \rangle$ 为输出激光的强度起伏均方值，$\bar{P}_L$ 是激光强度的平均值。这种噪声随注入电流的增加而减小，它们之间的关系为

$$\text{RIN} \propto \left(\frac{I_B}{I_{\text{th}}} - 1 \right)^{-3} \tag{9.9}$$

其中 I_B 是图 9.2 上的偏置电流，I_{th} 是阈值电流。在器件供应商提供的数据表上，1550 nm DFB 激光器的典型 RIN 值的范围为 $-152 \sim -158$ dB/Hz。把式 (9.4)～式 (9.7) 的结果代入式 (9.1) 中，可得到单信道 AM 系统的载噪比，即

$$\frac{C}{N} = \frac{\frac{1}{2}(m\mathcal{R}M\bar{P})^2}{\text{RIN}(\mathcal{R}M\bar{P})^2 B_e + 2q(i_p + i_D)M^2 F(M)B_e + (4k_B T/R_{\text{eq}})B_e F_t} \tag{9.10}$$

训练题 9.2 一个单模 GaAsP 激光器的 RIN = -155 dB/Hz = 3.16×10^{-16} Hz^{-1}。假设激光器的平均光输出功率为 2 mW。如果激光器直接进入一个具有 0.6 A/W 灵敏度和 100 MHz 带宽的 pin

光检测器接收中。请证明(a)在 100 MHz 带宽内功率波动的 rms(均方根)值为 3.16×10^{-7} W；(b)由激光器 RIN 导致的激光器噪声电流 rms 值为 2.13×10^{-7} A。

9.2.4 C/N 极限条件

下面来探讨一些 C/N 的极限条件，如图 9.3 所示。当接收机的光功率较低时，系统中的噪声主要是前置放大器电路的噪声，此时有

$$\left(\frac{C}{N}\right)_{\text{limit 1}} = \frac{\frac{1}{2}(m\mathcal{R}M\bar{P})^2}{(4k_BT/R_{\text{eq}})B_eF_t} \tag{9.11}$$

在这种情形下，载噪比与接收光功率的平方成正比，所以接收光功率每变化 1 dB，C/N 的值将改变 2 dB。

对于设计较好的光电二极管，与中等强度的接收光信号的散弹(量子)噪声相比，体暗电流和表面暗电流产生的噪声很小。因此在中等强度接收光信号条件下，系统噪声主要是光电二极管量子噪声，此时有

$$\left(\frac{C}{N}\right)_{\text{limit 2}} = \frac{\frac{1}{2}m^2\mathcal{R}\bar{P}}{2qF(M)B_e} \tag{9.12}$$

由此可见，接收光功率每变化 1 dB，载噪比也变化 1 dB。

如果激光器的 RIN 值很高，反射噪声将超过其他噪声项成为起主导作用的噪声因素，于是载噪比为

$$\left(\frac{C}{N}\right)_{\text{limit 3}} = \frac{\frac{1}{2}m^2}{\text{RIN}B_e} \tag{9.13}$$

它是一个常数。这种情况下，系统性能只有通过调制指数的提高才能得到改善。

例 9.1 作为极限条件的一个例子，考虑一个激光器发射机和一个 pin 光电二极管接收机构成的链路，具有以下性能参数：

发射机	接收机
$m = 0.25$	$\mathcal{R} = 0.6$ A/W
RIN $= -143$ dB/Hz	$B_e = 10$ MHz
$P_c = 0$ dBm	$i_D = 10$ nA
	$R_{\text{eq}} = 750\ \Omega$
	$F_t = 3$ dB

其中 P_c 是耦合进光纤的功率。为了看到不同形态的噪声对载噪比的影响，图 9.3 给出了作为接收光功率函数的 C/N 曲线。从图中可以看到，在接收功率很高的情况下光源噪声成为主要噪声，C/N 的值是一个常数。对于中等大小的接收光功率，主要噪声为量子噪声，接收光功率每减少 1 dB，C/N 的值就降低 1 dB。在接收光功率很低时，接收机的热噪声成为主要噪声因素，这时接收光功率每减少 1 dB，C/N 的值就降低 2 dB。有一点很重要，就是应注意极限条件明显地依赖于发射机和接收机的特性。例如，低阻抗型放大器中接收机的热噪声是限制系统性能的主要因素，这对于所有实际可能的链路长度都成立(见习题 9.1)。

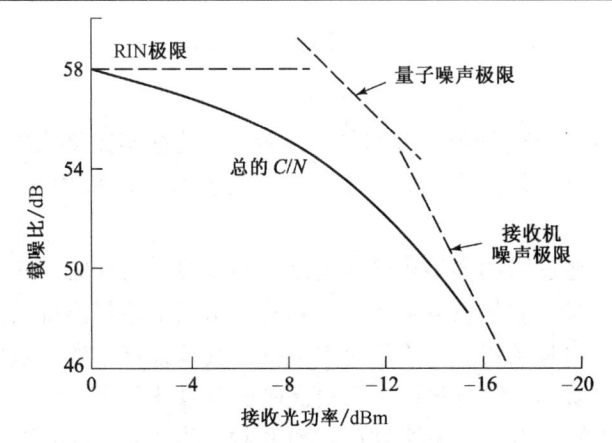

图9.3 作为接收光功率函数的载噪比，在高接收功率时，RIN 是主要噪声；在中等大小接收光功率时量子噪声成为主要噪声，接收光功率每减少 1 dB 时，C/N 的值就降低 1 dB；在低接收功率时，接收光功率每减少 1 dB，接收机的 C/N 值就减少 2 dB

9.3 多信道幅度调制

模拟光纤链路的最初广泛应用，始于 20 世纪 80 年代末期，主要用于 CATV(有线 TV)网络[11]。这些同轴电缆电视网络的工作频率范围为 50～88 MHz 和 120～550 MHz。88～120 MHz 频段之所以没有用，是因为这个频段被 FM 无线电广播所占用。CATV 网络可以提供 80 个以上的残留边带调幅(AM-VSB)视频通道，每个通道有 6 MHz 的信道带宽以及 4 MHz 的噪声带宽，其信噪比超过 47 dB。为了与已存在的同轴电缆网络相兼容，多信道 AM-VSB 格式也用于光纤传输系统。

图 9.4 描述了复用 N 个独立消息的技术。信道 i 所承载的信息信号通过幅度调制到一个频率为 f_i 的载波上，其中 $i = 1,2,\cdots,N$。然后一个 RF 功率合成器复用这些已调制载波，产生一个合成的频分复用(FDM)信号用以对半导体激光器进行强度调制。在接收端通过一系列并联的带通滤波器把混合的载波分开成为单个信道，其中单独的消息信号通过标准的 RF 技术可以从载波中恢复出来。

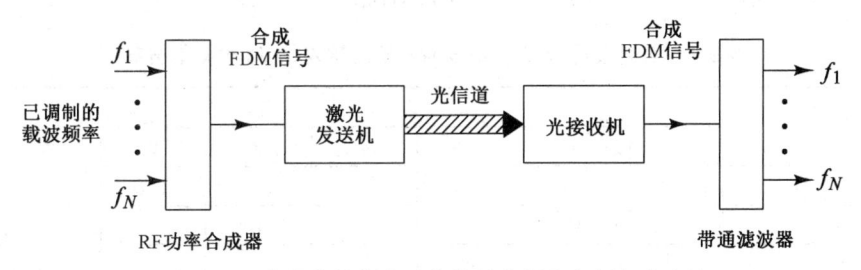

图9.4 N 个独立的信息承载信号的频分复用标准方法

大量的有随机相位的 FDM 载波，以功率为基础相加。于是对有 N 个信道，而每个信道的调制指数为 m_i，则光调制指数(OMI) m 与 m_i 之间的关系为

$$m = \left(\sum_{i=1}^{N} m_i^2\right)^{1/2} \tag{9.14}$$

若每个信道的调制指数 m_i 取相同的值 m_c,则有

$$m = m_c N^{0.5} \tag{9.15}$$

也就是说,当频分复用 N 个信号用以调制单一光源时,其载噪比将比单信道降低 $10 \log N$ 分贝。如果复用少许几个信道,则合成信号为电压相加而非功率相加,此时载噪比将降低 $20 \log N$ 分贝。

当有多个载波频率通过诸如半导体激光器这样的非线性器件时,除了原来的信号频率,还会产生其他的频率分量。例如在 4.4 节中讲到的,这些不希望出现的信号称为互调分量,它们可以在信道的频带内和频带外产生严重的干扰,其结果将导致传输信号的劣化。在互调分量中,通常只考虑二阶和三阶分量,因为更高阶的分量非常小。

频率为 $f_i+f_j-f_k$(通常称为三重差拍 IM 分量)和频率为 $2f_i-f_j$(通常称为双频三阶 IM 分量)的三阶互调(IM)失真分量是最为重要的,因为有许多这样的分量将会落在多信道系统的带宽之中。例如,有 50 个信道的 CATV 网络,其工作频率范围为标准的 55.25~373.25 MHz,在 54.0 MHz 处有 39 个二阶 IM 分量,在 229.25 MHz 处有 786 个三阶 IM 谐频。三重差拍分量的幅度比双频三阶 IM 分量要高出 3 dB。又因为三重差拍项有 $N(N-1)(N-2)/2$ 个,而双频三阶项只有 $N(N-1)$ 个,所以三重差拍分量是 IM 噪声的主要成分。

如果信号的通频带包括很多的彼此间隔相同的载波,则会有多个 IM 项在同一频率点或其附近出现,这种所谓的差拍堆积是以功率为基础相加的。例如,对 N 个彼此间隔相同、振幅相等的载波,正好落在第 r 个载波处[12]的频率为 $2f_i-f_j$ 的双频三阶 IM 分量的数量为

$$D_{1,2} = \frac{1}{2}\left\{N - 2 - \frac{1}{2}[1-(-1)^N](-1)^r\right\} \tag{9.16}$$

而频率为 $f_i+f_j-f_k$ 的三阶三重差拍项数量则由下式给出

$$D_{1,1,1} = \frac{r}{2}(N-r+1) + \frac{1}{4}\left\{(N-3)^2 - 5 - \frac{1}{2}[1-(-1)^N](-1)^{N+r}\right\} \tag{9.17}$$

由于双频三阶项几乎均匀分布在工作通频带内,而三阶差拍分量则集中在信道通频带的中间,所以中心附近的载波将承受主要的互调干扰。表 9.1 和表 9.2 给出了信道数目 N 从 1 到 8 时三阶三重差拍和三阶双频 IM 分量的分布情况。

表 9.1　信道数目 N 从 1 到 8 时三阶三重差拍 IM 分量的分布

N	r							
	1	2	3	4	5	6	7	8
1	0							
2	0	0						
3	0	1	0					
4	1	2	2	1				
5	2	4	4	4	2			
6	4	6	7	7	6	4		
7	6	9	10	11	10	9	6	
8	9	12	14	15	14	12	9	

表 9.2　信道数目 N 从 1 到 8 时三阶双频 IM 分量的分布

N	r							
	1	2	3	4	5	6	7	8
1	0							
2	0	0						
3	1	0	1					
4	1	1	1	1				
5	2	1	2	1	2			
6	2	2	2	2	2	2		
7	3	2	3	2	3	2	3	
8	3	3	3	3	3	3	3	3

对差拍累积的影响，通常用所谓组合二阶（CSO）和组合三重差拍（CTB）来描述多信道 AM 链路的性能。CSO 和 CTB 的定义[1,12,13]分别为

$$\text{CSO} = \frac{\text{峰值载波功率}}{\text{组合二阶IM差拍的峰值功率}} \tag{9.18}$$

和

$$\text{CTB} = \frac{\text{峰值载波功率}}{\text{组合三阶IM差拍的峰值功率}} \tag{9.19}$$

9.4　无杂散动态范围

模拟链路的动态范围与两个频率的三阶互调有关。假设两个相同大功率的信号频率分别为 f_1 和 f_2，如图 9.5 所示，这两个信号会产生二阶信号 $2f_1$，$2f_2$ 和 $f_1 \pm f_2$，以及三阶互调信号 $2f_1 \pm f_2$ 和 $2f_2 \pm f_1$。二阶参量落在带外，不需要考虑，然而，三阶参量落在系统带宽之内，所以不能不考虑，而且不能简单地靠滤波技术来滤除。为了研究系统工作需求，假设图 9.5 的情况，如果有两个相等功率信号发生三阶互调，它产生的频率将落在最弱工作通道上。参数 ΔP 为最强和最弱通道信号功率之差，$\text{CNR}_{\min}$ 为最弱信号正常接收所需要的最小载噪比，对于图 9.5 中的情况，可以看出两个大功率载波信号的三阶互调分量的功率等于噪声功率。

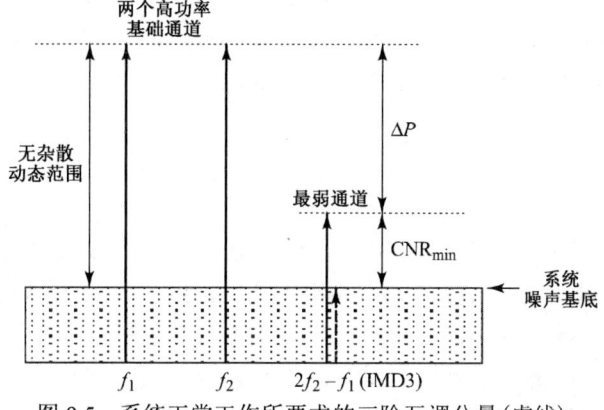

图 9.5　系统正常工作所要求的三阶互调分量（虚线）

对于标准的模拟链路,三阶互调分量会随着输入射频信号功率的改变而改变。图 9.6 展示了这种变化,并且表明基础输出信号功率与输入射频功率呈线性关系。无杂散动态范围(SFDR)定义为在三阶互调信号功率等于噪声基底功率时,基础载波与三阶互调信号功率之比。这就意味着 SFDR 是在无杂散噪声引起基础信号失真条件下的可用动态范围。因此,根据图 9.5,SFDR 必须大于 $CNR_{min} + \Delta P$。

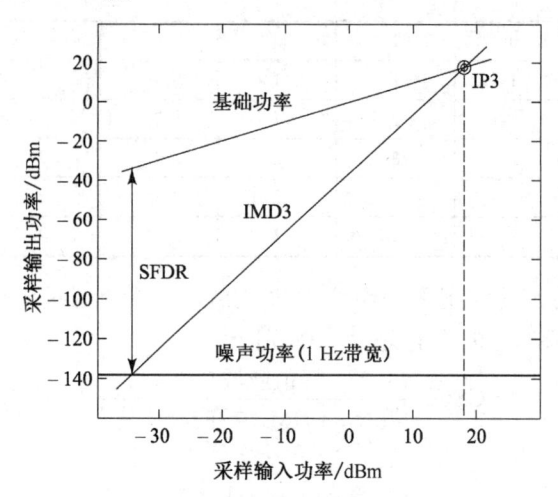

图 9.6 SFDR 定义为在三阶互调信号功率等于噪声基底功率时,基础载波功率与三阶互调信号功率之比

在图 9.6 中,点 IP3 表示在此输入功率的情况下,载波信号功率等于三阶互调信号功率。根据图 9.6,可以给出 SFDR 的定义

$$\text{SFDR} = \frac{2}{3} 10 \log \frac{\text{IP3}}{N_{\text{out}} R_{\text{load}}} \tag{9.20}$$

SFDR 的单位是 $dB \cdot Hz^{2/3}$。多种文献中提供了不同的 SFDR 测量方法,归纳在参考文献[14]中。测量所得到的一般趋势显示 SFDR 与其频率有关,直调微波链路有较大的 SFDR(在 1 GHz 时可以达到 125 $dB \cdot Hz^{2/3}$),但是当频率大于 1 GHz 时,SFDR 性能下降明显。这是由于激光器的非相干畸变效应,当激光器工作频率接近张弛振荡峰值(见图 4.27)时,其性能变得更差。若采用外调制器,则在 1 GHz 以下频段其 SFDR 不如直接调制好,但是当频率更高时其性能就会更好。例如当频率为 17 GHz 时,MZM 调制器的 SFDR 可以达到 112 $dB \cdot Hz^{2/3}$。

训练题 9.3 考虑模拟链路在 3 GHz 和 3.001 GHz 有相等的信号功率。计算(a)在 6 GHz 和 6.002 GHz 处的二阶谐波电流;(b)在 0.001 GHz 和 6.001 GHz 处的二阶互调毛刺;(c)三阶互调毛刺在 2.999 GHz 和 3.002 GHz 处的三阶互调毛刺。

9.5 光载射频链路

无线链路从单独传输话音信号到提供各种宽带服务,为光载射频(ROF)的发展提供了广阔空间[2-9]。受接入网以及基站(BS)和快速移动用户之间高速通信(2.5 Gbps)的无缝连接的需求驱动,光和无线接入网的融合得以快速发展。构建光载射频链路包括无线基站天线、无线用户接入、中心站、光纤链路、室内(大型办公大楼、机场、医院、会议中心以及医院等)终端用户以及家庭个人无线局域网。移动用户的服务包括宽带接入、快速点对点文件传输、高清电视以及在线多人游戏。根据网络类型,光链路可以采用单模光纤、50 μm 或 62.5 μm 芯径多模光纤,也可采用大芯径聚合物光纤。

光载射频用途之一是无线宽带网络基站天线与中心站之间的宽带无线接入。图 9.7 展示了这样一个基本系统网络框架。这里天线基站采用毫米波技术为用户提供接入。基站的服务范围称为微蜂窝(直径小于 1 km)或者微微小区或者热点区域(半径为 5~50 m)。基站连接到微蜂窝控制中心站,这个中心站能够实现射频信号调制、解调、通道控制、交换和路由功能。

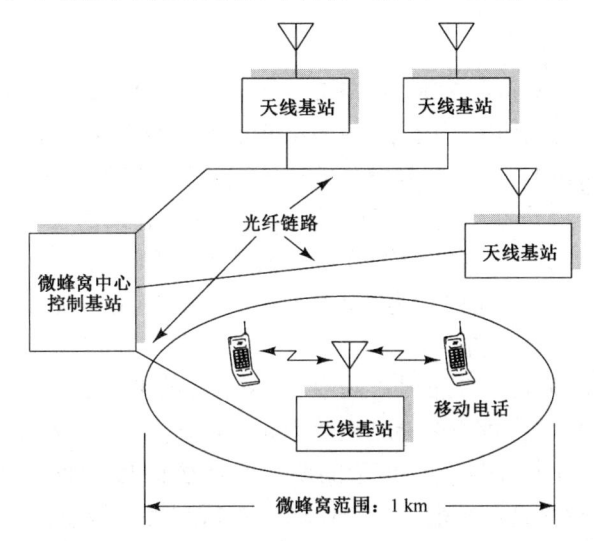

图 9.7 天线基站通过光载射频与中心控制站互连的无线宽带接入网架构

9.6 微波光子学

微波光子学主要研究工作在微波频率的光子器件及其应用。开发应用的主要器件如下:

- 高频、低损耗光外调制器,要求具有线性传输函数,光功率容量可达 60 mW;
- 调制速率达到数十吉赫兹、高斜率效率、低 RIN 的光源;
- 工作频率可以达到 20~60 GHz 的高速光检测器和光接收机;
- 可以实现标准电滤波器功能的微波光子滤波器。

除了器件发展,微波光子学关注微波速率上光信号在处理以及设计和实现射频光子链路传输系统。例如,数吉赫兹采样的光信号处理包括信号滤波、模/数转换、频率转换和混频、信号相关运算、任意波形产生以及相控阵雷达的波束成形等。

9.7 小结

尽管在光纤通信链路中已经广泛使用了数字传输技术,但有时以原始模拟信号的模式传输信息比先把它转换为数字信号更具优势。实际上,由于新兴的宽带无线通信器件的使用,人们已经研发了在多种应用中使用模拟光纤链路分发宽带微波频率信号的方案。

无线器件从单纯的语音通信发展到众多宽带应用服务,这个转变使人们非常关注 ROF 链路。光和无线接入网络的融合是受需求的驱动的,人们希望接入网和固定的或快速移动的移动用户之间以至少 2.5 Gbps 的速率无缝连接。ROF 链路的应用包括用无线接入网络中的中心控制室进行天线站的互联，为室外环境(比如，大型办公楼、机场候车室、医院、会议中心以及宾馆)接入无线服务，以及接入家中的个人网络。移动用户感兴趣的服务包括宽带 Internet 接入、快速点到点文件传输、高清视频、在线多人游戏。根据网络类型，光链路可以使用单模光纤、纤芯直径为 50 μm 或 62.5 μm 的多模光纤，或大纤芯多模聚合体光纤。

习题

9.1 商用宽带接收机的等效电阻为 $R_{eq} = 75\ \Omega$，当 $R_{eq} = 75\ \Omega$，保持发射机和接收机的参数与例 9.1 相同，在接收光功率范围为 $0\sim-16$ dBm 时计算总载噪比，并作出相应的曲线。利用式(9.10)到式(9.13)推导其载噪比的极限表达式。证明当 $R_{eq} = 75\ \Omega$ 时，在任何接收光功率电平下热噪声都超过量子噪声，成为起决定作用的噪声因素。

9.2 假设一个 5 信道的频分复用(FDM)系统的载波分别为 f_1，$f_2 = f_1 + \Delta$，$f_3 = f_1 + 2\Delta$，$f_4 = f_1 + 3\Delta$，$f_5 = f_1 + 4\Delta$，其中 Δ 为载波之间的间隔。在频率轴上，给出三重差拍和双频三阶互调分量的数量和位置。

9.3 假设想要频分复用 60 路 FM 信号，其中 30 路信号的单个信道的调制指数为 $m_i = 3\%$，而另外 30 路信号的单个信道的调制指数为 $m_i = 4\%$，试求出激光器的光调制指数。

9.4 假设一个系统有 120 个信道，每个信道的调制指数为 2.3%，链路包括一段损耗为 1 dB/km 的 12 km 长的单模光纤，每端有一个损耗为 0.5 dB 的连接器；激光光源耦合进光纤的功率为 2 mW，光源的 RIN = -135 dB/Hz；pin 光电二极管接收机的响应度为 0.6 A/W，$B_e = 5$ GHz，$i_D = 10$ nA，$R_{eq} = 50\ \Omega$，$F_t = 3$ dB，试求本系统的载噪比。

9.5 如果习题 9.4 中的 pin 光电二极管用一个 $M = 10$ 和 $F(M) = M^{0.7}$ 的 InGaAs 雪崩光电二极管代替，系统的载波噪声比又是多少？

9.6 假设一个有 32 个信道的 FDM 系统，每个信道的调制指数为 4.4%，若 RIN = -135 dB/Hz，假定 pin 光电二极管接收机的响应度为 0.6 A/W，$B_e = 5$ GHz，$i_D = 10$ nA，$R_{eq} = 50\ \Omega$，$F_t = 3$ dB。

(a) 若接收光功率为 -10 dBm，求这个链路的载噪比；

(b) 若每个信道的调制指数增加到 7%，接收光功率减少到 -13 dBm，求这个链路的载噪比。

习题解答(选)

9.2

传输系统

三阶差拍分量

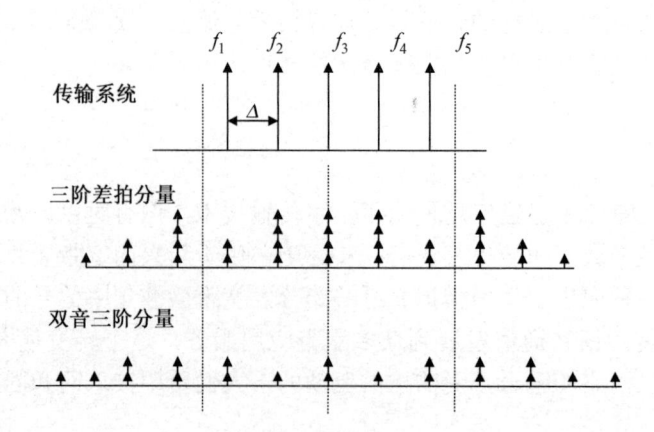

双音三阶分量

9.3　从式(9.14)可知，总光调制指数是 27.4%；

9.4　从式(9.14)可知，总光调制指数是 25.0%；

接收功率是 -10 dBm $= 100$ μW；

负载功率是 $0.5 \times (15 \times 10^{-6} \text{ A})^2$；

令 RIN $= -135$ dB/Hz $= 3.162 \times 10^{-14}$/Hz，源噪声为

$$\langle i_s^2 \rangle = \text{RIN}(\mathscr{R} P)^2 B_e = 5.69 \times 10^{-13} \text{ A}^2$$

散粒噪声为

$$\langle i_{\text{shot}}^2 \rangle = 2q(\mathscr{R} P + i_D) B_e = 9.5 \times 10^{-14} \text{ A}^2$$

热噪声为

$$\langle i_{\text{th}}^2 \rangle = \frac{4 K_B T}{R_{\text{eq}}} F_e = 8.25 \times 10^{-13} \text{ A}^2$$

因此载波噪声比 C/N = 75.6 或以 dB 为单位：C/N = 10log75.6=18.8 dB。

9.5　当使用 APD 时，负载功率和散粒噪声会改变。

负载功率为 $0.5 \times (15 \times 10^{-5} \text{ A}^2)$。

散粒噪声为

$$\langle i_{\text{shot}}^2 \rangle = 2q(\mathscr{R} P + i_D) M^2 F(M) B_e = 4.76 \times 10^{-10} \text{ A}^2$$

因此载波噪声比 C/N = 236.3 或以 dB 为单位，C/N = 23.7 dB。

9.6　(a) 调制参数为 $m = \left[\sum_{i=1}^{32} (0.044)^2 \right]^{1/2} = 0.25$ 。

接收功率为 -10 dBm $= 100$ μW；

剩下的答案与习题 9.4 的答案相同。

(b) 调制参数为 $m = \left[\sum_{i=1}^{32} (0.07)^2 \right]^{1/2} = 0.396$ 。

接收功率为 -13 dBm $= 50$ μW；

负载功率为 $0.5 \times (1.19 \times 10^{-5} \text{ A})^2 = 7.06 \times 10^{-11} \text{ A}^2$

令 RIN $= -135$ dB/Hz $= 3.162 \times 10^{-14}$ Hz，源噪声为

$$\langle i_s^2 \rangle = \text{RIN}(\mathscr{R} P)^2 B_e = 1.42 \times 10^{-13} \text{ A}^2$$

散粒噪声为

$$\langle i_{\text{shot}}^2 \rangle = 2q(\mathscr{R} P + i_D) B_e = 4.8 \times 10^{-14} \text{ A}^2$$

热噪声为

$$\langle i_{\text{th}}^2 \rangle = \frac{4 K_B T}{R_{\text{eq}}} F_e = 8.25 \times 10^{-13} \text{ A}^2$$

因此载波噪声比 C/N = 69.6 或以 dB 为单位，C/N = 10 log 69.6 = 18.4 dB。

原著参考文献

1. A. Brillant, *Digital and Analog Fiber Optic Communication for CATV and FTTx Applications*（Wiley, Hoboken, 2008）

2. T. Nagatsuma, G. Ducoumau, C.C. Renaud, Advances in terahertz communications accelerated by photonics. Nat. Photonics **10**(6), 371-379 (2016)

3. J. Yao, Microwave Photonics (Tutorial). J. Lightwave Technol. **27**(3), 314-335 (2009)

4. K.Y. Lau, RF transport over optical fiber in urban wireless infrastructures. IEEE J. Opt. Commun. Netw. **4**(4), 326-335 (2012)

5. J. Capmany, G. Li, C. Lim, and J. Yao, Microwave photonics: current challenges towards widespread application. Opt. Expr. **21**(19), 22862-22867 (2013)

6. D. Novak, R.B. Waterhouse, A. Nirmalathus, C. Lim, P.A. Gamage, T.R. Clark, Jr., M.L. Dennis, J.A. Nanzer, Radio-over-fiber technologies for emerging wireless systems. IEEE J. Quantum Electr. **52** (2016)

7. W. Zhang, J. Yao, Silicon-based integrated microwave photonics (review). IEEE J. Quantum Electr. **52** (2016)

8. C. Ranaweera, E. Wong, A. Nirmalathas, C. Jayasundara, C. Lim, 5G C-RAN with optical fronthaul: an analysis from a deployment perspective. J. LightwaveTechnol. **36**(11), 2059-2068 (2017)

9. R. Katti, S. Prince, A survey on role of photonic technologies in 5G communication systems. Photon Netw. Commun. **38**, 185-205 (2019)

10. R.E. Ziemer, W.H. Tranter, *Principles of Communications: Systems, Modulation, and Noise*, 7th edn. (Wiley, Hoboken, 2014)

11. H.H. Lu, W.S. Tsai, A hybrid CATV/256-QAM/OC-48 DWDM system over an 80-km LEAF transport. IEEE Trans. Broadcasting **49**(1), 97-102 (2003)

12. C. Cox, *Analog Optical Links* (Cambridge University Press, 2004 (print version), 2009 (online version))

13. D. Large, J. Farmer, *Modern Cable Television Technology* (Elsevier, Amsterdam, 2004)

14. C.H. Cox, E.I. Ackerman, G.E. Betts, J.L. Prince, Limits on the performance of RF-over-fiber links and their impact on device design. IEEE Microwave Theory Tech. **54**, 906-920 (2006)

第 10 章 WDM 概念和光器件

摘要：波分复用技术又称 WDM，是基于光信号能够在很宽的光谱范围内高效传输的特性，将多个独立的承载信息的波长集合到同一根光纤内传输的技术。本章介绍了 WDM 的工作原理，描述了 WDM 链路所需的各种光源和无源器件，介绍了通用 WDM 链路的功能，并讨论了为波长复用方案指定独立信道的国际标准化频谱网格。

光纤最典型的工作特点是拥有可以有效传送光信号的宽谱区域。对于全波光纤，这个区域包括从 400 nm 以上的 O 波段到 L 波段光谱，而 T 波段的 260 nm 光谱可用于数据中心等较短的链路。大容量光纤通信系统中使用的光源，其发射波长线宽小于 1 nm，因此在此波长范围内可以同时使用多个独立的光波长信道。把多个独立传送信息的波长复合送进同一根光纤传输的技术就称为波分复用(WDM)[1-6]。

10.1 节讲述 WDM 的工作原理，介绍常规 WDM 链路的功能，还将讨论两种不同的波长分割复用架构的国际标准。10.2～10.6 节讲述在发送端复合波长、在接收端分离成单个信道所需要的不同种类的无源光器件，在 WDM 系统中使用这些器件时的一个重要因素是确保一个信道的光信号功率不能漂移到相邻信道占用的谱域。

WDM 技术在多种通信链路中获得应用，包括陆地长途和海底传输系统、城域网以及光纤到驻地(FTTP)的接入网。第 13 章将讲述 WDM 在各种通信网络中的应用。

10.1 WDM 概述

最初的光纤链路是 1980 年前后使用的由点对点的简单连接构成的。在这些链路中，一根光纤线路在发送端有一个光源，在接收端有一个光检测器。在这些早期的系统中，来自不同光源的信号使用各自独立的光纤。由于典型的激光源谱宽只占用光纤可用带宽很窄的一部分，这些单个的系统远没有充分利用光纤的大带宽容量。WDM 的最初应用是对已经安装的点对点传输链路进行容量升级，通过增加波长来达到这一目的，为了克服在不同激光源和接收端光波长分路器件上附加严格的波长公差要求，这些波长之间需要有几十纳米乃至 200 nm 的间隔。

随着具有极窄线宽(小于 1 nm)的高质量光源的出现，可以在同一根光纤中安排多个间隔小于 1 nm 的独立波长信道。与最初只有一个波长的点对点链路相比，WDM 可以明显地提升光纤网络的容量。例如，如果每个波长支持一个独立的 10 Gbps 的传输速率，则这些附加的信道就可以明显地提升单根光纤的容量。WDM 的另一个优势是不同的光信道可以支持不同的传输格式。因此，使用不同的波长，任意速率、不同格式的信息可以在同一根光纤上同时独立传输，而不需要相同的信号结构。

10.1.1 WDM 的工作原理

WDM 的特征是一系列离散的波长形成相互正交的载波序列，这些载波可以在互不干扰的情况下进行分离、路由和交换。只要总的光强足够低，使得受激布里渊散射和四波混频等降低链路性能的非线性效应不致产生，这一特性就可以保持(见第 12 章)。

WDM 网络的实现需要各种各样无源或/和有源器件在不同波长上对光信号功率进行组合、分段、隔离和放大。无源器件工作时不需要外部控制，因此其应用灵活性多少要受到限制。无源器件主要用于分路、合路或选择光信号。有源器件的波长相关性能可以用电或光来控制，因此在很大程度上提高了网络的灵活性。有源 WDM 器件包括可调谐光滤波器、可调谐光源和光放大器，波长开关以及光波长转换器。

图 10.1 给出了包含各种类型光放大器(将在第 11 章讨论)的典型 WDM 链路中使用的各种有源和无源器件。在发送端有多个独立调制的光源，每一个都在一个确定的波长上发射信号。复用器用来将这些光输出组合到连续波长信号谱内，并把这些光信号耦合进同一根光纤。在接收端，使用解复用器将这些光信号分离并送入正确波长的检测通道，然后进行信号处理。用于补偿沿传输路径的功率损耗的各种类型的光放大器是链路中有源设备的一个例子(见第 11 章)。

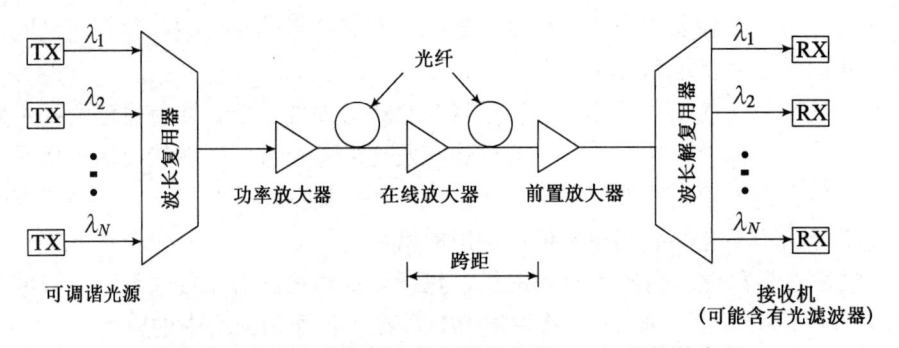

图 10.1　包含各种类型光放大器的典型 WDM 网络的实现

如图 10.2 所示，从 O 波段到 L 波段范围内有许多独立的工作区域，在这些区域内可以同时使用多个窄线宽光源。我们可以利用谱宽(由光信号带占用的波长带宽)或光带宽(由光信号占用的频带)来分析这些区域。为了在这个区域中找到与特定谱宽对应的光带宽，联系波长 λ 和载波频率 ν 的关系式为 $c=\lambda\nu$，c 是光速。在 $\Delta\lambda \ll \lambda^2$ 条件下，波长间隔和频率间隔之间的关系为

$$|\Delta v| = \frac{c}{\lambda^2}|\Delta\lambda| \tag{10.1}$$

式中频率间隔 $\Delta \nu$ 与 λ 附近的波长偏差 $\Delta\lambda$ 对应。

例 10.1　考虑具有如图 10.2 所示损耗特性的光纤，在(a)中心波长为 1420 nm 的 O 波段；(b)中心波长为 1520 nm 的组合 S 和 C 波段，可用的谱宽是多少？

解：(a)从式(10.1)可得，中心波长为 1420 nm 的 O 波段可用谱宽 $\Delta\lambda = 100$ nm，光带宽 $\Delta\nu = 14$ THz。

(b)类似地，在中心波长为 1520 nm 覆盖 S 和 C 波段的低损耗区域可用谱宽 $\Delta\lambda = 105$ nm，光带宽 $\Delta\nu = 14$ THz。

分配给特定光源的工作频带通常为 25～100 GHz(相当于 1550 nm 波长附近 0.25～0.8 nm 谱宽)，在选择光源频带或谱带的精确宽度时，需要考虑到激光器发射峰值波长的漂移和其他链路器件波长响应的时间变化，这些参数变化可能由器件老化或温度变化等因素产生。

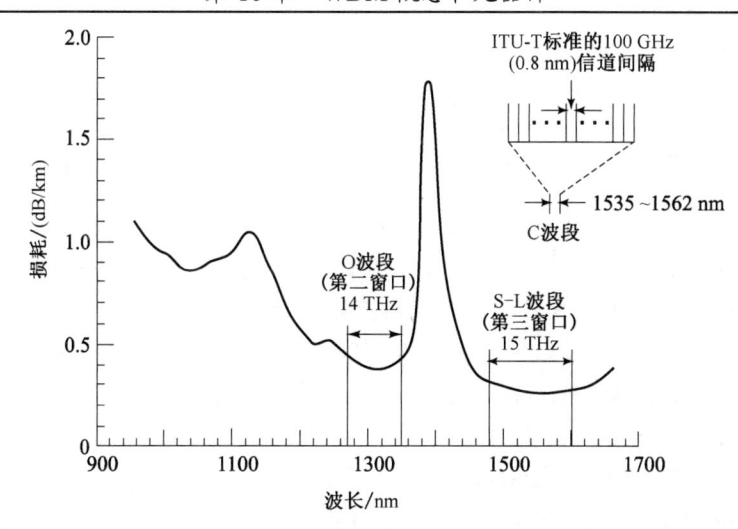

图 10.2 在 O 波段和 C 波段（1310 nm 和 1550 nm 窗口）的传输带宽内允许同时使用多个窄谱光源。ITU-T 标准指定 WDM 的信道间隔为 100 GHz

根据光发射链路选择的工作频带，在不同的谱带内有许多可用的工作区域。工程上使用大量不同发射波长的光源，确保相邻波长间有足够的间隔，以避免引起干扰。这就意味着需要高度稳定的光发射机，使来自各光源的独立信息流在接收端变换为电信号时依然保持其完整性。例如，给定的光源可能被指定为波长是 1557.363 ± 0.005 nm（或等效的 192.50 THz）。

例 10.2 如果窄线宽激光器在 0.8 nm 的谱带（相当于 1550 nm 处 100 GHz 频率间隔）内发送信号，可以在：(a) C 波段；(b) 组合的 S 和 C 波段内将多少个独立的信号发送到同一根光纤上？

解：(a) 因为 C 波段范围为 1530～1565 nm，可以得到 $N = (35\ \text{nm})/(0.8\ \text{nm}\ 每信道) = 43$ 个独立信道。

(b) 因为组合的 S 和 C 波段范围为 1460～1565 nm，可以得到 $N = (105\ \text{nm})/(0.8\ \text{nm}\ 每信道) = 131$ 个独立信道。

例 10.3 假设一个标准间隔为 $\Delta \nu = 200$ GHz 的 16 信道的 WDM 系统，其频率 ν_n 与波长 λ_n 相对应，定义 $\lambda_1 = 1550$ nm，计算前两个信道（信道 1 和信道 2）之间的波长间隔，以及后两个信道（信道 15 和信道 16）之间的波长间隔？通过结果可以得到，除了用标准的等效频率信道间隔定义波长带宽，是否还可以用等效波长间隔来定义？

解：要找到前两个信道（信道 1 和信道 2）之间的波长间隔，首先要寻找这些信道的频率差异。信道 N 的频率为 $\nu_N = \nu_1 + (N-1)\Delta\nu$，其中 $\Delta\nu = 200$ GHz。

$\nu_1 = c/\lambda_1 = (3 \times 10^8\ \text{m/s})/(1550\ \text{nm}) = 193.5483$ THz

$\lambda_2 = c/\nu_2 = c/[\nu_1 + (2-1)\Delta\nu] = (3 \times 10^8\ \text{m/s})/[(193.5483 + 0.2)\text{THz}] = 1548.40$ nm

因此，在信道 λ_1 与 λ_2 之间的信道间隔为 $\Delta\lambda = 1.6$ nm。同理

$\lambda_{15} = c/\nu_{15} = c/[\nu_1 + (15-1)\Delta\nu] = (3 \times 10^8\ \text{m/s})/[(193.5483 + 2.8)\text{THz}] = 1527.90$ nm

$\lambda_{16} = c/\nu_{16} = c/[\nu_1 + (16-1)\Delta\nu] = (3 \times 10^8\ \text{m/s})/[(193.5483 + 3.0)\text{THz}] = 1526.34$ nm

因此，信道 15 和信道 16 之间的信道间隔为 $\Delta\lambda = 1.55$ nm。

这表明不同的相邻信道之间的信道间隔是不统一的。在上述情况下，在波长两端的信道间隔差别很小（大约 3%），故在定义波长带宽时，等效波长间隔大体接近等效频率间隔。

10.1.2 WDM 标准

由于 WDM 本质上是光载波的频分复用，WDM 标准是国际电信联盟（ITU）用指定信道间频率间隔的方式建立起来的[7-10]。选择固定的频率间隔而不是波长间隔的主要原因是，当把一个激光器锁定到特定的工作模式时，激光器的频率是固定的。G.692 建议是关于 WDM 最早的 ITU-T 规范。ITU G.692 建议指定在以 193.100 THz（1552.524 nm）作为参考频点的栅格中选择信道，信道间隔为 100 GHz（在 1550 nm 附近为 0.8 nm）。G.692 建议可选择的间隔有 50 GHz 和 200 GHz，在 1550 nm 处分别相当于 0.4 nm 和 1.6 nm 的谱宽。

历史上，密集波分复用（DWDM）这个术语一般就是指小波长间隔。ITU-T 发布了特别针对 DWDM 的 G.694.1 建议，建议指定 WDM 工作在 S、C 和 L 波段，为高质量高速率的城域网（MAN）和广域网（WAN）服务，要求 100 GHz 到 12.5 GHz（相当于在 1550 nm 处 0.8～0.1 nm）的窄频率间隔，这需要使用稳定的、高质量的、温度控制、波长控制（频率锁定的）的激光器来实现，比如，25 GHz 信道波长漂移公差是 ±0.02 nm。

表 10.1 列出了 ITU-T G.694.1 建议中 L 波段和 C 波段 100 GHz 和 50 GHz 间隔的密集 WDM 频率表格，表格中"50 GHz 偏移量"一列是指在前一列的 100 GHz 频点中按 50 GHz 的偏移再间插频点，即可得到 50 GHz 间隔的频点序列。例如，L 波段 50 GHz 间隔信道的频点在 186.00 THz，186.05 THz，186.10 THz，等等。需要注意的是，当频率间隔均匀时，根据式（10.1）中给出的关系，波长间隔是不均匀的。

表 10.1 ITU-T G.694.1 建议中 L 和 C 波段内 100 GHz 和 50 GHz 间隔的密集 WDM 使用的频率及波长

L 波段				C 波段			
100 GHz		50 GHz 偏移量		100 GHz		50 GHz 偏移量	
THz	nm	THz	nm	THz	nm	THz	nm
186.00	1611.79	186.05	1611.35	191.00	1569.59	191.05	1569.18
186.10	1610.92	186.15	1610.49	191.10	1568.77	191.15	1568.36
186.20	1610.06	186.25	1609.62	191.20	1576.95	191.25	1567.54
186.30	1609.19	186.35	1608.76	191.30	1567.13	191.35	1566.72
186.40	1608.33	186.45	1607.90	191.40	1566.31	191.45	1565.90
186.50	1607.47	186.55	1607.04	191.50	1565.50	191.55	1565.09
186.60	1606.60	186.65	1606.17	191.60	1564.68	191.65	1564.27
186.70	1605.74	186.75	1605.31	191.70	1563.86	191.75	1563.45
186.80	1604.88	186.85	1604.46	191.80	1563.05	191.85	1562.64
186.90	1604.03	186.95	1603.60	191.90	1562.23	191.95	1561.83

在 100 GHz 应用中，为表示考虑的是 C 波段中哪个信道，ITU-T 使用了一套信道编号方法，即频率 19N.M THz 对应 ITU-T 信道号 NM，例如 194.3 THz 频率对应 ITU 信道 43。

随着全频谱（低含水量）G.652C 和 G.652D 光纤组合产品的问世，以及廉价光源的开发，有可能实现接入网和本地网中使用低成本光链路，于是产生了粗波分复用（CWDM）概念。ITU-T 发布的 G.694.2 建议，定义了 CWDM 光谱表，如图 10.3 所示。CWDM 表由 1270 nm

至 1610 nm（O 到 L 波段）范围内 18 个波长组成，间隔 20 nm，波长漂移公差（可容忍）±2 nm，这可以使用无温度控制的便宜光源来实现。

ITU-T 发布的 G.695 建议简略描述了传输距离为 40～80 km 多信道 CWDM 的光接口规范，建议中包括单向和双向系统（应用于无源光网络）。G.695 建议全部或部分覆盖了 1270～1610 nm 范围，主要是为单模光纤配置的，如 ITU-T 建议的 G.652 和 G.655 光纤。

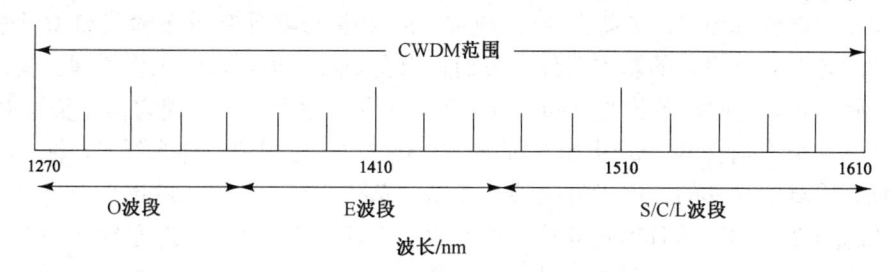

图 10.3 粗波分复用（CWDM）光谱表

10.2 无源光耦合器

无源器件完全工作在光域实现光数据流的分路和合路，包括 $N×N$ 耦合器（$N≥2$）、功分器、功率抽头和星形耦合器，这些器件可以使用光纤以及 $LiNbO_3$、InP、硅、氧氮化硅或各种各样聚合物构成的平面光波导来制作。

大多数无源 WDM 器件可以看成是星形耦合器的变形，图 10.4 给出了一个可以进行功率合路和分路的星形耦合器。星形耦合器最广泛的应用是，从两个或更多的输入光纤中复合光波并在多根输出光纤中分配。一般情况下，对所有波长进行均匀分解，耦合器的 N 个输出口均得到输入总功率的 $1/N$。$N×N$ 分路器的通用制作方法是在几毫米长度上将 N 根单模光纤的纤芯熔合在一起，通过 N 根光纤输入端口中的任意一个注入光功率，在熔融区域，这些光通过由强变弱的功率耦合，均匀分配到 N 根输出光纤的纤芯中（见 10.2.1 节）。

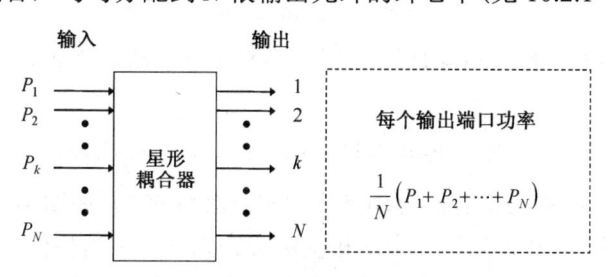

图 10.4 用于光功率复合或分解的基本星形耦合器

假设耦合器制作过程中所用的光纤都可以均匀受热，原则上就可以制成任意尺寸的星形耦合器。耦合器的端口数一般小于 10，但具有 64 个输入输出端口的耦合器也是可能的。最简单的器件是功率抽头器，它是非均匀分光的 2×2 耦合器，用来从光纤线路上提取一小部分光功率对信号质量进行监测。

制作无源器件的三种基本技术是基于光纤、集成光波导和体状微光学。下面几节将介绍几个基于光纤和集成光学器件的简单例子，用来说明它的基本工作原理。使用微光设计的耦合器没有得到广泛应用,这是由于在制作和调整过程中严格的公差要求影响了它们的价格、性能和耐用性。

10.2.1 2×2 光纤耦合器

在讨论耦合器和分路器时,通常使用器件的输入和输出端口数来表征,比如具有两个输入和两个输出的器件称为"2×2 耦合器",通常,$N×M$ 耦合器具有 N 个输入和 M 个输出。

2×2 耦合器[11-13]是简单的基本器件,我们将用它来说明耦合器的工作原理。其通用结构是熔融光纤耦合器,将两根单模光纤扭绞在一起,加热并进行拉伸,使它们在长为 W 的均匀部分熔融在一起形成耦合器,如图 10.5 所示。由于在加热过程中拉伸光纤时,横向尺寸是逐渐降低到耦合区域的尺寸的,所以每根输入和输出光纤都有一段较长的锥形部分 L,总的拉伸长度为 $L_{draw} = 2L + W$,这种器件即称为熔融双锥形耦合器。其中,P_0 是输入功率,P_1 是直通功率,P_2 是耦合进第二根光纤中的功率,参数 P_3 和 P_4 是由于器件的弯曲和封装而产生的向后反射和散射的小信号功率(比输入功率要低−50~−70 dB)。

当输入光 P_0 沿着光纤 1 中的锥形传播并进入耦合区 W 时,由于 r/λ 的降低,归一化频率 V 明显减小[见式(2.27)],这里 r 是逐渐减小的光纤半径。于是当信号进入耦合区时,输入场截面大于纤芯截面,导致更多的信号在纤芯外传播。视耦合区的尺寸,任意比例的信号功率都可以耦合进另一根光纤。通过使锥形变化非常缓慢,输入光功率中只有可以忽略的一部分才能反射回入射端口,因此这种器件也称为定向耦合器。

从一根光纤耦合到另一根光纤的光功率可以通过三个参数来改变:两根光纤中场相互作用的耦合区轴向长度、耦合区中逐渐变小的半径 r,以及耦合区中两根光纤的半径差。在制作熔融光纤耦合器时,耦合区长度 W 一般是通过加热火焰的尺寸决定的,因此只有 L 和 r 随着耦合器的拉长而变化。W 和 L 的典型值为几毫米,确切值与特定波长所要求的耦合比有关。在制造过程中,可以实时监测来自不同端口的输入和输出功率,直到达到所需的耦合比。假设耦合器是无损耗的,沿着 z 轴从一根光纤到另一根光纤耦合的功率 P_2 的表达式为

$$P_2 = P_0 \sin^2(\kappa z) \tag{10.2}$$

式中 κ 是描述两根光纤中的场相互作用的耦合系数。由于功率守恒,对纤芯完全相同的光纤有

$$P_1 = P_0 - P_2 = P_0[1 - \sin^2(\kappa z)] = P_0 \cos^2(\kappa z) \tag{10.3}$$

可以看出,被驱动的光纤的相位总比驱动光纤的相位滞后 90°,如图 10.6(a)所示。因此,当功率注入光纤 1 时,在 $z = 0$ 处光纤 2 中的相位就会比光纤 1 中的相位滞后 90°,这个相位滞后的关系可以随着 z 的增加而连续保持,直到满足 $\kappa z = \pi/2$ 时,所有的功率都从光纤 1 转移到光纤 2 中。此后光纤 2 成为驱动光纤,因此,$\pi/2 \leq \kappa z \leq \pi$ 时,光纤 1 中的相位落后于光纤 2 中的相位,等等。作为这种相位关系的一个结论,2×2 耦合器是定向耦合器,也就是在被驱动的波导中没有能量能耦合进沿负 z 方向反向传播的波导中。

图 10.6(b)给出了 15 mm 长的耦合器中归一化耦合功率比 P_2/P_0 和 P_1/P_0 是如何随长度变化的实测结果。在特定波长时,可以通过改变参数 W、L 和 r 来制作不同性能的耦合器。

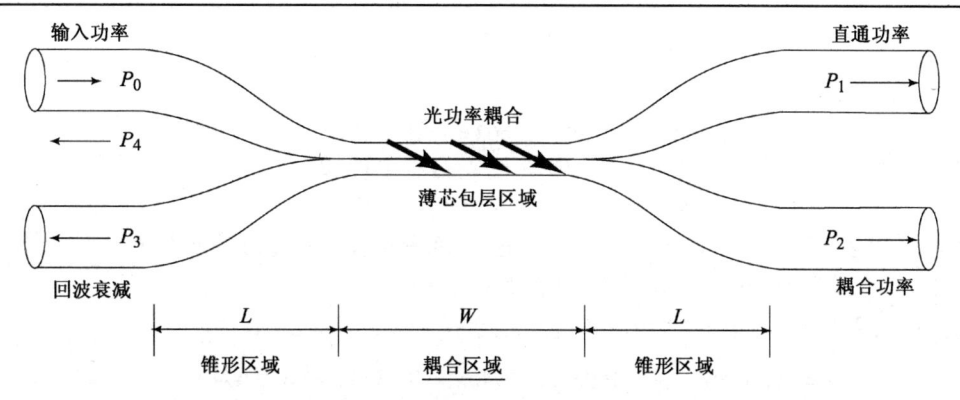

图 10.5 熔融光纤耦合器的结构示意图,包括长为 W 的耦合区域和两个长为 L 的锥形区域,耦合器总的拉伸长度为 $2L + W$

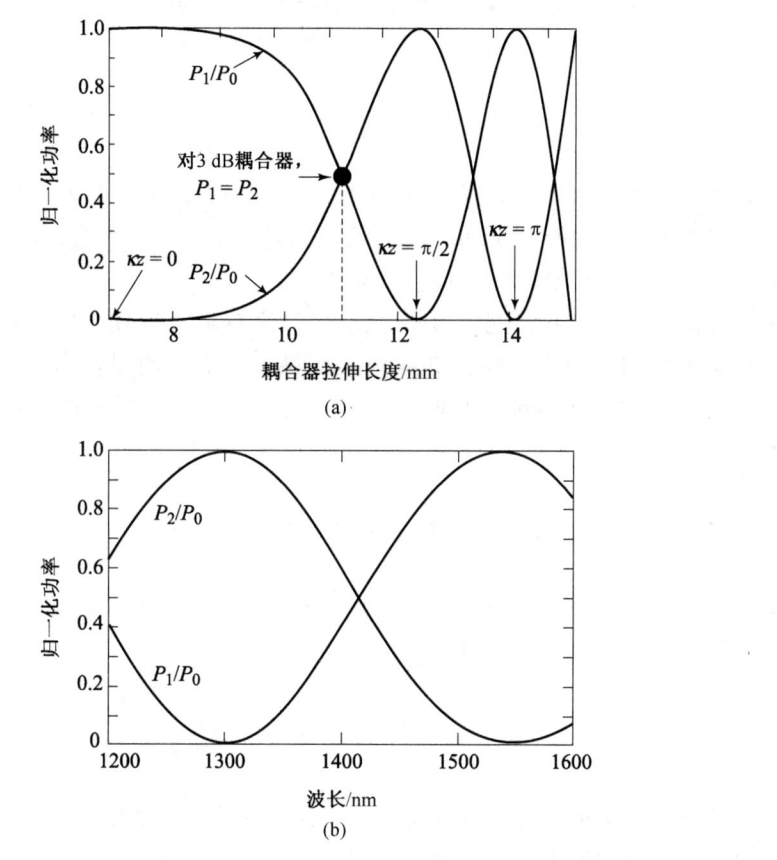

图 10.6 (a)波长为 1300 nm 的功率 P_0 注入光纤 1 时,归一化耦合功率 P_2/P_0 和 P_1/P_0 与耦合器拉伸长度的函数关系;(b)在 15 mm 长耦合器中耦合功率与波长的关系

例 10.4 耦合系数 κ 是与多种因素有关的复杂参数,比如波长、光纤的折射率、光纤半径 a 及两根耦合光纤的轴间隔 d。在用两根相同的阶跃光纤制成的定向耦合器中,耦合系数 κ 的简单但相当精确的经验公式为[14]

$$\kappa = \frac{\pi}{2} \frac{\sqrt{\delta}}{a} \exp[-(A + Bx + Cx^2)]$$

其中 $x = d/a$

$$\delta = \frac{n_1^2 - n_2^2}{n_1^2}$$

$$A = 5.2789 - 3.663V + 0.3841V^2$$
$$B = -0.7769 + 1.2252V - 0.0152V^2$$
$$C = -0.0175 - 0.0064V - 0.0009V^2$$

式中 V 由式(2.27)定义。考虑 $n_1 = 1.4532$，$n_2 = 1.4500$，$a = 5.0$ μm 的两根光纤，如果纤芯间隔 $d = 12$ μm，试问在 1300 nm 波长耦合系数 κ 为多少？

解：根据式(2.27)，$V = 2.329$，通过上述方程式，可以得到

$$\kappa = 20.8 \exp[-(-1.1693 + 1.9945x - 0.0373x^2)] = 0.694 \text{ mm}^{-1}$$

其中 $x = 12/5 = 2.4$。

在描述耦合器的性能时，通常用分光比或耦合比来说明输出端口间光功率分配的百分比。根据图 10.5，P_0 为输入功率，P_1 和 P_2 分别为输出功率，可以有

$$\text{光功率分配的百分比} = \frac{P_2}{P_1 + P_2} \times 100\% \tag{10.4}$$

通过调整参数使功率平均分开，即输出功率均为输入功率的一半，就可得到 3 dB 耦合器。耦合器也可以做成让几乎所有 1500 nm 波长上的光功率进入一个端口，而几乎所有 1300 nm 波长上的能量进入另一个端口(见习题 10.5)。

为了简化起见，在上面的分析中，我们假设没有耦合损耗。然而在实际的耦合器中，当信号通过耦合器时，总有一些光会损失，两种基本类型的损耗是附加损耗和插入损耗。附加损耗的定义为输入功率对总的输出功率的比值。因此，用分贝表示的 2×2 耦合器的附加损耗为

$$\text{附加损耗} = 10\log\left(\frac{P_0}{P_1 + P_2}\right) \tag{10.5}$$

插入损耗是指特定的端口到另一端口路径上的损耗。比如，从输入端口 i 到输出端口 j 的路径中的插入损耗，可以用分贝表示为

$$\text{插入损耗} = P_{ij} = 10\log\left(\frac{P_i}{P_j}\right) \tag{10.6}$$

另一个性能参数是串扰或回波衰减，它表征某一个端口的输入信号与散射或反射回另一个输入端口的光功率间的隔离度，也就是图 10.5 中的光功率电平 P_3 的一个量度。即

$$\text{回波衰减} = 10\log\left(\frac{P_3}{P_0}\right) \tag{10.7}$$

例 10.5 2×2 双锥形光纤耦合器的输入功率为 $P_0 = 200$ μW，另外三个端口的输出功率分别为 $P_1 = 90$ μW，$P_2 = 85$ μW，$P_3 = 6.3$ nW，试求耦合器的耦合比、附加损耗、插入损耗和回波衰减分别是多少？

解：利用式(10.4)可得耦合比为

$$耦合比 = \frac{85}{90+85} \times 100\% = 48.6\%$$

从式(10.5)可得附加损耗为

$$附加损耗 = 10\log\left(\frac{200}{90+85}\right) = 0.58 \text{ dB}$$

从式(10.6)可得插入损耗为

$$插入损耗(0\text{ 端口到 }1\text{ 端口}) = 10\log\left(\frac{200}{90}\right) = 3.47 \text{ dB}$$

$$插入损耗(0\text{ 端口到 }2\text{ 端口}) = 10\log\left(\frac{200}{85}\right) = 3.72 \text{ dB}$$

由式(10.7)给出的回波衰减为

$$回波衰减 = 10\log\left(\frac{6.3 \times 10^{-3}}{200}\right) = -45 \text{ dB}$$

例 10.6 为了监测链路中光信号电平或质量,可以使用耦合部分约占 1%到 5%的 2×2 耦合器,这是在制作过程中选择并固定的,这样的器件称为抽头式耦合器。通常抽头式耦合器按三端口器件封装,作为 2×2 耦合器的一臂封装在内部。图 10.7 给出了一个抽头式耦合器的典型封装,2×2 抽头耦合器的典型规格见表 10.2。

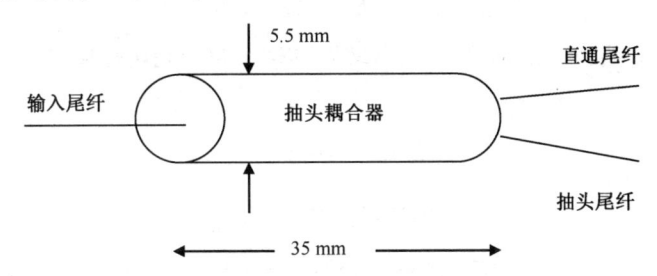

图 10.7 抽头式耦合器的典型结构和封装

表 10.2 2×2 抽头耦合器的典型规格

参　数	单　位	规　格
抽头比	%	1～5
插入损耗(直通)	dB	0.5
回波衰减	dB	55
额定功率	mW	1000
尾纤长度	m	1
尺寸(直径×长度)	mm	5.5×35

训练题 10.1 2×2 双锥形光纤耦合器的输入光功率为 $P_0 = 400\ \mu W$,另外三个端口的输出功率分别为 $P_1 = 180\ \mu W$,$P_2 = 170\ \mu W$,$P_3 = 12.6\ nW$。则耦合器的耦合比为 48.6%,附加损耗为 0.58 dB,插入损耗分别为 $P_{01} = $ 3.47 dB,$P_{02} = $ 3.72 dB,回波损耗为–45 dB。

10.2.2 散射矩阵表示法

可以把 2×2 导波耦合器作为有两个输入端口和两个输出端口的四端口器件来进行分析,如图 10.8 所示。全光纤或集成光学器件可以用散射矩阵(也称传输矩阵) S 来进行分析,矩阵 S 定义了两个输入场强度 a_1、a_2 与输出场强度 b_1、b_2 之间的关系,其定义为[15]

$$b = Sa, \quad 其中 \; b = \begin{bmatrix} b_1 \\ b_2 \end{bmatrix}, \quad a = \begin{bmatrix} a_1 \\ a_2 \end{bmatrix}, \quad S = \begin{bmatrix} s_{11} & s_{21} \\ s_{12} & s_{22} \end{bmatrix} \tag{10.8}$$

式中,$s_{ij} = |s_{ij}|\exp(j\varphi_{ij})$ 表示光功率从输入端口 i 转换到输出端口 j 的耦合系数,$|s_{ij}|$ 是 s_{ij} 的大小,φ_{ij} 为第 j 个端口相对于第 i 个端口的相位。

对一个实际的物理器件,散射矩阵 S 有两个制约条件,其一是来自于麦克斯韦方程组的时间反演不变性所导致的互易性条件,也就是说,在单模工作条件下,通过器件有两个传播方向相反的解;另一个制约条件则来自于器件无损耗时的能量守恒定律。由第一个条件得到

$$s_{12} = s_{21} \tag{10.9}$$

根据第二个制约条件,如果器件是无损耗的,则输出强度 I_o 的总和必须等于输入强度 I_i 的总和,即

$$I_o = b_1^* b_1 + b_2^* b_2 = I_i = a_1^* a_1 + a_2^* a_2$$

或

$$b^+ b = a^+ a \tag{10.10}$$

式中上标"*"表示复共轭,上标"+"表示转置共轭。将式(10.8)和式(10.9)代入式(10.10),得到下列方程

$$s_{11}^* s_{11} + s_{12}^* s_{12} = 1 \tag{10.11}$$

$$s_{11}^* s_{12} + s_{12}^* s_{22} = 0 \tag{10.12}$$

$$s_{22}^* s_{22} + s_{12}^* s_{12} = 1 \tag{10.13}$$

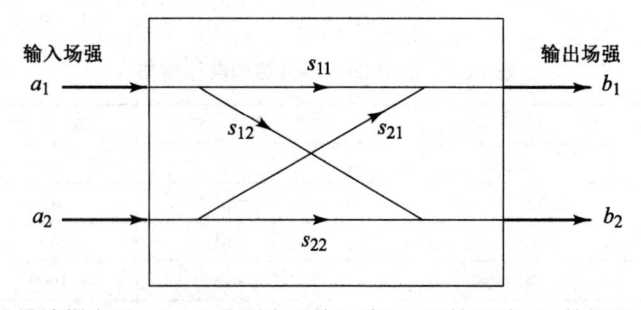

图 10.8 普通的 2×2 导波耦合器。a_i、b_j 分别表示输入端口 i 和输出端口 j 的场强,s_{ij} 是散射矩阵参数

假设耦合器已制作好,从端口 1 输入的光功率中有比例为 $(1-\varepsilon)$ 的部分出现在输出端口 1,剩余的 ε 部分出现在端口 2,于是有 $s_{11} = \sqrt{1-\varepsilon}$,它是 0 和 1 之间的一个实数。这里,假设没有产生损耗,输出端口 1 的电场与输入端口 1 相比,相移为零,即 $\varphi_{11} = 0$。由于我们对从输入端口 1 耦合进入的光功率出现在端口 2 时产生的相移感兴趣,所以做了耦合器

是对称的简化假设。与端口 1 的情况相类似，$s_{22} = \sqrt{1-\varepsilon}$，$\varphi_{22} = 0$。利用这些表达式，可以求出耦合输出相对于输入信号的相位φ_{12}，并且可以得到当两个输入端均接收信号时，混合输出的制约条件。

将 s_{11} 和 s_{22} 的表达式代入式(10.12)，并让 $s_{12} = |s_{12}|\exp(j\varphi_{12})$，式中$|s_{12}|$是 s_{12} 的大小，φ_{12}是它的相位，因此有

$$\exp(j2\varphi_{12}) = -1 \tag{10.14}$$

上式只有在

$$\varphi_{12} = (2n+1)\frac{\pi}{2}, \qquad n = 0, 1, 2, \cdots \tag{10.15}$$

时才能成立。因此式(10.8)的散射矩阵可以写成

$$S = \begin{bmatrix} \sqrt{1-\varepsilon} & j\sqrt{\varepsilon} \\ j\sqrt{\varepsilon} & \sqrt{1-\varepsilon} \end{bmatrix} \tag{10.16}$$

例 10.7 设想有一个 3 dB 耦合器，一半的输入功率耦合进了第二根光纤，两个端口的输出光功率 $P_{out,1}$ 和 $P_{out,2}$ 分别是多少？

解：由于输入功率是平均分配的，$\varepsilon = 0.5$，输出场强 $E_{out,1}$ 和 $E_{out,2}$ 可以从输入场强 $E_{in,1}$、$E_{in,2}$ 得到，式(10.16)中的散射矩阵成为

$$\begin{bmatrix} E_{out,1} \\ E_{out,2} \end{bmatrix} = \frac{1}{\sqrt{2}}\begin{bmatrix} 1 & j \\ j & 1 \end{bmatrix}\begin{bmatrix} E_{in,1} \\ E_{in,2} \end{bmatrix}$$

令 $E_{in,2} = 0$，则有 $E_{out,1} = (1/\sqrt{2})E_{in,1}$ 和 $E_{out,2} = (j/\sqrt{2})E_{in,1}$，输出功率由下式给出

$$P_{out,1} = E_{out,1}E_{out,1}^* = \frac{1}{2}E_{in,1}^2 = \frac{1}{2}P_0$$

类似地，有

$$P_{out,2} = E_{out,2}E_{out,2}^* = \frac{1}{2}E_{in,1}^2 = \frac{1}{2}P_0$$

因此耦合器的每个输出端口的功率均是输入功率的一半。

必须注意到，如果要求从端口 1 输入的大部分功率出现在输出端口 1，ε 就必须很小。这表示进入输入端口 2 的相同波长光功率耦合进输出端口 1 的光功率也就变小了，结果是在无源 2×2 耦合器中，使用相同的波长将两个输入端所有的功率同时耦合进同一个输出端口是不可能的。最好的方法是将每路输入功率的一半发送到同一个输出端。然而，如果两个输入端的波长不同，就可以把大部分功率耦合进同一根光纤中[11]。

10.2.3 2×2 波导耦合器

波导型耦合器可能是更为通用的 2×2 耦合器[12,13,16]，图 10.9 给出了两种类型的 2×2 波导耦合器。均匀对称的耦合器中，在耦合区域中有两根相同的平行放置的波导，而在均匀不对称耦合器中，一根波导比另一根要宽些。与熔融光纤耦合器相类似，在耦合区域中波导器件对波长有内在的依存性，并且波导间相互作用的程度可以通过改变波导宽度 w、波导间隙 S 和波导间折射率 n_1 来改变。在图 10.9 中，z 轴沿着耦合器的长度方向，y 轴位于耦合平面，且垂直于两个波导。

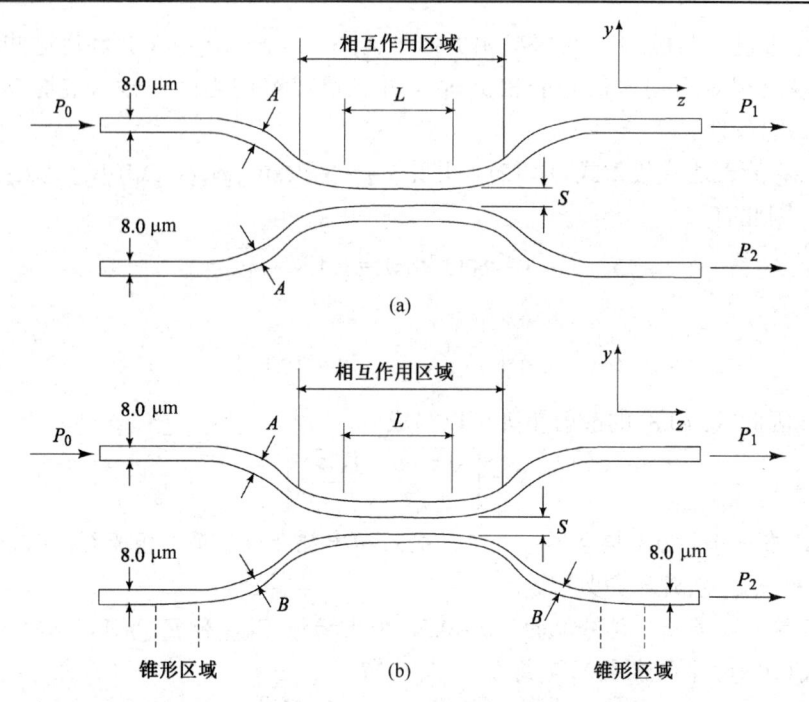

图 10.9 波导定向耦合器的结构示意图。(a)均匀对称的波导定向耦合器，两根波导宽均为 $A = 8\ \mu m$；(b)均匀不对称的波导定向耦合器，在耦合器中有一根宽度为 B 的较窄波导

首先考虑对称耦合器。在实际波导中存在吸收和散射损耗，所以传播常数 β_z 是一个复数，由下式给出

$$\beta_z = \beta_r + j\frac{\alpha}{2} \tag{10.17}$$

式中，β_r 是传播常数的实部，α 是波导中的光损耗系数。因此，两根波导中的总功率沿着其长度按指数 $\exp(-\alpha z)$ 下降。例如，半导体和氧氮化硅波导器件的损耗在 $0.05\ cm^{-1} < \alpha < 0.35\ cm^{-1}$ 范围以内。记住式(3.1)中的关系式 $\alpha(dB/cm) = 4.343\alpha(cm^{-1})$，这相当于 $0.2\ dB/cm < \alpha < 1.5\ dB/cm$，硅波导器件的损耗小于 $0.1\ dB/cm$。

对称耦合器的传输特性可以利用耦合模理论表示为[16]

$$P_2 = P_0 \sin^2(\kappa z) e^{-\alpha z} \tag{10.18}$$

式中的耦合系数为

$$\kappa = \frac{2\beta_y^2 q e^{-qs}}{\beta_z w (q^2 + \beta_y^2)} \tag{10.19}$$

这表明，耦合系数是 y 方向和 z 方向传播常数 β_y 和 β_z、波导宽度 d、间隙距离 S 以及在波导外 y 方向的消光系数 q（也就是在 y 方向上场量指数下降系数）的函数，其中 q 可以表示为

$$q^2 = \beta_z^2 - k_1^2 \tag{10.20}$$

图 10.10 给出了理论上的功率分布与波导长度之间的关系，其中 $\kappa = 0.6\ mm^{-1}$，$\alpha = 0.02\ mm^{-1}$。与熔融光纤耦合器相类似，当波导长度 L 满足下式时，功率能全部转移到第二根波导中，即

$$L = \frac{\pi}{2\kappa}(m+1), \quad m = 0, 1, 2, \cdots \tag{10.21}$$

由于在耦合器结构确定以后,κ 仅与波长有关,功率耦合比 P_2/P_0 作为波长的函数以正弦规律在 0~100%范围内变化,如图 10.11 所示(为了简单起见,这里假设波导损耗可以忽略)。

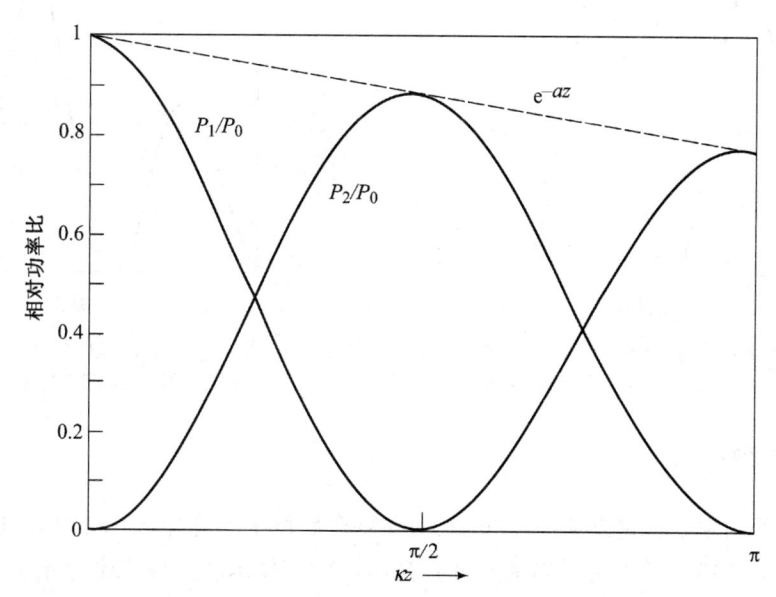

图 10.10 在 $\kappa = 0.6 \text{ mm}^{-1}$,$\alpha = 0.02 \text{ mm}^{-1}$ 的对称 2×2 波导耦合器中,理论上直通臂的功率和耦合功率分布与波导长度的关系

训练题 10.2 考虑一个对称波导耦合器,在 $\kappa z = \pi/4$ 时,$P_2/P_0 = 0.48$,试证明当光损耗系数 $\alpha = 0.02/\text{mm}$ 时,其耦合长度为 2.04 mm。

例 10.8 对于具有耦合系数 $\kappa = 0.6 \text{ mm}^{-1}$ 的对称波导耦合器,耦合长度是多少?

解:利用式(10.21),可以得到 $m = 1$ 时耦合长度为 $L = 5.24$ mm,也就是说,在此长度上功率完全耦合进第二根波导。

如图 10.9(b)所示,当两根波导具有不同的宽度时,耦合功率与波长有关,耦合比成为

$$P_2/P_0 = \frac{\kappa^2}{g^2} \sin^2(gz) e^{-\alpha z} \tag{10.22}$$

式中

$$g^2 = \kappa^2 + \left(\frac{\Delta \beta}{2}\right)^2 \tag{10.23}$$

$\Delta \beta$ 是 z 方向上两根波导的相位常数之差。利用这种类型的结构,可以做成具有平坦响应的耦合器,耦合比在指定波长范围内小于 1,如图 10.12 所示。在短波长上较低平的响应主要来自幅度项 κ^2/g^2 的抑制,这种不对称特性可以用于只有指定波长上的一部分功率能够分出的耦合器中。注意当 $\Delta \beta = 0$ 时,式(10.22)就退化为式(10.18)给出的对称情况。

波导宽度渐变得更为复杂的结构也已经制作出来,这些不对称结构可以用于在特定波长范围内使波长响应趋于平坦。必须注意的是,上面基于耦合模理论的分析只有当两波导的折射率相同时才成立,在折射率不同的情况下,需要采用更为复杂的分析方法[12]。

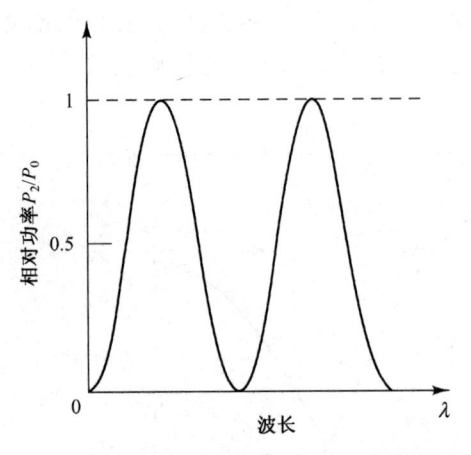

图 10.11　图 10.9(a) 所示的对称 2×2 波导耦合器中，耦合功率比 P_2/P_0 与波长的关系

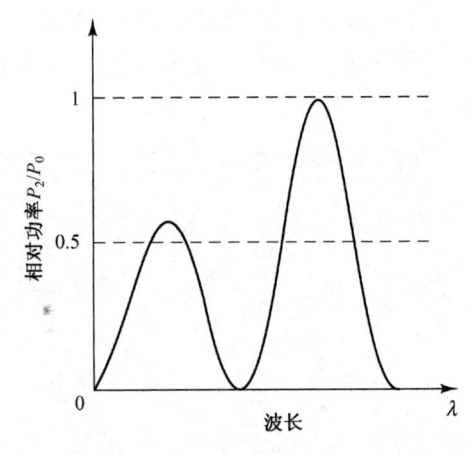

图 10.12　图 10.9(b) 所示的不对称 2×2 波导耦合器中，耦合功率比 P_2/P_0 与波长的关系

10.2.4　星形耦合器

星形耦合器的主要作用是将 N 个输入功率复合后再平均分配(通常情形)到 M 个输出端口。制作星形耦合器的技术包括熔融光纤、光栅、微光技术和集成光学方案，光纤熔融技术是制作 $N×N$ 耦合器最受欢迎的方法。例如在 1300 nm 波长上分别具有 0.4 dB 和 0.85 dB 附加损耗的 7×7 和 1×19 的分路器或合路器就是用这种技术制成的[17]。然而，由于加热和拉伸过程中众多光纤间耦合响应控制的难度，限制了 $N>2$ 耦合器的大规模制作。图 10.13 给出了一个普通的 4×4 熔融光纤星形耦合器。

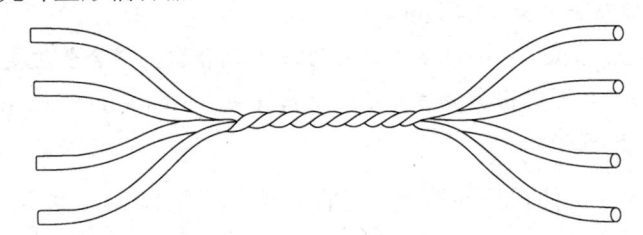

图 10.13　通过将 4 根光纤扭绞、加热和拉伸，使它们熔融在一起制作成的普通 4×4 熔融光纤星形耦合器

理想的星形耦合器中，任意输入端口输入的光功率都应均匀分配给所有的输出端口，耦合器的总损耗包括分路损耗和通过星形的每一个通路的附加损耗，使用分贝表示的分路损耗为

$$\text{分路损耗} = -10\log\left(\frac{1}{N}\right) = 10\log N \tag{10.24}$$

与式(10.5)类似，对单一输入功率 P_{in} 和 N 个输出功率，用分贝表示的附加损耗为

$$\text{光纤星形耦合器附加损耗} = 10\log\left(\frac{P_{\text{in}}}{\sum_{i=1}^{N} P_{\text{out},i}}\right) \tag{10.25}$$

插入损耗和回波衰减可以分别从式(10.6)和式(10.7)中得到。

训练题 10.3　FTTP 网络的常用功分器包括 8×8，16×16，32×32 的星形耦合器，这些器件对应的分路损耗分别是 9 dB、12 dB、15 dB。

训练题 10.4 功率为 20 μW 的光信号进入一个 16×16 的星形耦合器,不考虑它的附加损耗,耦合器的分路损耗为 12 dB,则耦合器的每路输出光功率为 –29 dBm。

可以采用多个 3 dB 耦合器级联的方法来构造星形耦合器,图 10.14 给出了一个由 12 个 2×2 耦合器级联成 8×8 耦合器的例子,2×2 耦合器可以通过熔融光纤或集成光学器件来制作。从图中可以看到,每个输入端口注入的光功率的 1/N 出现在各个输出端口。N 必须是 2 的倍数(即 $N = 2^n$,$n \geq 1$)限制了这项技术的灵活性或模块性,因此,当需要在完全连接的 N×N 网络中增加一个节点时,就要用 2N×2N 的星形来代替 N×N 的星形,这样就余下 2(N–1) 个未用的新的节点。也可以在一个端口增加一个 2×2 耦合器来得到 N + 1 个输出端口,然而这两个新端口要引入 3 dB 的损耗。

由图 10.14 可以推导出,构成 N×N 星形耦合器所需 3 dB 耦合器的数量为

$$N_c = \frac{N}{2}\log_2 N = \frac{N}{2}\frac{\log N}{\log 2} \tag{10.26}$$

因为在垂直方向上有 N/2 个元件,在水平方向上有 $\log_2 N = \log N/\log 2$ 个元件。

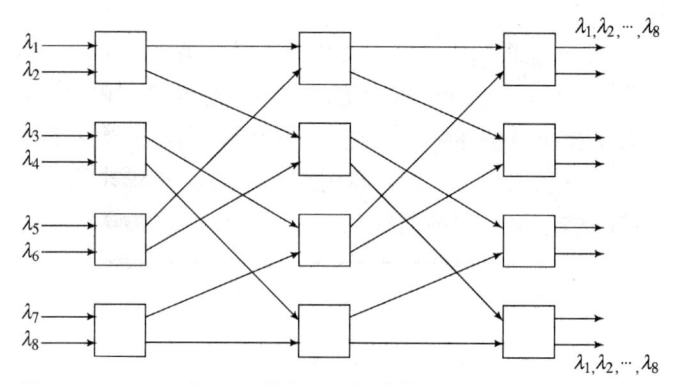

图 10.14 由 12 个 2×2 耦合器互相连接形成的 8×8 星形耦合器

例 10.9 由 3 dB 单模光纤 2×2 耦合器级联构成 32×32 耦合器,需要多少个 2×2 耦合器?

解:这种情况下,垂直方向上需要 16 个器件,由式(10.26)得到所需 2×2 耦合器数量为

$$N_c = \frac{32}{2}\frac{\log 32}{\log 2} = 80$$

如果通过每个 3 dB 耦合器的功率与输入功率的比为 F_T,$0 \leq F_T \leq 1$(2×2 耦合器中功率损耗比为 $1-F_T$),于是用分贝表示的附加损耗为

$$\text{附加损耗} = -10\log(F_T^{\log_2 N}) \tag{10.27}$$

星形耦合器的分路损耗仍可以用式(10.24)来表示。因此,信号通过 N×N 星形耦合器的 $\log_2 N$ 级并分成 N 个输出所经历的总损耗(用分贝表示)为

$$\begin{aligned}
\text{总损耗} &= \text{分路损耗} + \text{附加损耗} \\
&= -10\log\left(\frac{F_T^{\log_2 N}}{N}\right) \\
&= -10\left(\frac{\log N \log F_T}{\log 2} - \log N\right) \\
&= 10(1 - 3.322\log F_T)\log N
\end{aligned} \tag{10.28}$$

从上式可以看出，损耗随着 N 以对数形式增加。

例 10.10 考虑一个由 3 dB 熔融光纤 2×2 耦合器级联构成的商用 32×32 单模耦合器，每个元件的功率损耗为 5%，耦合器的附加损耗和分路损耗各为多少？

解：由式(10.27)得到附加损耗为

$$\text{附加损耗} = -10\log(0.95^{\log32/\log2}) = 1.1 \text{ dB}$$

通过式(10.24)可以得到的分路损耗为

$$\text{分路损耗} = -10\log32 = 15 \text{ dB}$$

因此，总损耗为 16.1 dB。

10.2.5 马赫-曾德尔干涉技术

与波长有关的复用器也可以用马赫-曾德尔(Mach-Zehnder)干涉技术来实现[13]，这类器件既可以是有源的也可以是无源的。这里，我们首先讨论无源复用器，图 10.15 给出了一个单独的马赫-曾德尔干涉仪(MZI)的结构。2×2 MZI 包括三个部分：对输入信号进行分路的初始 3 dB 耦合器；中心部分是长度相差 ΔL 的两根波导，用来在两臂间产生与波长有关的相移；最后是在输出端将信号复合的 3 dB 耦合器。在随后的推导中可以看出，这样安排的作用是，通过分裂输入光束以及在一条通路上引进一个相移，重组的信号将在一个输出端产生相加干涉，而在另一个输出端产生相消干涉，信号最后只在一个输出端口输出。为简单起见，下面的分析不考虑波导的材料损耗和弯曲损耗。

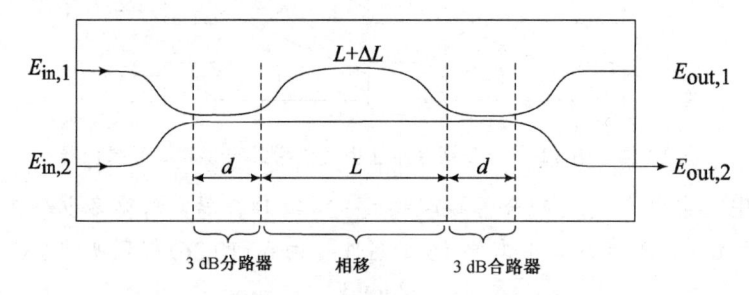

图 10.15 基本的 2×2 马赫-曾德尔干涉仪平面图

长度为 d 的耦合器的传输矩阵 M_{coupler} 为

$$M_{\text{coupler}} = \begin{bmatrix} \cos\kappa d & j\sin\kappa d \\ j\sin\kappa d & \cos\kappa d \end{bmatrix} \quad (10.29)$$

式中 κ 是耦合系数。由于我们考虑的是平分功率的 3 dB 耦合器，于是 $2\kappa d = \pi/2$，因此有

$$M_{\text{coupler}} = \frac{1}{\sqrt{2}} \begin{bmatrix} 1 & j \\ j & 1 \end{bmatrix} \quad (10.30)$$

在中心区域，当两臂的信号来自同一个光源时，两个波导的输出具有 $\Delta\varphi$ 的相位差

$$\Delta\varphi = \frac{2\pi n_1}{\lambda}L - \frac{2\pi n_2}{\lambda}(L+\Delta L) \quad (10.31)$$

注意，相位差可以由不同的路径长度(用 ΔL 表示)或 $n_1 \neq n_2$ 时的折射率差产生。这里，考虑两臂具有相同的折射率，并且 $n_1 = n_2 = n_{\text{eff}}$(波导中的有效折射率)，于是可以将式(10.31)重

写为

$$\Delta\varphi = k\Delta L \tag{10.32}$$

式中 $k = 2\pi n_{\text{eff}}/\lambda$。

对于一个给定的相位差 $\Delta\varphi$，与之相应的传输矩阵 $\boldsymbol{M}_{\Delta\varphi}$ 为

$$\boldsymbol{M}_{\Delta\varphi} = \begin{bmatrix} \exp(jk\Delta L/2) & 0 \\ 0 & \exp(-jk\Delta L/2) \end{bmatrix} \tag{10.33}$$

两个中心臂的输出光场 $E_{\text{out},1}$ 和 $E_{\text{out},2}$ 与输入场 $E_{\text{in},1}$ 和 $E_{\text{in},2}$ 的关系为

$$\begin{bmatrix} E_{\text{out},1} \\ E_{\text{out},2} \end{bmatrix} = \boldsymbol{M} \begin{bmatrix} E_{\text{in},1} \\ E_{\text{in},2} \end{bmatrix} \tag{10.34}$$

式中

$$\boldsymbol{M} = \boldsymbol{M}_{\text{coupler}} \cdot \boldsymbol{M}_{\Delta\varphi} \cdot \boldsymbol{M}_{\text{coupler}} = \begin{bmatrix} M_{11} & M_{21} \\ M_{12} & M_{22} \end{bmatrix} = j \begin{bmatrix} \sin(k\Delta L/2) & \cos(k\Delta L/2) \\ \cos(k\Delta L/2) & -\sin(k\Delta L/2) \end{bmatrix} \tag{10.35}$$

为了构建一个复用器，需要将输入信号从不同的波长注入 MZI 中，即在 $E_{\text{in},1}$ 处注入 λ_1，在 $E_{\text{in},2}$ 处注入 λ_2。利用式(10.34)，可以得到输出场 $E_{\text{out},1}$ 和 $E_{\text{out},2}$ 分别是两个输入场单独贡献之和，即

$$E_{\text{out},1} = j[E_{\text{in},1}(\lambda_1)\sin(k_1\Delta L/2) + E_{\text{in},2}(\lambda_2)\cos(k_2\Delta L/2)] \tag{10.36}$$

$$E_{\text{out},2} = j[E_{\text{in},1}(\lambda_1)\cos(k_1\Delta L/2) - E_{\text{in},2}(\lambda_2)\sin(k_2\Delta L/2)] \tag{10.37}$$

式中 $k_j = 2\pi n_{\text{eff}}/\lambda_j$。输出功率可以从光强得到，而光强则是场强的平方，因此有

$$P_{\text{out},1} = E_{\text{out},1}E_{\text{out},1}^* = \sin^2(k_1\Delta L/2)P_{\text{in},1} + \cos^2(k_2\Delta L/2)P_{\text{in},2} \tag{10.38}$$

$$P_{\text{out},2} = E_{\text{out},2}E_{\text{out},2}^* = \cos^2(k_1\Delta L/2)P_{\text{in},1} + \sin^2(k_2\Delta L/2)P_{\text{in},2} \tag{10.39}$$

式中 $P_{\text{in},j} = |E_{\text{in},j}|^2 = E_{\text{in},j} \cdot E_{\text{in},j}^*$。在推导式(10.38)和式(10.39)时，由于交叉项的频率是光载波频率的两倍，这在光检测器的响应范围之外，因而去除了该项。

从式(10.38)和式(10.39)中可以看出，如果想要两个输入端的所有功率全部在同一个端口输出(比如端口 2)，则需要有 $k_1\Delta L/2 = \pi$ 及 $k_2\Delta L/2 = \pi/2$，或者

$$(k_1 - k_2)\Delta L = 2\pi n_{\text{eff}}\left(\frac{1}{\lambda_1} - \frac{1}{\lambda_2}\right)\Delta L = \pi \tag{10.40}$$

因此干涉仪两臂的长度差应为

$$\Delta L = \left[2n_{\text{eff}}\left(\frac{1}{\lambda_1} - \frac{1}{\lambda_2}\right)\right]^{-1} = \frac{c}{2n_{\text{eff}}\Delta\nu} \tag{10.41}$$

式中 $\Delta\nu$ 是两个波长之间的频率差。

例 10.11 (a) 假设 2×2 硅 MZI 的输入波长间隔为 10 GHz(即在 1550 nm 处 $\Delta\lambda = 0.08$ nm)，硅波导中 $n_{\text{eff}} = 1.5$，利用式(10.41)可以得到波导长度差必须为

$$\Delta L = \frac{3 \times 10^8 \text{m/s}}{2 \times (1.5) \times 10^{10}/\text{s}} = 10 \text{ mm}$$

(b) 如果频率间隔为 130 GHz(即 $\Delta\lambda = 1$ nm)，那么 $\Delta L = 0.77$ mm。

用基本的 2×2 MZI 可以构成任意大小的 $N×N$ 复用器($N = 2^n$)。图 10.16 给出了一个 4×4 复用器的例子。其中,MZI_1 的输入频率分别为 ν 和 $\nu+2\Delta\nu$(分别称为 λ_1 和 λ_3),MZI_2 的输入频率分别为 $\nu+\Delta\nu$ 和 $\nu+3\Delta\nu$(分别称为 λ_2 和 λ_4)。由于在第一级两个干涉仪的信号间隔为 $2\Delta\nu$,路径差满足条件

$$\Delta L_1 = \Delta L_2 = \frac{c}{2n_{\text{eff}}(2\Delta\nu)} \tag{10.42}$$

在第二级,输入间隔为 $\Delta\nu$。因此有

$$\Delta L_3 = \frac{c}{2n_{\text{eff}}\Delta\nu} = 2\Delta L_1 \tag{10.43}$$

当这些条件均满足时,4 个输入功率都会从端口 C 输出。

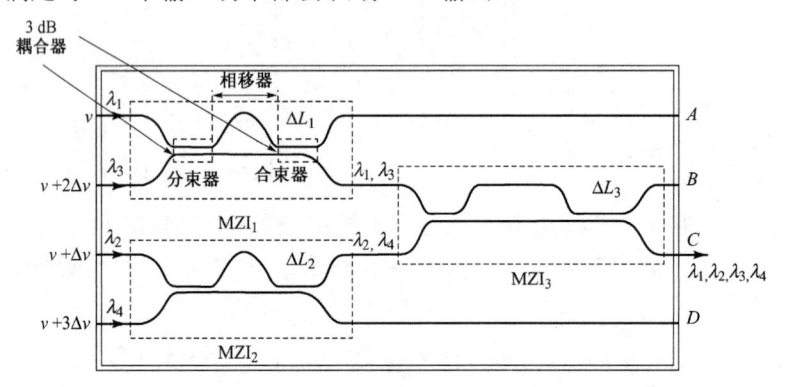

图 10.16 用 3 个 2×2 MZI 元件构成的四通道波长复用器的例子

从这些设计示例中,可以推演出一个 N 到 1 的 MZI 复用器,这里 $N = 2^n$,$n \geq 1$ 为整数,复用器包含 n 级,在第 j 级中有 2^{n-j} 个 MZI。在第 j 级中一个干涉仪元件内的路径差为

$$\Delta L_{\text{stage }j} = \frac{c}{2^{n-j}n_{\text{eff}}\Delta\nu} \tag{10.44}$$

N 到 1 的 MZI 复用器也可以通过改变光传播方向而作为 1 到 N 的解复用器。对于一个实际的 MZI,需要将这些例子中给出的理想情况稍加修改,即在 ΔL_1 和 ΔL_2 的实际值与理想值会有微小差异。

10.3 单向隔离器和环形器

许多应用中需要有非互易性(单向)的无源光器件,这些器件的输入和输出颠倒时它们的工作状态就会不同,比如隔离器和环形器。为了理解这类器件的工作原理,需要回顾第 2 章关于偏振和偏振敏感器件的性质:

- 光可以表示为水平振动和垂直振动的组合,称为光波的两个正交平面偏振态。
- 偏振器是一种只传送一个偏振成分,阻止其他偏振成分的材料或器件。
- 法拉第旋转器是一种将通过它的光偏振态(SOP)旋转一定角度的器件。
- 用双折射材料制成的器件(称为走离型偏振器)将进入它的光分成两个正交的偏振光束,然后沿不同路径通过材料。
- 半波板将从左到右传播的信号的 SOP 顺时针旋转 45°,而从右到左传播的信号则逆时针旋转 45°。

10.3.1 光隔离器的功能

光隔离器是一种允许光单向通过的器件,为防止散射或反射光沿相反方向传输,在许多应用中这类器件是非常重要的。光隔离器的通常应用是防止反向传播的光进入激光器,从而引起输出光的不稳定。

有许多复杂度各异的光隔离器设计构造,最简单的设计与输入光的偏振状态有关。然而,当非偏振光通过器件时,会阻止一半的输入信号,因此这种设计会导致 3 dB 损耗。实际上,由于光纤链路中的光通常是非偏振的,因此光隔离器应该与 SOP 无关。

图 10.17 给出了一个与偏振无关光隔离器的设计,它由三个微型光器件组成。器件的核心由一个 45°法拉第旋转体构成,位于两个楔形双折射板或走离型偏振器之间,这些板由诸如 YVO_4 或 TiO_2 之类的物质构成,如第 2 章所述。正向传输的光(图 10.17 从左向右)被第一个双折射板分成寻常光(o 光)和非寻常光(e 光),然后法拉第旋转器将每束光线的偏振面旋转 45°,离开法拉第旋转器后,两束光线通过第二个双折射板。第二个偏振板的轴线方位选择,以其中传播的两种光线间的关系保持不变为准则。因此,两束光离开光偏振器后以相同的平行方向折射。以相反的方向(从右到左)传播的光,由于法拉第旋转器的非互易性(单向性),寻常光和非寻常光离开法拉第旋转体时,它们的关系相反。因此,当光线离开左侧双折射板时,光线分开,不再耦合进光纤。

表 10.3 列举了商用光隔离器的工作特性,封装与图 10.7 所示的抽头式耦合器构造相似。

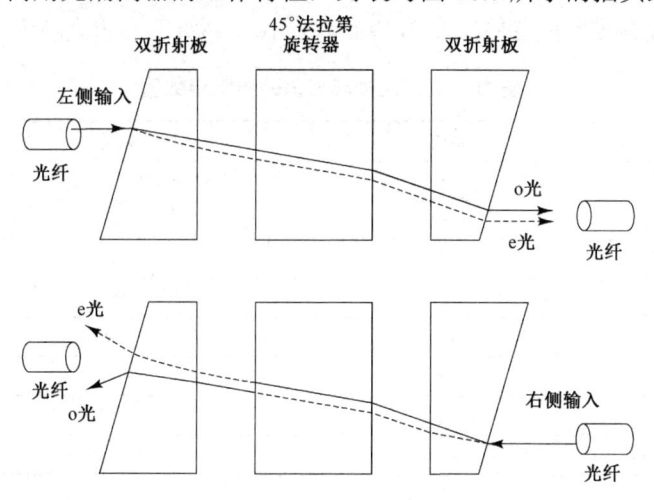

图 10.17 由三个微型光器件构成的与偏振无关光隔离器的设计与工作原理

表 10.3 商用光隔离器的典型参数值

参数	单位	值
中心波长 λ_c	nm	1310,1550
峰值隔离度	dB	40
在 $\lambda_c \pm 20$ nm 处隔离度	dB	30
插入损耗	dB	<0.5
偏振相关损耗	dB	<0.1
偏振模色散	ps	<0.25
尺寸(直径×长度)	mm	6×35

10.3.2 光环形器

光环形器是一种单向多端口无源器件,将光沿一个方向从一个端口传送到另一个端口,这种器件用于光放大器、分插复用器及散射补偿模块等。光环形器除了结构更为复杂些,它的工作类似于隔离器。典型结构如图10.18所示,包括一些走离型偏振器、半波板、法拉第旋转器及三四个端口。通过一个三端口环形器来分析它的工作过程,其中,从端口1的输入从端口2输出,从端口2的输入从端口3输出,从端口3的输入从端口1输出。

类似地,如果光环形器是完全对称的,理想的情况下四端口器件可以有4个输入端口和4个输出端口。然而在实际应用中,通常不需要4个输入端口和4个输出端口。另外,完全对称的光环形器制作起来相当繁杂,因此四端口光环形器通常有3个输入端口和3个输出端口,端口1仅作为输入端口,端口2、3作为输入输出端口,端口4仅作为输出端口。

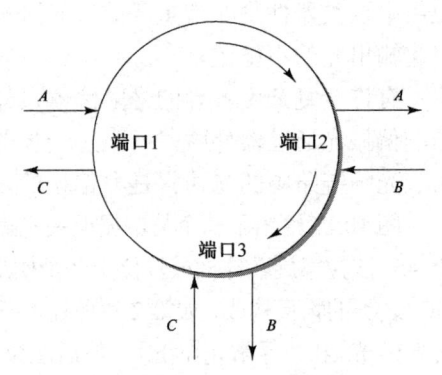

图10.18 三端口光环形器工作原理

已有多种光环形器可以商用,这些器件具有插入损耗低、宽波长范围内隔离度高、偏振相关损耗(PDL)小、偏振模色散(PMD)低等特点。表10.4列举了商用光环形器的一些工作参数。

表10.4 商用光环形器的典型参数值

参数	单位	数值
波长范围	nm	C波段:1525~1565,L波段:1570~1610
插入损耗	dB	<0.6
信道隔离度	dB	>40
光串扰	dB	>50
工作功率	mW	<500
偏振相关损耗	dB	<0.1
偏振模色散	ps	<0.1
尺寸(直径×长度)	mm	5.5×50

10.4 光纤光栅滤波器

光栅是WDM系统中用作复合和分离独立波长的重要器件。本质上,光栅是材料中的一种周期性结构或周期性扰动。在材料中的这种变化具有一种特性,即可以在与波长有关的某一特定方向上反射或传输光,因此光栅可以分为传输光栅和反射光栅。

10.4.1 光栅基础

图10.19定义了反射光栅中的各种参数。其中θ_i是光的入射角,θ_d是衍射角,Λ是光栅周期(材料中结构变化的周期)。在包含一系列等间隔缝隙的传输光栅中,两个相邻缝隙的间隔称为光栅的间距。当以角度θ_d衍射的射线满足下面的光栅方程时,在像平面内就会产生在

波长 λ 上的相加干涉,即

$$\Lambda(\sin\theta_i - \sin\theta_d) = m\lambda \tag{10.45}$$

式中 m 是光栅的阶数,一般只考虑 $m=1$ 的一阶衍射条件(注意在一些教科书中,入射角和衍射角定义为在光栅法线的同一侧测量的值,此时 $\sin\theta_d$ 前面的符号要改变)。对于不同的波长,可以在像平面内的不同点满足光栅方程,所以光栅可以将不同的波长分离。

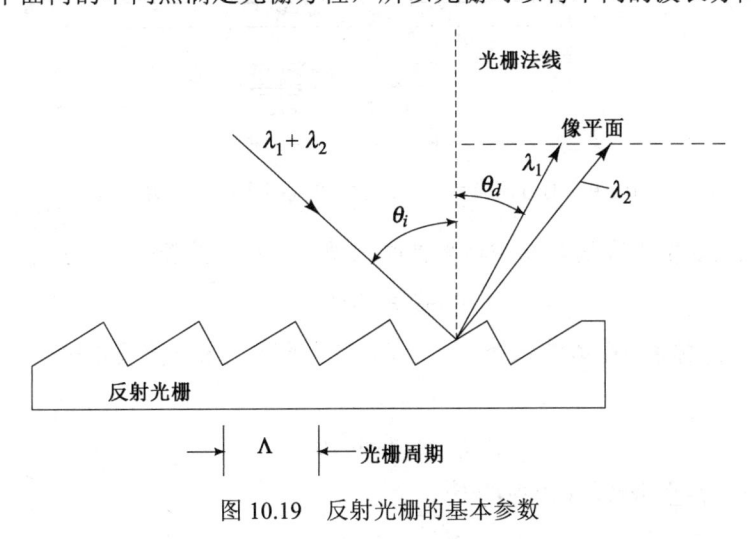

图 10.19 反射光栅的基本参数

10.4.2 光纤布拉格光栅

利用光纤布拉格光栅可以构成一个高性能器件,用于在密集 WDM 系统的密集谱内接入或分离单独的波长[18]。由于这是一种全光纤器件,其主要优点是价格便宜、损耗低(大约 0.3 dB)、易于与其他光纤耦合、对偏振不敏感、低温系数低(小于 0.7 pm/℃)以及封装简单等。光纤光栅是通过光写入过程制成的窄带反射滤波器,这种技术是基于掺锗石英光纤所表现的对紫外光的高光敏性,这意味着可以通过将其暴露于 244 nm 的紫外光辐射中,从而在纤芯中引起折射率变化。

制作光纤相位光栅有多种方法,图 10.20 所示为外部写入技术。光栅制作是通过两束紫外光从横向照射光纤,并在纤芯中产生干涉条纹而实现的。这里,高强度区域(用阴影椭圆表示)引起了光敏纤芯局部折射率的增加,而在零强度区时不受影响,永久的反射布拉格光栅就是这样写入纤芯中的。当多波长信号进入光栅时,与布拉格反射条件[见式(10.47)]相位匹配的波长被反射,其他波长则通过。

利用式(10.45)给出的标准光栅方程,其中 λ 是紫外光的波长 λ_{uv},干涉条纹的周期 Λ(光栅周期)可以通过自由空间波长为 λ_{uv} 的两个干涉光束间的夹角 θ 来计算,注意图 10.20 中 θ 是在光纤外部测量的。

外界写入光栅可以表示为纤芯折射率沿着纤芯轴向受到均匀的正弦调制,即

$$n(z) = n_{core} + \delta n\left[1 + \cos\left(\frac{2\pi z}{\Lambda}\right)\right] \tag{10.46}$$

式中,n_{core} 是没有被照射的纤芯折射率,δn 则是折射率的光致变化量。

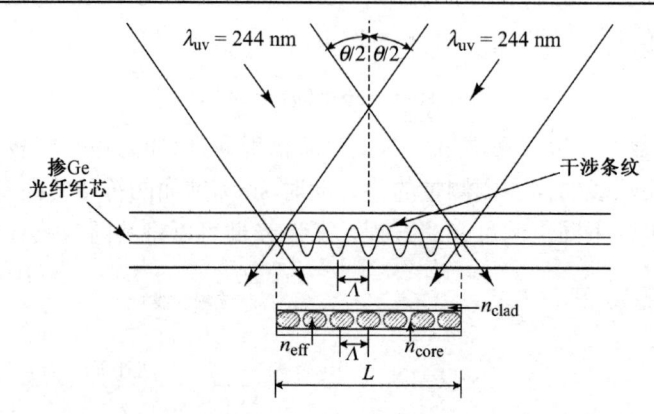

图 10.20 通过两束紫外光照射在纤芯中形成布拉格光栅

光栅的最大反射率 R 在满足布拉格条件时出现，即反射波长 λ_{Bragg} 为

$$\lambda_{\text{Bragg}} = 2\Lambda n_{\text{eff}} \tag{10.47}$$

n_{eff} 是纤芯的有效折射率。在该波长处，长为 L、耦合系数为 κ 的光栅的峰值反射率 R_{max} 由下式给出

$$R_{\text{max}} = \tanh^2(\kappa L) \tag{10.48}$$

此最大反射率可以在全带宽 $\Delta\lambda$ 内保持[18]

$$\Delta\lambda = \frac{\lambda_{\text{Bragg}}^2}{\pi n_{\text{eff}} L}[(\kappa L)^2 + \pi^2]^{1/2} \tag{10.49}$$

而半高全宽（FWHM）的近似表达式为

$$\Delta\lambda_{\text{FWHM}} \approx \lambda_{\text{Bragg}} s \left[\left(\frac{\delta n}{2 n_{\text{core}}}\right)^2 + \left(\frac{\Lambda}{L}\right)^2\right]^{1/2} \tag{10.50}$$

对接近 100% 反射的强光栅，式中 $s \approx 1$，对弱光栅，则有 $s \approx 0.5$。

对于整个纤芯中折射率受到均匀正弦调制的情况，耦合系数 κ 由下式给定

$$\kappa = \frac{\pi \delta n \eta}{\lambda_{\text{Bragg}}} \tag{10.51}$$

式中 η 是纤芯中的光功率所占的比例。假设在纤芯中光栅是均匀的，η 可以近似为

$$\eta \approx 1 - V^{-2} \tag{10.52}$$

式中 V 是光纤的归一化频率，对于不均匀或折射率非正弦变化的情况需要有更为精确的计算方法。

例 10.12 (a) 下表中给出了不同 κL 值时由式 (10.48) 所求得的 R_{max} 的值。

κL	$R_{\text{max}}(\%)$
1	58
2	93
3	98

(b) 考虑具有下列参数的光纤光栅：$L = 0.5$ cm，$\lambda_{\text{Bragg}} = 1530$ nm，$n_{\text{eff}} = 1.48$，$\delta n = 2.5 \times 10^{-4}$ 及 $\eta = 82\%$。由式 (10.51) 可以得到 $\kappa = 4.2$ cm^{-1}，将其代入式 (10.49) 得到 $\Delta\lambda = 0.38$ nm。

光纤布拉格光栅可用于 25 GHz 及更宽的反射带宽内。表 10.5 列举了光纤通信系统中商用的 25 GHz，50 GHz 及 100 GHz 光纤布拉格光栅的工作特性。

在图 10.20 所示的光纤布拉格光栅(FBG)中，光栅间隔沿长度是均匀的，也可以使光栅间隔沿光纤长度变化，这就意味着 FBG 在不同区域反射不同的波长，这就是所谓啁啾光栅的基础。

表 10.5 商用光纤布拉格光栅的典型参数值

参数	三个信道间隔的典型值		
	25 GHz	50 GHz	100 GHz
反射带宽	>0.08 nm@−0.5 dB <0.2 nm@−3 dB <0.25 nm@−25 dB	>0.15 nm@−0.5 dB <0.4 nm@−3 dB <0.5 nm@−25 dB	>0.3 nm@−0.5 dB <0.75 nm@−3 dB <1 nm@−25 dB
传输带宽	>0.05 nm@−25 dB	>0.1 nm@−25 dB	>0.2 nm@−25 dB
相邻信道隔离度	>30 dB		
插入损耗	<0.25 dB		
中心 λ 公差	<±0.05 nm@25℃		
λ 热漂移	<1pm/℃（无热补偿设计）		
封装尺寸	5 mm(直径)×80 mm(长度)		

10.4.3 FBG 的应用

图 10.21 给出了光纤布拉格光栅解复用功能的简单概念。为了提取所需的波长，通过一个光环形器来连接光栅，这里，有 4 个波长进入光环形器的端口 1 并从端口 2 进入光栅，除了 λ_2，其余所有的波长均通过光栅，由于 λ_2 满足光栅布拉格条件而被反射回来，再进入光环形器的端口 2，从端口 3 发送出去。

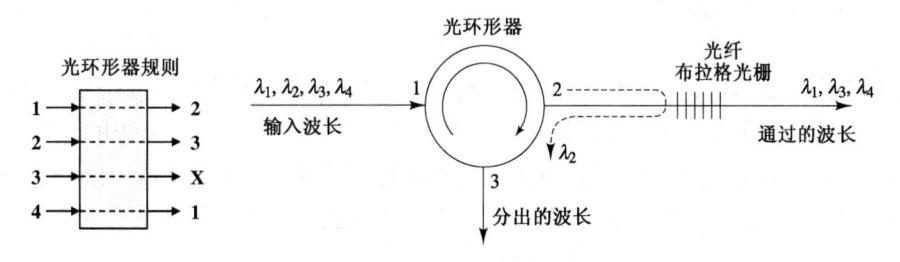

图 10.21 使用光纤光栅和光环形器解复用功能的简单概念图

构造一个复合或分离 N 个波长的器件，需要级联 $N-1$ 个 FBG 和 $N-1$ 个光环形器。图 10.22 描述了使用三个 FBG 和三个光环形器（用 C_2，C_3，C_4 标注）的四个波长（λ_1、λ_2、λ_3 及 λ_4）的复用器。用 FBG_2、FBG_3 及 FBG_4 标注的光纤光栅滤波器分别用来反射 λ_2、λ_3 及 λ_4 波长，并允许其余波长通过。

下面的步骤解释复用器的功能。

(a) 首先考虑光环形器 C_2 和光纤滤波器 FBG_2 的组合，这里，滤波器 FBG_2 反射波长 λ_2 并允许波长 λ_1 通过。

(b) 当 λ_1 波长通过 FBG_2 后进入光环形器 C_2 的端口 2，从端口 3 发送出去。λ_2 波长进入光环形器 C_2 的端口 1 并从端口 2 发送出去，被 FBG_2 反射后进入光环形器 C_2 的端口 2 并从端口 3 与波长 λ_1 一起发送出去。然后，这两个波长继续穿过接下来的 4 个元件，从光环形器 C_4 的端口 2 出来。

(c) 接下来在光环形器 C_3 处，波长 λ_3 进入光环形器 C_3 的端口 3 并从端口 1 发送出去后向 FBG_3 传播，被 FBG_3 反射后进入光环形器 C_3 的端口 1 并从端口 2 与波长 λ_1、λ_2 一同发送出去。

(d) 通过类似的过程，在光环形器 C_4 和 FBG_4 插入波长 λ_4 之后，4 个波长从光环形器 C_4 的端口 2 输出并耦合进光纤中。

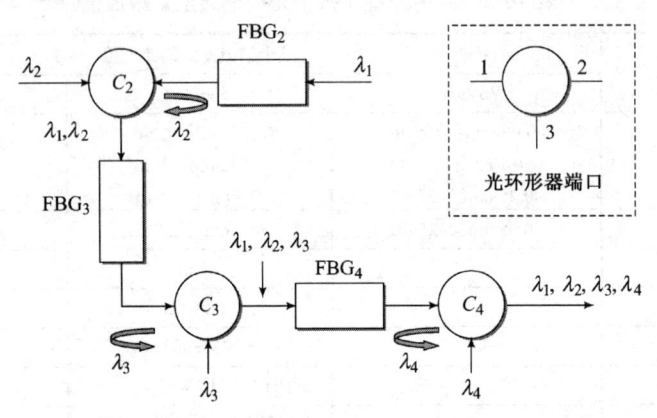

图 10.22 使用三个 FBG 器件和三个光环形器的四波长复用器

每个波长需要一个滤波器，并且从一个滤波器到另一个滤波器时，其波长是连贯的，这就限制了使用光纤布拉格光栅时耦合器的尺寸。由于每个波长通过不同数目的光环形器和光纤光栅，而每个器件均会增加信道损耗，因此信道与信道间的损耗是不相同的。这对数量少的信道还可以接受，而对大数量信道，第一个和最后一个插入波长的损耗差限制了它的使用。

10.5 介质薄膜滤波器

介质薄膜滤波器(Thin-Film Filter，TFF)可用作光带通滤波器[19-21]，意味着允许特定的极窄波带直接通过，而将其余波长反射回去。这种器件的主要部分是一个传统的法布里-珀罗滤波器结构，这个结构是由两个平行的高度反光平面形成的腔，如图 10.23 所示，这种结构称为法布里-珀罗干涉仪或法布里-珀罗标准具，也称为薄膜谐振腔滤波器。

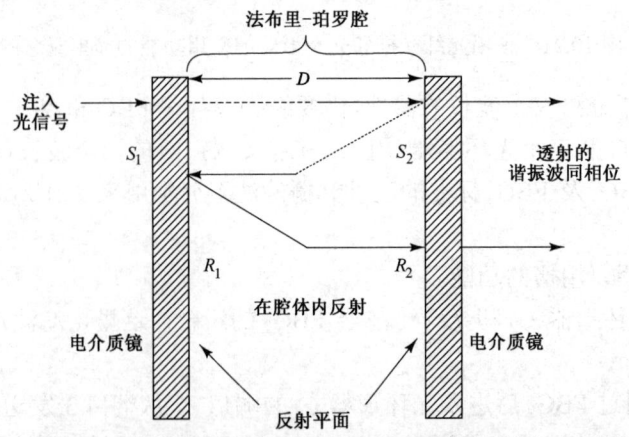

图 10.23 两个平行反光镜面形成法布里-珀罗谐振腔或法布里-珀罗标准具

为了解释该器件的工作过程，设想从法布里-珀罗标准具的左侧平面 S_1 注入光信号，当光通过腔体到达右侧的内表面 S_2 时，部分光离开腔体，另一部分光被反射回腔内，反射光的大小与反光平面 S_2 的反射率 R 有关。如果两个镜面间的来回距离是波长 λ 的整数倍(比如 λ，2λ，3λ)，通过右平面的所有波同相位，意味着这些波在器件的输出端产生相加干涉，因此强度增加，与此相应的波长称为腔体的谐振波长，对其余所有波长会产生抵消效应。

10.5.1 标准具理论

镜面上没有光吸收的理想法布里-珀罗标准具的传输率 T 由 Airy 函数给出，即

$$T = \left[1 + \frac{4R}{(1-R)^2}\sin^2\left(\frac{\varphi}{2}\right)\right]^{-1} \tag{10.53}$$

式中，R 是镜面反射率，φ 是光束来回产生的相位变化。如果忽略镜面的相位变化，波长 λ 的相位变化为

$$\varphi = \frac{2\pi}{\lambda}2nD\cos\theta \tag{10.54}$$

式中，n 是镜面间电介质层的折射率，D 是镜面间距离，θ 是注入光束与镜面法线间的夹角。

图 10.24 给出了根据式(10.53)得到的在 $-3\pi \leq \varphi \leq 3\pi$ 范围内三种不同折射率($R = 0.4$，0.7 和 0.9)的曲线。由于 φ 与光频 $f = 2\pi/\lambda$ 成比例，从图 10.24 可看出功率传输函数 T 与 f(或 λ)之间呈周期性变化。峰值间的间隔称为通带，而峰值在满足 $N\lambda = 2nD$(N 是整数)时出现。为了从特定的谱范围内选出单一波长，所有的波长必须位于滤波器的传输函数的一个通带内。相邻峰值之间的距离(如图 10.24 所示)称为自由谱范围(FSR)。FSR 可以用频率或波长表示。表达式(两种常见符号)分别为

$$\mathrm{FSR}_\nu = \Delta\nu_{\mathrm{FSR}} = \frac{c}{2nD} \tag{10.55}$$

$$\mathrm{FSR}_\lambda = \Delta\lambda_{\mathrm{FSR}} = \frac{\lambda^2}{2nD} \tag{10.56}$$

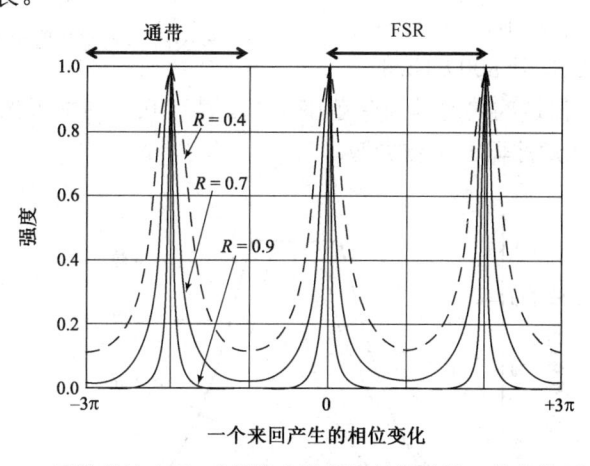

式中 λ 为传输峰值波长。

图 10.24 基于 Airy 函数的法布里-珀罗腔内谐振波长的特性，其中镜面反射率取三个值

训练题 10.5 (a)若一个工程师想要用折射率 $n = 1.50$ 的材料制作一个自由谱范围 $\Delta\nu_{\mathrm{FSR}} = 50\,\mathrm{GHz}$ 的标准具，那么标准具之间的距离为 2.0 mm。

(b) 若一个标准具产生 1550 nm 的波长，这一波长所对应的自由谱范围 FSR 为 $\Delta\lambda_{FSR} = 0.40$ nm。

另一个重要参数是在最高值一半时的通带全宽，称为 FWHM（半高全宽），用 $\delta\lambda$ 表示，FSR 与 FWHN 相关

$$F = \frac{\Delta\lambda_{FSR}}{\delta\lambda} \tag{10.57}$$

参数 F 就是所谓滤波器的精细度，对于反射率大于 0.5 的镜面，F 可近似表示为

$$F \approx \frac{\pi(R_1 R_2)^{1/4}}{1 - \sqrt{R_1 R_2}} \tag{10.58}$$

式中 R_1 和 R_2 分别是标准具镜的反射系数。这表明影响精细度的主要因素是镜面反射系数。镜面反射系数越大，精细度越高。器件的吸收，特别是镜的吸收会降低滤波器响应度的抖度。高精度的标准具呈尖锐的传输峰，同时具有最小的传输系数。也就是说，镜的精细度越高，滤波器的通带越窄，其边界也越陡。

训练题 10.6 假设标准具的端镜面有相同的反射率 $R_1 = R_2 = R$，当 $R = 0.5, 0.7, 0.9$ 时，相应的精度值为 4.4, 8.8, 29.8。说明 Airy 函数的峰值越大，对应的精度值越大，也就是说高精度值需要高反射率的镜面。

如图 10.25 所示，典型的薄膜滤波器（TFF）由多层低折射和高折射材料薄膜交互形成，如 SiO_2 和 Ta_2O_5，这些层通常沉积在玻璃基片上。每个介质层作为一个非吸收反射面，因此这个结构是由一组镜面之间的共振腔串联形成的。如图 10.26 所示，当谐振腔数量增加时，滤波器的通带锐化，为滤波器创建一个平坦的顶部，这是实用滤波器的理想特性。在图 10.25 所示的滤波器中，如果输入谱包括波长 λ_1 到 λ_N，只有波长 λ_k 通过器件，其余波长均被反射。

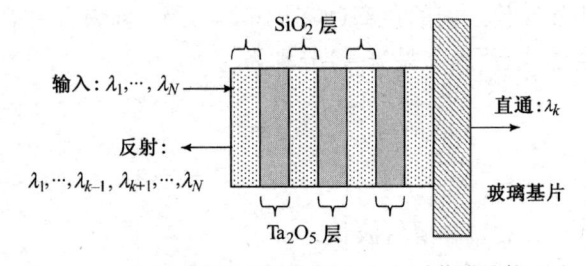

图 10.25 多层薄膜光滤波器由多个介质薄膜堆栈而成

薄膜滤波器在 50 GHz 到 800 GHz 的通带范围内可用，在宽信道间隔时其通带范围更宽。表 10.6 列举了光纤通信系统中商用的 50 GHz 多层介质薄膜光滤波器的工作参数。

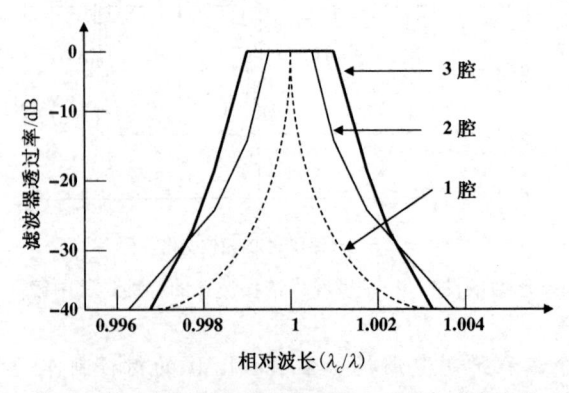

图 10.26 当谐振腔数量增加时，TFF 的通带锐化

表 10.6　商用 50 GHz 多层介质薄膜光滤波器的典型参数值

参数	单位	数值
信道通带	GHz	>±10(在 0.5dB 处)
插入损耗 $f_c\pm 10$ GHz	dB	<3.5
偏振相关损耗	dB	<0.20
相邻信道隔离度	dB	>25
非相邻信道隔离度	dB	>40
光回波衰减	dB	>45
偏振模色散	ps	<0.2
色度色散	ps/nm	<50

10.5.2　TFF 的应用

制作复合或分离 N 个波长信道的波长复用器，需要级联 $N-1$ 个 TFF。图 10.27 举例解释了可复用 4 个波长 $\lambda_1, \lambda_2, \lambda_3, \lambda_4$ 的复用器结构。其中，滤波器 TFF_2、TFF_3 和 TFF_4 分别通过波长 λ_2、λ_3 和 λ_4，并反射其余的波长。为了将光从一个滤波器引入另一个滤波器，这些滤波器相互有一很小的倾斜角。首先滤波器 TFF_2 反射波长 λ_1 并允许波长 λ_2 通过，这两个波长的信号均被滤波器 TFF_3 反射，并与波长 λ_3 结合在一起，在 TFF_4 处发生相似的过程后，4 个波长通过透镜装置耦合进一根光纤。

从一根光纤中分离 4 个波长至 4 个物理不相关的通道的过程与图 10.27 中所示的箭头方向相反。由于滤波器不是理想的，所以在每个 TFF 处都有功率损耗，因此这种复用器的工作信道数量是受限制的，通常为 16 信道或更少。

表 10.7 列举了基于薄膜光滤波器技术的商用波长复用器的典型性能参数，这些参数描述了 50 GHz 和 100 GHz 信道间隔的 8 信道 DWDM 器件和 8 信道 20 nm CWDM 模块。

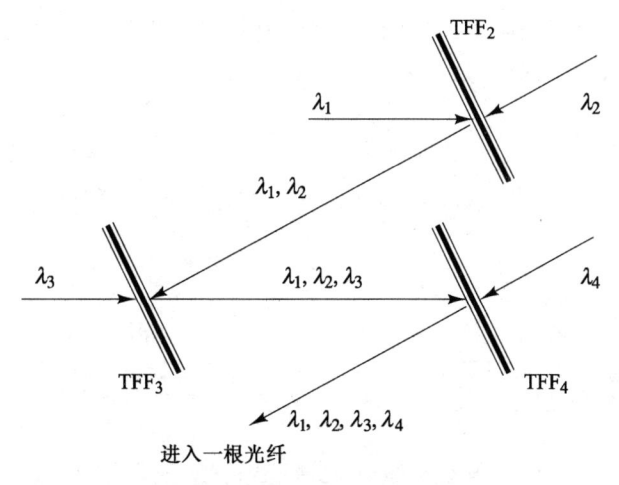

图 10.27　使用薄膜滤波器复用 4 个波长的复用器结构

表 10.7　基于薄膜滤波器技术的 8 信道 DWDM 和 CWDM 复用器的典型性能参数

参　数	50 GHz DWDM	100 GHz DWDM	20 nm CWDM
中心波长精确度	±0.1 nm	±0.1 nm	±0.3 nm
信道通带@0.5 dB 带宽	±0.20 nm	±0.11 nm	±6.5 nm
插入损耗	≤1.0 dB	≤1.0 dB	≤2.0 dB
通带波纹	≤0.5 dB	≤0.5 dB	≤0.5 dB
相邻信道隔离度	≥23 dB	≥20 dB	≥15 dB
指向性	≥50 dB	≥55 dB	≥50 dB
光回波衰减	≥40 dB	≥50 dB	≥45 dB
偏振相关损耗	≤0.1 dB	≤0.1 dB	≤0.1 dB
热波长漂移	<0.001 nm/℃	<0.001 nm/℃	<0.003 nm/℃
额定光功率	500 mW	500 mW	500 mW

10.6　阵列波导器件

最常用的 WDM 器件是阵列波导光栅(AWG)[22,23]，这类器件可以用作复用器、解复用器、分插复用器或波长路由器。阵列波导光栅是 2×2 马赫-曾德尔干涉复用器的扩展，如图 10.28 所示，设计包括 M_{in} 个输入端口和 M_{out} 个输出端口的平板波导，分别位于区域 1 和区域 6。两个有相同焦平面的星形耦合器的平板波导接口位于区域 2 和区域 5 之间，传播常数为 β 的 N 个无耦合的波导阵列连接星形耦合器。在光栅阵列区域，相邻波导的长度差为一个非常精确的值 ΔL，由此形成一个马赫-曾德尔类型的光栅阵列。对于一个单纯的复用器，有 $M_{in} = N$ 及 $M_{out} = 1$；对于解复用器，则有 $M_{in} = 1$ 及 $M_{out} = N$。在网络选路应用中，则有 $M_{in} = M_{out} = N$。

图 10.29 描述了星形耦合器的几何结构，这个耦合器作用就像一个焦距为 L_f 的透镜，因此其物和像平面分别到发送平面波导和接收平面波导的距离为 L_f。输入和输出波导均位于焦线上，其中焦线是以 $L_f/2$ 为半径的圆。在图 10.29 中，x 是星形耦合器界面输入波导和输出波导中心之间的距离，d 是光栅阵列波导间的距离，θ 是输入或输出平板波导内的衍射角。星形耦合器和光栅阵列波导的折射率分别为 n_s 和 n_c。

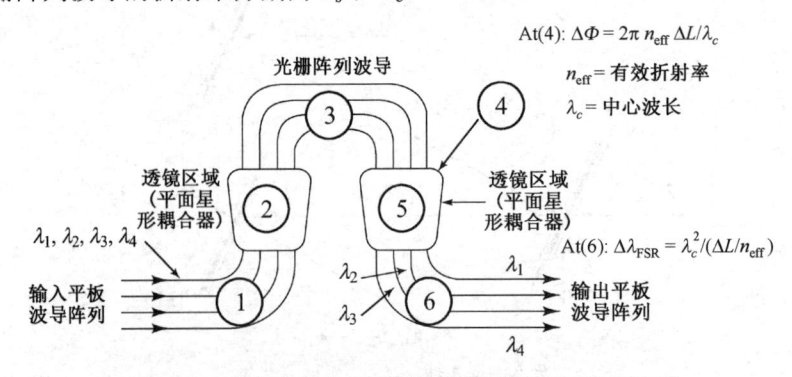

At(4): $\Delta\Phi = 2\pi\, n_{eff}\, \Delta L / \lambda_c$

n_{eff} = 有效折射率

λ_c = 中心波长

At(6): $\Delta\lambda_{FSR} = \lambda_c^2 / (\Delta L / n_{eff})$

图 10.28　典型阵列波导光栅的俯视图及不同工作区域

从图 10.28 的俯视图可以看出 AWG 的功能如下。

● 从左边开始，区域 1 的输入平板波导连接到区域 2 作为透镜的平面星形耦合器。

- 透镜将注入的光功率分配到区域 3 光栅阵列的不同波导中。
- 区域 3 光栅阵列的相邻波导的长度差为 ΔL，可以通过选择 ΔL 的值，使所有输入波长出现在点 4 时具有不同的相移 $\Delta \Phi = 2\pi n_c \Delta L/\lambda$。
- 位于区域 5 的第二个透镜将来自所有光栅阵列波导的光重新聚焦到区域 6 的输出平板波导阵列。
- 每个波长聚焦到区域 6 中的不同输出波导。

根据相位匹配条件，输出波导中出射的光必须满足光栅方程

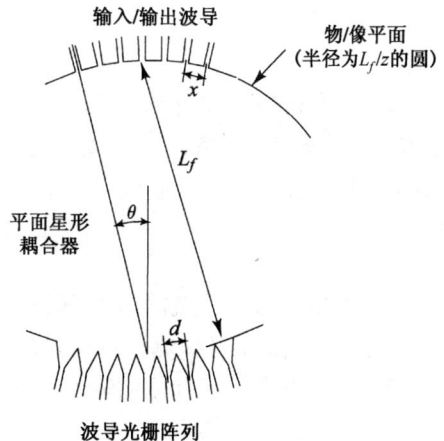

$$n_s d \sin\theta + n_c \Delta L = m\lambda \quad (10.59)$$

图 10.29 用于阵列波导光栅 WDM 器件中的星形耦合器的几何结构

式中整数 m 是光栅的衍射阶数。

聚焦是通过选择阵列内部的相邻阵列波导间的路径长度差 ΔL 而实现的，为实现解复用，ΔL 应满足如下关系

$$\Delta L = m \frac{\lambda_c}{n_c} \quad (10.60)$$

式中，m 是一个正整数，λ_c 是通过中心输入波导到中心输出波导这一路径光波在真空中的波长。

为了求信道间隔，需要找到角色散。角色散定义为有单位频率变化时，聚焦点沿着像平面增加的侧向角偏移，可以通过将式(10.59)对频率求导得到。考虑 $\theta = 0$ 的近似，可以得到

$$\frac{d\theta}{d\nu} = -\frac{m\lambda^2}{n_s c d}\frac{n_g}{n_c} \quad (10.61)$$

式中光栅阵列波导的群折射率定义为

$$n_g = n_c - \lambda \frac{dn_c}{d\lambda} \quad (10.62)$$

用频率表示，则信道间隔 $\Delta\nu$ 为

$$\Delta\nu = \frac{x}{L_f}\left(\frac{d\theta}{d\nu}\right)^{-1} = \frac{x}{L_f}\frac{n_s c d}{m\lambda^2}\frac{n_c}{n_g} \quad (10.63)$$

或者用波长表示，则有

$$\Delta\lambda = \frac{x}{L_f}\frac{n_s d}{m}\frac{n_c}{n_g} = \frac{x}{L_f}\frac{\lambda_c d}{\Delta L}\frac{n_s}{n_g} \quad (10.64)$$

式(10.63)和式(10.64)在设计的中心波长 λ_c 周围，定义了复用器工作的通过频率或波长。注意，通过使 ΔL 变大，这类器件可以复用和解复用波长间隔很小的光信号。

例 10.13 考虑一个 $N \times N$ 的波导光栅复用器，有 $L_f = 10$ mm，$x = d = 5$ μm，$n_c = 1.45$，中心设计波长 $\lambda_c = 1550$ nm。对于 $m = 1$，波导长度差 ΔL 和信道间隔 $\Delta\lambda$ 分别是多少？

解：$m = 1$ 时，由式(10.60)得到的波导长度差为

$$\Delta L = (1)\frac{1.550}{1.45} = 1.069 \text{ μm}$$

如果 $n_s = 1.45$，$n_g = 1.47$，由式(10.64)可以得到

$$\Delta\lambda = \frac{x}{L_f}\frac{n_s d}{m}\frac{n_c}{n_g} = \frac{5}{10^4} \times \frac{(1.45)\times(5)}{1} \times \frac{1.45}{1.47} = 3.58 \text{ nm}$$

由式(10.59)可以看出，通过器件的每一个通路的相位阵列是周期性的，因此相邻波导间 θ 角变化 2π 时，场将再一次成像在同一个出口。在频域中两个相邻场最大值间的周期称为自由谱范围(FSR)，可以通过下面的关系式来表示

$$\Delta\nu_{\text{FSR}} = \frac{c}{n_g(\Delta L + d\sin\theta_i + d\sin\theta_o)} \quad (10.65)$$

式中，θ_i 和 θ_o 分别是输入波导和输出波导中的衍射角，这些角一般是从阵列的中心测得的。因此，在中心端口的任一侧，对第 j 个输入端口和第 k 个输出端口分别有 $\theta_i = jx/L_f$ 和 $\theta_o = kx/L_f$，这表示 FSR 与光信号所使用的输入和输出端口有关。当端口相互对准时，有 $\theta_i = \theta_o = 0$，于是

$$\Delta\nu_{\text{FSR}} = \frac{c}{n_g \Delta L} \quad (10.66)$$

作为替代，FSR 也可以用波长分离度 $\Delta\lambda_{\text{FSR}}$ 表示为

$$\text{FSR} = \Delta\lambda_{\text{FSR}} = \frac{\lambda_c^2}{\Delta L n_c} \quad (10.67)$$

例 10.14 如图 10.30 所示，设计一个 AWG，用来把 C 波段从 195.00 THz(1537.40 nm)到 191.00 THz(1569.59 nm) 的 4 THz 宽频谱分成 40 个 100 GHz 信道。它也可以将 S 波段频率较高的 4 THz 谱段和 L 波段频率较低的 4 THz 谱段分到相同的 40 个输出光纤中。自由谱范围 $\Delta\lambda_{\text{FSR}}$ 可以由式(10.67)求得。这里提到的 4 THz 谱段，中心波长 λ_c 为 1550.5 nm，为了将所有波长分离到不同的光纤中，自由谱范围 $\Delta\lambda_{\text{FSR}}$ 至少为 32.2 nm，石英中有效折射率 n_c 通常为 1.45，因此相邻阵列波导间的长度差 $\Delta L = 51.49$ μm。

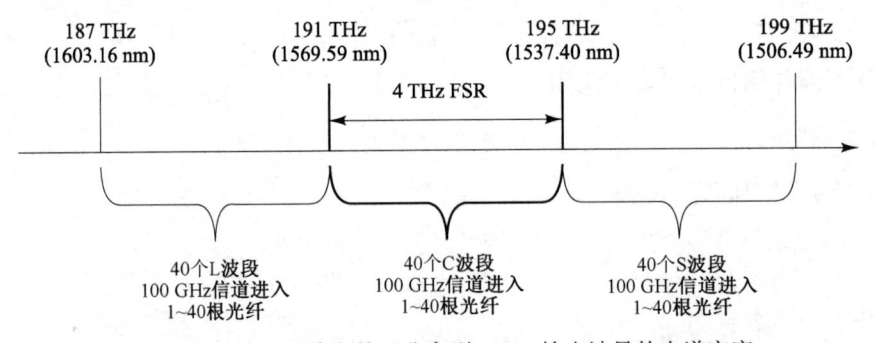

图 10.30 由 FSR 给定的可分离到 AWG 输出波导的光谱宽度

AWG 滤波器对波长的通带形状可以通过设计输入和输出平板波导来改变。图 10.31 给出了两个常用的通带形状，左图是高斯通带，这个通带图形在峰值处呈现最低损耗，但在峰值的两侧迅速衰减，这就要求激光器的波长高度稳定。另外，在光通过几个 AWG 的应用中，滤波过程累积的影响将通带压缩到一个非常小的值。作为高斯通带形状的替代，可用平顶形状或宽带滤波器，如图 10.31 的右图所示，宽带滤波器在通带内有均匀的插入损耗，对激光器漂移或者级联滤波器不像高斯通带那样敏感。然而，平顶滤波器的损耗一般比高斯 AWG 要高 2～3 dB。表 10.8 比较了两种类型 40 信道 AWG 的主要工作特性。

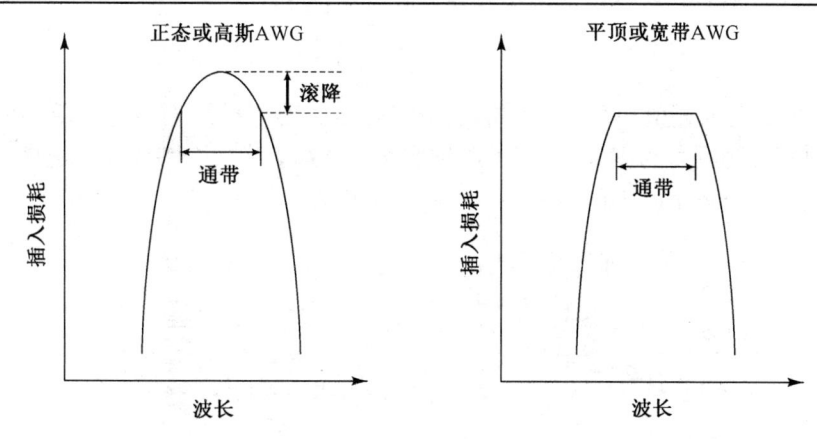

图 10.31　两种常用的光滤波器通带形状：正态/高斯和平顶/宽带

表 10.8　典型的 40 信道阵列光栅波导（AWG）的主要工作特性

参数	高斯 AWG	宽带 AWG
信道间隔	100 GHz	100 GHz
1 dB 带宽	>0.2 nm	>0.4 nm
3 dB 带宽	>0.4 nm	>0.6 nm
插入损耗	<5 dB	<7 dB
偏振相关损耗	<0.25 dB	<0.15 dB
相邻信道串扰	30 dB	30 dB
通带波纹	1.5 dB	0.5 dB
光回波衰减	45 dB	45 dB
尺寸（$L \times W \times H$）	130×65×15(mm)	130×65×15(mm)

10.7　衍射光栅在 WDM 中的应用

另一种密集波分复用（DWDM）技术是基于衍射光栅的[24,25]。衍射光栅是一种传统的光器件，能实现包含不同波长的光束在空间分离。这种器件包括一系列衍射器件，如窄的平行的裂缝或沟槽，裂缝或沟槽的间隔距离可与光波长比较，衍射器件可以是反射的也可以是传输的，因而分别形成反射光栅或传输光栅。用衍射光栅分离和复合波长的过程是并行的，而基于光纤布拉格光栅的过程则是串行的。

反射光栅在一些反射面上精细地刻有平行线，用这些光栅，光会以一定的角度反射离开光栅。光离开光栅的角度与波长有关，反射光按光谱成扇形展开。在 DWDM 应用中，光栅上的平行线是等间隔的，每个波长均会以一个稍微不同的角度反射，如图 10.32 所示。在反射光聚焦位置有接收光纤，每个波长都会指向独立的光纤。反射衍射光栅逆向工作时，也就是说，如果不同的波长通过不同输入光纤进入器件，所有的波长通过器件后被聚焦返回一根光纤。也可以用光电二极管阵列来代替接收光纤，用作每波长功率的检测。

相位光栅是传输光栅的一种，由光栅折射率周期性变化构成，可以用 Q 参数来表征，其定义为

$$Q = \frac{2\pi \lambda d}{n_g \Lambda^2 \cos\alpha} \tag{10.68}$$

式中，λ 是波长，d 是光栅的厚度，n_g 是材料的折射率，Λ 是光栅周期，α 是入射角，如图 10.33 所示。$Q<1$ 时相位光栅称为薄光栅，$Q>10$ 时称为厚光栅。当一个多波长信道谱通过光栅后，每个波长都会有一个细小的不同角度并且可聚焦到接收光纤中。

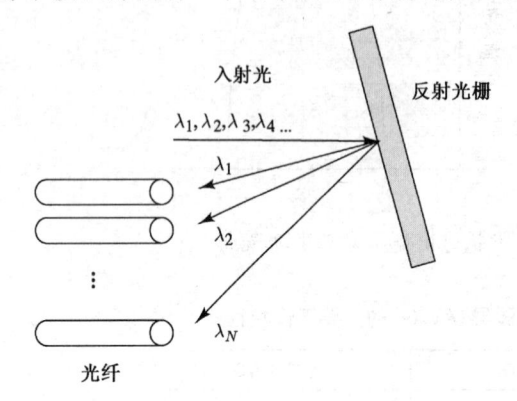

图 10.32　反射光离开反射光栅的角度与波长有关

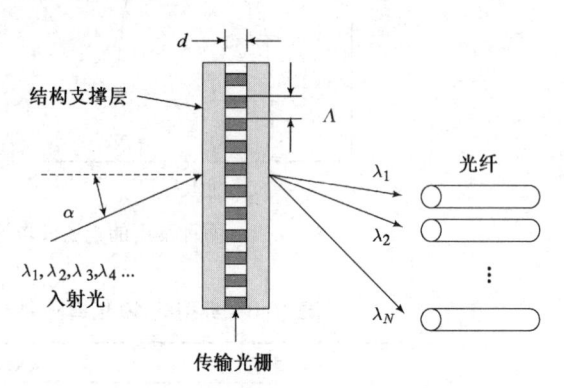

图 10.33　通过传输光栅后每个波长都会有一个细小的不同角度

10.8　小结

波分复用（WDM）技术使得众多携带不同信息的各个波长可以同时在一根光纤中传输。这种复用技术能实现是因为光纤具有宽谱工作范围，在这个范围内所有光信号都可以有效传输。全谱光纤的工作带宽包括 O 波段和 L 波段，大致对应于 1260~1675 nm。而大容量光纤通信系统所使用的光源其发光波长范围小于 1nm，所以在全谱光纤的工作波长范围内的各个区间可以同时使用许多不同的独立信道。

在 WDM 系统的发送端，各个光源独立调制，且发射波长都不相同。所以需要一个复用器把这些输出信号复用成一个连续谱信号并耦合到一根光纤中进行传输。而在接收端则需要一个解复用器把接收信号分解为各个独立的探测信道，然后再进行信号处理。

WDM 网络的实现比较复杂，需要使用各种有源和无源光电子器件，同时还需要对不同波长进行传输、隔离和功率放大等处理。无源器件的工作无需外部信号控制，但同时其工作性能也无法改变，所以它们的应用场合多多少少有所受限。这些无源器件主要用于对光信号进行分离、耦合或抽离。而有源器件一般都是波长相关的，可以用电信号或光信号对其工作性能进行控制，所以在使用中表现出巨大的网络灵活性。有源 WDM 器件包括可调谐光滤波器、可调谐光源和光放大器等。

习题

10.1　一个 DWDM 光传输系统，信道间隔设计为 100 GHz，在 1536~1556 nm 频带内可用波长信道数为多少？

10.2　假如一个 32 信道 DWDM 系统，有相同的信道间隔 $\Delta\nu$ = 100 GHz，频率 ν_n 与波长 λ_n

相对应。利用这个对应关系，在波长 λ_1 = 1550 nm 时，计算前两个(信道 1 和信道 2)信道间波长间隔和后两个(信道 31 和信道 32)信道间波长间隔。通过这个结果，归纳在波带内使用等波长间隔来代替标准的等频率信道间隔规范的区别。

10.3 对于一个给定的抽头式耦合器，输入功率为 250 μW，直通和耦合功率分别为 230 μW 和 5 μW。
(a) 耦合比是多少？
(b) 插入损耗是多少？
(c) 计算出耦合器的附加损耗。

10.4 一个 2×2 单模双锥抽头式耦合器的产品手册给出其性能指标：分光比为 40/60，60% 的信道插入损耗为 2.7 dB，而 40% 的信道插入损耗为 4.7 dB。
(a) 若输入光功率 P_0 = 200 μW，求输出功率 P_1 和 P_2；
(b) 求耦合器的附加损耗；
(c) 由所算得的 P_1 和 P_2 值，证明分光比为 40/60。

10.5 考虑如图 10.34 所示的聚焦双锥抽头式耦合器中，耦合比为拉伸长度的函数。工作于 1310 nm 和 1540 nm 时的性能已给出，如果拉伸长度分别在以下位置：A，B，C，D，E 和 F，试讨论各个波长耦合器的特性。

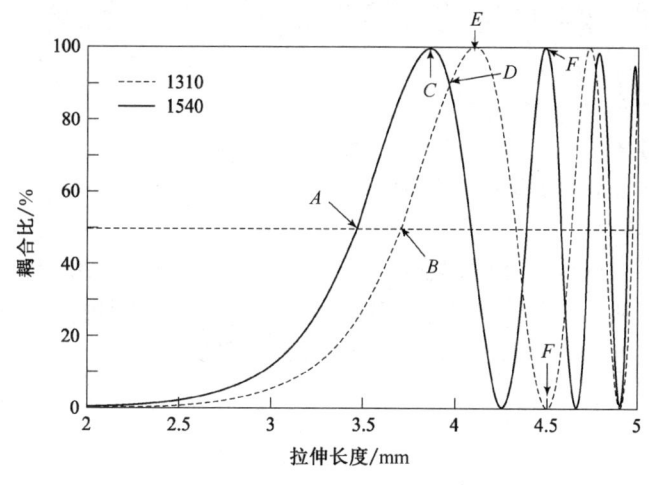

图 10.34 耦合比与拉伸长度的关系

10.6 假定有两个 2×2 波导耦合器(耦合器 A 和 B)，它们具有相同的信道几何尺寸和间隔，用同样材料的基片制成。若耦合器 A 的折射率大于 B，问哪一个器件的耦合系数 κ 较大？用它们来构造 3 dB 耦合器时，所需的长度有什么不同？

10.7 设有 7 根光纤作如下安排，6 根光纤围绕中间一根光纤形成一个圆形光纤束，其端面与一根作为合路元件的玻璃棒的端面对接，构成一个具有 7 个输入端口和 7 个输出端口的光纤星形耦合器。设玻璃棒直径为 300 μm。
(a) 若光纤的纤芯直径为 50 μm，包层直径为 125 μm，光纤纤芯间泄漏光所引起的耦合损耗是多少？假设未除掉光纤包层。
(b) 若光纤的各个端面排列成一排与 50 μm×800 μm 的玻璃平面对接，耦合损耗是多大？

10.8 与上一题相同，当7根光纤的纤芯直径为200 μm，包层直径为400 μm时，重做习题10.7。此时玻璃棒和玻璃平面的尺寸应当为多大？

10.9 采用 n 个 3 dB 的 2×2 耦合器构成 $N×N$ 耦合器，每个耦合器的附加损耗是 0.1 dB。若星形耦合器的功率预算为 30 dB，求 n 的最大值及 N 的最大值。

10.10 考虑如图 10.16 所示的 4×4 复用器。
(a) 若 λ_1 = 1548 nm，$\Delta\nu$ = 125 GHz，4 个输入波长是多少？
(b) 若 n_{eff} = 1.5，ΔL_1 和 ΔL_3 的值是多少？

10.15 沿用例 10.11 中的分析路线，采用 2×2 马赫-曾德尔干涉仪设计一个 8 到 1 的复用器，可处理信道间隔为 25 GHz。令最短的波长为 1550 nm，请给出各级 2×2 马赫-曾德尔干涉仪中 ΔL 的值。

10.12 考虑一个由光环形器和图 10.22 所示的光纤布拉格光栅(FBG)形成的波长复用器，假如波长 λ_1 到 λ_4 的输入光功率都是 1 mW。令每个 FBG 的插入损耗和直通损耗都是 0.25 dB，光环形器的插入损耗为 0.6 dB，求波长 λ_1 到 λ_4 离开最后一个光环形器 C_4 时的功率是多少？

10.13 通过采用两束 244 nm 紫外线照射单模光纤得到一个 0.5 cm 长的光纤布拉格光栅。光纤的归一化频率 V = 2.405，n_{eff} = 1.48。两束光间的半角宽为 $\theta/2$ = 13.5°。若光导致的折射率变化为 $2.5×10^{-4}$，求下列各值。
(a) 光栅周期；
(b) 布拉格波长；
(c) 耦合系数；
(d) R_{max} 两边零点之间的全带宽 $\Delta\lambda$；
(e) 最大反射率。

10.14 考虑一个由图 10.27 所示的薄膜滤波器制成的波长复用器。假如波长 λ_1 到 λ_4 的输入光功率都是 1 mW。令每个 TFF 的直通损耗都是 1.0 dB，反射损耗是 0.4 dB，求波长 λ_1 到 λ_4 离开最后一个薄膜滤波器 TFF_4 时的功率是多少？

习题解答(选)

10.1 通道间距 4 nm；5 个通道可以使用。

10.2 $\lambda_1-\lambda_2$ = 1550.00 nm–1549.20 nm = 0.80 nm；$\lambda_{31}-\lambda_{32}$ = 1526.34 nm–1525.56 nm = 0.78 nm。

10.3 (a) 2%；
(b) $IL_{0\to1}$ = 0.36 dB，$IL_{0\to2}$ = 17.0 dB；
(c) 0.27 dB。

10.4 (a) P_1 = 107.4 μW，P_2 = 67.8 μW；
(b) 0.58 dB；
(c) P_1/P_0 = 61%，P_2/P_0 = 39%。

10.5 当在指定点停止拉伸长度时，实现以下耦合百分比：

从光线输入到 2 号输出口的耦合百分比

点	A	B	C	D	E	F
1310 nm	25	50	75	90	100	0
1540 nm	50	88	100	90	50	100

10.6　因为 β_z 与 n 成正比，然后为使 $n_A > n_B$，需满足 $\kappa_A < \kappa_B$。因为需要满足等式 $\kappa_A L_A = \kappa_B L_B$，$L_A > L_B$ 是其必要条件。

10.7　(a) 耦合损耗发生在从纤芯端面区域到玻璃棒截面区之间的区域失配中。如果 a 是纤芯半径，R 是玻璃棒半径，则耦合损耗为

$$L_{\text{coupling}} = 10\log\frac{P_{\text{out}}}{P_{\text{in}}} = 10\log\frac{7\pi a^2}{\pi R^2} = 10\log\frac{7\times(25)^2}{(150)^2} = -7.11\text{ dB}$$

(b) 同样，对于线性平板耦合器，

$$L_{\text{coupling}} = 10\log 7\pi a^2 / (\text{length}\times\text{width}) = 10\log\frac{7\pi(25)^2}{800\times(50)} = -4.64\text{ dB}$$

10.8　(a) 圆形耦合玻璃棒的直径必须为 1000 μm。耦合损耗是

$$L_{\text{coupling}} = 10\log\frac{7\pi a^2}{\pi R^2} = 10\log\frac{7\times(100)^2}{(500)^2} = -5.53\text{ dB}$$

(b) 平板耦合器的尺寸必须为 200 μm × 2600 μm，

$$耦合耗损 = 10\log\frac{7\pi(100)^2}{200(2600)} = -3.74\text{ dB}$$

10.9　$n = 9$ 和 $N = 2^n = 512$。

10.10　(a) 1549 nm，1550 nm 和 1551 nm；

(b) $\Delta L_1 = 0.4$ mm，$\Delta L_3 = 0.8$ mm。

10.11　$\Delta L_1 = 0.75$ mm，$\Delta L_2 = 1.5$ mm，$\Delta L_3 = 3.0$ mm。

10.12　λ_1 损耗：2.55 dB，λ_2 损耗：3.15 dB，λ_3 损耗：2.30 dB，λ_4 损耗：1.45 dB。

10.13　(a) 523 nm；

(b) 1547 nm；

(c) 4.2 cm^{-1}；

(d) 3.9 nm；

(e) 94%。

10.14　λ_1 损耗：1.2 dB，λ_2 损耗：1.8 dB，λ_3 损耗：1.4 dB，λ_4 损耗：1.0 dB。

原著参考文献

1. C.A. Brackett, Dense wavelength division multiplexing networks: principles and applications. IEEE J. Sel. Areas Commun. **8**, 948-964 (1990)

2. G. Keiser, *FTTX Concepts and Applications* (Wiley, New York, 2006)

3. N. Antoniades, G. Ellias, I. Roudas, (eds.), *WDM Systems and Networks* (Springer, 2012)

4. C. Kachris, K. Bergman, I. Tomkos, *Optical Interconnects for Future Data Center Networks* (Springer, Berlin, 2013)
5. D. Chadha, *Optical WDM Networks: From Static to Elastic Networks* (Wiley-IEEE, 2019)
6. A. Paradisi, R. Carvalho Figueirdo, A. Chiuchiarelli, E. de Sousa Rosa, (eds.) *Optical Communications* (Springer, Berlin, 2019)
7. ITU-T Recommendation G.692, *Optical Interfaces for Multichannel Systems with Optical Amplifiers*, Oct. 1998; Amendment 1 (2005)
8. ITU-T Recommendation G.694.1, *Dense Wavelength Division Multiplexing (DWDM)* (2012)
9. ITU-T Recommendation G.694.2, *Coarse Wavelength Division Multiplexing (CWDM)* (2003)
10. ITU-T Recommendation G.695, *Optical Interfaces for Coarse Wavelength Division Multiplexing Applications* (2018)
11. V.J. Tekippe, Passive fiber optic components made by the fused biconical taper process. Fiber Integr. Opt. **9**(2), 97-123 (1990)
12. C.-L. Chen, *Foundations for Guided Wave Optics* (Wiley, New York, 2007)
13. B.E.A. Saleh, M. Teich, *Fundamentals of Photonics*, 3rd edn. (Wiley, New York, 2019)
14. R. Tewari, K. Thyagarajan, Analysis of tunable single-mode fiber directional couplers using simple and accurate relations. J. Lightw. Technol. **4**, 386-390 (1986)
15. J. Pietzsch, Scattering matrix analysis of 3 × 3 fiber couplers. J. Lightw. Technol. **7**, 303-307 (1989)
16. R.G. Hunsperger, *Integrated Optics: Theory and Technology*, 6th edn. (Springer, Berlin, 2009)
17. J.W. Arkwright, D.B. Mortimore, R.M. Adams, Monolithic 1 × 19 single-mode fused fiber couplers. Electron. Lett. **27**, 737-738 (1991)
18. R. Kashyap, *Fiber Bragg Gratings*, 2nd edn. (Academic Press, 2010)
19. J. Jiang, J.J. Pan, Y.H. Guo, G. Keiser, Model for analyzing manufacturing-induced internal stresses in 50-GHz DWDM multilayer thin film filters and evaluation of their effects on optical performances. J. Lightw. Technol. **23**, 495-503 (2005)
20. V. Kochergin, *Omnidirectional Optical Filters* (Springer, Berlin, 2003)
21. H.A. Macleod, *Thin-Film Optical Filters*, 5th edn. (CRC Press, 2018)
22. M.K. Smit, C. van Dam, PHASAR-based WDM devices: principles, design and applications. IEEE J. Sel. Top. Quantum Electron. **2**, 236-250 (1996)
23. H. Uetsuka, AWG technologies for dense WDM applications. IEEE J. Sel. Top. Quantum Electron. **10**, 393-402 (2004)
24. C.F. Lin, *Optical Components for Communications: Principles and Applications*, (Springer, Berlin, 2004)
25. H. Venghaus, *Wavelength Filters in Fibre Optics* (Springer, Berlin, 2006)

第11章 光放大器

摘要：光放大器的产生和发展，使从超长海底链路到接入网短距链路等各种应用的通信容量迅速增加。本章介绍了三种主要的光放大器类型，包括：半导体光放大器、有源光纤或掺杂光纤放大器、拉曼放大器。探讨的问题包括光放大过程产生的噪声影响，光信噪比的概念及其与误码的关系，基于拉曼散射效应的光放大器的工作原理和用途，以及增益带宽覆盖多个波段的宽带光放大器。

通常在构建光链路时要进行功率预算，在链路损耗超过可用的功率极限时要接入中继器。用传统的中继器来放大光信号时，需要进行光电转换、电放大、再定时、脉冲整形以及电光转换，尽管这个过程对于中等速率的单波长很适用，但对于高速多波长系统这就是传输瓶颈。因此，为了消除光电转换延时，人们花了很大的努力研制全光放大器，可以完全在光域对30 nm 或更宽频谱内的多路光波信号进行功率放大[1-5]。

三种基本的光放大器类型分别是半导体光放大器(SOA)、掺杂光纤放大器(DFA)和拉曼放大器。此外，还使用混合光学放大器(HOA)的术语，表示是多种类型光放大器的组合。本章的 11.1 节首先对光放大器的三种基本应用类型进行分类。11.2 节将讨论与半导体激光器具有相同工作原理的 SOA，包括外部泵浦原理和增益机制。11.3 节将详细讲解掺铒光纤放大器(EDFA)，EDFA 在光纤通信网络的 C 波段(1530～1565 nm)已得到广泛应用。11.4 节将讨论放大过程产生的噪声影响。11.5 节将讨论光信噪比(OSNR)的概念及其与误码率间的关系。11.6 节介绍 EDFA 在三种基本结构中的应用。11.7 节将讲述基于受激拉曼散射机制的光放大器的工作原理及应用。最后，11.8 节简述了同时工作于几个波长通带的宽带光放大器。

11.1 光放大器的基本应用和分类

无论在超长距离的海底链路还是在接入网的短链路中，光放大器都有广泛的应用。在长距离的海底和陆地点对点链路中业务形态是相对稳定的，光放大器的输入功率电平变化不明显。然而，要在这些链路上传送密集的多波长信道，放大器必须具备宽谱响应范围并且高度可靠。通常城域网和接入网中传送的波长较少，业务形态可能会突变，并且根据客户需求经常需要插入或取出波长，这就要求光放大器能够从输入功率快速变化中迅速恢复。尽管每种应用都有不同的放大器设计要求，但是所有的放大器都有相同的基本工作要求和性能参数，这将在本节中给出。

11.1.1 光放大器的一般应用

图 11.1 给出了光放大器的三种基本应用类型。

在线放大器

在单模链路中，光纤色散的影响较小，限制中继距离的主要因素是光纤损耗，这种链路不一定需要信号的完全再生,简单的光信号放大就足够了。因此,在线光放大器可以用来补偿传输损耗并且扩大再生中继器间的距离,如图 11.1(a)所示。

前置放大器

图 11.1(b)中的光放大器是用作光接收机的前端放大器。在光电检测之前将弱信号放大,可以抑制在接收机中由于热噪声引起的信噪比下降。与其他的前端设备(雪崩光电二极管或光外差检测器)相比较,光前置放大器可以提供较大的增益系数和较宽的带宽。

功率放大器

功率放大器应用是指在光发射机之后安装的放大器,以提高发送功率,如图 11.1(c)所示。根据放大器增益和光纤损耗,传输距离可以增加 10~100 km,如果将此技术与接收端光前置放大同时使用,可以达到 200~250 km 的无中继海底传输。也可以在局域网中用光放大器补偿耦合的插入损耗和功率分配损耗。图 11.1(d)给出了一个在无源星形耦合器前放大光信号的例子。

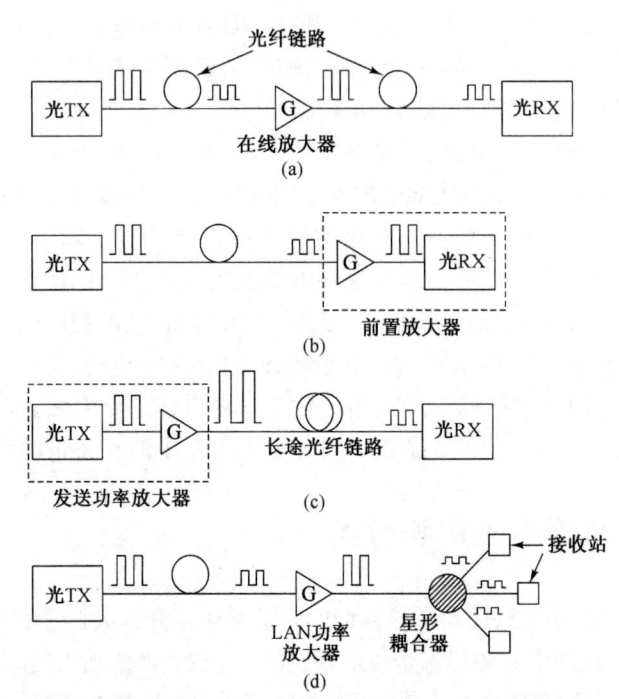

图 11.1 光放大器 4 种可能的应用。(a)增加传输距离的在线放大器;(b)提高接收机灵敏度的前置放大器;(c)发送功率放大器;(d)局域网中的信号功率放大器

11.1.2 放大器的类型

光放大器可以分为半导体光放大器(SOA)、有源光纤或掺杂光纤放大器(DFA)和拉曼放大器三种主要类型。这里首先给出各种类型放大器的简单介绍,详细情况在后面各节讲述。所有的放大器都是通过受激辐射或光功率转移过程来实现入射光功率放大的,在 SOA 和 DFA 中,产生受激辐射所需的粒子数反转机制与半导体激光器完全相同。光放大器在结构上与激光器很相似,但它没有反馈机制,而反馈机制对于发射激光是必要的。因此,光放大器可以

放大输入信号,但本身不产生相干的光输出。

基本工作原理如图 11.2 所示。在这里,激活媒质吸收了外部泵浦光源提供的能量,在激活媒质中泵浦为电子提供能量,使其达到较高的能级,产生粒子数反转。输入信号光子会通过受激辐射机理触发这些已经激活的电子,使其跃迁到较低的能级。由于输入触发光子产生级联效应,激活的电子在跃迁到较低能级时发射相同能量的光子,从而产生放大的光信号。

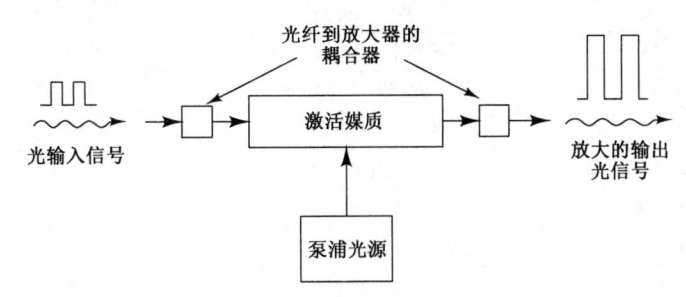

图 11.2 普通光放大器的基本工作原理

如 11.7 节所述,与在 SOA 或 DFA 中采用的放大机制相比,拉曼放大器中光功率是从高功率的泵浦波长(如 1480 nm 处 500 mW)转移到较长波长(如 1550 nm 附近 −25 dBm 信号)的光信号,拉曼放大机制不需要粒子数反转过程。

由Ⅲ价和Ⅴ价元素(如磷、镓、铟、砷)形成的半导体合金构成 SOA 中的激活媒质。SOA 有很多吸引人的地方,它们工作在 O 波段(1310 nm 左右)和 C 波段,易于与其他光设备和电路(如耦合器、光隔离器及接收电路)集成在同一基片上,与 DFA 相比,SOA 功耗低,组成器件少,结构紧凑。SOA 具有 1 ps 到 100 ps 量级的快速增益响应,这既有优点又有缺点。优点是,当光网络同时要求交换和信号处理时,SOA 能够完成这样的任务;缺点是在比特速率增加到几吉比特每秒时,快速载波响应会导致特定波长上的增益随着信号速率起伏,又因为这种起伏会影响到整个增益,其他波长上的信号增益也会产生起伏,从而在放大宽谱波长时引起串扰。

在 DFA 中,用来在 S、C 和 L 波段工作的激活媒质是由在石英(二氧化硅)或亚碲酸盐(氧化碲)光纤纤芯中掺少量稀土元素[如铥(Tm)、铒(Er)或镱(Yb)]形成的,工作在 O 波段的激活媒质是由在氟化物光纤(有些性能优于石英光纤)中掺钕(Nd)和镨(Pr)元素得到的。DFA 的重要特性包括:在不同的波长上对器件进行泵浦的能力、与之兼容的光纤传输媒介间的耦合损耗低、增益对光偏振状态依存性低等。另外,由于其载流子寿命在 0.1~10 ms 量级,DFA 表现为慢增益动态特性,因而对信号格式和比特速率具有很高的透明性。与 SOA 相比,信号调制超过数千赫兹时,DFA 的增益响应基本是不变的。通常,DFA 在同时注入放大器的波长谱宽内不同光信道(从 1530~1560 nm 的 30 nm 谱带范围)时不会相互干扰(如串扰和互调制失真)。

拉曼光放大器的工作原理是基于受激拉曼散射(SRS)的非线性效应,在光纤中光功率较高时就会产生受激拉曼散射(见第 12 章)。DFA 工作时需要特定结构的光纤,拉曼放大器只需用标准的传输光纤。拉曼增益机制可以通过集总的(或离散的)放大器或分布式放大器来实现。在集总拉曼放大器配置中,约 80 m 长的细芯光纤卷带有泵浦激光器单独封装,在适当位置插入传输通路中。在分布式拉曼放大器应用中,一个或多个拉曼泵浦激光器将 20~40 km

传输光纤转换为前置放大器。由于特定光谱范围内的拉曼增益是通过 SRS 将短波长的泵浦光功率转移到长波长信号中得到的,因此在任何波段内均可使用。

表 11.1 列举了一些可能的光放大器结构和工作波段,下面各节将详细介绍它们的性能。

表 11.1 各种光放大器结构和工作波段

缩　写	结　构	工作波段
GC-SOA	增益限幅半导体光放大器	O 或 C 段
PDFFA	掺镨氟化物光纤放大器	O 波段
TDFA	掺铥光纤放大器	S 波段
EDFA	掺铒光纤放大器	C 波段
GS-EDFA	增益位移掺铒光纤放大器	L 波段
ETDFA	掺铒/铥亚碲酸盐(氧化碲)玻璃纤维	C 波段和 L 波段
RFA	拉曼光纤放大器	1260~1650nm 波段

11.2 半导体光放大器

半导体光放大器(SOA)本质上是工作在阈值点以下的 InGaAsP 激光器[6,7]。与半导体激光器结构类似,SOA 的增益峰值可通过改变激活 InGaAsP 材料的成分,从 O 波段的 1280 nm 到 U 波段的 1650 nm 范围内任意窄波长通带内选择。大多数 SOA 属于行波(TW)放大器,与光信号多次通过 SOA 激光腔的激光反馈机制相比较,光信号只通过行波放大器一次,就会获得能量并在放大器的另一端得到增强。

SOA 的结构与激光器谐振腔结构相似,有长为 L、宽为 w、厚为 d 的有源区,端面反射率分别为 R_1 和 R_2。然而,与半导体激光器约为 0.3 的反射率相比,为了实现光信号只通过放大腔一次,SOA 的反射率 R_1 和 R_2 要求非常低。通过在 SOA 端面上沉积氧化硅、氮化硅或氧化钛薄层可以得到 10^{-4} 的低反射率。

11.2.1 有源介质的外部泵浦

与半导体激光器的机制类似,外部电流注入是用来产生 SOA 增益机制所需的粒子数反转的泵浦方法(见 4.3 节)。因此,式(4.31)中注入速率、受激辐射速率及自发复合速率之和给出了控制激发态的载流子浓度 $n(t)$ 的速率方程,即

$$\frac{\partial n(t)}{\partial t} = R_p(t) - R_{st}(t) - \frac{n(t)}{\tau_r} \tag{11.1}$$

式中

$$R_p(t) = \frac{J(t)}{qd} \tag{11.2}$$

是从注入到厚度为 d 的有源层的电流密度 $J(t)$ 得到的外泵浦速率,τ_r 是来自自发辐射及载流子复合机制的复合时间常数,并有

$$R_{st}(t) = \Gamma a V_g (n - n_{th}) N_{ph} \equiv g V_g N_{ph} \tag{11.3}$$

是净受激辐射速率。式中,V_g 是入射光的群速度,Γ 是光限制因子,a 是与光频 ν 有关的增益常数,n_{th} 是阈值载流子密度,N_{ph} 是光子密度,g 是单位长度上的总增益。假设光放大器有源

层宽度为 w，厚度为 d，对具有光子能量为 $h\nu$、群速度为 V_g、功率为 P_s 的光信号，光子密度为

$$N_{ph} = \frac{P_s}{V_g h\nu(wd)} \tag{11.4}$$

在稳定状态，$\partial n(t)/\partial t = 0$，式(11.1)为

$$R_p = R_{st} + \frac{n}{\tau_r} \tag{11.5}$$

现在用式(11.2)代替式(11.5)的 R_p，用式(11.3)中的第二个等式代替式(11.5)的 R_{st}，并且解出式(11.3)的第一个方程式，求得 n 并代入式(11.5)，求得 g，即可得到单位长度上的稳态增益为

$$g = \frac{\dfrac{J}{qd} - \dfrac{n_{th}}{\tau_r}}{V_g N_{ph} + 1/\Gamma a \tau_r} = \frac{g_0}{1 + N_{ph}/N_{ph;sat}} \tag{11.6}$$

其中

$$N_{ph;sat} = \frac{1}{\Gamma a V_g \tau_r} \tag{11.7a}$$

定义为饱和光子密度，并且有

$$g_0 = \Gamma a \tau_r \left(\frac{J}{qd} - \frac{n_{th}}{\tau_r} \right) \tag{11.7b}$$

是在没有光信号输入(光子密度为零)时单位长度的媒质增益，称为单位长度上零信号或小信号增益。

例 11.1 考虑一个 $w = 5\ \mu m$，$d = 0.5\ \mu m$ 的 InGaAsP SOA，给定 $V_g = 2 \times 10^8$ m/s，如果一个功率为 1.0 μW 的光信号在 1550 nm 窗口入射进 SOA，光子密度是多少？

解：通过式(11.4)可求得光子密度为

$$N_{ph} = \frac{1 \times 10^{-6}\ W}{(2 \times 10^8\ m/s) \times \dfrac{(6.626 \times 10^{-34}\ J \cdot s) \times (3 \times 10^8\ m/s)}{1.55 \times 10^{-6}\ m} \times (5\ \mu m) \times (0.5\ \mu m)}$$

$$= 1.56 \times 10^6\ photons/m^3$$

例 11.2 对 1300 nm InGaAsP SOA 考虑右表的参数，求
(a) SOA 的泵浦速率是多少？
(b) 零信号增益是多少？

符号	参数	值
w	有源层宽度	3 μm
d	有源层厚度	0.3 μm
L	放大器长度	500 μm
Γ	限制因子	0.3
τ_r	时间常数	1 ns
a	增益系数	2×10^{-20} m^2
n_{th}	阈值密度	1×10^{24} m^{-3}

解：(a) 如果采用 100 mA 的偏置电流，由式(11.2)可得泵浦速率为

$$R_p = \frac{J}{qd} = \frac{1}{qdwL}$$

$$= \frac{0.1\ A}{(1.6 \times 10^{-19}\ C) \times (0.3\ \mu m) \times (3\ \mu m) \times (500\ \mu m)}$$

$$= 1.39 \times 10^{33}\ (electrons/m^3)/s$$

(b) 利用式(11.7b)，得到零信号增益为

$$g_0 = 0.3 \times (2.0 \times 10^{-20}\,\text{m}^2) \times (1\,\text{ns}) \times \left(1.39 \times 10^{33}\,\text{m}^{-3}\text{s}^{-1} - \frac{1.39 \times 10^{24}\,\text{m}^{-3}}{1.0\,\text{ns}}\right)$$

$$= 2340\,\text{m}^{-1} = 23.4\,\text{cm}^{-1}$$

训练题 11.1 考虑一个 $w = 5\,\mu\text{m}$，$d = 0.5\,\mu\text{m}$，$L = 200\,\mu\text{m}$ 的 InGaAsP SOA，其增益常数 $a = 1.0 \times 10^{-20}\,\text{m}^2$，光限制因子 $\Gamma = 0.3$。阈值载流子密度 $n_{\text{th}} = 1.0 \times 10^{24}\,\text{m}^{-3}$。(a) 如果采用一个 100 mA 的偏置电流，则泵浦注入速率 $R_p = 1.25 \times 10^{33}\,(\text{electrons/m}^3)/\text{s}$；(b) 其零信号增益 g_0 为 $750\,\text{m}^{-1}$。

11.2.2 放大器增益

光放大器最重要的参数之一是信号增益或放大器增益 G，其定义为

$$G = \frac{P_{s,\text{out}}}{P_{s,\text{in}}} \tag{11.8}$$

式中 $P_{s,\text{in}}$ 和 $P_{s,\text{out}}$ 分别是被放大光信号的输入功率和输出功率。如在第 4 章所指出的，在光子能量为 $h\nu$ 时，辐射强度与穿过发射激光腔的距离呈指数规律增长。因此，利用式 (4.23)，可以得到 SOA 激活媒质中的单程增益为

$$G = \exp[\Gamma(g_m - \alpha_{\text{mat}})L] \equiv \exp[g(z)L] \tag{11.9}$$

式中，Γ 是激光腔中的光限制因子，g_m 是材料增益系数，α_{mat} 是光路中材料的等效吸收系数，L 是放大器长度，$g(z)$ 是单位长度上的增益。

由式 (11.9) 可以看出，放大器的增益随着长度的增加而增加。然而，放大器的内部增益会受到增益饱和的限制，这是因为放大器增益区中的载流子密度与输入光的强度有关，当输入信号增强时，有源区中激活的载流子(电子空穴对)逐渐减少。由于没有足够的激活载流子来产生受激辐射，在输入信号功率足够大时，再增加输入信号，输出信号就不会再发生明显的变化。注意，放大腔内 z 点的载流子密度与该点的信号功率 $P_s(z)$ 有关，特别是当靠近输入点时 z 值很小，放大器在这一端的增长可能不会与器件后面一部分的增长同时达到饱和，这是因为后一部分可能由于较高的 $P_s(z)$ 值而先达到饱和。

增益 G 是输入信号功率的函数，它的表达式可以通过分析式 (11.9) 中的增益参数 $g(z)$ 得到，$g(z)$ 与载流子浓度和信号波长有关。利用式 (11.4) 和式 (11.6)，可以得到离输入端距离 z 时 $g(z)$ 的表达式，即

$$g(z) = \frac{g_0}{1 + \dfrac{P_s(z)}{P_{\text{amp,sat}}}} \tag{11.10}$$

式中，g_0 是没有输入信号时单位长度上的非饱和媒质增益，$P_s(z)$ 是 z 点的内部信号功率，$P_{\text{amp,sat}}$ 是放大器的饱和功率，其定义为单位长度增益降至一半时的内部功率。因此，由式 (11.9) 给出的增益随着信号功率的增加而减小，特别是当内部信号功率等于放大器饱和功率时，式 (11.10) 中的增益系数就会减小一半。

假设 $g(z)$ 是单位长度增益，当长度增加 dz 时，光功率增加

$$dP = g(z)P_s(z)dz \tag{11.11}$$

将式 (11.10) 代入式 (11.11)，整理得到

$$g_0(z)\mathrm{d}z = \left[\frac{1}{P_s(z)} + \frac{1}{P_{\mathrm{amp,sat}}}\right]\mathrm{d}P \tag{11.12a}$$

对上式从 $z = 0$ 到 $z = L$ 积分得到

$$\int_0^L g_0 \mathrm{d}z = \int_{P_{s,\mathrm{in}}}^{P_{s,\mathrm{out}}} \left[\frac{1}{P_s(z)} + \frac{1}{P_{\mathrm{amp,sat}}}\right]\mathrm{d}P \tag{11.12b}$$

定义无光时单程增益为 $G_0 = \exp(g_0 L)$,利用式(11.8)得到

$$G = 1 + \frac{P_{\mathrm{amp,sat}}}{P_{s,\mathrm{in}}}\ln\left(\frac{G_0}{G}\right) = G_0 \exp\left(-\frac{G-1}{G}\frac{P_{s,\mathrm{out}}}{P_{\mathrm{amp,sat}}}\right) \tag{11.13}$$

图 11.3 描述了增益对输入功率的依存关系,图中零信号增益(或小信号增益)为 $G_0 = 30$ dB,增益系数为 1000。从曲线可以看到,当输入信号功率增加时,增益开始保持在小信号增益值附近,然后开始下降,在增益饱和区线性减小,当输入功率很大时,增益趋于 0 dB。图中还给出了饱和输出功率 $P_{\mathrm{amp,sat}}$,它对应着增益值降低 3 dB 的点。

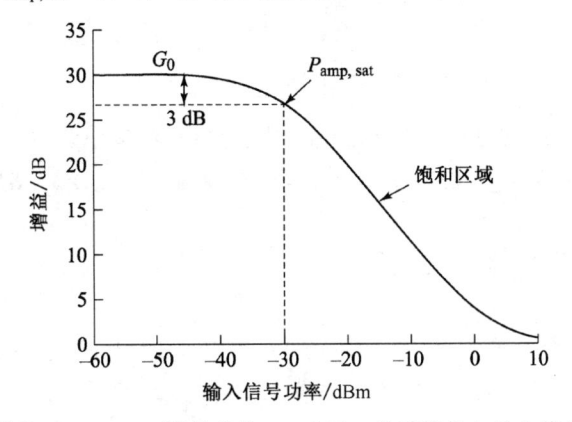

图 11.3 小信号增益 $G_0 = 30$ dB(增益值为 1000)时,单程增益与输入信号功率的典型关系

通过改变有源 InGaAsP 材料的组成,SOA 的最大增益波长可以在 1200～1700 nm 范围内的任一波长点出现。图 11.4 给出了 SOA 增益与波长的关系曲线,在 1530 nm 处峰值增益为 25 dB。最大增益降低 3 dB 的波长范围称为增益带宽或 3 dB 光带宽。图 11.4 给出的 3 dB 光带宽为 85 nm,也可以得到 100 nm 的 3 dB 光带宽。

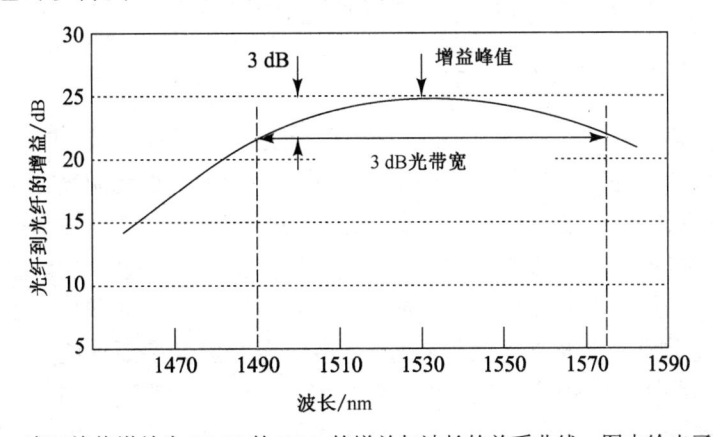

图 11.4 在 1530 nm 窗口峰值增益为 25 dB 的 SOA 的增益与波长的关系曲线,图中给出了 3 dB 光带宽的概念

11.2.3 SOA 的带宽

激光腔的增益 G_c 是信号频率 f 的函数,其一般表达式为

$$G_c(f) = \frac{(1-R_1)(1-R_2)G}{\left(1-\sqrt{R_1R_2}G\right)^2 + 4\sqrt{R_1R_2}G\sin^2\varphi} \tag{11.14}$$

式中,G 是放大器的单程增益,R_1 和 R_2 分别是输入和输出面的反射率,φ 是放大器中单程相移,可以表示为 $\varphi = \pi(f-f_0)/\Delta f_{FSR}$,其中 f_0 是激光腔的谐振频率,Δf_{FSR} 是 SOA 的自由谱范围(见10.5.1 节)。

根据式(11.14),SOA 的 3 dB 带宽 B_{SOA} 可以表示为[8]

$$\begin{aligned} B_{SOA} = 2(f-f_0) &= \frac{2\Delta f_{FSR}}{\pi}\sin^{-1}\left[\frac{1-\sqrt{R_1R_2}G}{2(\sqrt{R_1R_2}G)^{1/2}}\right] \\ &= \frac{c}{\pi n L}\sin^{-1}\left[\frac{1-\sqrt{R_1R_2}G}{2(\sqrt{R_1R_2}G)^{1/2}}\right] \end{aligned} \tag{11.15}$$

式中,L 是放大器的长度,n 是放大器材料的折射率。

训练题 11.2 考虑一个 $n = 3.25$,$L = 300\ \mu m$ 的 InGaAsP SOA,在 1530 nm 处峰值增益为 25 dB。若侧面反射率 $R_1 = R_2 = 0.001$,其 3 dB 的频谱宽度为 $B_{SOA} = 64.1\ GHz$。

11.3 掺铒光纤放大器

光纤放大器的激活媒质通常可以由 10~30 m 长的轻度掺杂(1000 ppm)稀土元素[例如铒(Er)、镱(Yb)、铥(Tm)或镨(Pr)]的光纤构成,光纤的基础材料可以是标准的石英、氟化物玻璃或亚碲酸盐玻璃。

放大器的工作范围与基础材料和掺杂元素有关。长途电信应用中最常用的材料是掺铒石英光纤,即人们所熟知的掺铒光纤放大器(EDFA)[8-12]。某些情况下,可以掺入 Yb 来提高泵浦效率和放大器增益[13]。EDFA 主要工作在 1530~1565 nm 范围内,事实上 EDFA 工作的谱带是 C 波段或常规波段(见第 1 章)。现在已经开发了多种技术,可将 EDFA 的工作波段扩展到 S 波段和 L 波段,11.8 节将讲述实现宽带光放大器的技术。

11.3.1 光纤放大器泵浦原理

半导体光放大器用外部注入电流来激活电子,使之到达较高能级[14]。光纤放大器使用光泵浦来达到同一目的,在这个过程中,光子直接激励电子使其达到激发态。光泵浦过程需要使用三个或更多能级,将电子抽运到的顶层能级在能量上一定要在受激辐射能级之上。电子到达激发态后,会释放一些能量并很快弛豫到受激辐射能级,在这个能级上,信号光子触发它产生受激辐射,以产生新光子的形式释放剩余的能量,新光子的波长等于信号光的波长。由于泵浦光能量高于信号光能量,所以泵浦光波长比信号波长要短一些。

为了对 EDFA 的工作过程有个直观的了解,我们先看一下铒离子的能级结构图。石英中的铒原子实际上是铒离子(Er^{3+}),即失去三个外部电子的铒原子。在描述这些离子的外部电子跃迁到较高能态时,一般要提到一个称为"把离子激励到更高能级"的过程。图 11.5 给出

了石英玻璃中 Er^{3+} 简单的能级图和不同的能级跃迁过程。电信应用中的两个主要能级是亚稳态能级(也称为 $^4I_{13/2}$ 级)和 $^4I_{11/2}$ 泵浦能级。"亚稳态"意味着从这个状态跃迁到基态的寿命远远长于到达这个能级的寿命(注意,具有多个电子的原子的可能状态按习惯用符号 $^{2S+1}L_J$ 来表示,$2S+1$ 指自旋多重性,L 是轨道的角动量,J 是总角动量)。亚稳态能级、泵浦能级和基态能级实际上是由密集的分离能级构成的能带,这些密集的能级是由于受斯塔克分裂的影响而形成的能级簇。进一步,由于受到热影响,各个斯塔克能级都被展宽,形成了一个近似连续的能带。

为了理解各种能级跃迁和光子辐射范围,考虑下面的条件:

- 图 11.5 左上部所示的泵浦能带与 $^4I_{15/2}$ 基态能带底部分开 1.27 eV,对应 980 nm 波长光子。
- $^4I_{13/2}$ 亚稳态能带顶部(见图 11.5 的 D 层)与 $^4I_{15/2}$ 基态能带底部(见图 11.5 的 A 层)隔开 0.841 eV,对应 1480 nm 波长光子。
- $^4I_{13/2}$ 亚稳态能带底部(见图 11.5 的 C 层)与 $^4I_{15/2}$ 基态能带底部(见图 11.5 的 A 层)隔开 0.814 eV,对应 1530 nm 波长光子。
- $^4I_{13/2}$ 亚稳态能带底部(见图 11.5 的 C 层)与 $^4I_{15/2}$ 基态能带顶部(见图 11.5 的 B 层)分隔开 0.775 eV,对应 1600 nm 波长光子。

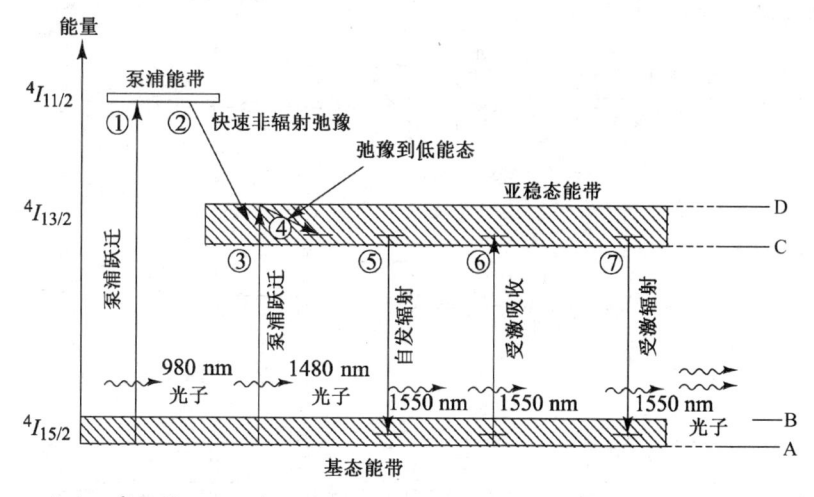

图 11.5 石英中 Er^{3+} 的简化能级图和各种跃迁过程(图中所示跃迁的例子是 1550 nm 信号光子)

这就意味着泵浦波长可以是 980 nm 和 1480 nm,电子在亚稳态和基态能级间跃迁过程中辐射的光子的波长范围为 1530～1600 nm。

按常规,一般用发射 980 nm 光子的泵浦激光器去激励电子,使之从基态跃迁到泵浦能级,如图 11.5 中的跃迁过程①所示。这些受激离子从泵浦能带到亚稳态能带弛豫得非常快(大约在 1 μs 内),如图中跃迁过程②所示。在弛豫过程中,多余的能量以声子的形式释放,或者等价地说在光纤内产生了机械振动。在亚稳态能带中,激发态离子的电子将移至能带的底端,这个时间长达 10 ms 左右。

另一种可能的泵浦波长是 1480 nm,这些泵浦光子的能量很接近信号光子能量,只是要稍高一些。吸收一个 1480 nm 的泵浦光子,会直接把一个电子从基态激发到很少被粒子占据的亚稳态能带的顶部，如图 11.5 中跃迁过程③所示，然后这些电子又将移向粒子数较多的亚稳态能带的较低端（跃迁过程④）。位于亚稳态的电子，在没有外部激励光子流时，亚稳态的一部分离子会跃迁回到基态，如图中跃迁过程⑤所示。这种现象就是所谓自发辐射，自发辐射会导致放大器的噪声。

当能量相当于从基态到亚稳态间带隙能量的信号光子流通过这种器件时，会产生两种类型的跃迁。第一种，处在基态的离子将吸收一小部分外部光子跃迁到亚稳态，如图中跃迁过程⑥所示；第二种，在受激辐射过程（跃迁过程⑦）中，信号光子触发激发态离子下降到基态，从而发射出一个与输入信号光子具有相同能量、相同波矢量以及相同偏振态的新光子。亚稳态和基态的能级宽度允许高能级的受激辐射在 1530～1560 nm 范围内出现。

11.3.2 EDFA 的结构

光纤放大器由掺杂光纤、一个或多个泵浦激光器、无源波长耦合器、光隔离器及抽头耦合器组成，如图 11.6 所示。双色性的耦合器（两个波长）能够运用 980/1550 nm 或 1480/1550 nm 的波长组合，将泵浦光功率与信号光功率一起有效地耦合进光纤放大器。抽头耦合器不受波长影响，典型分光比值从 99：1 到 95：5，通常用在放大器的两侧，将输入信号与放大的输出信号进行比较。光隔离器是用来防止放大的光信号反射回本器件，这种反射会增加放大器的噪声并降低放大效率。

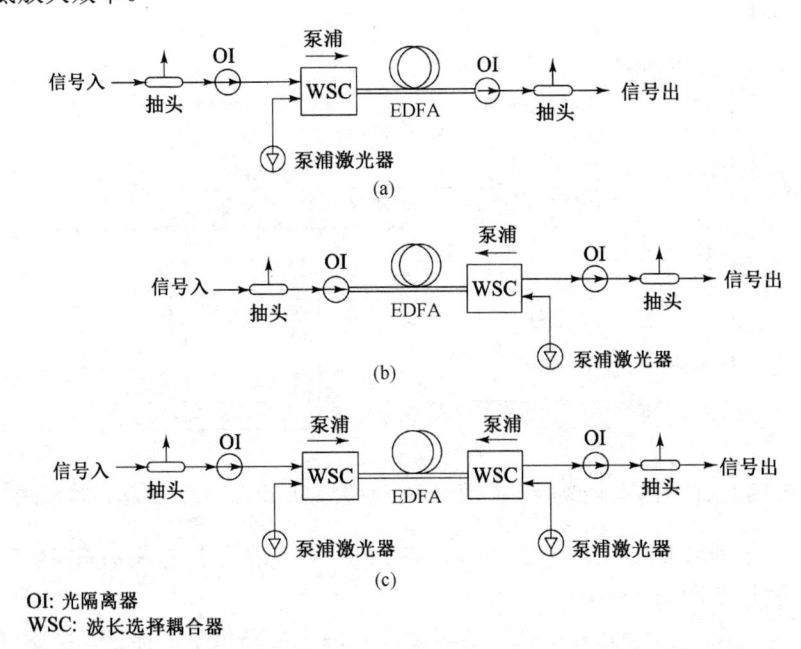

OI: 光隔离器
WSC: 波长选择耦合器

图 11.6　EDFA 三种可能的结构。(a) 同向泵浦；(b) 反向泵浦；(c) 双向泵浦

通常，泵浦光与信号光沿同一方向注入光放大器，称为同向泵浦；也可以沿相反方向注入，称为反向泵浦。如图 11.6 所示，可以使用单泵浦或双泵浦结构，典型的增益值分别为 17 dB 和 35 dB。反向泵浦可以产生较高的增益，而同向泵浦噪声性能较好。另外，一般首选 980 nm 的泵浦波长，因为与 1480 nm 泵浦波长相比，它产生的噪声较低并且能得到较大的粒子数反转。

11.3.3 EDFA 的功率转换效率及增益

就像任何放大器一样，随着 EDFA 输出信号幅度的增加，放大器增益最终会开始饱和。当粒子数反转状态被大信号明显降低时，EDFA 的增益开始下降，从而得到如图 11.3 所示的典型增益功率性能曲线。

EDFA 的输入、输出功率可以用能量守恒定理表示为

$$P_{s,\text{out}} \leqslant P_{s,\text{in}} + \frac{\lambda_p}{\lambda_s} P_{p,\text{in}} \tag{11.16}$$

式中，$P_{p,\text{in}}$ 是输入泵浦功率，λ_p 和 λ_s 分别是泵浦波长和信号波长。上式的基本物理意义是从 EDFA 输出的信号能量总和不能超过注入的泵浦能量。式(11.16)中的不等式反映了系统可能会受到某些效应的影响，例如由于不同原因（比如杂质间相互作用）造成的泵浦光子损失或由自发辐射导致泵浦能量损失。

从式(11.16)中可以看到，最大输出信号功率与比率 λ_p/λ_s 有关。为使泵浦系统能够工作，必须有 $\lambda_p < \lambda_s$，为了得到适当的增益，又必须满足 $P_{s,\text{in}} \leqslant P_{p,\text{in}}$。因此功率转换效率(PCE)可以定义为

$$\text{PCE} = \frac{P_{s,\text{out}} - P_{s,\text{in}}}{P_{p,\text{in}}} \approx \frac{P_{s,\text{out}}}{P_{p,\text{in}}} \leqslant \frac{\lambda_p}{\lambda_s} \leqslant 1 \tag{11.17}$$

显然，PCE 小于 1。PCE 的理论最大值是 λ_p/λ_s。作为参考，可以用与波长无关的量子转换效率(QCE)来帮助理解，其定义为

$$\text{QCE} = \frac{\lambda_s}{\lambda_p} \text{PCE} \tag{11.18}$$

QCE 的最大值是 1，此时所有的泵浦光子都转换为信号光子。

假设没有自发辐射，用放大器增益 G 来重写式(11.16)，则

$$G = \frac{P_{s,\text{out}}}{P_{s,\text{in}}} \leqslant 1 + \frac{\lambda_p P_{p,\text{in}}}{\lambda_s P_{s,\text{in}}} \tag{11.19}$$

式中给出了信号输入功率和增益间的一个重要关系。当输入信号功率非常大，即 $P_{s,\text{in}} \gg (\lambda_p/\lambda_s) P_{p,\text{in}}$ 时，放大器的最大增益是 1，这意味着放大器对信号是透明的。从式(11.19)可以看出，为了达到一个给定的最大增益 G，输入信号功率必须满足下式

$$P_{s,\text{in}} \leqslant \frac{(\lambda_p/\lambda_s) P_{p,\text{in}}}{G - 1} \tag{11.20}$$

例 11.3 考虑一个在 980 nm 泵浦的 EDFA，其泵浦功率为 30 mW，如果在 1550 nm 处的增益是 20 dB，那么其最大输入和输出功率是多少？

解：由式(11.20)得到的最大输入功率为

$$P_{s,\text{in}} \leqslant \frac{980}{1550} \times \frac{30\,\text{mW}}{(100-1)} = 190\,\mu\text{W}$$

由式(11.16)得到的最大输出功率为

$$P_{s,\text{out}}(\text{max}) = P_{s,\text{in}}(\text{max}) + \frac{\lambda_p}{\lambda_s} P_{p,\text{in}}$$

$$= 190\,\mu\text{W} + 0.63 \times (30\,\text{mW})$$

$$= 19.1\,\text{mW} = 12.8\,\text{dBm}$$

训练题 11.3 考虑一个在 1480 nm 泵浦的 EDFA，其泵浦功率为 36 mW。(a)若在 1550 nm 的增益为 23 dB，则最大输入光功率为 0.172 mW，即 −7.6 dBm；(b)其最大输出功率为 34.5 mW，即 15.4 dBm。

除泵浦功率外，增益还与光纤长度有关。例如 EDFA 中，长为 L 的三能级激光媒质中的最大增益为

$$G_{\max} = \exp(\rho \sigma_e L) \tag{11.21}$$

式中，σ_e 是信号发射截面，ρ 是稀土元素的浓度。在求最大增益时，必须同时考虑式(11.19)和式(11.21)，最大可能的 EDFA 增益由这两个增益表达式的最小值给出，即

$$G \leqslant \min\left\{\exp(\rho \sigma_e L),\ 1 + \frac{\lambda_p}{\lambda_s}\frac{P_{p,\text{in}}}{P_{s,\text{in}}}\right\} \tag{11.22}$$

由于 $G = P_{s,\text{out}}/P_{s,\text{in}} = \exp(\rho \sigma_e L)$。类似地，最大可能的 EDFA 输出功率由两个表达式的最小值给出，即

$$P_{s,\text{out}} \leqslant \min\left\{P_{s,\text{in}} \exp(\rho \sigma_e L),\ P_{s,\text{in}} + \frac{\lambda_p}{\lambda_s} P_{p,\text{in}}\right\} \tag{11.23}$$

图 11.7 显示了随着泵浦功率从低泵浦功率（P1）增加到更高的泵浦功率 P2 和 P3，不同长度掺杂光纤出现增益饱和。在一定的长度之后，由于泵浦没有足够的能量在放大器的后部产生粒子数反转，增益开始下降。在这种情况下，光纤非泵浦区域将吸收信号，导致在这一部分信号发生损耗而不是得到放大。

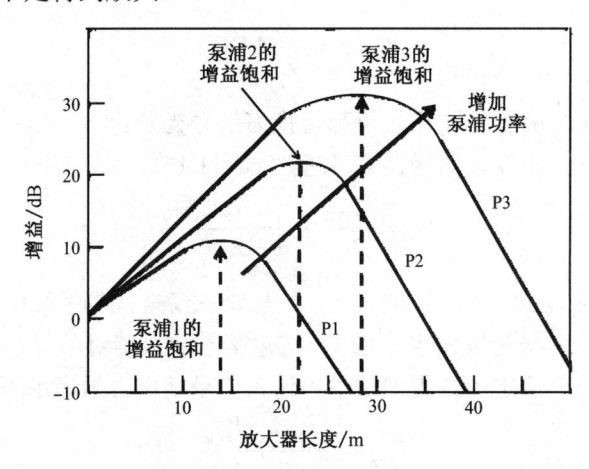

图 11.7 随着泵浦功率的增加，一组不同长度掺杂光纤的增益饱和情况

对 EDFA 增益随放大器长度的详细分析已经在文献[15]中给出。关于该研究，应注意几点：

- 与短波长光子相比，长波长光子具有低的能量并且需要较低的功率获得相同的增益，因此出现最大增益的放大器长度随着信号波长的增加而变长。
- 如果给定放大器的长度，例如 30 m，EDFA 可以放大每一个波长，由于光子能量与波长有关，不同的波长有不同的增益。
- 980 nm 的泵浦波长产生完全粒子数反转（最大增益）的放大器长度比 1480 nm 的泵浦波长短，因此使用 980 nm 的泵浦波长时放大器噪声系数小。

11.4 放大器噪声

放大器中产生的主要噪声是放大的自发辐射(ASE)噪声，它来源于放大器媒质中电子空穴对的自发复合(如图 11.5 中跃迁过程⑤所示)。自发复合出现在电子空穴对能量之差的宽范围内，并且导致了与光信号一起放大的噪声光子的宽谱背景，它在 EDFA 放大 1540 nm 波长信号时产生的影响如图 11.8 所示。自发辐射噪声可以用分布在放大器媒质中无数个短脉冲的随机脉冲串来模拟，这个随机过程通过频率平坦的噪声功率谱来表征。ASE 噪声的功率谱密度为[9]

$$S_{ASE}(f) = h\nu n_{sp}[G(f) - 1] = P_{ASE}/B_o \qquad (11.24)$$

式中，P_{ASE} 是光带宽 B_o 内某一偏振态的 ASE 噪声功率，n_{sp} 是自发辐射或粒子数反转因子，其定义为

$$n_{sp} = \frac{n_2}{n_2 - n_1} \qquad (11.25)$$

式中 n_1 和 n_2 分别是能态 1 和能态 2 中的电子数密度，因此 n_{sp} 表示两个能级间粒子数反转的程度，通过式(11.25)可以得出 $n_{sp} \geq 1$，理想放大器在粒子数完全反转时取等号，n_{sp} 与波长和泵浦速率有关，典型的取值范围是 1.4~4。

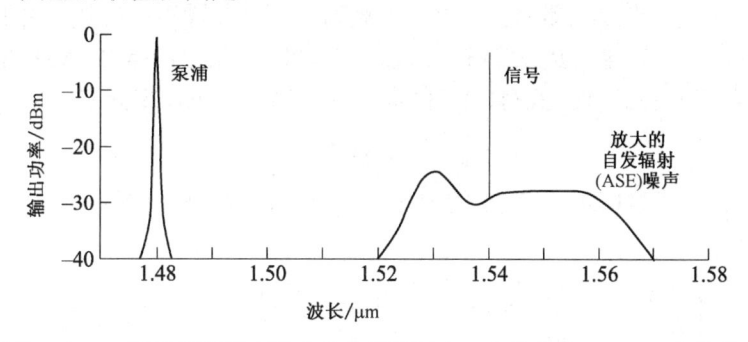

图 11.8 典型的 1480 nm 泵浦谱和带有放大的自发辐射(ASE)噪声的 1540 nm 处的输出信号示意图

重要的是，表达式 P_{ASE} 是针对一个单独的空间模式和一个单独的偏振状态。对单模光纤，有一个空间模式和两个偏振状态，因此为得到总的 ASE 功率，式(11.24)的中心项必须加倍。如果 EDFA 是由多模光纤制成的，由于多模光纤具有多个空间模式，因此 P_{ASE} 将变得更大。ASE 噪声水平取决于是否使用同向或反向泵浦。

由于 ASE 发生在光检测之前，这就导致了在光接收机中除了光检测器的热噪声，还有三种不同的噪声成分，这是因为光电流中除了信号场和自发辐射场的平方，还包括信号和光噪声场之间的许多差拍信号。如果总的光场是信号场 E_s 与自发辐射场 E_n 之和，那么总的检测电流 i_{tot} 正比于复合光信号电场的平方，即 $i_{tot} \propto (E_s + E_n)^2 = E_s^2 + E_n^2 + 2E_s \cdot E_n$。式中前两项分别来自信号和噪声，第三项则是信号和噪声的混合成分(差拍信号)，它可以落在光接收机的带宽内，降低接收机的信噪比。首先考虑 ASE 光子，注入光检测器的光功率为

$$P_{in} = GP_{s,in} + P_{ASE} = GP_{s,in} + S_{ASE}B_o \qquad (11.26)$$

如果在光检测器之前放置一个光滤波器可以明显降低 B_o。将 P_{in} 的表达式代入式(6.6)，并将

光电流 i_p 的表达式代入式(6.12)求得散粒噪声，可得总的散粒噪声电流的均方值为

$$\langle i_{\text{shot}}^2 \rangle = \sigma_{\text{shot}}^2 = \sigma_{\text{shot}-s}^2 + \sigma_{\text{shot}-\text{ASE}}^2 = 2q\mathcal{R}GP_{s,\text{in}}B_e + 2q\mathcal{R}S_{\text{ASE}}B_oB_e \tag{11.27}$$

式中 B_e 是接收机前端的电带宽。

另外两种噪声是由光信号和 ASE 中的不同光频成分的混合物产生的，这个混合物产生了两个拍频序列。由于信号和 ASE 具有不同的光频，在 ASE 噪声与信号具有相同的偏振状态时，信号和 ASE 的差拍噪声为

$$\sigma_{s-\text{ASE}}^2 = 4(\mathcal{R}GP_{s,\text{in}})(\mathcal{R}S_{\text{ASE}}B_e) \tag{11.28}$$

另外，由于 ASE 展宽了光频范围，它可以产生自拍噪声电流

$$\sigma_{\text{ASE}-\text{ASE}}^2 = \mathcal{R}^2 S_{\text{ASE}}^2 (2B_o - B_e)B_e \tag{11.29}$$

总的接收机噪声电流的均方值为

$$\langle i_{\text{total}}^2 \rangle = \sigma_{\text{total}}^2 = \sigma_{\text{th}}^2 + \sigma_{\text{shot}-s}^2 + \sigma_{\text{shot}-\text{ASE}}^2 + \sigma_{s-\text{ASE}}^2 + \sigma_{\text{ASE}-\text{ASE}}^2 \tag{11.30}$$

式中热噪声方差 σ_{th}^2 由式(6.15)给出。

当采用光带宽 B_o 作为可以覆盖 30 nm 谱宽的自发辐射噪声的光带宽时，式(11.30)中的后四项大小近似相等。如果在接收机中用一个窄带滤波器，这样 B_o 就可以在 125 GHz(在 1550 nm 处 1 nm 谱宽)量级或更小一些。这种情况下，可以通过分析不同噪声成分的大小来简化式(11.30)。首先，当放大器增益足够大时就可以忽略热噪声；另外，由于放大的信号功率 $GP_{s,\text{in}}$ 比 ASE 噪声功率 $S_{\text{ASE}}B_o$ 大得多，所以由式(11.29)给出的 ASE-ASE 差拍噪声明显小于信号-ASE 差拍噪声，这样，式(11.27)的第二项比第一项小，因此有

$$\sigma_{\text{shot}}^2 \approx 2q\mathcal{R}GP_{s,\text{in}}B_e \tag{11.31}$$

同时使用这个结论与式(11.24)中 S_{ASE} 的表达式，可以得到光检测器输出信噪比(S/N)的近似表达式为

$$\left(\frac{S}{N}\right)_{\text{out}} = \frac{\sigma_{\text{ph}}^2}{\sigma_{\text{total}}^2} = \mathcal{R}^2 \frac{G^2 P_{s,\text{in}}^2}{\sigma_{\text{total}}^2} \approx \mathcal{R}\frac{P_{s,\text{in}}}{2qB_e}\frac{G}{1+2\eta n_{\text{sp}}(G-1)} \tag{11.32}$$

式中 η 是光检测器的量子效率，由式(6.11)可以得到输入光电流的均方值为

$$\langle i_{\text{ph}}^2 \rangle = \sigma_{\text{ph}}^2 = \mathcal{R}^2 G^2 P_{s,\text{in}}^2 \tag{11.33}$$

注意到，输入信噪比的定义

$$\left(\frac{S}{N}\right)_{\text{in}} = \mathcal{R}\frac{P_{s,\text{in}}}{2qB_e} \tag{11.34}$$

就是在光放大器输入端用理想光检测器得到的输入信噪比。从式(11.32)中还可以得到光放大器的噪声系数，它表示信号通过放大器后信噪比降低的程度。利用噪声系数的标准定义，即放大器输入端的 S/N 与输出端 S/N 的比值，对 $\eta=1$ 的理想光检测器有

$$噪声系数 = F_{\text{EDFA}} = \frac{(S/N)_{\text{in}}}{(S/N)_{\text{out}}} = \frac{1+2n_{\text{sp}}(G-1)}{G} \tag{11.35}$$

当 G 很大时，上式等于 $2n_{\text{sp}}$。对于理想放大器有 $n_{\text{sp}}=1$，假设 $\eta=1$，则噪声系数为 2(3 dB)。也就是说，对理想放大器采用理想接收机时，其 S/N 将降为原来的一半。对于实际的 EDFA，n_{sp} 一般为 2，其输出 S/N 要降为输入的四分之一，因此实际的 EDFA 噪声系数为 4～5 dB[16]。

11.5 光信噪比

分析包含级联光放大器的传输链路时,重点要考虑的是进入某个光放大器的光信号可能包含前级光放大器产生的 ASE 噪声。这种情况下,必须估算光信噪比(OSNR)[9,10],其定义为 EDFA 平均光信号输出功率 P_{ave} 与非偏振的 ASE 光噪声功率 P_{ASE} 的比值,即

$$\text{OSNR} = \frac{P_{\text{ave}}}{P_{\text{ASE}}} \tag{11.36a}$$

或用分贝表示为

$$\text{OSNR(dB)} = 10\log\frac{P_{\text{ave}}}{P_{\text{ASE}}} \tag{11.36b}$$

实际上,OSNR 可以通过光谱分析仪(OSA)测量,具体方法将在第 14 章讲述。OSNR 只是与平均光信号功率 P_{ave} 和平均光噪声功率有关,而与数据格式、脉冲形状或光滤波器的带宽无关。OSNR 是在设计和安装网络中分析单个光信道的性能指标。有时采用光滤波器可以显著降低接收机总的 ASE 噪声,所需光滤波器的带宽比信号带宽大一些,但比 ASE 谱宽要窄,这样不会影响信号。ASE 噪声滤波器不改变 OSNR,但是降低了 ASE 噪声总功率,避免了接收机前端超载。

为了评价 OSNR 对系统性能的影响,需要将 OSNR 与误码率(BER)联系起来,对此,文献中提出了许多不同的关系式。另外,对 OSA 测量的结果还有不同的解释,这就会导致结果有几分贝的差异。使用式(7.14)给出的 Q 的表达式及式(11.36b)给出的 OSNR 的定义,可以推导出下面关于 Q 和 OSNR 的关系式[11]

$$Q = \frac{2\sqrt{2}\,\text{OSNR}}{1+\sqrt{1+4\,\text{OSNR}}} \tag{11.37}$$

求解式(11.37)可以得到 OSNR 为

$$\text{OSNR} = \frac{1}{2}Q(Q+\sqrt{2}) \tag{11.38}$$

例 11.4 在第 7 章指出,为了实现 BER = 10^{-9},Q 必须等于 6,求出这时的 OSNR。

解: 由式(11.38)可以得到

$$\text{OSNR}(\text{BER}=10^{-9}) = 0.5\times(6)\times(6+\sqrt{2}) = 22.24 \approx 13.5 \text{ dB}$$

因此,如果 OSA 测得的 OSNR ≤ 13.5 dB,那么对应的 BER = 10^{-9}。

对只有一个 EDFA 的情况,将式(11.24)给出的 ASE 噪声功率转换为分贝格式,当 G 很大时,非偏振的 ASE 噪声有

$$10\log P_{\text{ASE}} = 10\log[(h\nu)(B_o)] + 10\log 2n_{\text{sp}} + 10\log G \tag{11.39}$$

式中,$h\nu$ 是单个光子能量,B_o 是测量 OSNR 的光频率范围,典型值为 12.5 GHz(在 1550 nm 窗口光谱宽度为 0.1 nm)。在 1550 nm 处,有 $(h\nu)(B_o) = 1.58\times10^{-6}$ mW,因此 $10\log(h\nu)(B_o) = -58$ dBm。假设 $G \gg 1$,从式(11.35)取 $F_{\text{EDFA}}(\text{dB}) = 10\log 2n_{\text{sp}}$ 作为放大器的噪声系数,上式用分贝表示为

$$P_{\text{ASE}}(\text{dBm}) = -58 \text{ dBm} + F_{\text{EDFA}}(\text{dB}) + G(\text{dB}) \tag{11.40}$$

通过式(11.36)，并且 EDFA 的输出功率为输入光功率的 G 倍，$P_{out} = GP_{in}$，因此，为了得到可以接受的 BER，OSNR 至少应为

$$\text{OSNR(dB)} = P_{in}\,(\text{dBm}) + 58\,\text{dBm} - F_{EDFA}\,(\text{dB}) \tag{11.41}$$

训练题 11.4 为了实现 BER = 10^{-15}，Q 必须为 8。(a)此时的 OSNR = 37.7 dB；(b)若 EDFA 的噪声系数为 F_{EDFA} = 5 dB，为满足 OSNR 的取值，最大允许输入功率为 P_{in} = –5.3 dBm (29 μW)。

11.6 光纤链路应用

在设计需要光放大器的光纤链路时，放大器可以放在三种可能的位置，如图 11.1 所示。虽然在这三种不同的结构中，放大器工作的物理机理相同，但需要工作在不同的输入功率范围，这意味着要用到不同的放大器增益。对信噪比进行完整分析是相当复杂的，这需要考虑诸如详细的光子统计特性及逐个放大器的结构等因素。这里只给出简单的定性分析，以及在光纤链路中 EDFA 位于三种可能位置的一般工作参数值。

11.6.1 功率放大器

对于功率放大器，由于它直接放在发射机之后，因此输入功率高，在这种应用中，一般需要较高的泵浦功率[17]。放大器输入一般为–8 dBm 或更高一些，功率放大器的增益必须大于 5 dB，这样就比在接收机之前使用前置放大器更有优势。

例 11.5 考虑一个用作功率放大器的 EDFA，其增益为 10 dB，假设从 1540 nm 半导体激光器发射机得到的放大器输入为 0 dBm，泵浦波长为 980 nm，泵浦功率应是多少？

解：由式(11.16)可以看出，为了在 1540 nm 波长处得到 10 dBm 的输出，泵浦功率至少应为

$$P_{p,\,in} \geq \frac{\lambda_s}{\lambda_p}(P_{s,out} - P_{s,in}) = \frac{1540}{980} \times (10\,\text{mW} - 1\,\text{mW}) = 14\,\text{mW}$$

11.6.2 在线放大器

在长距离传输系统中，需要利用光放大器周期性地恢复因光纤损耗而衰减的光功率。通常在放大器链中，每个 EDFA 的增益必须恰好能补偿前面通过的长为 L 的光纤中的信号损耗，即 $G = \exp(\alpha L)$。累积的 ASE 噪声是级联放大器中主要的信号劣化因素。

例 11.6 图 11.9 给出了一个 WDM 链路，其中有 7 个光放大器组成级联的放大器链，链路中每个信道的信号功率、每个信道的 ASE 噪声以及 SNR 的值如图所示。输入信号功率开始为 6 dBm，在链路中传输时由于光纤损耗而减弱，当功率降到–24 dBm 时，就会通过一个光放大器再放大到 6 dBm。对于一个给定的传输链路信道，SNR 开始较高，然后随着链路长度的增加、放大器中 ASE 噪声的累积而逐渐下降。比如，一个放大器中，在输入信号功率为 6 dBm、ASE 噪声功率为–22 dBm 时，SNR 为 28 dB。通过 4 个放大器之后，在输入信号功率为 6 dBm、ASE 噪声功率为–16 dBm 时，SNR 为 22 dB。放大器增益越高，噪声积累越快。然而，虽然在前面几个放大器中 SNR 劣化得很快，但增加一个 EDFA 所带来的影响会随着放大器数目的

增加而迅速减弱。结果，当 EDFA 由 1 个增为 2 个时，SNR 降低了 3 dB；由 2 个变为 4 个时，SNR 仍会再降低 3 dB；再进一步增加到 8 个时，SNR 还是只会再降低 3 dB。

为了补偿累积的 ASE 噪声，信号功率必须增加，至少与链路长度成线性关系才能保持固定的信噪比。如果总的系统长度为 $L_{tot} = NL$，并且系统中有 N 个光放大器，每一个放大器具有 $G = \exp(\alpha L)$ 的增益，然后利用式(11.24)可得，光放大器链中路径平均 ASE 噪声功率为[10]

$$\langle P_{\mathrm{ASE}} \rangle_{\mathrm{path}} = \frac{N P_{\mathrm{ASE}}}{L} \int_0^L \exp(-\alpha z)\mathrm{d}z = \alpha L_{\mathrm{tot}} h\nu n_{\mathrm{sp}} F_{\mathrm{path}}(G) B_o \tag{11.42}$$

式中，α 是光纤损耗系数，$F_{\mathrm{path}}(G)$ 是功率代价，其定义为

$$F_{\mathrm{path}}(G) = \frac{1}{G}\left(\frac{G-1}{\ln G}\right)^2 \tag{11.43}$$

为了保持确定的信噪比，$F_{\mathrm{path}}(G)$ 给出了 N 个级联光放大器链中路径平均信号能量必须增加(随着 G 的增加)的因子。在长途网络中，这些光放大器必须沿着传输路径均匀放置，以得到总增益和最终 SNR 的最佳组合。在线放大器的输入信号功率的标称范围一般从 -26 dBm (2.5 μW) 到 -9 dBm(125 μW)，增益范围为 8~20 dB。对于城域网，只需要一个光放大器来补偿两个连续节点间的路径损耗[18]。

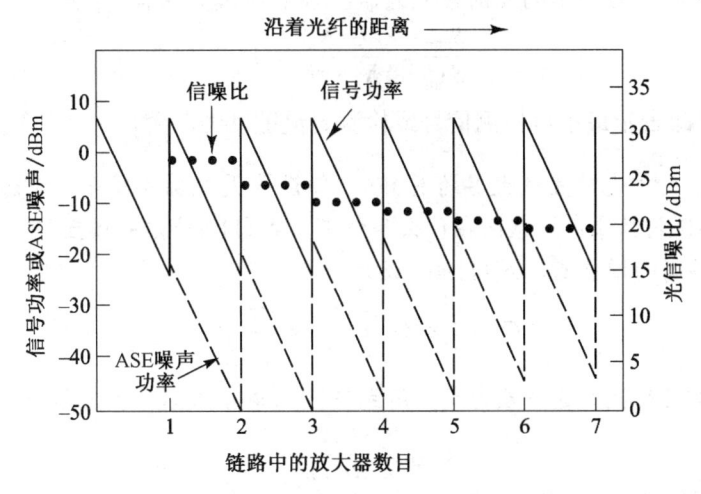

图 11.9 SNR 劣化与链路长度的函数关系。在此链路中，ASE 噪声随着放大器数目的增加而增加，图中曲线给出了 WDM 链路中每个信道的信号功率(实线)、ASE 噪声功率(虚线)以及 SNR(点线)

例 11.7 考虑一个包含 N 个级联光放大器的光传输路径，每个放大器增益为 30 dB。(a)如果光纤损耗为 0.2 dB/km，在没有其他系统损伤时，两个光放大器的间距应该是多少？(b)对 900 km 的链路，需要多少个光放大器？(c)全路径的噪声代价因子是多少？

解：(a)对光纤损耗为 0.2 dB/km，信号功率每 150 km 衰减 30 dB；(b)因此，对于 900 km 的传输链路，需要 5 个光放大器；(c)由式(11.43)可以得到整个路径的噪声代价因子(以分贝表示)

$$10\log F_{\mathrm{path}}(G) = 10\log\left[\frac{1}{1000}\left(\frac{1000-1}{\ln 1000}\right)^2\right] = 10\log 20.9 = 13.2 \text{ dB}$$

训练题 11.5 考虑一个有 N 个级联放大器的光传输路径，每个放大器增益为 20 dB。(a)如果

光纤损耗为 0.2 dB/km,在没有其他系统损伤的情况下,两个光放大器之间的距离是多少? (b) 对于一个 900 km 的链路,需要多少个放大器? (c)总路径的噪声代价因子是多少?

答案: (a)100 km; (b)8 个; (c)6.6 dB。

11.6.3 前置放大器

光放大器可以作为前置放大器,用来提高由于热噪声限制的直接检测接收机的灵敏度[19]。首先,假设接收机噪声由电功率电平 N 表示,$S_{\min}$ 是在给定接收误码率时,接收机所需的电信号功率 S 的最小值,则可以接受的信噪比为 $S_{\min}/N$。如果使用一个增益为 G 的光前置放大器,则电接收信号功率为 $G^2 S'$,信噪比为

$$\left(\frac{S}{N}\right)_{\text{preamp}} = \frac{G^2 S'}{N + N'} \tag{11.44}$$

式中噪声项 N' 是光前置放大器中的自发辐射噪声,在接收机中通过光电二极管转化为额外的背景噪声。如果 $S'_{\min}$ 是为了保持同样的信噪比所需的新的最小可检测到的电信号功率,则必须有

$$\frac{G^2 S'_{\min}}{N + N'} = \frac{S_{\min}}{N} \tag{11.45}$$

对用来提高接收信号功率的光前置放大器,必须有 $S'_{\min} < S_{\min}$,于是

$$\frac{S_{\min}}{S'_{\min}} = \frac{G^2 N}{N + N'} > 1 \tag{11.46}$$

$S_{\min}$ 与 $S'_{\min}$ 的比值即表示最小可检测信号或检测器灵敏度的改善量。

例 11.8 考虑一个用作光前置放大器的 EDFA。假设 N 是热噪声功率,由前置放大器引进的 N' 主要是信号-ASE 差拍噪声。试问在什么条件下,式(11.46)才能成立。

解: 对于足够高的增益 G,式(11.46)成为

$$G^2 - 1 \approx G^2 > \frac{N'}{N} \approx \frac{\sigma^2_{s-\text{ASE}}}{\sigma^2_{\text{th}}}$$

将式(6.17)和式(11.28)代入这个表达式,用式(11.24)表示 S_{ASE},并且解出 $P_{s,\text{in}}$ 即可得到

$$P_{s,\text{in}} < \frac{k_B T h\nu}{R n_{\text{sp}} \eta^2 q^2}$$

如果 $T = 300$ K,$R = 50\ \Omega$,$\lambda = 1550$ nm,$n_{\text{sp}} = 2$,$\eta = 0.65$,则有 $P_{s,\text{in}} < 490\ \mu\text{W}$,这个值比所期望的接收信号要大得多,因此式(11.46)中的条件一直满足。但是要注意,这里只给定了 $P_{s,\text{in}}$ 的上限,并不意味着只要让 G 足够高,灵敏度的改善量就可以任意大,这是因为为了得到给定的 BER,必然存在一个最小的接收光功率。

11.7 拉曼放大器

11.7.1 拉曼增益原理

拉曼放大器基于称为受激拉曼散射(SRS)的非线性效应,受激拉曼散射在光纤中功率较高时发生[20-23],第 12 章将更为详细地讲述 SRS。SRS 效应是由光场和材料中晶格结构的振动模式相互作用产生的。基本过程是,一个原子首先吸收一个具有特定能量的光子,然后释放出一个能量较低的光子,释放出的光子波长比被吸收光子的波长要长。被吸收的光子和释

放出的光子间的能量差转化为一个声子,也就是材料的振动模式。功率转移到长波长出现在 80～100 nm 宽谱范围内。指定长波长的偏移称为该波长的斯托克斯频移。图 11.10 给出了工作在 1445 nm 的泵浦激光器的拉曼增益谱曲线,并且解释了 SRS 导致功率转移到 1535 nm 的信号波长,信号波长距离泵浦波长 90 nm。根据链路结构,SRS 产生的信号可以是对特定数据波长的预期放大,也可能是一个不希望的干扰信号(见第 12 章)。增益曲线由拉曼增益系数 g_R(单位是 10^{-14} m/W)给出。

不像 EDFA,其工作需要特定结构的光纤,拉曼放大器使用标准的传输光纤,并且光纤本身作为放大媒质。拉曼增益机制可以通过集总的(或离散的)放大器或分布式放大器来实现。在集总式拉曼放大器结构中,约 80 m 长带有泵浦激光器的细芯光纤卷作为一个独立的封装单元,在适当的位置插入传输链路中。

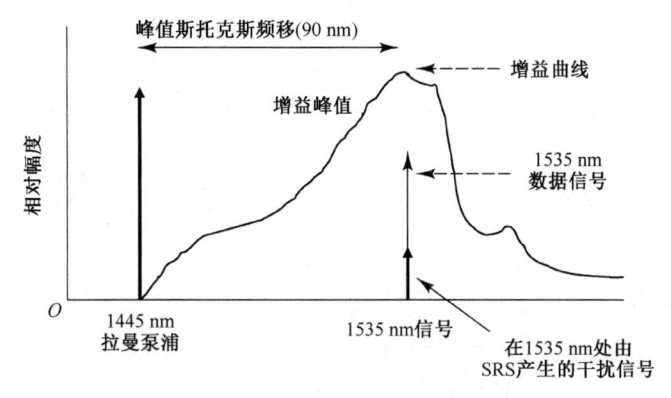

图 11.10 工作在 1445 nm 的泵浦激光器的斯托克斯频移及其拉曼增益谱曲线

在分布式拉曼放大器应用中,来自一个或多个拉曼泵浦激光器的光功率插入传输光纤,并向接收端传输,将传输光纤的最后 20～40 km 转变成前置放大器。"分布式"一词来源于增益是在很宽的距离范围内实现的。图 11.11 给出了分布式拉曼放大器在不同泵浦电平时对单一波长的影响。当泵浦光功率逆向传送(由接收端到发送端)时,SRS 效应逐渐将功率从较短的泵浦波长传送到较长的信号波长。这在典型的拉曼增益长度 $L_G = g_R P / A_{eff}$ 内发生,其中,P 是泵浦激光器功率,A_{eff} 是传输光纤的有效截面积,接近于实际光纤横截面面积(见第 12 章)。通常,噪声因素将拉曼放大器的实际增益限制在 20 dB 以内。

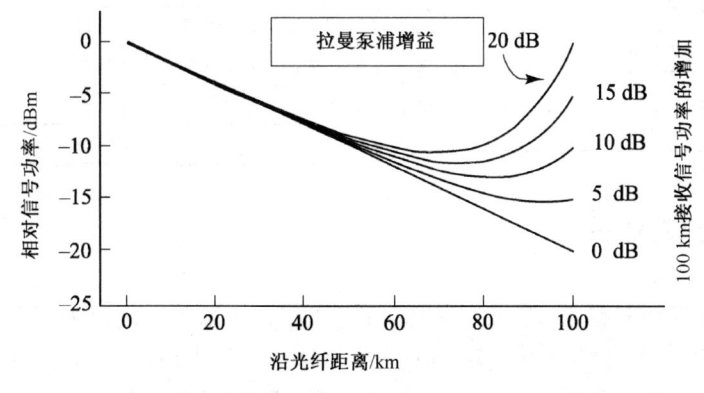

图 11.11 不同拉曼增益条件下,信号功率沿 100 km 长光纤链路的演变曲线

11.7.2 泵浦激光器

拉曼放大器放大 C 波段和 L 波段信号时需要泵浦激光器在 1400~1500 nm 区域具有高的输出功率。提供高达 300 mW 光纤注入功率的激光器可采用标准的 14 针蝶形封装。图 11.12 给出了典型拉曼放大系统的结构，其中泵浦合成器将工作在不同波长(比如可能是 1425 nm、1445 nm、1465 nm 和 1485 nm)的 4 个激光器的输出复合到同一根光纤中，这里的泵浦功率耦合器通常称为 14XX nm 泵浦-泵浦合成器。表 11.2 列举了基于熔融光纤耦合技术的泵浦合成器的性能参数。合成的泵浦功率通过一个宽带 WDM 耦合器耦合进传输光纤与信号逆向传输，宽带 WDM 耦合器的性能参数列在表 11.3 中。在图 11.12 所示的两个监测光电二极管间测得的功率电平差就是放大器增益，增益平坦滤波器(GFF)用来均衡不同波长的增益（见表 11.3）。

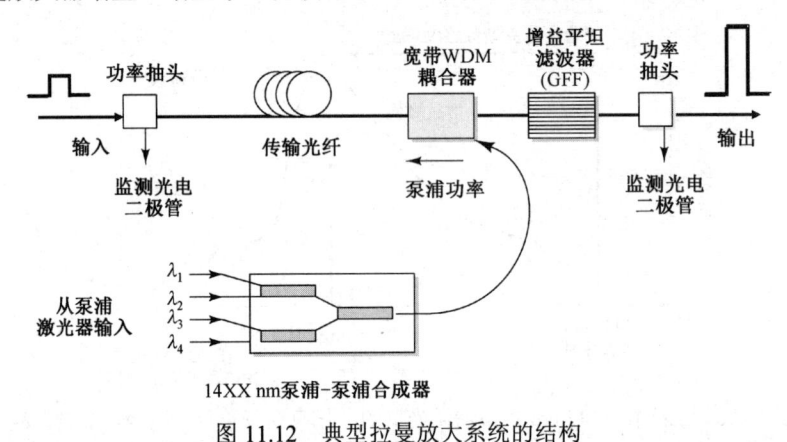

图 11.12 典型拉曼放大系统的结构

表 11.2 基于熔融光纤耦合技术的 14XX nm 泵浦-泵浦合成器的性能参数

参数	性能值
器件技术	熔融光纤耦合器
波长范围	1420~1500 nm
信道间隔	可定制的：10~40 nm 标准的：10 nm, 15 nm, 20 nm
插入损耗	<0.8 dB
偏振相关损耗	<0.2 dB
方向性	>55 dB
最大光功率	3000 mW

表 11.3 合成 14XX nm 泵浦和 C 或 L 波段信号的宽带 WDM 耦合器的性能参数

参数	性能参数值	性能参数值
器件技术	微光学	薄膜滤波器
反向信道 λ 范围	1420~1490 nm	1440~1490 nm
直通信道 λ 范围	1505~1630 nm	1528~1610 nm
反向信道插入损耗	0.30 dB	0.6 dB
直通信道插入损耗	0.45 dB	0.8 dB
偏振相关损耗	0.05 dB	0.10 dB
偏振模色散	0.05 ps	0.05 ps
最大光功率	2000 mW	500 mW

11.8 宽带光放大器

由于对带宽不断增长的需求，对于研制可工作在几个波段、同时处理多个 WDM 信道的宽带光放大器极感兴趣。例如，将两种类型的放大器组合可同时在 C 和 L 波段或 S 和 C 波段提供有效放大。进一步扩展这一概念，使用三种放大器类型则可在 S、C 和 L 波段，C、L 和 U 波段或其他波段组合提供信号增益。对于单个放大器，可以是用于 S 波段的基于掺铥石英光纤的放大器，用于 C 波段的标准 EDFA，用于 L 波段的增益位移 EDFA，还可以是不同型号的拉曼放大器[24,25]。

放大器组合可以是并行的或串行的，分别如图 11.13 和图 11.14 所示。在并行设计中，宽带解复用器将输入信号分到两个波段后，分别通过相应的光放大器，然后再用一个宽带复用器将两个谱段复合起来，这种结构需要在两个光谱区域间设置几纳米的保护带，用于防止不同通路的重叠放大，并防止一个放大器产生的噪声功率干扰相邻放大器的信号放大。除了有一个不可用波段，并行结构的另一个缺点是放大器前后所需的两个 WDM 器件增加了系统的插入损耗。

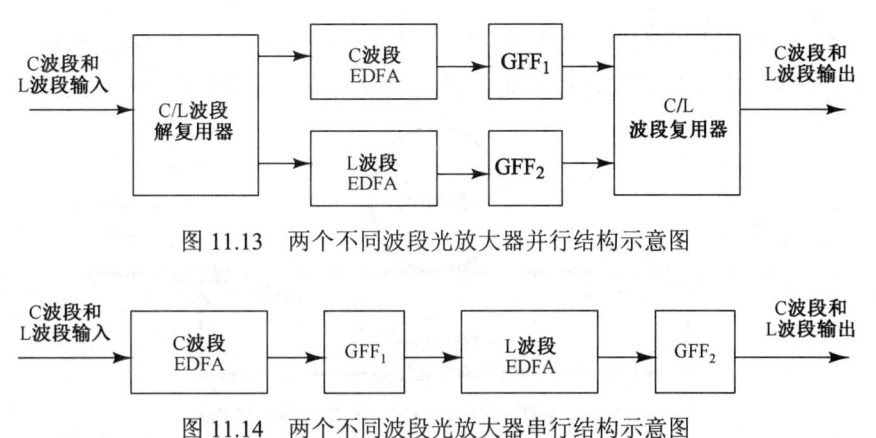

图 11.13　两个不同波段光放大器并行结构示意图

图 11.14　两个不同波段光放大器串行结构示意图

由于不需要将信号分到分离的通路，串行结构的放大器组合又称为无缝宽带光放大器。这种结构既避免了波长耦合器的噪声系数劣化，也避免了耦合器本身的额外代价。这种放大器可以通过两个或多个掺杂光纤放大器串联构成，也可通过一个光纤放大器和一个拉曼放大器组合而成。然而，对由 EDFA 和拉曼放大器组合形成的混合光纤放大器，需要考虑非线性效应和瑞利散射放大对设计的影响，这对包括一串级联掺杂光纤放大器的混合光放大器影响不大，但是在这种情况，不同放大器段的增益特性需要仔细匹配。

11.9　光纤激光器

掺入稀土元素的光纤也可用于制作光纤激光器[3,26,27,28]。与光纤放大器的增益机制相似，在光纤中掺入铒、镱、钕、镝、铥、铽等元素也同样可以为光纤激光器提供所需的增益和激光工作介质。此外，受激拉曼散射和四波混频等光纤非线性效应也可在光纤激光器中作为增益机理(见第 12 章)。

图 11.15 所示是一个简单的光纤激光器方案。左端注入的是波长为 980 nm 的泵浦光源，环腔中的掺铒光纤长约 10 m。在掺铒光纤的两端可以使用各种类型的反射仪来形成激光腔，比如分色镜、介质膜或光纤环形镜等，其中分色镜和介质膜可以直接放置在光纤端面。一个实际可用的方案是在掺铒光纤的两端各放置一个光纤布拉格光栅。利用光栅对布拉格波长的反射作用可以为激光谐振腔的增益形成提供所必需的光路反馈。

与其他各种类型的激光器相比，光纤激光器有如下几个优势：

- 因为光纤激光器是在光纤中产生的，所以激光输出易于与传输光纤耦合。
- 光纤激光器的有源层即掺铒光纤的长度，其变化范围可以从普通的 10 m 到几千米，所以可以实现大功率输出，且输出功率可随掺铒光纤的增长而连续增大。
- 光纤激光器及其相关器件（光纤布拉格光栅和光耦合器等）可以盘绕在一个紧凑和结实的盒子中。
- 因为掺杂光纤的增益效率比较高，所以光纤激光器所需的泵浦光功率可以比较小。
- 因为激光器增益介质，即掺杂光纤的增益带宽巨大，所以激光器的工作波长调谐范围很宽。

与此同时，与其他各种类型的激光器相比，光纤激光器也有一些不足，如设计过程比较复杂，非线性效应使得单模发光难以实现，高功率使得光纤存在被损坏的危险等。

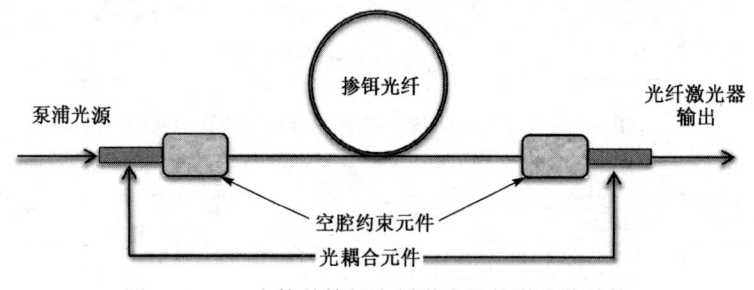

图 11.15　一个简单掺铒光纤激光器的激光腔结构

11.10　小结

光放大器的出现和发展极大地增加了长距离光信号传输的信息容量，与基于电学方式实现的信号放大相比具有诱人的经济优势。从超长海底链路到短距离的接入网链路，光放大器已经得到了广泛应用。

光放大器主要可以分为以下三类：半导体光放大器（SOA）、有源光纤或掺杂光纤放大器（DFA）和拉曼放大器。全光放大器通过受激辐射或光功率转换过程来增大输入光的信号。在 SOA 和 DFA 中，粒子数的反转通过吸收外部光源，即泵浦的能量来实现。泵浦为有源介质中的电子提供其跃迁至高能级所需的能量，从而实现粒子数反转。输入信号的光子将触发这些受激态的电子从高能级往低能级跃迁。由于一个输入的触发光子将激励一连串的受激跃迁过程，所以将辐射出许多具有相同能量（即有相同频率）的光子，从而放大输入光信号。

相对于 SOA 和 DFA 中的放大机理，拉曼放大是一个能量从高功率泵浦波长向低功率长波长传递的过程，例如可以用 500 mW、1480 nm 的泵浦光放大-25 dBm、1550 nm 的信号光。可见拉曼放大器的放大机制无须粒子数反转的过程即可完成。

光放大器中产生的噪声主要是放大的自发辐射（ASE）噪声。这个噪声源于放大器介质中电子与空穴的自发复合。这种复合存在于满足电子空穴能量差的一个很宽的范围内，因而随着在 EDFA 中传输，这些宽谱噪声也将被放大，从而得到宽谱噪声光子。当用 EDFA 放大波长为 1540 nm 的信号光时其效果如图 11.8 所示。

当对一个串联有多个光放大器的传输链路进行分析时，尤其要注意的一点是，进入光接收机的光波信号可能包含有一定功率水平的 ASE 噪声，这些 ASE 噪声由串联的光放大器累加而成。这时就需要评估接收信号的光信噪比(OSNR)了，它的定义是 EDFA 输出光信号的平均功率 P_{ave} 与非偏振的 ASE 噪声功率 P_{ASE} 之比。

拉曼光放大器是基于受激拉曼散射(SRS)这个非线性效应实现的，而这个过程只能发生在高功率状态的光纤中。此外，EDFA 的工作需要一段特殊结构的光纤，而拉曼放大器可以利用标准传输光纤作为放大介质。拉曼增益可以通过集成式放大器、离散式放大器或分布式放大器来实现。在集成式拉曼放大器结构中，需要在传输链路之前插入一段 80 m 长的小纤芯光纤和适合的泵浦激光器作为独立的封装单元。而在分布式拉曼放大器结构中，拉曼泵浦激光器是置于传输光纤尾端的，且光功率往传输终端发射。这种方案可以将最后 20～40 km 的传输光纤作为前置放大器使用。

习题

11.1 考虑一个具有下列参数的 InGaAsP 半导体光放大器。

符号	参数	值
w	有源区宽度	5 μm
d	有源区厚度	0.5 μm
L	放大器长度	200 μm
Γ	限制因子	0.3
τ_r	时间常数	1 ns
a	增益系数	1×10^{-20} m^2
V_g	群速率	2.0×10^8 m/s
n_{th}	阈值密度	1×10^{24} m^{-3}

如果使用 100 mA 的偏置电流，试求：(a)泵浦速率 R_p；(b)最大(零信号)增益；(c)饱和光子浓度；(d)波长为 1310 nm、功率为 1 μW 的信号注入放大器时的光子浓度。比较结论(c)和(d)。

11.2 由式(11.12b)推导出增益表达式(11.13)。

11.3 输出饱和功率 $P_{out,sat}$ 的定义是，当放大器增益 G 从未达到饱和时的 G_0 值降低 3 dB 时的放大器输出功率。假设 $G_0 \gg 1$，证明由放大器饱和功率 $P_{amp,sat}$ 表示的输出饱和功率为

$$P_{out,ast} = \frac{G_0 \ln 2}{(G_0 - 2)} P_{amp,sat}$$

11.4 假设光放大器的增益轮廓为

$$g(\lambda) = g_0 \exp[-(\lambda - \lambda_0)^2 / 2(\Delta\lambda)^2]$$

式中，λ_0 是峰值增益波长，$\Delta\lambda$ 是放大器增益的谱宽。如果 $\Delta\lambda = 25$ nm，λ_0 处的峰值增益为 30 dB，求放大器增益的半高全宽(FWHM)(3 dB 增益)。

11.5 比较信号波长为 1545 nm，EDFA 的泵浦波长分别为 980 nm 和 1475 nm 时功率转换效率 PCE 的理论最大值。并将所得结果与泵浦波长分别为 980 nm 和 1475 nm 时的实测值 PCE = 50.0%和 75.6%相比较。

11.6 假设有一个 EDFA 功率放大器,波长为 1542 nm 的输入信号功率为 2 dBm,得到的输出功率为 $P_{s,\text{out}} = 27$ dBm。

(a) 试求放大器的增益;

(b) 所需的最小泵浦功率为多大?

11.7 (a) 了解光放大器中不同噪声机制的相对贡献,计算工作增益为 $G = 20$ dB 和 30 dB 时,式(11.30)中 5 个噪声项的值。假设光带宽等于自发辐射带宽(30 nm 谱宽),并且使用下述参数值:

符号	参数	值
η	光电二极管的量子效率	0.6
$\mathscr{R}$	响应度	0.73 A/W
P_{in}	输入光功率	1 μW
λ	波长	1550 nm
B_o	光带宽	3.77×10^{12} Hz
B_e	接收机带宽	1×10^9 Hz
n_{sp}	自发辐射因子	2
R_L	接收机负载电阻	1000 Ω

(b) 为了了解接收机中使用窄带滤波器的影响,让 $B_o = 1.25 \times 10^{11}$ Hz(在 1550 nm 处为 125 GHz),计算 $G = 20$ dB 和 30 dB 时,式(11.30)中的 5 个噪声项的值。

11.8 考虑 k 个光纤加 EDFA 段组成的级联链,每个光纤段长度为 L,衰减为 α。EDFA 增益为 $G = 1/\alpha$

(a) 证明路径平均信号功率为

$$\langle P \rangle_{\text{path}} = P_{s,\text{in}} \frac{G-1}{G \ln G}$$

(b) 推导出由式(11.42)给出的路径平均 ASE 功率。

11.9 考虑一个包含级联 EDFA 的长距离传输系统,假设 EDFA 工作在饱和区域,并且在这个区域中,增益输入功率曲线的斜率为 –0.5,即输入功率变化∓6 dB 时,增益变化 ±3 dB,链路具有右侧工作参数。

符号	参数	值
G	标称增益	7.1 dB
$P_{s,\text{out}}$	标称输出光功率	3.0 dBm
$P_{s,\text{in}}$	标称输入光功率	–4.1 dBm

假设链路某一点的信号功率突然衰落 6 dB,计算当衰减的信号相继通过 1、2、3、4 个放大器时的输出功率。

11.10 考虑一个增益为 26 dB,最大输出功率为 0 dBm 的 EDFA。

(a) 比较具有 1、2、4、8 个波长信道时每一个信道的输出信号功率,其中每个信号的输入功率为 1 μW;

(b) 如果泵浦功率加倍,各种情况下每一个信道的输出信号功率为多少?

习题解答（选）

11.1　(a) $R_p = 1.26\times10^{27}$（电子$/cm^3$）$/s$；(b) $g_0 = 7.5\ cm^{-1}$；
　　　(c) $N_{ph,sat} = 1.67\times10^{15}$ 光子$/cm^3$；(d) $N_{ph} = 1.32\times10^{10}$ 光子$/cm^3$。

11.3　$P_{out,sat} = 0.693 P_{amp,sat}$。

11.4　3 dB 增益 $G = 27\ dB$，半宽全高 $= 0.50\Delta\lambda$。

11.5　(a) PCE (980 nm) $\leqslant 63.4\%$；PCE (1475 nm) $\leqslant 95.5\%$。

11.6　(a) $G = 25\ dB$；(b) $P_{p,in} \geqslant 785\ mW$。

11.7　$\sigma^2_{th} = 1.62\times10^{-14}\ A^2$；$\sigma^2_{shot-s} = 2.34\times10^{-14}\ A^2$；$\sigma^2_{shot-ASE} = 2.26\times10^{-14}\ A^2$；$\sigma^2_{s-ASE} = 5.47\times10^{-12}\ A^2$；$\sigma^2_{ASE-ASE} = 7.01\times10^{-13}\ A^2$。

11.9　因为增益随输入功率变化曲线的斜率为 −0.5，所以输入信号衰减 6 dB，增益就增加 3 dB。

1. 因此，在第一个放大器处，−10.1 dBm 信号现在到达并获得 +10.1 dB 增益。这提供了 0 dBm 输出（相对于正常+3 dBm 输出）。

2. 在第二个放大器处，输入现在为 −7.1 dBm（比常规 −4.1 dBm 功率水平低 3 dB）。因此，增益现在为 8.6 dB（上升 1.5 dB），产生的输出为

$$-7.1\ dBm + (7.1 + 1.5)\ dB = 1.5\ dBm$$

3. 在第三个放大器处，输入现在为 −5.6 dBm（比常规 −4.1 dBm 功率水平低 1.5 dB）。因此，增益增加了 0.75 dB，产生的输出为

$$-5.6\ dBm + (7.1 + 0.75)\ dB = 2.25\ dBm$$

4. 在第四个放大器处，输入现在为 −4.85 dBm（比常规 −4.1 dBm 功率水平低 0.75 dB）。因此，增益增加了 0.375 dB，产生的输出为

$$-4.85\ dBm + (7.1 + 0.375)\ dB = 2.63\ dBm$$

这在正常 +3 dBm 电平的 0.37 dB 以内。

11.10　对于 N 个输入信号，输出信号电平由下式给出：

$$P_{s,out} = G\sum_{i=1}^{N} P_{s,in}(i) \leqslant 1\ mW$$

(a) 每输入为 1 μW 的信号(−30 dBm)，增益为 26 dB (400 倍)。因此，对于 1 个输入信道，输出为 (400)×(1 μW) = 400 μW 或 −4 dBm。对于两个输入信道，总输出为 800 μW 或 −1 dBm。因此，每个单独输出信号的功率为 400 μW 或 −4 dBm。对于 4 个输入信道，总输入功率为 4 μW 或 −24 dBm。然后输出达到其 0 dBm 的限制，因为最大增益为 26 dB。因此，每个单独输出信号的功率为 250 μW 或 −6 dBm。类似地，对于 8 个输入信道，最大输出功率为 0 dBm，因此每个单独输出功率水平为 1/8×(1 mW) = 125 μW 或 −9 dBm。

(b) 当泵浦功率加倍时，1 个和 2 个输入的输出保持在同一水平。但是，对于 4 个输入，单个输出功率水平为 500 μW 或 −3 dBm，对于 8 个输入，单个输出功率水平为 250 μW 或 −6 dBm。

原著参考文献

1. D.R. Zimmerman, L.H. Spiekman, Amplifiers for themasses: EDFA, EDWA, and SOA amplets for metro and access applications. J. Lightw. Technol. **22**, 63–70 (2004)
2. R.E. Hunsperger, Optical amplifiers, chap. 13, in *Integrated Optics*, Springer, 6th edn. (2009), pp. 259–275
3. V. Ter-Mikirtychev, *Fundamentals of Fiber Lasers and Fiber Amplifiers* (Springer, 2014)
4. S. Singh, R.S. Kaler, Review on recent developments in hybrid optical amplifier for dense wavelength division multiplexed system. Opt. Eng. **54**, 100901(1–11) (2015)
5. M. Singh, A review on hybrid optical amplifiers. J. Opt. Commun. **39**(3), 267–272 (2018)
6. N.K. Dutta, Q. Wang, *Semiconductor Optical Amplifiers*, 2nd edn. (World Scientific, 2013)
7. B.L. Anderson, R.L. Anderson, *Fundamentals of Semiconductor Devices*, 2nd edn. (McGraw-Hill, 2018)
8. W. Miniscalco, Erbium-doped glasses for fiber amplifiers at 1500 nm. J. Lightw. Technol. **9**, 234–250 (1991)
9. P.C. Becker, N.A. Olsson, J.R. Simpson, *Erbium-Doped Fiber Amplifiers* (Academic Press, 1999)
10. E. Desurvire, *Erbium-Doped Fiber Amplifiers: Principles and Applications* (Wiley, New York, 2002)
11. E. Desurvire, D. Bayart, B. Desthieux, S. Bigo, *Erbium-Doped Fiber Amplifiers: Devices and System Developments* (Wiley, New York, 2002)
12. G.R. Khan, An analytical method for gain in erbium-doped fiber amplifier with pump excited state absorption. Opt. Fiber Technol. **18**(6), 421–424 (2012)
13. G. Sobon, P. Kaczmarek, K.M. Abramski, Erbium-ytterbium co-doped fiber amplifier operating at 1550 nm with stimulated lasing at 1064 nm. Opt. Commun. **285**(7), 1929–1933 (2012)
14. C. Harder, Pump diode lasers, chap. 5, in *Optical Fiber Telecommunications-V*, ed. by I.P. Kaminov, T. Li, A.E. Willner, vol. A (Academic Press, 2008), pp. 107–144
15. M.A. Ali, A.F. Elrefaie, R.E. Wagner, S.A. Ahmed, A detailed comparison of the overall performance of 980 and 1480 nm pumped EDFA cascades in WDM multiple-access light-wave networks. J. Lightw. Technol. **14**, 1436–1448 (1996)
16. D.M. Baney, P. Gallion, R.S. Tucker, Theory and measurement techniques for the noise figure of optical amplifiers. Opt. Fiber Tech. **6**(2), 122–154 (2000)
17. A. Hardy, R. Oron, Signal amplification in strongly pumped fiber amplifiers. IEEE J. Quantum Electron. **33**, 307–313 (1997)
18. A.V. Tran, R.S. Tucker, N.L. Boland, Amplifier placement methods for metropolitan WDM ring networks. J. Lightw. Technol. **22**, 2509–2522 (2004)
19. T.T. Ha, G.E. Keiser, R.L. Borchart, Bit error probabilities of OOK lightwave systems with optical amplifiers. J. Opt. Commun. **18**, 151–155 (1997)
20. L. Sirleto, M.A. Ferrara, Fiber amplifiers and fiber lasers based on stimulated Raman scattering: a review. Micromachines **11**(247), 26 (2020)
21. J. Bromage, Raman amplification for fiber communications systems. J. Lightw. Technol. **22**, 79–93 (2004)
22. J. Chen, C. Lu, Y. Wang, Z. Li, Design of multistage gain-flattened fiber Raman amplifiers. J. Lightw. Technol. **24**, 935–944 (2006)

23. L.A.M. Saito, P.D. Taveira, P.B. Gaarde, K. De Souza, E.A. De Souza, Multi-pump discrete Raman amplifier for CWDM system in the O-band. Opt. Fiber Technol. **14**(4), 294–298 (2008)
24. T. Sakamoto, S.-I. Aozasa, M. Yamada, M. Shimizu, Hybrid fiber amplifiers consisting of cascaded TDFA and EDFA for WDM signals. J. Lightw. Technol. **24**, 2287–2295 (2006)
25. H.H. Lee, P.P. Iannone, K.C. Reichmann, J.S. Lee, B. Pálsdóttir, A C/L-band gain-clamped SOA-Raman hybrid amplifier for CWDM access networks. Photon. Technol. Lett. **20**(3), 196–198 (2008)
26. Z.-R. Lin, C.-K. Liu, G.Keiser, Tunable dual wavelength erbium-doped fiber ring laser covering both C-band and L-band for high-speed communications. Optik **123**(1), 46–48 (2012)
27. Y. Feng, *Raman Fiber Lasers* (Springer, Berlin, 2017)
28. Z. Yan, X. Li, Y. Tang, P.P. Shum, X. Yu, Y. Zhang, Q.J. Wang, Tunable and switchable dual-wavelength Tm-doped mode-locked fiber laser by nonlinear polarization evolution. Opt. Express **23**(4), 4369–4376 (2015)

第 12 章 光纤中的非线性效应

摘要：当光功率超过一定水平，光纤链路中开始出现几种不同的非线性效应。纤芯面积变小或来自不同波长信号的几个高强度光场同时存在于光纤中时，光纤中可能会发生非线性效应。非线性效应的后果包括不同波长的功率增益或损耗、波长转换和波长通道之间的串扰。在某些情况下，非线性效应会降低 WDM 系统的性能，而在其他情况下，它们也可能会提供有用的应用。

光传输系统的设计需要对诸多因素进行认真考虑，例如光纤的选择、光电单元的调整、光放大器的配置以及路由通道等。目标是构建达到一定标准的网络，这些标准包括可靠性以及便于操作和维护性。正如第 11 章所述，设计过程必须考虑到所有光信号劣化过程引起的功率代价。

直观地说，为达到设计目标，提高输入信号功率以克服功率损失似乎是很自然的。但是只有在光纤是线性媒介的条件下，即损耗和折射率与光信号功率无关，这种方法才会有效。实际上，光功率达到一定水平时，一些非线性效应将会出现[1-5]。如果多个不同波长的高功率信号在同一光纤中同时传输，或者信号与声波以及分子振动相互作用时，非线性效应就会出现。例如，假设一根光纤的非线性阈值是 17 dBm(50 mW)，如果在光纤上建立 64 信道的 DWDM 链路，则光纤中每个波长信号功率必须低于−0.1 dBm(0.78 mW)。非线性效应对这一幅值信号的影响包括不同波长信号的功率增益或损耗、波长转换以及不同信道之间的串扰。在某些情况下，非线性效应可能会降低波分复用系统的性能，但是有时也可以提供有益的应用。

12.1 节是对非线性过程的概述。由于只有光功率超过阈值时非线性效应才会出现，因此光信号经过长距离的传输且充分衰减后，非线性作用可以忽略不计。这样就引出了 12.2 节所述的有效传输距离以及与之相关的有效面积的概念。随后的五节讲述一些非线性效应对系统性能的物理影响。这些非线性效应包括受激拉曼散射(12.3 节)、受激布里渊散射(12.4 节)、自相位调制(12.5 节)、交叉相位调制(12.6 节)、四波混频(12.7 节)。12.8 节讲述克服四波混频影响的方法，涉及特殊光纤的使用或色散补偿技术。另外，非线性效应也有其可利用的一面，12.9 节对交叉相位调制的应用以及通过四波混频实现波分复用网络中的信号波长变换进行了讨论。非线性效应的另一个应用是在石英光纤中实现孤子通信，这种通信方式需要依靠自相位调制效应，12.10 节将讲述这部分内容。

12.1 非线性效应分类

光纤中的非线性可分为两大类(见表 12.1)。第一类非线性效应与非弹性散射过程有关，包括受激拉曼散射(SRS)和受激布里渊散射(SBS)。第二类非线性效应起因于石英光纤的折射率与光强有关，也就是克尔效应(Kerr effect)，包括自相位调制(SPM)、交叉相位调制(XPM)与四波混频(FWM)。在有些文献中，也用四光子混合(FPM)表征 FWM，用交叉相位调制(CPM)表征 XPM。注意，有些非线性效应与波分复用信道数目无关。

表 12.1　光纤中的非线性效应总结

非线性类别	单信道	多信道
散射相关	受激布里渊散射	受激拉曼散射
指数相关	自相位调制	交叉相位调制和四波混频

SBS、SRS 以及 FWM 引起的波长信道上信号增益或损耗与光信号的强度有关。这些非线性过程对某些信道提供增益而对另一些信道产生功率损耗，从而使不同波长间产生串扰。对模拟视频信号系统，光纤中的散射功率与信号功率相当时，SBS 导致载噪比严重劣化。SPM 和 XPM 都只影响信号的相位，从而使数字脉冲产生啁啾。这将导致脉冲展宽因为色散而变得更加严重，在高比特率系统中（比如 40 Gbps）更为突出。FWM 的影响可通过对具有不同色散特性的光纤的合理配置加以抑制（见 12.8 节）。

如果任何一种非线性效应导致信号损耗，则在接收端就需要额外增加信号功率以便保持误码率不变，这就是由非线性效应造成的功率代价（见图 12.1）。在后面各节中将看到，非线性效应对光纤链路性能影响程度与波长色散、偏振模式色散、光纤的有效面积、波分复用系统的波长信道数目、信道间隔、传输距离、光源的谱线宽度以及光源功率等因素有关。

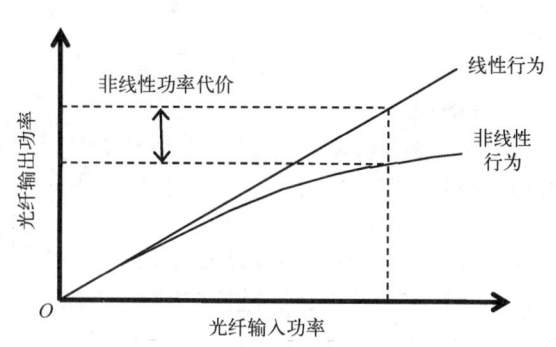

图 12.1　非线性效应引起光功率降低导致功率代价

12.2　有效长度与有效面积

因为非线性效应与传输长度、光纤横截面积和光纤中的功率水平有关，所以对非线性过程的建模可能非常复杂，困难源自非线性导致信号失真影响随着距离增加，但是，需要扣除由于光纤损耗造成的信号功率的连续指数下降，如式(3.1)所示。因此非线性效应往往仅在一长段光纤的起始端发生。实际中，我们可以采用一个简单而足够精确的模型，认为在一个特定光纤长度内功率是常数，该长度比实际光纤长度短或者相当。这一有效长度 L_{eff} 考虑了光纤沿线功率吸收（光功率随长度呈现指数衰减），对于无放大器链路，有效长度为

$$L_{\text{eff}} = \frac{\int_0^L P(z)\mathrm{d}z}{P_{\text{in}}} = \frac{\int_0^L P_{\text{in}} e^{-\alpha z}\mathrm{d}z}{P_{\text{in}}} = \int_0^L e^{-\alpha z}\mathrm{d}z = \frac{1 - \exp(-\alpha L)}{\alpha} \tag{12.1}$$

式中，L 是光纤跨段的长度，$P(z)$ 是光纤沿线距离 z 处的光功率，P_{in} 是入射光功率，α 是光纤损耗。

如图 12.2 所示，这意味着阴影部分的面积等于功率-分布曲线下的面积。对于 1550 nm 处 0.21 dB/km（或等效为 4.8×10^{-2} km^{-1}），当 $L\gg 1/\alpha$ 时有效长度为 21 km。当链路中有光放大器，信号穿越放大器时非线性导致的信号损伤不会发生变化。

训练题 12.1 光纤长度很大时，即 $L\gg 1/\alpha$ 或 $\exp(-\alpha L)\ll 1$，对在 1550 nm 波段损耗为 0.21 dB/km 的光纤，有效长度为 20.8 km。

非线性效应的影响随光纤中光强的增大而增强。对给定的光纤，光强与纤芯横截面积成反比。如图 12.3 所示，由于光强在纤芯中不是均匀分布的，为简单起见，采用有效面积 $A_{\rm eff}$。一般而言，虽然有效面积可通过模式重叠区积分来计算，它与实际纤芯面积很接近。这样非线性效应造成的影响可近似通过光纤中基模的有效区域进行计算。例如，光脉冲的等效光强为 $I_e = P/A_{\rm eff}$，其中 P 是光信号脉冲的功率。表 12.2 列举了一部分单模光纤的有效面积。

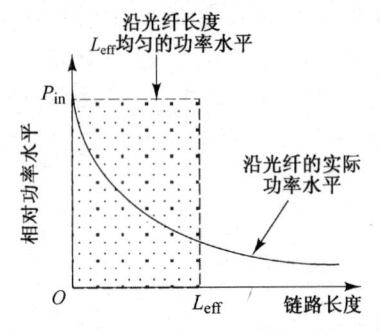

图 12.2 有效长度也就是与实际功率曲线覆盖面积相等的阴影区域面积对应的长度

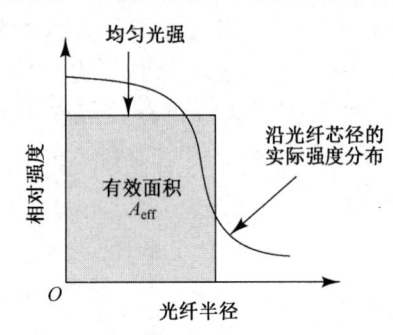

图 12.3 有效面积也就是与实际光强度分布面积相等的纤芯中光强度均匀分布面积

表 12.2 一些单模光纤的有效面积及损耗

光纤类型	损耗/(dB/km)	有效面积/μm^2
G.652 标准单模光纤	0.35/工作波长 1310 nm	72
G.652 C/D 低水峰光纤	0.20/工作波长 1550 nm	72
色散补偿光纤（DCF）	0.40/工作波长 1550 nm	21
G.655 单模光纤	0.21/工作波长 1550 nm	55

12.3 受激拉曼散射

受激拉曼散射是光波与二氧化硅分子的振动模之间的相互作用的结果[2-5]。如果一个能量为 $h\nu_1$ 的光子入射到振动频率为 ν_m 的分子上，分子能从光子中吸收一部分能量。在相互作用过程中发生了散射，产生了一个频率较低（ν_2）、能量为 $h\nu_2$ 的光子。这个二次光子称为斯托克斯光子。因为注入光纤的信号光是相互作用的能量源，故称为泵浦波。

这一过程所生成的散射光波长比入射光要长。若该波长位置有任何信号，SRS 光将对它放大，泵浦信号的功率将下降，图 12.4 给出了这一物理现象。结果，SRS 通过将短波长信道的能量搬移到邻近较长波长的信道中，可以严重地影响多信道光通信系统的性能。这是一种可以发生在两个方向上的宽带效应。间隔 16 THz（波长间隔为 125 nm）以内的 WDM 信道间都可以通过 SRS 效应实现功率耦合，图 12.5 给出了拉曼增益系数 g_R 随信道间隔 $\Delta\nu_s$ 的变化关系。可见，由于 SRS 效应，从短波长到长波长信道的功率增加与信道间隔成线性关系，该关系在信道间隔不超过 $\Delta\nu_c = 16$ THz（或在 1550 nm 窗口时，$\Delta\lambda_c = 125$ nm）时近似得很好，间隔更大时就迅速下降。

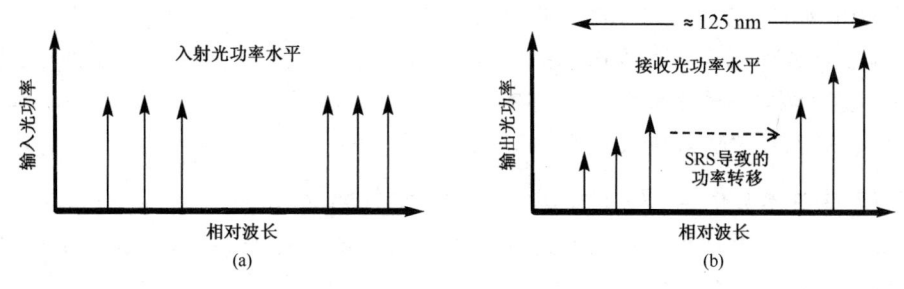

图 12.4 SRS 从短波长到长波长的功率转移

为观察 SRS 效应，考虑一个 N 个信道以 1545 nm 为中心、以 30 nm 等间隔排列的 WDM 系统。信道 0 是最短波长，它所受的影响也最严重，因为它的功率被转移到其他长波长信道上去了。为了简单起见，假设所有信道中的传输功率 P 都是相同的，拉曼增益线性增加，如图 12.5 中虚线所示，同时其他信道之间没有串扰。如果 $F_{out}(j)$ 是信道 0 耦合入信道 j 的部分功率，则从信道 0 耦合到其他信道的总功率[6]为

$$F_{out} = \sum_{j=1}^{N-1} F_{out}(j) = \sum_{j=1}^{N-1} g_{R,peak} \frac{j\Delta\nu_s}{\Delta\nu_c} \frac{PL_{eff}}{2A_{eff}}$$

$$= \frac{g_{R,peak}\Delta\nu_s PL_{eff}}{2\Delta\nu_c A_{eff}} \frac{N(N-1)}{2}$$

(12.2)

由此可得，该信道的功率代价为 $-10\log(1-F_{out})$。为使功率代价不超过 0.5 dB，必须保持 $F_{out} < 0.1$。使用式 (12.2) 和 $A_{eff} = 55$ μm^2，以及从图 12.5 中得到的 $g_{R,peak} = 7\times10^{-14}$ m/W，可以得到一个判据

$$[NP][N-1][\Delta\nu_s]L_{eff} < 5\times10^3 \text{ mW·THz·km} \tag{12.3}$$

式中，NP 是耦合入纤的总功率，$(N-1)\Delta\nu_s$ 是所占的总光带宽，L_{eff} 是有效长度，它考虑了沿光纤传输方向的功率损耗。

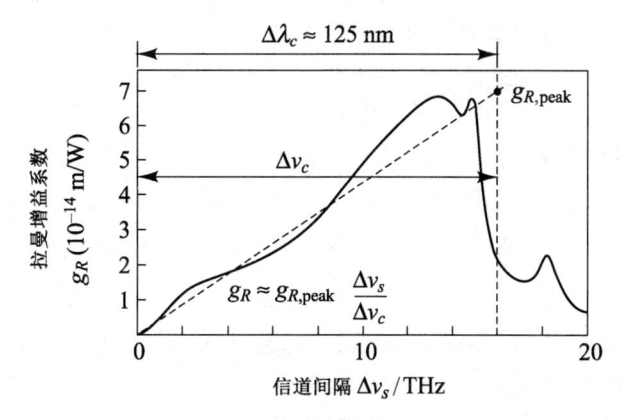

图 12.5 拉曼增益系数 g_R 随信道间隔 $\Delta\nu_s$ 的变化关系，虚线是其线性近似，在信道间隔大于 16 THz 时，有一个很低的拖尾

例 12.1 SRS 引起的各信道功率损失可用式(12.2)表示为 $PP_{SRS} = -10\log(1-F_{out})$。假设参数值为 $g_R = 4.7\times10^{-14}$ m/W, $L_{eff} = 21$ km, $\Delta v_c = 125$ GHz, $A_{eff} = 55$ μm²。表 12.3 所示为光纤链路波道数 N 为 8, 16, 40 和 80 且对应 50 GHz 与 100 GHz 的 DWDM 波道间隔 Δv_s,在 SRS 功率损失为 0.5 dB 时,各波道所对应的最大发射功率。表中数据显示, SRS 功率损失随着波道间隔或 DWDM 波道数的减小而较少。

表 12.3 最大 SRS 功率代价为 0.5 dB 对应的发射光功率近似值

波道数	最大发射功率/dBm	
	50 GHz	100 GHz
8	21	18
16	14.7	11.6
40	6.6	3.6
80	0.5	-2.5

训练题 12.2 假设参数值为 $g_R = 4.7\times10^{-14}$ m/W, $L_{eff} = 21$ km, $\Delta v_c = 125$ GHz, $A_{eff} = 55$ μm²。验证表 12.3 中,最大 SRS 功率代价为 0.5 dB 时,不同波道数和 Δv_s 分别为 50 GHz 与 100 GHz 的波道间隔的最大发射功率 P。

12.4 受激布里渊散射

受激布里渊散射(SBS)源于声波对光波的散射[2-5,7]。散射波在单模光纤中后向传输。后向散射光从前向传播光中获得增益,从而导致信号光的衰减。后向散射光频率低于前向信号光,其频移为

$$v_B = 2nV_s/\lambda \tag{12.4}$$

式中,n 是折射率,V_s 是媒质中声波的速率。在二氧化硅中,这种能量交互发生在很窄的布里渊线宽 Δv_B 以内,在 1550 nm 附近 $\Delta v_B = 20$ MHz。当熔融二氧化硅中 $V_s = 5760$ m/s 时, 1550 nm 处的后向散射光频移为 11 GHz(0.09 nm)(见图 12.6)。这意味着 SBS 效应被限制在 WDM 系统的单个波长信道以内。因此,每个信道的 SBS 效应独立累加,通常每个信道产生的 SBS 功率电平与单信道系统相同。

当散射波与信号波的功率可以相比拟时,就会产生系统损伤。对典型的单跨光纤链路,该过程的阈值功率为 10 mW 左右。对一个含有光放大器的长光纤链路,通常有光隔离器阻止后向散射光进入光放大器。因此,SBS 导致的损伤被限制在放大器与放大器的一跨之间。

决定 SBS 在何种条件下真正成为问题的一个标准是 SBS 的阈值功率 P_{th}, 它定义为后向散射功率与输入功率相等的功率值。对这一数值的计算相当复杂,可近似地表示为[8]

$$P_{th} \approx 21 \frac{A_{eff}\, b}{g_B L_{eff}} \left(1 + \frac{\Delta v_{source}}{\Delta v_B}\right) \tag{12.5}$$

式中,A_{eff} 是传输光纤的有效面积,Δv_{source} 是光源线宽,修正因子 b 介于 1 和 2 之间,它取决于泵浦波与斯托克斯波的相对偏振方向,L_{eff} 是有效长度,由式(12.1)给出,g_B 是布里渊增益系数,其值接近 4×10^{-11} m/W 且与波长无关。式(12.5)表明 SBS 阈值功率会随着光源线宽的变宽而上升。

例 12.2 假设有一个线宽为 40 MHz 的光源,在发光波长为 1550 nm 时 $\Delta v_B = 20$ MHz, $A_{eff} = 55\times10^{-12}$ m²(这个数值对应于典型的色散位移光纤), $L_{eff} = 20$ km,假设 $b = 2$, 根据式(12.5)计算得出 $P_{th} = 8.6$ mW = 9.3 dBm。

训练题 12.3 对一个线宽为 60 MHz 的光源，1550 nm 波段的 $\Delta\nu_B = 20$ MHz，$A_{\text{eff}} = 55\times10^{-12}$ m²（典型的色散位移光纤），$L_{\text{eff}} = 20$ km，假设 $b = 1$，$g_B = 3.5\times10^{-11}$ m/W。试由式(12.5)说明 $P_{\text{th}} = 5.0$ mW（或 7.0 dBm）。

图 12.7 显示了达到阈值后，SBS 效应对信号功率的影响。点线给出了布里渊散射功率和信号功率在色散位移光纤中随输入光功率的变化关系。在低于 SBS 阈值时，传输功率随输入线性增加。当信号功率较低时，SBS 效应可以忽略，但是当信号功率进一步增加时其影响将更加明显。

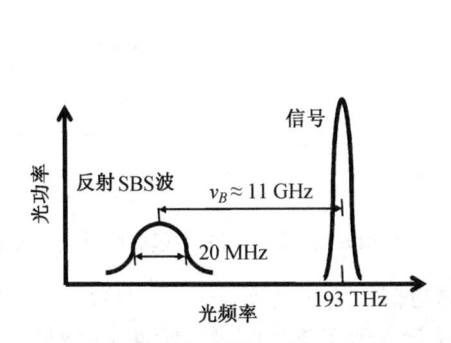

图 12.6 受激布里渊散射在散射光 11 GHz 间隔处产生一个多普勒频移

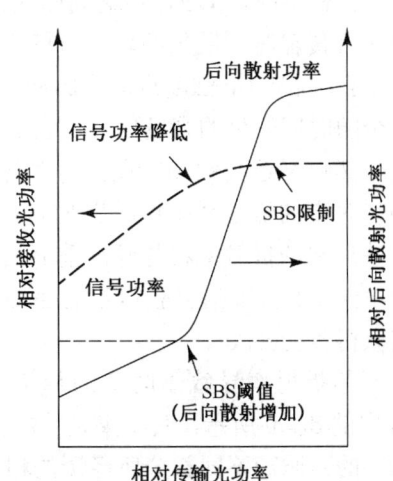

图 12.7 光纤中不同信号功率对应的 SBS 效应

达到阈值后，SBS 效应开始呈非线性变化，发射信号的功率损耗随信号功率的增加而增加。在到达 SBS 阈值之前，损耗比例会随着输入信号功率的增加而变大；超过阈值后输入更多的功率会因 SBS 效应，几乎全补充到后向散射波中，接收端的信号功率几乎保持不变。

12.5 自相位调制

很多光材料的折射率 n 跟光强 I（也就是单位面积内的光功率）相关，具体计算公式为

$$n = n_0 + n_2 I = n_0 + n_2 \frac{P}{A_{\text{eff}}} \tag{12.6}$$

式中，n_0 是材料的常态折射率，n_2 是非线性折射率系数。在二氧化硅中，n_2 的值大约为 2.6×10^{-8} μm²/W；在氟化物玻璃中，n_2 的变化范围在 1.2×10^{-6} μm²/W 到 5.1×10^{-6} μm²/W 之间；在 $As_{40}Se_{60}$ 硫属化合物玻璃中，n_2 的值为 2.4×10^{-5} μm²/W。这种折射率为传输信号光强所调制的非线性现象称为克尔效应[9]。在单波长链路中，这种非线性会引起传输过程中与载波强度相关的自相位调制(SPM)，SPM 会将光波的功率波动转化成相位波动。

度量 SPM 效应强弱的主要参数是 γ，具体计算公式为

$$\gamma = \frac{2\pi}{\lambda} \frac{n_2}{A_{\text{eff}}} \tag{12.7}$$

式中，λ 是光在自由空间中的波长，A_{eff} 是有效面积。γ 在二氧化硅中的值介于 1 W⁻¹ km⁻¹ 至 5 W⁻¹ km⁻¹ 之间，这个值与光纤的型号和信号光的波长相关。例如，在标准的单模光纤中，

传输信号波长为 1550 nm, 有效面积为 72 μm² 时, $\gamma = 1.3$ W⁻¹ km⁻¹。由于 SPM 效应产生的频移 $\Delta\varphi$ 可用下式表示：

$$\Delta\varphi = \frac{d\varphi}{dt} = \gamma L_{eff} \frac{dP}{dt} \tag{12.8}$$

式中，L_{eff} 是由式(12.1)计算得到的有效长度，dP/dt 是光脉冲功率对时间的导数。也就是说，根据上式，信号功率的瞬时变化将会导致信号频率变化。

为了分析 SPM 效应，考虑如图 12.8 所示的光脉冲沿光纤传输时所发生的现象。图中的时间轴对 t_0 归一化了，t_0 是 1/e 强度点的光脉冲半宽。脉冲沿代表一个随时间变化的强度信号，它从 0 很快到达最大值，然后又返回到 0。在折射率与光强相关的媒质中，时变的信号强度将产生时变的折射率。因此，脉冲顶端的折射率将与脉冲前后沿的折射率有微小的不同。脉冲前沿将获得正的 dn/dt，而脉冲后沿则将获得负的 dn/dt。

时变的折射率导致了时变的相位和频率，如图 12.8 中的 $d\varphi/dt$ 所示，其结果是脉冲上各点的频率与初始值 ν_0 不同。由于相位波动是与光强度相关的，脉冲不同部分所经历的相移也不同，这就导致了频率啁啾，脉冲上升沿频率红移(向低频端)，而下降沿的频率发生了蓝移(向高频端)。由于啁啾的程度取决于传输功率，SPM 效应往往出现在高功率脉冲中。

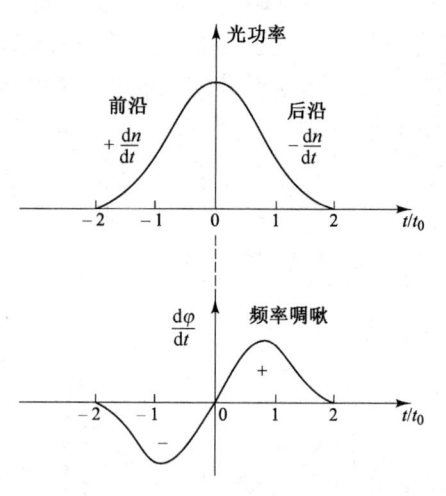

图 12.8 自相位调制引起的脉冲频谱展宽

对于某些类型的光纤，时变的相位会导致一定的功率代价，这是由脉冲沿光纤传播时，群速度色散(GVD)致脉冲谱展宽所引起的。在正常色散区，色度色散为负[从式(3.32)中得到 $\beta_2>0$]并且群时延随波长降低。这意味着由于红光比蓝光的波长更长，因此 $n_{red} < n_{blue}$，红光传播较快(见图 3.9)。因此在正常色散区，红移的脉冲前沿传播得更快，从而远离脉冲中心。同时蓝移的后沿传播较慢，也远离脉冲中心。在这种情况下，啁啾加剧了 GVD 导致的脉冲展宽效应。另一方面，在反常色散区，色散为正，群时延随波长增加，红移的脉冲前沿传播较慢，它向脉冲中心方向移动。类似地，蓝移的脉冲后沿传播较快，也向脉冲中心方向移动。在这种情况下，SPM 导致脉冲变窄，从而部分补偿了色度色散。

12.6 交叉相位调制

在 WDM 系统中，折射率的非线性会引起交叉相位调制(XPM)，其原理与自相位调制(SPM)相似。光纤折射率会同时受到波长信号本身功率和相邻信道中信号功率波动的影响，因而它将某个波长的功率波动转变为另一个波长的相位波动[2-5]，XPM 伴随着 SPM 同时出现。与 SPM 相似，两个相互影响的波长信号会因 XPM 产生频移 $\Delta\varphi$，$\Delta\varphi$ 可通过下式计算：

$$\Delta\varphi = \frac{d\varphi}{dt} = 2\gamma L_{eff} \frac{dP}{dt} \tag{12.9}$$

式中参数与式(12.8)一样。当多个波长的信号同时在一根光纤中传输时，频率为 φ_i 的信号总

频移为

$$\Delta\varphi_i = \gamma L_{\text{eff}} \left[\frac{dP_i}{dt} + 2\sum_{j\neq i} \frac{dP_j}{dt} \right] \tag{12.10}$$

方括号中的前一项为 SPM 的影响，第二项则是由 XPM 产生的影响。根据公式可以看出 XPM 造成的影响是 SPM 的两倍。但只有两个光束或两个脉冲在同一空间和时间重叠时才会产生 XPM。一般情况下，由于每个信道都有各自的 GVD，两个不同的波长信道中的信号不会发生重叠，因此直接检测光纤传输系统 XPM 的影响会大幅降低。

12.7 WDM 信道中的四波混频

为了在较远的距离中传输大容量信号，需要采用色散位移光纤的 1550 nm 窗口。此外，为获得足够的信噪比，采用 100 km 的标称光中继器跨度的长距离 10 Gbps 系统，需要每个信道具有 1 mW 左右的发光功率。这样的 WDM 系统同时需要高发射功率和低色散，从而导致四波混频产生新的频率[2-5]。

四波混频(FWM)是石英光纤中的三阶非线性，它类似于电系统中的互调失真。当波长信道位于零色散点附近时，三个光频(v_i, v_j, v_k)将混合产生出第四个互调分量，其频率 v_{ijk} 为

$$v_{ijk} = v_i + v_j - v_k, \quad i, j \neq k \tag{12.11}$$

当这个新频率落入原有频率的传播窗口，就会产生严重的串扰。

图 12.9 给出了两个频率 v_1 和 v_2 的例子，当这两个波沿光纤传输时，它们混频产生了 $2v_1-v_2$ 和 $2v_2-v_1$ 的边带。同样，三个波传输时将产生 9 个新的光波，其频率由式(12.11)给出。这些边带随原始波一道传输，并且随原信号强度的减弱而增强。总之，当 N 个光波进入光纤，混合分量的数量 M 为

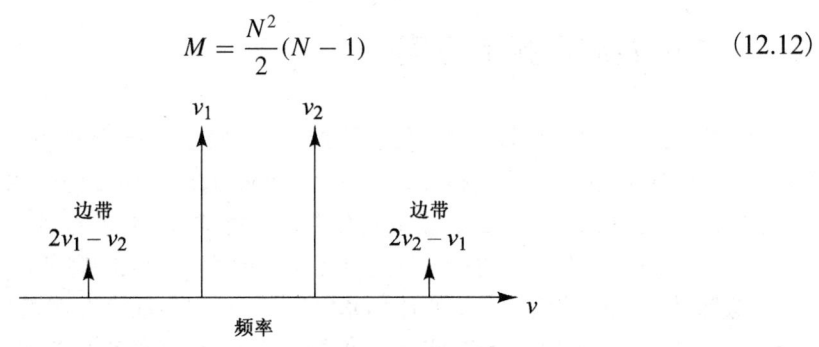

$$M = \frac{N^2}{2}(N-1) \tag{12.12}$$

图 12.9 两个频率分别为 v_1 和 v_2 的光波混频产生两个三阶边带

若信道等间隔，若干新波长将与注入信号有相同的频率。因此，所产生的串扰加上对原信号的衰减将严重降低多信道系统的性能，除非采用消除它的措施。

例 12.3 假设有三路 DWDM 信号在光纤中传输，频率分别为 v_1, v_2 和 v_3。求由四波混频效应产生的频率分量？

解：当 $N=3$ 个波道时，由式(12.12)，将有 $M=9$ 个新频率产生，分别是：

$$\nu_{123} = \nu_1 + \nu_2 - \nu_3 \text{(与} \nu_{213} = \nu_2 + \nu_1 - \nu_3 \text{相同)}$$

$$\nu_{321} = \nu_3 + \nu_2 - \nu_1 \text{(与} \nu_{231} = \nu_2 + \nu_3 - \nu_1 \text{相同)}$$

$$\nu_{312} = \nu_3 + \nu_1 - \nu_2 \text{(与} \nu_{132} = \nu_1 + \nu_3 - \nu_2 \text{相同)}$$

$$\nu_{112} = 2\nu_1 - \nu_2$$

$$\nu_{113} = 2\nu_1 - \nu_3$$

$$\nu_{221} = 2\nu_2 - \nu_1$$

$$\nu_{223} = 2\nu_2 - \nu_3$$

$$\nu_{331} = 2\nu_3 - \nu_1$$

$$\nu_{332} = 2\nu_3 - \nu_2$$

四波混频的效率与色散和信道间隔有关。由于色散随波长变化，信号波和所生成的波有不同的群速度，这破坏了相互作用的波长间的相位匹配条件，从而降低了功率转入新生频率的效率。群速度失配越严重、信道间隔越宽，四波混频就越不明显。

有一段光纤，它的长度为 L、损耗为 α，相互作用的三个波频率为 ν_i，ν_j 和 ν_k，其功率分别为 P_i，P_j 和 P_k，由它们产生的频率为 ν_{ijk}，其功率 P_{ijk} 为

$$P_{ijk}(L) = \eta(D\kappa)^2 P_i(0) P_j(0) P_k(0) \exp(-\alpha L) \tag{12.13}$$

其中非线性互作用常数 κ 为

$$\kappa = \frac{32\pi^3 \chi_{1111}}{n_2 \lambda c} \left(\frac{L_{\text{eff}}}{A_{\text{eff}}} \right) \tag{12.14}$$

式中，χ_{1111} 是三阶非线性电极化率，η 是四波混频效率，n 是光纤折射率，D 是简并因子，它在 2 个波和 3 个波混频时，分别为 3 和 6。有效长度 L_{eff} 由式(12.1)给出，A_{eff} 是光纤的有效面积。在常规 G.652 单模光纤中，只有频率间隔小于 20 GHz 的波长间才有混频现象；而色散位移 G.653 光纤中，即使频率间隔高于 50 GHz，其 FWM 效率也比前者高 20%。

12.8　减小四波混频的方案

较高的链路色散值可以减小四波混频对窄间距密集波分复用链路的影响(比如间距为 100 GHz 及 100 GHz 以下的链路)，因为 FWM 效应产生于两个相互作用的密集波分复用(DWDM)信号之间的相位匹配。如果光纤中存在色散，则传输过程中不同波长的信号有不同的群速度，因而会产生不同的相位。这样 FWM 的影响会大幅降低。

如果系统色散值较低，或者在 DWDM 的工作带宽中同时存在正负色散，这样 DWDM 信号会因 FWM 产生大量新的频率信号。如果在 G.653 色散位移光纤上运行 DWDM，且工作波段为 C 波段，那么 FWM 造成的影响将会相当严重。主要问题是 1550 nm 信号在光纤零色散点周围同时存在正负色散区，其影响结果如图 12.10 所示。DWDM 信道零色散点的任意一端都会产生大量相互作用的带内信号。

对于 G.652 单模光纤，工作在 C 波段时的色散值较高，大约为 17 ps/(nm·km)，可有效抑制四波混频。但是传输速率较高时(比如 10 Gbps)，接收端信号会产生脉冲展宽效应。

G.652 和 G.653 光纤在四波混频方面存在的不足催生了 G.655 光纤。如图 12.10 所示，G.655 光纤在 C 波段中的色散值介于 3～9 ps/(nm·km)。ITU-T 建议的 G.655 标准对这类光纤的不同

版本进行了详细的说明，包括用于 S 和 C 波段的 G.655B 光纤，低色散值［波长为 1550 nm 时色散值为 2.80～6.2 ps/(nm·km)］的 G.655D 光纤，中等色散值［波长为 1550 nm 时色散为 6.06～9.31 ps/(nm·km)］的 G.655E 光纤。不管用哪种光纤，其色散都足以抑制 FWM 效应。

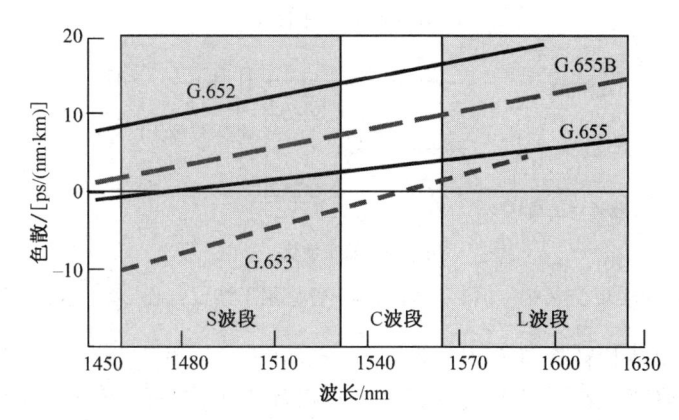

图 12.10　不同谱宽的信号在不同标准的光纤中传输时，色散值随波长变化而变化的曲线

12.9　主要的光波长变换器

在 WDM 网络中，波长变换可以通过交叉相位调制和四波混频实现。波长变换可以将光信号转换成一个新的波长的光信号，中间不需要经过电域的转换。这样的器件是全光网的重要组成部分，因为信号可能会直接使用并由另一条信道传输出去，将一个信号转换成一个新的波长信号可使不同信道上的信号共用一条外界光纤。本节将分别用两个例子介绍两种波长转换器[10-15]。

12.9.1　光门波长转换器

利用光门技术实现光波长变换需要半导体光放大器、半导体激光器以及非线性光环镜等多种器件。实现单波长变换最成功的技术之一就是利用半导体光放大器中的交叉相位调制（XPM）。实现这一技术需要用到马赫-曾德尔干涉仪或迈克尔逊干涉仪，其装置如图 12.11 所示。

XPM 方法的基础是半导体光放大器(SOA)激活区域的折射率与载流子密度相关。如图 12.11 所示，其基本原理是波长为 λ_s 的信息载波与一个波长为 λ_c 的连续波(称为探测光束)同时耦合入 SOA，通过 XPM 效应，使 λ_c 成为新的信号波长。两束波可以同向传输也可以相向传输，但是后一种情况的噪声会大一些。信号光以损耗载波的方式实现 SOA 的增益调制和折射率调制。而连续波经过增益和折射率的调制后，其相位和幅值都会发生相应变化，从而将信息信号加载到此新的载波上，而不发生变化。如图 12.11 所示，两个 SOA 不对称放置，放大后的两个信号相位不同，通常利用此相位差实现对连续波的调制。典型的分光比为 69/31，这类波长变换器可以对数据速率至少为 10 Gbps 的信号进行处理。

```
         连续波(λ_c)
              →  ┌─────┐  ┌──SOA1──┐  ┌─────┐  ┌──  输入信号(λ_s)
                 │     ├──┤        ├──┤     │
                 │     ├──┤--SOA2--├──┤     │  ┌──  转换后的信号(λ_c)
              ←  └─────┘  └────────┘  └─────┘
                      (a) 马赫-曾德尔干涉仪
```

(a) 马赫-曾德尔干涉仪

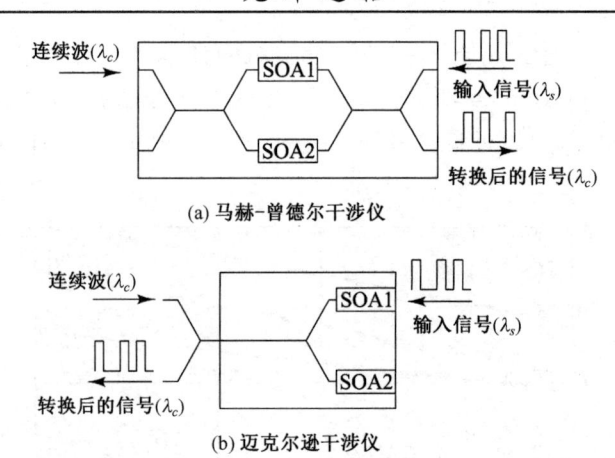

(b) 迈克尔逊干涉仪

图 12.11 使用两个 SOA 实现交叉相位调制。(a)马赫-曾德尔干涉仪；(b)迈克尔逊干涉仪型波长转换装置

利用 XPM 实现波长转换具有局限性，其一是在同一时刻只能转换一个波长，其二是其透明性受限于数据格式。在波长变换过程中，有可能丢失信号的相位、频率及幅度信息。

12.9.2 波混频波长转换器

基于非线性的波混频实现波长变换与其他变换方式相比有其重要的优势，其优点主要包括具有多波长变换功能且变换与信号的调制格式无关。混频是通过非线性材料中不同光信号的非线性相互作用完成的。混频后新产生的波的功率与混频前相互作用的波功率的乘积成比例，新生波的相位及频率为原先各参与波参数的线性组合。因此，混频过程保存了原有波的相位和频率信息，这是唯一与信号调制格式无关的波长变换方式。

现在有两种较为成功的波长转换方式，即在无源波导或 SOA 中进行四波混频或在波导中通过差频生成。FWM 方法是对三种不同的波进行混波，输出频率不同的第四种波。首先输入的两个波因相互作用产生的强度条纹会在非线性介质中形成光栅，在 SOA 中有三种方法可在 SOA 中形成光栅，即载流子密度调制、动态载流子加热以及光谱烧孔。第三个输入波会因光栅散射而输出一个新波，新波对第三个波的频率偏移由前两个波的频率差决定。如果三个输入波中有一个波带有幅度、相位或频率信息，而其他两个波是连续波，则产生的新波会带有相同的信息。

光纤中通过差频产生新波的方法是基于两个输入波的混频。在这种情况下，材料的非线性作用依赖于泵浦波和信号波的相互作用。

12.10 孤子的原理

如第 3 章中所述，群速度色散(GVD)可以引起大多数脉冲沿光纤传输时被展宽，然而，一种特殊的被称为孤子的脉冲，利用了二氧化硅中的非线性效应，尤其是克尔非线性所导致的自相位调制(SPM)，可以克服 GVD 导致的脉冲展宽[16-20]。

术语"孤子"指的是一种特殊的波，它在经过长距离的传输后，能保持波形不变，当两个孤子碰撞时也不会受影响。Jone Scott Russell 于 1838 年首次观察并记录了孤子[16]，那时他看到了狭窄的苏格兰运河中航行的船只产生了一种奇特的水波，这个很高的水波迅速地行进

第 12 章 光纤中的非线性效应

很长一段距离也不衰减。当和其他较低较慢的波相遇时,这个波可以不失真地穿过。

在光通信系统中,孤子是一种非常窄、有很高强度的光脉冲,通过色散与光纤非线性效应的平衡而保持其形状不变。若 SPM 和 GVD 效应很好地被控制,使其产生的影响刚好相当,并且脉冲选择合适的形状,SPM 所导致的脉冲压缩效应正好可以与 GVD 的脉冲展宽效应相抵消。只要选择合适的特殊形状,脉冲就不会在传输过程中改变形状,或者会周期性地改变形状。不改变形状的这类脉冲称为基态孤子,而周期性改变形状的脉冲称为高阶孤子。以上两种情况中,光纤损耗都会不可避免地减小孤子的能量。孤子能量的降低会减弱非线性作用从而无法抵消 GVD,所以孤子链路中需要周期性地接入光放大器,以补充孤子的能量。

12.10.1 孤子脉冲的结构

让我们进一步分析孤子脉冲的特征。没有绝对单色的光脉冲,因为脉冲都占有一定的谱宽。如式(10.1)所示,光源出射功率的波长带宽为 $\Delta\lambda$,它的频谱范围为 $\Delta\nu$。因为实际光纤中脉冲受到 GVD 和克尔非线性的影响,线宽非常重要,尤其是对高强度光激励。由于媒质的色散特性,GVD 导致脉冲宽度将随光纤传输的距离在时域展宽。此外,高能光脉冲耦合入纤时,光功率作为一种激励对折射率产生调制。这导致了传输波的相位波动,从而引起了脉冲的啁啾效应,如图 12.8 所示。结果是脉冲前沿比载波频率低,而脉冲后沿比载波频率高。

当这个脉冲在其组成频带内具有正 GVD 参数 β_2 的媒质中传播时,脉冲前沿向长波长(低频)方向频移而速度增大;相反,脉冲后沿频移导致速度降低,即后沿更靠后。结果,随着距离增加,脉冲中心的能量分散到两边,脉冲最终成了方波形状。图 12.12 显示了这种脉冲强度随传输距离的变化,图中采用了归一化时间。这种效应严重地限制了高速长距离传输系统的运行。

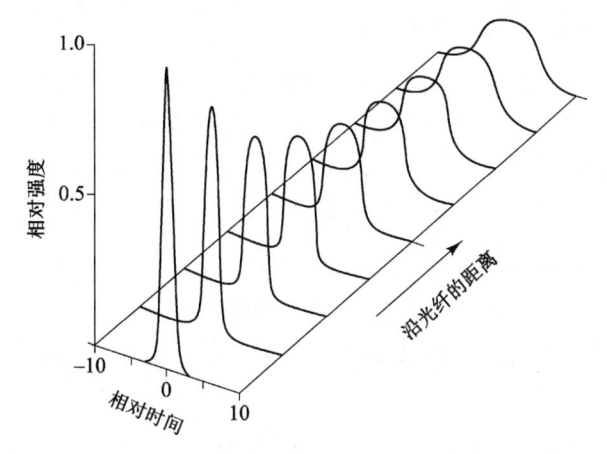

图 12.12 高强度窄脉冲在正 GVD 参数的非线性色散光纤中传播时,由克尔效应引起的波形变化

与此相反,当窄的高强度脉冲在其组成频带内具有负 GVD 参数的媒质中传输,GVD 影响 SPM 所产生的啁啾效应。此时,GVD 延缓较低频率的脉冲前沿,而加速了较高频率的脉冲后沿。结果是高能尖锐的孤子脉冲既不改变形状也不改变频谱。图 12.13 显示了基态孤子条件下的现象。只要提供的脉冲能量足够强,脉冲就会在沿光纤传输过程中保持形状不变。

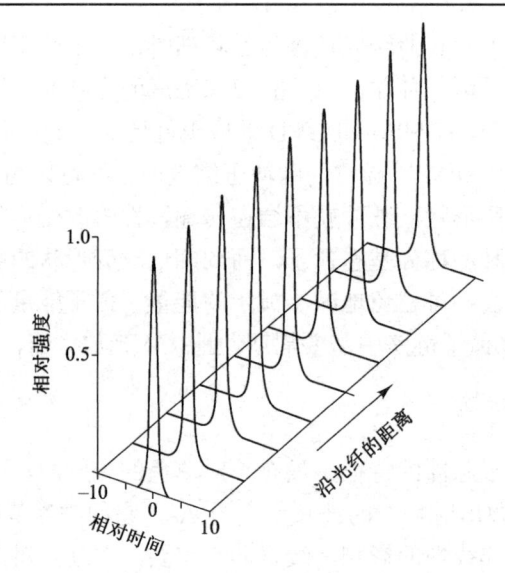

图 12.13　高能窄脉冲在负 GVD 参数的非线性色散光纤中传播时，由克尔效应引起的波形变化

为推导孤子传输所需的脉冲形状演化，需要考虑非线性薛定谔(NLS)方程

$$-\mathrm{j}\frac{\partial u}{\partial z} = \frac{1}{2}\frac{\partial^2 u}{\partial t^2} + N^2|u|^2 u - \mathrm{j}(\alpha/2)u \tag{12.15}$$

式中，$u(z,t)$ 是脉冲的包络函数，功率是 $|u|^2$，z 是沿光纤的传播距离，N 是代表孤子阶数的整数，α 是单位长度的能量增益系数，当它取负值时代表能量损耗。按照惯常的标识方法，式 (12.15) 中的参数已采用特殊孤子单位来表示，从而消除了方程中的标度常数。

这些参数(12.10.2 节中将定义)有归一化时间 T_0、色散长度 L_{disp} 和孤子峰值功率 P_{peak} 等。对于式(12.15)等号右边的三项解释如下：

1. 第一项表示光纤的 GVD 效应，这一项单独作用时，色散将展宽脉冲；
2. 第二项为非线性项，它表征光纤折射率随光强的变化，通过自相位调制过程，这一物理现象会展宽脉冲的频谱；
3. 第三项代表能量的损耗或增益，例如，由光纤引进的损耗或光放大器引进的增益。

可以求得 NLS 的解析解，它的脉冲包络和 z 无关(对 $N=1$ 的基态孤子)，或者脉冲包络是 z 的周期函数(对于 $N \geq 2$ 的高阶孤子)。孤子的基本理论在数学上非常复杂，可以参考文献 [18-20]。这里仅给出基态孤子的基本概念。式(12.15)的基态孤子解为

$$u(z,t) = \mathrm{sech}(t)\exp(\mathrm{j}z/2) \tag{12.16}$$

其中 $\mathrm{sech}(t)$ 是双曲正割函数，是一个钟形脉冲，如图 12.14 所示。时间单位采用 $1/e$ 脉宽归一化。由于式(12.16)中的相位项 $\exp(\mathrm{j}z/2)$ 不影响脉冲波形，所以孤子形状与 z 无关，因此在时域是不弥散的。

通过分析 NLS 方程，可以发现一阶色散效应和非线性项刚好产生互补的相移。对式(12.16)所给出的脉冲，非线性过程产生的相移为

$$\mathrm{d}\varphi_{nonlin} = |u(t)|^2 \mathrm{d}z = \mathrm{sech}^2(t)\mathrm{d}z \tag{12.17}$$

而色散效应产生的相移为

$$d\varphi_{disp} = \left(\frac{1}{2u}\frac{\partial^2 u}{\partial t^2}\right)dz = \left[\frac{1}{2} - \text{sech}^2(t)\right]dz \tag{12.18}$$

图 12.15 给出了这些项的曲线以及它们的和，为一个常数。在积分状态下，其和仅产生一个 $z/2$ 的相移，而且整个脉冲均相同。由于这个相移既不改变脉冲的波形也不改变其频谱，所以孤子可以保持在时域和频域都完全不弥散。

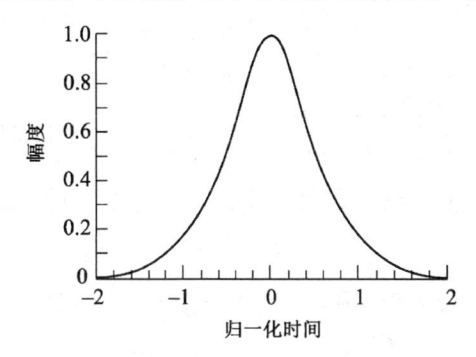

图 12.14　描述孤子脉冲的双曲正割函数，时间单位采用 $1/e$ 脉宽归一化

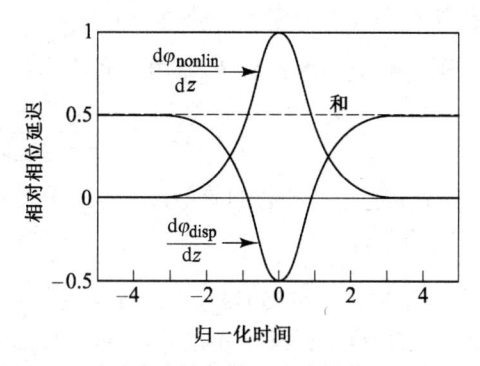

图 12.15　孤子脉冲的色散和非线性相移，它们的和为常数，从而保证整个脉冲一致的相移

12.10.2　孤子主要参数

回忆脉冲的半高全宽（FWHM），其定义为脉冲达到最大功率一半位置的全宽（见图 12.16）。对于式（12.15）的解，功率等于式（12.16）中的包络函数的平方。因此，基态孤子脉冲的归一化 FWHM T_s 可由关系式 $\text{sech}^2(\tau) = 1/2$ 和 $\tau = T_s/(2T_0)$ 得到，其中 T_0 是基本的归一化时间单位。于是可以得到

$$T_0 = \frac{T_s}{2\cosh^{-1}\sqrt{2}} = \frac{T_s}{1.7627} \approx 0.567 T_s \tag{12.19}$$

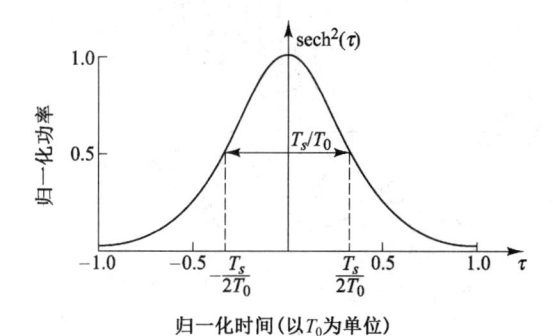

图 12.16　用归一化时间单位表示的最大值一半的孤子宽度定义

例 12.4　典型孤子 FWHM 脉宽 T_s 的范围是 $15 \sim 50$ ps，因此归一化时间 T_0 在 $9 \sim 30$ ps 的量级。

归一化距离参数 L_{disp}（也称色散长度）是度量色散效应的特征长度。下面将看到 L_{disp} 又是对孤子周期的一个度量。这个参数由下式给出

$$L_{disp} = \frac{2\pi c}{\lambda^2}\frac{T_0^2}{D} = \frac{1}{\left[2\cosh^{-1}\sqrt{2}\right]^2}\frac{2\pi c}{\lambda^2}\frac{T_s^2}{D} = 0.322\frac{2\pi c}{\lambda^2}\frac{T_s^2}{D} \tag{12.20}$$

式中，c 是光速，λ 是真空中的波长，D 是光纤的色散系数。

例 12.5 考虑色散位移光纤，在 1550 nm 处 $D = 0.5$ ps/(nm·km)，若 $T_s = 20$ ps，则有

$$L_{disp} = \frac{1}{(1.7627)^2} \frac{2\pi (3 \times 10^8 \text{ m/s})}{(1550 \text{ nm})^2} \frac{(20 \text{ ps})^2}{0.5 \text{ ps/(nm·km)}} = 202 \text{ km}$$

由此可见 L_{disp} 是在数百千米量级。

孤子峰值功率参数 P_{peak} 由下式给出：

$$P_{peak} = \frac{A_{eff}}{2\pi n_2} \frac{\lambda}{L_{disp}} = \left(\frac{1.7627}{2\pi}\right)^2 \frac{A_{eff} \lambda^3}{n_2 c} \frac{D}{T_s^2} \tag{12.21}$$

式中，A_{eff} 是光纤纤芯的有效面积，n_2 是与强度相关的非线性折射率系数〔见式(12.6)〕，L_{disp} 以千米为单位。

例 12.6 对于 $\lambda = 1550$ nm，$A_{eff} = 50$ μm^2，$n_2 = 2.6 \times 10^{-16}$ cm^2/W，再采用例 12.5 中的 $L_{disp} = 202$ km，利用式(12.21)可得孤子峰值脉冲功率 P_{peak} 为

$$P_{peak} = \frac{(50 \text{ μm}^2)}{2\pi (2.6 \times 10^{-16} \text{ cm}^2/\text{W})} \frac{1550 \text{ nm}}{202 \text{ km}} = 2.35 \text{ mW}$$

这表示当 L_{disp} 在几百千米量级时，P_{peak} 为几毫瓦量级。

对 $N > 1$，孤子脉冲在光纤中经历了周期性的形状和频谱的改变，当经历了孤子周期的整数倍时它回归到初始形状，而孤子周期为

$$L_{period} = \frac{\pi}{2} L_{disp} \tag{12.22}$$

作为一个例子，图 12.17 给出了二阶孤子($N = 2$)的传播特征。

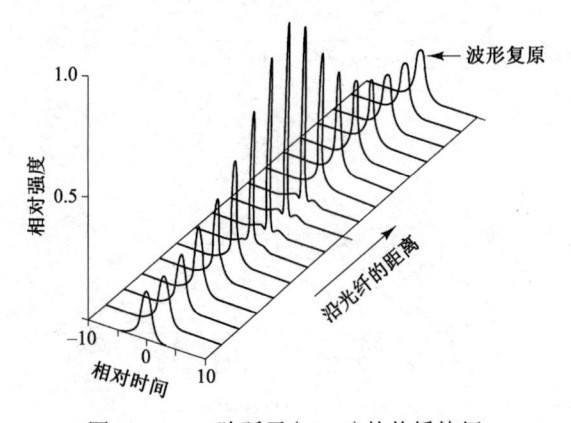

图 12.17 二阶孤子($N = 2$)的传播特征

12.10.3 孤子宽度和间隔

只有当单个脉冲很好地分开时，NLS 方程的孤子解才能保证合理的近似程度。为此，孤子的宽度必须是比特时隙的一小部分。这就不能使用标准数字通信系统中常用的非归零码(NRZ)，而只能采用归零码(NZ)，这一条件约束了可以实现的比特率，因为产生的孤子脉冲究竟能有多窄是受限制的。

若 T_b 为比特时隙的宽度,则可将比特率 B 与孤子半高宽度 T_s 相关联,即

$$B = \frac{1}{T_b} = \frac{1}{2s_0 T_0} = \frac{1.7627}{2s_0 T_s} \tag{12.23}$$

其中因子 $2s_0 = T_b/T_0$ 是相邻孤子间的归一化间隔。

对于所需的间隔,其物理解释是靠得很近的孤子尾部相互重叠,会产生非线性相互作用力,它既可能是吸引力又可能是排斥力,这取决于孤子的初始相对相位。对于初始相位相同,且初始间隔 $2s_0 \gg 1$ 的孤子,则此后其间隔是周期变化的,变化的振荡周期为

$$\Omega = \frac{\pi}{2} \exp(s_0) \tag{12.24}$$

同相孤子间的相互作用力会导致周期性的吸引、碰撞和排斥,其相互作用距离为

$$L_I = \Omega L_{\text{disp}} = L_{\text{period}} \exp(s_0) \tag{12.25}$$

互作用距离,尤其是比值 L_I/L_{disp} 决定了孤子系统的最大可实现比特率。

这类相互作用是孤子系统所不期望的,因为它们导致了孤子到达时间的抖动。避免这种情况的一个办法是增加 s_0,因为孤子间的作用与它们的距离有关。由于式(12.23)在 $s_0 > 3$ 时是很精确的,该式与临界条件 $\Omega L_{\text{disp}} \gg L_T$ 联立可用于设计不考虑孤子相互作用的系统,其中 L_T 是总的传输距离。

将式(12.20)中的 L_{disp}、式(12.23)中的 T_0 和式(3.25)中的 D 代入设计条件 $\Omega L_{\text{disp}} \gg L_T$,即可得到

$$B^2 L_T \leq \left(\frac{2\pi}{s_0 \lambda}\right)^2 \frac{c}{16D} \exp(s_0) = \frac{\pi}{8 s_0^2 |\beta_2|} \exp(s_0) \tag{12.26}$$

从这个表达式可以看到参数 s_0 的取值对孤子系统比特率 B 或传输距离 L_T 的影响。

例 12.7 假定希望采用 8600 km 的跨太平洋孤子链路传输码速率为 10 Gbps 的信号。

(a) 由于这是高码率、长距离传输,先选用值 $s_0 = 8$。由式(12.24)可得 $\Omega = 4682$。采用色散长度至少为 100 km 的光纤,则 $\Omega L_{\text{disp}} > 4.7 \times 10^5$ km,出于实用目的,满足了条件 $\Omega L_{\text{disp}} \gg L_T = 8600$ km;

(b) 若 1550 nm 处的 $D = 0.5$ ps/(nm·km),对于 10 Gbps 的码速率,则从式(12.26)得出

$$L_T \ll 2.87 \times 10^5 \text{ km}$$

这个条件得到了满足,因为等号右边的数是所期望距离的 33 倍;

(c) 利用式(12.23),可得孤子脉冲的 FWHM 宽度为

$$T_s = \frac{0.881}{s_0 B} = \frac{0.881}{8 \times (10 \times 10^9 \text{ b/s})} = 11 \text{ ps}$$

(d) 当 $s_0 = 8$ 时,比特间隔中被孤子占用的比例为

$$\frac{T_s}{T_B} = \frac{0.881}{s_0} = \frac{0.881}{8} = 11\%$$

注意,对于给定的 s_0 值,这个比例与比特率无关。例如,当数据速率为 20 Gbps 时,孤子脉冲的 FWHM 宽度为 5.5 ps,它也占比特间隔的 11%。

12.11 小结

当光信号功率比较小时，光纤可以看成线性传输介质。这意味着：(a)光信号功率变化时光纤的传输特性不会改变；(b)光信号在光纤中传输时波长不会发生改变；(c)某个特定波长的信号不会与同时传输的其他信号的波长发生相互作用。但是当信号功率高于 +3 dBm (2 mW)时，光纤材料将出现于光功率相关的非线性特性。传输信号在传播过程中出现的各种交互式改变和功率损耗证实了这些非线性效应的存在。光功率的损耗会引起非线性功率损伤。

光学非线性可以分为散射相关的和折射率相关的两大类。非弹性散射过程包括受激拉曼散射(SRS)和受激布里渊散射(SBS)。而第二类非线性效应源于石英光纤中强度相关的折射率变化，也就是著名的克尔(Kerr)效应。这些效应包括自相位调制(SPM)、交叉相位调制(XPM)和四波混频(FWM)。需要注意的是有些非线性效应与 WDM 系统的信道数无关。

SBS、SRS 和 FWM 将导致波长信道中信号功率的增益或损失。功率的变化程度取决于光信号强度的大小。这三种非线性过程会对某些信道提供增益，但对其他信道则会造成功率损耗，从而导致不同信道间的交叉串扰。而 SPM 和 XPM 只影响信号的相位，将导致数字脉冲信号的啁啾。如果加上色散的影响，脉冲展宽将被加剧，尤其是在高速率通信系统中。FWM 可以通过避免使用在工作波长范围内同时具有正、负色散系数值的光纤来抑制。

习题

12.1 一根 50 km 的单模光纤，工作波长为 1310 nm 和 1550 nm 时的衰减分别为 0.55 dB/km 和 0.28 dB/km。比较这两个工作波长下的有效传输距离。

12.2 如果光源波长为 1550 nm，线宽为 40 MHz，单模光纤在工作波长 1550 nm 时衰减为 0.2 dB/km，有效截面积为 72 μm^2，假设极化因子 $b = 2$，布里渊散射系数 $g_B = 4\times10^{-11}$ m/W，计算工作波长为 1550 nm 且传输距离为 40 km 条件下的布里渊散射阈值。如果光纤工作波长 1310 nm 时的衰减为 0.4 dB/km，其他参数不变，计算其布里渊散射阈值。

12.3 光纤中有 ν_1, ν_2 和 ν_3 的三个频率的光信号。如果这三个频率成下列关系：$\nu_1 = \nu_2 - \Delta\nu$，$\nu_3 = \nu_2 + \Delta\nu$，其中 $\Delta\nu$ 是频率递增量，列出因 FWM 产生的三阶波，并画出它们同三个原始波的相对关系。注意，生成的若干光波可能与原始波的频率一致。

12.4 一个孤子传输系统的工作波长为 1550 nm，色散为 1.5 ps/(nm·km)且有效面积为 50 μm^2，计算 FWHM 为 16 ps 的基态孤子脉冲所需的峰值功率。采用 $n_2 = 2.6 \times 10^{-16}$ cm^2/W，则系统的色散长度和孤子周期各为多少？对 30 ps 的脉冲所需的峰值为多少？

12.5 电信服务提供商需要一个单波长孤子传输系统工作于 40 Gbps，传输距离为 2000 km。你将如何设计该系统？可以任意选择各种所需的器件和设计参数。

12.6 考虑一个 WDM 系统采用两个孤子信道 λ_1 和 λ_2，由于不同的波长在光纤中传输速度有微小的差别，快信道的孤子将逐渐赶上并超过慢信道的孤子。若碰撞长度 L_{coll} 定义为脉冲的半功率点开始重叠到结束重叠之间的距离，则有

$$L_{\text{coll}} = \frac{2T_s}{D\Delta\lambda}$$

其中 $\Delta\lambda = \lambda_1 - \lambda_2$，$T_s$ 是脉冲的 FWHM，D 是色散系数。

(a) 对于 $T_s = 16$ ps，$D = 0.5$ ps/(nm·km) 和 $\Delta\lambda = 0.8$ nm，碰撞长度是多少？

(b) 在孤子脉冲碰撞过程中会引起四波混频效应，但随后又衰减为零。为避免放大这些效应，必须满足条件 $L_{coll} \geq 2L_{amp}$，其中 L_{amp} 是放大器间隔，试问对上述情况 L_{amp} 的上限是多少？

12.7 基于习题 12.6 所给出的条件，当 $L_{amp} = 25$ km，$T_s = 20$ ps，$D = 0.4$ ps/(nm·km) 时，间隔 0.4 nm 的 WDM 孤子系统所能允许的最大波长数为多少？

习题解答（选）

12.1 首先使用式(3.3)将 0.55 dB/km 更换为 0.127 km^{-1}，将 0.28 dB/km 更换为 0.0645 km^{-1}。然后根据式 (12.1)，$L_{eff}(1310) = 7.9$ km，$L_{eff}(1550) = 14.9$ km。

12.2 使用式(3.3)将 0.20 dB/km 更换为 0.046 km^{-1}，将 0.40 dB/km 更换为 0.092 km^{-1}。根据式(12.1)，$L_{eff}(1550) = 18.3$ km，$L_{eff}(1310) = 10.6$ km。根据式(12.5)，$P_{th}(1550) = 12.4$ mW，$P_{th}(1310) = 21.4$ mW。

12.3 由于 FWM，产生了以下 9 个三阶波：

$$\nu_{113} = 2(\nu_2 - \Delta\nu) - (\nu_2 + \Delta\nu) = \nu_2 - 3\Delta\nu$$
$$\nu_{112} = 2(\nu_2 - \Delta\nu) - \nu_2 = \nu_2 - 2\Delta\nu$$
$$\nu_{123} = (\nu_2 - \Delta\nu) + \nu_2 - (\nu_2 + \Delta\nu) = \nu_2 - 2\Delta\nu$$
$$\nu_{223} = 2\nu_2 - (\nu_2 + \Delta\nu) = \nu_2 - \nu_1 = \nu_1$$
$$\nu_{132} = (\nu_2 - \Delta\nu) + (\nu_2 + \Delta\nu) - \nu_2 = \nu_2$$
$$\nu_{221} = 2\nu_2 - (\nu_2 - \Delta\nu) = \nu_2 + \Delta\nu = \nu_3$$
$$\nu_{231} = \nu_2 + (\nu_2 + \Delta\nu) - (\nu_2 - \Delta\nu) = \nu_2 + 2\Delta\nu$$
$$\nu_{331} = 2(\nu_2 + \Delta\nu) - (\nu_2 - \Delta\nu) = \nu_2 + 3\Delta\nu$$
$$\nu_{332} = 2(\nu_2 + \Delta\nu) - \nu_2 = \nu_2 + 2\Delta\nu$$

12.4 $P_{peak} = 11.0$ mW；$L_{disp} = 43$ km，$L_{period} = 67.5$ km；$P_{peak} = 3.1$ mW。

12.6 (a) 根据公式得 $L_{coll} = 80$ km；

(b) 根据条件得 $L_{amp} = 0.5\, L_{coll} \leq 40$ km。

12.7 根据习题 12.6 的公式和条件得

$$\Delta\lambda_{max} = \frac{T_s}{DL_{amp}} = 2 \text{ nm}$$

因此，最大信道数 = 2.0 nm/0.4 nm = 5。

原著参考文献

1. A.D. Ellis, M.E. McCarthy, M.A.Z. Khateeb, I.M. Sorokina, N.J. Doran, Performance limits in optical communications due to fiber nonlinearity: Tutorial. Adv. Optics Photonics **9**(3), 429–502 (2017)

2. J. Toulouse, Optical nonlinearities in fibers: Review, recent examples, and systems applications. J. Lightw. Technol. **23**, 3625–3641 (2005)

3. R.H. Stolen, The early years of fiber nonlinear optics. J. Lightw. Technol. **26**(9), 1021–1031 (2008)
4. M. F. Fereira, *Nonlinear Effects in Optical Fibers*, Wiley (2011)
5. R. Boyd, *Nonlinear Optics*, Academic Press, 4th ed. (2020)
6. J. A. Buck, *Fundamentals of Optical Fibers*, Wiley, 2nd ed. (2004)
7. A. Kobyakov, M. Sauer, D. Chowdhury, Stimulated Brillouin scattering in optical fibers. Adv. Opt. Photonics **2**(1), 1–59 (2010)
8. F. Forghieri, R.W. Tkach, A.R. Chraplyvy, Fiber nonlinearities and their impact on transmission systems. in I. P. Kaminow, T. L. Koch, eds. *Optical Fiber Telecommunications–III*, Vol. A, Academic Press (1997)
9. S. O. Kasap, *Principles of Electronic Materials and Devices*, McGraw-Hill, 4th ed. (2018)
10. M. J. Connelly, *Semiconductor Optical Amplifiers*, Springer (2002)
11. J.T. Hsieh, P. M. Gong, S. L. Lee, J.Wu, Improved dynamic characteristics on SOA-based FWM wavelength conversion in light-holding SOAs, IEEE J. Selected Topics Quantum Electron. **10**, 1187–1196 (2004)
12. X. Yi, R. Yu, J. Kurumida, S.J.B. Yoo, A theoretical and experimental study on modulationformat-independent wavelength conversion. J. Lightw. Technol. **28**(4), 587–595 (2010)
13. R. Ramaswami, K.N. Sivarajan, *G*, 3rd edn. (Susaki, Optical Networks, Morgan Kaufmann, 2009)
14. W. Wang, L.G. Rau, D.J. Blumenthal, 160 Gb/s variable length packet/10 Gb/s-label alloptical label switching with wavelength conversion and unicast/multicast operation. J. Lightw. Technol. **23**(1), 211–218 (2005)
15. N.Y. Kim, X. Tang, J.C. Cartledge, A.K. Atieh, Design and performance of an all-optical wavelength converter based on a semiconductor optical amplifier and delay interferometer. J. Lightw. Technol. **25**(12), 3730–3738 (2007)
16. J. S. Russell, *Reports of the Meetings of the British Assoc. for the Advancement of Science*, p. 1844
17. H. Haus, W.S. Wong, Solitons in optical communications. Rev. Mod. Physics **68**, 432–444 (1996)
18. A. Hasegawa, "Theory of information transfer in optical fibers: A tutorial review" (emphasis is on solitons). Opt. Fiber Technol. **10**(2), 150–170 (2004)
19. M. F. Ferreira, M. V. Facão, S. V. Latas, M. H. Sousa, Optical solitons in fibers for communication systems. Fiber Integr. Optics **24**(3–4), 287–313 (2005)
20. L. F. Mollenauer, J. P. Gordon, *Solitons in Optical Fibers: Fundamentals and Applications*, Academic Press (2006)

第13章 光 网 络

摘要：人们构想、设计和制造了各种不同类型的光纤网络，以满足不同的传输容量和速率范围。网络用户间的链路长度可以从建筑物或校园内的短距离本地连接到横跨大陆大洋的链路。本章定义光网络的基本术语和一般概念，展示不同的光纤网络架构，讨论网络分层的概念，定义数据分组交换单元，描述这些单元如何通过波长通道实现信号选路，并介绍如果有链接或节点故障，网络配置的灵活性如何提供连接保护。

光纤链路可以用于构成各种形态的网络，用于连接对传输容量和速度有各种不同需求的用户，本章将讨论这类链路的性能和实现。光纤链路所连接的用户距离范围极大，可能位于同一个建筑物或校园环境中，也可能存在于跨越大洋和大洲的网络中。开发如此复杂的通信网络的主要动力在于各种领域、各类机构对信息交换需求的快速增长，这些领域包括商业贸易、财政金融、教育、科学和医学研究、卫生保健、国内和国际安全、娱乐等。另外，功能日益强大的计算机和数据存储设备，激发了信息交换的潜在需求，它们之间需要高速、高容量的网络进行互联。

13.1 节首先定义了基本术语和常用网络概念，然后讨论网络层的概念，并描述了光纤通信网络的分类。13.2 节介绍通用的光网络结构，包括星形、树形和网状网络。

对于陆地和海底长途网，与光网络密不可分的同步光网络(SONET)和同步数字体系(SDH)标准规定了光信号的复用和传输格式，从而实现了电信网络的全球共享。13.3 节讨论 SONET/SDH 环的物理层。为了增加光纤链路的通信容量，工程师和科学家们不断发明更高速率的传输方法和更加精密的数据编码方式。13.4 节给出了工作在 10 Gbps 以及 100 Gbps 速率的光链路实例。

用于实现大容量 WDM 网络的两类关键网元包括固定和可重构光分插复用器(OADM)和光交叉连接(OXC)。13.5 节和 13.6 节分别定义这些单元，并描述它们如何沿波长通道或光波路径实现信号选路。13.6 节介绍波长路由、全光分组交换和光突发交换的概念。13.7 节介绍网元(例如 OADM 和 OXC)的应用，并划分各种类别的 WDM 网络。此外，13.7 还明确了弹性网络的概念。13.8 节将探讨无源光网络(PON)的结构和工作原理。

13.1 网络概念

本节介绍一些关于光网络概念的背景材料，讨论几种不同的网络结构，说明一个系统拥有和控制哪些网络部分，并给出一些网络术语的定义。

13.1.1 网络术语

在深入研究网络的细节之前，先让我们以图 13.1 为准，定义一些术语。

数据分组（或简称分组） 一个数据分组是一组信息位加上用于数据传输管理的开销位。

站 网络用户用以通信的设备都称为站。这些设备可以是计算机、监控设备、电话、传真机或其他电信设备。

网络 站点之间以及其中的传输路径所形成的互连站点集合。

节点 网络内部一个或多个通信线路终端和/或站点之间相连的点，站点也可以直接与通信线路相连。

服务器 网络服务器是一个功能强大的计算机，为用户提供访问共享软件或硬件资源。共享资源可以包括磁盘空间、硬件访问和电子邮件服务。服务器通常具有大量随机存取存储器（RAM）并在鲁棒的操作系统上连续运行。

中继线 通常指节点之间或网络之间相连的传输线路，支持大容量负载。

拓扑 站点之间通过信息传输信道连接在一起，形成网络的逻辑描述方式。

交换与路由 交换是指通过一系列中间节点实现从源站到宿站的信息传递过程；路由是指在网络中选择一条合适的路径。

综上所述，一个交换的通信网络由一系列相互连接的节点组成，从一个站点进入其中的信息流通过节点间的交换，最终被路由到目的地。

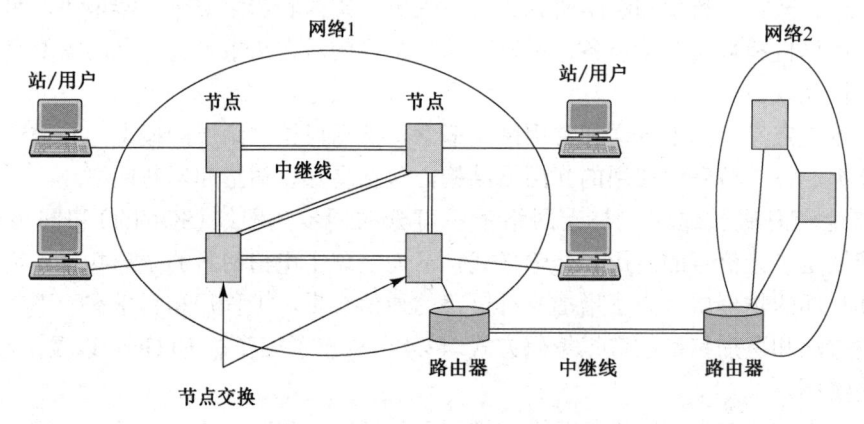

图 13.1 网络中各种组成单元的定义

13.1.2 网络分类

如图 13.2 所示，网络可以分为以下几种宽泛的类别。注意该图并非表示结构是唯一的，因为它仅显示了一般互联体系结构。我们需要了解下面的定义。

局域网 局域网（LAN）连接的用户都在一个相对有限区域，如一个大车间或工作区、公寓区、家庭内、一幢建筑、一个办公室或工厂区或一个较小规模的建筑群等。LAN 使用的是相对廉价的硬件设施，只要满足用户共享一些昂贵的公用资源（如服务器、高性能打印机、专业设备或其他设备等）就可以了。以太网是 LAN 最流行的技术。局域网通常由单个组织所独立拥有、使用和操作。

园区网 园区网是局域网的扩展，可以看成是一个有限区域内多个 LAN 的组合。与 LAN 类似，园区网由本地区域内某个组织所独立拥有和使用。在网络专业术语中园区是指各建筑之间的距离在合理步行范围内的任何建筑群。所以园区网可用于大学校园、商业区、政府中心、研究中心、医疗中心等单位。典型地，园区网可用路由器提供接入路径以接入城域网或因特网等更大型的网络中。

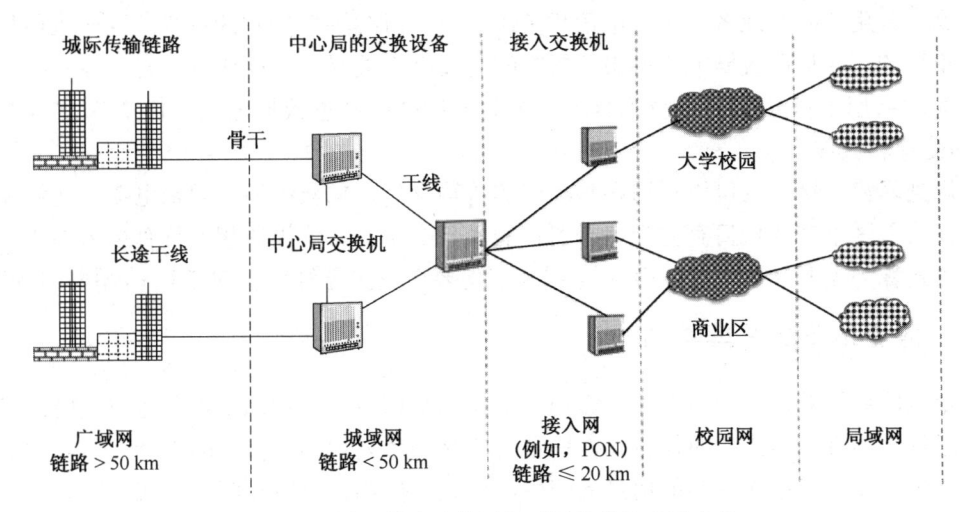

图 13.2 用于描述公共网络不同部分的术语定义

城域网 覆盖一个城市的网络通常称为城域网(MAN)，其覆盖范围大于 LAN 和园区网。连接范围可以是几个城区内的建筑群，也可以是整个城市，甚至包括城市周边地区。城域网中心交换局之间的距离可以从几千米到几十千米。城域网资源一般为多个电信公司所共同拥有和使用。

接入网 接入网位于城域网和 LAN 或园区网之间。这种类型的网络可实现独立的公司、组织和家庭与中心交换设备之间的连接。接入网的作用之一是集中来自局域网的信息流并将其发送到交换设备，这就是所谓上行数据流。另一个传输方向(下行数据流传向用户)上为用户提供网络支持的话音、数据、视频和其他服务。传输距离可达 20 km。一个特定的接入网由某个电信服务商独立拥有。

广域网 广域网(WAN)覆盖一个非常大的地理范围。传输距离范围包括相邻城市之间的交换设备的连接，长途跨国的陆路连接和各大洲之间的海底链路连接。这种大型 WAN 的资源既可由私营公司也可由电信服务商所拥有和运营。

专用网和公共网 当一个专门组织(如某个公司、政府机构、医疗单位、大学或商业企业)拥有和控制一个网络时，这个网络就称为专用网。这种网络只为组织内部成员提供服务。另一方面，电信公司所拥有的网络为大众提供租用线路或者实时电话连接，这种网络称为公共网，因为任何人或任何组织都可以随时使用。

中心局 公共网中放置中心交换设备的场所称为中心局(CO)或接入点(POP)。中心局负责处理请求服务时间内用户线之间或者用户与网络资源之间建立临时连接所需的大量电信交换。

干线 指网络中连接多个网络部分的链路。例如，负责处理互联网流量的干线，其中的流量产生于某个网络部分，需要发送到另一个网络部分。干线可能很长，也可能很短。

长途网 一个长途网连接相距较远的城市或地理区域，中心局之间的距离从数百千米至数千千米。例如，纽约和旧金山之间，非洲国家之间，澳大利亚、中国和新加坡之间的大容量信息链路。

数据中心网络(DCN) 由流媒体、社交网络、搜索引擎、云存储和云计算等应用程序产生的互联网流量指数级升高已经促使了强大的数据中心的建立。这样的中心可以是建筑物内的建筑物、专用空间，或者一组由电信相关组件(如存储系统)构建的系统。这些应用程序是数据密集型的，并且在数据中心的服务器之间需要高度关联。一种称为数据中心网络(DCN)的专用光网络用于在数据中心服务器之间传输大量高度动态数据流量。13.7 节将详细介绍 DCN 的配置和操作。

无源光网络 接入网可以采用各种不同的传输介质，如双绞线、同轴电缆、光纤和无线电等。在接入区不需要任何有源光电子器件的光分配网与其他媒质相比具有很大的优势。这种实现方式称为无源光网络(PON)，是 13.8 节将要介绍的光纤到驻地(FTTP)型网络的基础。

13.1.3 网络体系的分层结构

讨论电信系统的设计与实现时，常用网络架构来描述一般物理结构和通信设施的工作特性，其运行必须遵循通用的通信协议。所谓协议是一系列规则和惯例的集合，用以规定通过电信网络传输或在数据库存储的信息的产生、格式、控制、交换和解释方式。

设定协议的传统方法是把协议细分为许多易于管理且易理解的单独的小块或层次。这种层次化服务结构称为协议栈。在这种设计中，每一层都要应用本层的功能或能力为上一层提供一系列的功能或性能服务。顶层的用户负责提供底下所有各层的能力来实现与分布在网络中的其他用户和外部设备进行交互。

一个典型的结构化方法的例子是，为了简化现代网络的复杂性，国际标准化组织(ISO)在 20 世纪 80 年代初制定了一个开放系统互连参考模型(OSI)，把一个网络的功能分为 7 个工作层[4-6]，如图 13.3 所示。按照 OSI 协议，这些层级从底层开始计数，按垂直序列标号。各层都执行一套标准协议来实现特殊功能。每层都接受下面一层所提供的服务，并同时为上一层提供服务。因而从协议栈的下层到上层，所具备的功能不断增加，功能的抽象水平也越来越高。低层负责管理通信设备，主要是负责支持真实数据传输的物理连接、数据链路控制、路由和中继等功能。高层负责针对用户的需求对数据进行组织和整理，以支持用户应用。

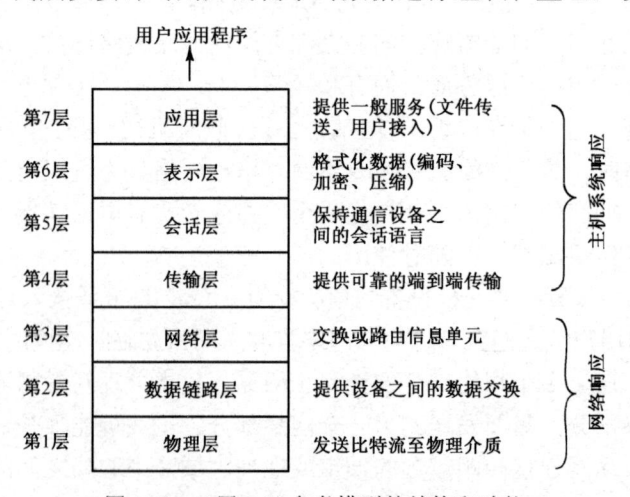

第7层	应用层	提供一般服务(文件传送、用户接入)	主机系统响应
第6层	表示层	格式化数据(编码、加密、压缩)	
第5层	会话层	保持通信设备之间的会话语言	
第4层	传输层	提供可靠的端到端传输	
第3层	网络层	交换或路由信息单元	网络响应
第2层	数据链路层	提供设备之间的数据交换	
第1层	物理层	发送比特流至物理介质	

图 13.3　7 层 OSI 参考模型的结构和功能

经典 OSI 模型中各层功能如下。

物理层　提供具有一定带宽的物理传输媒质,如铜线或光纤,为通信设备提供各种不同类型的物理接口,其功能是通过光纤或金属导线实现真实比特的传输。

数据链路层　其目的是建立、维持和释放直接相连于两个节点的链路。它的功能包括封装(定义传输数据的结构)、复用和解复用数据。数据链路协议的实例有点到点协议(PPP)、高级数据链路控制(HDLC)协议等。

网络层　网络层的功能在于通过多个网络链路把数据分组从源端传送到目的端。典型地,网络层必须从一系列相连的节点中找到一条路径,使得沿着这条路径上的节点可以把数据分组传送到合适的目的端。主要的网络层协议是互联网协议(IP)。

传输层　传输层负责把完整的信息可靠地从源端发送到目的端,以满足更高层对服务质量(QoS)的要求。QoS 参数包括吞吐量、通过延迟、误码率、建立连接的时延、成本、信息安全和消息优先级等。因特网中应用的传输控制协议(TCP)是传输层协议的一个例子。

会话层、表示层和应用层　支持用户应用,这里不详细介绍。

值得注意的是,在使用 OSI 参考模型时,每一层的指定功能并非不可或缺。在实际应用中可能会省略其中某几层,然后把其他几层细分为更小的子层。因而讨论时应当把分层机制看作实现方案的框架,而非完全作为要求。

13.1.4　光层功能

论述光网络概念时,光层用来描述各种网络功能和服务。光层是基于波长的概念,位于物理层的上一层,如图 13.4 所示。也就是说,物理层提供了两个节点间的物理连接,而光层在链路上提供光通道服务。光通道是端到端的光连接,可能通过一个或多个中间节点。例如,一个 8 信道 WDM 链路有 8 个光通道,却在同一个物理链路上传输。值得注意的是,一个确定的由多个部分组成的光通道,链路中各节点对之间的光波长可能是不同的。

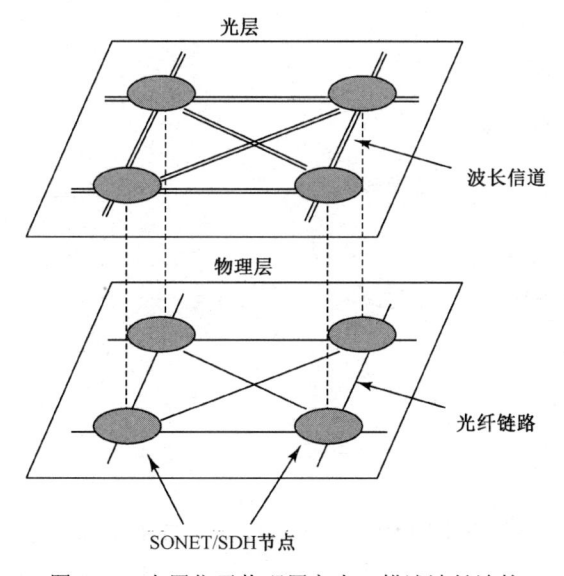

图 13.4　光层位于物理层之上,描述波长连接

光层可以实现波分复用和分插复用,还可以支持光交叉连接和波长交换,具有这些光层功能的网络称为波长路由网络。13.6 节将对这些类型的网络有更为详细的介绍。

13.2 网络拓扑

图 13.5 给出了光纤网络的四种常用拓扑[1,5,6]，分别是总线型、环形、星形和网孔形结构。每一种结构在可靠性、可扩展性和性能特征方面，都有一定的优势和局限性。

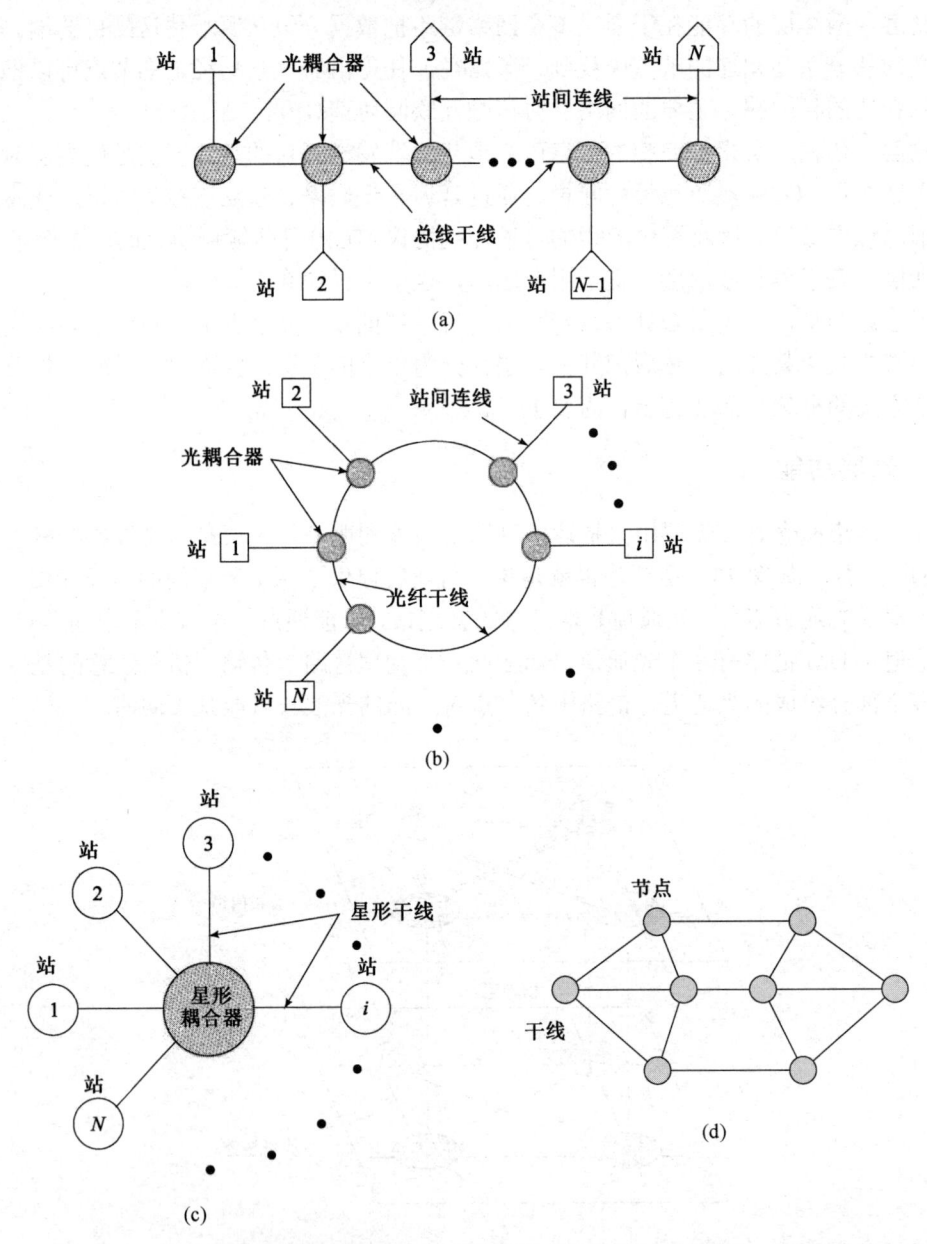

图 13.5 光纤网络的四种常用拓扑：(a)总线型；(b)环形；(c)星形；(d)网孔形

非光的总线网络(比如基于同轴电缆的以太网)的主要优点在于传输介质的被动特性，易于将低扰动(高阻抗)的分支接头安装到同轴线路上而不影响网络的工作。与同轴总线相比，基于光纤的总线网络更难实现。原因在于没有像同轴分接头那样的光分接头来实现光信号与主干光纤链路的高效耦合。接入光数据总线需要一个耦合元件，可以是有源的也可以是无源的。有源耦合器将数据总线上的光信号转换成电的基带信号，然后再进行数据处理（如将附加数据插入信号流或仅传输接收的数据）。无源耦合器没有任何电器件，它用于将总线上的一部分光功率抽取出来。如第 10 章中所介绍的 2×2 耦合器就是这种耦合器的例子。

在环形拓扑中，前后相继的节点被一段段的点到点链路串成一个封闭的通路。数据分组（一组信息比特加开销比特）格式的信息在节点间沿着环的方向传输。每个节点接口都是一个有源器件，它可以识别每个数据分组中的本站地址，从而接收消息，它还将不是寻址到本站的消息向前传递给下一站。

在星形结构中，所有节点都与一个中心节点或集线器相连接。中心节点可以是无源器件也可以是有源器件，有源集线器可以控制发自网络中心节点所有消息的路由。这种有源集线器对于绝大多数通信都发生在中心和边缘节点之间的情形非常有用；而对于附属站之间有信息交互要求，就是另外一种情形了。当边缘节点之间有大量的信息业务时，有源中心节点的交换机构就会处于重载。在无源中心节点的星形网中，功分器作为集线器来分配输入光信号到对应附属站的出线上。

如图 13.5(d) 所示的网孔形网络中，点到点的链路以任意形式连接节点，根据不同的应用场合，连接形式会有很大的差异。这种拓扑的网络结构很灵活，而且能在多个链路或节点出问题的时候保证连接。网孔形网络的链路保护按照特定的方式来实现。首先检测是否有失败的连接，如果有，则将业务流调整到网络中的另外一条可行链路，从而修复中断的服务（见 3.3 节）[7,8]。

13.2.1 无源线形总线的性能

如图 13.5(a) 所示，线形总线（即总线型拓扑）使用单个光缆，该光缆连接整个网络的所有节点。主要损耗是光缆衰减和每个抽头耦合器产生的光功率损耗。如果在耦合器的每个端口处提取光功率的分数为 F_c，则连接损耗 L_c 为

$$L_c = -10\log(1 - F_c) \tag{13.1}$$

以 20% 的提取分数 F_c 为例，连接损耗 L_c 是 1 dB，这意味着每经过一个耦合点光功率就下降 1 dB。

线形总线的总损耗随网络节点的数量线性增加。由于每个节点处信号的迅速减小，总线拓扑通常仅用于小规模、简单或临时的网络。

13.2.2 星形拓扑的性能

为了研究星形耦合器如何用于网络，先来看一下耦合器中光功率损耗的变化。10.2.4 节中已经给出了单个星形耦合器的工作原理，简单回顾如下，附加损耗定义为输入与总输出功率的比值，即光从输入端口到所有输出端口的耦合过程中所损失的部分。由式(10.25)可知，对于一个输入功率为 P_in，输出端口为 N 的星形耦合器，用分贝表示的附加损耗为

$$\text{光纤星形耦合器的附加损耗} = L_\text{excess} = 10\log\left(\frac{P_\text{in}}{\sum_{i=1}^{N} P_{\text{out},i}}\right) \tag{13.2}$$

这里，$P_{\text{out},i}$ 是从端口 i 输出的光功率。在理想的星形耦合器中，从任一端口输入的光功率都被平均分配到各个输出端口。器件的总损耗等于分配损耗加每个通道的附加损耗。以分贝表示的分配损耗为

$$\text{分配损耗} = -10\log\left(\frac{1}{n}\right) = 10\log N \tag{13.3}$$

训练题13.1 假设没有额外的损耗，8×8，16×16 和 32×32 星形耦合器的插入损耗分别为 9.03 dB，12.04 dB 和 15.05 dB。

为得到功率平衡方程，我们采用如下的参数：

- P_S 是从光源耦合进光纤的功率，单位为 dBm；
- P_R 是接收端为达到一定的误码率要求所需的最小接收光功率，单位为 dBm；
- α 是光纤损耗；
- 所有站到星形耦合器的距离都为 L；
- L_c 是用分贝表示的连接损耗。

于是星形网络中连接两个站的链路功率平衡方程为

$$\begin{aligned}P_S - P_R &= \text{链路损耗} + \text{富余度} \\ &= L_{\text{excess}} + \alpha(2L) + 2L_c + L_{\text{split}} + \text{富余度} \\ &= L_{\text{excess}} + \alpha(2L) + 2L_c + 10\log N + \text{富余度}\end{aligned} \tag{13.4}$$

这里假设连接损耗分别在接收机和发射机产生。术语"富余度"表示用于不可预见的链路损耗的额外可用光功率。从上式可见，星形网络中功率损耗随 $\log N$ 增加，同无源线形总线（功率损耗与 N 成正比）相比，随站点数的增加功率损耗增加要慢得多，图 13.6 比较了两种结构的性能。

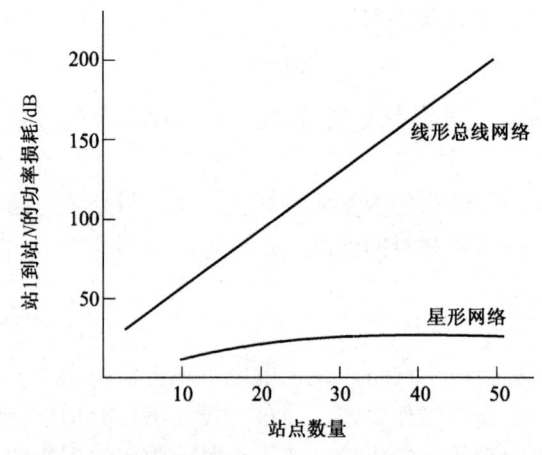

图 13.6 线形总线和星形网络中总光功率损耗随站点数量变化的曲线

例 13.1 考虑两个站点数分别为 10 和 50 的星形网络，光源为 LED，耦合进光纤的功率为 –10 dBm，假设接收机灵敏度为 –48 dBm。假设各站到星形耦合器的距离均为 500 m，光纤损

耗是 0.4 dB/km。对 10 个站点的网络附加损耗为 0.75 dB，而 50 个站点的网络附加损耗为 1.25 dB。连接损耗为 1.0 dB。求当站点数分别为 10 和 50 时，其功率预留量应为多少？

解： 对于 $N=10$ 的网络，从式(13.4)可知，收发信机之间的功率预留量为

$$P_S - P_R = 38 \text{ dB} = [0.75 + 0.4 \times (1.0) + 2 \times (1.0) + 10 \log 10] \text{ dB} + 富余度$$
$$= 13.2 \text{ dB} + 富余度$$

因此，功率富余度为 24.8 dB。

而对于 $N=50$ 的网络

$$P_S - P_R = 38 \text{ dB} = [1.25 + 0.4 \times (1.0) + 2 \times (1.0) + 10 \log 50] \text{ dB} + 富余度$$
$$= 20.6 \text{ dB} + 富余度$$

因此，功率富余度为 17.4 dB。

训练题 13.2 对于一个工作在 1 Gbps 的星形网络，星形耦合器为 16×16 型且附加损耗为 1.35 dB。假设每个节点在距星形耦合器 5 km 处，光纤在 1550 nm 波段损耗为 0.25 dB/km，并令链路各节点的连接损耗为 1.0 dB。若发射端光源输入光纤的功率为 0 dBm，pin 型光检测器在 1 Gbps 时的灵敏度为 -27 dBm，此时系统富余度为 9.11 dB。

13.3 SONET/SDH 概念

随着光传输线路的进步，数字时分复用(TDM)体制的进一步演化是出现了标准的信号格式，在北美称为同步光网络(SONET)，在其他国家和地区则称为同步数字体系(SDH)。本节侧重讲解 SONET/SDH 的基本概念、它的光接口以及基本网络实现。讨论的目标仅限于 SONET/SDH 中与光传输线路和光网络相关的物理层特性，而对于数据的详细格式、SONET/SDH 的操作规范以及它同交换方式的关系，例如 SONET/SDH 如何携带以太网服务，已超出本书的范畴，感兴趣的读者可查阅参考文献[9-12]。

13.3.1 SONET/SDH 帧结构

图 13.7 给出了 SONET 的基本帧结构。这是一个由 9 行、90 列字节构成的二维结构，其中 1 字节等于 8 比特。在 SONET 标准的术语中，所谓"段"连接了比邻的设备，"线"指比段长一些的连接两个 SONET 设备的链路，"通道"则是一个完整的端到端连接。基本 SONET 帧的周期为 125 μs，因此基本 SONET 信号的传输比特率为

STS-1 = (90 字节/行) × (9 行/帧) × (8 比特/字节)/(125 微秒/帧) = 51.84 Mbps

这称为 STS-1 信号，STS 表示同步传输信号，所有的 SONET 信号都是这个速率的整数倍，STS-N 信号的比特率为 51.84 Mbps 的 N 倍。当采用 STS-N 信号调制光源时，逻辑 STS-N 信号先经扰码以减少长连 0 和长连 1，从而在接收机中易于时钟恢复。经过电光变换后的物理层光信号称为 OC-N，OC 表示光载波。在实践中，将 SONET 链路称为 OC-N 链路已经变得很常见。

SDH 的基本速率等于 STS-3，或 155.52 Mbps，称为同步传送模块等级 1(STM-1)，更高的速率表示为 STM-M(注：尽管 SDH 标准中使用"STM-N"的记号，这里为了在比较 SDH 和 SONET 时避免歧义，采用了"STM-M"的记号)。ITU-T 建议中支持的 M

值为 1、4、16 和 64，它们同 SONET OC-N 信号相当，$N = 3M$（如 $N = 3，12，48$ 和 192）。这表明，为了保持 SONET 与 SDH 兼容，实际采用的 N 值都是 3 的倍数。类似于 SONET，SDH 也先将逻辑信号加扰码；但不同于 SONET 的是，SDH 不区分逻辑电信号（如 SONET 中的 STS-N）和物理光信号（如 OC-N），它们都记为 STM-M。表 13.1 给出了常用的 OC-N 和 STM-M 值。

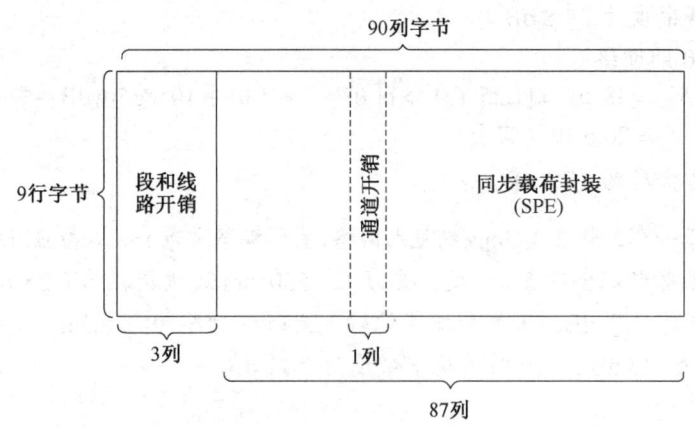

图 13.7　SONET 中的 STS-1 基本帧结构

表 13.1　常用的 SONET 和 SDH 传输速率

SONET 等级	电等级	SDH 等级	线路速率/Mbps	通用速率名称
OC-N	STS-N	—	$N×51.84$	—
OC-1	STS-1	—	51.84	—
OC-3	STS-3	STM-1	155.52	155 Mbps
OC-12	STS-12	STM-4	622.08	622 Mbps
OC-48	STS-48	STM-16	2488.32	2.5 Gbps
OC-192	STS-192	STM-64	9953.28	10 Gbps
OC-768	STS-768	STM-256	39813.12	40 Gbps

如图 13.7 所示，帧结构中的前 3 列传输的开销字节承载了网管信息，剩下的 87 列为承载用户数据的同步载荷封装（SPE）和 9 个字节的通道开销（POH）。POH 支持性能监视、统计、信号标记、寻迹功能和一个用户通道。这 9 个通道开销字节总是排成 1 列，它们可以出现在 SPE 中的任何位置。值得注意的是，SONET/SDH 的同步字节间插复用特性（这不同于早期 TDM 标准中的异步比特间插），它可以实现光网络中信息通道的分插复用（见 13.2.4 节）。

当 N 值大于 1 时，帧结构的列数是原来的 N 倍，行数仍然是 9 行，如图 13.8(a)所示。所以一个 STS-3（或称 STM-1）的帧结构包含 270 列，其中前 9 列为开销信息，后 261 列为载荷数据。SDH 的帧结构如图 13.8(b)所示。一个 STM-N 的帧结构有 125 μs 的持续时间，有 9 行，每一行的长度都为 270×N 字节。在 SONET 和 SDH 中，线和段开销的定义是有区别的，因此当两者互联时需要一个翻译机制。

训练题 13.3　由图 13.8 和表 13.1 可知，37152 语音信道（各语音信道速率为 64 kbps）可通过 STM-16 SDH 系统传输。

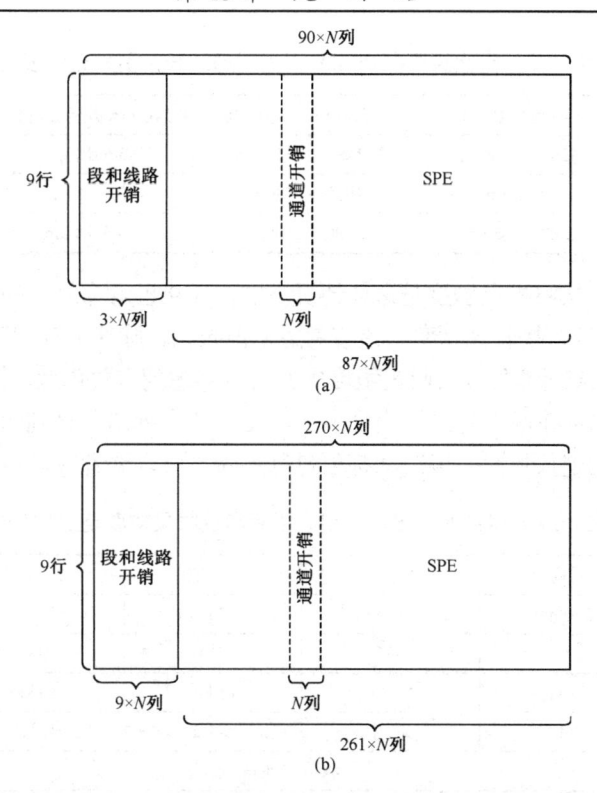

图 13.8 (a) SONET 中 STS-N 帧的基本格式; (b) SDH 中 STM-N 帧的基本格式

13.3.2 SONET/SDH 的光接口

为保证不同制造商的设备能够互通,SONET 和 SDH 规范提供了光源特性、接收灵敏度以及不同类型光纤的传输距离。表 13.2 给出了标准定义的 6 种传输距离以及对应光纤类型,它们在 SONET 和 SDH 中所用的术语各不相同。表中,ITU-T G.957 建议还用不同的代码如 I-1,S-1.1,L-.1 等标明不同类型的 SDH。表 13.3 给出了当这几类传输距离在 80 km 以内时,有关波长和衰减的范围。

表 13.2 传输距离及其在 SONET 和 SDH 中的表示;x 表示 STM-x 的等级

传输距离	SONET 术语	SDH 术语
≤2 km	短距离(SR)	局间(I-1)
15 km@1310 nm	中距离(IR-1)	短途(S-x.1)
15 km@1550 nm	中距离(IR-2)	短途(S-x.2)
40 km@1310 nm	长距离(LR-1)	长途(L-x.1)
80 km@1550 nm	长距离(LR-2)	长途(L-x.3)
120 km@1550 nm	甚长距离(VR-1)	甚长途(V-x.3)
160 km@1550 nm	甚长距离(VR-2)	超长途(U-x.3)

根据表 13.2 所示不同等级的损耗和色散特性,可采用的光源包括发光二极管(LED)、多模激光器和各种单模激光器。系统目标是实现当速率低于 1 Gbps 时误码率(BER)不超过 10^{-10},而当速率更高或系统性能要求更高时 BER 不超过 10^{-12}。

表 13.3 传输距离在 80 km 以内时的波长范围和光纤损耗

传输距离	1310 nm 波长范围	1550 nm 波长范围	1310 nm 处的光纤损耗	1550 nm 处的光纤损耗
≤15 km	1260~1360 nm	1430~1580 nm	3.5 dB/km	未规定
≤40 km	1260~1360 nm	1430~1580 nm	0.8 dB/km	0.5 dB/km
≤80 km	1280~1335 nm	1480~1580 nm	0.5 dB/km	0.3 dB/km

规范 G.957 给出的接收机灵敏度是最坏情况下的,即接近寿命终点的值,它定义为 BER 达到 10^{-10} 所需的平均最低可接收光功率。该值考虑了消光比、脉冲上升和下降时间、光源回波损耗、接收机连接损耗和测量容限。接收灵敏度中并没有考虑到有关色散、抖动或光路径反射的功率代价,因为这些都包括在最大光路径代价中了。表 13.4 中列出了直到 80 km 的接收机灵敏度。需要注意的是,规范和建议每隔一段时间都要进行更新,所以读者应该参考最新版本的文件。

表 13.4 传输距离在 80 km 以内时,光源输出、损耗和接收灵敏度范围(参见 ITU-T 建议 G.957)

参数	局间	短途(1)	短途(2)	长途(1)	长途(3)
波长	1310 nm	1310 nm	1550 nm	1310 nm	1550 nm
光纤		SM	SM	SM	SM
距离/km	≤2 km	15 km	15 km	40 km	80 km
标识	I-1	S-1.1	S-1.2	L-1.1	L-1.3
光源范围/dBm					
155 Mbps	−15~−8	−15~−8	−15~−8	0~5	0~5
622 Mbps	−15~−8	−15~−8	−15~−8	−3~+2	−3~+2
2.5 Gbps	−10~−3	−5~0	−5~0	−2~+3	−2~+3
损耗范围/dB					
155 Mbps	0~7	0~12	0~12	10~28	10~28
622 Mbps	0~7	0~12	0~12	10~24	10~24
2.5 Gbps	0~7	0~12	0~12	10~24	10~24
接收灵敏度/dBm					
155 Mbps	−23	−28	−28	−34	−34
622 Mbps	−23	−28	−28	−28	−28
2.5 Gbps	−18	−18	−18	−27	−27

使用高功率激光器可以实现较长途传输。为了兼顾对眼睛的安全标准,耦合入纤功率有一个上限。若最大输出功率[包括自发辐射(ASE)]限制在 3A 级,即 $P_{3A}=+17$ dBm,则采用 ITU-T G.655 光纤的单波长信道最大传输距离为 160 km。参考这个条件,对于有 M 个信道的 WDM 系统,最大标称单信道光功率应该减小为 $P_{chmax}=P_{3A}-10\log M$。表 13.5 列出了 $M=8$ 时每个信道的最大标称光功率值。

表 13.5 基于总功率容限为 +17 dBm 的每个波长通道的最大标称光功率值(见 ITU-T G.692 建议)

波长(信道)数	每个信道的标称光功率/dBm
1	17.0
2	14.0
3	12.2
4	11.0
5	10.0
6	9.2
7	8.5
8	8.0

13.3.3 SONET/SDH 环

SONET 和 SDH 的主要特点是既可以配置成环状，也可以配置成网状。当设备或链路发生故障时，就可采用环回分集实现不中断业务保护。SONET/SDH 环通常称为自愈环，因为某一通道中的业务流可以在链路段发生故障或劣化情况时，自动倒换到另一替代通道。

可以将 SONET/SDH 环分为 8 种可能的类型，而每一类均有两种可以互换的结构，它们具有三个主要特征。第一，环上连接节点的光纤可以是二纤也可以是四纤；第二，运营信号可以只沿顺时针方向(称为单向环)传输，也可以沿环上的两个方向(称为双向环)传输；第三，保护倒换可以采用线路切换也可采用通道切换的方案[13-15]。当链路发生故障或劣化时，线路切换将整个 OC-N 上的信号都搬移到保护光纤中；与此对应，通道切换只能将 OC-N 中一个净荷通道(如 OC-12 信道中的 STS-1 子信道)切换到另一个通道。

在 8 种可能的环形组合中，下面两种结构是 SONET 和 SDH 网中最普遍采用的，即

- 二纤单向通道切换环(二纤 UPSR)；
- 二纤或四纤双向线路切换环(二纤或四纤 BLSR)。

括号中给出了这些配置的常用缩写，分别对应单向或双向自愈环(USHR 或 BSHR)。

图 13.9 中所示为二纤单向通道切换环网。通常，单向环中工作业务流沿顺时针方向传输，称为主通道。例如，从节点 1 到节点 3 的连接使用了链路 1 和链路 2，而从节点 3 到节点 1 的业务流通过链路 3 和链路 4 传输。因此，两个节点间的通信利用了环的整个周长方向上特定的带宽容量。若节点 1 和节点 3 利用 OC-12 环上的一个 OC-3 交互信息，则它们使用了环中主通道上容量的 1/4。单向环中的逆时针通道仅作为可变路由以备链路或节点故障时保护通道之需，其中的保护通道(链路 5～8)用虚线标出。为实现保护，从发送节点出来的光信号同时输入主用和保护两根光纤，这也就建立了一个指定的保护通道，业务流在其中逆时针传输，通过链路 5 和链路 6 为节点 1、3 提供通道保护，如图 13.9(a)所示。

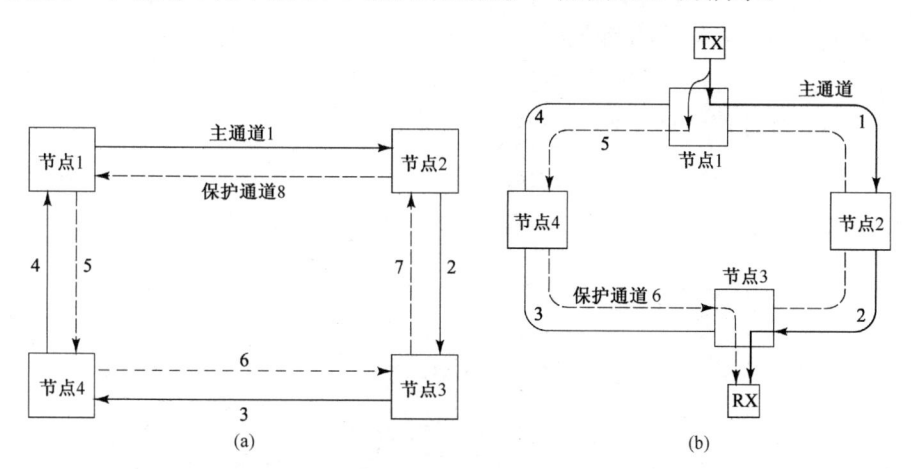

图 13.9 (a)具有逆时针方向保护通道的双纤单向通道切换环；(b)从节点 1 到节点 3 的主用和保护通道业务流

如图 13.9(b)所示，从某个节点发出的同样的信号从不同的方向、以不同的传输时延到达目的地。接收机通常选择来自主通道的信号，当然它也在不断比较两个方向信号的保真度，在出现主用信号丢失或是服务劣化时即选另一路信号。因此，每个通道都是基于接收信号

的质量独立切换的。例如，一旦通道 2 中断或是节点 2 出现设备故障，则节点 3 将切换到保护通道去接收来自节点 1 的信号。

图 13.10 给出了四纤双向线路切换环。这里，两个主用光纤环(标注为 1p 到 8p)用于正常状态下的双向通信，而另外两个辅助光纤环是用于保护目的的备用链路(标注为 1s 到 8s)。与二纤 UPSR 不同，四纤 BLSR 在容量上占有优势，因为它使用了两倍于前者的光纤，而且两个节点间的业务流仅仅在环的一部分中传输。让我们来看一下节点 1 和节点 3 之间的连接情况，从节点 1 到节点 3 的业务按顺时针方向沿链路 1p 和链路 2p 传输，而从节点 3 到节点 1 的返回路径上，业务流却是按逆时针方向沿链路 7p 和链路 8p 传输的。因此，节点 1、3 间的信息交换不会占用另一半环中的主用通道带宽。

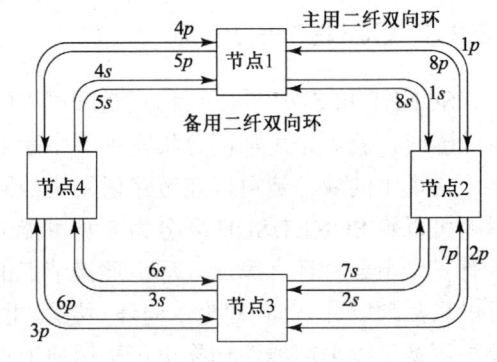

图 13.10 四纤双向线路切换环(BLSR)的结构

为了理解四纤 BLSR 中备用链路的功能及其通用性，首先考虑主用环上节点 3、4 中某个发送或接收板卡失效的情况。此时，受影响的节点检测到无光条件后将与之相连的两根主用光纤都切换到备用光纤，如图 13.11 所示。则节点 3、4 之间的保护段也成为了主用双向环的一部分。当节点 3、4 间的主用光纤断开时，也会发生上述相同的再配置过程。注意，在任何情况下，其他链路情况不变。

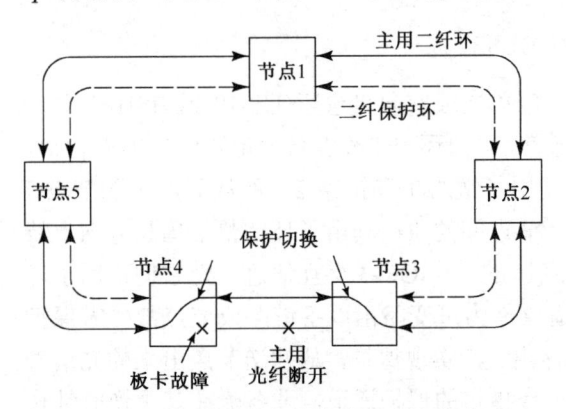

图 13.11 在收发设备或线路出现故障时，四纤 BLSR 的重新配置

现假设一个节点完全失效，或是某一跨中所有的主、备用光纤都失效，这极有可能发生在两节点间所有光纤位于相同光缆护套中的情况。此时，失效段两端的节点都将其收发从主用通道切换到备用通道，从而将业务反向传输到目的地。结果是又形成了一个封闭的环，但此时主、备用光纤都使用整个环，如图 13.12 所示。

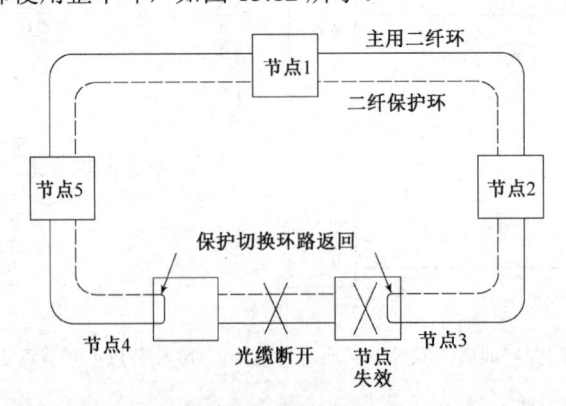

图 13.12 在节点失效或是光缆断开时，四纤 BLSR 的重新配置

13.3.4 SONET/SDH 网络体系

利用商用 SONET/SDH 设备可以构成不同的网络结构,如图 13.13 所示。例如,配置成点对点链路、线形链路、单向通道切换环(UPSR)、双向线路切换环(BLSR)和环际互连。可用 OC-192 的四纤 BLSR 构成国家骨干网,它与不同城市之间的连接则多一个 OC-48 实现。OC-48 环又可以连接一些本地较低速率的 OC-12 或 OC-3 环,也可以连接线形链路。如此,这些设备所提供的速率和地域范围就有可能极宽。每个环都有自己独立的故障恢复机制和 SONET/SDH 网管功能。

分插复用器(ADM)是一个重要的 SONET/SDH 网络设备。这种设备是一个完全同步的、面向字节的复用器,可将 OC-N 信号中的子信道分接和插入。图 13.14 从概念上阐述了 ADM 的功能,若干 OC-12 和 OC-3 复用进入 OC-48 数据流。在 ADM 设备中,一些子信道可以被单个地分接出来、也可以插入进去。例如,在图 13.14 中,作为 OC-48 信道的一部分,1 个 OC-12 和 2 个 OC-3 进入最左边的 ADM;在第一个 ADM 设备上,OC-12 直通过去,而 2 个 OC-3 被分接出来;然后,另外 2 个 OC-12 和 1 个 OC-3 连同直通的 OC-12 一起被复接成 1 个 OC-48(未满),再接入下游的另一个 ADM 设备。

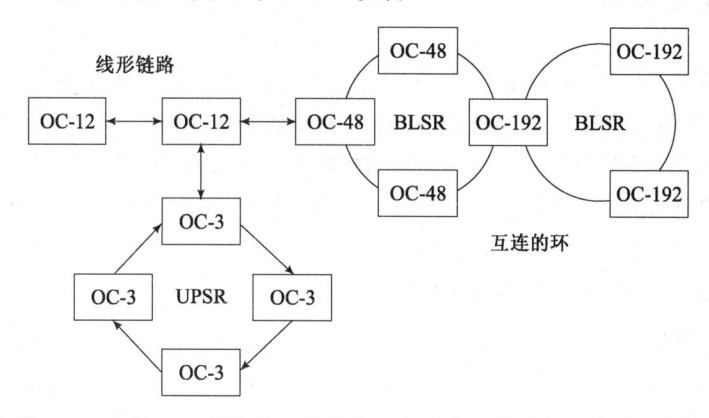

图 13.13 大型 SONET 或 SDH 网络的一般结构,它由线形链以及各种不同类型的环互连组成

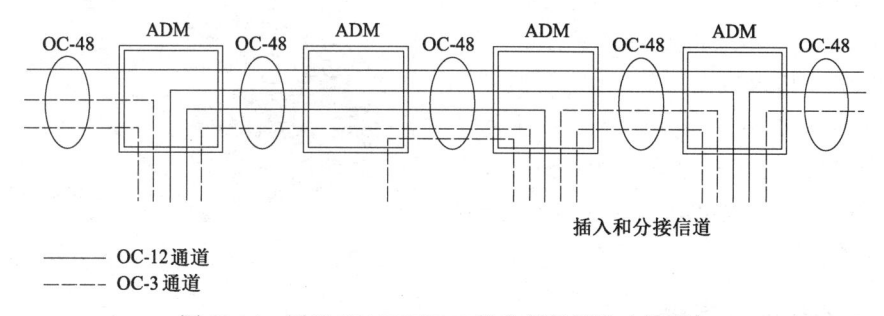

图 13.14 用于 SONET/SDH 的分插复用器功能概念

SONET/SDH 架构也可采用多波长复用来实现。如图 13.15 所示,一个密集 WDM 系统由 n 个(例如 $n=16$)不同波长的 OC-192 主干环构成。从每个 OC-192 发射机输出的不同波长光波首先通过可变衰减器(VA)进行功率均衡,然后送入波长复用器,通过可选用的光功率放大器进行放大后,送入到传输光纤中。在传输线路的中间点或是在接收端还可加接光放大器。

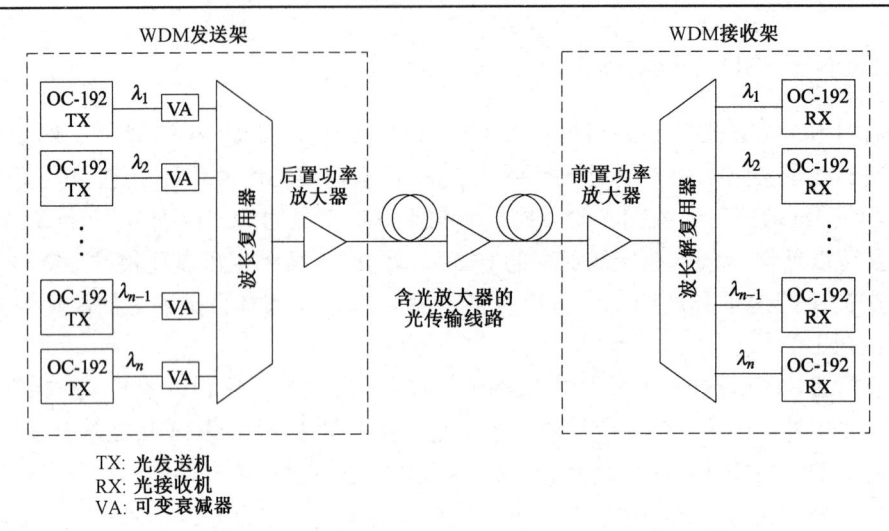

图 13.15 由 OC-192/STM-64 干线环中 n 个波长构成的 DWDM 应用

13.4 高速光收发机

构建可以满足对带宽需求日益增长的高效而稳定的光网络，其关键在于研发高速光收发机。现在已经有各种收发机，包括把光发射机和接收机放置在同一封装内的小结构组件。图 13.16 所示即为小型可插拔(SFP)光收发机的例子，可以有很广泛的应用。可热插拔(即不用关掉电源就可以直接从传输设备的线卡上插入和拔出)和在封装中包含高精度的波长控制器是这类设备的最大优势。根据特定的内部电子器件和用于光学连接器的类型，这些标准尺寸的 SFP 模块可以被设计用于系统范围从速率 2.5 Gbps、距离超过 10 km 的一对单模光纤到速率 100 Gbps、距离 2 km 的多光纤连接器。

传输速率及其相关的标准化组织活动正在快速变化以适应越来越高的带宽流量。例如，IEEE 802.3 协议以太网工作组于 2018 年批准了 200～400 Gbps 以太网规范，并且大型数据中心于 2020 年开始部署 400 Gbps 的链路。进一步的以太网规范最高可达 800 Gbps 和 1.6 Tbps 的链路。

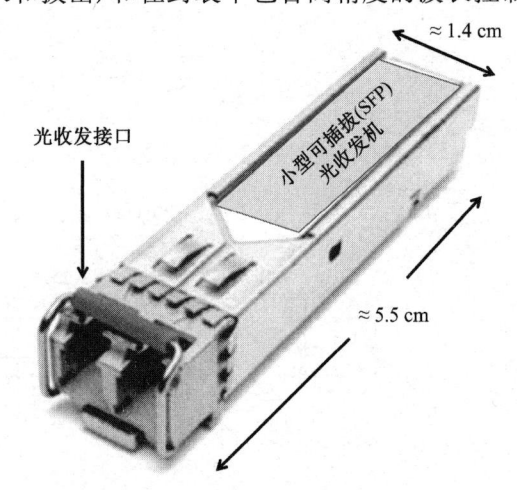

图 13.16 一个标准的 SFP 光收发机封装

13.4.1 10 Gbps 光链路

制造商不断改进产品，现在已经有可用于 10 Gbps 系统的各种带宽段的多模光纤。为了区分这些光纤，ISO/IEC 11801 结构化布缆标准根据带宽把多模光纤分为四种类型。如表 13.6 所示，多模光纤的五个类型分别从 OM1 到 OM5。需要注意的是，带宽值与所用的测量标准有关，不同制造商设计的光纤最大传输距离也有很大差异。分析这个表，可知：

- OM1 级光纤是传统的多模光纤，为 LED 设计使用。这种类型光纤的纤芯直径多数为 62.5 μm，只有早期安装的少数为 50 μm。这类光纤的带宽距离积在 850 nm 处为 200 MHz·km，在 1310 nm 处为 500 MHz·km。LED 的数据速率限制在 100 Mbps 左右。
- OM2 级光纤的带宽有所增加，可用于扩展纤芯半径为 50 μm 的传统光纤网络。如果网络中使用的都是这种光纤，那么在 850 nm 波长处，1 Gbps 的信号可传 750 m，而 10 Gbps 的信号可达 82 m。
- OM3 级光纤有更大的带宽，可以支持 10 Gbps 的数据传输 300 m。
- OM4 级光纤的带宽距离积达 4700 MHz·km，假如使用 850 nm VCSEL 这种便宜的光源，对于现有的 1 Gbps 和 10 Gbps 实际应用，传输距离可增加至 550 m，也可支持未来的 40 Gbps 和 100 Gbps 的以太网系统。
- OM5 等级光纤具有类似于 OM4 的插入损耗和传输距离性能。但是，OM5 光纤设计用于 850 nm、880 nm、910 nm 和 940 nm 的波长，因此它可以同时支持 4 个 WDM 波长。为 953 nm 应用指定了 2.3 dB/km 的衰减值，但只需要在 850 nm 和 1300 nm 波长下完成链路的安装测试。

表 13.6　多模光纤的分类以及它们在 1 Gbps 和 10 Gbps 以太网中的应用

类型和尺寸	850 nm 处的带宽距离积(MHz·km)	1300 nm 处的带宽距离积 (MHz·km)	最大传输距离 1 Gbps@850 nm	最大传输距离 1 Gbps@1300 nm	最大传输距离 10 Gbps@850 nm
OM1 62.5/125	200	500	300 m	550 m	33 m
OM2 50/125	500	800	750 m	200 m	82 m
OM3 50/125	2000	500	950 m	600 m	300 m
OM4 50/125	4700	500	1040 m	600 m	550 m

对于一个 10 Gbps 的小型网络，按照安装标准，网络的所有部分都应该用同一类型的多模光纤。但是有些时候用更高级别的光纤去替换已有的传统单模光纤成本太高或无法实现，这个时候链路中就可能同时存在两种以上的光纤，如 OM2 型和 OM3 型拼接在一起。如果链路要传输 10 Gbps 的数据，那么光纤带宽就决定了有效最大链路长度。如果拼接在一起的 OM2 型和 OM3 型光纤两者所有的集合参数都一样，则计算有效最大长度 L_{max} 的表达式为

$$L_{\max} = L_{OM2}\frac{BW_{OM3}}{BW_{OM2}} + L_{OM3} \tag{13.5}$$

其中 L_{OMx} 和 BW_{OMx} 分别为 OMx 型光纤的长度和带宽。如果色散为允许的最大值，那么用式 (13.5) 计算得到的有效最大链路长度会小于只使用 OM3 型光纤所得到的长度。使用标准 OM3 型光纤时，有效最大链路长度为 300 m。对于 OM4 型光纤，在 850 nm 处工作在 10 Gbps 时，最大长度为 550 m。

例 13.2　一位工程师要构建一条链路，链路由 40 m 带宽为 500 MHz 的 OM2 型光纤和 100 m 带宽为 2000 MHz 的 OM3 型光纤组成。其有效最大链路长度为多少？

解：由式 (13.5) 可得最大链路长度为

$$L_{\max} = (40\text{ m}) \times (2000/500) + 100\text{ m} = 260\text{ m}$$

计算值小于 300 m，所以这条链路符合安装标准。

训练题 13.4 工程师在设计一个由 50 m 的 OM2 光纤(带宽为 500 MHz)和 90 m 的 OM3 光纤(带宽为 1500 MHz)组成的链路时,链路最大有效长度为 240 m。

如果在传统 OM1 型多模光纤中传输 10 Gbps 的数据,那么信号传输距离将只有 33 m。要想实现用 OM1 型多模光纤把 10 Gbps 的数据传输 300 m,那么只能用 4 个不同的波长发送 4 个 3.125 Gbps 的数据流。许多制造商都生产那种可以直接调制到 10 Gbps 的、波长为 850 nm 的 VCSEL 光源。发射机和接收机都可以封装在同一个封装盒中。

对于覆盖范围为 7~20 km 的接入网,10 GbE 规范称其为长途可达网(LR),网络中的链路需要使用单模光纤,且光源应该是波长为 1310 nm 的分布反馈式激光器。这些链路工作在 G.652 单模光纤 1310 nm 处的最小色散区,且光源可以进行直接调制。

对于覆盖范围为 40~80 km 的城域网,10 GbE 规范称其为延伸可达网 (ER),网络中的链路需要使用单模光纤,且光源应该是波长为 1550 nm 的分布反馈式激光器,而且采用外调制。很多商家生产各种类型的光收发机,可用于 LR 和 ER 中,包括 300-pin(300 针),XFP(类似 SFP),SFP(小型可插拔)等三种模块结构。图 13.17 给出了 300-pin 型设备,尺寸大约为 114mm×90mm×120 mm(长×宽×高),内部除了用来驱动光源和进行光检测的电路外还包含其他电子器件。这些电子器件的功能包括:用于发射和接收的定时功能、线性环回检测能力、把 16 路 622 Mbps 的 SONET/SDH 电信号复用成一路 10 Gbps 信号并用于调制激光器。在接收方向,光检测器将入射的 10 Gbps 光信号转换为电信号,然后电信号被解复用,恢复为 16 路 622 Mbps 的电信号。更小的收发机模块需要外部电子器件来实现这些功能。

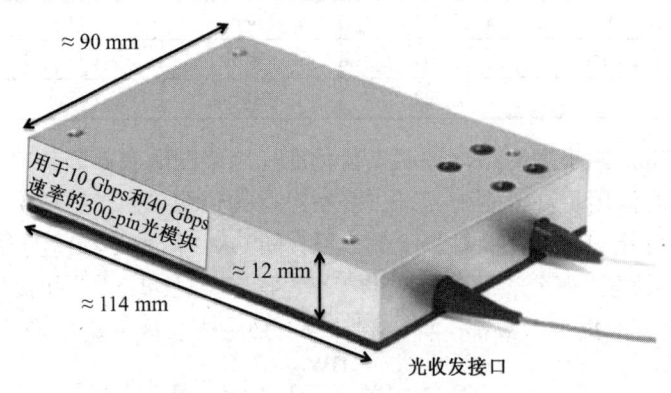

图 13.17 用于 10 Gbps 和 40 Gbps 速率的工业标准 300-pin 光收发模块的示例

13.4.2 40 Gbps 光链路

当链路中的数据速率更高,如达到 40 Gbps 时,根据收发机的响应特性,色度色散控制和偏振模色散补偿成为新的挑战[16-18]。举个例子,与 10 Gbps 系统比较,当使用通常的开关键控(OOK)调制格式时,一个 40 Gbps 链路对色度色散的敏感度是它的 16 倍,偏振模色散是它的 4 倍,为了达到同等误码率(BER),光信噪比(OSNR)至少要提高 6 dB。

因此,除了 OOK 调制外还需要考虑其他可行的调制方案。其中一个方法是差分二进制相移键控,简称 DBPSK 或简化 DPSK(见 8.5 节)。DPSK 的一个优势在于使用平衡接收机达到某一特定 BER 所需要的 OSNR 比 OOK 要低 3 dB(平衡接收机采用一对匹配的光电二极管来获得更高的灵敏度)。3 dB 因子意味着对同样的 BER 只需原来光功率的一半,DPSK 需要的 OSNR 更低，表示可以降低接收端的光功率电平、降低链路元件的损耗标准，或延长传输距离。例如，如果链路中没有其他信号损失，如额外的非线性效应，则传输距离可以加倍。另外，DPSK 有相当好的抗非线性效应能力。使用 OOK 调制时，对高于 10 Gbps 的信号，非线性效应是一个大问题。这种抗非线性能力来源于 DPSK 调制中光功率的更加均匀的分布（即每个比特时隙中都有光功率，如下一段所述），且峰值光功率比同样均值功率的 OOK 低 3 dB。这些因素都减少了非线性效应，因为非线性效应与比特格式和光功率相关。

相比之下，OOK 调制中信息通过幅度变化来表示，而 DPSK 用相位变化来表示信息。每个 DPSK 时隙中都有光功率，因而可以占据 NRZ-DPSK 的所有时隙，可以部分占据 RZ-DPSK 的时隙。二进制数据编码表示为与相邻时隙之间的 0 或 π 相移。例如，比特 1 信息可能由一个与前一时隙的载波有180°相移的脉冲发送，比特 0 信息则由一个与前一时隙的载波没有相移的脉冲来发送。

13.4.3　100 Gbps 链路

许多差分相干、自相干和直接检测光传输技术已经被提出用于 100 Gbps 链路。典型的方法是采用偏振复用(PDM)与差分四相移键控(DQPSK)或正交频分复用(OFDM)[19]相结合。数据通信和电信公司选择了偏振复用正交相移键控(PM-QPSK)作为 50 GHz 波长间隔安装 100 Gbps 应用的理想格式。这一共识是因为 PM-QPSK 格式信号可以通过多个光分插复用器（见 13.5 节），而且具有对偏振模色散效应的容忍。

这种应用的收发器是 C 封装形式可插拔(CFP)模块，如图 13.18 所示。器件尺寸为 145 mm×77 mm×13.6 mm($L×W×H$)，采用 3.3 V 单电源供电。这一收发器是相互竞争的设备制造商多方共识(MSA)的结果。采用字母"C"是源于拉丁符号 C 表示数字 100，而该模块封装形式的标准开发主要就是源于 100 Gbps 系统。CFP 是一个可热插拔的模块，它支持各种 40 Gbps 和 100 Gbps 的应用，如 40 Gbps 和 100 Gbps 以太网、OC-768/STM-256、OTU3 和 OTU4。这里 OTU3（光传送单元 3）和 OTU4（光传送单元 4）分别表示线路速率为 43 Gbps 和 112 Gbps，被标准化定义为 ITU-T 建议 G.709，通常称为光传送网(OTN)或数字封包技术。有各种不同 CFP 模块针对不同传输距离的单模、多模光纤应用。CFP 模块包含诸多功能，如先进热管理、电磁兼容(EMI)管理，用于以太网数据管理的数据输入/输出管理(MDIO)接口。

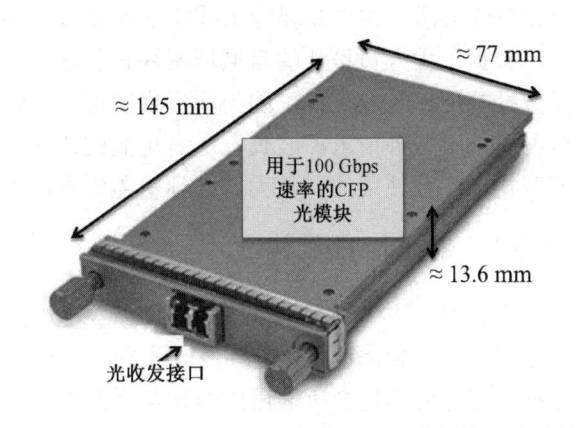

图 13.18　用于 100 Gbps 速率的 CFP 光收发模块的示例

13.4.4　400 Gbps 以上速率链路

成功实现了单信道 10 Gbps、40 Gbps 和 100 Gbps 链路后，下一步发展目标就是创造 400 Gbps 和 800 Gbps 的超快吉比特和太比特链路[20-22]。400 Gbps 系统的实现使谱效率达到 8 bps/Hz，且与 100 Gbps 系统相比提供了四倍的传输容量。类似于 100 Gbps 链路，发展 400 Gbps 链路同样基于标准 50 GHz 的 DWDM 栅格，从而与现有可重构光分插复用器

(ROADM)网络相兼容(见13.5节)。提出的调制方式包括高阶正交幅度调制(QAM)和光正交频分复用(OFDM)。

13.5 光分插复用器方案

光分插复用器(OADM)允许从某个网络节点处的光纤上直接插入或抽取一个或多个波长。例如，一个OADM可以从一根光纤中传播的N个波长中分出并插入3个波长，剩余的$(N–3)$个波长的传输不受影响(即所谓快速直通)，经过OADM达到下一个节点。如果没有OADM，那么当本地节点只需要N个波长中的3个时$(N\gg3)$，光接收机就仍要对剩余的$(N–3)$个波长进行处理，这将造成节点设备资源的极大浪费。所以OADM的优势在于可以对直接通过OADM的波长不进行处理。

OADM可以位于长途网的光放大器处，或位于城域网的某个节点处。根据设计，OADM既可以按固定的插/分方式工作，也可由远程网络管理控制实现动态重构。固定的光分插复用器简称为OADM，动态的称为可重构OADM(ROADM)[23-25]。显然，固定的OADM没有ROADM灵活，如果需要分出或添加的波长系列不同，则可能需要改变硬件设备。

根据工程人员设计的是城域网还是长途网，需要不同的性能指标，以实现不同网络中的光分插复用。一般来说，因为所提供的服务的特点，长途网的分插复用频率比城域网低。城域网要求对服务请求和波长发送有更高的周转率。另外，与城域网相比，长途网的波长间隔要窄得多，且使用的光放大器必须覆盖较宽的谱带。13.7节将介绍一些相关例子。

13.5.1 OADM的结构

OADM可以有多种不同的结构，大多数都由第10章所介绍的WDM器件组成。这些器件包括介质薄膜滤波器、阵列波导光栅(AWG)、液晶器件，或与光环形器连接的光纤布拉格光栅。特定应用场合所选用的结构与系统实现因素有关，如节点处需要分插复用的波长数、所需要的OADM模块化形态(如设备升级的难易程度)、需处理随机的单个波长还是处理相邻的波长组等。这里我们假设一根光纤中有N个波长进入OADM，其中M个波长需要在节点处进行处理。处理之后再把这M个波长接入光纤中，与直通的$N–M$个波长混合到一起。

在如图13.19所示的结构图中，所有N个输入波长都通过一个OADM的波长解复用器分解成N个独立的信道。这就提供了一个多功能结构，因为可以在节点处对N个波长中的任何一个进行抽取和处理，然后再通过波长复用器重新插入光纤输出口。由图可见，M个波长被抽出，剩下的$N–M$个波长则分别通过OADM。M个被抽出的波长标记为$\lambda_i \sim \lambda_k$，表示可以抽取N个输入光信道中的任意M个波长。如果N个波长的大部分都要进行分插复用，那么这种结构就非常有用。但是如果只需要分插复用输入波长的少部分，则这种结构就显得不划算了。

图13.20给出了一种模块化的OADM结构。由图可见，N个输入光信道被分为几个波段。这种功能可以通过使用一组薄膜滤波器或一个AWG来实现。需要抽取的波段可以先发送到解复用器，然后再对各个波长进行处理。举个例子，如果$N=12$，需要抽取的波长为3个，那么输入波长就可以分为4个波段，每个波段有3个波长。再次接入的光波信道需要经过两次复用才能重新与直通波段结合。这种方案的优势在于以后可以对它进行升级，可以在节点

处抽取另一个波段，网络工程师可以加上第二阶段的解复用器，用以处理下一个需要处理的波段。

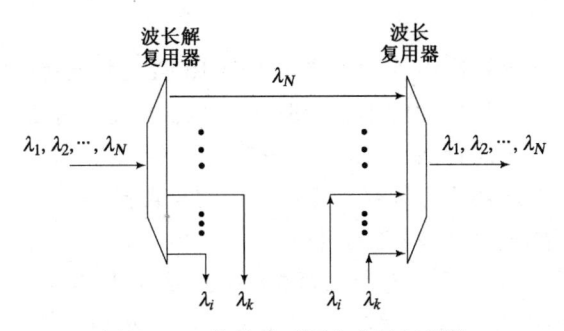

图 13.19　简单的无源光分插复用器

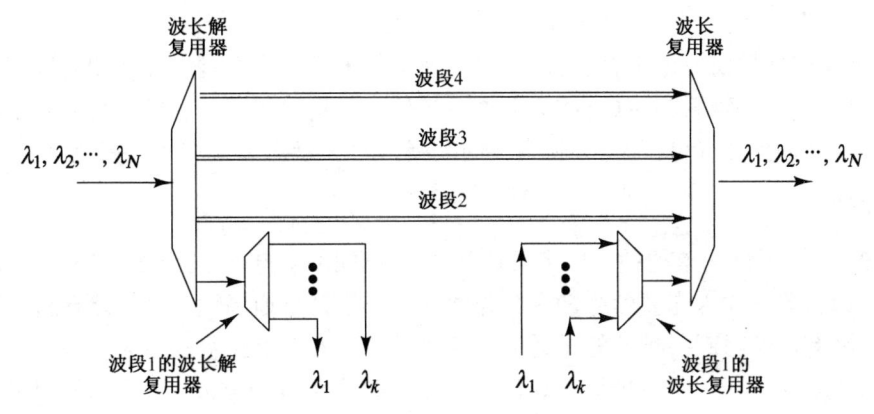

图 13.20　模块化的可扩展无源 OADM 结构

13.5.2　可重构 OADM

人工完成对固定 OADM 的重新配置可能需要几天的时间来计划和安装更换的硬件。相反，使用 ROADM 可以让服务提供商在远端网络控制台在几分钟内实现对 OADM 的重新配置。根据用户需要办理新业务或者拓展原有业务，在某一节点处快速进行波长分插选择的动态反应能力，就是通常所说的"服务提供飞跃"。这种特性对城域网尤其重要，因为城域网中服务请求的变化明显比长途网更加多变，且用户期望他们的请求能得到快速反应。这种服务请求有各种来源，如时变商务应用、按需娱乐、紧急或灾难突发通信等。

ROADM 可能有各种结构，本节介绍其中的三种，分别为波长阻断结构、小型开关阵列结构和波长选择开关结构。13.6 节将介绍光交叉连接的概念，它使用的是更复杂的多波长选择交换结构。每一种 ROADM 都有许多可选的结构，且工作特性各不相同。设计某种 ROADM 时要考虑的因素有：成本、可靠性、技术成熟度、预期的网络操作灵活性、设备升级能力等。在深入研究结构细节之前，先让我们了解一些相关的特点和技术。它们包括：

- **波长相关性**　如果一个结构与波长有关，就称其为"有色的"或具有"有色端口"。当 ROADM 的工作特性与波长无关时，就称它是"无色的"或具有"无色端口"。

- **ROADM 级别**　表示设备支持的双向多波长接口数目。一个 2 级 ROADM 有两个双向 WDM 接口，一个 4 级 ROADM 有四个双向 WDM 接口，如东、南、西、北四个方向。
- **远端可重构性**　从远端网络管理工作站改变 ROADM 配置的能力，是一个非常重要的参数，因为具备此种能力就不必派遣专门的维护人员到 ROADM 所在地完成设备的升级，从而降低了运行成本。
- **直通信道**　拥有直通信道可以使一组选定的波长直接通过节点，不用再进行光电光转换，从而节省了配置这些波长的光收发机的费用。
- **模块扩展**　为了避免一开始就投入太高的生产成本来实现发射机和接收机与每个分插复用端口的连接，服务提供商在最初通常只启动满足当前通信所需的最小数目的端口，以后随着服务需求的增加才会增加更多的信道。这就是人们熟知的"当你发展时再付出"方式。
- **最小光信号损伤**　由于存在直通波长，所以工程师要仔细地进行设计，以避免特定波长组通过几个级联的 ROADM 后产生光信号损伤的累积。这些损伤来源于以下几个方面：信道间的串扰、与波长有关的衰减、ASE 噪声和偏振相关损耗等。

波长阻断结构

图 13.21 给出了最简单的使用广播及选路法 ROADM 结构。在这个 2 级 ROADM 结构中，一个无源光耦合器把输入光波信号功率分为两路。一路是直通通道，另一路转移到下载点。直通通道中具有波长阻断装置，经过适当配置可以阻止本节点接收的波长通过。下载通道包括一个 1×N 的光分路器，负责把这些光信号分配到 N 个可调谐滤波器中，以便滤出需要的波长。再接入部分包含 N 个可调谐激光光源，通过一个 N×1 的光耦合器和另一个无源光耦合器把插入的波长与主光纤链路上的直通波长结合到一起。这种 ROADM 结构之所以有吸引力，在于它只需要两个无源耦合器和一个波长阻断模块。可以选择各种不同型号的光分路器和合路器来分插复用其他需要的波长，只需要通过对波长阻断模块进行恰当的设置即可阻断这些波长在直通通道上传播。这种 ROADM 的缺点是光分路器和合路器的损耗随着分插复用的波长数的增加而增加。

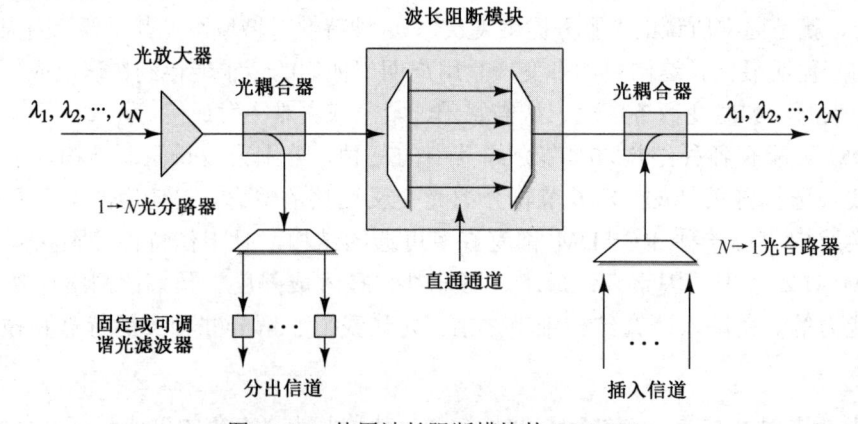

图 13.21　使用波长阻断模块的 ROADM

开关阵列结构

图 13.22 画出了有色交换式 ROADM 的结构,也称为解复用交换复用法。图中 N 个入射波长首先通过解复用器,而分立的 2×2 或 1×2 开关可以允许每个波长通过节点或被抽取出来。如图 13.23 所示,这些波长既可以通过与输入波长同一个 2×2 开关再接入输出光纤,也可以采用与抽取装置类似的 2×1 开关接入输出光纤。来自 2×2 或 2×1 开关的这 N 个波长通过波长复用器将其合路后馈入到输出光纤。

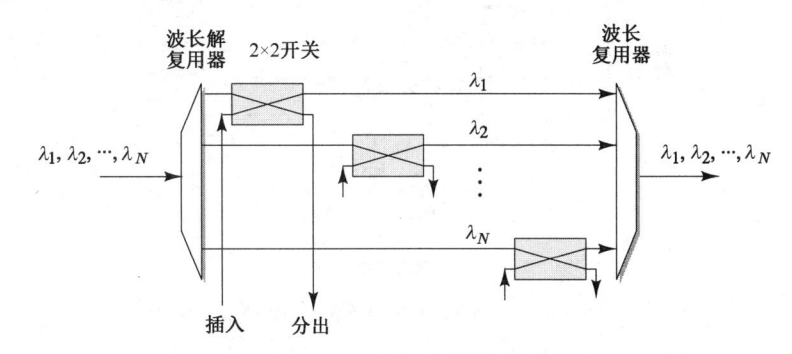

图 13.22 基于有色(与波长有关的)交换的 ROADM 结构

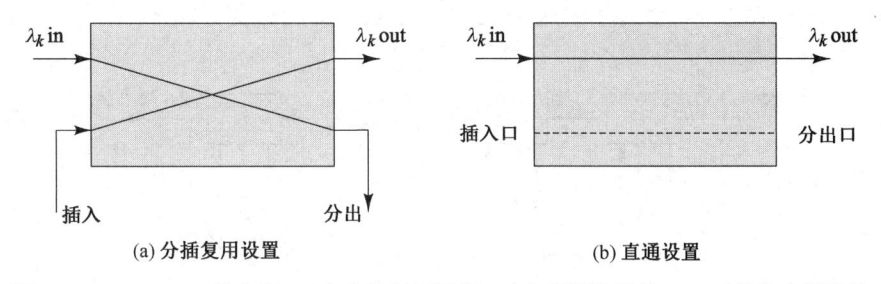

图 13.23 ROADM 的实现。(a)分插复用设置;(b)直通设置的 2×2 开关的内部连接

作为有色结构的一种功能稍弱的变形,ROADM 可设计成 K 个波长,例如从 λ_1 到 λ_K 无须开关即直接通过。一个可选择的替代方案是用一个有 N 个输入端口和 M 个分插复用端口的 $N×M$ 交换阵列替换 2×2 开关系列。这个过程可以用一个 $N×M$ 的阵列 MEMS(微机电系统)镜来实现。图 13.24 给出了一个 4×4 的结构。为了实现某个波长的分插复用,在信道的交换路径中安装了一个成一定倾角的微型镜子,用于把输入光转移到分出端口,并通过插入端口插入同一波长,在图 13.24 中完成这一动作的是端口 3。

对于上述两种情形(具有完全或部分分插复用能力),交换式 ROADM 都有局限性,即实现成本高而且复杂。如果设计的 ROADM 对所有波长都有完全的分插复用能力,那么所有直通波长都不需要使用光收发机。如果设计的 ROADM 只对部分波长有分插复用能力,就只需要一部分光收发机,这时需要仔细部署,决定哪个波长是直通波长($K = N–M$),这就使 ROADM 的实现受到限制。

图 13.25 给出了交换式 ROADM 的一个变形结构,是无色的,更具设计和实现灵活性。与图 13.22 所示的并行结构相反,这是一个串行结构。这个结构有 $M(M \leq N)$ 个波长可调谐器件,允许通过任一器件实现任意一个波长分出或插入。其中 M 是本节点可以实现分插的最大波长数。值得注意的是,在这种可调谐 ROADM 结构中,没有对哪些波长是直通波长,哪些

波长是分插复用信道做出限制,这是因为可调谐器件是无色的,即它们可以设置为任意波长。这种结构通常只限于分出信道数目比较小的情况,否则串行交换单元的累加光损耗将非常大。

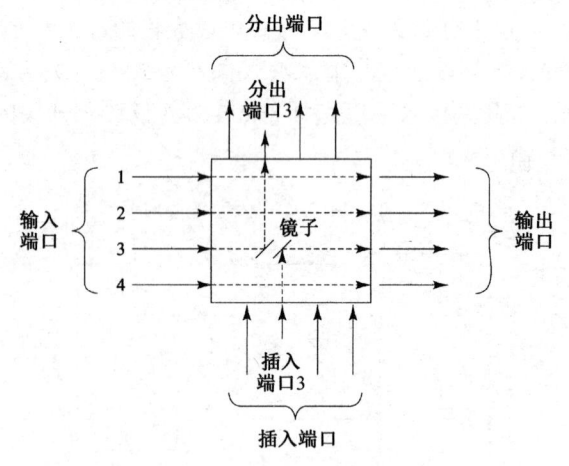

图 13.24　基于 4×4 MEMS 镜阵列的 ROADM 例子

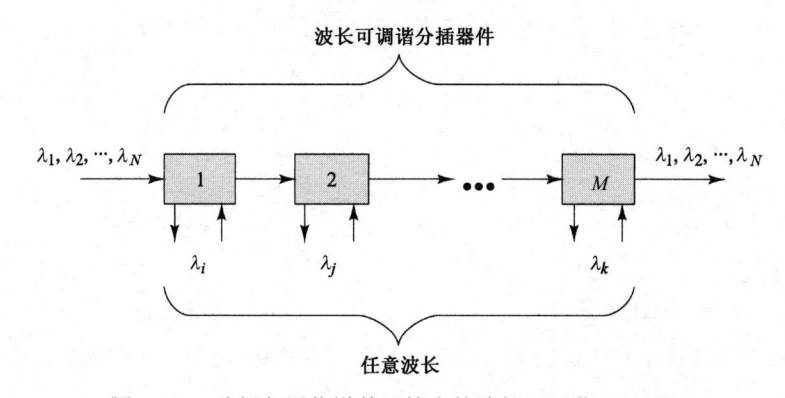

图 13.25　分插复用信道数目较少的波长可调谐 ROADM

波长选择开关结构

随着分插复用技术的演进,人们提出了一种适用于更加复杂的网格型网络中的技术,即波长选择开关(WSS)技术[26-27]。WSS 的主要特点是它可以引导每一个波长从一个公共端口进入,然后从众多输出端口中的任意一个输出,如图 13.26 所示。这种 ROADM 的基本组成部分包括一个用于分出波长的 WSS 模块和另一个用于插入波长的 WSS 模块。每个模块包含一组波长选择开关。这种开关的标注形式是 1×M,其中 M 表示某个波长可被导引到的输出端口数。如果有 N 个输入波长,且可以从 M 个输出端口中的任意一个输出,那么一个 WSS 模块就应该包含 N 个 1×M 的波长选择开关。一般的 WSS 结构可以把任一波长发送到 4~10 个端口。

图 13.27 所示是一个有 16 个输入波长(λ_1~λ_{16})的交换设计,其中输入波长可以被导引至 16 个有 4 根输出线的选择开关中的任意一个。这些开关的 4 根输出线中有 1 个是直通端口,用于直通波长数输出,其余 3 个是分出端口,用作分出端口。图 13.27 中一个波长解复用器把所有的输入波长解复用为单独的信道,然后都与一个可变光衰减器(VOA)相连。VOA 的作用是确保所有从 ROADM 输出波长的光功率相同。VOA 后面的 1×4 WSS 可以把波长从

直通端口或者 3 个分出端口中的任意一个发送出去。任意组合的波长都可以实时地交换到一个给定的分出端口是这种结构的特点，也就是具有任意输入波长任意输出端口交换能力。因为每个 ROADM 端口都具有多波长处理能力，这就使得 WSS 型 ROADM 的级别高于 2。

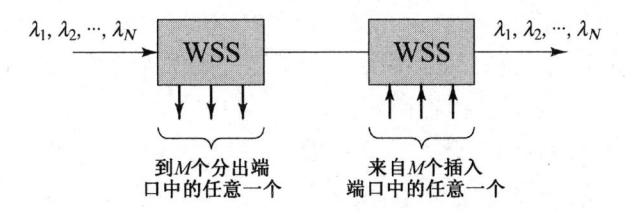

图 13.26　基于一对波长选择开关的灵活 ROADM 结构

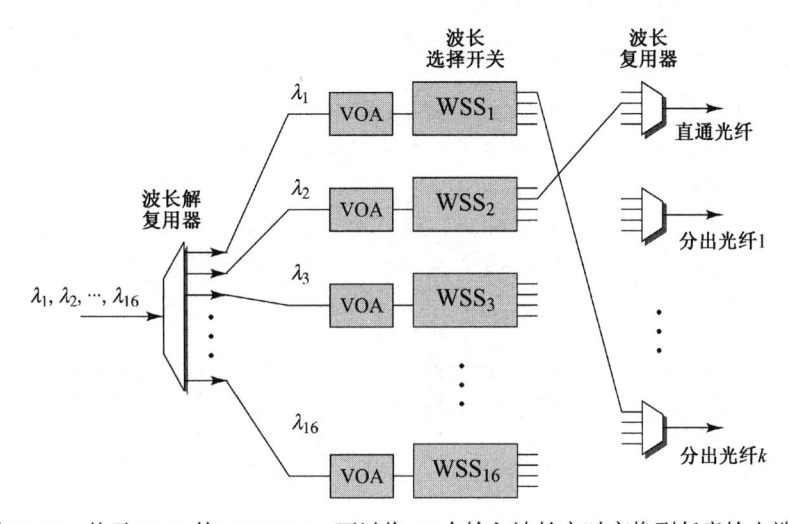

图 13.27　基于 WSS 的 ROADM，可以将 16 个输入波长实时交换到任意输出端口

13.6　光交换

高清晰度电视(HDTV)广播和视频点播等增强型多媒体服务需要巨大的带宽，导致基本互联环向超高容量环转变，这种超大容量环与网格型网络相连，在一个大城市区域可以支持多达 50 个节点的用户群。这就需要有比 ROADM 更复杂的交换能力的设备，这种器件就是光交叉连接器(OXC)，对不在本节点处终止传输的直通数据流提供直通路径，给在本节点分插复用的信号提供接口。直通数据流可以从任意输入光纤交换至任意输出光纤。为了更好地理解基本光交换技术，13.6.1 节将介绍 OXC 的常规配置，13.6.2 节将分析波长转换器技术对性能的影响，13.6.3 节将介绍波长路由或光线路交换的实现。

随着网络通信容量的增加，尤其是来自高带宽多媒体服务的需求，每根光纤中的波长数也将增加。这就意味着需要改变早期那种先把光信号转换为电信号，然后在电域交换，最后再把电信号转换为光信号的交换技术。原先之所以这样做，主要原因是光电光(O/E/O)转换电子设备的性能与数据速率和协议密切相关。为了跨越这一限制，提出了全光交换的思想。全光交换有两种方法，分别是光突发交换(OBS)和光分组交换(OPS)，13.6.4 节和 13.6.5 节将分别讨论这两个概念。最后，13.6.6 节将讨论弹性网络方案。

13.6.1 光交叉连接

在光网络的物理通道结构中引入光交叉连接概念，可以在客户端实现路径结构的高度模块化、容量规模和上下信道的灵活性。光交叉连接(OXC)设备位于环形网和网格型网的连接点，可以与数以百计的光纤互联，而且每根光纤都可能有数十个波长信道。在这个连接点上，OXC可以实现动态路由、建立和撤销高容量光路[28-29]。

为了使OXC的运行过程可视化，首先考虑如图13.28所示的OXC结构，使用交换矩阵实现对来自M根输入光纤的所有输入波长的导引。交换矩阵既可以由电控制也可以由光控制，也就是说，既可以在电域，也可以在光域实现输入光信号的交换控制。M根输入光纤，每一根携带N个波长，每个波长都可以在节点处分插复用。为了简化说明，这里我们令$M=2$，$N=4$。在输入端，所有到达的8个信号光波都经光放大，然后被光分路器分为8个光信息流。可调谐滤波器选择出某个波长，并将其送入光交换矩阵。对于直通信道，交换矩阵将其输送到8根输出线中的某一根上，需要在本节点分出的信道，则将其交换到9~12中的某一指定输出端口上。本地用户的上传信号通过电域数字交叉连接矩阵(DXC)与光发射机相接，然后进入光交换矩阵，并到达相应的输出端口。M根输出线载着各自的光波长进入波长复用器，形成合路光信号流输出。通常在输出前加光功率放大器，以提高发往干线的光信号功率。

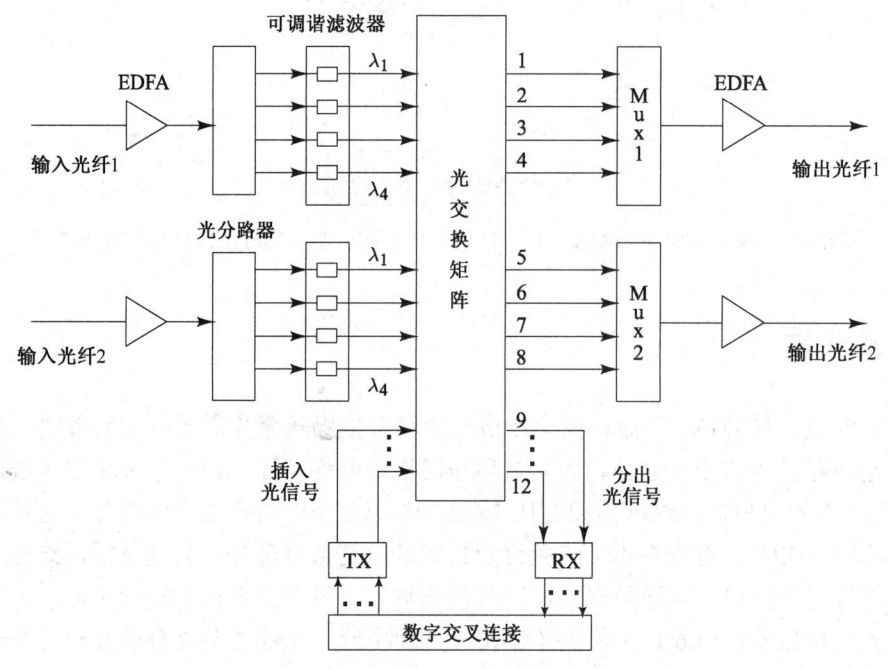

图 13.28 使用光空分交换、无波长变换器的光交叉连接结构

13.6.2 波长变换

在如图13.28所示的结构中，当不同的输入光纤上相同波长的信道需要同时交换到同一根光纤上时，就会产生冲突。要解决冲突，可以对每个贯穿全网的光通道分配一个固定波长，或者将发生冲突的信道中的一个分接下来，再用另一个波长发送出去。但是，前者将使可用

波长数减少,并导致网络规模减小;后者将使 OXC 失去插入及分出的灵活性。如果在 OXC 的各个输出端口加波长变换器,则可消除这种阻塞现象[30-32](见例 13.3)。

例 13.3 考虑一个如图 13.29 所示的 4×4 OXC,其中,2 个输入光纤每根载 2 个波长,每个波长都可交换到 4 个出口之一上,OXC 由 3 个 2×2 交换单元构成。这里,输入光纤 1 上的 λ_1 穿过输出光纤 1,输入光纤 2 上的 λ_2 穿过输出光纤 2。对于另外两个波长,假设输入光纤 1 上的 λ_2 需要被切换到输出光纤 2,输入光纤 2 上的 λ_1 需要被切换到输出光纤 1。首先要将前两个交换单元设为直通状态,而将第三个单元设为交叉状态,如图 13.29 所示。很明显,没有波长变换器时,两个输出端口都会有冲突。通过使用波长变换器,交叉连接的波长在同一光纤中就不会发生冲突了。

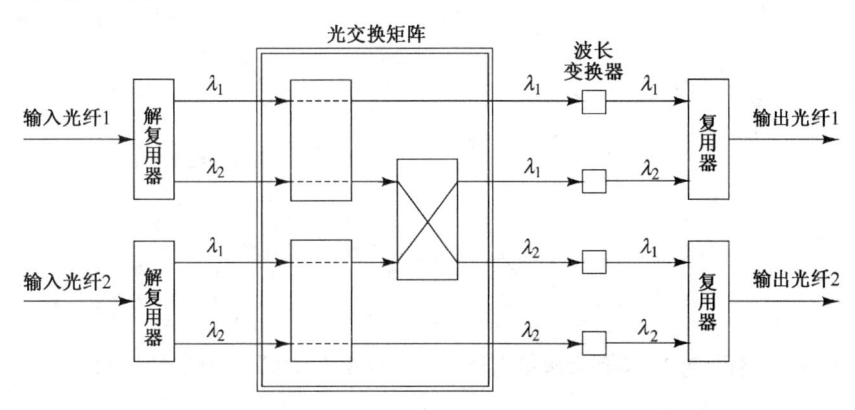

图 13.29 使用光空分交换和波长变换的 4×4 光交叉连接结构

为了说明波长变换的效能,采用线路交换网中常用的基于标准串行独立链路假设的简单模型[30]。这个简化的例子中,在请求建立两个站间的光通道连接时,光纤中波长的使用情况是统计独立于其他链路和波长的。这里,光路被定义为临时的点到点光连接。虽然这个模型有过高估计波长被阻塞的概率之嫌,但采用它可以看到网络性能随波长变换器的使用而提高。

首先考虑图 13.30 中显示的网络配置。假设在网络中有 $H+1$ 个 OXC 节点,以便节点 1 和节点 $H+1$ 之间有 H 条链路(或跳转)。假设每根光纤链路的可用波长数为 F,并令在任何光纤链路上使用波长的概率为 ρ。然后,因为 ρF 是任何链路上繁忙波长的预期数量,ρ 是沿该路径的波长利用率,$1-\rho$ 是特定波长未在给定跳位上被占用的概率。因此 $(1-\rho)^H$ 是某波长间隔从信源到预期目的地 $H+1$ 节点的所有 H 次跳转中未被完全阻断的概率。

如果没有波长转换,只有沿整个光路径中存在某个自由波长时,即存在某个波长在 H 段光纤链路的每一段都未被使用,才能保证节点 1 和节点 $H+1$ 之间的连接请求不被阻断。因此,从节点 1 和节点 $H+1$ 的连接请求被阻断的概率 P_b 是每个波长至少用于一个 H 链接的概率,因此,

$$P_b = \left[1 - (1-\rho)^H\right]^F \tag{13.6}$$

现在考虑波长转换的网络。在这种情况下,如果 H 段光纤其中一个已满,节点 1 和节点 $H+1$ 之间的连接请求将被阻止,即光纤已经支持不同波长 F 的独立会话。因此,从节点 1 到节点 $H+1$ 的连接请求被阻止的概率为 $P_{b,\text{conv}}$,即此路径中存在光纤链路并使用所有 F 波长的概率,因此,

$$P_{b,\text{conv}} = 1 - \left(1 - \rho^F\right)^H \tag{13.7}$$

例如，图 13.31 显示了 ρ 作为波长利用率的函数，在有/无波长转换时，用于 $H = 10$ 跳（$H+1$ 节点）的光路径阻塞的概率。在此示例中，波长数为 $F = 20$。很明显，波长转换显著降低了阻塞概率。尽管波长变换可能显著提高网络性能，但如果应用于所有 WDM 通道和所有节点，则在大网络中使用的成本可能很高。

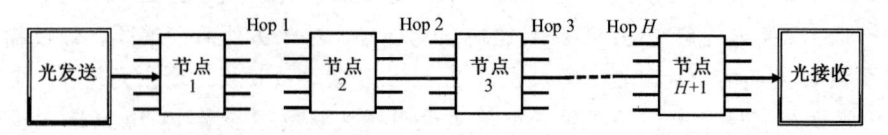

图 13.30　光路径经过 H 次跳转穿过 $H+1$ 个交换节点的示意图

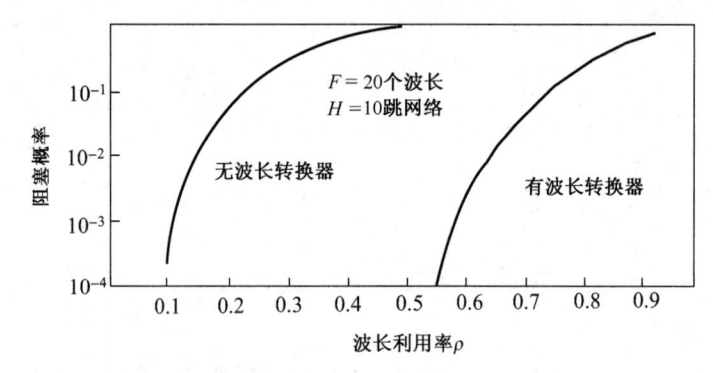

图 13.31　在 20 波长和 10 跳网络中有/无波长转换情况下的分组阻塞概率

13.6.3　波长路由分配

为了在网络中实现快速而可靠的信息发送，服务提供商使用各种技术在通信终端设备之间建立线路交换光通道（也就是暂时的点到点光连接）。OXC 是通过中间节点建立快速通道来实现这一目标的关键设备。因为 OXC 是大型复合交换器，用于扩展的网格型骨干网，这种网络节点之间通常有巨大的通信流量，这些节点通常与 SONET/SDH 终端、IP 路由器、ROADM 等设备连接。它的光路建立起来后通常能保持很长一段时间，根据节点之间需要建立的服务，这种连接时间可以从几分钟到几个月甚至更长。

从源节点到目的节点的光路沿着某线路可能需要通过许多光纤链路段。沿着连接线路的中间节点处光通道可能在不同链路之间进行交换，有时进入另一个链路部分时需要变换光波长。如 13.6.2 节所述，如果进入同一段的两个光通道的波长相同，波长转换就很有必要。

建立光通道的过程有多种称谓，例如波长路由、光线路交换或光通道交换。更为流行的术语是波长路由和波长路由网络（WRN）。现在已经提出了多种静态和动态构建方法。由于建立光通道时要先确定传播路径和使用的波长，所以涉及路由和波长分配（RWA）过程。通常，RWA 问题是非常复杂的，现在已经有专门的软件算法来解决这类问题[33-35]。

13.6.4　光分组交换

电分组交换网的成功在于可以实现大容量数据分组的可靠传输，能应对信号拥塞和传输链路或节点出错的情况。为了把这种能力拓展到光通道中没有光电光（O/E/O）转换的全光网，科学家们进行了大量的研究工作。光分组交换（OPS）网的概念为，用户信息流以特定的光数据分组格式在网络中被路由和传输，光数据分组内的带内控制信息包含在特定格式的分组头或标签内。迄今所应用的 OPS 系统，分组头处理和路由功能都在电域完成。对每个独立数据分组，光有效荷载的交换在光域进行。这样把分组头或标签处理与有效荷载的交换分开进行，就使得数据分组的路由不受荷载比特率、编码格式及数据分组长度的影响。

光标签交换(OLS)是实现 OPS 的实用技术。参考文献 [36-38] 指出，在这个过程中，光格式的数据分组(包含标准的 IP 指针及信息荷载，如图 13.32 所示)在进入 OPS 网络之前必须要有一个光标签或控制分组与之相连。需要注意的是，在一些 OPS 方案中用来传送标签的波长可能与用来传送数据分组的波长不一样。当荷载加标签数据分组传输通过 OPS 网络时，中间节点处的光分组交换只在电域处理光标签。光分组交换的时刻应该在光标签处理之后，也就是说，需要设定一段偏移时间如图 13.32 所示。这样做是为了提取数据分组的路由信息并确定一些因素，如传输数据分组所用的波长、所封装的荷载的比特率等。因为载荷在网络中传输时仍然是以光形式进行的，所以可以使用任意调制方案并且可以以很高的比特率进行编码。

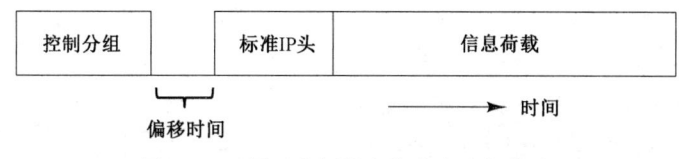

图 13.32 用于光标签交换的光分组格式

制约 OPS 网络实现的主要因素是光缓存器技术的实用化尚需时日。与其他交换方法类似，光分组通过中间交换节点时，在输出路径建立之前需要这些缓存器暂时保存这些光分组，或者有两个或两个以上分组同时经同一端口输出时需要通过缓存器解决端口拥塞。这一技术制约因素可以通过后面介绍的光突发交换技术加以克服。

13.6.5 光突发交换

研究人员相信光突发交换(OBS)技术可以有效解决 WDM 网络中高速突发数据流的传送问题[39-41]。如果在大量分组到达用户的两个繁忙时段之间有一段较长的空闲时间，其间产生的业务流就称为突发。与话音业务相比，数据流更容易发生这种情况，而话音业务一般具有更为连续的比特流。光突发交换有两项优势。第一，它能提供高带宽和与光分组交换网络相同的以分组为单位的交换粒度，但是无须复杂的光缓存；第二，提供与波长路由网络相似的较低分组处理开销。所以 OBS 的性能参数在波长路由网和光分组交换网之间。

根据 OBS 网络概念，光突发交换集与 WDM 链路互连，形成网络核心。边缘路由器在 WDM 网络的周边收集来自不同信源的业务流，如图 13.33 所示。然后根据目的地址，将这些信息流分级，并被组成长度可变的基本交换单元，即所谓一个突发。边缘路由器的性能对 OBS 系统至关重要，因为网络的总体性能好坏取决于如何根据特定业务流的统计特性安排突发。

在传输突发之前，边缘路由器需要先生成一个控制分组并把它送到目的端，以建立这个突发的光通道。随着控制分组往目的端方向传输，沿着光通道的每个光突发交换机都从控制分组中读取突发的大小和到达时间。于是，光突发交换机就能在突发到达之前，给携带此突发的波长安排下一个光通道段的适当的传输时间段。这种为将要到达的突发预留时间的方法称为突发调度。

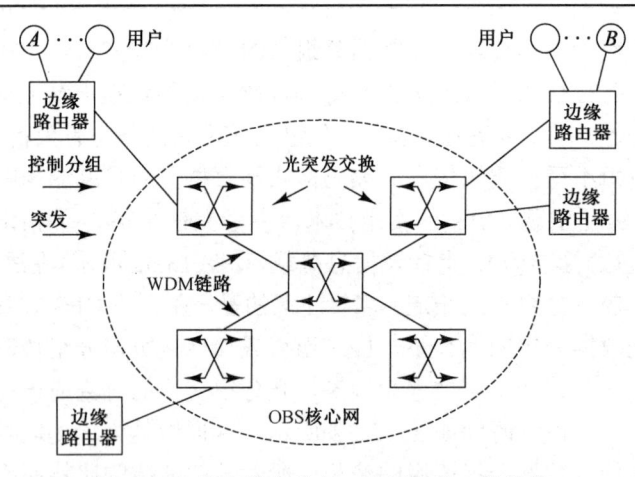

图 13.33 光突发交换(OBS)网络的一般结构

图 13.34 所示是一个从源节点 A 到目的节点 B，经过两次中间突发交换后建立连接的定时图。该图表明，网络先发送控制分组，经过一段称为偏移时间的特定时延后，才发送突发。建立连接所需的时间与三个因素有关，即端到端的控制分组传输时间、所有中间节点处控制分组的处理时延 t_{proc} 总和，以及确认链路所需的时间 t_{conf}。一旦链路被确认，突发传送到目的节点的时间就等于传输时间，因为此时中间节点已不必再对突发进行更多的处理。所以必须在控制分组发送后经过一个偏移时间才能发送突发，以便有足够的时间来确认链路。如果链路有 N 个中间节点，那么偏移时间必须至少为 $Nt_{proc}+t_{conf}$。需要注意的是，边缘路由器在偏移时间结束后就立即发送突发包，它不用等待从目的端返回链路完整的确认。而且突发可能在控制分组还没到达目的端就开始发送了。

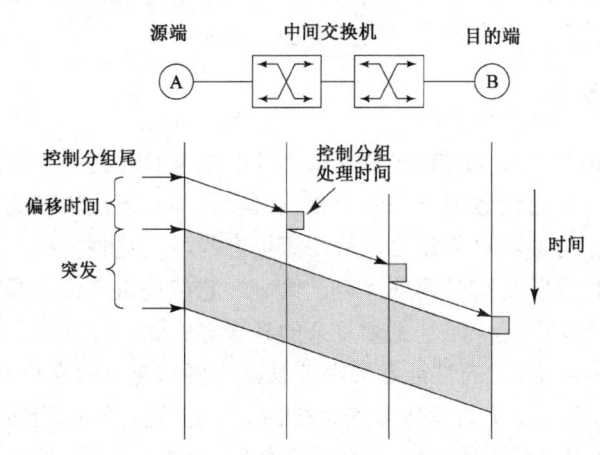

图 13.34 控制分组和突发通过 OBS 网络传输的定时图

已经提出的突发组装算法包括：基于固定的组装时间和固定的突发长度从而将突发格式化，或混合时间/突发长度方法。最主要的参数包括最大组装时间阈值 T，最大突发长度 B，最小突发长度 B_{min}。当输入分组流速度很慢时，时间阈值 T 能确保每个分组不会在组装队列中延时太长。若输入分组流速度很快，突发的上限长度 B 也能限制突发的组装时间，从而限制分组的时延。如果突发的长度没有限制，当输入业务流处于重荷载时，就可能导致很长的组装时间。如果准备发送的突发长度小于 B_{min}，则会有插入比特自动补充，使其长度达到 B_{min}。

13.6.6 弹性光网络

先进的密集波分复用网络的历史发展见证了固定频谱间隔的逐步创建和规范，以适应各种数据速率和调制格式。在此发展过程中，ITU-T 标准化这些越来越窄的光谱宽度从 200 GHz 到 100 GHz，到 50 GHz，然后到 25 GHz。这些光谱宽度分别对应于 1550 nm 波长窗口中的 1.6 nm、0.8 nm、0.4 nm 和 0.2 nm。50 GHz 网格支持的典型数据速率范围从 10 Gbps 到 0.8 Tbps。如图 13.35(a) 所示，波长通道承载的数据速率为 10 Gbps、40 Gbps 和 100 Gbps，适合 50 GHz 固定频谱间隔。更高的速率，如 400 Gbps 和 1 Tbps，必须分别占据两个和三个 50 GHz 插槽。因此，固定频谱间隔会导致带宽的浪费，尤其是在低速率时。

通过弹性网络(EON)网格可以缓解固定网格方案的这种局限，该栅格具有灵活的带宽和自适应通道间距，可根据传输客户端信号的带宽要求进行动态变化[42-45]。在 EON 中，频谱被划分为比 ITU-T 固定网格粒度更细的窄槽，光连接被分配不同数量的槽。图 13.35(b) 显示了使用灵活栅格的光谱方案。

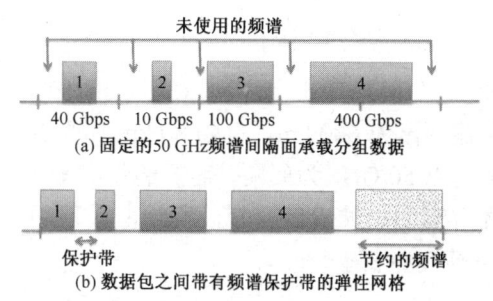

图 13.35　使用弹性光网络方案取代固定传输频谱间隔，可节省频谱

13.7　WDM 网络实例

本节将介绍一些基于 WDM 的宽带长途网和窄带城域网的构建实例。

13.7.1　长途 WDM 网络

宽带长途 DWDM 网络由可重构光分插复用器(ROADM)、交换机和光交叉连接(OXC)设备通过点对点的高容量干线互联的设备集组成。这种设备集可以通过任何形态的环网或网状网组合构成，如图 13.36 所示。

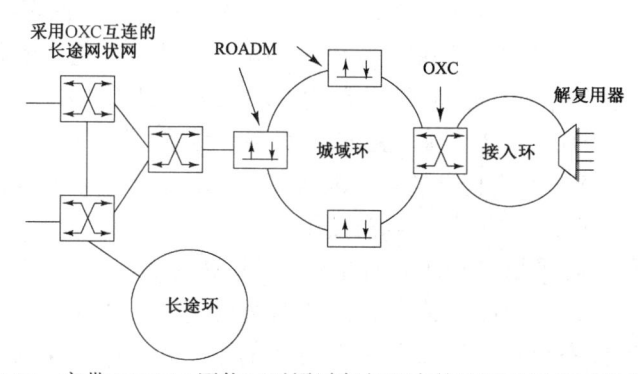

图 13.36　宽带 DWDM 网络可以通过任何形态的环网或网状网组合构成

每条长途干线光缆都含有多根单模光纤，如图 13.37 所示。光缆以光纤带形状为基础，在光缆直径小于 1 英寸(24.4 mm)的光缆中可能含有多达 864 根光纤(见图 2.30 的光缆实例)。单根光纤可以支持许多间隔很近的波长，每个独立的波长信道支持多个吉比特的数据速率。例如，根据业务需求，标准的长途链路的单模光纤可以携带多达 160 个波长，实现 160 个信道的 2.5 Gbps、10 Gbps 和 40 Gbps 的数据流。此外，全球正在建设能够发送每波长 400 Gbps 和 1 Tbps 数据速率的传输系统。

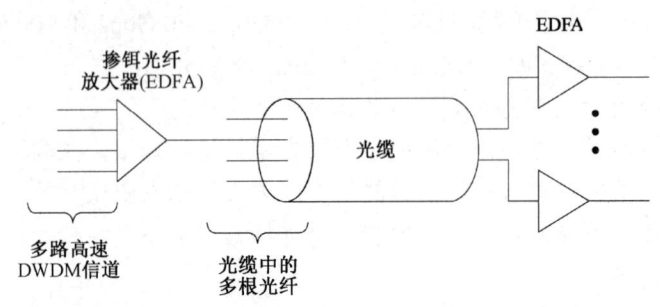

图 13.37　含有大量高容量单模光纤的长途干线光缆

长途干线含有若干等级 N 的 ROADM，目的是在遥远的中间点插入或取出业务流。典型的长途陆地 DWDM 链路传输距离为 600 km，每隔 80 km 加光放大器。

假如 160 个 DWDM 信道以 50 GHz 为间隔，需要的带宽是 8 THz(8000 GHz)，相当于波长谱宽 65 nm，这就需要占用整个 C 波段以及 S 波段或 L 波段中的一个。因此长途应用的有源与无源器件必须满足如下高性能要求：

- 光放大器必须工作在宽光谱带；
- 光放大器需要高功率的泵激光器，以实现对大数量信道的同时放大；
- 每个波长离开光放大器时功率相同，防止信号通过级联放大器后出现不同波长之间的功率差异；
- 光发射机需要严格的温度稳定和光频率控制，以防止不同波长信道间的串扰；
- 长途高速率传输需要对光信号进行必要的均衡处理，例如实时色度色散补偿和偏振膜色散补偿[46-49]。

常规的掺铒光纤放大器(EDFA)的高增益响应仅在 1530～1560 nm 的 C 波段，通过附加拉曼放大机制，增益响应可扩展到 S 波段与 L 波段。图 13.38 给出了一个可工作在 C 波段与 S 波段的概念性放大器结构，其中一个多波长分布式拉曼放大器泵浦单元放置在 C 波段与 S 波段分光器之前。拉曼放大器在 C 波段与 S 波段均可提升功率。通过频带分光器，S 波段的光波通过下方路径传播，并利用第 11 章讲述的掺铥光纤放大器(TDFA)获得进一步的功率增益，EDFA 则使通过上方路径的 C 波段光波来获得功率增益(见图 13.38)。经过放大过程后，所有的波长通过宽带合路单元重构。增益平坦滤波器(GFF)用来使所有波长的最终输出功率相等，这种滤波器既可以是有源的也可以是无源的。

网络运营商在必要时可以使用远程控制的 4 级 ROADM，以便在网络的不同部位重构插入和分出波长数。这种功能支持当有额外的通信需求时可将一个不同的波长接入某一节点，或当某个连接不再需要时去除某个特定的波长。4 级光交叉连接(OXC)能为特定波长建立新的路由,能关闭不连续的连接,当链路断裂或出现故障时能重建高容量的光通道。

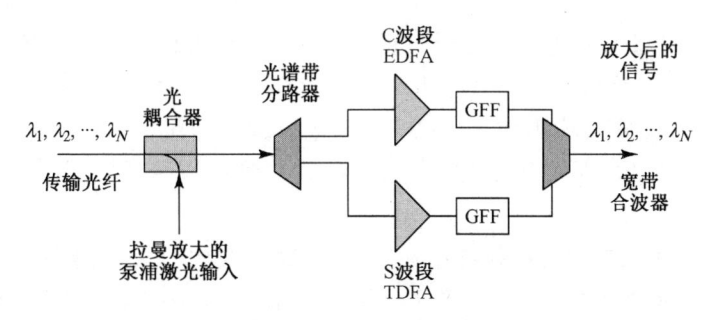

图 13.38　可工作在 C 波段与 S 波段的概念性放大器结构

13.7.2　城域 WDM 网络

通常城域网的结构为网状网或 SONET/SDH 双向线路切换环(BLSR),如图 13.10 所示。这种环由相距 10～20 km 的中心局之间的速率为 2.5 Gbps 或 10 Gbps(OC-48/STM-16 或 OC-192/STM-64)的点对点连接而成。城域网含有 3～8 个节点,环的周长一般小于 80 km。置于城域环交换节点的 2 级 ROADM,允许在城域中心局选择的多个波长的分出或插入。2 级 ROADM 或 4 级 OXC 提供与长途网之间的互联。在城域中心局,SONET/SDH 设备具有 STS-1 整合能力,这里的整合是指 SONET/SDH 中的较低速率,如 51.84 Mbps STS-1 或 155.52 Mbps STM-1 被封装进入更高速率等级,如 2.5 Gbps 或 10 Gbps。

连接到城域网的是接入网,接入网则由终端用户和中心局之间的链路组成。接入网可以是环形或星形无源光网络,也可以是无源光网络(PON)(见 13.8 节)。接入环的周长从 10 km 到 40 km 不等,典型接入环结构含有 3～4 个节点,最远距离为 20 km 的多达 32 个用户可以与单一 PON 连接。在接入环内,既可以使用固定 OADM 也可以使用 ROADM 给本地用户和其他区域网络提供插入和分出多个波长的能力。4 级 OXC 则可为接入环与城域网之间提供连接。

与长途宽带 DWDM 系统要求严格的性能规范相比较,城域网与接入网因其链路较短,性能要求就可能低一些。例如,对于 CWDM 技术,使用无温控光电器件即可满足 20 nm 波长间隔要求的波长稳定度容限。然而,在城域网应用中,一些其他的需求却在不断增长,例如:

- 需要高等级的连通性,以支持在传输路径中不同的节点处多波长插入和分出的网状业务流。
- 需要模块化的、灵活的交换设备,例如 ROADM。这是因为在不同节点处不断产生的各种新服务及服务已完成指令,这就要求动态的链路容量,从而需要随时的波长插入/分出能力。
- 因为节点到节点的插入/分出功能是动态变化的,于是需要可变光衰减器(VOA)一类的器件,使新插入波长的功率与链路中原有波长相当。
- 需要光放大器优化城域网,因为互联损耗相对较大,直通光波长信号通过级联节点后其功率会产生变化。

13.7.3 数据中心网络

动态数据通信和基于云的服务在全球的巨大增长，使人们需要将计算密集型功能的信息产品从个人计算机、手机、安全摄像头和环境监视器等本地化设备转移到大型集中存储和计算机集群。这些设施被称为数据中心，可以包含数千台服务器、存储单元和网络设备，这些设备需要在数据中心内相互连接，并且必须连接到城域网和广域网。互联形成数据中心网络(DCN)[50-55]。

图 13.39 展示了由三层树切换拓扑组成的传统 DCN 架构。典型的数据中心包含大量的设备架，每个机架通常最多可容纳 48 个垂直堆叠服务器。这些服务器都通过安装在机架顶部的边缘交换机相互连接，因此称为机架顶(ToR)交换机。ToR 交换机又称为边缘交换机，因为它从 DCN 外围的各种源收集业务流量。因此，ToR 交换机可作为数据中心中其他机架的访问点。在下一个较高级别，许多 ToR 交换机接口与汇聚交换机相连，而汇聚交换机又通过核心交换机连接到外部网络。

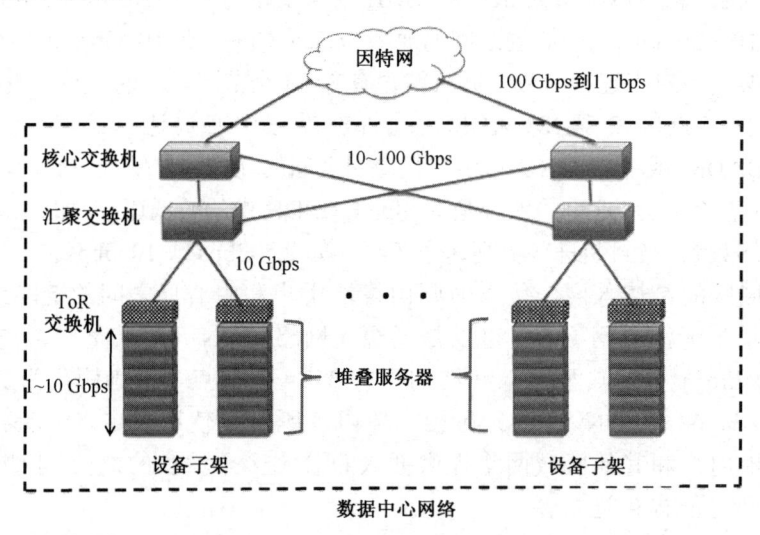

图 13.39 传统数据中心网络的配置

随着新的传输、交换技术和方法的出现，图 13.39 中显示的简单三层模型进一步发展。这需要用光学交换技术取代数据中心的传统电交换机，以提供更大的传输容量和更快的服务器和外部网络之间的数据速率。机架内服务器之间的互联其数据速率通常从 1 Gbps 到 10 Gbps 不等，聚合层中的数据速率从 10 Gbps 到 100 Gbps 不等，核心层中的数据速率从 100 Gbps 到 1 Tbps 不等。

13.8 无源光网络

无源光网络(PON)建立在使用 CWDM 技术和在单根光纤双向传输的基础之上[56-61]。在 PON 结构中，在中心局和用户之间没有有源器件。在网络传输路径中只有无源光器件用来引导特定的光波长传输到用户终端和回到中心局。

13.8.1 基本的 PON 架构

图 13.40 给出了典型的 PON 架构,通过光纤网络实现大量用户与中心局交换设备的连接。在中心局,光纤链路使用 1490 nm 波长将下行数据和数字话音传给用户,上行业务流(数据和声音)则使用 1310 nm 波长。下行视频服务使用 1550 nm 波长,上行方向没有视频服务。需要注意的是,一个特定 PON 的所有用户分享 1310 nm 上行波长,这就需要对用户许可传输的时段作出周密的安排,以确保不同用户的上行数据流不会相互干扰。请注意,虽然早期版本的 PON 使用固定波长,但较新版本规范了三个核心波长周围的频谱。

从中心局开始,通过单模光纤传输到离建筑群、办公场所、校园很近的无源光分路器。在此处,无源分路器简单地将光功率分成 N 路,并送至各个用户。假设分路器将光功率等分,进入分路器的光功率是 P,则分给每个用户的功率为 P/N。根据不同用途可以设计不同光分配比例的分路器。分支路径的数量从 2 到 64 不等,PON 常用的分路数为 8、16、32。光分路器的输出单模光纤连接到大楼或业务设备。从中心局到用户的光纤传输距离的上限为 20 km。有源器件仅存在于中心局和用户端。

有多种可供选择的 PON 实现方案[61-65],例如:

- 宽带 PON(BPON)以 ITU-T 的 G.983.1 到 G.983.5 规范系列为基础,以异步传输模式(ATM)作为传输和信令协议。这种类型的 PON 因其相对于以太网的高成本,以及与 DWDM 直接运行 IP(IP over DWDM)技术不兼容,正在逐步被淘汰。
- 吉比特 PON(GPON)是 BPON 标准的演进,GPON 的下行速率为 2.5 Gbps,上行速率为 1.25 Gbps。它以 ITU-T 的 G.984.1 到 G.984.6 系列规范为基础,通常,32 个用户共享带宽。GPON 的一个缺点是,它使用一种低效且复杂的数据封装方法,既费时又增加了中心局和用户终端设备成本。
- 以太网 PON(EPON)或吉比特以太网 PON(GE-PON)使用 1 Gbps 以太网作为基础协议。EPON 操作在 IEEE 802.3 EPON 标准中进行了描述(802.3 的多个标准在其演进过程中已被 IEEE 批准,具体取决于最新的数据速率能力)。由于以太网设备从家庭或企业一直到全球骨干网络都被普遍使用,因此 EPON 可为任何类型的基于 IP 的流量提供高效的连接。因此,与 GPON 相比,EPON 更具成本效益。
- 超越 EPON 能力的是 10 Gbps PON 技术。其两个主要版本称为 XG-PON(或 10G-PON)和 XGS-PON。XG-PON 版本规定上行速率为 2.5 Gbps,下行速率为 10 Gbps。XGS-PON 是一种对称版本,可在上行和下行方向以 10 Gbps 的速率传输。这些版本基于 IEEE 802.3av EPON 标准和 ITU-T 建议 G.987 系列,用于以 10 Gbps 的速率发送上行和下行流量。10G-PON 波长分别为下行 1577 nm 和上行 1270 nm。这些不同于 GPON 和 EPON 的下行波长 1490 nm 与上行波长 1310 nm,因此允许 10G-PON 系统与早期 PON 版本中的任何一个共存于同一根光纤上。
- PON 功能的进一步扩展是 NG-PON2(下一代 PON2),它在上行和下行方向(IEEE 802.3ca)都以 40 Gbps 的速率运行。为了能够在与所有早期 PON 相同的光纤上同时实施,NG-PON2 的波长为 1524~1540 nm 用于上行传输,1596~1603 nm 用于下行传输。

- WDM PON 为每个用户提供不同的波长，极大地提升了网络容量。在这种结构中波长复用器［通常是阵列波导光栅（AWG）］取代图 13.40 中的功分器。与其他 PON 比较，WDM PON 最大的优势是其提供服务的灵活性。因为每个用户使用特定的波长，而不是与其他用户分享波长，很容易满足用户的高带宽需求，同时不影响其他用户。由于用户使用分配给自己的波长，所以可以提供比其他形态 PON 更高等级的信息安全性。

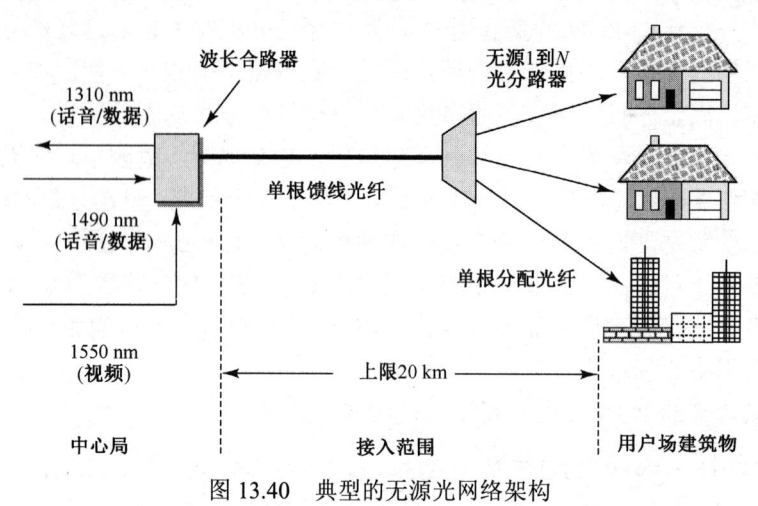

图 13.40 典型的无源光网络架构

PON 技术在接入网中的应用，提供了到家庭、到多用户单元、到小型商业机构的宽带连接，被称为光纤到 x(FTTx)[56,66,67]，这里的 x 指出了光纤与实际用户的接近程度。表 13.7 列出了 FTTx 的各种缩略语，FTTP（光纤到驻地）已成为各种 FTTx 概念的代名词，可以使用各种 PON 技术。

表 13.7 FTTx 的缩写

缩写	全 称
FTTB	光纤到大楼或光纤到商场，光纤连接到楼宇的边界
FTTC	光纤到路边或光纤到配线箱，位于用户驻地 100 米之内
FTTH	光纤到户，光纤连接到住所的外边界
FTTN	光纤到节点，光纤终结于离用户几千米远的配线箱
FTTP	光纤到驻地，这是包含 FTTB 和 FTTH 的通用语

13.8.2 有源 PON 模块

本节概要介绍中心局和终端用户附近的光电设备的基本功能和结构。

光线路终端（OLT）

光线路终端（OLT）位于中心局，控制网络中信息的双向流动。OLT 必须支持 20 km 的传输距离。在下行方向，OLT 的功能是处理来自广域网和城域网的话音、数据、视频信息，使之传播到 PON 上的所有用户。在上行方向，OLT 接收和分发来自网络用户的多种类型的话音和数据流。

典型的 OLT 一般不只是控制一个 PON，图 13.41 给出了 OLT 的实例，一个 OLT 支持 4 个独立的 PON。假如每个 PON 有 32 个连接口，则一个 OLT 能将信息分配到 128 个用户。

在同一 PON 光纤上要同时传输不同类型的服务，则在每个方向需要使用不同的波长。如 13.8.1 节所述，不同的 PON 技术使用不同的频带用于双向通信，因此在同根光纤中可以使用多种 PON 技术。依据使用的 PON 标准，上、下行传输设备工作在 1 到 40 Gbps。在一些情况下两个方向上的传输速率相同(对称网络)，在其他 PON 标准中，下行的速率比上行要高(不对称网络)。有多种传输格式可用于 1550 nm 波长的下行视频流传输。

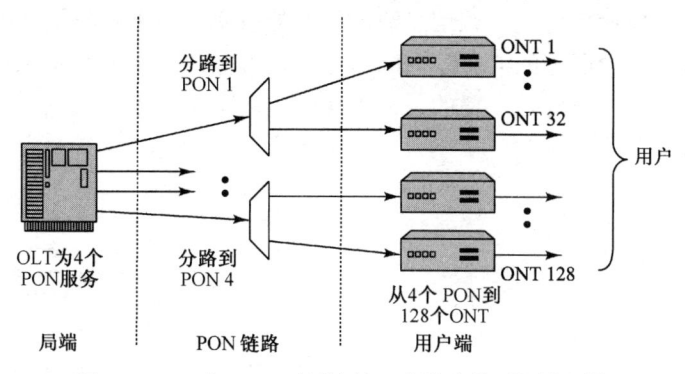

图 13.41 1 个 OLT 可以连接 4 个独立的无源光网络

光网络终端(ONT)

光网络终端(ONT)直接位于用户端，其目的是提供与 PON 的上行方向的光连接和为本地用户提供电接口。根据用户的通信需求，典型的 ONT 需要支持混合电信服务，包括各种以太网速率、SONET/SDH 连接以及视频格式。

ONT 的功能和架构设计可变性范围很大，以满足不同等级用户的需求。ONT 的尺寸范围可以从挂在房子外面的简单箱子，到置于大型公司或办公楼内的标准电子机架单元。对于高性能终端，ONT 可以在用户侧汇聚、整合及通过单根光纤上行传送来自用户的各种信息流。这里所说的整合是指交换设备可以看到时分复用数据流中各个复用信道的目的地址，并重组信道使其能够有效地到达目的地。与 OLT 相配合，ONT 可以依据用户的需求动态分配带宽，确保用户的突发性数据流的平稳传递。

光网络单元(ONU)

光网络单元(ONU)与 ONT 相似，但通常位于室外靠近用户位置的护箱中，安装在办公区的中心或侧边。而且 ONU 设备必须适应环境，能够承受大范围的温度变化。ONU 的护箱装置必须耐水、抗毁和抗飓风。另外，可以就地供电，但应有在紧急情况下使用的备用电池组。从 ONU 到用户的链路可以是双绞铜线、同轴电缆或独立的光纤链路，也可采用无线连接。

13.8.3 PON 业务流量的控制

OLT 的两个关键网络功能是控制用户流量和动态安排至 ONT 单元的带宽。正常情况下多达 32 个 ONT 使用相同的波长和共享光纤传输线，所以必须使用某种类型的传输同步技术，以避免来自不同 ONT 的业务流发生冲突。最简单的方式是使用时分多址(TDMA)连接方式，其中每个用户在特定的时隙以预定的速率传输信息。但是这种方法的带宽利用效率较低，在用户没有信息发送回中心局时就有时隙没有得到利用。

动态带宽分配(DBA)是更加有效的方法，其中空闲的与低利用时隙可以分配给相对活跃的用户。严格的 DBA 方案可以在特定的网络中通过 OLT 实现，需要考虑用户的优先权、特殊用户的服务质量保证、带宽分配的响应时间以及用户的带宽需求等因素。

如图 13.42 所示，OLT 使用时分复用(TDM)组合 PON 用户注入的话音和数据流。举个简单的例子，假如有 N 个独立的信息流进入 OLT，每个以 R bps 的速率传输，利用 TDM 使其在电域间插为一个串行信息流，该信息流以更高的速率 $N \times R$ bps 传输。得到的多路复用下行数据流以广播方式传给所有的 ONT，每个 ONT 依据分组头部地址码决定拒绝还是接收到来的信息分组。因为下行数据是广播的，每个 ONT 都可接收下行信息，为了保证安全必须进行信息加密。

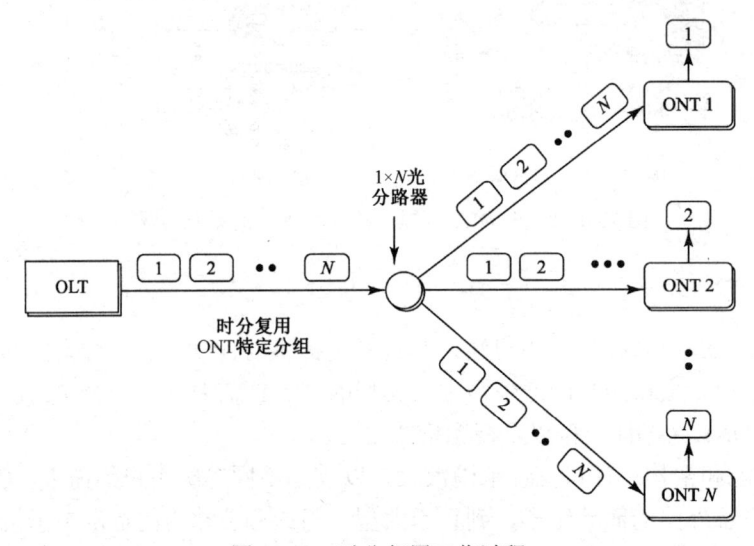

图 13.42 时分复用工作过程

上行方向的信息传输更加复杂，因为所有的用户通过时间分割共享同一波长。为了避免不同用户的传输冲突，系统使用时分多址(TDMA)协议。图 13.43 给出了一个简单的例子，OLT 通过特定的时隙向 ONT 发送传输许可，以控制和协调每个 ONT 的通信。由于 ONT 之间的发送时间差会变化(见例 13.4)，所以时隙必须同步。

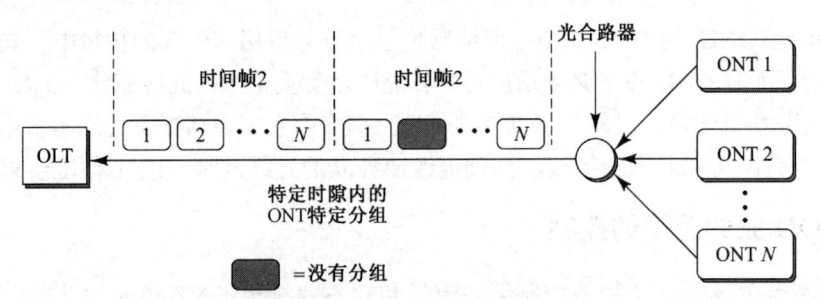

图 13.43 一种上行链路时分多址接入协议

例 13.4 假设两个 ONT 分别距离 OLT 3 km 和 20 km，对于这两个链路，信息发出和返回 OLT 的来回传播时间是多少？设光纤中的光速度为 2×10^8 m/s。

解： 来回传播时间是

$$t(3\,\text{km}) = 2 \times (3\,\text{km})/(2 \times 10^8\,\text{m/s}) = 30\,\mu\text{s}$$
$$t(20\,\text{km}) = 2 \times (20\,\text{km})/(2 \times 10^8\,\text{m/s}) = 200\,\mu\text{s}$$

训练题 13.5 在 PON 中，由于修正程序的精度有限，如图 7.18 所示，在两次连续的突发中加入保护时间以避免不同数据包之间的冲突。对于 2.488 Gbps 的速率，25.6 ns 的保护时间占用 64 比特。

13.8.4 PON 结构中的保护交换

ITU-T G.984.1 建议给出了保护切换机制的使用。为了网络保护允许使用多个不同类型的含有备用链路和设备的 PON 结构，例如采用 1+1 全备用保护和 1：N 部分备用保护。图 13.44 展示了从源端到目的端通过两个单独的链路，使用 1+1 保护，以确保不间断传输。通常两条路径不在任何一点相交，即使光缆断裂也只影响一根光纤传输路径。对于 1+1 保护方案，接收设备选择其中一条链路作为接收信息的工作光纤，假如光纤断裂或链路传输设备出现故障，接收机将切换到保护光纤接收数据。这种保护方法在通信中断时提供快速切换，不需要源端到目的端的信号保护协议，然而每个链路需要完全一样的光纤及备用传输设备。

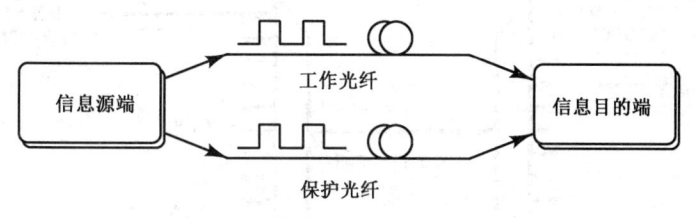

图 13.44 1+1 全备用保护链路

如图 13.45 所示，1：N 保护可以提供更经济的光纤和设备使用方案，一根保护光纤可被 N 根工作光纤共享，如果其中一根工作光纤失效，则可提供保护功能。对于大多数网络，多路光纤同时出现故障是罕见的（除非所有的光纤在同一光缆中），所以这种保护是恰当的。与 1+1 保护方案相反，1：N 保护方案在正常情况下通信传输只在工作光纤中进行。当某一特定的光纤出现故障时，源端和目的端都切换到保护光纤，这就需要端口间的自动切换协议，以确保保护链路的正确使用。

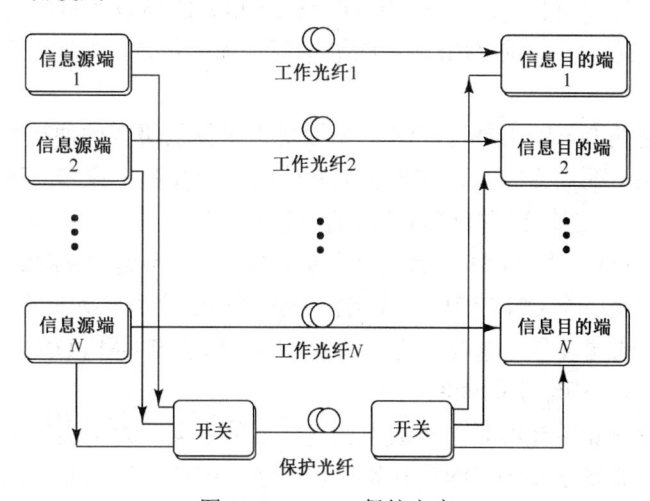

图 13.45 1：N 保护方案

13.8.5　WDM PON 架构

高容量服务需求的快速增长，导致每个用户需要 100 Mbps 的速率。标准的三波长 FTTP 网络已无法满足这些需求，解决办法是使用更多的波长构建 WDM PON。在这种方案中，每个 ONT 使用一个单独的波长，每个 ONT 能在共享的上行光纤中连续发送信息，而不用等待特定的预设时隙[58,65-70]。

基本的 WDM PON 结构在中心局以及外盘(OSP)配线箱中均使用 WDM 复用/解复用器件，如图 13.46 所示。在中心局，N 个激光发射机发送独立的波长到 WDM 复用器中(比如 AWG)。下行波长记为 λ_{1d} 到 λ_{Nd}。WDM 复用器将这些波长合成一个数据流，通过单根光纤向下行方向传输。在标准的 PON(见图 13.40)中 OSP 配线箱通常覆盖在分光器处，它包含一个 WDM 解复用器(如 AWG)。当下行波长到达这个 OSP 配线箱时，解复用器将 N 个波长分开，通过不同的光纤分别进入各自的 ONT 中。

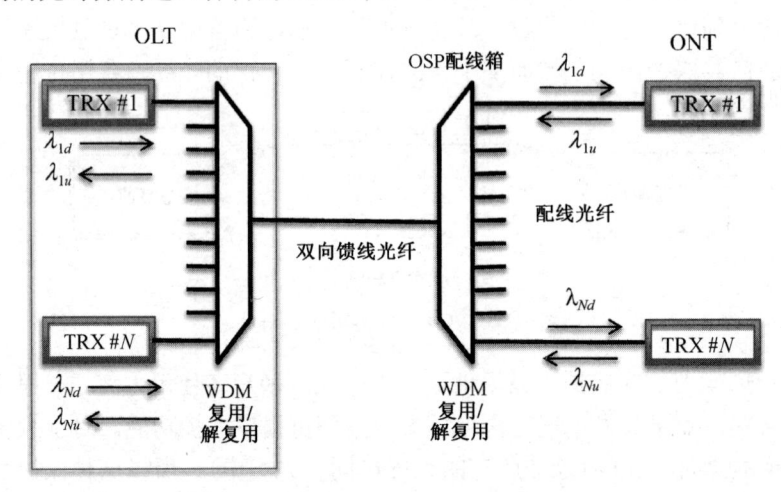

图 13.46　WDM PON 的基本结构图

在上行方向,每个 ONT 都发送一个不同的波长以免与来自其他 ONT 的数据流相互干扰。N 个上行波长分别记为 λ_{1u} 到 λ_{Nu}，利用位于 OSP 配线箱处的 WDM 复用器将它们集合起来进入馈线光纤。一旦到达中心局的 OLT，WDM 解复用器会将这 N 个波长分开，进入不同的 OLT 光接收机。

相比于其他类型的 PON，WDM PON 的主要优点是提供服务的便捷性。由于每个用户拥有一个专用波长，用户的高带宽需求在不影响其他用户的前提下很容易满足。相对于其他类型的 PON，使用专用的波长还具有更高等级的信息安全性。

在这样的 WDM PON 中，ONT 应该是无色的，也就是说不给 ONT 安排固定的传输波长。一种显而易见的方法是每个 ONT 使用可调谐激光器，但这个方法太昂贵了，在 PON 的实现方案中，使用低成本的端设备是重要的驱动因素。因此构建 WDM PON 的主要挑战就是在每个 ONT 上具有低成本、高输出的光源。

使用单一的谱分割宽带光源是一种成本相对低廉的方案，为了实施这种方案可以考虑多种技术。其中一个方案是让每个 ONT 在发射机中包含一个宽谱光源，比如超亮度发光二极管(SLED)。ONT 中的宽谱光源输出连接到本地 WDM 器件(如薄膜滤波器或 AWG)的一个端口。来自 SLED 的光，只有能通过 WDM 信道的光谱成分才能传到中心局。虽然所有的 ONT 使用相同的 SLED，但每个用户连接到 WDM 器件的不同端口，即不同的 ONT 使用了可用光谱中的不同部分。因此按这种方案，每个 ONT 有不同的工作波长。

另一种想法是在中心局使用宽带光源(如超亮度激光器或宽带 EDFA 光源)，并通过 AWG 下行传输。经谱分割后的波长传输到各个 ONT，这样每个 ONT 都可以使用相对便宜的光源，比如法布里-珀罗(FP)激光器。下行光波长迫使 FP 激光器工作在相应的准单模状态，正是如图 4.23 所示的振荡模式之一。因为传输到每个 ONT 的波长不同，位于 ONT 的 FP 激光器可用其特有的锁定波长传输上行数据流。

13.9 小结

各种光网络被思考、设计制作出来以满足不同传输容量和速率的需求。链路长度可以是大楼或校园内部短距离本地连接，也可以是洲际跨洋连接。开发先进通信网络的主要动机是为了适应商务、金融、教育、科学和医学研究、健康、国内和国际安全、娱乐等领域快速发展的信息交换需求。

光网络的主要拓扑结构有线形总线、环形、星形和点对点栅格结构。每一种拓扑结构都有其在可靠性、可扩展性和性能方面独特的优点和局限性。不同用户或一对复用设备间的简单连接方式就是采用最基本的点对点链路结构。

线形总线网络采用无源耦合器限制了节点数目，因为节点间的光耦合器损耗会沿着总线快速累积。

在环形拓扑中，相邻节点通过点对点链路相互连接组成了单闭合路径。信息以数据分组的形式围绕环逐个节点传输。各个节点采用有源器件接口识别数据分组地址，从而接收发给自己的消息。节点会将那些没有本节点地址的消息传递给下一个相邻节点。

在一个星形结构中，所有的节点连接到同一个被称为中心节点或集线器的地方。集线器可以是有源器件，也可以是无源器件。采用有源集线器时，网络中所有的消息路由都受中心节点控制。当多数通信发生在中心与附属节点之间，而不是附属节点相互之间时，采用星形结构非常有效。在一个无源中心节点的星形网络中，集线器处用功分器分配输入光信号到去往附属站的各条出线。星形拓扑在无源光网络和有源以太网中得到了广泛应用。

在一个栅格网络中，点对点链路连接以任意形式连接各个节点。这种拓扑不但提供极大的网络结构灵活性，还可以在多条链路或多个节点故障时提供连接保护。首先确定故障发生在哪里，然后通过将业务从故障链路/节点重路由到栅格网的另一条链路，通过这个机制可以实行链路保护。

习题

13.1 考虑有 N 个节点的星形网，每个发射机的入纤功率为 0 dBm。光纤损耗为 0.3 dB/km，假设每个站离中心的距离为 2 km，接收灵敏度为 −38 dBm，每个连接头有 1 dB 的损耗，耦合器的附加损耗是 3 dB，链路富余度为 3 dB。
(a) 试求该网所能承受的最大站数 N=380；
(b) 若接收机灵敏度为 −32 dBm，则可以连接最多 N=95 个站？

13.2 一个两层的办公楼，每层有两个 10 英尺(1 英尺 = 0.3048 米)宽的走廊连接了 4 排办公室，每排有 8 间，如图 13.47 所示。每间办公室面积为 15 英尺×15 英尺，顶高为 9 英尺，其中包括 1 英尺高的吊顶。每层的角落有一个电缆室用于局域网互连和控制设备。每个办公室的两面墙上各有一个局域网的插头，它们都垂直于厅墙。假定电缆只能在墙上和屋顶走线，估计如下配置所需的电缆长度(单位为英尺)：

(a) 从屋顶的同轴电缆总线分出双绞线接到每个插头；

(b) 连接每个插头到各层电缆室的一个光纤星形耦合器，再用垂直放置的光纤连接各个星形耦合器。

13.3 考虑一个由 $M×N$ 个站排列的栅格，如图 13.48 所示，它们将用一个局域网相连。令各站之间的间隔是 d，假定电缆可以在管道走线以连接相邻最近的站[管道不能走对角线(见图 13.48)]。证明对于下列配置，互连各站所需的电缆长度如下：

(a) 电缆总长度 $(MN-1)d$，总线结构；

(b) MNd，环形拓扑；

(c) $MN(M+N-2)d/2$，星形拓扑，各站独自连接到网络集线器上，集线器位于栅格的一角。

13.4 考虑一个 $M×N$ 长方形栅格排列的计算机站群，如图 13.48 所示，各站之间的间隔是 d。假定各站采用星形 LAN 互连，使用图中所示的管道网络(走线在管道中)，此外，假定各站通过各自专用的电缆连接到中心节点。

(a) 若用 m 和 n 代表星(中心节点)的相对位置，试证明连接各站所需的总电缆长度为

$$L = [MN(M+N+2)/2 - Nm(M-m+1) - Mn(N-n+1)]d$$

(b) 若星位于栅格的一角，试证明上述表达式成为

$$L = MN(M+N-2)d/2$$

(c) 证明当星位于栅格的中心时，所需的电缆长度最短。

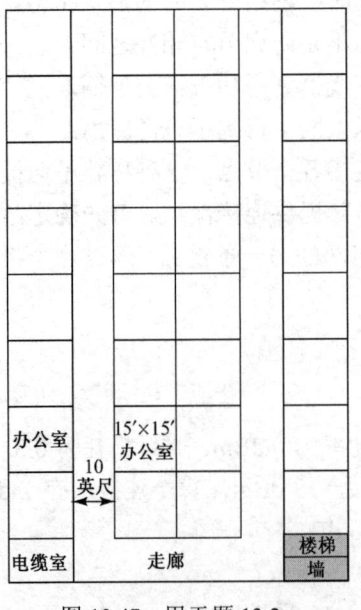

图 13.47 用于题 13.2

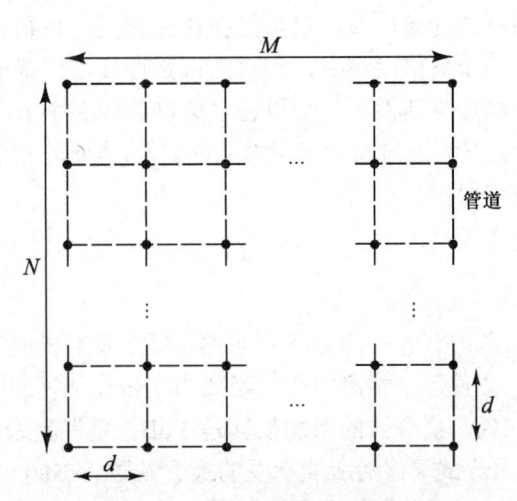

图 13.48 用于题 13.3 和题 13.4

13.5 不采用波长变换器,但假定波长可被网络的不同端口重用。试证明连接一个 WDM 网中 N 个节点所需的最少波长数如下:

(a) 对于星形网络为 $N-1$;

(b) 对于环形网为 $N(N-1)/2$。

13.6 (a) 证明 STM-1、STM-16 和 STM-64 系统可承载的 64 kbps 语音信道数分别为 2322、37152 和 148600 个。

(b) 证明可以通过这些系统传输 20 Mbps 数字化视频通道的数量是 STM-1:7 个通道;STM-16:118 个通道;STM-64:475 个通道(见训练题 13.3)。

13.7 利用表 13.3 和表 13.4 所提供的参数,比较 40 km 和 80 km 长距离 OC-48(STM-16)链路的系统富余度,要求针对 1550 nm 的光源最大和最小输出两种情况,假定每段链路两端各有 1.5 dB 耦合损耗。

13.8 证明表 13.5 所给出的每个波长信道的最大光功率导致光纤中总功率为 +17 dBm。

13.9 考虑如图 13.49 所示的 4 节点网络,每个节点采用三个不同的波长组合与其余两个节点通信,因此该网络中有 6 个不同的波长。令节点 1 采用 λ_2、λ_4 和 λ_6 同其他节点交换信息(这些波长在节点 1 被添加和丢弃,其余波长直通)。请建立到其他节点的波长分配。

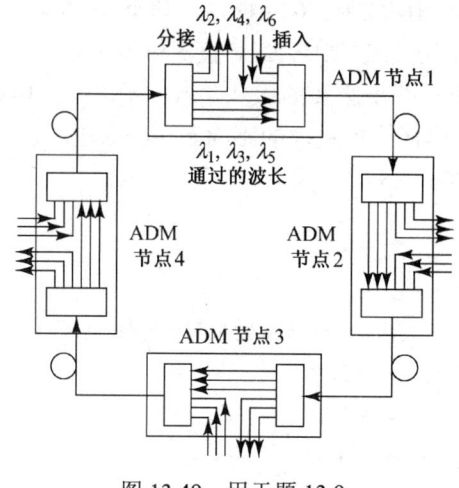

图 13.49 用于题 13.9

13.10 假设工程师想连接 50 m 长具有 500 MHz·km 带宽距离积的标准 50 μm 光纤到 100 m 长具有 2000 MHz·km 带宽距离积的高等级 50 μm 光纤,另外在每个终端用 10 m 长的低等级光纤连接传输设备。这个链路能以 10 Gbps 工作吗?

13.11 考虑一个处理和配置时间都是 1 ms 的 OBS 系统,如图 13.34 所示,假设在数据突发从边缘路由器 A 到 B 经过 4 个级联的 OXC 节点,各节点相距 10 km。证明偏移时间为 5 ms。

13.12 依据如图 13.40 的无源光网络,假设下列情况:

(a) 工作在 1310 nm 和 1490 nm 的激光器在进入光纤后能分别产生 2.0 dBm 和 3.0 dBm 的光功率;

(b) 无源光分路器离中心局 10 km;

(c) 用户离无源光分路器 5 km；

(d) 1×16 和 1×32 的分路器的插入损耗分别是 13.5 dB 和 16.6 dB；

(e) 1310 nm 和 1550 nm 的光纤损耗分别是 0.6 dB/km 和 0.3 dB/km；

(f) 假设在该链路中没有连接器、接头及其他损耗。

计算出在下列四种情形的该链路的损耗：

(1) 工作在 1310 nm 的激光器通过 1×16 分路器上行数据（从用户到中心局）；

(2) 工作在 1310 nm 的激光器通过 1×32 分路器上行数据；

(3) 工作在 1550 nm 的激光器通过 1×16 分路器下行数据；

(4) 工作在 1550 nm 的激光器通过 1×32 分路器下行数据。

13.13 假设从馈线光纤产生的光功率对 8 个用户进行分配，每个距离为 100 m，从馈线光纤末端沿直线分布。功率分配的方法之一是使用 1×8 星形耦合器并将单根光纤连接到每个用户。这种结构使用单模光纤直接连到用户和相互连立的端口连接器。为什么这是最好的模式，尽管每个用户都要有 10% 的功率损耗？

13.14 由于 PON 中的测距程序精度有限，因此在来自 ONT 的连续突发之间设置保护时间以避免独立数据包的冲突，如图 7.18 所示。验证 25.6 ns 的保护时间在 622 Mbps 时消耗 16 位，在 1244 Mbps 时消耗 32 位，在 2.488 Gbps 时消耗 64 位。[例如，在 622 Mbps 时，1 位占用 $1/(622 \times 10^6)$ s = 1.6 ns 时隙。因此 16 位占用 25.6 ns。]

13.15 室内安装的 ONT 正常运行时需要 12 V 直流电源，消耗的电功率为 15 W。如果发生电力中断，ONT 禁用一些不必要的服务，由后备电池供电则消耗电功率 7 W。使用供应商提供的数据表，选择一种室内的不间断电源(UPS)，满足这些要求。假设 UPS 工作的温度范围为 -25℃～35℃。

习题解答（选）

13.2 (b) 光缆/地面 = 2916 英尺。大楼中整个光缆的长度 = 5850 英尺。

13.7 40 km 处功率最小时，富余度 = +2 dB；

40 km 处功率最大时，富余度 = +4 dB；

80 km 处功率最小时，富余度 = -2 dB；

80 km 处功率最大时，富余度 = +3 dB。

13.9 分插波长为在节点 2：3，5，6；在节点 3：1，2，3；在节点 4：1，4，5。

13.10 由式(13.5)可知，L_{max} = 380 m，大于允许的 300 m 的限制。链路无法工作在 10 Gbps 上。

13.12 (1) 22.5 dB； (2) 25.6 dB； (3) 18.0 dB； (4) 21.1 dB。

原著参考文献

1. B.A. Forouzan, *Data Communications and Networking*, 5th edn. (McGraw-Hill, New York, 2013)
2. The Fiber Optic Association, The FOA Reference for Fiber Optics
3. T. Anttalainen, V. Jaaskelainen, *Introduction to Communication Networks* (Artech House, 2015)
4. ITU-T Rec. X.210, *Open Systems Interconnection Layer Service Definition Conventions* (Nov. 1993)
5. R. Ramaswami, K.N. Sivarajan, G. Susaki, *Optical Networks*, 3rd edn. (Morgan Kaufmann, Burlington, 2009)

6. L. Peterson, B. Davie, *Computer Networks*, 5th edn. (Morgan Kauffman, Burlington, 2012)
7. M. Nurujjaman, S. Sebbah, C.M. Assi, M. Maier, Optimal capacity provisioning for survivable next generation Ethernet transport networks. J. Opt. Commun. Netw. **4**(12), 967–977 (2012)
8. C.S. Ou, B. Mukherjee, *Survivable Optical WDM Networks* (Springer, Berlin, 2005)
9. R.K. Jain, *Principles of Synchronous Digital Hierarchy* (CRC Press, Boca Raton, 2013)
10. H. van Helvoort, *The ComSoc Guide to Next Generation Optical Transport: SDH/SONET/OTN* (Wiley-IEEE Press, Hoboken, 2010)
11. Alliance for Telecommunications Industry Solutions (ATIS), *Synchronous Optical Network (SONET)—Basic Description Including Multiplex Structure, Rates, and Formats*, 2015 edn. (April 2015)
12. ITU-T sample SDH recommendations: (a) G.692, *Optical Interfaces for Multichannel Systems with Optical Amplifiers* (Jan. 2007); (b) G.841, *Types and Characteristics of SDH Network Protection Architectures* (Oct. 1998); (c) G.957, *Optical Interfaces for Equipments and Systems Relating to the Synchronous Digital Hierarchy* (March 2006)
13. H.T. Mouftah, P.H. Ho, *Optical Networks: Architecture and Survivability* (Springer, Berlin, 2003)
14. H.G. Perros, *Connection-Oriented Networks: SONET/SDH, ATM, MPLS and OpticalNetworks* (Wiley, Hoboken, 2005)
15. M.J. Li, M.J. Soulliere, D.J. Tebben, L. Nederlof, M.D. Vaughn, R.E. Wagner, Transparent optical protection ring architectures and applications. J. Lightw. Technol. **23**, 3388–3403 (2005)
16. A. Scavennec, O. Leclerc, Toward high-speed 40-Gb/s transponders. Proc. IEEE **94**(5), 986–996 (2006)
17. O. Bertran-Pardo, J. Renaudier, G. Charlet, H. Mardoyan, P. Tran, M. Salsi, S. Bigo, Overlaying 10 Gb/s legacy optical networks with 40 and 100 Gb/s coherent terminals. J. Lightw. Technol. **30**(14), 2367–2375 (2012)
18. R.J. Essiambre, R.W. Tkach, Capacity trends and limits of optical communication networks. Proc. IEEE **100**, 1035–1055 (2012)
19. P.J. Winzer, G. Raybon, H. Song, A. Adamiecki, S. Cortesellli, A.H. Gnauck, D.A. Fishman, C.R. Doerr, S. Chandrasekhar, L.L. Buhl, T.J. Xia, G. Wellbrock, W. Lee, B. Basch, T. Kawanishi, K. Higuma, Y. Painchaud, 100-Gb/s DQPSK transmission: from laboratory experiments to field trials. J. Lightw. Technol. **26**(20), 3388–3402 (2008)
20. X. Zhou, L. Nelson, DSP for 400 Gb/s and beyond optical networks. J. Lightw. Technol. **32**(16), 2716–2725 (2014)
21. L. Mehedy, M. Bakaul, A. Nirmalathas, Single channel directly detected optical-OFDM towards higher spectral efficiency and simplicity in 100 Gb/s Ethernet and beyond. J. Opt. Commun. Netw. **3**(5), 426–434 (2011)
22. Y.-K. Huang et al., High-capacity fiber field trial using terabit/s all-optical OFDM superchannels with DP-QPSK and DP-8QAM/DP-QPSK modulation. J. Lightw. Technol. **31**(4), 546–553 (2013)
23. Y. Wang, X. Cao, Multi-granular optical switching: A classified overview for the past and future. *IEEE Commun. Surveys & Tutor.* **14**(3), 698–713 (2012) (Third Quarter)
24. S.L. Woodward, M. Feuer, P. Palacharia, ROADM-node architectures for reconfigurable photonic networks. Chap. 15 in *Optical Fiber Telecommunications Volume VIB*, 6th edn. (Academic Press, Cambridge, 2013)
25. K.G. Vlachos, F.M. Ferreira, S.S. Sygletos, A reconfigurable OADM architecture for high-order regular and offset QAM based OFDM super-channels. J. Lightw. Technol. **37**(16), 4008–4016 (2019)

26. T.A. Strasser, J.L.Wagener,Wavelength-selective switches for ROADM applications. IEEE J. Sel. Topics Quantum Electron. **16**(5), 1150–1157 (2010)

27. D.J.F. Barros, J.M. Kahn, J.P. Wilde, T.A. Zeid, Bandwidth-scalable long-haul transmission using synchronized colorless transceivers and efficient wavelength-selective switches. J. Lightw. Technol. **30**(16), 2646–2660 (2012)

28. F. Naruse, Y. Yamada, H. Hasegawa, K.-I. Sato, Evaluations of OXC hardware scale and network resource requirements of different optical path add/drop ratio restriction schemes. IEEE/OSA J. Opt. Commun. Netw. **4**(11), B26–B34 (2012)

29. J.L. Strand, Integrated route selection, transponder placement, wavelength assignment, and restoration in an advanced ROADM architecture. IEEE/OSA J. Opt. Commun. Netw. **4**(3), 282–288 (2012)

30. R.A. Barry, P.Humblet, Models of blocking probability in all-optical networks with and without wavelength conversion. IEEE J. Select Areas Commun. **14**(5), 858–867 (1996)

31. Z. Xu,Q. Jin, Z. Tu,&S.Gao,All-opticalwavelength conversion for telecommunication modedivision multiplexing signals in integrated silicon waveguides. Appl. Opt. **57**(18), 5036–5040(2018)

32. E. Stassen, C. Kim, D. Kong, H. Hu, M. Galili, L.K. Oxenløwe, K. Yvind, M. Pu, Ultralow power all-optical wavelength conversion of high-speed data signals in high-confinement AlGaAs-on-insulator microresonators. APL Photon. **4**, 100804 (2019)

33. B.C. Chatterjee, N. Sarma, P.P. Sahu, Priority based routing and wavelength assignment with traffic grooming for optical networks. IEEE/OSA J.Opt. Commun. Netw. **4**(6), 480–489 (2012)

34. N. Charbonneau, V.M. Vokkarane, A survey of advance reservation routing and wavelength assignment in wavelength-routed WDM networks. IEEE Commun. Surv. Tutor. **14**(4), 1037–1064 (Fourth Quarte 2012)

35. A.G. Rahbar, Review of dynamic impairment-aware routing and wavelength assignment techniques in all-optical wavelength-routed networks. *IEEE Commun. Surv. Tutor.* **14**(4), 1065–1089 (Fourth Quarter 2012)

36. D.J. Blumenthal, B.E. Olsson, G. Rossi, T.E. Dimmick, L. Rau, M. Masanovic, O. Lavrova, R. Doshi, O. Jerphagnon, J.E. Bowers, V. Kaman, L.A. Coldren, J. Barton, All-optical label swapping networks and technologies. J. Lightw. Technol. **18**(12), 2058–2075 (2000)

37. A. Pattavina, Architectures and performance of optical packet switching nodes for IP networks. J. Lightw. Technol. **23**(3), 1023–1032 (2005)

38. T. Ismail,Optical packet switching architecture using wavelength optical crossbars. IEEE/OSA J. Opt. Commun. Netw. **7**, 461–469 (2015)

39. M. Wang, S. Li, E.W.M. Wong, M. Zukerman, Evaluating OBS by effective utilization. IEEE Commun. Lett. **17**(3), 576–579 (2013)

40. T.Venkatesh,C. SivaRam Murthy, *An Analytical Approach to Optical Burst SwitchedNetworks* (Springer, Berlin, 2010)

41. C. F. Li, *Principles of All-Optical Switching* (Wiley, Hoboken, 2013)

42. M. Jinno, Elastic optical networking: roles and benefits in beyond 100-Gb/s era. J. Lightw. Technol. **35**(5), 1116–1124 (2017)

43. Ujjwal, J. Thangaraj, Review and analysis of elastic optical network and sliceable bandwidth variable

transponder architecture. Opt. Eng. **57**, 110802 (2018)

44. V. López, L. Velasco, *Elastic Optical Networks* (Springer, Berlin, 2016)

45. D.M. Marom, P.D. Colbourne, A. D'Errico, N.K. Fontaine, Y. Ikuma, R. Proietti, L. Zong, J.M. Rivas-Moscoso, I. Tomkos, Survey of photonic switching architectures and technologies in support of spatially and spectrally flexible optical networking. J. Opt. Commun. Netw. **9**, 1–26 (2017)

46. L.Yan, X.S.Yao, M.C. Hauer, A.E.Willner, Practical solutions to polarization-mode-dispersion emulation and compensation. J. Lightw. Technol. **24**(11), 3992–4005 (2006)

47. H. Bülow, F. Buchali, A. Klekamp, Electronic dispersion compensation. J. Lightw. Technol. **26**(1), 158–167 (2008)

48. A.B. Dar, R.K. Jha, Chromatic dispersion compensation techniques and characterization of fiber Bragg grating for dispersion compensation. Opt. Quantum Electron. **49**, article 108 (2017)

49. C.H.Yeh, J.R. Chen,W.Y.You,W.P. Lin, C.W. Chow, Rayleigh backscattering noise alleviation in long-reach ring-based WDM access communication. IEEE Access **8**, 105065–105070 (2020)

50. C. Kachris, I. Tomkos, A survey on optical interconnects for data centers. IEEE Commun. Surv. Tutor. **14**(4), 1021–1036 (Fourth Quarter 2012)

51. C. Kachris, K. Bergman, I. Tomkos, *Optical Interconnects for Future Data Center Networks* (Springer, Berlin, 2013)

52. T. Segawa, Y. Muranaka, R. Takahashi, High-speed optical packet switching for photonic datacenter networks. NTT Tech. Review **14**, 1–7 (2016)

53. D.J. Blumenthal, H. Ballani, R.O. Behunin, J.E. Bowers, P. Costa, D. Lenoski, P. Morton, S.B. Papp, P. T. Rakich, Frequency-stabilized links for coherent WDM fiber interconnects in the datacenter. J. Lightw. Technol. **38** (Apr. 2020)

54. G. Kanakis et al., High-speed VCSEL-based transceiver for 200 GbE short-reach intradatacenter optical interconnects. Appl. Sci. **9** (2019)

55. C. Xie, L.Wang, L. Dou, M. Xia, S. Chen, H. Zhang, Z. Sun, J. Cheng, Open and disaggregated optical transport networks for data center interconnects. J. Opt. Commun. Netw. **12**, C12–C22 (2020)

56. G. Keiser, *FTTX Concepts and Applications* (Wiley, Hoboken, 2006)

57. C.F. Lam (ed.), *Passive Optical Networks: Principles and Practice* (Academic Press, Cambridge, 2007)

58. Y.C. Chung, Y. Takushima,Wavelength-division-multiplexed passive optical networks (WDM PONs), in Chap. 23 in *Optical Fiber Tele-communications Volume VIB*, 6th edn. (Academic Press, Cambridge, 2013)

59. H.S. Abbas, M.A. Gregory, The next generation of passive optical networks: a review. J. Netw. Comput. Appl. **67**, 53–74 (2016)

60. D.A. Khotimsky, NG-PON2 transmission convergence layer: a tutorial. J. Lightw. Technol. **34**(5), 1424–1432 (1 March 2016)

61. D. Zhang, D. Liu, X. Wu, D. Nesset, Progress of ITU-T higher speed passive optical network (50G-PON) standardization: Review. J. Opt. Commun. Network. **12**(10), D99–D108 (2020)

62. ITU-TRecommendationG.983.1, *Broadband OpticalAccess Systems Based on Passive Optical Network (PON)* (Jan 2005)

63. ITU-T Recommendation G.984.1, *Gigabit-capable passive optical network (GPON): General characteristics*

(Mar. 2008)

64. ITU-T Recommendation G.987, *10-Gigabit-Capable Passive Optical Network (XG-PON): Definitions, Abbreviations, and Acronyms* (June 2012)

65. IEEE 802.3ca 25G/50G-EPON standard (June 2020)

66. C.-L. Tseng, C.-K. Liu, J.-J. Jou, W.-Y. Lin, C.-W. Shih, S.-C. Lin, S.-L. Lee, G. Keiser, Bidirectional transmission using tunable fiber lasers and injection-locked Fabry-Pérot laser diodes for WDM access networks. Photonics Technol. Lett. **20**(10), 794–796 (2008)

67. S.-C. Lin, S.-L. Lee, H.-H. Lin, G. Keiser, R.J. Ram, Cross-seeding schemes for WDM-based next-generation optical access networks. J. Lightw. Technol. **29**(24), 3727–3736 (2011)

68. E. Wong, Next-generation broadband access networks and technologies. J. Lightw. Technol. **30**(4), 597–608 (2012)

69. F. Xiong, W.-D. Zhong, H. Kim, A broadcast-capable WDM passive optical network using offset polarization multiplexing. IEEE J. Lightw. Technol. **30**(14), 2329–2336 (2012)

70. L.B. Du, X. Zhao, S. Yin, T. Zhang, A.E.T. Barratt, J. Jiang, D.Wang, J. Geng, C. DeSanti, C.F. Lam, Long-reach wavelength-routed TWDM PON: Technology and deployment. J. Lightw. Technol. **37**(3), 688–697 (1 Feb. 2019)

第 14 章　性能测量与监控

摘要：本章讨论用于评估设备和光纤的操作行为的测量技术，保证组件选择的正确性和验证网络配置的合理性。此外，需要使用不同的性能监控方法来验证链路在运行时是否满足所有设计和操作规范。对于这些测量要求和规程，有多种精密的测试设备可供选择。

在光纤通信网络的设计、安装和运行的所有阶段，都需要有不同的工程师进行性能测试。人们开发了多种测量技术来表征设备和光纤的工作特性，以确保为某个特定的应用选择合适的元件，并确保合理地配置网络。另外，也需要不同的性能监控方法来检验链路中所有的设计和工作参数在运行时都满足要求。对于每个测量类别都有很多测试设备可供选择。

在链路设计过程中，工程师可以在供应商的数据手册中得到很多有源或无源部件的工作参数。包括光纤、无源光器件以及光源、光检测器和光放大器等光电部件的固定参数。比如，光纤参数有纤芯和包层直径、折射率剖面、模场直径以及截止波长等。一旦知道了这些参数，通常就没有必要再重新测量了。

然而，通信系统元件的可变参量，比如光电部分，随着工作条件的不同会发生变化，因此在链路完成的前、中、后期都需要测量。对光纤进行精确测量特别重要，因为光纤一旦铺设好之后便不能随意更换。尽管光纤的很多物理特性保持不变，但是在光纤成缆和光缆铺设过程中，光纤的损耗和色散会发生变化。在单模光纤中，色度色散和偏振模色散是限制带宽距离积的重要因素。在高速 DWDM 链路中色度色散效应显得特别重要，因为它们的表现取决于链路的配置。对于数据速率达到或超过 10 Gbps 的情况，对偏振模色散的测量和监控尤其重要，因为它是限制最高数据传输速率的主要因素。

在链路的铺设和测试阶段，需要关注的工作参数包括误码率、定时抖动和信噪比，这些可以通过眼图观察。在实际运行过程中，线路的维护和监测功能也需要使用测量技术以便确定诸如光纤中故障点的位置和远端光放大器的状态等因素。

本章讨论的是光纤链路或网络的设计人员和用户十分关注的测量技术及性能测试。这里需要特别关注的是对 WDM 链路的测量，图 14.1 描述的是一些需要测试的参数以及在 WDM 链路中的测试位置。通过仔细的网络设计，很多这些因素的影响和损伤可以得到解决和控制。在网络运行过程中，其他参数也需要进行监控和可能的补偿。在任意一种情况下，从网络设计到提供服务这个时间周期内，都需要在某点上测量所有这些参数。

14.1 节讲述用于器件和系统评估的国际测量标准。14.2 节列出了光纤通信链路的基本测试设备。光波通信中的一个基本问题是光功率以及光功率计的使用，这是 14.3 节的主题。14.4 节转到测量方法上，给出了描述光纤参数的方法和专用设备的总结。除了测量几何参量，这个设备还可以测量损耗和色散。在链路安装过程中以及安装完成后，还需要对几个参数进行检测。比如通过眼图测量方法评估误码性能，这是 14.5 节的主题。14.6 节描述了用光时域反射仪(OTDR)检查野外链路的工作状态。14.7 节讨论光性能监控，其对于管理大容量光波传输网络尤其重要。需要监控的网络功能包括放大器控制，信道辨别以及光信号质量评估。

14.8 节介绍一些基本的性能测试过程。

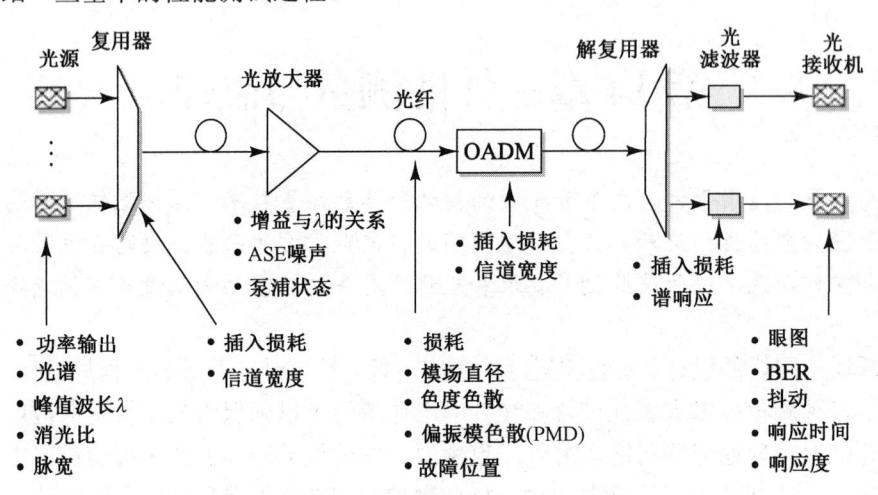

图 14.1 典型 WDM 链路的构成和用户关注的一些性能测试参数

14.1 测量标准概述

在深入研究测量技术之前，先来看看目前的光纤测量标准。有三类基本标准，即基础标准、器件测试标准和系统标准，列于表 14.1 中。

表 14.1 三种标准类别、相关的组织以及它们的功能

标准类别	相关组织	组织的功能
基础标准	● NIST（美） ● NPL（英） ● PTB（德）	● 表征物理参数 ● 支持和加速工程技术的发展（美国 NIST）
器件测试标准	● TIA ● ITU-T ● IEC	● 定义器件评估测试 ● 建立设备校准程序
系统标准	● ANSI ● IEEE ● ITU-T	● 定义物理层测试方法 ● 为链路和网络建立测试程序

基础标准用于测量和表征基本的物理参数，如损耗、带宽、单模光纤的模场直径和光功率等。在美国，负责制定基础标准的主要组织是美国国家标准与技术研究院（NIST，National Institute of Standards and Technology）[1]。该组织负责光纤和激光器标准的制订工作，并发起了一个光纤测量年会。其他国家相应的组织有英国国家物理实验室（NPL，National Physical Laboratory）[2]和德国的 PTB（Physikalisch-Technische Bundesanstalt）[3]。

多个国际性组织参与了器件和系统测试标准的制订，表 14.2 进行了总结。负责链路和网络测试方法的主要机构是电气与电子工程师学会（IEEE）以及国际电信联盟电信标准分局（ITU-T）。

器件测试标准定义了光纤器件性能的相关测试项目，并建立了设备校准程序。有几个不同的组织负责制定测试标准，其中最为活跃的有：电信产业协会（TIA）和电子产业联盟（EIA）。TIA 有 200 多条光纤测试标准和说明，它在一般情况下，用 TIA-455-XX 来标识，其中 XX 指特定的测量技术。这些标准也称为光纤测试程序（FOTP），所以 TIA-455-XX 就变成了 FOTP-XX。这些标准中还包括大量推荐的测量方法，用来测量光纤、光缆、无源器件和光电器件对环境因素和工作条件的响应。TIA 规格的全部目录详见该官网。

系统标准是指链路和网络的测量方法。负责系统标准的主要组织是美国国家标准协会（ANSI）、电气与电子工程师学会（IEEE）和 ITU-T。对光纤系统的测试应特别注重的是来自 ITU-T 的测试标准和建议。

表 14.2 主要的标准制订组织以及它们与测试相关的业务

组织	与测试相关的业务
IEEE	为链路和网络建立并发布测试程序 ● 定义物理层测试方法 ● IEEE 802.3ah 的第一英里以太网（EFM）
ITU-T	在电信的所有领域建立和发布标准 ● G 系列用于电信传输系统以及媒质、数字系统和网络 ● L 系列用于线缆和其他外部设备元件的建设、安装和防护 ● O 系列用于测试设备的规范
TIA	建立了以光纤测试程序（FOTP）命名的 200 多条测试标准 ● 定义了物理层测试方法 ● TIA-455-XX 或 FOTP-XX 文件

14.2 测试设备概述

当光信号通过光纤链路的各个部分时，需要测量和表征的基本参数有三个：光功率、偏振和频谱成分。完成光器件和系统的这些参数测试的基本设备主要有：光功率计、衰减器、可调谐激光器、光谱分析仪和光时域反射仪。这些设备具有不同的功能，其尺寸从适合野外使用的便携式的、手持式的到实验室里使用的手提箱大小的精密仪器都有。实验室里使用的仪器有很高的精度，通常野外使用的设备不需要有那么高的精度，但是它们需要更结实，保证能在温度变化、潮湿、灰尘和机械压力等恶劣环境下顺利可靠地完成测量任务。实际上，即使是野外使用的手持式设备也已经很精密了，它们具有自动控制测试的微处理器、计算机接口，以及接入因特网的能力。

像偏振分析仪和光通信分析仪这样更精密的仪器，可以用来测量和分析偏振模色散（PMD）、眼图和脉冲波形。在用户键入待测参数和需要的测试范围之后，只要按一下按钮，这些仪器就可以完成各类统计测量。

表 14.3 列出了一些用于光通信系统安装和运行的基本测试设备以及它们的功能。本节介绍此表中前六项仪表，后面的各节将详细介绍光功率计、误码率测试仪以及光时域反射仪。

表 14.3　一些广泛使用的光纤系统测试仪表以及它们的功能

测试仪表	功　能
测试用光源(多波长或宽带)	帮助测量光器件或链路的波长相关响应
光谱分析仪	测量光功率与波长的函数关系
多功能光测试仪	工厂或野外工作使用的仪器，具有可更换模块，可进行多种类型的测量
光功率衰减器	降低光功率水平，以防止仪器受损，或避免测量中的过载失真
一致性分析仪	依照标准规范测量光接收机性能
可视故障指示仪	利用可见光对光纤中的断裂给出快速的指示
光功率计	在选定波长带中测量光功率
BER 测试设备	利用标准的眼图评估光链路的数据处理能力
OTDR(野外用仪器)	测试损耗、长度、连接损耗以及反射系数，帮助定位光纤断裂位置
光回波衰减测试仪	测量某点上总反向功率与总前向功率的比值

14.2.1　测试用光源

测量光器件需要各种专用光源，表 14.4 列出了两种测量所用的激光光源的特性。

表 14.4　测试用激光光源的特性

参数	可调光源	宽带光源
谱输出范围	可选择：1370～1495 nm 或 1460～1640 nm	峰值波长±25 nm
总输出光功率	可达 8 dBm	在 60 nm 的范围内大于 3.5 mW(5.5 dBm)
功率稳定性	<±0.02 dB	<±0.05 dB
波长精确度	<±10 pm	(不用)

可调谐激光器是测试光器件或链路与波长相关响应的重要仪器。很多供应商可以提供这种光源，它能在每个选定的波长点上产生真正的单模激光谱线。典型的结构是一个外腔式半导体激光器。用一个可移动衍射光栅作为可调谐滤波器进行波长选择，根据激光器与光栅的组合，调谐范围可以在 1280～1330 nm、1370～1495 nm 波段，或者在 1460～1640 nm 波段。波长扫描可以自动完成，并且扫描频谱区域内输出光功率平坦。这类仪器的最小输出光功率是−10 dBm，绝对波长精确度的典型值是±0.01 nm。

宽带非相干光源是评估无源 DWDM 部分所需要的光源，它耦合进单模光纤中的输出功率可以很高。这种仪器可以通过使用 EDFA 中的放大的自发辐射(ASE)来实现。输出的功率谱密度可以是边发射 LED 的上百倍(20 dB)，是白光钨灯光源的 100 000 倍(50 dB)。这种仪器的输出总功率在 50 nm 的范围内超过 3.5 mW(5.5 dBm)，谱密度为−13 dBm/nm(50 μW/nm)。相对较高的功率谱密度可以让测试人员在中等或较高的插入损耗条件下能够确定器件的性能。峰值波长可以是 1280 nm、1310 nm、1430 nm、1550 nm 或 1650 nm。

14.2.2　光谱分析仪

WDM 系统的广泛应用促使我们对各种电信网络单元的谱域特性进行光谱分析。光谱分析仪(OSA)就是用来进行光谱分析的，测量得到的光功率是波长的函数，最普通的实现途径是利用基于衍射光栅的光滤波器，它的波长分辨率小于 0.1 nm。基于迈克尔逊干涉仪的波长计可以达到更高的波长精度(±0.001 nm)。

图 14.2 是一个基于光栅的光谱分析仪的工作原理。用一个透镜对光纤中射出的光进行准直,并照射到可以旋转的光栅上。出射狭缝用于选择或滤出光谱。波长分辨率由 OSA 中的光滤波器的带宽决定。"分辨率带宽"这个术语用于描述光滤波器的带宽。典型的 OSA 中可选择滤波器的波长范围是 10～0.1 nm。光滤波器的特性决定了动态范围,动态范围是 OSA 在同一次扫描中同时覆盖到大信号和小信号的能力。影响 OSA 灵敏度和扫描时间的主要因素是放大器的带宽。在 O 波段到 L 波段,光电二极管通常用 InGaAs 器件。

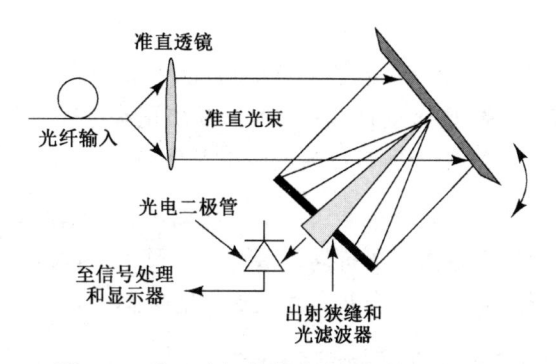

图 14.2 基于光栅的光谱分析仪的工作原理

OSA 通常扫描一个光谱区,并在离散的波长点上进行测量。波长间隔,也就是所谓的轨迹点间距取决于仪器的带宽分辨能力。

14.2.3 多功能光测试仪

为了减少现场支持工程师需要携带的单个测试设备的数量,制造商正在生产具有多种功能单元集成型测试设备。特别令人感兴趣的是用于安装、开通和维护企业网、城域网和 PON 中光纤链路的多用途手持测试单元。手持便携式仪器具有以下功能:功率计、双向双波长损耗测试仪、光回波衰减测试仪、用于定位故障点的可视故障指示仪以及用于野外人员之间全双工通信的通话设备。测试结果可以显示在经典的 5 英寸高分辨率彩色触摸屏上,或者可以通过蓝牙连接和无线连接的方式发送到存储设备或更复杂的数据分析仪器上。

14.2.4 光功率衰减器

在许多实验或产品测试中,可能需要测量高电平光信号的特性。如果电平太高,比如光放大器的输出,则测量前信号需要经过精确衰减,这样做是为了避免仪器损坏或测量的过载失真。光衰减器允许用户降低光信号电平,例如在特定波长上(通常是 1310 nm 或 1550 nm)。经过精确的步骤,最高衰减能达到 60 dB(相当于 10^6)。用于野外快速测量的设备(体积近似为 2cm×5cm×10 cm)的衰减范围的精度能达到 0.5 dB 就可以了,而实验室内使用的仪器的衰减精度需要达到 0.001 dB。

14.2.5 光传送网(OTN)测试仪

在使用光传送网(OTN)测试仪时,主要的关注点在于如何确定不同的网络单元正常工作。关于这一点,ITU-T 发布了以下指南:

- G.709,OTN 接口(2020 年 6 月)
- G.798,OTN 分层功能化模块的特性(2017 年 12 月;2021 年 1 月第 3 次修订)

这些指南的重要性在于明确了由不同供应商设计、制造和安装的 OTN 单元必须遵守这些 ITU-T 建议。这样的测试称为一致性测试(因此仪器也称为一致性分析仪),包括以下部分:

- 确定各元件接口规范的正确性
- 检查被测器件(DUT)的正确响应
- 确定前向纠错(FEC)模块正确运行
- 检查客户信号的映射和解映射是否正常运行

多功能、多端口，用于现场一致性测试多用户便携式笔记本大小的仪器可以测量多种参数，例如物理层抖动、漫游，以及 1.5 Mbps 至 100 Gbps 速率的误码率，测试结果可以各种形式显示在一个 9 英寸或更大的屏幕上。

14.2.6 可视故障指示仪

可视故障定位器(VFL)是一种手持的钢笔大小的仪器，用可见光源来定位故障，比如光纤断裂、过度弯曲或连接器不匹配。光源发出很亮的红光束(比如 650 nm)进入光纤，这样用户就可以通过闪耀的红光看到光纤中的故障或高损耗点。VFL 对于鉴别位于光时域反射仪(OTDR)盲区内的光纤故障尤其有用。在使用这个仪器时，发生的故障必须是在光纤或连接器处于开放状态的地方，这样通过观察红光判断故障才是可行的。

正常情况下光源输出为 1 mW，这样可以在故障点处通过光纤套管观察到光。这个功率水平可以让用户通过视觉直接检测故障。这种仪器通常由一个 1.5 V 的 AA 电池供电，工作模式可以是连续的，也可以是间歇的。

14.3 光功率测量

光功率测量是光纤度量中最基本的功能。然而，这个参数并不是一个固定的量，而是可以随其他变量(比如时间、链路距离、波长、相位和偏振态)变化的函数。

14.3.1 光功率的物理基础

为了理解光功率，让我们回顾一下它的物理基础，以及它与其他光特性之间的关系，比如能量、强度和辐照。

- 光的微粒，称为光子，自身有一定的能量，并随波长变化。光子的能量 E 和波长 λ 的关系为 $E = hc/\lambda$，这称为普朗克定理。用波长(单位 μm)来表示，电子伏特的能量表达式为 $E(\text{eV}) = 1.2406/\lambda(\mu m)$。注意，$1\ \text{eV} = 1.602\ 18 \times 10^{-19}\ \text{J}$。
- 光功率 P 测量的是光子到达检测器的速度。因此，它测量的是单位时间的能量传送。由于能量传送的速度随时间变化，因此光功率也是时间的函数。它的单位是瓦特/秒或焦耳/秒。
- 在第 4 章中提到过，辐照(或亮度)是测量每单位发射表面有多少光功率辐射进指定的立体角度中的，单位也是瓦特。

由于光功率可随时间变化，它的测量也是随时间变化的。图 14.3 描绘了一个信号脉冲流随时间变化的光功率电平。根据测量的具体时间，得到的瞬时功率读数也是不同的。因此，在光通信系统中主要概括为两种功率测量类别，即峰值功率和平均功率。峰值功率是脉冲中的最大功率，可能只维持很短的时间。

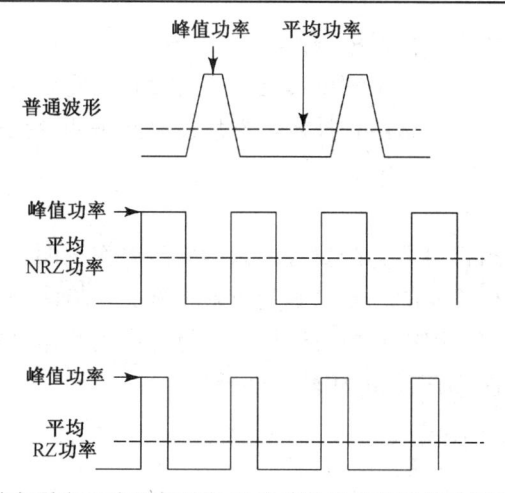

图 14.3　非归零(NRZ)和归零(RZ)光脉冲串中的峰值功率和平均功率

平均功率是与单个脉冲持续时间相比的相对较长的时间里的功率的平均值。比如，测量时间周期可能是 1 s，其中包括很多的信号脉冲。简单地举一个例子，在非归零数据流中，在较长的时间周期里，1 码和 0 码是等概率的。在这种情况下，如图 14.3 所示，平均功率就是峰值功率的一半。如果使用的是归零调制格式，由于在 0 时隙中没有脉冲而 1 时隙只被填充了一半，因此平均功率是峰值功率的四分之一。

由于实际的光纤系统中的测量都是在很多脉冲的基础上得到的，因此光检测器的灵敏度通常用平均功率来表示。然而，光发射机的输出功率通常是指峰值功率。这意味着，如果链路设计者在进行链路功率预算时误将峰值光源输出功率当成入纤的光功率电平，那么耦合进光纤中的平均功率，也就是光检测器测量到的功率，至少比这个值低 3 dB。

14.3.2　光功率计

光功率计的功能是测量选定波长段的总功率。几乎每一种光波测试设备都包含某种形式的光功率检测。这类手持式仪器种类繁多，功能也不完全相同，带有几个光检测器的多波长光功率计是测量光信号功率电平最通用的仪器，通常以 dBm(0 dBm = 1 mW)或 dBμ(0 dBμ = 1 μW)的形式显示。

例如，在 780～1600 nm 波段内，选用 Ge 光检测器，其测量范围是 +18～-60 dBm；而在 840～1650 nm 波段内，选用 InGaAs 光检测器，其测量范围是 +3～-73 dBm。在每种情况下，可以在多个校准波长上进行功率测量。可以对阈值设置进行选择，这样仪器就可以在内置显示器上显示通/断。可以通过 USB 端口或蓝牙端口连接到智能应用程序，以便从现场、云存储和工作流管理进行数据报告。其他连接方式有电子邮件或消息接口。

14.4　光纤特性参数

世界各地制造和铺设了数以百万千米的光纤，也开发了各种类型的设备来测试光纤的物理参数和性能参数。然而早期的设备多是专门用于测量一两个参量，现代复杂的仪器只需要简单地准备一下就可以在制造过程中精确地确定光纤的特性。这些参量包括模场直径、损耗、截止波长、色散与波长的关系、折射率剖面、有效面积以及几何属性(例如纤芯和包层直径、纤芯到包层的同心误差以及光纤的不圆度)。这种专用设备的两个基本的测试方法是折射近场法和传输近场法。本节首先介绍这两种技术，然后讨论几种测试损耗的标准方法。

14.4.1 折射近场法

ITU-T 和 TIA 建议使用折射近场测量方法来确定折射率剖面(RIP)[4]。这种方法通过移动聚焦激光扫过光纤端面并检查光的分布来确定折射率剖面。检测到的光信号电平的变化与光纤端面的折射率变化成正比。RIP 参数可以用来计算光纤的几何参数，评估除了损耗和偏振模色散之外的所有传输特性(例如色散和截止波长)。

14.4.2 传输近场法

ITU-T 和 TIA 建议传输近场测量方法用来测量模场特性[5,6]。模场直径(MFD)的概念很重要，因为它描述了光纤横截面上光场的径向分布。MFD 的详细信息可以让人们计算出比如光源到光纤的耦合效率、连接损耗、微弯损耗以及色散等特性。传输近场扫描可直接给出光纤出口处的强度分布 $E^2(r)$。从这个分布中，我们可以利用 Petermann II 方程计算出 MFD。Petermann II 表达式由式(2.32)给出，是场强分布的函数[7,8]

$$\text{MFD} = 2\left[\frac{2\int_0^\infty E^2(r)r^3 dr}{\int_0^\infty E^2(r)r dr}\right]^{1/2} \tag{14.1}$$

由于这个方程很容易计算，测试设备软件可以通过近场数据直接计算出 MFD。

14.4.3 损耗测量

光纤波导中光功率损耗是吸收过程、散射机制和波导效应共同作用的结果。制造商通常对各种因素单独引起的损耗大小感兴趣，而使用光纤的系统工程师则更关注光纤传输的总损耗。这里我们只讨论总传输损耗的测量技术。

测量光纤损耗有三种基本方法。最早推出和最通用的方法是使用相同的输入耦合光功率，测量经过一段较长和较短的相同光纤后的传输光功率，这就是我们所熟知的截断法。另一种方法是插入损耗法，它没有前者精确，但它不是破坏性方法，对测量带有连接器的光缆很有用。本节将讨论这两种方法。14.6 节将讨论第三种方法，它与 OTDR 的使用有关。

截断法

截断法[9]是一种破坏性方法，它需要在接入光纤的两端测量光功率，如图 14.4 所示。可以在一个或多个特定的波长上进行测量，如果要测量频谱响应，则需要在一个波段内进行。为了获得传输损耗，首先要测量光纤输出端(或远端)的输出光功率，然后在不破坏输入条件的情况下，在离光源几米处截断光纤，然后测量近端输出光功率。用 P_F 和 P_N 分别表示远端和近端的输出功率，则以 dB/km 为单位的平均损耗 α 为

$$\alpha = \frac{10}{L}\log\frac{P_N}{P_F} \tag{14.2}$$

其中 L (单位 km) 表示两个测量点之间的距离。之所以采用这样的步骤，是因为要精确计算耦合入射到光纤中的光功率是极其困难的。使用截断法，从短光纤中发射出的光功率就

与长度为 L 的长光纤的输入光功率相同。图 14.4 中扰模器的作用是消除包层模,它们会干扰纤芯中损耗的测量。

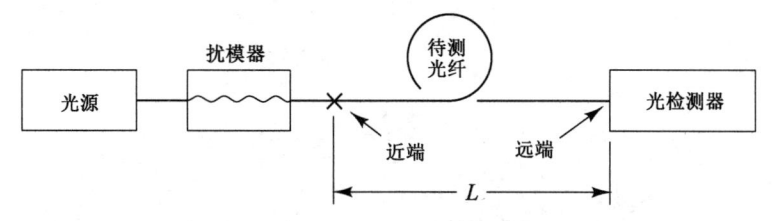

图 14.4 用截断法测量光纤损耗的实验装置示意图,首先测量远端光功率,然后在近端将光纤截断并测量截断处的输出功率

例 14.1 某工程师想测量一根 4.95 km 长的光纤在波长 1310 nm 上的损耗,唯一可用的仪器是光检测器,它的输出读数的单位是伏特。利用这个仪器,使用截断法测量损耗,该工程师测量得到光纤远端的光电二极管的输出电压是 6.58 V,在离光源 2 m 处截断光纤后测量得到光检测器的输出电压是 2.21 V。试求光纤的损耗是多少 dB/km?

解:由于光检测器的输出电压与光功率成正比,可以将式(14.2)写成

$$\alpha = \frac{10}{L_1 - L_2} \log \frac{V_2}{V_1}$$

其中,L_1 是原始光纤的长度,L_2 是截断后的长度,V_1 和 V_2 分别是从长光纤段和短光纤段输出的电压读数,则用 dB 表示的损耗可以写为

$$\alpha = \frac{10}{4.950 - 0.002} \times \log \frac{6.58}{2.21} = 0.95 \text{ dB/km}$$

训练题 14.1 一个专家计划用截断法测量一段 9.6 km 的单模光纤在 1550 nm 波段的损耗,测得远端功率为 410 μW,在源端剪掉 2 m 长的光纤后,输出光功率为 680 μW。试证明此段光纤的损耗在此波段为 0.229 dB/km。

在使用这种测量方法时,需要特别注意光功率是如何入射到光纤中的。这是因为在多模光纤中,不同的入射条件导致不同的损耗值。在光纤的入射端,不同的光纤数值孔径和入射光斑大小导致了多模光纤不同的模式分配,如图 14.5 所示。如果入射光斑很小,光束发散角也在光纤数值孔径所允许的范围内,则光功率集中到纤芯中心区,如图 14.5(a) 所示。在这种情况下,更高阶模式的功率损耗对总损耗的贡献可以忽略。在图 14.5(b) 中,入射光斑尺寸大于光纤纤芯直径,光束发散角已超过了光纤数值孔径所允许的范围。对于这种情况,入射光束落在光纤纤芯和数值孔径所允许的范围之外的部分就损失掉了,从而高阶模式的功率损耗对总损耗的贡献就很大(见 5.1 节和 5.3 节)。

使用圆轴卷绕法可以获得典型的稳态模式分布。在这个过程中,初始对光纤的过度激励引入了更高阶的包层模式,将光纤在直径约为 1.0~1.5 cm 的圆轴外缠绕几圈后即可滤除这些模式。在单模光纤中,这类模式滤波器可以用于剥离光纤中的包层模。

插入损耗法

对于带有连接器的光缆不能使用截断法测量,这时通常使用插入损耗法[9]。该方法没有截断法精确,但它更适合野外测量,它能以 dB 为单位给出光缆的总损耗。

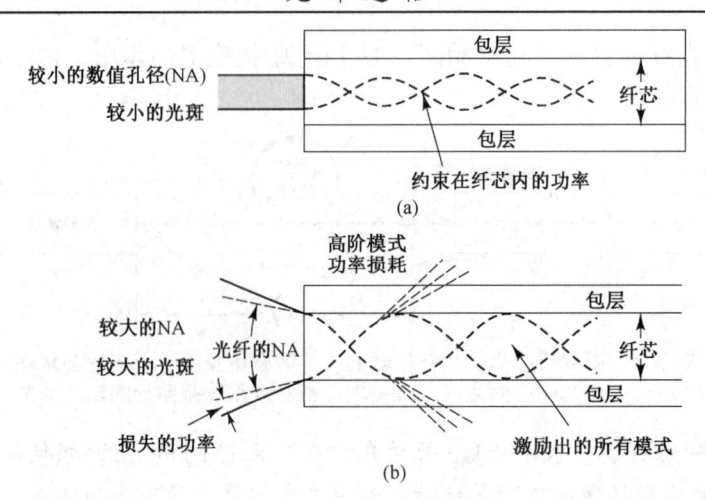

图 14.5 光纤端面的数值孔径和入射光斑尺寸对模式分配的影响。(a)入射光未充满光纤端面，只能激励较低阶模式；(b)入射光从光纤端面溢出，高阶模式引起额外的损耗

插入损耗法的基本方案如图 14.6 所示，其中发射端和检测端的耦合是通过连接器来完成的，波长可调的激光器将光功率耦合到一段很短的光纤中，这段光纤与待测光纤有相同的特性。对于多模光纤，使用扰模器来确保光纤纤芯中具有稳态模式分布。在单模光纤中使用包层模式剥离器来确保只有基模在光纤中传输，通常还包括波长选择器件(如滤波器)，以便得到波长与损耗之间的函数关系。

为了进行损耗测试，首先将带有一小段发射光纤的连接器与接收系统的连接器相连，并记录下发射光功率电平 $P_1(\lambda)$，然后将待测光缆接入发射和接收系统之间，并记录下接收光功率电平 $P_2(\lambda)$。以 dB 为单位的光缆损耗为

$$A = 10\log\frac{P_1(\lambda)}{P_2(\lambda)} \tag{14.3}$$

上式给出的损耗值是成缆光纤的损耗与连接发射端连接器和光缆的连接器的损耗之和。

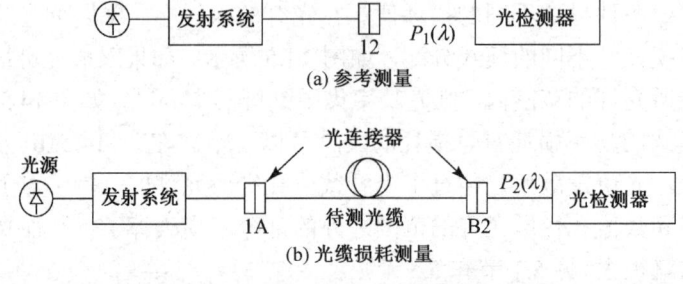

图 14.6 用插入损耗法测量光缆损耗的装置结构，其中发射端和检测端的耦合通过连接器实现

例 14.2 插入损耗法也可以用来测量带有尾纤的光器件的损耗。假设带有跳线的光滤波器插入到图 14.6(a) 的链路中，在插入滤波器前的光检测器功率为 $P_1 = 0.51$ mW，插入滤波器后光功率为 $P_2 = 0.43$ mW。求滤波器的插入损耗是多少？

解：从式(14.3)中可以得到

$$\text{插入损耗} = 10\log(P_1/P_2) = 10\log(0.51/0.43) = 0.74 \text{ dB}$$

14.5 眼图

眼图方法虽然很简单,却是评估数字传输系统数据处理能力的一种极为有效的测量方法。现代误码率测试仪器通过产生速率相同但方式随机的伪随机0、1图案来构建眼图。当这些脉冲图案同时叠加在一起时,就会产生如图 14.7 所示的眼图图案[10,11]。"伪随机"的意思是产生的 0、1 序列实际上是重复的,但是对测试目的而言已经具有足够的随机性了。2 比特长的伪随机二进制序列(PRBS)有 4 种不同的组成方式,3 比特长的 PRBS 有 8 种不同的组成方式,4 比特长的 PRBS 有 16 种不同的组成方式(也就是说,N 比特长的序列有 2^N 个不同的组成方式),直到仪器所设置的极限。可以随机选择这些组成方式,PRBS 代码的长度是 2^N-1,其中 N 是一个整数,这种选择可以保证代码重复速率与数据比特率无关。N 的典型值有 7、10、15、20、23 和 31,达到极限后,数据序列就会重复。

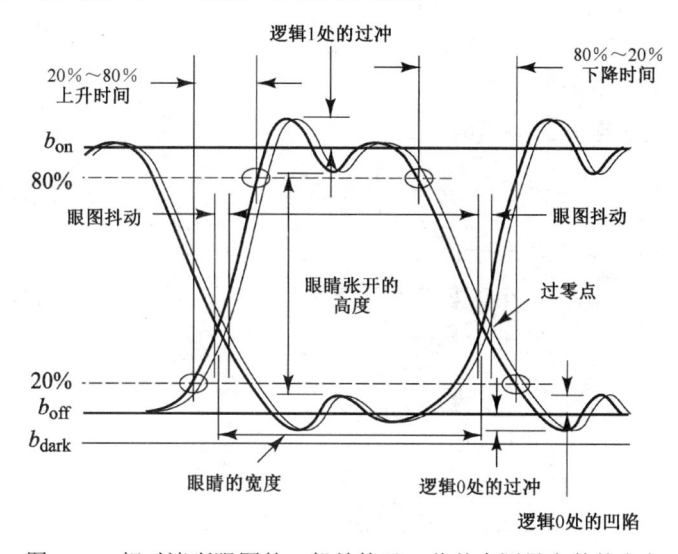

图 14.7 相对清晰眼图的一般结构及一些基本测量参数的定义

理想情况下,如果信号损伤很小,接收到的图案应该像图 14.7 那样。然而,传输链路中时变的信号损伤会导致信号幅度变化以及数据信号和相关时钟信号之间的定时偏移。注意,时钟信号通常被编码在数据信号中,它用来帮助接收机正确地判读接收的数据流。接收的信号图案在边缘、顶部和底部将变得更宽,同时有失真,如图 14.8 所示。

图 14.8 信号畸变效应导致眼睛张开程度变小

14.5.1 模板测试

对畸变眼图特性的判读是通过模板测试完成的。根据所使用的协议标准，工业上定义的模板可以呈多边形或正方形，它必须在眼图张开区域之内，如图 14.9 所示。在某些情况下（比如 622 Mbps SONET），模板呈六边形，位于眼睛的中间，而在其他的一些协议中，模板呈矩形（比如 OC-48 和 OC-192）或菱形（比如吉比特以太网中）。模板的高度与信号功率电平成正比。这个高度表明为了获得特定的误码率，1 电平和 0 电平之间所需的最小差别（见第 7 章）可从第 7 章中描述的 Q 因子中推导出来。多边形边缘的斜率指出了 10%～90% 的上升和下降时间。模板宽度与比特率成比例，即比特率越高，宽度越窄。这和图 14.9 中的抖动参数相关，它是与信号相关的峰峰抖动容限的一半。过冲参数和凹陷参数分别是 1 电平和 0 电平的边界。在图 14.9 中，眼图测试参数定义如下：

- P_1 是一长串 1 比特的平均光功率
- P_0 是一长串 0 比特的平均光功率
- A 是内部上眼皮电平的最低值
- B 是内部下眼皮电平的最高值

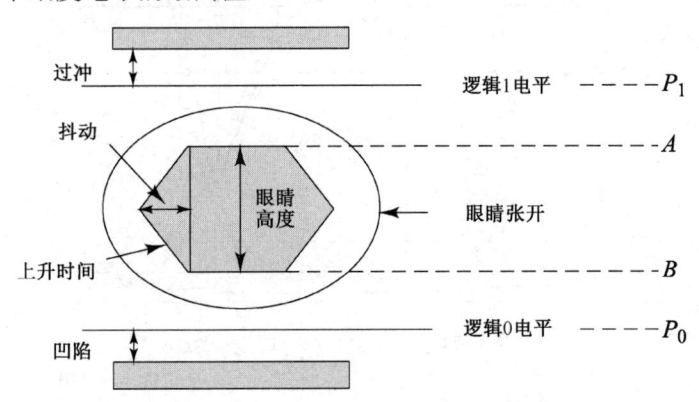

图 14.9 上下两条线和六边形定义了眼图模板

大部分现代误码测试仪器的操作软件都内置了很多不同协议的模板可供选择。另外，用户可以键入客户模板进行任何应用或者检查不同的测试结果。表 14.5 列出了几种协议的 5 个模板参数值。这些参数的单位是单位间隔（UI），其中图案高度（P_1–P_0）为 UI = 1.0。注意，对于 OC-48，由于模板是矩形，所以其上升时间为零。

表 14.5 几种协议的标准 NRZ 眼图模板参数（单位为 UI）

协议	抖动	上升时间	眼睛高度	过冲	凹陷
OC-3	0.15	0.200	0.60	0.20	0.20
OC-12	0.25	0.150	0.60	0.20	0.20
OC-48/192	0.40	0.000	0.50	0.25	0.25
吉比特以太网	0.22	0.155	0.60	0.30	0.20
光纤信道	0.15	0.200	0.60	0.30	0.20

14.5.2 压力眼图

许多高速传输协议的标准定义了一种测试,使用所谓的压力眼图。这些标准有吉比特以太网、10 吉比特以太网、光纤、SONET OC-48 以及 OC-192。这种测试的概念是假设信号上所有可能的抖动和码间干扰损伤将会使眼图闭合成一个菱形,如图 14.10 所示。如果待测光接收机眼图张开程度高于确定无误码工作时的这种菱形图案,那么在实际的现场系统中预计也能正确运行。压力眼图模板高度通常在 0.10~0.25 UI 之间。压力眼图测试的相关讨论见 14.8.4 节。

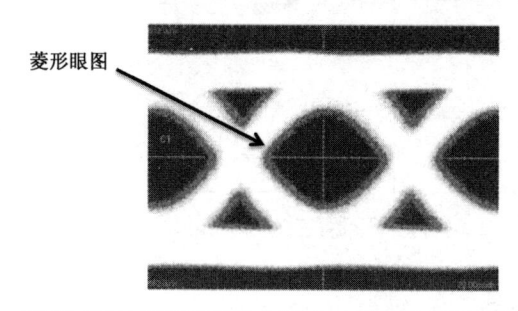

图 14.10 所有可能的信号畸变效应集合时导致张开很小的压力眼图

14.5.3 BER 等高线

与压力眼图相关的一个参量称为 BER 等高线。从根本上说,BER 等高线类似于地理上的等高线,表明了山的高度和陡度的剖面。如图 14.11 所示,BER 等高线显示了眼图内误码概率的不同等级。从这样的图中可以看到随着斜率的变陡,不同的 BER 等高线更加靠近。这意味着,如果接收机工作在靠近这种陡的等高线的边缘处,就更容易发生误码。因此,在等高线边界内,接收机判决点离边界越远,它的性能就越好。这样的情况称为健康眼图。

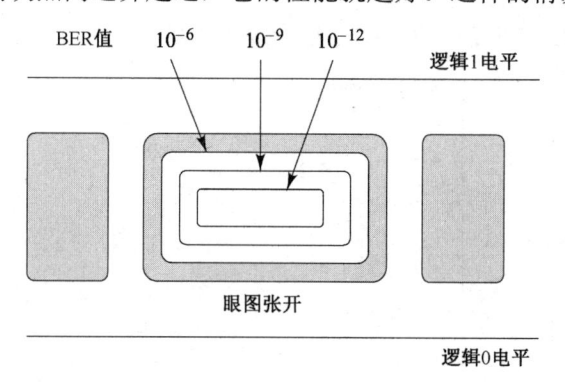

图 14.11 眼睛等高线图给出了 BER 的三维显示

14.6 光时域反射仪(OTDR)

OTDR 是光纤通信系统中广泛使用的通用便携式仪器,这种仪表除了能确定光纤链路中故障的位置外,它还能测量光纤损耗、光纤长度、连接器与接头损耗以及光反射率等参数(参见文献[12]或供应商网站)。

从基本原理上来说 OTDR 就是光雷达。如图 14.12 所示，用直接耦合器或光环形器将周期性的激光窄脉冲入射到待测光纤的一端来驱动 OTDR，通过分析后向散射光波形的振幅和时域特性即可确定光纤链路的特性。典型的 OTDR 由光源和接收机、数据采集处理模块、用于保存内部存储器和外部磁盘中数据的信息存储单元和显示器组成。

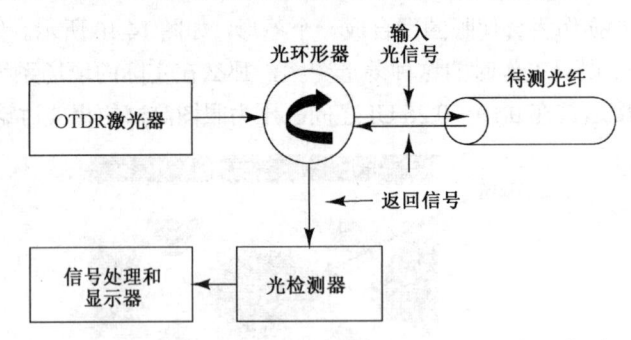

图 14.12 使用光环形器的光时域反射仪（OTDR）的工作原理

14.6.1 OTDR 测试曲线

图 14.13 是 OTDR 显示屏上能看到的典型测试曲线图，纵轴是对数刻度，表示回传（后向反射）信号的值，单位是分贝。横轴表示仪器与光纤中测量点之间的距离。除了曲线，OTDR 的显示器中可以在结果旁显示一个数字，并在曲线下方的表中列出所有的数字以及相应的测量信息。后向散射波形有 4 个典型特征：

- 由于菲涅耳反射的作用，在光纤输入端产生了一个大的初始脉冲；
- 在与输入脉冲传播方向相反的方向上瑞利散射产生的长的递减拖尾；
- 由于光纤线路中接头和连接器的光损耗，曲线中出现突降；
- 由于菲涅耳反射，在光纤的末端、光纤接头和缺陷处出现了正向尖峰。

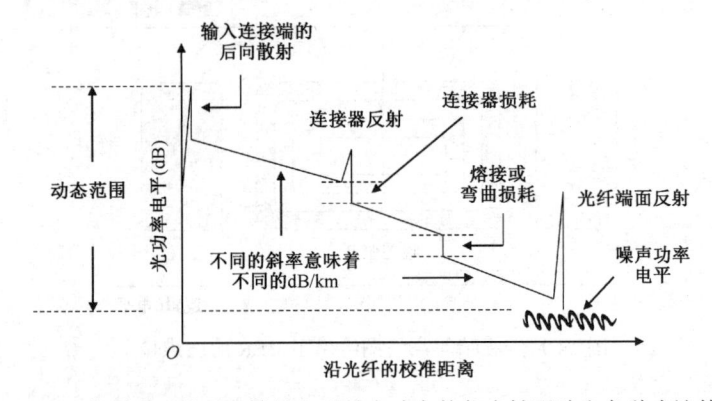

图 14.13 OTDR 屏幕所显示的后向散射和反射光功率的代表性跟踪和各种痕迹特征的含义。
注意：链路中的连接点、熔接点、光纤断裂或其他物理变化的点称为"事件"

后向散射光主要由菲涅耳反射和瑞利散射产生。光进入具有不同折射率的介质时就会发生菲涅耳反射，当功率为 P_0 的光束垂直入射到玻璃与空气的界面上时，反射功率 P_{ref} 为

$$P_{\text{ref}} = P_0 \left(\frac{n_{\text{fiber}} - n_{\text{air}}}{n_{\text{fiber}} + n_{\text{air}}} \right)^2 \tag{14.4}$$

其中 n_{fiber} 和 n_{air} 分别是光纤纤芯和空气的折射率。理想光纤端面反射光功率约占入射光功率的 4%，然而由于光纤端面不完全光滑，也不完全垂直光纤的轴，反射功率远远小于可能获得的最大值。角度抛光连接器(APC)就是因此实现低反射的。

某个事件的检测和测量精度取决于 OTDR 在那个点上可以获得的信噪比(SNR)，它定义为反射信号和噪声电平的比值。SNR 取决于 OTDR 的脉宽、对信号的取样频率以及距离测量点的长度等因素。

动态范围和测量范围是 OTDR 的两个重要的性能参数。动态范围是指在前端连接器处初始后向散射光功率电平与光纤远端处噪声电平峰值之差，它是以分贝为单位的光纤损耗的一种表示方法。动态范围提供了仪器能测量的光纤损耗最大值的信息，指出了测量给定的光纤损耗需要的时间。动态范围与分辨率之间的矛盾是制约 OTDR 的一个基本因素。要获得高的空间分辨率，脉冲宽度必须尽可能小，然而这样会降低信噪比，从而减小动态范围。典型的距离分辨率范围为：10 ns 的脉冲宽度能获得 8 cm 的分辨率，50 μs 脉冲宽度的分辨率为 5 m。

测量范围表征了 OTDR 鉴别光纤链路发生事件(如接头点、连接点和光纤断裂点)的长度。最大范围 R_{max} 取决于光纤的损耗 α 和脉冲宽度，也就是取决于动态范围 D_{OTDR}。如果以 dB/km 给定损耗，则以 km 为单位的最大范围为

$$R_{max} = D_{OTDR}/\alpha \tag{14.5}$$

例 14.3 考虑一个 OTDR，动态范围为 36 dB。如果工程师想用这个仪器来考量一个损耗为 0.5 dB/km 的光纤，那么他能测试的最大光纤距离 R_{max} 是多少？

解：从式(14.5)可以得到最大光纤距离为

$$R_{max} = D_{OTDR}/\alpha = 72 \text{ km}$$

14.6.2 损耗测量

在光纤中瑞利散射把光向各个方向散射，这是大多数高质量光纤中主要的损耗机制，光纤中后向的瑞利散射光功率可以用于测量损耗。

距离输入耦合器 x 处的光功率可以写成

$$P(x) = P(0)\exp\left[-\int_0^x \beta(y)dy\right] \tag{14.6}$$

式中，$P(0)$ 是光纤输入功率，$\beta(y)$ 是光纤的损耗系数(单位为 km^{-1})。$\beta(y)$ 可能与位置有关，也就是说，在整个光纤中损耗可能不一致。可以用自然对数单位奈培(neper)来度量参数 2β，它与损耗 $\alpha(y)$ (单位 dB/km)之间的关系(见附录 B)由下式决定：

$$\beta(km^{-1}) = 2\beta(nepers) = \frac{\alpha(dB)}{10\log e} = \frac{\alpha(dB)}{4.343} \tag{14.7}$$

假设沿波导方向所有各点的散射都是相同的，而且与模式分配无关，则点 x 处的反向散射功率 $P_R(x)$ 为

$$P_R(x) = SP(x) \tag{14.8}$$

其中 S 是被光纤捕获的向后散射光功率与总的传输光功率的比例系数。因此光检测器检测到 x 点的后向散射功率为

$$P_D(x) = P_R(0)\exp\left[-\int_0^x \beta_R(y)\mathrm{d}y\right] \tag{14.9}$$

其中 $\beta_R(y)$ 是反向散射光的损耗系数。因为光纤中后向散射光与前向入射光激励出的模式不同,所以参数 $\beta_R(y)$ 与 $\beta(y)$ 可能不同。

将式(14.7)和式(14.8)代入式(14.9),可以得到

$$P_D(x) = SP(0)\exp\left[-\frac{2\bar{\alpha}(x)x}{10\log e}\right] \tag{14.10}$$

其中平均损耗系数 $\bar{\alpha}(x)$ 的定义为

$$\bar{\alpha}(x) = \frac{1}{2x}\int_0^x [\alpha(y) + \alpha_R(y)]\mathrm{d}y \tag{14.11}$$

利用这个方程式,从如图 14.13 所示的数据轨迹曲线中即可求得平均损耗系数。例如点 x_1 和 x_2($x_1 > x_2$)之间的平均损耗为

$$\bar{\alpha} = -\frac{10[\log P_D(x_2) - \log P_D(x_1)]}{2(x_2 - x_1)} \tag{14.12}$$

例 14.4 用 OTDR 来测量一段长光纤的损耗,如果在 8 km 处测到的光功率是 3 km 处的一半,那么光纤的损耗是多少?

解: 可以从式(14.12)中得到

$$\alpha = -\frac{10\log\left[\dfrac{P_D(x_2)}{P_D(x_1)}\right]}{2(x_2 - x_1)} = \frac{10\log 0.5}{2\times(8-3)} = 0.3 \text{ dB/km}$$

训练题 14.2 用一台 OTDR 测量一段 300 m 长的塑料光纤的损耗。如果在 300 m 处测得光功率为 100 m 处的 0.025 倍,试说明此光纤的损耗为 0.040 dB/m 或 40 dB/km。

14.6.3 OTDR 盲区

盲区概念是 OTDR 又一个重要的特性。盲区是一个距离,在该距离内,OTDR 中的光检测器在测到强反射后即刻饱和。如图 14.14 所示,盲区有两种规格。事件盲区指的是 OTDR 能够检测出接着一个反射事件后下一个反射事件的最小距离,换言之,是两个反射事件之间所需的最小光纤长度。通常业界将这个指标定为反射开始到反射下降沿 −1.5 dB 点之间的距离。在测试事件盲区时使用短脉冲。比如,30 ns 的脉冲宽度可以得到的盲区为 3 m。

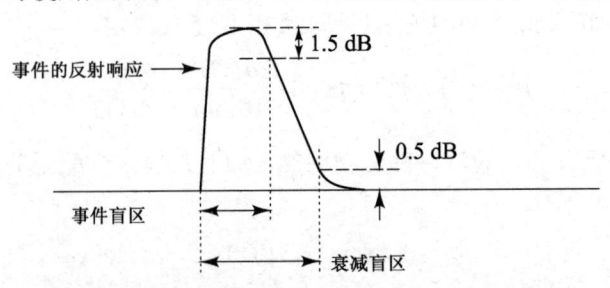

图 14.14 两种不同的盲区,即事件盲区和衰减盲区

衰减盲区指的是在一个反射事件之后,能够再次检测接续点之前,OTDR 中的光检测器

恢复所需要的距离。这也就是说接收机必须恢复到后向散射值的 0.5 dB 之内。典型的衰减盲区范围为 10～25 m。

通常，OTDR 的盲区长度与光纤中光脉冲所占的长度加上几米后的数值相等。因此，OTDR 制造商开始采用一种特殊长度的光纤称为光脉冲抑制器(OPS)插入到 OTDR 和光纤之间。OPS 将盲区从待测光纤的开始端移到这种特殊光纤中。可以将事件盲区降低到 1 m，这样，中心局布线系统之间很短距离之间的故障点就能够被检测出来了。

14.6.4 光纤故障定位

为了确定光纤中的断裂点和缺陷的位置，根据光纤前端和远端反射回来的脉冲的时间差，可以计算出光纤长度 L（由此确定断裂点和故障点的位置），如果这个时间差为 t，则其长度 L 为

$$L = \frac{ct}{2n_1} \tag{14.13}$$

其中 n_1 是光纤纤芯折射率，因子"2"表示光从光源传播到断裂点，再从断裂点返回到光源经过的总路程是 $2L$。

例 14.5 考虑一根长光纤，纤芯折射率 $n_1 = 1.46$。假设工程师使用 OTDR 来确定光纤中的断裂点位置。如果断裂点在 15 km 处，那么测试脉冲的返回时间是多少？

解：根据式(14.13)，可以得到

$$t = \frac{2n_1 L}{c} = \frac{2 \times (1.460) \times (15 \text{ km})}{2 \times 10^5 \text{ km/s}} = 0.146 \text{ ms}$$

可以通过对式(14.13)微分得到 OTDR 的故障定位精度 dL：

$$dL = \frac{c}{2n_1} dt \tag{14.14}$$

这里 dt 是原始脉冲和必须测量的反射脉冲之间的时间差精度。对于 $dL \leq 0.5$ m，$n_1 = 1.480$ 的情况，可以得到

$$dt = \frac{2n_1}{c} dL \leq \frac{2(1.480)}{3 \times 10^8 \text{ m/s}}(0.5) = 4.9 \text{ ns}$$

为了以这个精度测量 dt，脉冲宽度必须小于等于 $0.5 dt$（因为时间差测量的是原始脉冲和反射脉冲之间的时间差异）。因此要定位在实际位置 0.5 m 之内的光纤故障需要 2.5 ns 或更窄的宽度脉冲。

14.6.5 光回波衰减

在使用激光发射机的光链路中，光会在多个不同的点上发生反射。可以发生在连接器上、光纤端点、光分束器界面上，或者由于瑞利散射发生在光纤内部。如果不进行控制，反射光会引起光源中的光发生谐振，导致光源不稳定并可增加激光器的噪声。另外，反射光在传输线中会经过多重反射，到达接收机时会增加误码率。

因此人们很希望测量光回波衰减(ORL)，它是特定点上总的反向功率占前向功率的百分比。ORL 可以用反射功率 P_{ref} 与入射功率 P_{inc} 的比值来表示，即

$$\text{ORL} = 10\log(P_{ref}/P_{inc}) \tag{14.15}$$

可以用 OTDR 或 ORL 计来测量这个参数。尽管 OTDR 能够给出沿光纤传输路径上各个事件

点上精确的反射系数，但它在测量盲区内和盲区附近的反射时还是受到限制的。而这样的情况会引起 ORL，因此使用回波衰减测试仪会更好一些。

14.7 光性能监测

现代通信网络已经成为社会生活的重要部分，它的应用触及生活中的任何地方，从最简单的网站浏览到复杂的商业交易。由于这些网络与我们每天的生活息息相关，用户自然希望它们时刻都能有效正常地运行。为了提供高可靠性的服务，运营商必须用有效手段不断监测网络各个部分的健壮性。在 SONET/SDH 网络中，监测功能是大型网络管理功能中的性能管理子集。基本上是通过不间断 BER 在线测量来测量网络的健壮性的。从测试中得到的信息用来确定网络是否满足服务质量(QoS)要求。除此以外，另一个标准网络管理功能是故障监测，它负责监测哪里发生了(或将要发生)网络故障，以及为什么会发生。

光性能监测(OPM)增加到这些标准网络管理概念中，通过核对物理层单元的状态来检查影响信号质量的基本性能因素的时间特性。根据所需网络控制的复杂度和系统成本限制，光性能监测范围很大，从最简单的每个 WDM 信道的光功率监测，到能够识别大范围信号损伤来源的复杂系统[13-15]。

14.7.1 节首先回顾了通用网络管理功能，描述了它们与 OPM 的关系。14.7.2 节讨论 ITU-T 定义的用于光层中多波长系统的管理功能。这些功能是管理单波长系统所用的标准 SONET/SDH 程序的扩展。接下来的 14.7.3 节介绍三种不同等级的监测功能，可以进行不同类型的 OPM。14.7.4～14.7.5 节给出 OPM 程序的一些例子，包括网络维护、故障管理以及光信噪比(OSNR)监测。14.8 节介绍一些测量方法。

14.7.1 管理系统和功能

一旦正确地安装好光网络的硬件单元和软件单元并成功集成后，就需要进行管理以确保能满足网络性能要求。另外，需要对网络器件进行监测以核实它们得到了合理的配置，并确保遵守网络使用法规及安全程序。这些都通过网络管理来实现，它是一种采用多种不同硬件和软件工具、应用和设备的服务，帮助人们对网络进行监测和维护。

图 14.15 展示了典型的网络管理系统的各部分以及它们之间的关系。网络管理控制台是一个特殊的工作站，作为网络管理者的界面。网络中可以有多个这样的工作站负责不同的功能。从这个控制台上，网络管理者可以看到网络的运行状况，并确认所有的设备是否都正常工作，是否合理配置以及应用软件是否更新。网络管理者也可以看到网络是如何工作的，比如，关于流量负载以及故障状况。另外，控制台还可以对网络资源进行管理。

受管理的设备是网络单元，比如光发射机和光接收机、光放大器、光分插复用器(OADM)以及光交叉连接器(OXC)。每个设备都由它的单元管理系统(EMS)进行监控和管理。管理软件模块称为"代理"，置于元件的微处理器中，不断地收集并编译被管理设备的状态和性能信息。代理将这种信息存储于管理信息库(MIB)中，然后向位于管理工作站的网络管理系统(NMS)内的管理实体提供数据。MIB 是信息的逻辑基础，定义了数据单元以及其正确的语法和标识符，比如数据库中的字段。这个信息可以存放在表中、计数器中或交换设置中。MIB 没有定义如何收集或使用数据单元，它只是指出了代理应该收集什么，以及如何将这些数据单元组织起来以便能为其他系统所用。信息从 MIB 到 NMS 的转换是由网络管理协议完成的，比如广泛使用的简单网络管理协议(SNMP)。

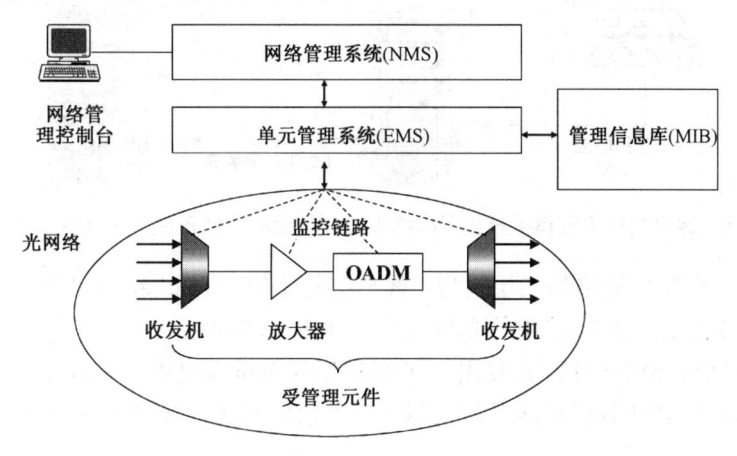

图 14.15 典型的网络管理系统的各部分以及它们之间的关系

当代理注意到它们监测的元件的问题时(例如，链路或部件故障、波长漂移、光功率的降低或过高的误码率)，它们就会向管理实体发出告警。接收到告警后，管理实体可以发起一个或多个动作，比如操作通知、事件日志、系统关闭或自动尝试故障隔离或维修。EMS 也能够查询或选出元件中的代理来检查某些条件或变量的状态。这个选择过程可以自动完成，也可以人工操作。另外，还存在着管理委托代理，为那些无法主办代理的设备提供管理信息。

网络管理功能可以归纳为 5 个通用的范畴，列于表 14.6 中，分别为性能、配置、记账、故障以及安全管理。

表 14.6　5 个基本的网络管理功能及目的

管理功能	目　　的
性能管理	对网络正常运行很关键的参数进行监控，以确保向网络用户提供一定的服务质量
配置管理	监视网络设置信息以及网络设备配置，以跟踪并管理不同硬件和软件对网络运行的影响
记账管理	测量网络使用的参数，这样可以对网络中不同的用户进行管控并进行合理的收费
故障管理	检查故障或系统劣化的征兆，确定故障的缘由或可能的原因，提出解决故障的建议
安全管理	制定安全政策，设置网络安全体系，设置防火墙和防病毒软件，建立进入认证程序

14.7.2 光层管理

为了实现光层的标准管理功能，ITU-T 在 G.709 建议中定义了一个三层的光传送网(OTN)模型，也称为数字包封标准。就像 SONET/SDH 标准能够使用许多不同厂家的设备管理单波长光网络一样，G.709 标准使得可以采用多种技术管理多波长光网络。OTN 的结构和层与 SONET 的通路、线路以及段子层平行。

模型是基于客户/服务器的概念。通过网络连接的两个不同设备中运行的程序之间的信息交换可通过客户/服务器交互来描述。术语"客户"和"服务器"描述了网络中元件的功能角色，如图 14.16 所示。请求或接收信息的程序或元件称为客户，提供信息的程序或元件称为服务器。

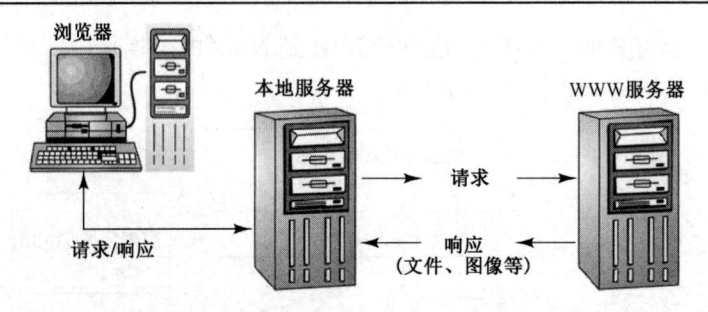

图 14.16 客户和服务器模型描述了网络中通信单元的功能角色。这里浏览器是客户

图 14.17 是一个简单链路的三层模型。客户信号比如 IP、Ethernet 或 OC-N/STM-M 从电数字格式映射到光信道(OCh)层中的光格式中。OCh 处理单波长信道，与端到端的通路或路由节点之间的子网络连接一样。光复用段(OMS)层代表承载复用设备或 OADM 之间波长的一条链路。光传送段(OTS)层与两个放大器之间的链路有关。图 14.18 中描述了这些段在链路中的位置。

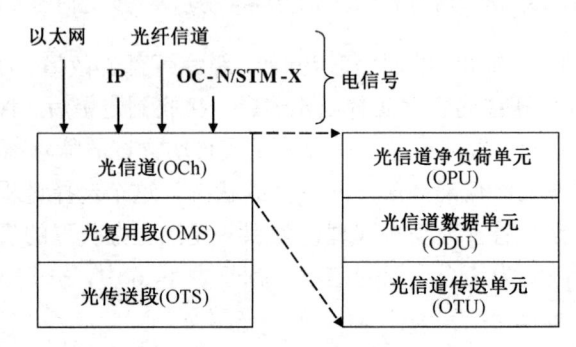

图 14.17 OTN 中简单链路的三层模型。OCh 被进一步分成三个子层

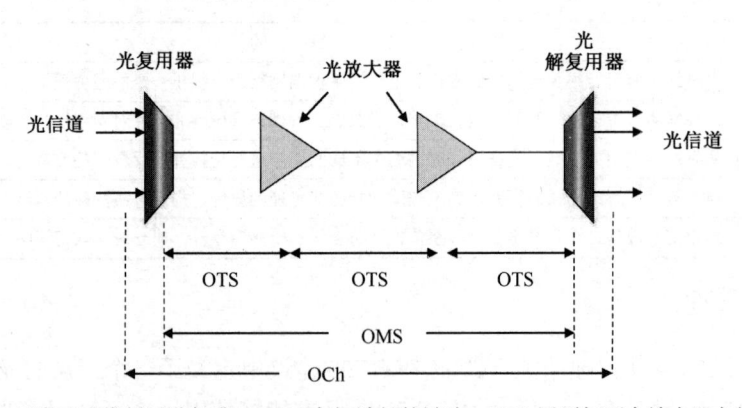

图 14.18 OMS 层表示承载复用设备或 OADM 之间波长的链路。OTS 层则与两个放大器之间的链路相联系

OCh 可以进一步分为三个子层：光信道净负荷单元(OPU)、光信道数据单元(ODU)以及光信道传送单元(OTU)。每个子层都有自己的功能和相关的开销，详细介绍如下。

光信道净负荷单元 OPU 帧结构包含将客户发送的信息映射入 OPU 所需的客户信息净负荷以及开销。对客户发送的信息的映射包含将客户信号速率调整到固定比特率。常用的信息有 IP、各种格式的 Ethenet、光纤信道以及 SONET/SDH。与 OPU 子层相关的三种净负荷速率分别为 2.5 Gbps、10 Gbps 和 40 Gbps，它们对应着标准的 SONET/SDH 数据速率(分别是 OC-48/STM-16，OC-192/STM-64，OC-768/STM-256)，但可以用于任何客户发送的信息。

光信道数据单元 ODU 是用来传送 OPU 的结构。ODU 包括 OPU 以及相应的 ODU 开销，提供通路层连接监视功能。ODU 开销包含能够维护和运行光信道的信息。这个信息包含维护信号、通路监视、串联连接监控、自动保护倒换以及故障类型和位置的指示。

光信道传送单元 OTU 包含 ODU 帧结构，OTU 开销以及附加的前向纠错。OTU 将 ODU 的信号格式转换成光信号以在光信道中传输。它也提供了差错检测和纠错以及段层连接监视功能。

14.7.3 OPM 基本功能

光性能监测(OPM)的基本功能是检测可能影响光信号质量的性能因素的时间特性。这个过程包括检查物理层元件的工作状态，评估每个 WDM 信道中光信号的质量。OPM 可以通过以下三层进行查看。

传输层监测 处理与 WDM 信道管理相关的光域特性。这涉及对一些因素的实时检测，比如信道的存在、波长是否已被系统注册以及光功率电平、谱内容和每个 WDM 信道的 OSNR。

光信号监测 检查每个 WDM 信道的质量。这种测量功能检查某个信道的信号质量特征。这些特征包括 Q 因子、电 SNR、多种眼图统计特性，比如张开度以及由色散和非线性特性引起的失真。

协议性能监测 负责数字测量，例如误码率。

OPM 负责监视的主要因素是部件的故障以及信号损伤。部件故障可能来自于元件的故障或者老化、设备不恰当的安装和配置，以及网络的毁坏。信号损伤可能来自于多种原因，其中有光放大器的噪声、色度色散和偏振模色散、非线性效应，以及定时抖动。

把所有的这些集中到一起，对设计一个复杂的 OPM 系统提出了很大的挑战。然而，单个 OPM 系统并不需要检查所有可能的退化机理。实际上，由于成本的限制，很少采用这样一个超级复杂的性能监测程序。在实际网络中，最简单的 OPM 系统可能只检查 WDM 网络中某个特定点上每个信道的光功率。先进一点的 OPM 可能会用小型分光计控制光放大器和可变光衰减器等设备的输出。在可重构网络中需要更加复杂的 OPM 系统来跟踪每个信道色散的累积量，因为这种损伤对系统性能的影响会随网络配置的变化而变化。

14.7.4 用于网络维护的 OPM 架构

OPM 取出光纤中一小部分光信号，分离波长或将它们扫描到检测器或检测器阵列中。这使得测量单个信道功率、波长或 OSNR 成为可能。这些设备在控制 DWDM 网络中具有重要作用。作为一个例子，在如图 14.19 所示结构中，大部分长途 DWDM 网络都结合了自动端到端功率均衡算法，采用高性能 OPM 来测量光放大器和光接收机中每个波长的光功率，并调整发射机每个激光器的输出。这些信息通过一个独立的监视信道进行交换，这个监视信道采用的波长位于信号谱之外，但位于放大器响应通带之内。另外，制造商可以将 OPM 功能集成到 EDFA、OADM 或 OXC 中，为总功率控制提供反馈，并均衡信道之间的功率电平。OPM 的其他功能包括确定某个信道是否工作、确定波长是否与信道设置匹配、检查光功率和 OSNR 是否满足 QoS 需求。

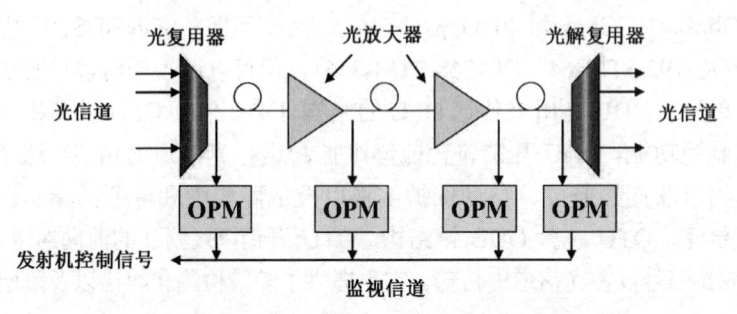

图 14.19　DWDM 网络可采用自动 OPM 测量不同网络点处每个波长的光功率，并可调整发射机上每个激光器的输出

OPM 可以具有以下工作特性：
- 在 ±0.5 dBm 之内测量绝对信道功率
- 不必事先知道波长分配就能分辨信道
- 在 0.5 s 内标记全 S、C 或 L 波段的测量
- 测量中心波长准确度高于 ±50 pm
- 在 35 dB 的动态范围内确定 OSNR 精确度达到 ±0.1 dB

14.7.5　网络故障检测

网络中的故障，比如光纤传输线上的物理截断，或电路卡和光放大器的故障，都可能导致网络部分地不能工作。网络故障会导致系统出现不可接受的性能恶化，故障管理是使用最广泛的网络管理功能之一。如图 14.20 所示，故障管理包括以下过程。

- 检测系统故障或劣化的征兆。这可由告警监视完成，它包含不同安全等级的告警，并可指出这些告警可能的产生原因。故障管理还提供那些尚不能解决的问题的概况，并可让网络管理者从告警日志中找到并看到告警信息。
- 自动或由人工确定故障可能的起因。为了确定故障地点和原因，管理系统可应用故障隔离技术，比如来自网络不同部分和诊断测试的告警相关性技术。
- 一旦故障被隔离，系统将发布故障通知单，指明问题之所在，以及解决故障可能的方法。这些通知单将被送到技术员那里，或者送到自动故障纠正机制中。当故障或网络劣化得到纠正，这些结果以及解决方法将被标注在故障通知单上，并被存在数据库中。
- 一旦问题被确定，将在网络所有主要的子系统中对维修工作进行测试。操作测试涉及性能测试请求、测试过程跟踪、结果报告等。这些可能执行的测试类型包括回波测试和连接检查。

发现并维修故障的一个基本要素是对网络有一个完整的物理和逻辑映射。理想情况下，这个映射应该是基于软件的管理系统的一部分，可以在显示屏上显示网络连接和网络组成单元的工作状态。有了这个映射，可以很容易观察到故障器件，并可以立即采取矫正措施。

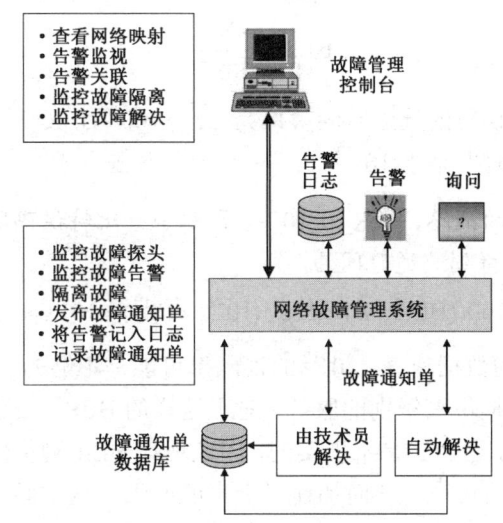

图 14.20 网络故障管理系统的功能和相互作用

14.8 光纤系统性能测量

光纤通信技术的发展带来了高度可靠的电信系统,其应用包括大容量长途链路和光城域网、接入网和室内网络。为了让这些系统平滑可靠地运行,人们设计了很多通信协议、数据调制格式、性能监测技术以及性能测试方法。关于性能测试,主要包括误码率(BER)、光信噪比(OSNR)、Q 因子、定时抖动以及光调制幅度的测量。本节概要介绍这些指标的测量技术。在相关文献中还有更详细的论述[13-20]。

14.8.1 误码率测试

BER 是数字通信链路中重要的性能指标。由于 BER 是一个统计参量,它的值取决于测量时间以及引起误码的原因,比如信号色散、累积过剩噪声以及定时抖动等。当测量 BER 时,要计算在特定的时间间隔ΔT(称为选通时间)中产生误码的比特数量以及接收到的总比特数。在相对稳定的传输链路中如果误码是由高斯噪声引起的,则 BER 不会随时间强烈起伏,如图 14.21(a)所示。这种情况下,测量选通时间内需要发生 100 个以上错误,以确保从统计上有效的 BER。当发生突发错误,如图 14.21(b)所示,就需要更长的测量时间来积累 100 个错误,以确保测量的统计正确性。

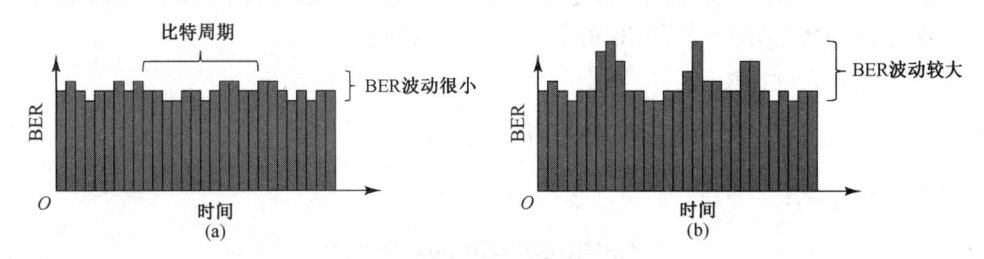

图 14.21 比特周期序列。(a)相对稳定的 BER;(b)突发的 BER

从式(7.5)中可以得到,比特速率为 B 时,当在时间窗口 ΔT 中发生 N_e 个误码,则 BER 为

$$\text{BER} = \frac{N_e}{B \Delta T} \tag{14.16}$$

因此需要测量 $N_e = 100$ 个误码的选通时间窗口为 $\Delta T = 100/(\text{BER} \times B)$。对于超过 1 Gbps 的高速通信系统，通常希望误码率小于 10^{-12}。

例 14.6 有一个 10 Gbps 的链路，BER 为 10^{-12}。累积 100 比特误码所需的选通时间是多少？

解：从式(14.16)可以得到选通时间为

$$\Delta T = 100/(\text{BER} \times B) = 100/(10^{-12} \times 10^{10}) = 10^4 \text{ s} \approx 2.7 \text{ h}$$

然而，对于 10 Gbps 的数据速率，10^{-12} 的误码率可能是不够的，可能需要更低的误码率，比如 10^{-15}，以确保为客户提供高级别的服务。对于这样的 BER，要积累 100 个误码所需的测量时间可能要超过 100 天。这当然是不现实的，因此现代 BER 测量仪器在系统中增加了一个额外的数量经过精确校准的噪声，从而加速了噪声的产生。这个额外噪声降低了接收机的门限，从而增加误码概率，因此大大降低了选通时间窗口。尽管用这个方法损失了一定的精确性，但它将测试时间从小时或天降低到了分钟。

例 14.7 在一个实际的通信系统，例如 SONET/SDH 网络中，网络运营者对误帧率 P_{frame} 也很感兴趣。如果 1 帧中总的比特数为 k，P_e 是误码率，那么 1 帧中没有 1 个误码的概率为

$$1 - P_{\text{frame}} = (1 - P_e)^k \approx 1 - P_e k \tag{14.17}$$

其中用到的近似条件是 $P_e \ll 1$。如果 $P_e = 10^{-12}$，那么对于帧长度为 1518 字节的以太帧，其误帧率是多少？

解：由于每个字节有 8 比特，这个帧有 12 144 比特，从式(14.17)可以得到

$$P_{\text{frame}} = P_e k = (10^{-12}) \times 12\,144 = 1.2144 \times 10^{-8}$$

14.8.2 光信噪比评估

测量信噪比以及相应的 BER 对于非放大的单波长链路来说是比较简单的。然而，在有光放大的多跨距 DWDM 网络中，系统性能就主要受限于光信噪比(OSNR)，而不是到达接收机的光功率。当然，可以将接收到的 DWDM 信号流分解，然后对每个单独的波长信道进行 BER 评估，但是也可以用光谱分析仪采用光谱测量的方法得到每个信道的 OSNR。从光谱中得到的 OSNR 是功率平均、低速的测量，因此它不会给出短时损伤对信道性能影响的信息。但是，由于 OSNR 可以与 BER 相关，因此它提供了间接的 BER 信息，可用于多信道系统初步的性能诊断，或对 DWDM 信道可能的 BER 劣化进行前期警示。

11.5 节中给出了 OSNR

$$\text{OSNR} = \frac{P_{\text{ave}}}{P_{\text{ASE}}} \tag{14.18}$$

或者，用分贝形式表示如下

$$\text{OSNR(dB)} = 10 \log \frac{P_{\text{ave}}}{P_{\text{ASE}}} \tag{14.19}$$

例 14.8 考虑在 10 Gbps 链路中，功率为 -15 dBm (32 μW) 的光信号到达 pin 光接收机。如果噪声功率密度为 -34.5 dBm (0.35 μW)，请问 OSNR 为多少？

解：从式(14.18)可以得到

$$\text{OSNR} = 32/0.35 = 91$$

或者用分贝表示为

$$\text{OSNR(dB)} = 10\log 91 = 19.6 \text{ dB}$$

OSNR 与信号格式、脉冲形状或光滤波器带宽等因素无关，只取决于 OSA 测量到的平均光信号功率 P_{ave} 和平均 ASE 噪声功率 P_{ASE}。OSNR 这个度量可以用来在网络设计和安装过程中进行性能确认，也可以用来检查光信道的健壮性。有时会用光滤波器降低接收机接收到的总 ASE 噪声。通常这种滤波器的光带宽相对信号来说较大，因此不会影响信号，但相比 ASE 背景噪声的带宽而言仍然是比较窄的。ASE 噪声滤波器并不改变 OSNR。然而，它降低了 ASE 噪声，避免了接收机前端过载。

IEC 标准 61280-2-9 将 OSNR 定义为信道的峰值信号功率与在峰值处噪声功率插值的比值。此文件将 OSNR 定义为

$$\text{OSNR} = 10\log \frac{P_i}{N_i} + 10\log \frac{B_m}{B_0} \tag{14.20}$$

其中

- P_i 是第 i 个信道的光信号功率，单位为瓦特。
- N_i 是在中间信道间距点上测量到的噪声功率的插值，单位为瓦特，测量时的分辨率带宽为 B_m。
- B_m 是测量的分辨率带宽。
- B_o 是参考光带宽，典型的取值为 0.1 nm。

式(14.20)的第二项给出的 OSNR 值与仪器的分辨率带宽 B_m 无关，这样就可以比较不同 OSA 得到的 OSNR 结果。IEC 61280-2-9 标准同时也注明，为了获得合理的 OSNR 测量结果，OSA 的波长测量范围必须足够宽，足以包含所有的 DWDM 信道，在谱范围的两端还要加上 ITU-T 网格间距的一半。另外，分辨率带宽也要足够大，要能包含每个调制信道的整个信号功率谱，因为这对噪声测量的精确度有直接影响。

14.8.3　Q 因子评估

如式(7.13)所示，在数字通信链路中误码的概率 P_e 与 Q 因子相关联如下：

$$\begin{aligned} P_e = \text{BER} &= \frac{1}{2}\text{erfc}\left(\frac{Q}{\sqrt{2}}\right) = \frac{1}{2}\left[1 - \text{erf}\left(\frac{Q}{\sqrt{2}}\right)\right] \\ &\approx \frac{1}{\sqrt{2\pi}}\frac{1}{Q}\exp(-Q^2/2) \end{aligned} \tag{14.21}$$

回顾式(7.14)，Q 与逻辑 1 和逻辑 0 的功率差值成正比。因此，有一个简单的检查误码概率与 Q 因子关系的方法是通过改变接收机处的光功率来改变 Q 因子。对于一个清晰的眼图，判决门限在 0 电平和 1 电平的中间，而由接收机引起的噪声方差在输入功率变化时保持为常量。这些情况通常是对 pin 光接收机而言的，它的主要噪声是跨阻抗型放大器中的热噪声。

当眼图有畸变时就需要有其他的方法。这种情况下，可以用 14.5.1 节中描述的眼图模板技术来评估系统性能。这在有光放大的多跨 DWDM 网络中尤其有用，在这个网络中系统性

能受限于 OSNR。当在传输链路中使用光放大器时，接收机端的光功率足够高，这样热噪声和暗电流噪声相对于信号-ASE 噪声和 ASE-ASE 差拍噪声而言可以忽略。对于畸变的眼图，Q 因子可以表示为[20]

$$Q = \frac{2\mathscr{R}(A-B)P_{ave}}{\sqrt{(G_1A+G_2)B_e}+\sqrt{(G_1B+G_2)B_e}} \tag{14.22}$$

其中 $G_1 = 4\mathscr{R}(q+\mathscr{R}S_{ASE})P_{ave}$，$G_2 = (S_{ASE}\mathscr{R})^2(2B_o - B_e)$。无量纲参数 A 和 B 分别是眼图模板的上下边界，如图 14.9 所示。此外，$P_{ave} = (P_1 + P_2)/2$，$\mathscr{R}$ 是响应度，S_{ASE} 是 ASE 噪声的功率谱密度（见 11.4 节），B_e 是接收机电带宽，B_o 是光带宽，通常取值为 0.1 nm。

对于超过 15 dB 的 OSNR 值，信号-ASE 噪声是主要的噪声因子，因此 ASE-ASE 差拍噪声和散粒噪声的贡献可以忽略。在这种情况下，畸变眼图的 Q 因子可以表示成如下的简化关系[20]：

$$Q = \frac{(\sqrt{A}-\sqrt{B})\sqrt{P_{ave}}}{\sqrt{S_{ASE}B_e}} = \frac{(\sqrt{A}-\sqrt{B})}{\sqrt{B_e}}\sqrt{OSNR} \tag{14.23}$$

其中 P_{ave} 和 OSNR 的关系由式(11.24)和式(11.36)给出。

例 14.9 考虑一个有放大器的传输链路，对于畸变眼图，当 OSNR>15 dB 时，接收机 Q 因子的表达式由式(14.23)给出。当 OSNR 为 16 时，比较下面两种情况下的 Q 因子：(a)没有眼图闭合代价，即 $A=1$，$B=0$；(b)有一定的眼图闭合代价，$A=0.81$，$B=0.25$。

解：从式(14.23)可以得到

(a) $Q = 1 \times \dfrac{4}{\sqrt{B_e}}$

(b) $Q = (0.9 - 0.5) \times \dfrac{4}{\sqrt{B_e}} = 0.4 \times \dfrac{4}{\sqrt{B_e}}$

14.8.4　OMA 测量方法

与长途光网络相比较，当测试基于 10 Gbps IEEE 802.3ae 标准的光以太链路时必须采用不同的方法。其中一个原因是长途网络所用的激光器通常是高质量的器件，消光比很高。因此，对于长距离的情况，要确定光接收机对输入信号的灵敏度，工程师可以简单地用慢响应功率计测量平均光信号功率，从而确定 BER。

相反，为降低光以太链路的成本，需要使用价格低廉、消光比较低的激光器，这样的器件也可以为城域网、接入网和校园网提供足够的 10 Gbps 性能。此时，低消光比会导致压力眼图（部分闭合），如图 14.22 所示，平均光功率的测量就不能较好地给出接收机性能。因此，对于 10 Gbps 光以太链路，需要对传统用来确定长途接收机性能的测试方法进行修改。这种需求催生了光调制幅度（OMA）方法的诞生。

测量压力眼图的参数如图 14.22 所示。为了测量 OMA，用一个发射机输出重复的方波，通常是 5 个 1 码和 5 个 0 码（…1111100000 1111100000…）。在接收机处从这个码型中可以得到三个关键的参数，如下所示：

● 逻辑 1 的幅度 P_1，取值为 1 码中间比特的直方图均值。只选取每个 1 比特序列的中间的那个比特,这样测量的数据点远离任何一个比特边缘。
- 逻辑 0 的幅度 P_0,取值为 0 码的中间比特的直方图均值。
- A_0 是眼图张开的高度。

光调制幅度定义为两个功率之差,即

$$\text{OMA} = P_1 - P_0 \tag{14.24}$$

在 IEEE 802.3ae 标准中用于确定光接收机性能的度量是垂直眼图闭合代价(VECP)。VECP 测量眼图的 1% 垂直张开幅度,由参量 A_0 给定,并将其与测到的 OMA 进行比较。用分贝表示则为

$$\text{VECP} = 10\log\left(\frac{\text{OMA}}{A_0}\right) \tag{14.25}$$

表 14.7 列出了短(S)、长(L)和超长距离(E)的 10 Gbps 以太网接收机的压力接收消光比和 VECP 需求,分别指定为 10G-Base-S、10G-Base-L 和 10G-Base-E。更多的测试参数和方法详见 IEEE 802.3ae 标准。

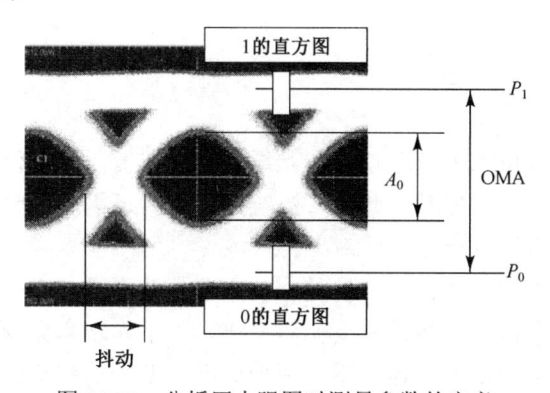

图 14.22 分析压力眼图时测量参数的定义

表 14.7 一些 IEEE 802.3ae 接收机测试需求

10G 以太类型	10G-Base-S	10G-Base-L	10G-Base-E
消光比/dB	3.0	3.5	3.0
VECP/dB	3.5	2.2	2.7

14.8.5 定时抖动测量

在数字通信系统中,定时抖动(或简称为抖动)定义为在二进制码元之间相对理想定时的瞬时漂移。抖动主要是发生在当字符状态转换时间早于或晚于比特间隔结束时间时。很多因素都会导致抖动,包括信号中随机的幅度变化、噪声变化,电源开关时的周期性噪声以及电路和光子部件的电荷存储机制。

对于高速光纤传输系统来说,由于脉冲间隔非常小,因此定时抖动是一个非常重要的问题。此时,对比特周期边沿不正确的判读就会导致很高的误码率。在数字通信系统中,定时抖动可以是随机的,也可以是确定的。随机的抖动主要由噪声引起,比如接收机中的热噪声和散弹噪声,以及传输链路中积累的 ASE 噪声。确定性抖动起源于由色散、自相位调制和信道内串扰等因素引起的码型失真。

对于数据速率为 B 的一个比特序列，抖动的波形可以表示为

$$P_{\text{jitter}}(t) = P\left[t + \frac{\Delta\varphi(t)}{2\pi B}\right] = P[t + \Delta t(t)] \quad (14.26)$$

其中 $\Delta\varphi(t)$ 是由定时抖动引起的相位变化，单位可以是度或者弧度。$P(t)$ 是没有抖动时的波形。时间起伏 Δt 由下式给出

$$\Delta t(t) = \frac{\Delta\varphi(T)}{2\pi B} \quad (14.27)$$

它可以用传统的测量单位表示，称为单位间隔(UI)。这个参量是定时抖动与比特周期 $T = 1/B$ 的比值

$$\Delta t_{\text{UI}} = \frac{\Delta\varphi(T)}{2\pi} \quad (14.28)$$

可以用多种不同的方法测量抖动，包括 BER 测试仪、取样示波器以及抖动检测仪。像网络性能分析仪这样的仪器有高精确度抖动测试能力，能够满足 ITU-T O.172 建议中定义的抖动测试条件。

14.9 小结

人们开发了大量测量技术来获取器件和光纤的工作特征，以确保正确的器件被用于特定的应用，以及验证网络的正常配置。此外，当链路运行时还需要各种不同的性能监控手段来验证链路的工作指标是否符合设计。

光功率测量是最基本的光纤仪表。但是，功率参数并不是一个固定值，它会随着时间、沿途距离、波长、相位和偏振等参数的变化而变化。由于光功率会随时间变化，读取不同的瞬时功率水平完全取决于测量的具体方案。两种标准类型的功率检测分别是峰值功率和平均功率。峰值功率测量脉冲的最大功率值适合非常短的时间。而平均功率是测量相对于单个独立脉冲周期的较长一段时间周期内的平均功率水平。

眼图是一种快速直观地获得接收信号质量的传统技术。现代的比特误码率测量仪器通过产生均匀速率但方式随机的伪随机 1 和 0 图案获得眼图。当图案中的脉冲都重叠在一起时，就获得了眼图。对眼图畸变特性的解释可以通过模板测试说明。大多数现代误码测试仪的运行软件中自带大量内建模板用于不同协议的测试。此外，仪表使用者可以针对任何应用或采用不同方式检验测试结果，而输入用户自定义模板。

光时域反射仪(OTDR)是一个评估已安装光纤链路特性的通用便携仪表。除了能够识别和定位链路的异常故障情况，OTDR 还能够测量光纤的损耗、长度、光连接头、熔接损耗和光反射水平等参数。

为了提供极高可靠性的服务，通信网络运营商需要不间断地检测网络中所有部分的健康性能状态。在 SONET/SDH 网络中，这种监控功能通过大网络管理系统的性能管理子功能来实现。网络健康性能监测基本上是通过不间断的误码率测试来实现的。该测试获得的信息被用以确保满足服务质量(QoS)要求。故障监视是标准网络管理系统的另一大功能，它监视网络故障出现的位置、原因和时间。

标准网络管理所附加的光性能监测(OPM)就是通过对物理层单元状态进行校验以检验

当前影响信号质量的性能因素。取决于预期网络控制的复杂性和系统成本的制约等因素，OPM 具有很广的应用范围，可以简单测试各个 WDM 信道的光功率水平，也可以在先进系统中识别各种信号损伤的来源和掌控其对网络性能的影响。

习题

14.1 如图 14.3 中所示的 NRZ 和 RZ 波形。如果每个波形的峰值功率为 0.5 mW，试证明 NRZ 和 RZ 模式的平均功率分别为 0.25 mW 和 0.125 mW。

14.2 某工程师想测量一根 1895 m 长的光纤在波长 1310 nm 上的损耗，唯一可用的仪器是光检测器，它的输出读数的单位是伏特。利用这个仪器，使用截断法测量损耗，该工程师测量得到光纤远端的光电二极管的输出电压是 3.31 V，在离光源 2 m 处截断光纤后测量得到光检测器的输出电压是 3.78 V。试证明光纤的损耗是 0.31 dB/km？

14.3 一名现场工程师有一条 2400 m 长的光缆，两端都有连接器。使用插入损耗技术和光功率计，测量出光纤输出端的光功率为 0.150 mW。如果输入光纤的功率为 0.65 mW，试证明光缆衰减(包括连接器)为 6.37 dB。

14.4 假设一个带有跳线的光网络元件被插入到图 14.6(a)中的链路中。假设跳线端接有光连接器。考虑插入组件之前光检测器的功率为 $P_1 = 0.42$ mW 且链路中光学元件的功率为 $P_2 = 0.35$ mW 的情况。试证明网络元件的插入损耗为 0.79 dB。

14.5 光纤中在距离输入端 x 处的光功率由式(14.6)给出，假设光纤中损耗系数是相同的，利用这个式子推导式(14.2)。

14.6 假设瑞利散射是各向同性的，多模光纤中捕获的后向散射光的比例 S 由下式给出：

$$S \approx \frac{\pi(\text{NA})^2}{4\pi n^2} = \frac{1}{4}\left(\frac{\text{NA}}{n}\right)^2$$

其中 NA 是光纤的数值孔径，n 是纤芯折射率，NA/n 表示捕获光线的半角的余弦值。如果 NA = 0.20，n = 1.50，试证明散射光中在反方向上被光纤捕获的比例 S = 0.004。

14.7 假设单模光时域反射仪(OTDR)的可用动态范围为 30 dB，1550 nm 处的典型光纤衰减为 0.20 dB/km，并且每 2 km 熔接一次(每个熔接损耗为 0.1 dB)，说明这样的 OTDR 将能够在长达 120 km 的距离保证测量准确性。

14.8 三根 5 km 长的光纤被有序地连接在一起，然后用 OTDR 测量这段光纤的损耗，得到的数据如图 14.23 所示。(a)这三段光纤的损耗分别是多少 dB/km？(b)接头损耗是多少 dB？(c)第二段和第三段光纤接头处接头损耗较大的可能原因是什么？

14.9 设 α 是前向传输光的损耗系数，α_S 是后向散射光的损耗系数，S 是后向散射光占输出总功率的比例，由式(14.8)决定。$P_S(L)$ 是脉宽为 W 的矩形脉冲在光纤中传输一段距离 L 时的后向散射响应，试证明当 $L \geq W/2$ 时

$$P_S(L) = S\frac{\alpha_S}{\alpha}P_0 e^{-2\alpha L}(1-e^{\alpha W})$$

当 $0 \leq L \leq W/2$ 时

$$P_S(L) = S\frac{\alpha_S}{\alpha}P_0 e^{-\alpha W}(1-e^{-2\alpha L})$$

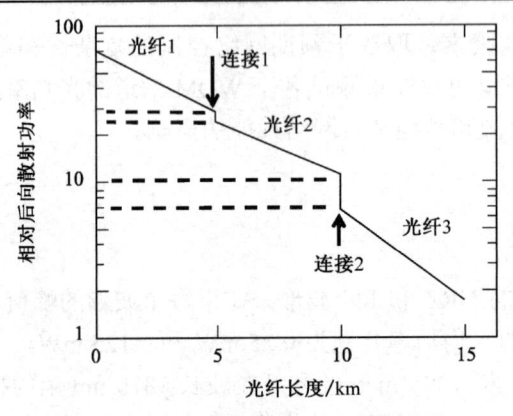

图 14.23 题 14.8 的 OTDR 轨迹图

14.10 利用习题 14.9 中脉冲宽度为 W 的矩形脉冲的后向散射功率响应 $P_s(L)$，试证明对于非常窄的脉冲，后向散射功率正比与脉冲宽度。注：这是 OTDR 工作的基础。

习题解答（选）

14.8 (a) 光纤 1 的衰减为 0.4 dB/km，光纤 2 的衰减为 0.36 dB/km，光纤 3 的衰减为 0.59 dB/km；

(b) 接合损耗：接头 1 损耗 0.5 dB，接头 2 损耗 2.0 dB；

(c) 由于光纤几何上失配或光纤端面不佳可能会导致较大的连接损耗。

原著参考文献

1. National Institute of Standards and Technology (NIST), Boulder, CO, USA
2. National Physical Laboratory (NPL), Teddington, UK
3. Physikalisch-Technische Bundesanstalt (PTB), Braunschweig, Germany
4. ITU-T Rec. G.650.2, Definitions and test methods for statistical and nonlinear related attributes of single-mode fibre and cable, Aug 2015
5. TIA-455-191 (FOTP- 191), IEC-60793-1-45 optical fibres-part 1–45: measurement methods and test procedures-mode field diameter, 14 April 2020
6. ITU-T Rec. G.652, Characteristics of a single-mode optical fibre and cable, Nov 2016
7. K. Petermann, Constraints for fundamental mode spot size for broadband dispersioncompensated single-mode fibers. Electron. Lett. **19**, 712–714 (1983)
8. R. Hui, M. O'Sullivan, *Fiber Optic Measurement Techniques* (Academic Press, 2009)
9. ITU-T Rec. G.650.1, Definitions and test methods for linear, deterministic attributes of singlemode fibre and cable, Mar 2018
10. ITU-T Rec. O.201, Q-factor test equipment to estimate the transmission performance of optical channels, July 2003
11. E. Ciaramella, A. Peracchi, L. Banchi, R. Corsini, G. Prati, BER estimation for performance monitoring in high-speed digital optical signals. J. Lightw. Technol. **30**(13), 2117–2124 (2012)

12. The Fiber Optic Association (FOA), Optical time domain reflectometer (OTDR) (2013)
13. Z. Pan, C. Yu, A.E. Willner, Optical performance monitoring for the next generation optical communication networks. Opt. Fiber Technol. **16**, 20–45 (2010)
14. C.C.K. Chan, *Optical Performance Monitoring: Advanced Techniques for Next-Generation Photonic Networks* (Academic Press, 2010)
15. ITU-T Rec. G.697, Optical monitoring for DWDM systems, Nov 2016
16. ITU-T Rec. O.172, Jitter and Wander measuring equipment for digital systems which are based on the synchronous digital hierarchy (SDH), Apr 2005; Amendment 2 July 2010
17. C.-L. Yang, S.-L. Lee, OSNR monitoring using double-pass filtering and dithered tunable reflector. IEEE Photonics Technol. Lett. **16**, 1570–1572 (2004)
18. L. Li, J. Li, J. Qiu, Y. Li, W. Li, J. Wu, J. Lin, Investigation of in-band OSNR monitoring technique using power ratio. J. Lightw. Technol. **31**(1), 118–124 (2013)
19. C. Wang, S. Fu, H. Wu, M. Luo, X. Li, M. Tang, D. Liu, Joint OSNR and CD monitoring in digital coherent receiver using long short-term memory neural network. Opt. Express **27**(5), 6936–6945 (2019)
20. B. Szafraniec, T.S. Marshall, B. Nebendahl, Performance monitoring and measurement techniques for coherent optical systems. J. Lightw. Technol. **31**(4), 648–663 (2013)

附录 A 国际单位制

量	单位	符号	量纲
长度	米	m	
质量	千克	kg	
时间	秒	s	
温度	开尔文	K	
电流	安培	A	
频率	赫兹	Hz	1/s
力	牛顿	N	$(kg \cdot m)/s^2$
压强	帕斯卡	Pa	N/m^2
能量	焦耳	J	$N \cdot m$
功率	瓦特	W	J/s
电荷量	库仑	C	$A \cdot s$
电势	伏特	V	J/C
电导	西门子	S	A/V
电阻	欧姆	Ω	V/A
电容	法拉	F	C/V
磁通量	韦伯	Wb	$V \cdot s$
磁感应强度	特斯拉	T	Wb/m^2
电感	亨利	H	Wb/A

物理常数及其单位

常数	符号	数值(mks 单位制)
真空中的光速度	c	2.99793×10^8 m/s
电子电荷量	q	1.60218×10^{-19} C
普朗克常数	h	6.6256×10^{-31} J.s
玻尔兹曼常数	k_B	1.38054×10^{-23} J/K
$T=300$ K 时,$k_B T/q$	—	0.02586 eV
自由空间介电常数	ε_0	8.8542×10^{-12} F/m
自由空间磁导率	μ_0	$4\pi \times 10^{-7}$ N/A^2
电子伏特	eV	$1 eV = 1.60218 \times 10^{-16}$ J
长度单位(埃)	Å	$1Å = 10^{-4} \mu m = 10^{-8}$ cm
自然对数的底数	e	2.71828
圆周率	π	3.14159

附录 B 分 贝

B.1 定义

在设计与构建光纤链路时，需要建立、测量和关联发射机、接收机、光缆连接处和熔接点的各个信号电平关系，也包括链路器件、光缆的输入和输出。一种常规的方法是以某个绝对值的信号或噪声电平为参考。通常采用以分贝(dB)为单位来表征功率比值，其定义为

$$\text{以分贝为单位的功率比值} = 10\log\frac{P_2}{P_1} \tag{B.1}$$

其中 P_1 和 P_2 是电或光功率。

分贝的对数特性可以将很大的比值表示为相对简单的形式。相差若干数量级的功率电平写成分贝形式可以很方便地进行比较。表 B.1 给出了一些应该记住的有用数值。例如，功率加倍意味着 3 dB 增益(功率电平增加 3 dB)，功率减半意味着 3 dB 损耗(功率电平减少 3 dB)，功率电平差 10^N 或 10^{-N}，其分贝差异分别为 $+10N$ dB 和 $-10N$ dB。

表 B.1 功率比的分贝度量举例

功率比	10^N	10	2	1	0.5	0.1	10^{-N}
dB	$+10N$	$+10$	$+3$	0	-3	-10	$-10N$

B.2 dBm

分贝通常被用于表示比值或相对单位。例如，可以说一段光纤的损耗为 6 dB(是指光经过该光纤会减少 75%的功率)或者连接损耗为 1 dB(指功率经过该连接器减少了 20%)。然而，分贝无法给出绝对功率电平。光纤通信中最常用的单位是 dBm。这是相对于 1 mW 的分贝功率电平。在此，dBm 表示的功率是如下定义的绝对数值：

$$\text{功率电平} = 10\log\frac{P}{1\text{ mW}} \tag{B.2}$$

必须记住的有用关系是：0 dBm = 1 mW。负 dBm 值表示功率电平低于 1 mW，正 dBm 值表示功率电平高于 1 mW。表 B.2 给出了一些例子

表 B.2 以 dBm 为单位的例子(相对于 1 mW 的功率值的分贝度量)

功率(mW)	100	10	2	1	0.5	0.1	0.01	0.001
数值(dBm)	+20	+10	+3	0	−3	−10	−20	−30

B.3 奈培

奈培(neper)是另一种相对单位,可用于代替分贝。若 P_1 和 P_2 是两个功率电平,且 $P_2 > P_1$,则奈培表示的功率比是功率比值的自然对数

$$以奈培表示的功率比 = \frac{1}{2}\ln\frac{P_2}{P_1} \tag{B.3}$$

其中,

$$\ln e = \ln 2.71828 = 8.686$$

奈培到分贝的转换关系如下:将奈培值乘以下面的因子

$$20 \log e = 8.686$$

附录 C 缩　略　语

AGC	Automatic gain control	自动增益控制
AM	Amplitude modulation	幅度调制
ANSI	American National Standards Institute	美国国家标准协会
APD	Avalanche photodiode	雪崩光电二极管
ARQ	Automatic repeat request	自动请求重发
ASE	Amplified spontaneous emission	放大的自发辐射(噪声)
ASK	Amplitude shift keying	幅移键控
ATM	Asynchronous transfer mode	异步传输模式
AWG	Arrayed waveguide grating	阵列波导光栅
BER	Bit error rate	误码率
BH	Buried heterostructure	掩埋异质结
BLSR	Bidirectional line-switched ring	双向线路切换环
BSHR	Bidirectional self-healing ring	双向自愈环
BPON	Broadband PON	宽带 PON
BS	Base station	基站
CAD	Computer-aided design	计算机辅助设计
CATV	Cable TV	有线 TV
CNR	Carrier-to-noise ratio	载噪比
CO	Central office	中心局
CPM	Cross phase modulation	交叉相位调制
CRC	Cyclic redundancy check	循环冗余校验
CRZ	Chirped return-to-zero	啁啾归零码
CS	Control station	控制站
CSO	Composite second order	组合二阶
CTB	Composite triple beat	组合三阶差拍
CW	Continuous wave	连续波
CWDM	Course wavelength division multiplexing	粗波分复用
DBA	Dynamic bandwidth assignment	动态带宽分配
DBR	Distributed Bragg reflector	分布式布拉格反射器
DCE	Dynamic channel equalizer	动态信道均衡
DCF	Dispersion compensating fiber	色散补偿光纤
DCM	Dispersion compensating module	色散补偿模块
DFA	Doped-fiber amplifier	掺杂光纤放大器
DFB	Distributed feedback (laser)	分布反馈式(激光器)
DGD	Differential group delay	差分群时延
DGE	Dynamic gain equalizer	动态增益均衡
DPSK	Differential phase-shift keying	差分相移键控
DQPSK	Differential quadrature phase-shift keying	差分四相移键控

DR	Dynamic range		动态范围
DS	Digital system		数字系统
DSF	Dispersion-shifted fiber		色散位移光纤
DUT	Device under test		被测器件
DWDM	Dense wavelength division multiplexing		密集波分复用
DXC	Digital cross-connect matrix		数字交叉连接矩阵
EAM	Electro-absorption modulator		电吸收调制器
EDFA	Erbium-doped fiber amplifier		掺铒光纤放大器
EDWA	Erbium-doped wave guide amplifier		掺铒波导放大器
EH	Hybrid electric-magnetic mode		电磁混合模式
EHF	Extremely high frequency (30-to-300 GHz)		极高频率(30～300 GHz)
EIA	Electronics Industries Alliance		电子产业联盟
EM	Electromagnetic		电磁
EMS	Element management system		单元管理系统
EO	Electro-optical		电光
EON	Elastic Optical Network		弹性光网络
EPON	Ethernet PON		以太网 PON
ER	Extended reach		延伸可达网
FBG	Fiber Bragg grating		光纤布拉格光栅
FDM	Frequency division multiplexing		频分复用
FEC	Forward error correction		前向纠错
FM	Frequency modulation		频率调制
FOTP	Fiber Optic Test Procedure		光纤测试程序
FP	Fabry-Perot		法布里-珀罗
FSK	Frequency shift keying		频移键控
FSR	Free spectral range		自由谱范围
FTTH	Fiber to the home		光纤到户
FTTP	Fiber to the premises		光纤到驻地
FTTx	Fiber to the x		光纤到 x
FWHM	Full-width half-maximum		半高全宽
FWM	Four-wave mixing		四波混频
GE-PON	Gigabit Ethernet PON		吉比特以太网 PON
GFF	Gain-flattening filter		增益平坦滤波器
GPON	Gigabit PON		吉比特 PON
GR	Generic Requirement		通用要求
GUI	Graphical user interface		图形用户接口
GVD	Group velocity dispersion		群速度色散
HDLC	High-Level Data Link Control		高级数据链路控制
HE	Hybrid magnetic-electric mode		磁电混合模式
HFC	Hybrid fiber/coax		混合光纤同轴电缆
HOA	Hybrid Opital Amplifier		混合光学放大器
IEC	International Electrotechnical Commission		国际电工委员会
IEEE	Institute for Electrical and Electronic Engineers		电气与电子工程师学会

ILD	Injection laser diode	异质结半导体激光器
IM	Intermodulation	互调
IMD	Intermodulation distortion	互调失真
IMDD	Intensity-modulated direct-detection	强度调制直接检测
IP	Internet Protocol	互联网协议
ISI	Intersymbol interference	码间串扰
ISO	International Standards Organization	国际标准化组织
ITU	International Telecommunications Union	国际电信联盟
ITU-T	Telecommunication Sector of the ITU	ITU 电信标准分局
LAN	Local area network	局域网
LEA	Large effective area	大有效面积
LED	Light-emitting diode	发光二极管
LO	Local oscillator	本地振荡器
LP	Linearly polarized	线偏振
LR	Long-Reach	长途可达网
MAN	Metro area network	城域网
MCVD	Modified chemical vapor deposition	改进的化学气相沉积
MEMS	Micro electro-mechanical system	微机电系统
MFD	Mode-field diameter	模场直径
MIB	Management information base	管理信息库
MQW	Multiple quantum well	多量子阱
MZI	Mach-Zehnder interferometer	马赫-曾德尔干涉仪
MZM	Mach-Zehnder modulator	马赫-曾德尔调制器
NA	Numerical aperture	数值孔径
NF	Noise figure	噪声系数
NIST	National Institute of Standards and Technology	国家标准与技术研究院(美国)
NMS	Network management system	网络管理系统
NPL	National Physical Laboratory	国家物理实验室
NRZ	Nonreturn-to-zero	非归零(码)
NZDSF	Non-zero dispersion-shifted fiber	非零色散位移光纤
O/E/O	Optical-to-electrical-to-optical	光电光
OADM	Optical add/drop multiplexer	光分插复用器
OBS	Optical burst switching	光突发交换
OC	Optical carrier	光载波
ODU	Optical channel data unit	光信道数据单元
OLS	Optical label swapping	光标签交换
OLT	Optical line terminal	光线路终端
OMA	Optical modulation amplitude	光调制幅度
OMI	Optical modulation index	光调制指数
OMS	Optical multiplex section	光复用段
ONT	Optical network terminal	光网络终端
ONU	Optical network unit	光网络单元
OOK	On-off keying	开关键控

OPM	Optical performance monitor	光性能监测
OPS	Optical pulse suppressor	光脉冲抑制器
OPS	Optical packet switching	光分组交换
OPU	Optical channel payload unit	光信道净负荷单元
ORL	Optical return loss	光回波衰减
OSA	Optical spectrum analyzer	光谱分析仪
OSI	Open system interconnect	开放系统互连
OSNR	Optical signal-to-noise ratio	光信噪比
OST	Optical standards tester	光标准测试设备
OTDM	Optical time-division multiplexing	光时分复用
OTDR	Optical time domain reflectometer	光时域反射仪
OTN	Optical transport network	光传送网
OTS	Optical transport section	光传送段
OTU	Optical channel transport unit	光传送单元
OVPO	Outside vapor-phase oxidation	外部气相氧化
OXC	Optical crossconnect	光交叉连接(器)
P2P	Point-to-point	点到点
PBG	Photonic bandgap fiber	光子带隙光纤
PC	Personal computer	个人计算机
PCE	Power conversion efficiency	功率转换效率
PCF	Photonic crystal fiber	光子晶体光纤
PCVD	Plasma-activated chemical vapor deposition	等离子激活化学气相沉积
PDF	Probability density function	概率密度函数
PDH	Plesiochronous digital hierarchy	准同步数字系列
PDL	Polarization-dependent loss	偏振相关损耗
PHY	Physical layer	物理层
pin	(p-type)-intrinsic-(n-type)	p型本征型n型结构
PLL	Phase-locked loop	锁相环
PM	Phase-modulation	相位调制
PMD	Polarization mode dispersion	偏振模色散
PMMA	Polymethylmethacrylate	有机玻璃
POF	Polymer (plastic) optical fiber	塑料光纤
POH	Path overhead	通道开销
PON	Passive optical network	无源光网络
POP	Point of presence	接入点
PPP	Point-to-point protocol	点到点协议
PRBS	Pseudorandom binary sequence	伪随机二进制序列
PSK	Phase shift keying	相移键控
PTB	Physikalisch-Technische Bundesanstalt	联邦物理技术研究院(德)
PVC	Polyvinyl chloride	聚氯乙烯
QCE	Quantum conversion efficiency	量子转换效率
QoS	Quality of service	服务质量
RAPD	Reach-through avalanche photodiode	拉通型雪崩光电二极管

RC	Resistance-capacitance	阻容
RF	Radio-frequency	射频
RFA	Raman fiber amplifier	拉曼光纤放大器
RIN	Relative intensity noise	相对强度噪声
RIP	Refractive index profile	折射率剖面(也称折射率分布)
rms	Root mean square	均方根
ROADM	Reconfigurable OADM	可重构 OADM
ROF	Radio-over-fiber	光纤无线电或光载射频
RS	Reed-Solomon	里德-所罗门码
RWA	Routing and wavelength assignment	路由和波长分配
RZ	Return-to-zero	归零(码)
SAM	Separate-absorption-and-multiplication(APD)	吸收和倍增分离(APD)
SBS	Stimulated Brillouin scattering	受激布里渊散射
SCM	Subcarrier modulation	副载波调制
SDH	Synchronous digital hierarchy	同步数字体系
SFDR	Spur-free dynamic range	无杂散动态范围
SFF	Small-form-factor	小型光纤连接头
SFP	Small-form-factor(SFF) pluggable	小型可插拔(设备)
SHF	Super-high frequency(3-to-30 GHz)	超高频(3~30 GHz)
SLED	Superluminescent light emitting diode	超亮度发光二极管
SLM	Single longitudinal mode	单纵模
SNMP	Simple network management protocol	简单网络管理协议
SNR	Signal-to-noise ratio	信噪比
SOA	Semiconductor optical amplifier	半导体光放大器
SONET	Synchronous optical network	同步光网络
SOP	State of polarization	偏振态
SPE	Synchronous payload envelope	同步载荷封装
SPM	Self-phase modulation	自相位调制
SRS	Stimulated Raman scattering	受激拉曼散射
SSMF	Standard single mode fiber	标准单模光纤
STM	Synchronous transport module	同步传送模块
STS	Synchronous transport signal	同步传送信号
SWP	Spatial walk-off polarizer	空间分离偏振器
TCP	Transmission control protocol	传输控制协议
TDFA	Thulium-doped fiber amplifier	掺铥光纤放大器
TDM	Time-division multiplexing	时分复用
TDMA	Time-division multiple access	时分多址
TE	Transverse electric	横电
TEC	Thermoelectric cooler	热电致冷器
TFF	Thin-film filter	薄膜滤波器
TGR	Telcordia GR	Telcordia 通用要求
TIA	Telecommunications Industry Association	电信产业协会
TM	Transverse magnetic	横磁

TW	Traveling wave	行波
TOR	Top-of-rack	机架顶
UHF	Ultra-high frequency (0.3-to-3 GHz)	超高频(0.3～3 GHz)
UI	Unit interval	单位间隔
UPSR	Unidirectional path-switched ring	单向通道切换环
USHR	Unidirectional self-healing ring	单向自愈环
VAD	Vapor-phase axial deposition	轴向气相沉积
VCSEL	Vertical-cavity surface-emitting laser	垂直腔表面发射激光器
VECP	Veritcal eye closure penalty	垂直眼图闭合代价
VFL	Visual fault locator	可视故障定位器
VOA	Variable optical attenuator	可变光衰减器
VSB	Vestigial-sideband	残留边带
WAN	Wide area network	广域网
WDM	Wavelength-division multiplexing	波分复用
WRN	Wavelength routed network	波长路由网络
WSS	Wavelength-selective switch	波长选择开关
XPM	Cross-phase modulation	交叉相位调制
YIG	Yttrium iron garnet	钇铁石榴石

附录D 拉丁文符号

符号	定义	符号	定义
a	光纤纤芯半径	i_M	倍增光电流
A_{eff}	有效面积	i_p	初始光电流
B	比特速率	$i_p(t)$	信号光电流
B_e	接收机电带宽	i_{th}	阈值电流
B_o	接收机光带宽	$\langle i_s^2 \rangle$	均方信号电流
c	真空中的光速度 = 2.99793×10^8 m/s	$\langle i_{\text{shot}}^2 \rangle$	均方散粒噪声电流
C_j	检测器结电容	$\langle i_{\text{dark}}^2 \rangle$	均方检测器体暗电流噪声电流
d	光子晶体光纤中孔洞直径	$\langle i_{\text{th}}^2 \rangle$	均方热噪声电流
D	色散	J	电流密度
D_{mat}	材料色散	J_{th}	阈值电流密度
D_n	电子扩散系数	k	波传播常数($k = 2\pi/\lambda$)
D_p	空隙扩散系数	K	应力密度因子
D_{wg}	波导色散	k_B	玻尔兹曼常数 = 1.38054×10^{-23} J/K
DR	动态范围	L	光纤长度
E	能量($E = h\nu$)	L_c	连接损耗
E	电场	L_{disp}	色散长度
E_g	带隙能量	L_{eff}	有效长度
E_{LO}	本地振荡场	L_F	光纤耦合损耗
f	波动的频率	L_i	本征损耗
F	滤波器的粒度	L_n	电子扩散长度
$F(M)$	放大系数为 M 时 APD 的噪声系数	L_p	空隙扩散长度
$f(s)$	概率密度函数	L_{period}	孤子周期
F_{EDFA}	EDFA 噪声图	L_{split}	分路损耗
g	增益系数	L_{tap}	抽头损耗
G	放大器增益	m	调制指数或调制深度
g_B	布里渊增益系数	m	光栅级数
h	普朗克常数 = 6.6256×10^{-34} J·s = 4.14 eV·s	M	雪崩光电二极管增益
H	磁场	M	模式数
I	光场密度	m_e	电子等效质量
i_B	偏置电流	m_h	空隙等效质量
i_D	光检测器体暗电流	n	折射率
I_{DD}	直接检测光强度	$\bar{N}$	平均电子空隙对数
		NA	数值孔径

符号	定义	符号	定义
n_i	固有 n 型载流子浓度	Q	光栅的 Q 因子
N_{ph}	光子密度	R	比特率或数据率
n_{sp}	粒子数反转因子	R	菲涅耳反射
P	光功率	r	反射系数
$P_0(x)$	0 脉冲概率分布	$\mathscr{R}$	响应度
$P_1(x)$	1 脉冲概率分布	$\mathscr{R}_{APD}$	APD 的响应度
$P_{amp,sat}$	放大器饱和功率	R_{nr}	非辐射复合率
P_{ASE}	ASE 噪声功率	R_r	辐射复合率
P_e	误码概率	R_{sp}	自发发射率
p_i	固有 p 型载流子浓度	$S(\lambda)$	色散斜率
P_{in}	输入光功率	T	波动周期
P_{LO}	本地振荡光功率	T	热力学温度
P_{peak}	孤子峰值功率	$T_{10\text{-}90}$	10%到 90%上升时间
PP_x	损伤因素 x 导致的功率代价	T_b	比特间隔、比特周期或比特时间
P_{ref}	反射功率	t_{GVD}	GVD 上升时间
$P_{sensitivity}$	接收机灵敏度	t_{rx}	接收机上升时间
P_{th}	SBS 阈值功率	t_{sys}	系统上升时间
q	电子电荷量 = 1.602 18×10^{-19} C	V	模式的 V 参数
Q	BER 参数		

附录 E 希腊文符号

符号	定义	符号	定义
α	折射率剖面形状	λ	波长
α	光纤衰减系数	Λ	光栅周期
α	激光线宽增强因子	Λ	光子晶体光纤的孔隙间距
$\alpha_s(\lambda)$	波长为 λ 时的光子吸收系数	λ_B	布拉格波长
β	模式传播系数	λ_c	截止波长
β_3	三阶色散	ν	光频率
Γ	光场限制因子	σ_{dark}	检测器暗电流噪声电流方差
Δ	纤芯包层折射率差	σ_s	信号电流方差
ΔL	阵列波导路径差	σ_{shot}	散粒噪声电流方差
$\Delta \nu_B$	布里渊线宽	σ_T	热噪声电流方差
$\Delta \nu_{opt}$	光带宽	σ_{wg}	波导色散导致的均方根脉冲展宽
η	光耦合效率	τ	载流子寿命
η	量子效率	τ_{ph}	光子寿命
η_{ext}	外量子效率	φ	波的相位
η_{int}	内量子效率	φ_c	临界角
θ_A	接收角	Φ	光通量